本书大型交互式、专业级、同步教学演示多媒体DVD说明

1.将光盘放入电脑的DVD光驱中，双击光驱盘符，双击Autorun.exe文件，即进入主播放界面。（注意：CD光驱或者家用DVD机不能播放此光盘）

主界面

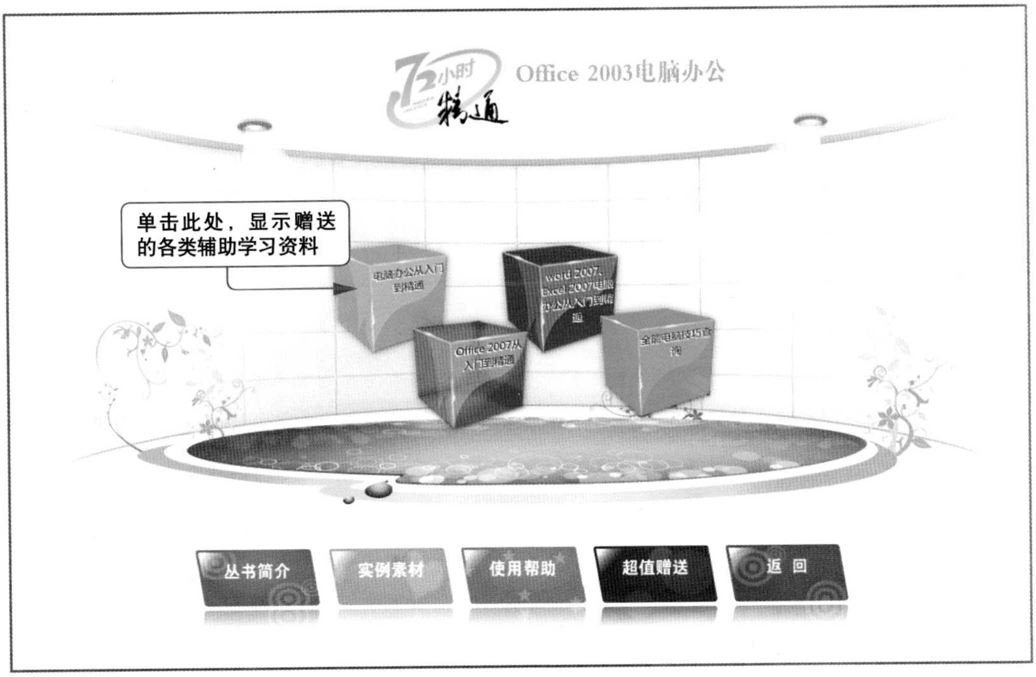

辅助学习资料界面

多媒体光盘使用说明

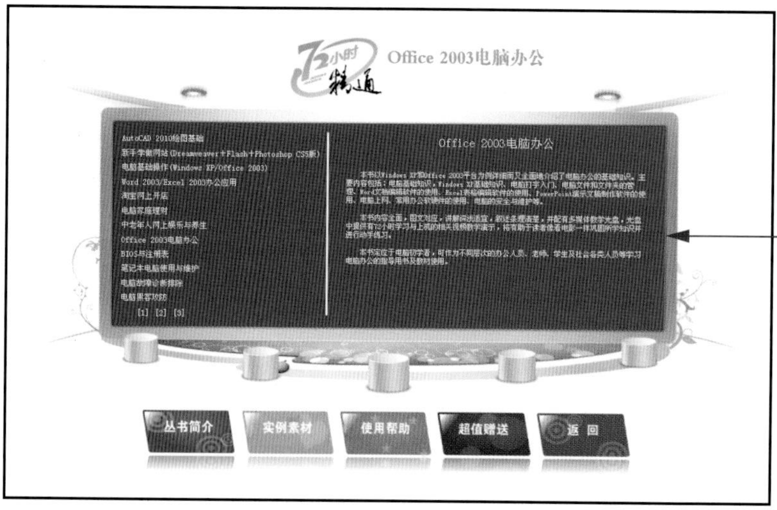

“丛书简介”显示了本丛书的各个品种的相关介绍，左侧是丛书每个种类的名称，共计28种，右侧则是对应的内容简介

“使用帮助”是本多媒体光盘的帮助文档，详细介绍了光盘的内容和各个按钮的用途

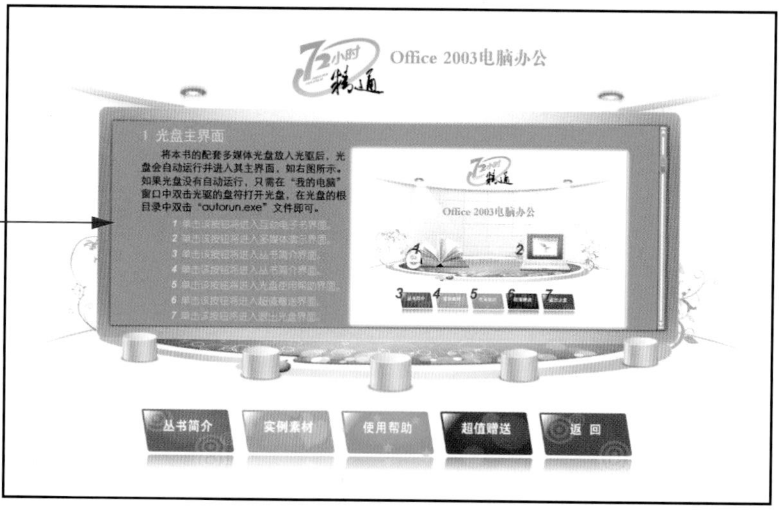

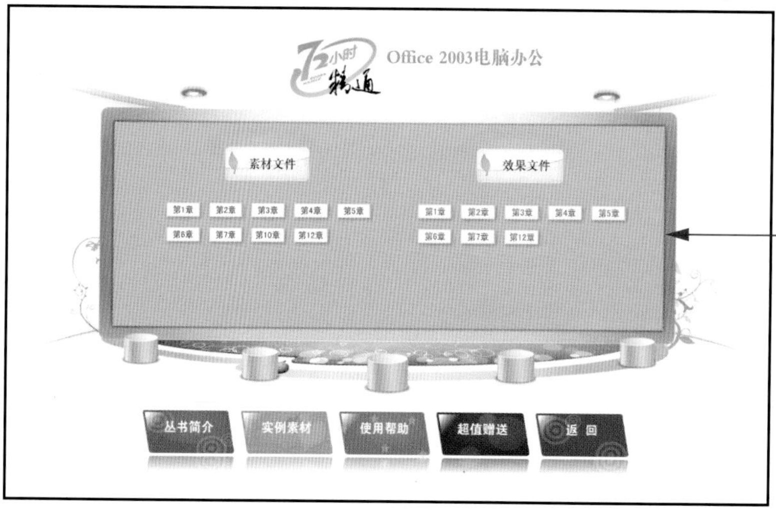

“实例素材”界面图中是各章节实例的素材、源文件或者效果图。读者在阅读过程中可按相应的操作打开，并根据书中的实例步骤进行操作

2.单击“阅读互动电子书”按钮进入互动电子书界面。

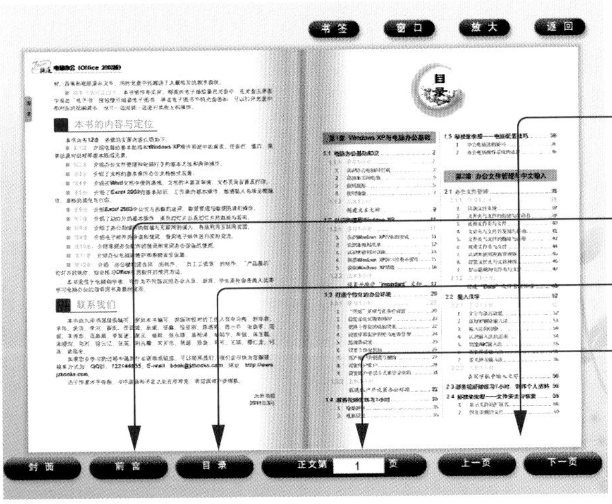

单击左下角或者右下角处，则可实现向前或者向后翻页

翻到“前言”

翻到“目录”

翻到指定页面

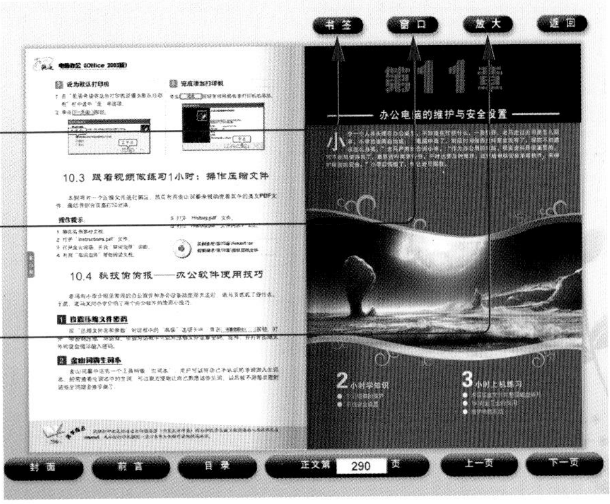

设置“书签”标记，以方便下次使用

“窗口/全屏”按钮切换中，“窗口”状态方便读者在窗口看书，不掩盖其他窗口

“放大”按钮则电子书放大，看起来更清晰

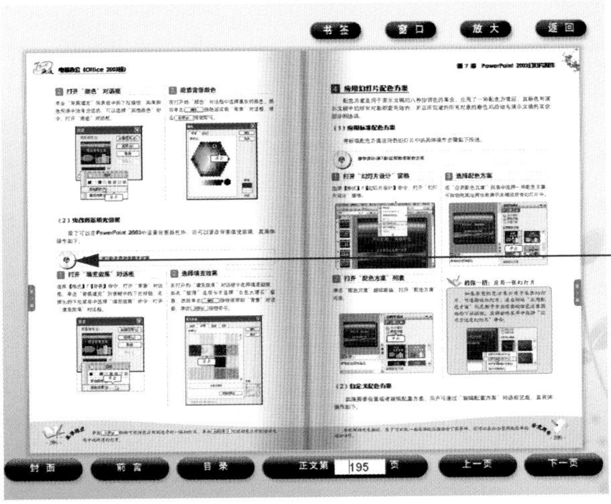

单击电子书上的“光盘”按钮，光盘将“转动”起来，并进入以下步骤的相关演示

3.在主界面中，单击“观看多媒体教学演示”图标，可进入多媒体演示界面。

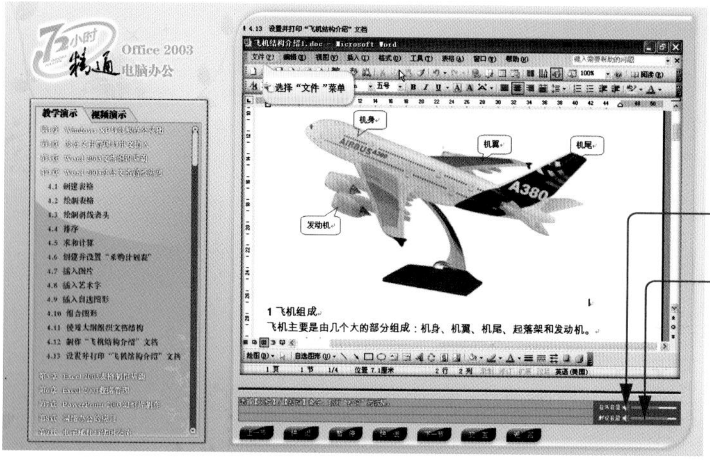

调节背景音乐音量大小

调节解说音量大小

单击视频演示并进入交互模式，可跟着视频进行练习

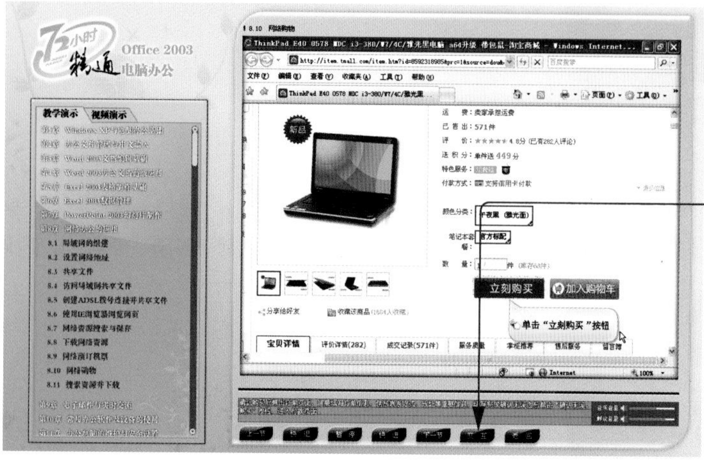

单击“交互“按钮后，进入模拟操作，读者须跟着光标指示操作，才能向下进行

Excel

编辑表格

部门	姓名	基本工资	岗位工资	绩效工资	奖金	公积金	社保	个人所得	事(病)假	考勤	应发工资
人事部	陆红	1800	1000	3000	2000	226	309	65	80	50	7070
人事部	李娜	1200	600	800	500	99	189	25	0	0	2787
行政部	姜山	1800	1000	2500	2000	226	309	65	0	50	6650
行政部	王福善	1200	600	400	500	99	189	25	45	0	2342
行政部	苏响	1200	600	500	500						
财务部	贾华	1800	1000	3500	2000						
财务部	沈沉	1200	600	1200	500						
财务部	蔡小蓓	1200	600	1000	500						
销售部	尹南	1800	1000	5000	2000						
销售部	陈小旭	1200	600	2400	500						
销售部	薛婧	1200	600	2600	500						
销售部	萧煜	1200	600	2800	500						
销售部	陈露	1200	600	2000	500						

部门	姓名	基本工资	岗位工资	绩效工资	奖金	公积金	社保	个人所得税	事(病)假	考勤	应发工资
人事部	陆红	1800	1000	3000	2000	226	309	65	80	50	7070
人事部	李娜	1200	600	800	500	99	189	25	0	0	2787
行政部	姜山	1800	1000	2500	2000	226	309	65	0	50	6650
行政部	王福善	1200	600	400	500	99	189	25	45	0	2342
行政部	苏响	1200	600	500	500	99	189	25	0	30	2457
财务部	贾华	1800	1000	3500	2000	226	309	65	0	0	7700
财务部	沈沉	1200	600	1200	500	99	189	25	45	0	3142
财务部	蔡小蓓	1200	600	1000	500	99	189	25	0	30	2957
销售部	尹南	1800	1000	5000	2000	226	309	65	0	0	9200
销售部	陈小旭	1200	600	2400	500	99	189	25	45	80	4262
销售部	薛婧	1200	600	2600	500	99	189	25	45	0	4542
销售部	萧煜	1200	600	2800	500	99	189	25	0	30	4757
销售部	陈露	1200	600	2000	500	99	189	25	0	0	3987

设置表格样式

办公用品领用记录表

领用日期	部门	领用物品	数量	单价	总价	领用人签字
2010/6/1	市场部	工作服	5	130	650	邵军
2010/6/5	行政部	资料册	5	10	50	贾珂
2010/6/10	人资部	打印纸	4	50	200	王源
2010/6/12	策划部	水彩笔	5	20	100	李嘉
2010/6/18	市场部	工作服	3	130	390	曾勒
2010/6/23	运营部	打印纸	2	50	100	张岩
2010/6/27	人资部	传真纸	3			
2010/6/30	办公室	工作服	1			

办公用品领

领用日期	部门	领用物品	数		领用人签字
2010/6/27	人资部	传真纸	3		
2010/6/10	人资部	打印纸	4		
2010/6/23	运营部	打印纸	2	50	张岩
2010/6/1	市场部	工作服	5	130	邵军
2010/6/18	市场部	工作服	3	130	曾勒
2010/6/30	办公室	工作服	1	130	吴佳
2010/6/12	策划部	水彩笔	5	20	李嘉
2010/6/5	行政部	资料册	5	10	贾珂
				总计	

办公用品领用记录表

领用日期	部门	领用物品	数量	单价	总价	领用人签字
2010/6/1	市场部	工作服	5	130		邵军
2010/6/5	行政部	资料册	5	10		贾珂
2010/6/10	人资部	打印纸	4	50		王源
2010/6/12	策划部	水彩笔	5	20		李嘉
2010/6/18	市场部	工作服	3	130		曾勒
2010/6/23	运营部	打印纸	2	50		张岩
2010/6/27	人资部	传真纸	3	15		赵惠
2010/6/30	办公室	工作服	1	130		吴佳
					总计	

设置数据筛选

员工年度考核表

部门	职务	姓名	学历	月平均工资	年终奖	补贴	通讯费	交通费	全年总收入
质量部	员工	常雯	本科	¥3,700	¥25,000	¥3,200	¥2,600	¥2,600	
质量部	员工	仇琳	硕士	¥3,400	¥20,000	¥3,000	¥2,600	¥2,600	
技术部	员工	冯丽丽	本科	¥3,250	¥25,000	¥3,000	¥2,600	¥2,600	
质量部	部门经理	冯云胜	博士	¥5,500	¥43,000	¥3,200	¥3,200	¥3,200	
生产部	部门经理	刘长青	硕士	¥5,000	¥41,000	¥3,200	¥3,200	¥3,200	
市场部	员工	刘成	大专	¥3,050	¥20,000	¥3,000	¥2,800	¥2,600	
生产部	员工	刘红	大专	¥3,870	¥15,000	¥3,000	¥2,600	¥2,600	
技术部	部门经理	刘恬	硕士	¥5,000	¥40,000	¥3,200	¥3,200	¥3,200	
生产部	员工	刘小丽	大专	¥3,900	¥15,000	¥3,000	¥2,600	¥2,600	
生产部	员工	刘晓鸥	大专	¥3,970	¥15,000	¥3,000	¥2,600	¥2,600	
市场部	员工	卢月	大专	¥3,150	¥15,000	¥3,000	¥2,800	¥2,600	
市场部	部门经理	王小蒙	本科	¥5,500	¥45,000	¥3,200	¥3,200	¥3,200	
技术部	员工	王小燕	大专	¥3,300	¥25,000	¥3,000	¥2,600	¥2,600	

员工年度考核表

部门	职务	姓名	学历	月平均工资	年终奖	补贴	通讯费	交通费	全年总收入
技术部	部门经理	刘恬	硕士	¥5,000	¥40,000	¥3,200	¥3,200	¥3,200	¥109,600
技术部	员工	冯丽丽	本科	¥3,250	¥25,000	¥3,000	¥2,600	¥2,600	¥72,200
技术部	员工	王小燕	大专	¥3,300	¥25,000	¥3,000	¥2,600	¥2,600	¥72,800
技术部 汇总									¥254,600
生产部	部门经理	刘长青	硕士	¥5,000	¥41,000	¥3,200	¥3,200	¥3,200	¥110,600
生产部	员工	刘红	大专	¥3,870	¥15,000	¥3,000	¥2,600	¥2,600	¥69,640
生产部	员工	刘小丽	大专	¥3,900	¥15,000	¥3,000	¥2,600	¥2,600	¥70,000
生产部	员工	刘晓鸥	大专	¥3,970	¥15,000	¥3,000	¥2,600	¥2,600	¥70,840
生产部 汇总									¥321,080
市场部	部门经理	王小蒙	本科	¥5,500	¥45,000	¥3,200	¥3,200	¥3,200	¥120,600
市场部	员工	刘成	大专	¥3,050	¥20,000	¥3,000	¥2,800	¥2,600	¥65,000
市场部	员工	卢月	大专	¥3,150	¥15,000	¥3,000	¥2,800	¥2,600	¥61,200
市场部 汇总									¥246,800
质量部	部门经理	冯云胜	博士	¥5,500	¥43,000	¥3,200	¥3,200	¥3,200	¥118,600
质量部	员工	常雯	本科	¥3,700	¥25,000	¥3,200	¥2,600	¥2,600	¥77,800
质量部	员工	仇琳	硕士	¥3,400	¥20,000	¥3,000	¥2,600	¥2,600	¥69,000
质量部 汇总									¥265,400
总计									¥1,087,880

使用函数

2010年度三项考核表						
参考信息		考核项目			总成绩	名次
编号	姓名	业务能力	专业知识	工作态度		
KL01	李林	98.50	80.00	80.00		
KL02	胡大林	97.00	87.00	85.00		
KL03	方友	87.50	86.50	95.50		
KL04	赵利民	92.00	82.00	80.00		
KL05	张丽丽	94.50	95.00	77.00		
KL06	张勇	90.00	90.50	77.50		
KL07	王蒙	88.50	92.00	76.00		
KL08	罗林	82.00	94.00	80.00		
KL09	黄永乐	90.50	88.00	82.00		
	平均成绩					
	最高分					
	最低分					

2010年度三项考核表							
参考信息		考核项目			总成绩	名次	
编号	姓名	业务能力	专业知识	工作态度			
KL01	李林	98.50	80.00	80.00	258.50	5	良好
KL02	胡大林	97.00	87.00	85.00	269.00	2	优秀
KL03	方友	87.50	86.50	95.50	269.50	1	优秀
KL04	赵利民	92.00	82.00	80.00	254.00	9	良好
KL05	张丽丽	94.50	95.00	77.00	266.50	3	优秀
KL06	张勇	90.00	90.50	77.50	258.00	6	良好
KL07	王蒙	88.50	92.00	76.00	256.50	7	良好
KL08	罗林	82.00	94.00	80.00	256.00	8	良好
KL09	黄永乐	90.50	88.00	82.00	260.50	4	良好
	平均成绩	91.17	88.33	81.44	260.94		
	最高分	98.50	95.00	95.50	269.50		
	最低分	82.00	80.00	76.00	254.00		

添加数据筛选

工资表									
部门	职务	姓名	学历	基本工资	奖金	补贴	全勤	事假	实得工资
生产部	部门经理	陈灵青	硕士	3500	2500	1000	100	0	7100
市场部	部门经理	程乾	本科	4000	2000	900	100	0	7000
市场部	员工	崔颖	大专	2500	1500	500	100	0	4600
生产部	员工	范毅	大专	2500	1000	500	100	0	4100
质量部	部门经理	廖华	博士	3000	4000	1200	100	0	8300
技术部	部门经理	刘立志	硕士	3500	3500	1000	100	0	8100
质量部	员工	孙虹茹	硕士	4000	3000	900	100	0	8000
生产部	员工	汪洋	大专	2500	1000	500	100	0	4100
市场部	员工	薛峰	大专	2500	1000	500	100	0	4100
技术部	员工	杨波	本科	3000	1500	750	100	0	5350
质量部	员工	袁静	本科	3000	2500	750	100	0	6350
技术部	员工	周建华	大专	3000	2500	500	0	100	6100

工资表									
部门	职务	姓名	学历	基本工资	奖金	补贴	全勤	事假	实得工资
质量部	部门经理	廖华	博士	3000	4000	1200	100	0	8300
质量部	员工	孙虹茹	硕士	4000	3000	900	100	0	8000
质量部	员工	袁静	本科	3000	2500	750	100	0	6350
质量部 汇总									22650
市场部	部门经理	程乾	本科	4000	2000	900	100	0	7000
市场部	员工	崔颖	大专	2500	1500	500	100	0	4600
市场部	员工	薛峰	大专	2500	1000	500	100	0	4100
市场部 汇总									15700
生产部	部门经理	陈灵青	硕士	3500	2500	1000	100	0	7100
生产部	员工	范毅	大专	2500	1000	500	100	0	4100
生产部	员工	汪洋	大专	2500	1000	500	100	0	4100
生产部 汇总									15300
技术部	部门经理	刘立志	硕士	3500	3500	1000	100	0	8100
技术部	员工	周建华	大专	3000	2500	500	0	100	6100
技术部	员工	杨波	本科	3000	1500	750	100	0	5350
技术部 汇总									19550
总计									73200

填充颜色

欣跃员工通讯录								
统计时间：2010年01月01日								
编号	姓名	性别	学历	部门	职务	固定电话	移动电话	Email地址
XY1001	刘晓鸥	男	大学	生产部	经理	80792288	1.62E+10	LXO@SCXINYUE.COM
XY1002	唐芳	女	大学	生产部	经理助理	80792288	1.62E+10	TF@SCXINYUE.COM
XY1003	张月	女	大专	生产部	职员	80792289	1.62E+10	ZY@SCXINYUE.COM
XY1004	李小丽	女	大专	生产部	职员	80792289	1.62E+10	LXL@SCXINYUE.COM
XY1005	马艳	女	大专	生产部	职员	80792289	1.62E+10	MY@SCXINYUE.COM
XY1006	李红	男	大专	生产部	职员	80792290	1.62E+10	LH@SCXINYUE.COM
XY1007	张小蒙	男	大专	生产部	职员	80792290	1.62E+10	ZXM@SCXINYUE.COM
XY1008	卢月	女	大专	生产部	职员	80792290	1.62E+10	LY@SCXINYUE.COM
XY2001	李成	男	博士	市场部	经理	80792291	1.62E+10	LC@SCXINYUE.COM
XY2002	杜云胜	男	大学	市场部	经理助理	80792292		
XY2003	程小月	女	大学	市场部	职员	80792293		
XY2004	张大为	男	大学	市场部	职员	80792293		
XY2005	卢艳霞	女	大学	市场部	职员	80792293		
XY3001	李恬	女	大学	质量部	经理	80792294		
XY3002	杜丽丽	女	大学	质量部	经理助理	80792295		
XY3003	张小燕	女	大学	质量部	职员	80792296		
XY3004	李长青	男	大学	质量部	职员	80792296		
XY3005	赵锦程	男	大学	质量部	职员	80792296		

欣跃员工通讯录								
统计时间：2010年01月01日								
编号	姓名	性别	学历	部门	职务	固定电话	移动电话	Email地址
XY1001	刘晓鸥	男	大学	生产部	经理	80792288	16224092184	LXO@SCXINYUE.COM
XY1002	唐芳	女	大学	生产部	经理助理	80792288	16224092185	TF@SCXINYUE.COM
XY1003	张月	女	大专	生产部	职员	80792289	16224092186	ZY@SCXINYUE.COM
XY1004	李小丽	女	大专	生产部	职员	80792289	16224092187	LXL@SCXINYUE.COM
XY1005	马艳	女	大专	生产部	职员	80792289	16224092188	MY@SCXINYUE.COM
XY1006	李红	男	大专	生产部	职员	80792290	16224092189	LH@SCXINYUE.COM
XY1007	张小蒙	男	大专	生产部	职员	80792290	16224092190	ZXM@SCXINYUE.COM
XY1008	卢月	女	大专	生产部	职员	80792290	16224092191	LY@SCXINYUE.COM
XY2001	李成	男	博士	市场部	经理	80792291	16224092192	LC@SCXINYUE.COM
XY2002	杜云胜	男	大学	市场部	经理助理	80792292	16224092193	DYS@SCXINYUE.COM
XY2003	程小月	女	大学	市场部	职员	80792293	16224092194	CXY@SCXINYUE.COM
XY2004	张大为	男	大学	市场部	职员	80792293	16224092195	ZDW@SCXINYUE.COM

填充颜色并添加筛选

2010年订单统计表

接单日期	制造单号	品名	规格	订货量(千只)	单价	金额(万元)	期限(月)	物料状况	预定日期	完工日期	完成状况	备注
2010/1/25	MFR10S01	密封圈	S175-11	10	2.5		1	齐备	2010/2/24	2010/2/26		春节放假
2010/3/2	MFR10S02	密封圈	S175-16	7.5	3.2		3	齐备	2010/5/31	2010/5/8		
2010/4/12	MFR10B01	挡圈	B175-13	16	3.9		2	齐备	2010/6/11	2010/6/2		
2010/5/3	MFR10S03	密封圈	S175-22	8	3.8		1	齐备	2010/6/2	2010/6/2		
2010/5/18	MFR10B02	挡圈	B175-26	22	5.2		3	缺货	2010/8/16	2010/7/26		
2010/6/2	MFR10S04	密封圈	S175-36	12	4.7		1	齐备	2010/7/2	2010/7/3		
2010/6/11	MFR10S05	密封圈	S175-11	6	2.4		3	齐备	2010/9/9	2010/8/29		
2010/6/16	MFR10R01	密封环	R175-21	1.2	125		1	齐备	2010/7/16	2010/7/16		
2010/6/22	MFR10B03	挡圈	B175-17	18	4.6		2	齐备	2010/8/21	2010/8/15		
2010/8/14	MFR10R02	密封环	R175-06	2.5	98		1	缺货	2010/9/13	2010/9/27		
2010/10/9	MFR10S06	密封圈	S175-08	6	2.6		3	齐备	2011/1/7	2010/11/30		
2010/12/4	MFR10S07	密封圈	S175-15	9	2.9		1	齐备	2011/1/3			

2010 年 订 单 统 计 表

品名	规格	订货量(千只)	单价	金额(万元)	期限(月)	物料状况	预定日期	完工日期	完成状况	备注
挡圈	B175-13	16	3.9	6.24	2	齐备	2010/6/11	2010/6/2	如期完成	
挡圈	B175-26	22	5.2	11.44	3	缺货	2010/8/16	2010/7/26	如期完成	
挡圈	B175-17	18	4.6	8.28	2	齐备	2010/8/21	2010/8/15	如期完成	
密封环	R175-21	1.2	125	15	1	齐备	2010/7/16	2010/7/16	如期完成	
密封环	R175-06	2.5	98	24.5	1	缺货	2010/9/13	2010/9/27	延期完成	缺货
密封圈	S175-11	10	2.5	2.5	1	齐备	2010/2/24	2010/2/26	延期完成	春节放假
密封圈	S175-16	7.5	3.2	2.4	3	齐备	2010/5/31	2010/5/8	如期完成	
密封圈	S175-22	8	3.8	3.04	1	齐备	2010/6/2	2010/6/2	如期完成	
密封圈	S175-36	12	4.7	5.64	1	齐备	2010/7/2	2010/7/3	延期完成	设备故障
密封圈	S175-11	6	2.4	1.44	3	齐备	2010/9/9	2010/8/29	如期完成	
密封圈	S175-08	6	2.6	1.56	3	齐备	2011/1/7	2010/11/30	如期完成	
									未完成	

应用图表

员工年龄分布

年龄	人数
30岁以下	5
30～40岁	10
40～50岁	6
50～60岁	3
60岁以上	2

员工年龄分布

年龄	人数
30岁以下	5
30～40岁	10
40～50岁	6
50～60岁	3
60岁以上	2

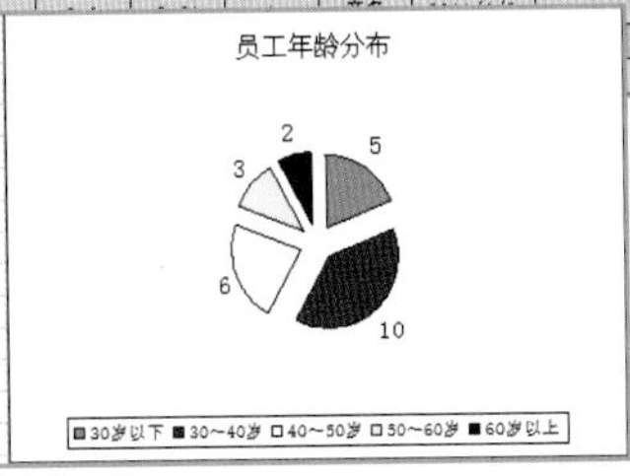
员工年龄分布
2
5
3
6
10
30岁以下 30～40岁 40～50岁 50～60岁 60岁以上

PPT

CANON幻灯片

EOS 3000V
同级机型中最快的自动对焦速度
和EF28-90 USM镜头配合使用
同级机型中最宽广的自动对焦区域（7点对焦）
35区评价测光（与对焦点联动）
新一代低价位普及型相机

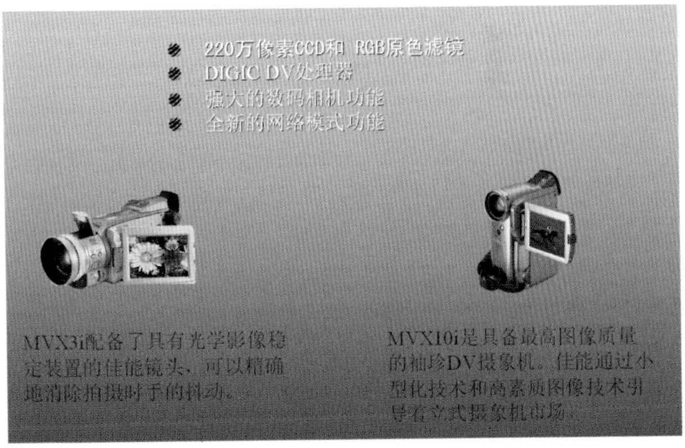
220万像素CCD和 RGB原色滤镜
DIGIC DV处理器
强大的数码相机功能
全新的网络模式功能
MVX3i配备了具有光学影像稳定装置的佳能镜头，可以精确地消除拍摄时手的抖动。
MVX10i是具备最高图像质量的袖珍DV摄像机。佳能通过小型化技术和高素质图像技术引导着立式摄像机市场。

CANON 感动常在
世界影象的领导者
与您一起迈入数码时代

EOS 300D DIGITAL
➢高影像素质
➢小巧轻便，操控简易
➢具备先进的性能
➢极具竞争力的价格

产品展示幻灯片

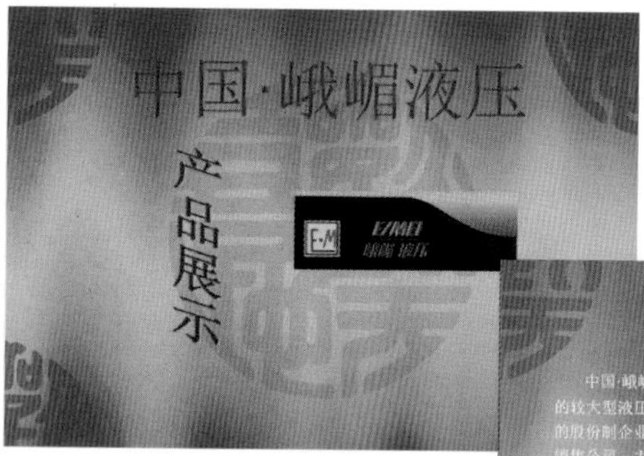
中国·峨嵋液压
产品展示

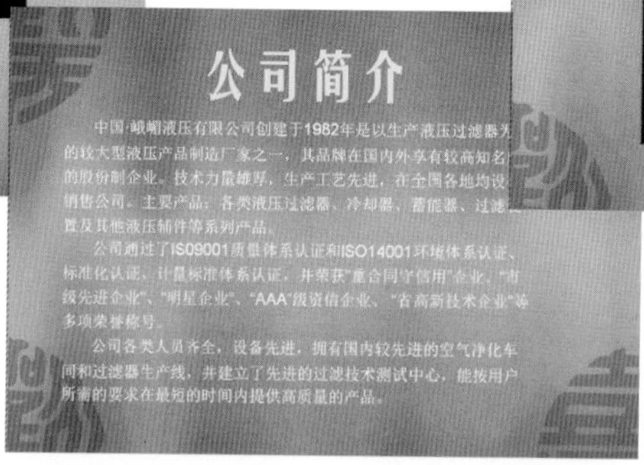
公司简介
中国·峨嵋液压有限公司创建于1982年是以生产液压过滤器为
的较大型液压产品制造厂家之一，其品牌在国内外享有较高知名
的股份制企业。技术力量雄厚，生产工艺先进，在全国各地均设
销售公司。主要产品：各类液压过滤器、冷却器、蓄能器、过滤
置及其他液压辅件等系列产品。
公司通过了ISO9001质量体系认证和ISO14001环境体系认证、标准化认证、计量标准体系认证，并荣获"重合同守信用"企业、"市级先进企业"、"明星企业"、"AAA"级资信企业、"省高新技术企业"等多项荣誉称号。
公司各类人员齐全，设备先进，拥有国内较先进的空气净化车间和过滤器生产线，并建立了先进的过滤技术测试中心，能按用户所需的要求在最短的时间内提供高质量的产品。

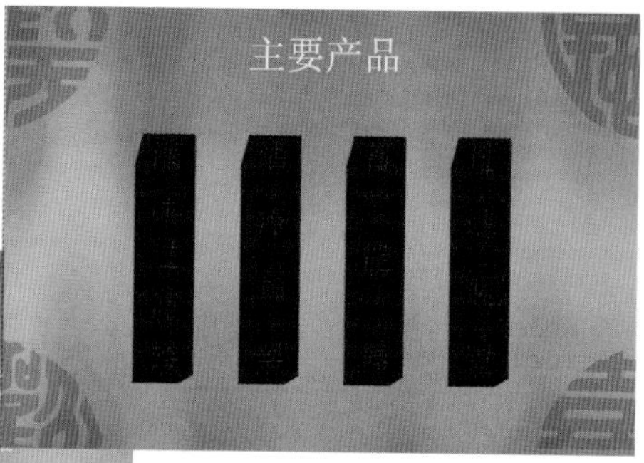
主要产品

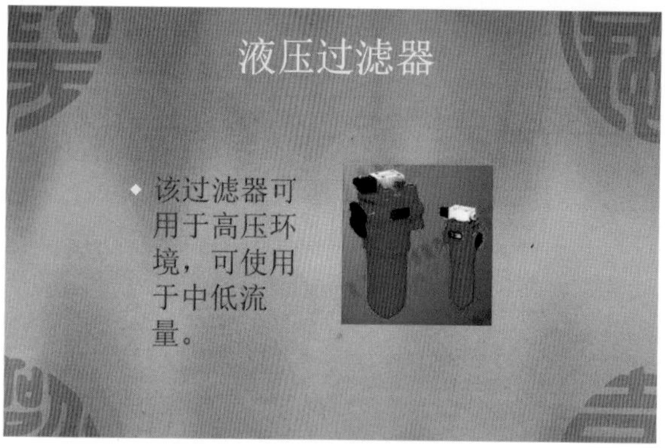
液压过滤器
该过滤器可用于高压环境，可使用于中低流量。

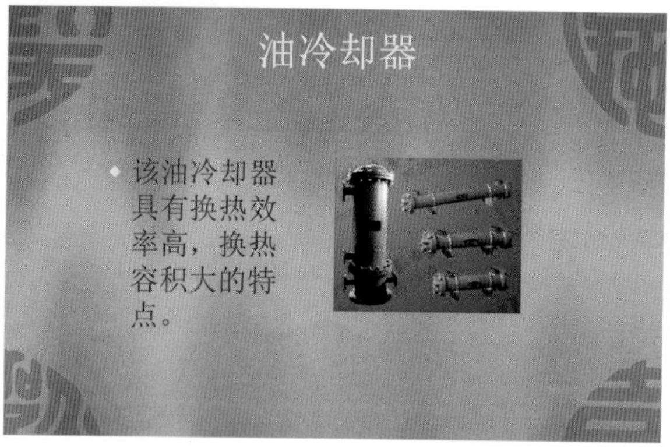
油冷却器
该油冷却器具有换热效率高，换热容积大的特点。

工作会议报告幻灯片

天溪食品
工作报告会议
铭记责任、管理规范
心系用户、严格把关

会议内容
去年总结
产品开发
市场形势
销售情况
明年计划

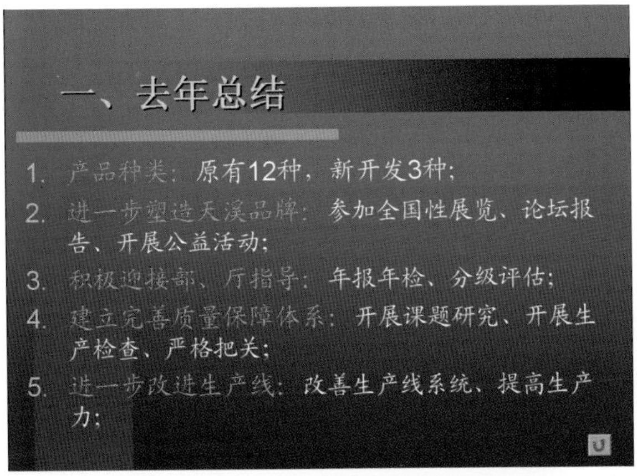
一、去年总结
1. 产品种类：原有12种，新开发3种；
2. 进一步塑造天溪品牌：参加全国性展览、论坛报告、开展公益活动；
3. 积极迎接部、厅指导：年报年检、分级评估；
4. 建立完善质量保障体系：开展课题研究、开展生产检查、严格把关；
5. 进一步改进生产线：改善生产线系统、提高生产力；

二、产品开发
新产品名称
销量
麻辣鱼片
72000袋
五香牛肉
56000袋
茄汁豆干
12000袋

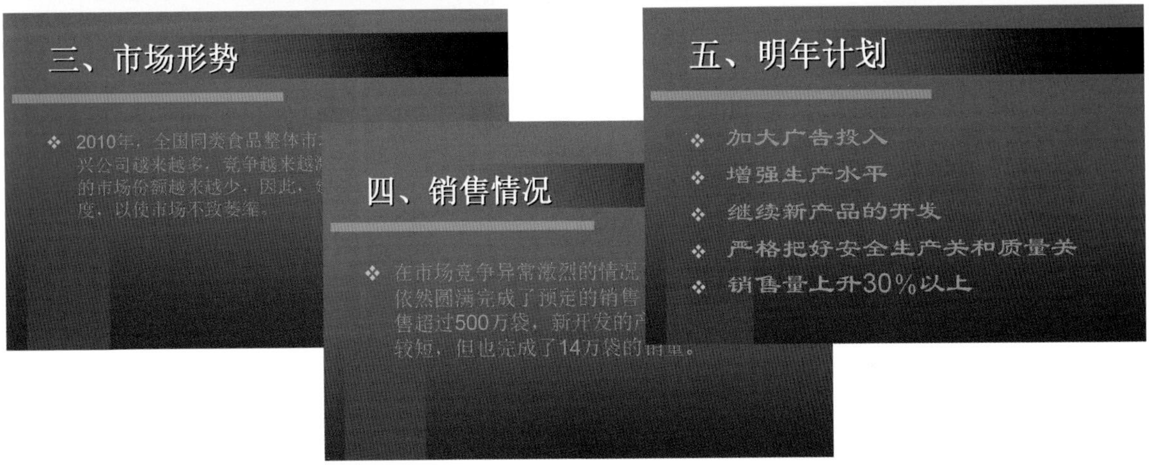
三、市场形势
2010年，全国同类食品整体市
兴公司越来越多，竞争越来越
的市场份额越来越少，因此，
度，以使市场不致萎缩。
四、销售情况
在市场竞争异常激烈的情况
依然圆满完成了预定的销售
售超过500万袋，新开发的
较短，但也完成了14万袋的
五、明年计划
加大广告投入
增强生产水平
继续新产品的开发
严格把好安全生产关和质量关
销售量上升30%以上

公司简介幻灯片

公司简介

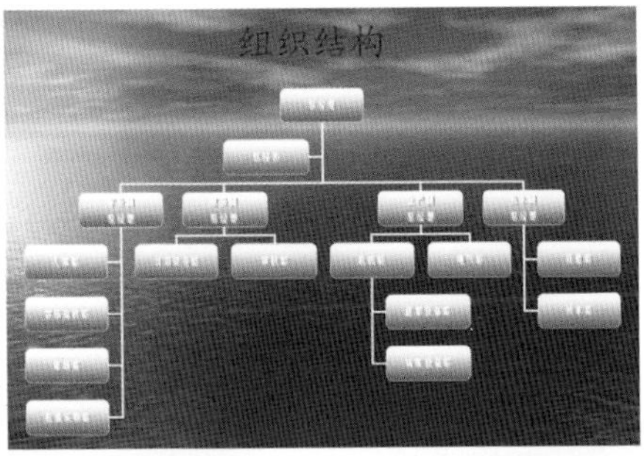
组织结构

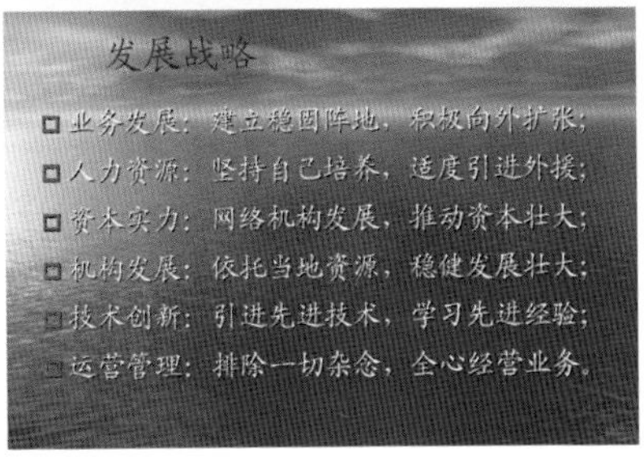
发展战略
业务发展：建立稳固阵地，积极向外扩张；
人力资源：坚持自己培养，适度引进外援；
资本实力：网络机构发展，推动资本壮大；
机构发展：依托当地资源，稳健发展壮大；
技术创新：引进先进技术，学习先进经验；
运营管理：排除一切杂念，全心经营业务。

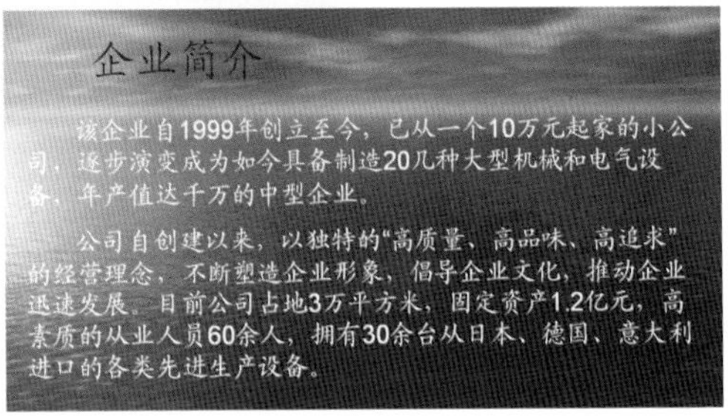
企业简介
该企业自1999年创立至今，已从一个10万元起家的小公司，逐步演变成为如今具备制造20几种大型机械和电气设备、年产值达千万的中型企业。
公司自创建以来，以独特的“高质量、高品味、高追求”的经营理念，不断塑造企业形象，倡导企业文化，推动企业迅速发展。目前公司占地3万平方米，固定资产1.2亿元，高素质的从业人员60余人，拥有30余台从日本、德国、意大利进口的各类先进生产设备。

公司宣传文件(幻灯片切换)

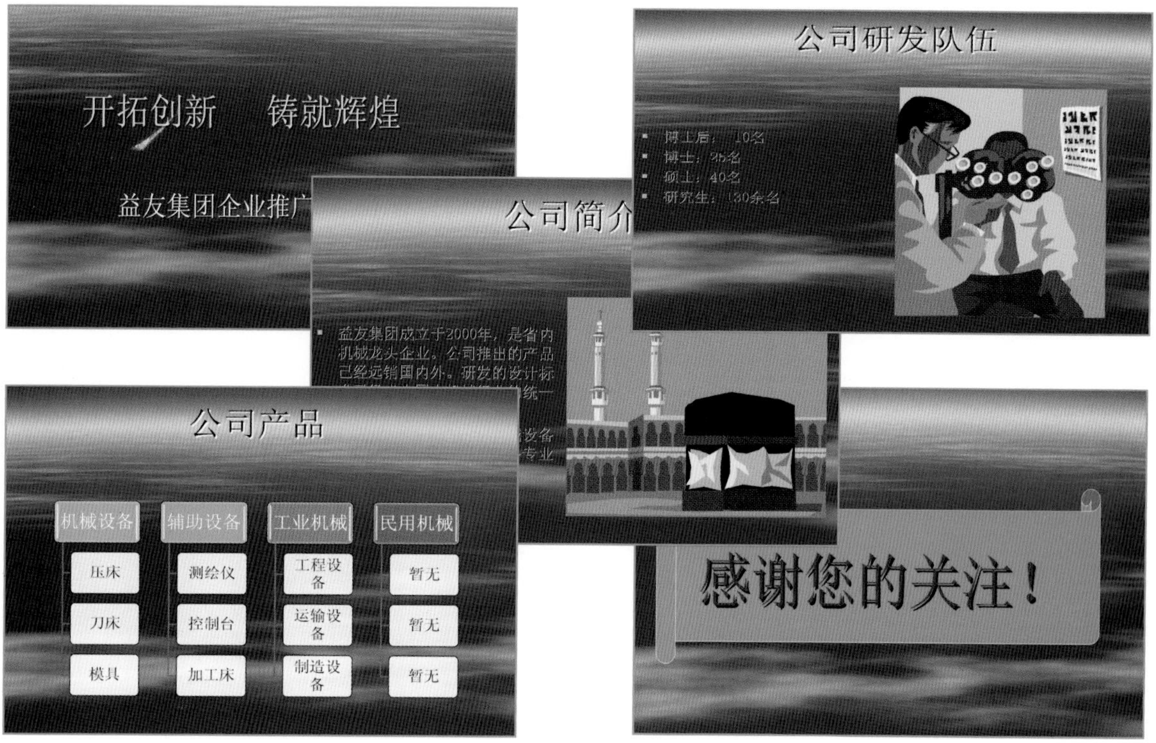
开拓创新　铸就辉煌
益友集团企业推广
公司简介
益友集团成立于2000年，是省内机械龙头企业。公司推出的产品已经远销国内外。研发的设计标
公司研发队伍
博士后：10名
博士：25名
硕士：40名
研究生：130余名
公司产品
机械设备
辅助设备
工业机械
民用机械
压床
测绘仪
工程设备
暂无
刀床
控制台
运输设备
暂无
模具
加工床
制造设备
暂无
感谢您的关注！

活动通知幻灯片

一起去旅游
十·一活动通知
9月20日
大家希望的目的地？
青城山
乐山大佛
青城山
西岭雪山

健康和安全幻灯片

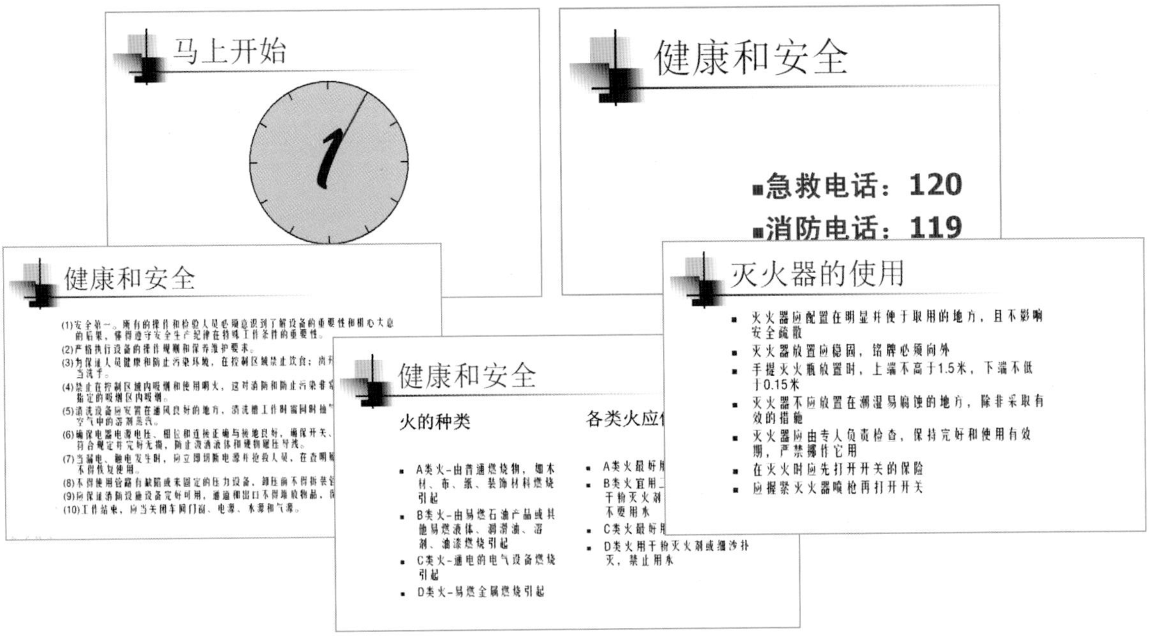
马上开始
1
健康和安全
急救电话：120
消防电话：119
健康和安全
健康和安全
火的种类
各类火应
灭火器的使用
火火器应配置在明显并便于取用的地方，且不影响安全疏散
灭火器放置应稳固，铭牌必须向外
手提灭火瓶放置时，上端不高于1.5米，下端不低于0.15米
灭火器不应放置在潮湿易腐蚀的地方，除非采取有效的措施
灭火器应由专人负责检查，保持完好和使用有效期，严禁挪作它用
在火灾时应先打开开关的保险
应握紧灭火器喷枪再打开开关

设置艺术字和添加形状标注框

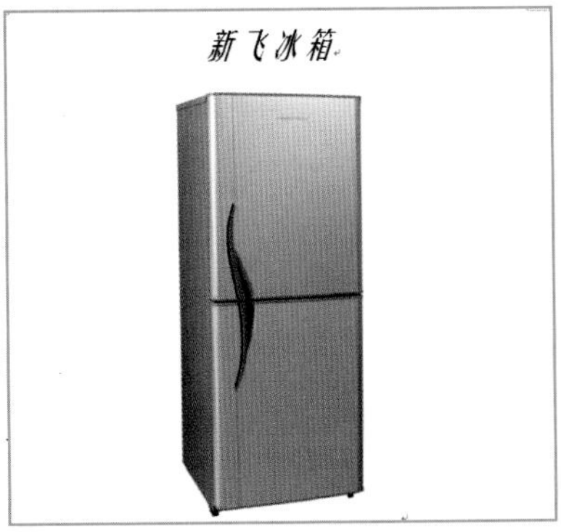
新飞冰箱

新飞冰箱

新飞冰箱
BCD-223MR
耗电量：
0.48KWH

添加表格

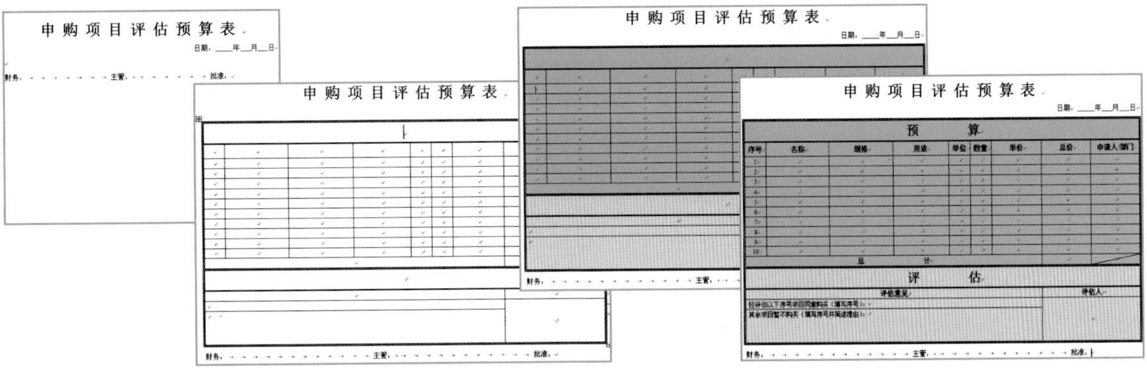
申购项目评估预算表
申购项目评估预算表
申购项目评估预算表
申购项目评估预算表
预　算
评　估

理念培训幻灯片

新员工培训
飞跃集团

欢迎成为奋斗的一员
Hand in hand,
tomorrow is in your
hands!
让我们一起携手共进，
共创美好的明天！

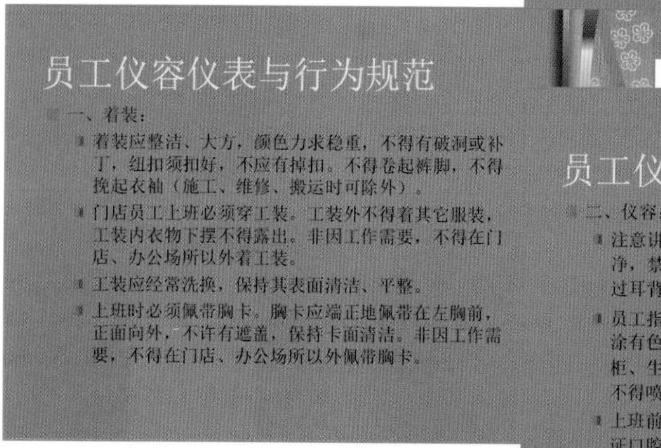
员工仪容仪表与行为规范
一、着装：
着装应整洁、大方，颜色力求稳重，不得有破洞或补丁，纽扣须扣好，不应有掉扣。不得卷起裤脚，不得挽起衣袖（施工、维修、搬运时可除外）。
门店员工上班必须穿工装。工装外不得着其它服装，工装内衣物下摆不得露出。非因工作需要，不得在门店、办公场所以外着工装。
工装应经常洗换，保持其表面清洁、平整。
上班时必须佩带胸卡。胸卡应端正地佩带在左胸前，正面向外，不许有遮盖，保持卡面清洁。非因工作需要，不得在门店、办公场所以外佩带胸卡。

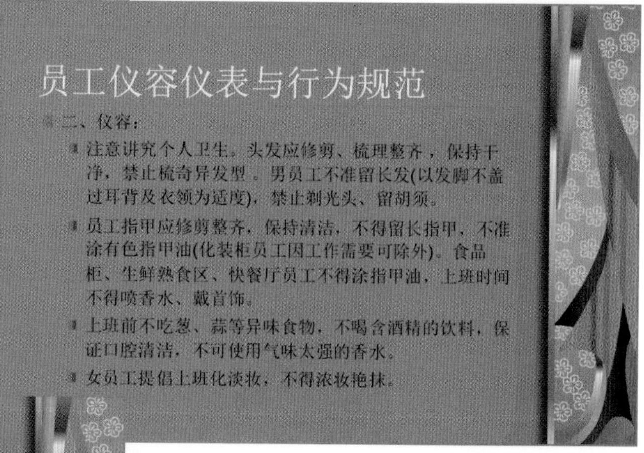
员工仪容仪表与行为规范
二、仪容：
注意讲究个人卫生。头发应修剪、梳理整齐，保持干净，禁止梳奇异发型。男员工不准留长发(以发脚不盖过耳背及衣领为适度)，禁止剃光头、留胡须。
员工指甲应修剪整齐，保持清洁，不得留长指甲，不准涂有色指甲油(化装柜员工因工作需要可除外)。食品柜、生鲜熟食区、快餐厅员工不得涂指甲油，上班时间不得喷香水、戴首饰。
上班前不吃葱、蒜等异味食物，不喝含酒精的饮料，保证口腔清洁，不可使用气味太强的香水。
女员工提倡上班化淡妆，不得浓妆艳抹。

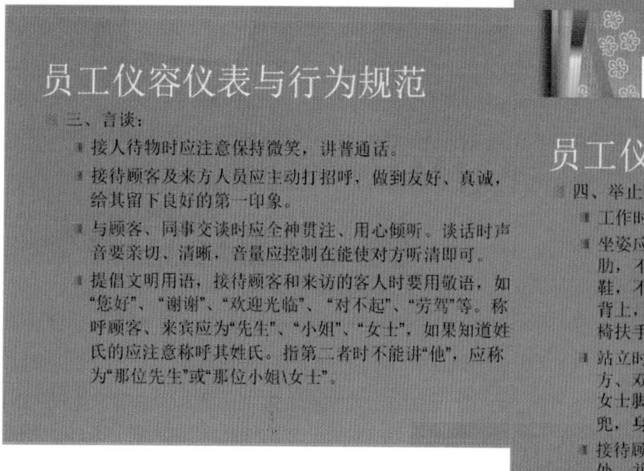
员工仪容仪表与行为规范
三、言谈：
接人待物时应注意保持微笑，讲普通话。
接待顾客及来方人员应主动打招呼，做到友好、真诚，给其留下良好的第一印象。
与顾客、同事交谈时应全神贯注、用心倾听。谈话时声音要亲切、清晰，音量应控制在能使对方听清即可。
提倡文明用语，接待顾客和来访的客人时要用敬语，如"您好"、"谢谢"、"欢迎光临"、"对不起"、"劳驾"等。称呼顾客、来宾应为"先生"、"小姐"、"女士"，如果知道姓氏的应注意称呼其姓氏。指第二者时不能讲"他"，应称为"那位先生"或"那位小姐\女士"。

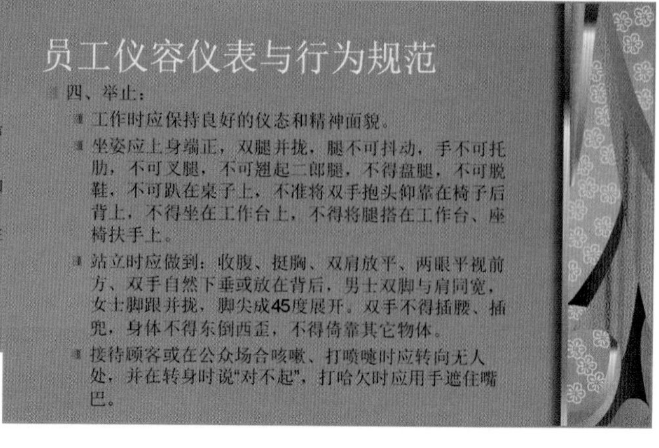
员工仪容仪表与行为规范
四、举止：
工作时应保持良好的仪态和精神面貌。
坐姿应上身端正，双腿并拢，腿不可抖动，手不可托肋，不可叉腿，不可翘起二郎腿，不得盘腿，不可脱鞋，不可趴在桌子上，不准将双手抱头仰靠在椅子后背上，不得坐在工作台上，不得将腿搭在工作台、座椅扶手上。
站立时应做到：收腹、挺胸、双肩放平、两眼平视前方、双手自然下垂或放在背后，男士双脚与肩同宽，女士脚跟并拢，脚尖成45度展开。双手不得插腰、插兜，身体不得东倒西歪，不得倚靠其它物体。
接待顾客或在公众场合咳嗽、打喷嚏时应转向无人处，并在转身时说"对不起"，打哈欠时应用手遮住嘴巴。

应用样式

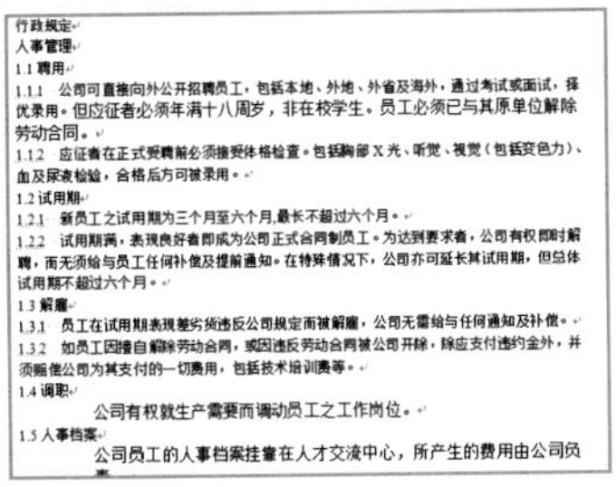

行政规定
人事管理
1.1 聘用
1.1.1 公司可直接向外公开招聘员工，包括本地、外地、外省及海外，通过考试或面试，择优录用。但应征者必须年满十八周岁，非在校学生。员工必须已与其原单位解除劳动合同。
1.1.2 应征者在正式受聘前必须接受体格检查。包括胸部X光、听觉、视觉（包括变色力）、血及尿液检验，合格后方可被录用。
1.2 试用期
1.2.1 新员工之试用期为三个月至六个月,最长不超过六个月。
1.2.2 试用期满，表现良好者即成为公司正式合同制员工。为达到要求者，公司有权即时解聘，而无须给与员工任何补偿及提前通知。在特殊情况下，公司亦可延长其试用期，但总体试用期不超过六个月。
1.3 解雇
1.3.1 员工在试用期表现差劣货违反公司规定而被解雇，公司无需给与任何通知及补偿。
1.3.2 如员工因擅自解除劳动合同，或因违反劳动合同被公司开除，除应支付违约金外，并须赔偿公司为其支付的一切费用，包括技术培训费等。
1.4 调职
公司有权就生产需要而调动员工之工作岗位。
1.5 人事档案
公司员工的人事档案挂靠在人才交流中心，所产生的费用由公司负

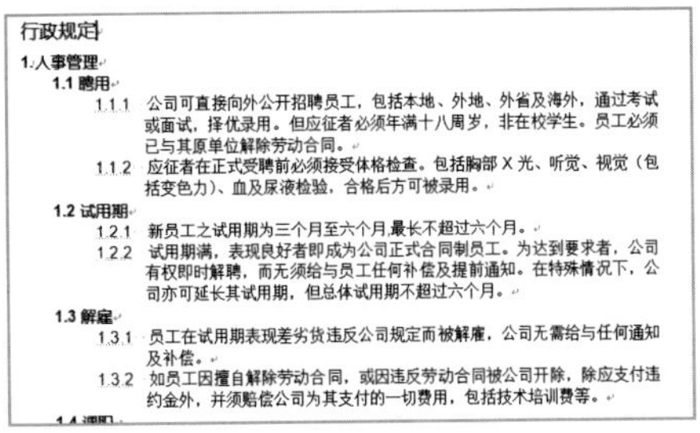

行政规定
1. 人事管理
1.1 聘用
1.1.1 公司可直接向外公开招聘员工，包括本地、外地、外省及海外，通过考试或面试，择优录用。但应征者必须年满十八周岁，非在校学生。员工必须已与其原单位解除劳动合同。
1.1.2 应征者在正式受聘前必须接受体格检查。包括胸部X光、听觉、视觉（包括变色力）、血及尿液检验，合格后方可被录用。
1.2 试用期
1.2.1 新员工之试用期为三个月至六个月,最长不超过六个月。
1.2.2 试用期满，表现良好者即成为公司正式合同制员工。为达到要求者，公司有权即时解聘，而无须给与员工任何补偿及提前通知。在特殊情况下，公司亦可延长其试用期，但总体试用期不超过六个月。
1.3 解雇
1.3.1 员工在试用期表现差劣货违反公司规定而被解雇，公司无需给与任何通知及补偿。
1.3.2 如员工因擅自解除劳动合同，或因违反劳动合同被公司开除，除应支付违约金外，并须赔偿公司为其支付的一切费用，包括技术培训费等。

添加文本框标注

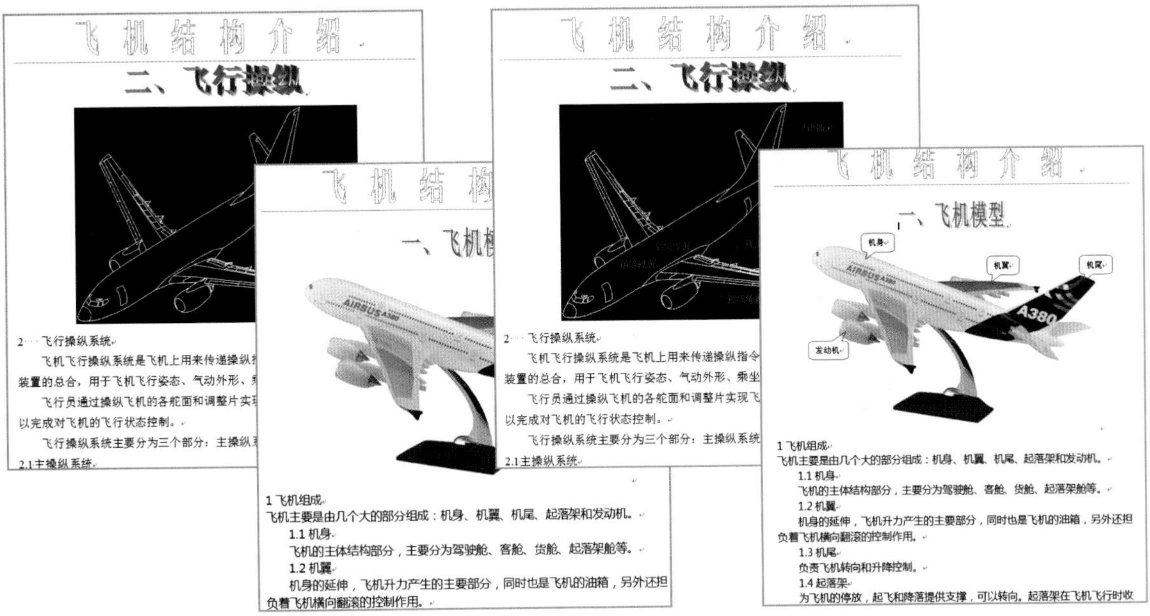

飞机结构介绍
二、飞行操纵
2 飞行操纵系统
飞机飞行操纵系统是飞机上用来传递操纵指令……装置的总合，用于飞机飞行姿态、气动外形、乘坐……
飞行员通过操纵飞机的各舵面和调整片实现……以完成对飞机的飞行状态控制。
飞行操纵系统主要分为三个部分：主操纵系……
2.1 主操纵系统

飞机结构介绍
一、飞机模型

1 飞机组成
飞机主要是由几个大的部分组成：机身、机翼、机尾、起落架和发动机。
1.1 机身
飞机的主体结构部分，主要分为驾驶舱、客舱、货舱、起落架舱等。
1.2 机翼
机身的延伸，飞机升力产生的主要部分，同时也是飞机的油箱，另外还担负着飞机横向翻滚的控制作用。
1.3 机尾
负责飞机转向和升降控制。
1.4 起落架
为飞机的停放，起飞和降落提供支撑，可以转向。起落架在飞机飞行时收

插入图片和页眉

上海通用别克车型介绍
别克凯越BUICK EXCELLE
2003年4月21日，上海通用汽车隆重推出基于全新产品平台的“别克凯越buick excelle”，从而正式进军极具潜力的中级车市场。
别克凯越的外形设计由意大利的全球顶级汽车设计公司pininfarina(皮尼法里纳)担纲；通用全球动力总成主力供应商澳大利亚霍顿(holden)公司为其配备1.8升的新一代twin-tech发动机；车尾设计则将别克凯越的动感和精致进行了完美演绎：创新的C柱三角玻璃窗设计，使车舱更修长、视野更广阔；高位刹车灯在制动时呈现6瓣花叶形状；充满活力的一体式晶亮后大灯，与前灯设计交相呼应。
上海通用汽车在这一全球平台上，利用泛亚技术中心的产品工程优势，针对中国路况特征和消费者的口味，经历了严酷的本土化试验，证明其适合中国差异悬殊的气候与广袤疆域。
别克君越LACROSSE
别克LaCROSSE君越外观基于全新的、变革性的造型理念而设计，高档气派与流线动感完美合一，形成刚劲有力、现代流畅的整体风格。内饰汲取豪华车设计精髓，突破传统中高档车的束缚，营造出不同凡响的典雅高阶品位和自然尊崇氛围。而它所提供的豪华配置之多更是模糊了高档与中高档车的划分界限：国内功能最为强大的GPS智能中文语音导航系统；信息丰富实用、令人仰视飞机驾舱的HUD飞航式前风挡显示系统；特有的双屏、可实现三方同时使用的三音源分控式DVD影院系统；来自美国著名音响品牌harman/kardon®专为君越度身定制的顶级高保真320W/9扬声器音响系统，令别克LaCROSSE君越引领中国中高档轿车的新基准。

相关各式图表

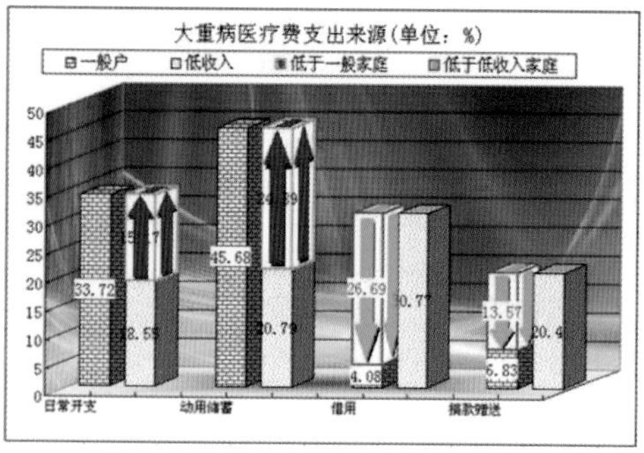
大重病医疗费支出来源(单位：%)
一般户
低收入
低于一般家庭
低于低收入家庭
日常开支
动用储蓄
借用
捐款赠送

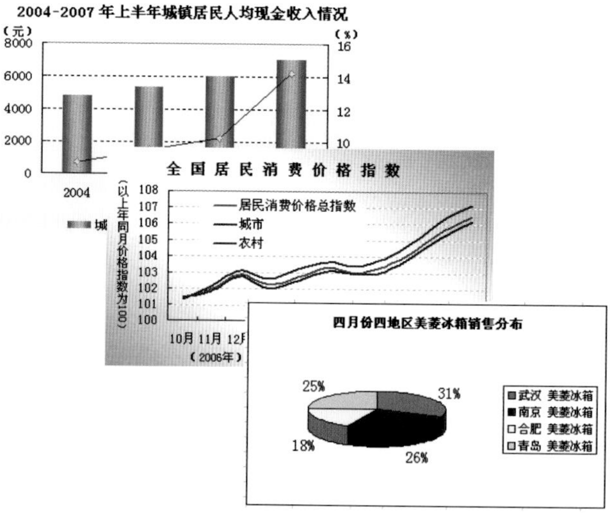
2004-2007 年上半年城镇居民人均现金收入情况
全国居民消费价格指数
居民消费价格总指数
城市
农村
四月份四地区美菱冰箱销售分布
武汉 美菱冰箱
南京 美菱冰箱
合肥 美菱冰箱
青岛 美菱冰箱

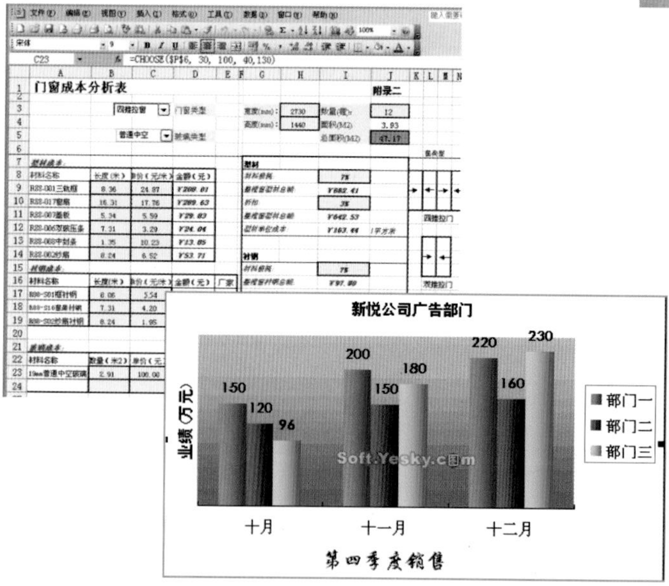
门窗成本分析表
新悦公司广告部门
业绩（万元）
部门一
部门二
部门三
十月
十一月
十二月
第四季度销售

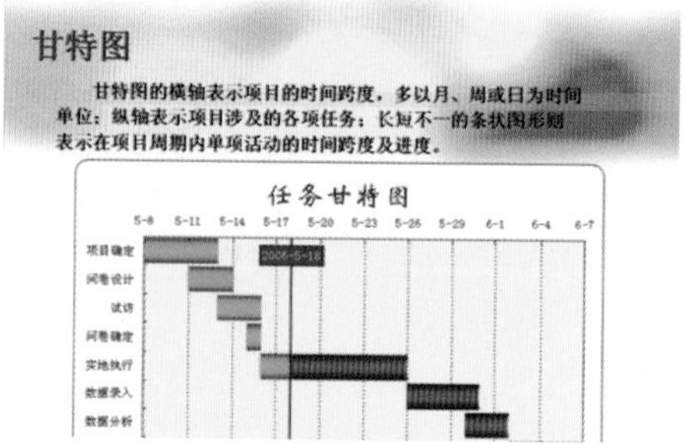
甘特图
甘特图的横轴表示项目的时间跨度，多以月、周或日为时间单位；纵轴表示项目涉及的各项任务；长短不一的条状图形则表示在项目周期内单项活动的时间跨度及进度。
任务甘特图

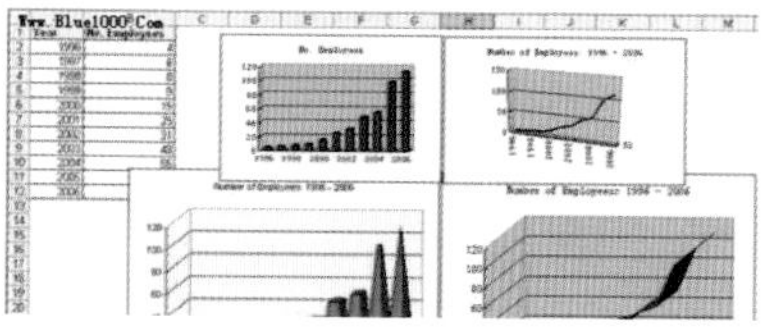

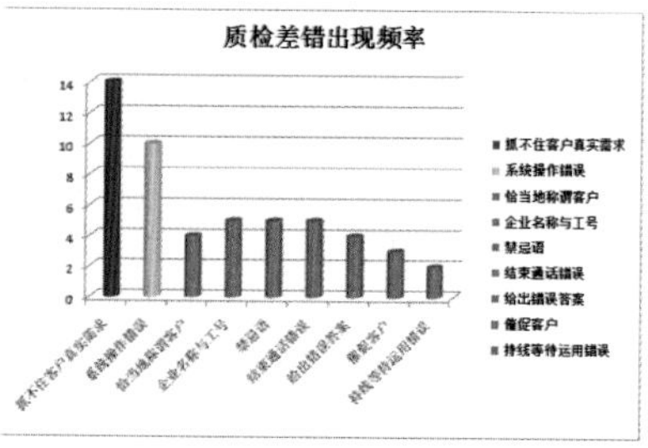
质检差错出现频率

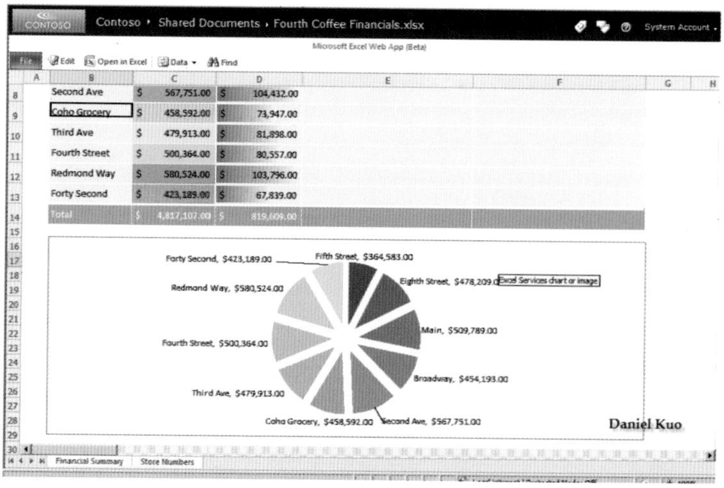
Contoso
Shared Documents
Fourth Coffee Financials.xlsx
Daniel Kuo

美化表格

珍奥集团销量统计表

地区	第一季度（万元）	第二季度（万元）	第三季度（万元）	第四季度（万元）	总计（万元）
上海	￥ 35.60	￥ 60.80	￥ 80.30	￥ 34.00	￥ 210.70
北京	￥ 56.30	￥ 75.60	￥ 45.30	￥ 90.60	￥ 267.80
天津	￥ 30.00	￥ 60.00	￥ 50.30	￥ 100.40	￥ 240.70
沈阳	￥ 35.60	￥ 32.60	￥ 96.40	￥ 55.00	￥ 219.60
大连	￥ 45.30	￥ 80.00	￥ 25.40	￥ 64.70	￥ 215.40
苏州	￥ 20.30	￥ 73.50	￥ 65.30	￥ 30.00	￥ 189.10
杭州	￥ 36.90	￥ 52.60	￥ 70.00	￥ 52.30	￥ 211.80
青岛	￥ 42.50	￥ 63.40	￥ 85.30	￥ 40.30	￥ 231.50
深圳	￥ 56.80	￥ 90.60	￥ 28.00	￥ 65.30	￥ 240.70

珍奥集团销量统计表

地区	第一季度（万元）	第二季度（万元）	第三季度（万元）	第四季度（万元）	总计（万元）
上海	￥ 35.60	￥ 60.80	￥ 80.30	￥ 34.00	￥ 210.70
北京	￥ 56.30	￥ 75.60	￥ 45.30	￥ 90.60	￥ 267.80
天津	￥ 30.00	￥ 60.00	￥ 50.30	￥ 100.40	￥ 240.70
沈阳	￥ 35.60	￥ 32.60	￥ 96.40	￥ 55.00	￥ 219.60
大连	￥ 45.30	￥ 80.00	￥ 25.40	￥ 64.70	￥ 215.40
苏州	￥ 20.30	￥ 73.50	￥ 65.30	￥ 30.00	￥ 189.10
杭州	￥ 36.90	￥ 52.60	￥ 70.00	￥ 52.30	￥ 211.80
青岛	￥ 42.50	￥ 63.40	￥ 85.30	￥ 40.30	￥ 231.50
深圳	￥ 56.80	￥ 90.60	￥ 28.00	￥ 65.30	￥ 240.70

周销量统计

销售时间	所售产品	所属系列	单价	销售量（杯）	销售金额（元）
40392	芒果珍珠奶茶	奶茶系列	3	50	150
40393	草莓珍珠奶茶	奶茶系列	4	65	260
40394	木瓜奶昔	奶茶系列	5	80	400
40395	红豆刨冰	冰沙系列	3	80	240
40396	巧克力布丁	布丁系列	6	60	360
40397	西米布丁	布丁系列	6	30	180
40398	西瓜冰沙	刨冰系列	5	80	400

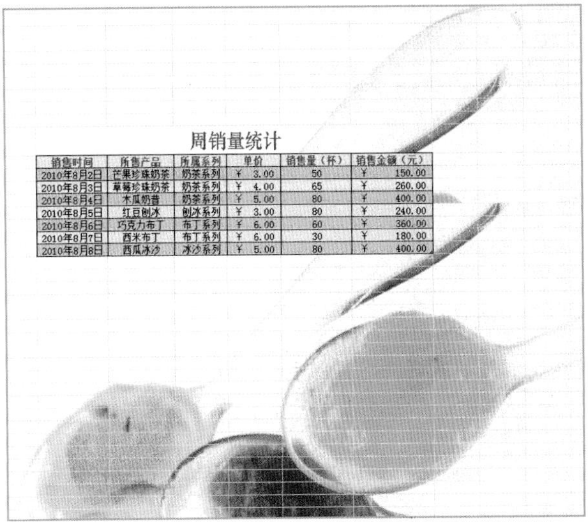

周销量统计

销售时间	所售产品	所属系列	单价	销售量（杯）	销售金额（元）
2010年8月2日	芒果珍珠奶茶	奶茶系列	￥ 3.00	50	￥ 150.00
2010年8月3日	草莓珍珠奶茶	奶茶系列	￥ 4.00	65	￥ 260.00
2010年8月4日	木瓜奶昔	奶茶系列	￥ 5.00	80	￥ 400.00
2010年8月5日	红豆刨冰	刨冰系列	￥ 3.00	80	￥ 240.00
2010年8月6日	巧克力布丁	布丁系列	￥ 6.00	60	￥ 360.00
2010年8月7日	西米布丁	布丁系列	￥ 6.00	30	￥ 180.00
2010年8月8日	西瓜冰沙	冰沙系列	￥ 5.00	80	￥ 400.00

产品名称	类别	第1季度	第2季度	合计（元）
糖果	副食品	200	154	354
罐头	副食品	185	100	285
茶叶	副食品	560	630	1190
调味品	副食品	230	145	375
乳制品	副食品	180	230	410
豆制品	副食品	320	360	680
大米	主食			
小麦	主食			
玉米	主食			
荞面	主食			

产品名称	类别	第1季度	第2季度	合计（元）
糖果	副食品	￥ 200.00	￥ 154.00	￥ 354.00
罐头	副食品	￥ 185.00	￥ 100.00	￥ 285.00
茶叶	副食品	￥ 560.00	￥ 630.00	￥ 1,190.00
调味品	副食品	￥ 230.00	￥ 145.00	￥ 375.00
乳制品	副食品	￥ 180.00	￥ 230.00	￥ 410.00
豆制品	副食品	￥ 320.00	￥ 360.00	￥ 680.00
大米	主食	￥ 690.00	￥ 860.00	￥ 1,550.00
小麦	主食	￥ 600.00	￥ 510.00	￥ 1,110.00
玉米	主食	￥ 580.00	￥ 400.00	￥ 980.00
荞面	主食	￥ 300.00	￥ 600.00	￥ 900.00

设置表格背景

图书销售清单

编号	书名	首次印刷册数	销售数量	库存数量	热门指数
cd001	计算机应用基础教程	5000	500	4500	★
cd002	计算机故障排除	4000	2000	2000	★★
cd003	电脑上网	7000	5000	2000	★★
cd004	电脑组装				
cd005	Word文档排版				
cd006	Excel财务应用				
cd007	笔记本电脑使用与维护				
cd008	电脑炒股				

备注：★表示一般；★★表示热门；★★

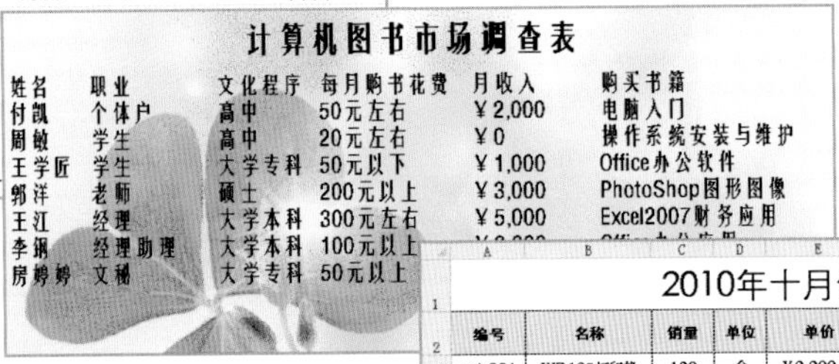

计算机图书市场调查表

姓名	职业	文化程序	每月购书花费	月收入	购买书籍
付凯	个体户	高中	50元左右	￥2,000	电脑入门
周敏	学生	高中	20元左右	￥0	操作系统安装与维护
王学匠	学生	大学专科	50元以下	￥1,000	Office办公软件
郭洋	老师	硕士	200元以上	￥3,000	PhotoShop图形图像
王江	经理	大学本科	300元左右	￥5,000	Excel2007财务应用
李钢	经理助理	大学本科	100元以上		
房婷婷	文秘	大学专科	50元以上		

2010年十月份产品销量

编号	名称	销量	单位	单价	总额	每台盈利	总盈利
wd-001	WD125打印机	130	台	￥2,200.00	￥286,000.00	￥100.00	￥13,000.00
wd-002	WD126打印机	240	台	￥2,500.00	￥600,000.00	￥150.00	￥36,000.00
wd-003	WD127打印机	100	台	￥3,200.00	￥320,000.00	￥80.00	￥8,000.00
wd-004	WD128打印机	180	台	￥2,400.00	￥432,000.00	￥100.00	￥18,000.00
wd-005	WD129打印机	178	台	￥3,000.00	￥534,000.00	￥110.00	￥19,580.00
	130打印机	158	台	￥2,000.00	￥316,000.00	￥100.00	￥15,800.00
	131打印机	200	台	￥2,800.00	￥560,000.00	￥150.00	￥30,000.00
	132打印机	146	台	￥3,200.00	￥467,200.00	￥120.00	￥17,520.00

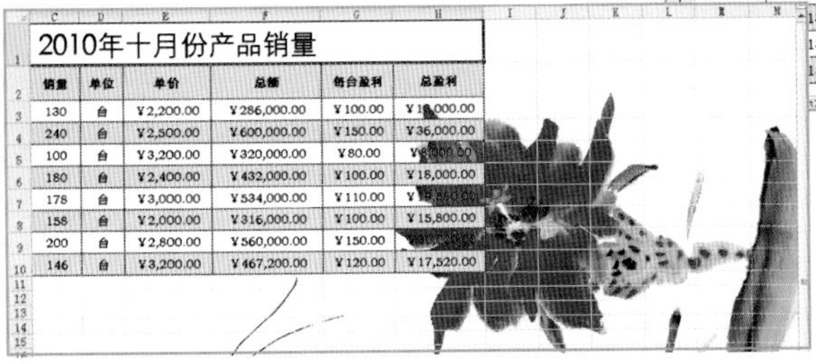

2010年十月份产品销量

销量	单位	单价	总额	每台盈利	总盈利
130	台	￥2,200.00	￥286,000.00	￥100.00	[illegible]
240	台	￥2,500.00	￥600,000.00	￥150.00	￥36,000.00
100	台	￥3,200.00	￥320,000.00	￥80.00	[illegible]
180	台	￥2,400.00	￥432,000.00	￥100.00	￥18,000.00
178	台	￥3,000.00	￥534,000.00	￥110.00	[illegible]
158	台	￥2,000.00	￥316,000.00	￥100.00	￥15,800.00
200	台	￥2,800.00	￥560,000.00	￥150.00	[illegible]
146	台	￥3,200.00	￥467,200.00	￥120.00	￥17,520.00

其他效果

办公用品领用记录表

领用日期	领用物品	数量	单价	领用原因	备注	领用人签字
10/9/1	工作服	5	130	新进员工	正式员工	李宏
10/9/5	资料册	5	10	工作需要		黄贺阳
10/9/10	打印纸	4	50	工作需要		张岩
10/9/10	小灵通	3	300	新进员工	试用员工	
10/9/12	水彩笔	5	20	工作需要		
10/9/16	回形针	20	2	工作需要		
10/9/18	工作服	3	130	新进员工	正式员工	
10/9/22	账薄	10	10	工作需要		
10/9/23	订书机	2	25	工作需要		
10/9/23	打印纸	2	50	工作需要		
10/9/27	传真纸	3	15	工作需要		
10/9/28	台式电脑	1	900	更新	经理桌	
10/9/28	打孔机	2	30	工作需要		
10/9/30	小灵通	2	300	新进员工	正式员工	
10/9/30	工作服	1	130	工作需要	正式员工	

销售业绩表

员工编号	姓名	性别	销售数量
SL04025	徐晓丽	女	80
SL04012	孙茂艳	女	75
SL04241	周广冉	男	94
SL04015	乔蕾	女	65
13	魏家平	女	85
130	孙茂艳	女	76
285	徐伟	男	80
169	徐晓丽	女	69
432	张厚营	男	92
45	孙茂艳	女	99
121	纪风敏	女	86
54	张以恒	男	63
456	田清涛	男	59
65	李仙	女	71
45	张厚营	男	68
445	肖法刚	男	76
123	田清涛	男	82

领用日期 (全部)

求和项:数量	部门						
领用物品	办公室	策划部	人资部	市场部	行政部	运营	
传真纸			3				3
打印纸			4			2	6
工作服	1			8			9
水彩笔		5					5
资料册					5		5
总计	1	5	7	8	5	2	28

采购计划表

根据各部门统计，由于办公和生产需要，现拟集中采购一批办公用品，具体清单如下：

部门	序号	名称	单位	单价	数量	总价
行政部	1	复印纸	箱	￥120.00	5	￥600.00
	2	签字笔	盒	￥7.50	20	￥150.00
	3	打印机（佳能）	台	￥1280.00	1	￥1280.00
小计						￥2030.00
生产部	1	工作椅	把	￥45.00	6	￥270.00
	2	抹布	条	￥12.00	50	￥600.00
	3	工具箱	个	￥60.00	12	￥720.00
小计						￥1590.00
市场部	1	笔记本电脑	台	￥3350.00	1	￥3350.00
	2	固定电话	台	￥75.00	2	￥150.00
	3	传真机	台	￥1650.00	1	￥1650.00
	4	扫描仪	台	￥320.00	1	￥320.00
小计						￥5470.00
总计						￥9090.00

申请人： 审核： 批准：

2010-10-30

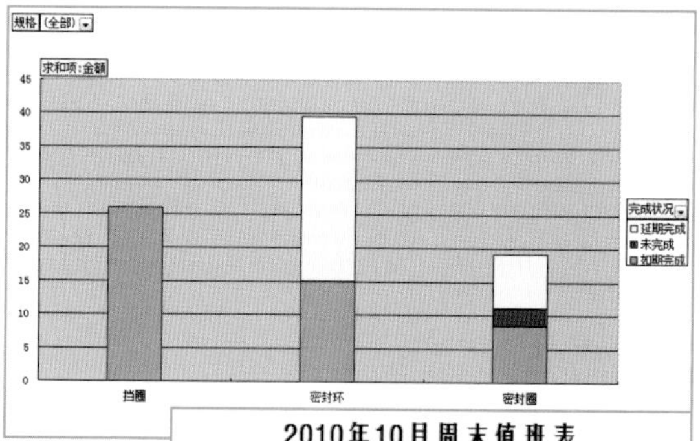

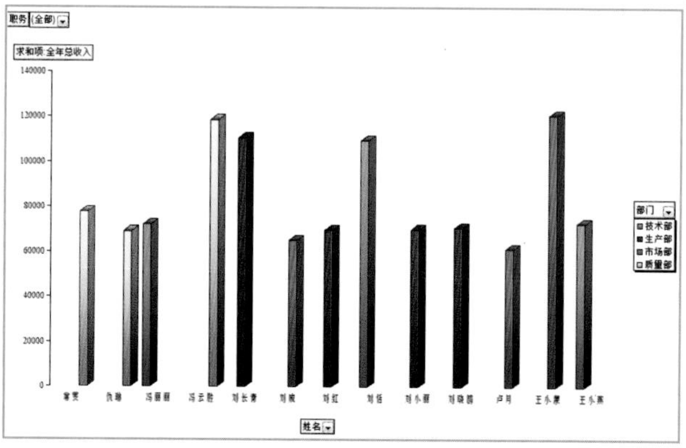

2010年10月周末值班表

值班室电话：86523541

周数	值班日期	上午	下午
第1周	2010/10/2	陶民、王兵	孙健、刘见永
	2010/10/3	周涛、蒋海	钱静、孔斌
第2周	2010/10/9	王兵、周涛	吴辉、钱静
	2010/10/10	蒋海、陶民	孔斌、张嘉
第3周	2010/10/16	陶民、王兵	张嘉、吴辉
	2010/10/17	周涛、蒋海	冯佳、孙健
第4周	2010/10/23	王兵、周涛	吴辉、钱静
	2010/10/24	蒋海、陶民	孔斌、张嘉
第5周	2010/10/30	陶民、王兵	张嘉、吴辉
	2010/10/31	周涛、蒋海	钱静、孔斌

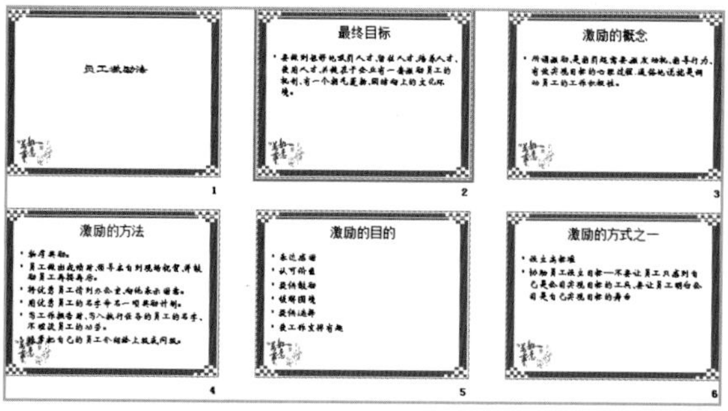

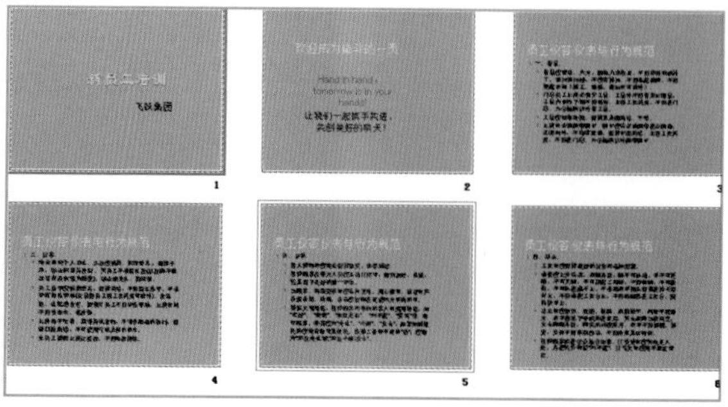

72小时精通 全彩版

Office 2003电脑办公

48集（161节）大型交互式、专业级多媒体演示+320页交互式数字图书+全彩印刷

九州书源　编著

清华大学出版社

北　京

内容简介

本书以Windows XP和Office 2003平台为例，详细全面地介绍了电脑办公的基础知识，主要内容包括Windows XP与电脑办公基础、办公文件管理与中文输入、Word 2003文档编辑基础、Word 2003办公文档高级应用、Excel 2003表格制作基础、Excel 2003数据管理、PowerPoint 2003幻灯片制作、网络办公的应用、电子邮件与实时交流、常用办公软件及设备的应用、办公电脑的维护与安全设置等。

本书内容全面，图文对应，讲解深浅适宜，叙述条理清楚，并配有多媒体教学光盘。光盘中提供有72小时学习与上机的相关视频教学演示，可以使读者像看电影一样巩固所学知识并进行动手练习。

本书定位于电脑初学者，可作为不同层次的办公人员、教师、学生及社会各类人员等学习电脑办公的指导用书及教材使用。

本书显著特点：

48集（总计161节）大型交互式、专业级、同步多媒体教学演示，还可跟着视频做练习。

320页交互式数字图书，数字阅读过程中，单击相关按钮，可观看相应操作的多媒体演示。

全彩印刷，像电视一样，摈弃“黑白”，进入“全彩”新时代。

多方位辅助学习资料，赠与本书相关的海量多媒体教学演示、各类素材、应用技巧等。

图书在版编目（CIP）数据

Office 2003电脑办公/九州书源编著. —北京：清华大学出版社，2011.8
（72小时精通：全彩版）

ISBN 978-7-302-25861-2

I. ①O… II. ①九… III. ①办公自动化-应用软件，Office 2003 IV. ①TP317.1

中国版本图书馆CIP数据核字（2011）第114754号

责任编辑：赵洛育　刘利民
版式设计：文森时代
责任校对：柴　燕
责任印制：李红英
出版发行：清华大学出版社　　**地　　址：**北京清华大学学研大厦 A 座
http://www.tup.com.cn　　**邮　　编：**100084
社　总　机：010-62770175　　**邮　　购：**010-62786544
投稿与读者服务：010-62776969，c-service@tup.tsinghua.edu.cn
质　量　反　馈：010-62772015，zhiliang@tup.tsinghua.edu.cn
印　装　者：三河市春园印刷有限公司
经　　销：全国新华书店
开　　本：185×260　**印　张：**21　**插　页：**8　**字　数：**482 千字
（附交互式 DVD 光盘 1 张）
版　　次：2011 年 8 月第 1 版　　**印　　次：**2011 年 8 月第 1 次印刷
印　　数：1～6500
定　　价：59.80 元

产品编号：039106-01

前言

Preface

本书写作背景

目前，使用电脑办公已成为社会的主流，各行各业、各机关部门都离不开电脑，电脑办公已经完全取代了传统的办公模式。在这种大趋势下，如果还不会使用电脑进行快捷办公，那就落伍了。在当今的信息时代，电脑以高速、快捷、方便、安全的特点，奠定了它在人们生活、学习和工作领域不可替代的地位。而发展到今天，电脑也不再神秘，要使用电脑办公其实也很简单，只需要在空闲时花上一点儿时间，即可完全掌握电脑办公的要领。

本书从电脑初学者的角度出发，以Windows XP操作系统为基础，全面详细地讲解了电脑基础操作、电脑基本管理以及电脑办公所涉及的各种相关知识，可以使读者在较短的时间内学会使用电脑并能熟练地使用电脑办公。

本书特点

本书具有以下一些写作特点。

■ 30小时学知识，42小时上机：本书以实用功能讲解为核心，每小节下面分为学习和上机两个部分。学习部分以操作为主，讲解每个知识点的操作和用法，操作步骤详细、目标明确；上机部分相当于一个学习任务或案例制作，同时在每章最后提供有视频上机任务，书中给出操作要求和关键步骤，具体操作过程放在光盘演示中。

■ 书与光盘演示相结合：本书的操作部分均在光盘中提供了视频演示，并在书中指出了相对应的路径和视频文件名称，可以打开视频文件对某一个知识点进行学习。

■ 简单、易学、易用：书中讲解由浅入深，操作步骤目标明确，并分小步讲解，与图中的操作图示相对应，并穿插了“教你一招”和“操作提示”等小栏目。

■ 轻松、愉快的学习环境：全书以人物小李的学习与工作过程为线索，采用情景方式叙述不断遇到的问题及怎样解决问题，将前后知识联系起来，一本书就是一个故事，使读者像听故事一样学会使用电脑办公。

■ 技巧总结与提高：每章最后一部分均安排了技巧总结与提高，这些技巧来源于编者多年的经验总结。同时每本书有效地利用了页脚区域，扩大了读者的知识面。

■ 排版美观，全彩印刷：采用双栏图解排版，一步一图，图文对应，并在图中添加了操作提示标注，以便于读者快速学习。

■ 配超值多媒体教学光盘：本书配有一张多媒体教学光盘，提供有书中操作所需素材、效果和视频演示文件，同时光盘中还赠送了大量相关的教学教程。

■ 赠电子版阅读图书：本书制作有实用、精美的电子版放置在光盘中，在光盘主界面中双击“电子书”按钮便可阅读电子图书。单击电子图书中的光盘图标，可以打开光盘中相对应的视频演示，也可一边阅读一边进行其他上机操作。

本书内容与定位

本书共有12章，各章的主要内容介绍如下。

■ 第1章：介绍电脑的基本组成和Windows XP操作系统中的桌面、任务栏、窗口、菜单以及对话框等基本组成元素。

■ 第2章：介绍办公文件管理和电脑打字的基本方法和具体操作。

■ 第3章：介绍Word 2003的基本操作。

■ 第4章：介绍在Word文档中使用表格、文档的方法及审阅、文档页面设置和打印的方法。

■ 第5章：介绍Excel 2003的基本知识、工作表的基本操作、数据输入与单元格操作、表格的美化与打印。

■ 第6章：介绍Excel 2003中公式与函数的运用、数据管理与数据图表的操作。

■ 第7章：介绍幻灯片的基本操作、美化幻灯片以及幻灯片的放映与发布。

■ 第8章：介绍办公局域网的组建与互联网的接入、有效利用互联网资源。

■ 第9章：介绍电子邮件的申请和使用，使用电子邮件进行实时交流。

■ 第10章：介绍常用办公软件和常用办公设备的使用。

■ 第11章：介绍办公电脑的维护和系统安全设置。

■ 第12章：介绍“办公楼租赁合同”的制作、“员工工资表”的制作、“产品展示”幻灯片的制作，综合练习Office常用软件的使用方法。

本书定位于电脑初学者，可作为不同层次的办公人员、教师、学生及社会各类人员等学习电脑办公的指导用书及教材。

联系我们

本书由九州书源组织编写，参加本书编写、排版和校对的工作人员有冯梅、赵华君、李伟、余洪、李洪、薛凯、任亚炫、丛威、张鑫、张丽丽、陈晓颖、陆小平、张良军、简超、羊清忠、范晶晶、李显进、赵云、杨颖、张永雄、袁松涛、杨明宇、牟俊、宋玉霞、宋晓均、向利、徐云江、张笑、刘凡馨、常开忠、骆源、陈良、刘可、王琪、穆仁龙、何周、曾福全。

如果您在学习的过程中遇到什么困难或疑惑，可以联系我们，我们会尽快为您解答，联系方式为QQ群：122144955；E-mail：book@jzbooks.com；网址：http://www.jzbooks.com。

由于作者水平有限，书中疏漏和不足之处在所难免，欢迎广大读者不吝赐教。

九州书源

目录

第1章　Windows XP与电脑办公基础

第2章　办公文件管理与中文输入法

第5章 Excel 2003表格制作基础

第6章 Excel 2003数据管理

第7章 PowerPoint 2003幻灯片制作

第8章 网络办公的应用

第9章 电子邮件与实时交流

第1章

Windows XP与电脑办公基础

小李刚进公司不久，工程师老马发现他经常在绘图板上画着什么。一天，他又在画，老马好奇地凑上前去问道：“小李，你在忙什么啊？”小李抬头看看老马，放下手中的画笔，边活动肩膀边说道：“我在画几张急着要用的工程零件图，有几个地方需要修改，太麻烦了。”老马说：“你怎么不用电脑画啊？用电脑画多快啊，改起来也容易。”小李不好意思地笑了笑，说：“可是我不会用电脑啊。”老马说道：“年纪轻轻的，电脑都不会用。我这老头子都会，要不我教你，很容易学的。”小李高兴地说：“那行啊，学会使用电脑，以后我画图就方便多了，咱们什么时候开始啊？”老马说：“那现在就开始吧，趁我现在有空，我们先从认识电脑和操作系统开始学习。”

3小时学知识

- 电脑办公基础知识
- 认识和使用Windows XP
- 打造个性化的办公环境

4小时上机练习

- 输入英文文档
- 设置并操作important文档
- 创建账户并设置办公环境
- 电脑操作
- 电脑设置

第1章

1.1 电脑办公基础知识

老马告诉小李，电脑办公可以提高工作效率，而且保存资料非常方便，查找起来也很容易，比如说绘制工程图，如果需要改动，可以很方便地在电脑上进行更改；除此之外，使用电脑处理文本、表格等也非常方便。小李已经有些迫不及待了，说“那我们快开始吧，先让我看看电脑里面都有些什么吧。”

1.1.1 学习1小时

学习目标

- **熟悉电脑的构成。**
- **学会使用鼠标和键盘。**

1 认识办公电脑的组成

目前常用的电脑有台式电脑和笔记本电脑两种，笔记本电脑将各部件都集成到了一起，而台式电脑的组成就相对复杂一些。

（1）认识办公电脑的类别

笔记本电脑又称便携式电脑，主要用于移动办公，适合于那些办公场所经常发生变化的人员使用。而台式电脑大多用在固定的场所中，不会经常移动。

台式电脑

台式电脑主要由主机（一般包括电源、主板、中央处理器、内存、硬盘、光驱、显卡及网卡等）、显示器、鼠标及键盘组成。另外，还可以根据需要连接一些外部设备，如音箱、耳机等。

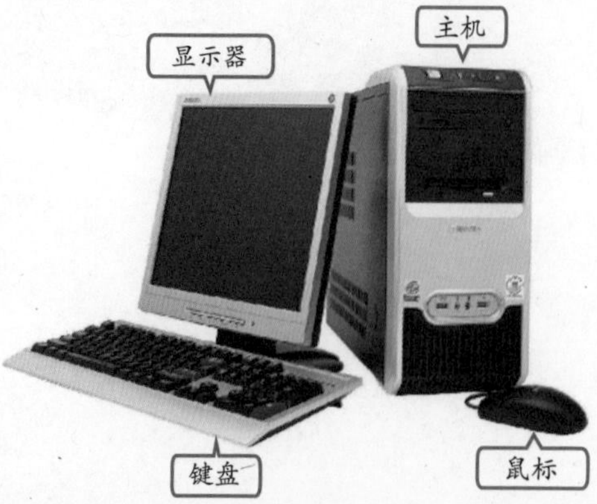

笔记本电脑

笔记本电脑就是将所有台式电脑的组成部分都集中组装在一起。单独的笔记本电脑，即使完全不跟外部有任何线路连接，也可以使用两三个小时。

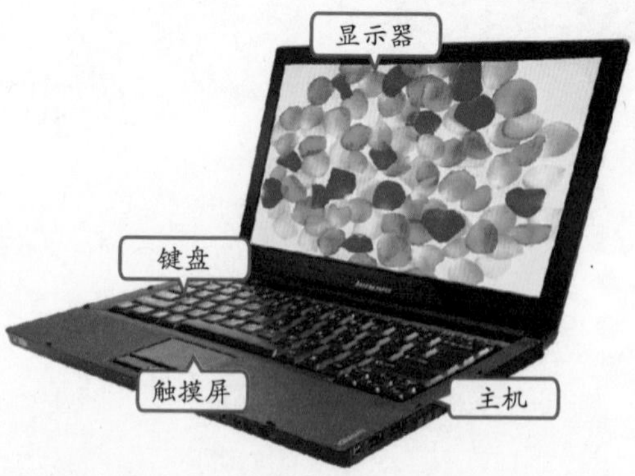

高手指点　一般来说，台式电脑的各方面性能会优于配置相同的笔记本电脑。因此一般对游戏用户和大型软件的使用者，通常都使用台式电脑。

（2）认识台式电脑的组成

台式电脑与笔记本电脑虽然外观上看起来区别很大，但它们实际的组成结构和工作原理是基本相同的。下面就以办公最常用的台式电脑来介绍电脑的基本组成，其中硬盘、内存、主板、中央处理器（CPU）、电源、显卡、光驱、网卡等都放置在机箱中。

机箱

机箱的作用是把电脑核心部件安装在相应的位置上，并相互连接起来组成电脑主机。其外形一般为长方体，机箱正面一般有开关按钮和通用串行总线（USB）及音频接口。

机箱内部

显示器

显示器是电脑主要的输出设备，用于显示用户操作的过程和效果。目前主要的电脑显示器有两种：阴极射线管（CRT）显示器和液晶（LCD）显示器。

CRT显示器

LCD显示器

鼠标

鼠标是电脑主要的输入设备之一，通过移动其位置和操作各键向电脑下达操作指令。鼠标按其工作原理分为机械鼠标和光电鼠标两种，目前机械鼠标已经被光电鼠标代替。

硬盘

硬盘是电脑的主要外部存储设备，操作系统文件和用户文件都存放在硬盘里。

键盘

键盘也是电脑的输入设备，其主要功能是输入文字和数字。除此之外，一些功能键还可以控制电脑，并且在一定程度上可以代替鼠标的操作。

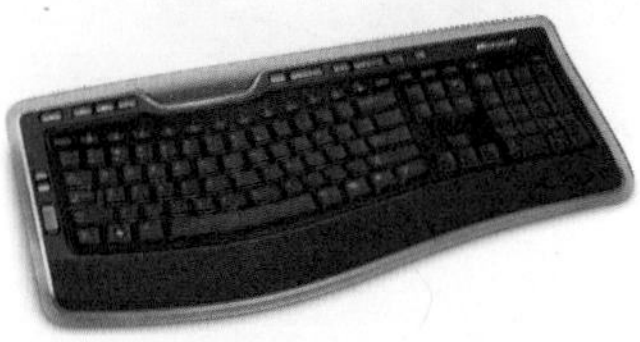

内存

内存是电脑的核心存储设备，电脑核心的数据存取直接依赖于内存，因此内存的大小和性能与整台电脑的性能是密切相关的。

补充两句

硬盘在工作状态下，要避免受到撞击或较大的震动，以防止硬盘损坏而导致数据丢失。

CPU

CPU又称中央处理器，它相当于电脑的大脑，几乎所有的操作都会经过CPU来运算，所以CPU的性能直接影响到系统的响应时间。目前主要的CPU品牌有Intel和AMD。

主板

主板是电脑各个部件之间传递信息的纽带，主板的好坏直接关系到电脑部件之间信息传送的速度和质量。目前主要的主板品牌有华硕、技嘉和Intel。

电源

电源是电脑的动力装置，为电脑主机内部的部件提供能源。一个容量足够、性能稳定的电源是电脑能够安全稳定工作的后勤保障。目前主要的电源品牌有长城、航嘉和金河田等。

显卡

显卡是控制电脑显示器正确显示的重要部件。显卡的质量关系着显示画面的分辨率、清晰度和色彩的稳定性。目前主要的显卡品牌有七彩虹、翔升和技嘉等。

光驱

光驱是电脑的读取设备，主要用于系统安装、软件安装和播放视频。光驱按其功能可分为只读光驱和刻录光驱。我们平常使用的CD-ROM和DVD-ROM光驱都属于只读光驱。

网卡

网卡是电脑与网络连接的重要部件。通过网卡可以连接到局域网和互联网，与好友传送信息和文件，浏览新闻和图片等。目前主要的网卡品牌有TP-LINK和TENDA。

高手指点 作为电脑的动力装置，电源的选择一定要恰当。如果电源选择不当，轻则电脑不能正常使用，重则会损坏电脑中的其他硬件。

2 启动和关闭电脑

电脑的启动和关闭是电脑操作中最基本的，虽然很简单，但如果操作不当，很容易造成操作系统甚至电脑硬件的损坏。下面就来介绍启动和关闭电脑的正确方法。

启动电脑

检查所有设备已正常连接后，插好电源插座，打开电源开关，然后按下机箱正面的电源按钮，给主机供电，启动电脑。

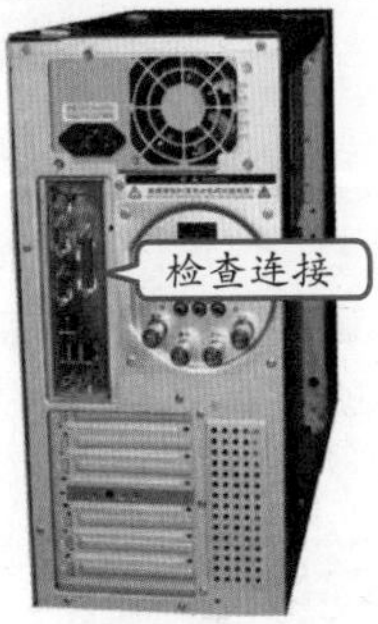

关闭电脑

电脑启动进入操作系统后，如果要关闭电脑，可以同时按【Alt+F4】组合键，这时电脑屏幕变为黑白色，并弹出“关闭计算机”对话框，再按【U】键即可关闭电脑。

操作提示：操作鼠标关闭电脑

关闭电脑还可通过操作鼠标来完成，方法为：移动鼠标光标至电脑桌面的“开始”按钮上，弹出“开始”菜单，再移动鼠标到按钮，单击鼠标左键，打开“关闭计算机”对话框，最后移动鼠标光标到“关闭”按钮上单击，完成关闭操作（关于鼠标的具体使用方法将在下一节详细讲解）。

3 使用鼠标

鼠标是电脑的主要输入设备之一，大部分电脑的操作都需要借助鼠标来进行，虽然鼠标的某些操作可以被键盘代替，但使用鼠标进行操作更加灵活、便捷。

（1）鼠标的按键

目前办公用的光电鼠标通常有3个按键：左键、右键和位于两个键中间的滚轮。其按键的分布如右图所示。

补充两句

为了不影响开机的速度，桌面上的文件夹和快捷图标不要放置得太多，可以尽量把文件夹和快捷图标放入一个新的文件夹，这样可以提高开机速度。

（2）使用鼠标

握住鼠标在平面上移动，此时鼠标光标会随着鼠标的移动在电脑屏幕上等比同步移动。

握鼠标时，用拇指握住鼠标的左侧，无名指和小指贴住鼠标的右侧，食指放在鼠标左键上，中指放在鼠标右键上，手掌心贴住鼠标的后部或悬空，手腕自然垂放在桌面上。

下面介绍鼠标的基本操作。

单击鼠标左键

将鼠标指针移动到某个对象上，快速按一下鼠标左键的操作称为单击鼠标左键。单击鼠标左键操作主要用于选择操作对象和把光标定位到需要编辑的位置。

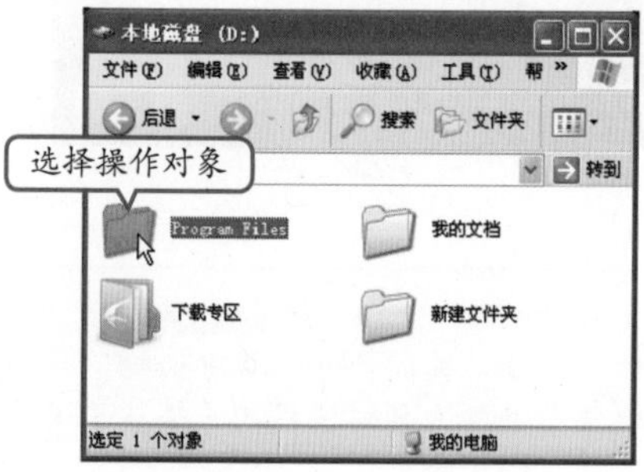

单击鼠标右键

将鼠标指针移动到某个位置上，快速按一下鼠标右键的操作称为单击鼠标右键。单击鼠标右键操作主要用于在鼠标指针指向的位置打开相应的快捷菜单。

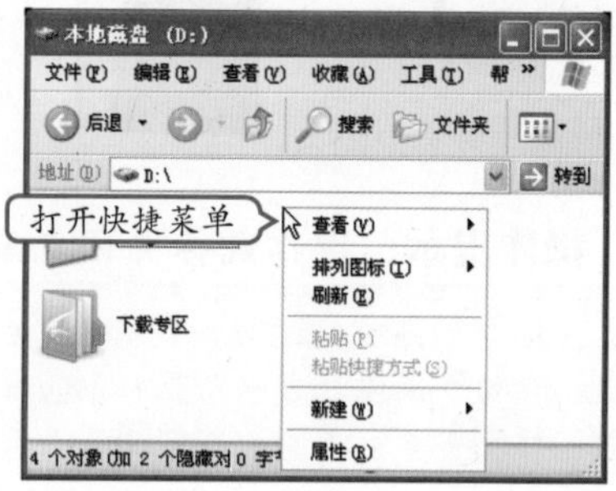

拖动鼠标左键

将鼠标指针移动到某个位置并按住鼠标左键不放，然后将鼠标指针移动到指定位置后松开鼠标左键的操作称为拖动鼠标。拖动鼠标操作主要用于选择某个区域内的对象和把对象移动到指定位置。

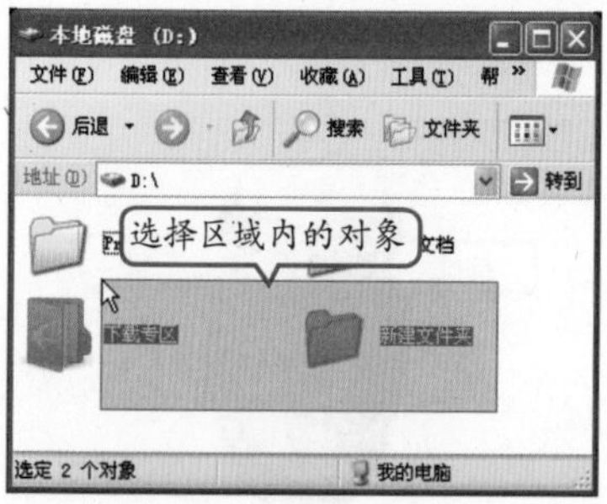

滚动鼠标滚轮

直接向上或向下拨动鼠标滚轮的操作称为滚动鼠标滚轮。滚动鼠标滚轮操作主要用于使不能一屏显示出来的屏幕内容滚动显示、缩放图像和调整数值框中的数值。

高手指点 如果经常长时间使用鼠标，建议使用能垫在手腕下使手腕离开电脑桌台面的软垫，防止右手小指以及手臂的外侧产生麻痹和疼痛。

双击鼠标左键

将鼠标指针移动到某个对象上，快速按两下鼠标左键的操作称为双击鼠标左键。双击鼠标左键操作主要用于打开文件夹或文件。

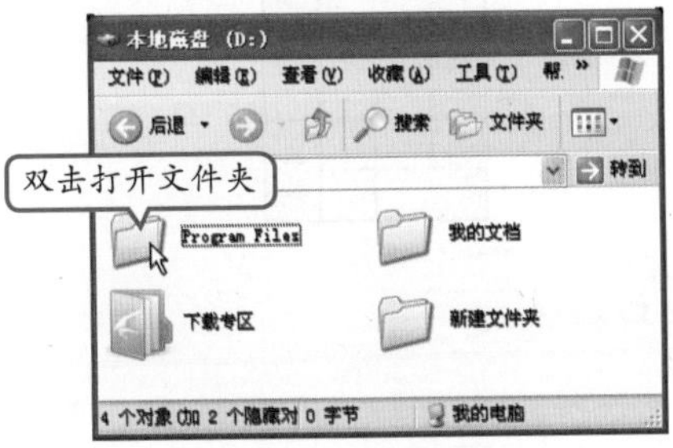

教你一招：鼠标滚轮的妙用

鼠标滚轮除了用于滚动操作外，在某些应用程序（如AutoCAD）中，还有双击和拖动的操作。在AutoCAD中，在视图中双击鼠标滚轮可以使该视图中的所有项目以最适合的大小填满整个窗口，而拖动鼠标滚轮可以快速移动视图来查看视图之外的内容。

配合键盘上的【Ctrl】、【Alt】和【Shift】键，鼠标滚轮还可以有更多的功能。

（3）鼠标指针的形状

在Windows XP操作系统中，鼠标指针的形状会随着系统的状态和当前位置的可操作性而变化。常见的鼠标形状如右图所示。

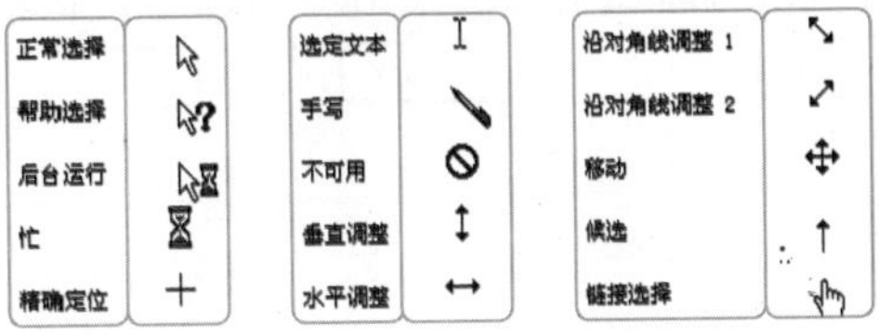

4 使用键盘

键盘对于电脑来说是历史最悠久的输入设备，从第一台电脑诞生到如今，键盘在输入设备领域一直扮演着非常重要的角色。通过键盘，用户可以对电脑发出操作指令，进行文本的输入和编辑，还可以对电脑中的数据进行控制。

台式机键盘按按键个数分主要有101键、104键和107键等几种，目前办公用电脑最常用的键盘是107键键盘。下面就以这种键盘为例介绍键盘的布局和使用方法。

（1）键盘布局

107键盘按各个键的操作功能可分为5个区：主键盘区、功能键区、编辑键区、辅助键区和状态指示区。

补充两句

经常使用快捷键可以提高工作效率，如打开“我的电脑”窗口可以在按住【Windows徽标】键的同时，按【E】键来进行。

主键盘区

主键盘区是键盘中最大的区域，包含了字母键、数字键、标点符号键、操作控制键和一些特殊字符键。主键盘区的作用主要是输入文字和字符。

功能键区

功能键区包括12个特殊功能键、1个取消键和3个电源控制键。特殊功能键在不同的程序中所起的作用不同。

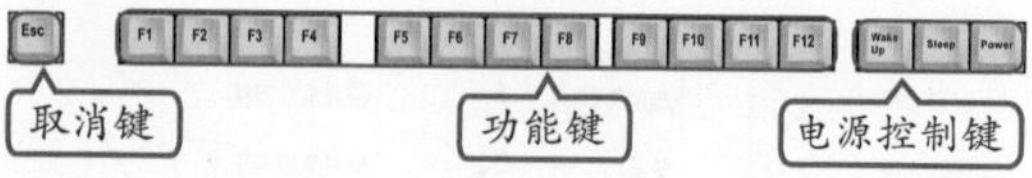

编辑键区

编辑键区共13个键，主要用于在编辑文档的过程中控制鼠标光标的位置和文字输入状态。

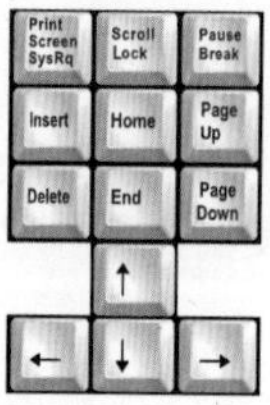

辅助键区

辅助键区主要是为经常输入数字和数学运算符号的用户准备的，用于快速输入数字和进行简单的数学运算。

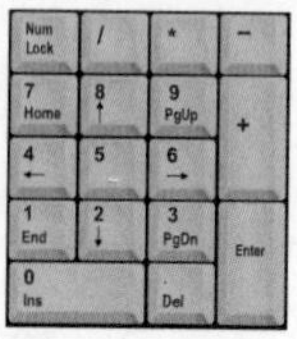

状态指示区

状态指示区有3个指示灯，【Caps Lock】为大写字母锁定键，【Scroll Lock】为屏幕滚动锁定键，【Num Lock】为数字输入锁定键。

操作提示：使用上档键

【Shift】键也称上档键，在主键盘区有很多键上同时存在两个字符，事实上所有的字符键和数字键都是双字符键。一般情况下，按键输入的都是下方的字符和小写字母。当要输入上方的字符和大写字母时，按住【Shift】键的同时再按相应的键即可。

（2）使用键盘

操作按键时，每个手指的分工都是不同的，熟练的按键指法可以加快按键速度和准确度。下面简单介绍按键的指法和基准键位。

按键指法

按键时，各手指的按键分工如下图所示。

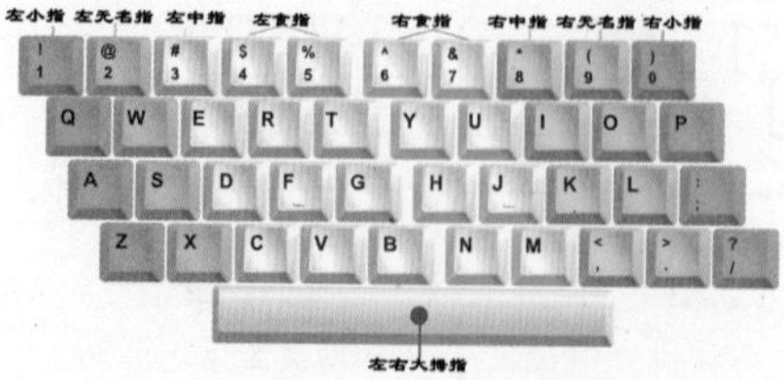

基准键位

主键盘区有8个基准键位，击键后，手指应迅速回到对应的基准键上。【F】和【J】键上各有一个横杆突起，手指能通过该横杆识别是否回到了基准键位。

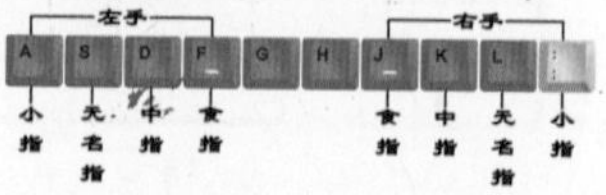

高手指点

【Shift】键有两个，左右各一个。在输入左手边的字符时，用右手小指按住右边的【Shift】键，再用左手按相应的键；反之，在输入右手边的字符时，用左手小指按住左边的【Shift】键，再用右手按相应的键。

操作提示：键盘操作姿势

正确的键盘操作姿势会让人感到舒适、得心应手，有利于提高文字输入的准确度和速度。正确的键盘操作姿势是：上身挺直，双腿平放在桌子下面，头部稍稍前倾，双手同时使用，手腕平直，手指自然弯曲，轻放在规定的键位上。

1.1.2 上机1小时：输入英文文档

本例将输入一篇全英文的文档，完成后的效果如下图所示。

上机目标

- 熟练键盘操作。
- 掌握鼠标基本操作。

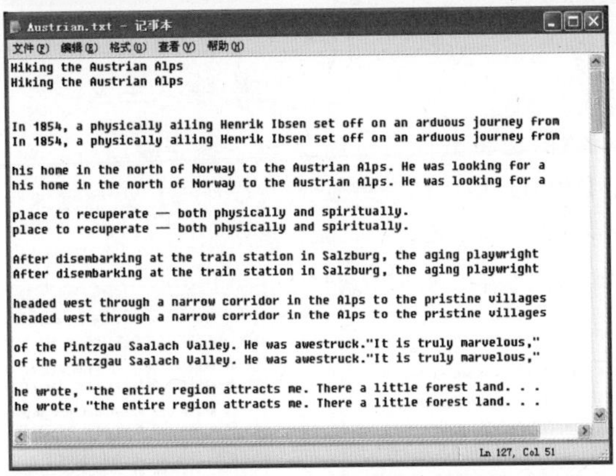
Austrian.txt - 记事本
文件(F) 编辑(E) 格式(O) 查看(V) 帮助(H)
Hiking the Austrian Alps
Hiking the Austrian Alps
In 1854, a physically ailing Henrik Ibsen set off on an arduous journey from
In 1854, a physically ailing Henrik Ibsen set off on an arduous journey from
his home in the north of Norway to the Austrian Alps. He was looking for a
his home in the north of Norway to the Austrian Alps. He was looking for a
place to recuperate — both physically and spiritually.
place to recuperate — both physically and spiritually.
After disembarking at the train station in Salzburg, the aging playwright
After disembarking at the train station in Salzburg, the aging playwright
headed west through a narrow corridor in the Alps to the pristine villages
headed west through a narrow corridor in the Alps to the pristine villages
of the Pintzgau Saalach Valley. He was awestruck."It is truly marvelous,"
of the Pintzgau Saalach Valley. He was awestruck."It is truly marvelous,"
he wrote, "the entire region attracts me. There a little forest land. . .
he wrote, "the entire region attracts me. There a little forest land. . .
Ln 127, Col 51

实例素材\第1章\Austrian.txt
教学演示\第1章\输入英文文档

1 打开Austrian.txt文档

通过双击鼠标的方法打开光盘中的"实例素材\第1章"文件夹中的Austrian.txt文档。

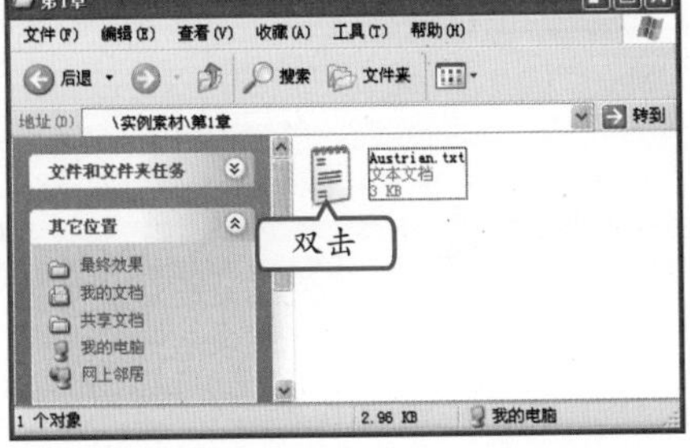
第1章
文件(F) 编辑(E) 查看(V) 收藏(A) 工具(T) 帮助(H)
后退 搜索 文件夹
地址(D) \实例素材\第1章 转到
文件和文件夹任务
其它位置
最终效果
我的文档
共享文档
我的电脑
网上邻居
Austrian.txt
文本文档
3 KB
双击
1 个对象 2.96 KB 我的电脑

2 查看文档内容

通过使用鼠标左键拖动文档水平或垂直方向上的滑块或向下滚动鼠标滚轮来查看打开文档的内容。

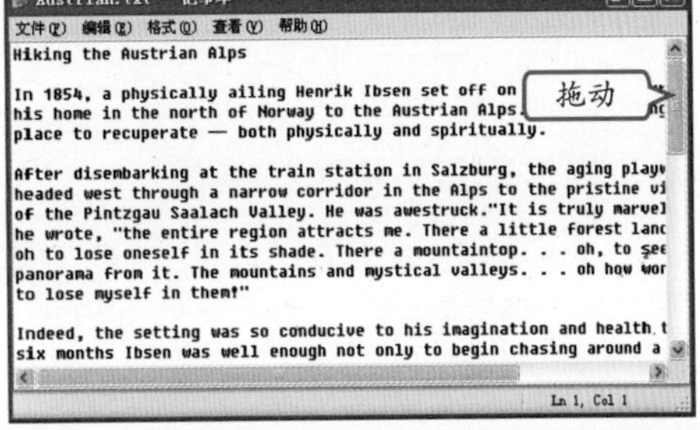
Austrian.txt - 记事本
文件(F) 编辑(E) 格式(O) 查看(V) 帮助(H)
Hiking the Austrian Alps
拖动
Ln 1, Col 1

补充两句

在输入文档的过程中，要以标准的坐姿和正确的指法输入，这样不仅可以提高工作效率，而且不容易使身体疲劳。

3 准备练习输入文档

把鼠标移动到文档第1行的末尾，单击鼠标左键将光标定位到该位置，然后按【Enter】键换行。用同样的方法在每行文字的下方插入一行。完成后的效果如下图所示。

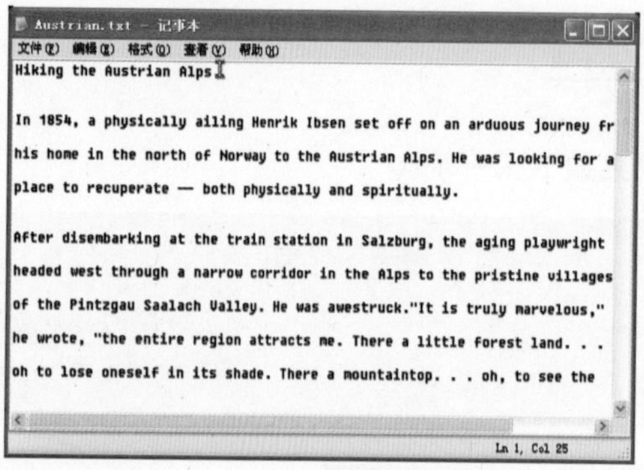

4 输入大写字母

利用“编辑键区”的上下方向键将鼠标定位到第2行行首，按住左边的【Shift】键，然后再按【H】键输入文档第1行的第1个大写字母。

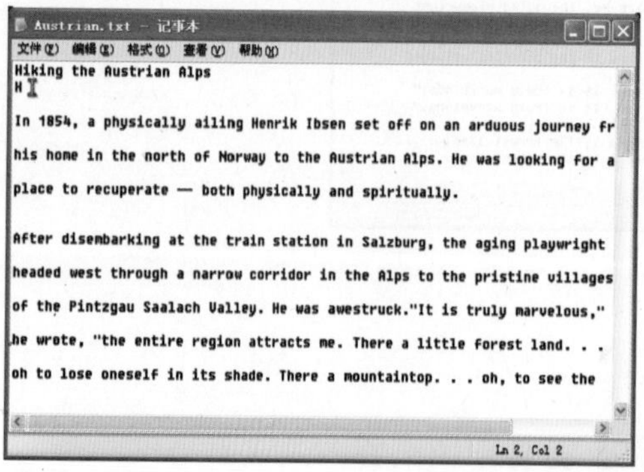

5 输入首行

对照原文首行输入字母和空格。输入完首行最后一个字母后，按【Enter】键换行。然后按3次“编辑键区”的向下方向键，将光标定位到第6行的行首。

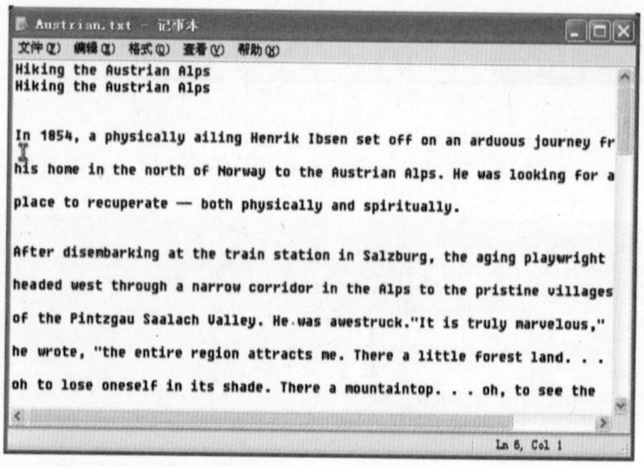

6 输入全文

按上述步骤中所介绍的方法输入全文，然后按【Ctrl+S】组合键保存文档。完成后的效果如下图所示。

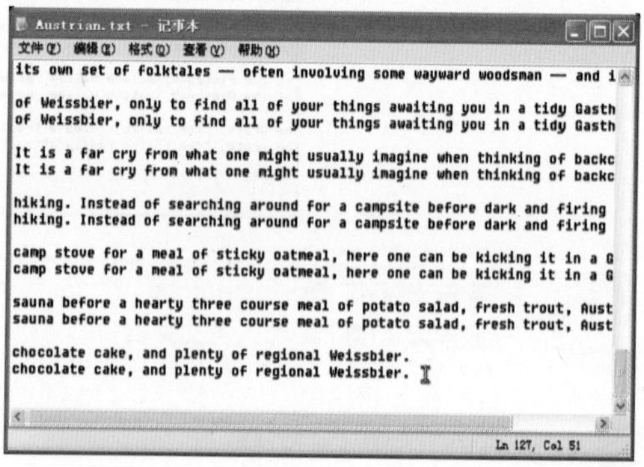

教你一招：使用快捷键新建和关闭文档

打开文本文档后，按【Ctrl+N】组合键可以新建一个文本文档，按【Alt+F4】组合键可将当前文本文档关闭。

操作提示：输入短横线

在主键盘区最上面一排，数字键【0】的右边第1个键，上面有一长一短两条横线，直接按键则输入短横线“-”，如果按住【Shift】键再按此键则会输入下划线“_”。

高手指点 大量输入大写字母时，可以按【Caps Lock】键锁定输入大写字母，再按一次【Caps Lock】键将取消锁定。输入单个的大写字母时，只需要按住【Shift】键的同时再按需要的字母键即可。

1.2　认识和使用Windows XP

小李利用空闲时间在电脑上练习了几天，收获颇丰。一天，他急匆匆地来找老马："我按到一个上面画了风筝的键，显示器上出来了个什么东西，我看不懂，没敢动。您来帮我看看。"老马一脸疑惑，"键盘上哪来的风筝键？"走过去一看，"哦，原来是【Windows 徽标】键啊。"趁此机会，老马就向小李讲解起了操作系统的基本知识。

1.2.1 学习1小时

学习目标

- **了解Windows XP的桌面组成。**
- **熟悉Windows XP的菜单和对话框。**
- **熟悉Windows XP的窗口操作。**

1 认识Windows XP的桌面组成

Windows XP是2001年Microsoft公司发布的一款体验版视窗操作系统。用户进入系统之后首先接触到的就是系统桌面，所有的操作都是从桌面开始进行的。桌面主要由桌面图标、桌面背景和任务栏组成，默认状态下的Windows XP桌面如下图所示。

在办公桌旁放几盆仙人掌，可防止电脑辐射，减少对人体的伤害。

桌面图标

桌面图标是桌面上由图形和名称组成的各种小图案，用鼠标左键直接在图标上双击即可打开与图标对应的程序。桌面图标分为两种：系统图标和快捷方式图标，其中系统图标指系统自带的用于系统通用操作的图标，如“我的电脑”；快捷方式图标一般是由应用程序创建的，也可由用户根据需要创建，在其左下角都有一个↗标志。

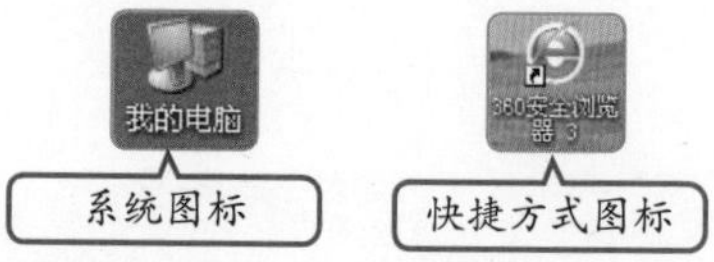

任务栏

任务栏用于启动程序和显示当前运行程序，位于桌面的最下方，由“开始”按钮、快速启动栏、程序按钮、语言栏和通知区域组成。

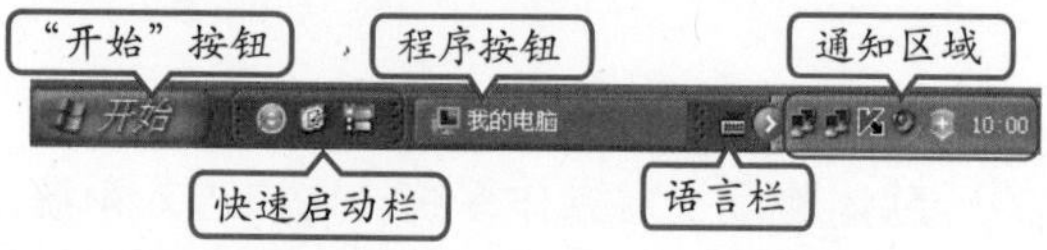

桌面背景

桌面背景主要用于显示桌面图片并美化桌面。

操作提示：快速启动图标

快速启动栏中的图标与桌面图标功能是相同的，这些图标主要是为了让用户能在浏览窗口的同时通过单击该图标来启动应用程序，而不需要把所有打开的窗口最小化以显示桌面图标。

2 认识和使用菜单

Windows XP的菜单是让系统执行一些特殊操作的命令的集合，主要包括“开始”菜单、快捷菜单和下拉菜单。

（1）“开始”菜单

几乎所有的任务和程序都可以从“开始”菜单启动。

“开始”菜单通常由“所有程序”按钮、高频使用程序栏、用户信息栏、系统文件夹栏、系统设置栏、系统辅助栏和关闭注销栏等组成。其中“所有程序”按钮是最常使用的部分，单击它将弹出所有应用程序的快捷启动菜单，从而选择所需的命令。高频使用程序栏中显示了用户最近打开程序的快捷按钮。Windows XP根据用户使用程序的频率，自动地将使用频率较高的程序显示在该区域，以方便用户下一次使用时快速打开。

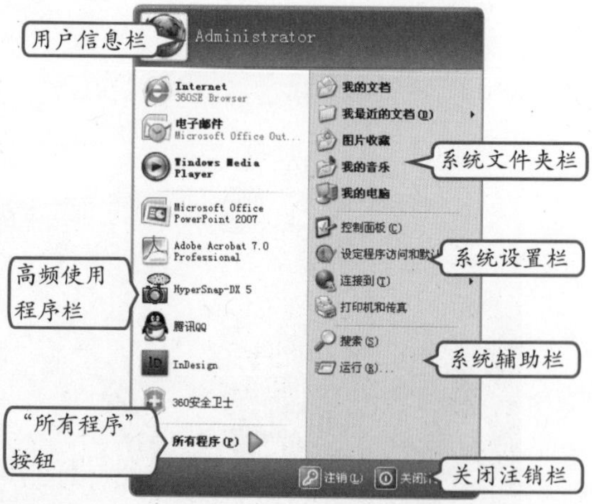

高手指点

键盘按键与按键之间的缝隙里会随着使用时间的增加而积累大量的灰尘和细菌，建议定期对电脑键盘进行消毒和清洗，但要注意不要损坏键盘的电路。

（2）快捷菜单和下拉菜单

快捷菜单和下拉菜单都用于显示对当前选中对象可执行的命令。

快捷菜单

用鼠标右键单击某些特定的对象时，系统就会在鼠标指针位置弹出一个菜单，这就是快捷菜单。快捷菜单中包含了当前可以针对该对象进行的常用操作，用户可以快速选择执行，从而提高使用电脑的效率。

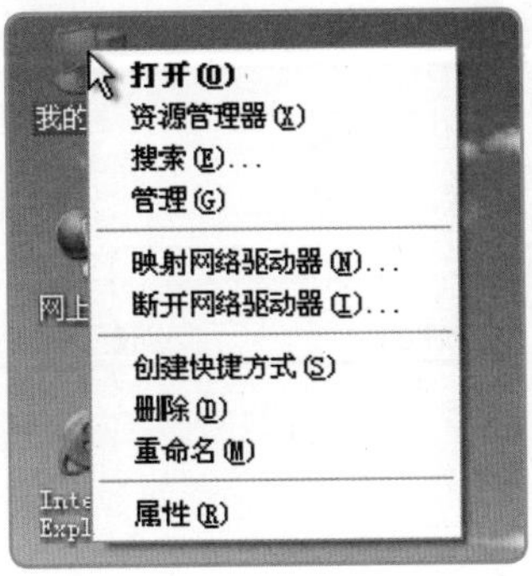

下拉菜单

大部分程序窗口均有菜单栏，单击菜单栏中的菜单项就会弹出下拉菜单，这些下拉菜单中包括了该应用程序所有的可执行命令，执行这些命令可以完成相应的操作。

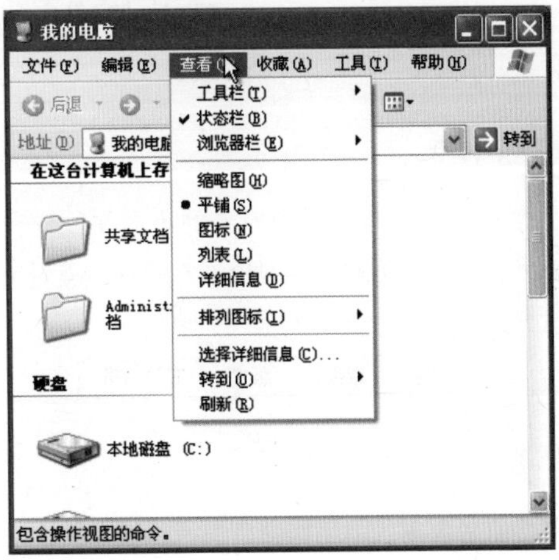

操作提示：使用键盘打开菜单

107键盘以及按键个数更多的键盘上，在右【Ctrl】键和右【Windows徽标】键中间有一个指针选项键。选中目标后，按一下指针选项键，也会弹出一个与单击鼠标右键弹出的菜单相同的快捷菜单。

另外，通过同时按下【Alt】键和菜单栏中菜单项对应的字母键，就可以打开相应的下拉菜单。例如，在“我的电脑”窗口中按【Alt+F】组合键就可以打开“文件”下拉菜单。

3 认识和使用对话框

对话框是程序与用户进行交流的窗口。在菜单中，如果菜单命令后跟有“…”，则执行该命令会打开相应的对话框。

对话框中的结构很复杂，通常包含选项卡、选项栏、单选按钮、复选框、文本框、数值框、下拉列表框、列表框和按钮等。

下面通过列举两个典型的对话框来介绍对话框的组成。

补充两句：保持办公室内通风，可以减少电脑释放的一种有害物质——溴化二苯。

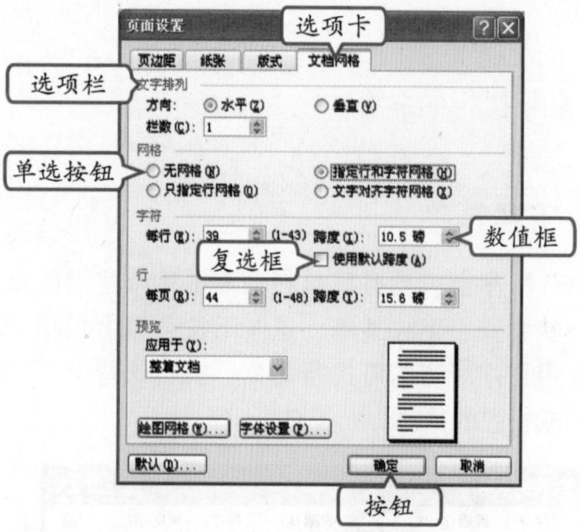

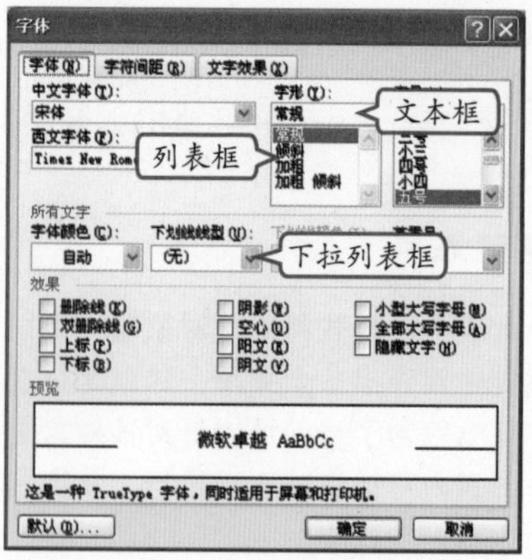

选项卡

某些复杂的对话框，针对对象的不同属性进行设置，并根据对象的属性把对话框分为多个选项卡，选择选项卡可以设置对象的相应属性。

选项栏

有时会将对象属性的不同特征进行分类，将相同的特征组合在一起形成选项栏。

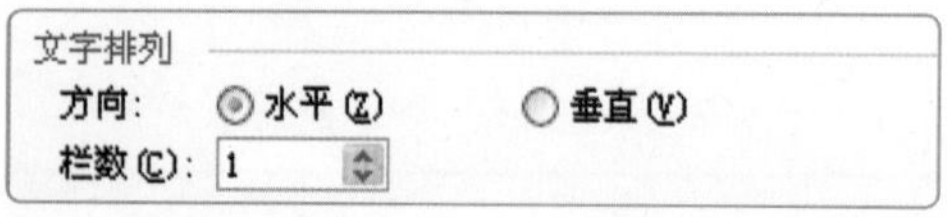

单选按钮

一般两个或两个以上成组出现，一组单按钮里只允许选中其中一个。

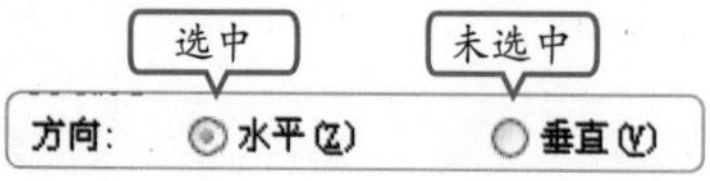

列表框

列表框中提供了很多选项供用户选择。列表框有下拉式和固定式两种。

复选框

可以单个出现，也可以成组出现。可以同时选中一组复选框中的多个选项。

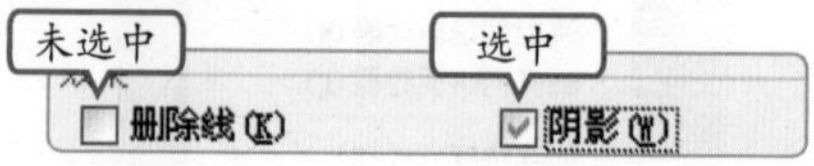

文本框

用于输入文本，如输入文件名称等。

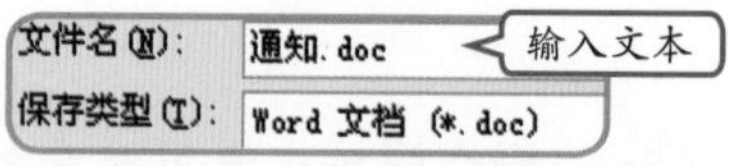

数值框

用于输入数据，也可以用鼠标单击数值框右侧的上下箭头改变数值。

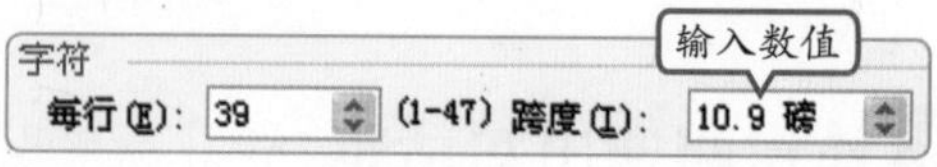

按钮

用于执行其对应的功能。有的按钮名称后跟有“…”，单击这类按钮会打开新的对话框。

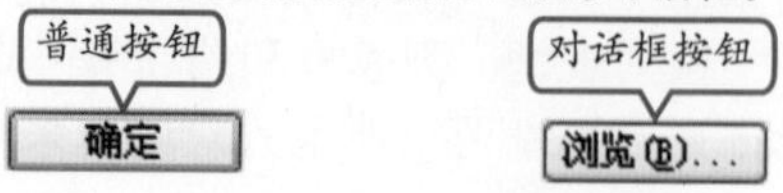

高手指点 大部分菜单项后面都有字母跟随，在菜单被激活时，按相应的字母键就可以选择执行对应的菜单命令。使用字母键与鼠标操作相结合可以加快操作速度。

4 熟悉Windows XP窗口的基本操作

窗口是用户与电脑交流的最主要的平台。目前的操作系统都支持多任务操作，即可以同时打开多个窗口。

（1）窗口的组成

窗口通常包括标题栏、菜单栏、工具栏、地址栏、状态栏、任务区和窗口内容区7个部分。

其中，标题栏位于窗口的顶部，用于显示当前窗口的名称和对窗口执行最小化和关闭等操作；菜单栏中包含了多个菜单项，可对“我的电脑”窗口中的内容进行相应操作；工具栏提供了处理窗口内容的一些常用工具，可以直接单击进行相应操作。地址栏用于选择和显示打开对象的地址。任务窗格为窗口操作提供常用命令、经常访问的对象以及经常查看的信息；内容区中显示打开对象的内容及执行操作后的结果；状态栏显示当前窗口的状态。

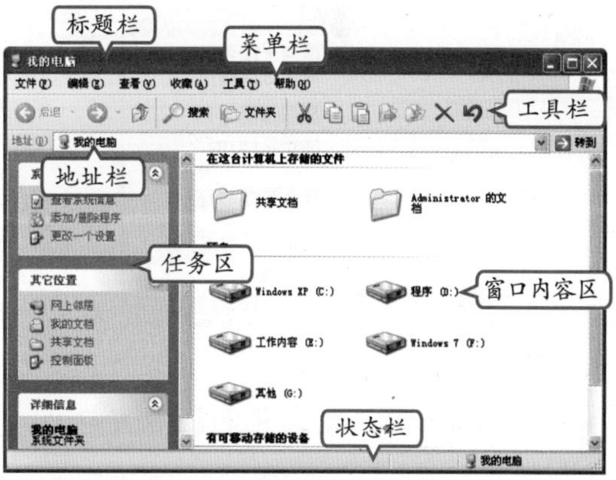

（2）窗口的操作

当打开一个窗口时，该窗口会以系统默认的大小并在默认位置打开，但这不一定是我们想要它放置的位置和大小，这就需要对它进行一些操作。

基本的窗口操作有最大化、最小化、还原、关闭、移动、缩放、排列和切换等。

最小、最大、还原和关闭窗口

每个窗口的标题栏最右侧都有3个按钮：“最小化”按钮、“最大化”按钮（“还原”按钮）和“关闭”按钮。其中窗口处于最大化状态时，窗口上显示“还原”按钮；窗口处于可调大小状态时，窗口上显示“最大化”按钮。

移动和缩放窗口

移动窗口的操作很简单，只需按住鼠标左键拖动窗口的标题栏到需要的位置即可。缩放窗口时，先将鼠标指针指向窗口的边角或边界，当鼠标指针变成双向箭头，如↕、↔、↖、↗时，按住鼠标左键拖动即可。

补充两句

长期坐在电脑前的办公人员，应注意多吃一些富含维生素A、C和蛋白质的食物，如豆芽、西红柿、胡萝卜、瘦肉、动物肝脏等。

排列窗口

当活动窗口太多，而用户又需要同时查看多个窗口时，就需要将窗口按一定方式排列起来。窗口的布局方式有3种：层叠窗口、横向平铺窗口和纵向平铺窗口。用户只需在任务栏上的空白区域单击鼠标右键，然后在弹出的快捷菜单中选择需要的布局方式即可。

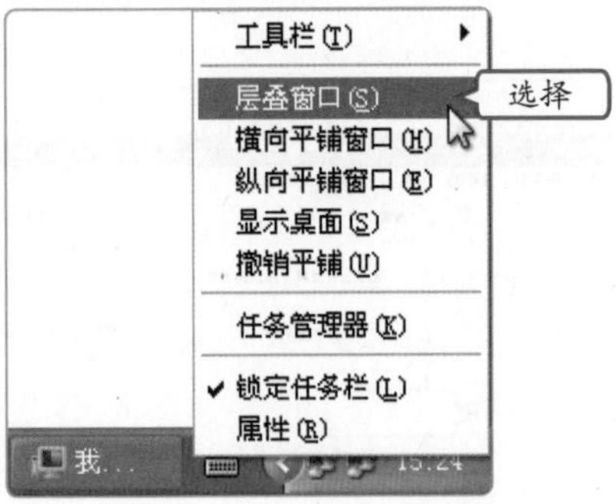

教你一招：最大化和还原窗口

在最大化和还原窗口时，可以不用鼠标单击"最大化"按钮和"还原"按钮，用鼠标左键在标题栏的空白处双击即可使窗口在最大化和可调大小状态之间转换。

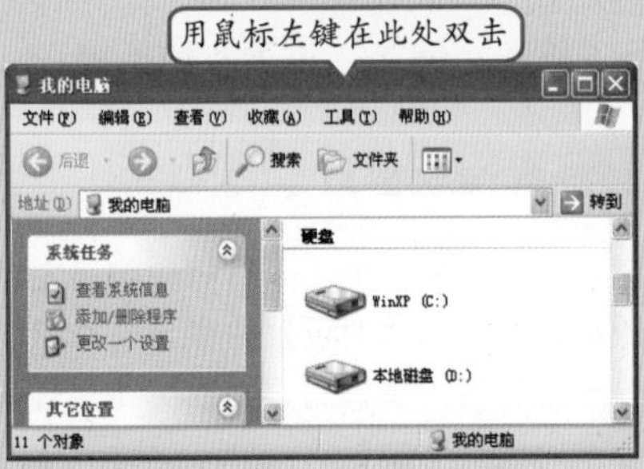

切换窗口

用户在操作时会经常在多个窗口之间切换，最常用的切换方式是在任务栏上用鼠标左键单击需要切换到的窗口按钮，即可将该窗口激活为当前窗口。还有一种方法是：使用【Alt+Tab】组合键，具体操作方式是先同时按下【Alt】和【Tab】键，然后按住【Alt】键不放，再重复按【Tab】键直到切换到需要的窗口。

操作提示：切换窗口

在任务管理器中切换和关闭窗口的方法为：按【Shift+Ctrl+Delete】组合键打开任务管理器，然后在"应用程序"选项卡中选择相应的程序窗口并单击切换至(S)按钮。

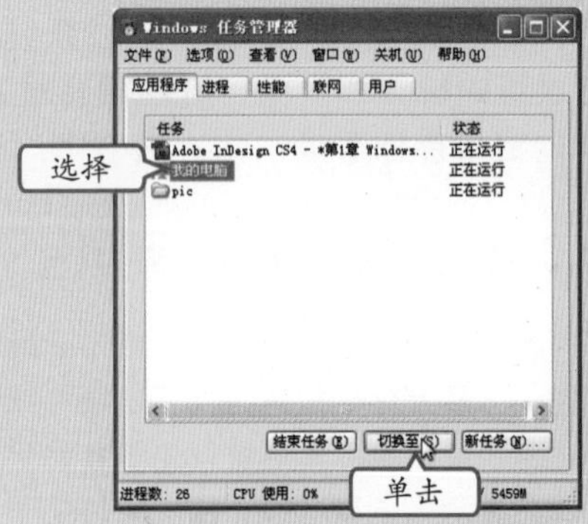

5 获取Windows XP帮助

用户在使用操作系统时，如果遇到了自己不能解决的问题，能够有人在旁边指导最好；如果遇到问题又找不到高手帮忙时，Windows XP自带的帮助系统也许能够帮到你。

下面将介绍使用"Windows XP帮助与支持中心"来查找帮助信息的方法。

高手指点 在某些文本框中，虽然其下有列表框供选择输入，但同样可以在文本框中输入自己想要的内容，可以超出列表框中显示的数据范围。

教学演示\第1章\获取Windows XP帮助

1 打开“帮助和支持中心”窗口

1. 打开“我的电脑”窗口，单击“帮助”菜单项。
2. 在弹出的下拉菜单中选择“帮助和支持中心”命令，打开“帮助和支持中心”窗口。

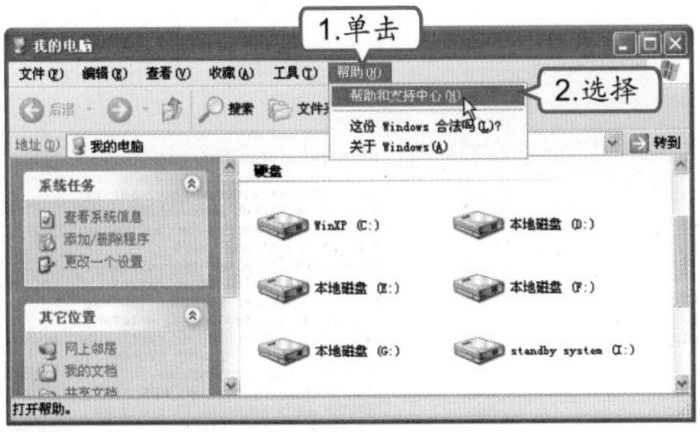

2 搜索帮助

1. 在“搜索”文本框中输入搜索内容“快捷键”。
2. 单击➡按钮。

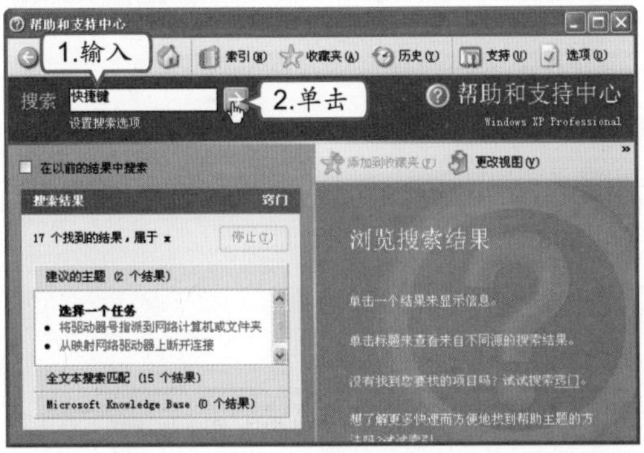

3 选择帮助信息

在搜索出的结果中查找自己想要的结果，然后用鼠标左键单击打开相应的帮助信息。

4 查看帮助信息

窗口的“浏览搜索结果”区将显示出选择查看的帮助结果信息。

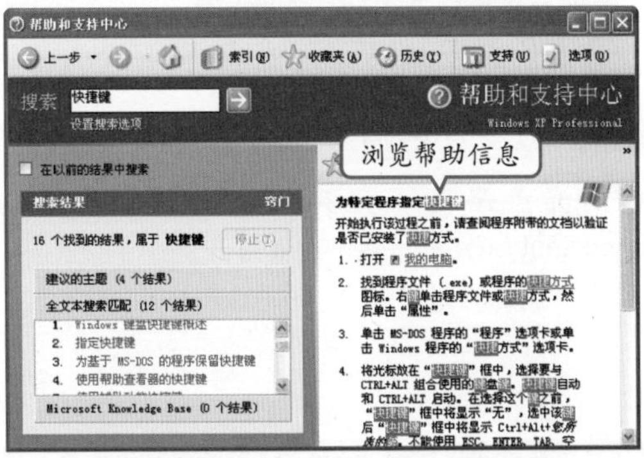

1.2.2 上机1小时：设置并操作important文档

本练习主要熟练Windows XP的基本操作。

上机目标

- **熟悉各种菜单的使用方法。**
- **熟练窗口操作。**

补充两句：在打开的窗口中按【F1】键可快速查看当前打开窗口的帮助信息。

实例素材\第1章\important.txt
教学演示\第1章\设置并操作important文档

1 打开记事本

1. 单击 开始 按钮打开“开始”菜单。
2. 用鼠标指针指向“所有程序”按钮，然后在弹出的菜单中用鼠标指针指向“附件”组，最后在弹出的菜单中选择“记事本”命令，打开“记事本”程序。

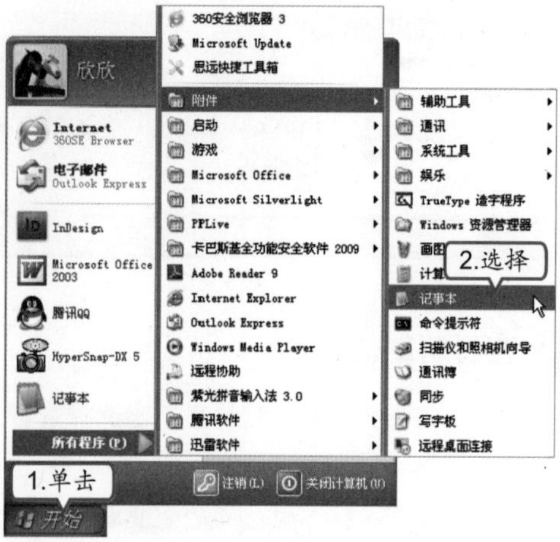

2 打开参照文档

找到光盘路径“实例素材\第1章”下的important.txt文档，双击将其打开。

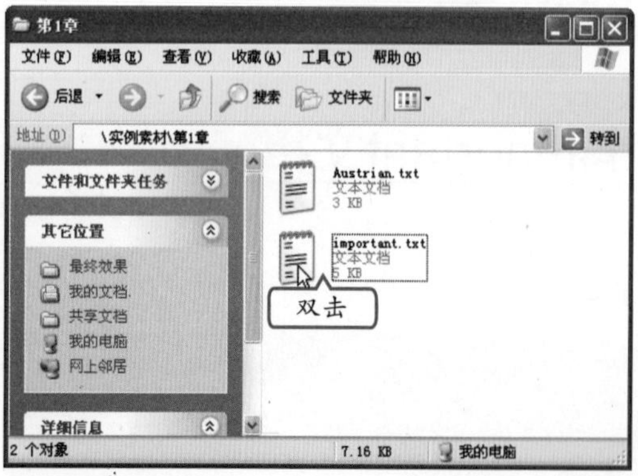

3 横向平铺两个“记事本”窗口

在任务栏的空白处单击鼠标右键，然后在弹出的快捷菜单中选择“横向平铺窗口”命令。

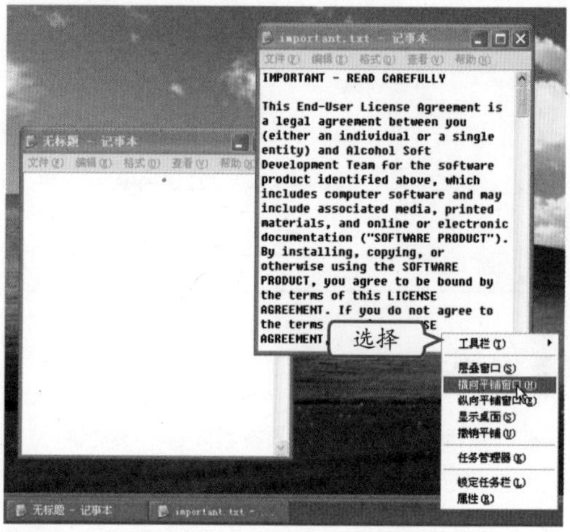

4 对照输入文档

对照important.txt文档，在“无标题”文档中输入文字。

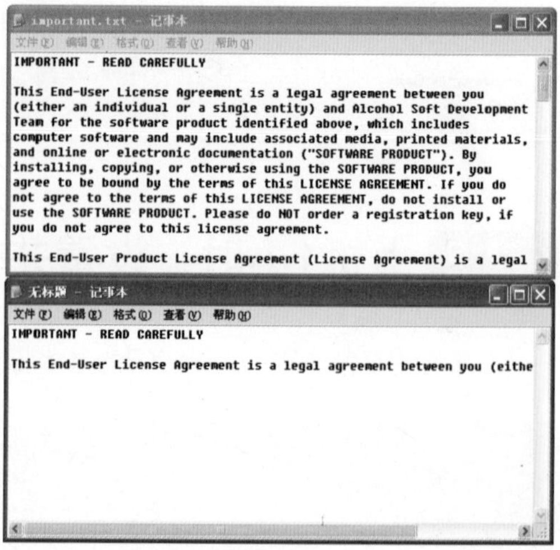

高手指点 窗口的地址栏除了用于显示当前的文件路径和在下拉列表中选择地址外，还可以在其中输入文件的路径地址，然后单击 转到 按钮切换到指定的窗口。

5 设置自动换行

1. 在“无标题”文档窗口中单击“格式”菜单项。
2. 在弹出的下拉菜单中选择“自动换行”命令。

1.单击
2.选择
IMPORTANT - R
This End-User License Agreement is a legal agreement between you (eithe

6 选择命令

1. 在“无标题”文档窗口中单击“格式”菜单项。
2. 在弹出的下拉菜单中选择“字体”命令。

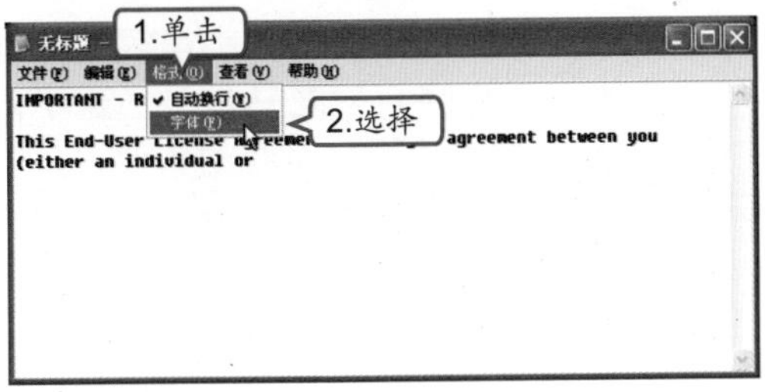
1.单击
2.选择
IMPORTANT - R
This End-User License Agreement between you
(either an individual or

7 设置字体

1. 打开“字体”对话框，在“字体”栏的列表框中选择Times New Roman选项。
2. 在“大小”列表框中选择“四号”选项。
3. 单击 确定 按钮。

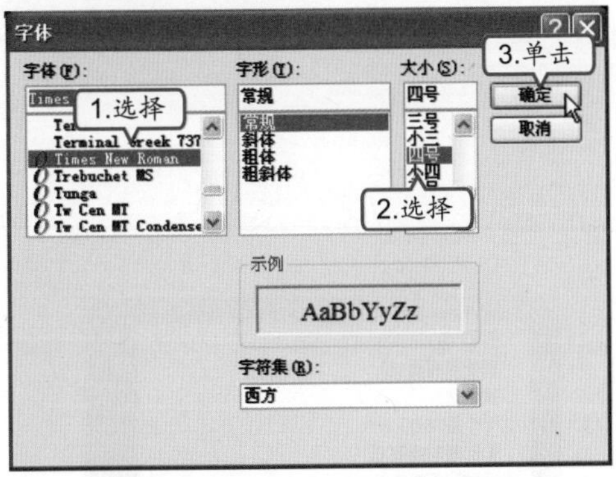
字体
1.选择
2.选择
3.单击
确定
取消
AaBbYyZz
西方

8 输入剩余文字

对照important.txt文档，在“无标题”文档中输入剩余的文字。

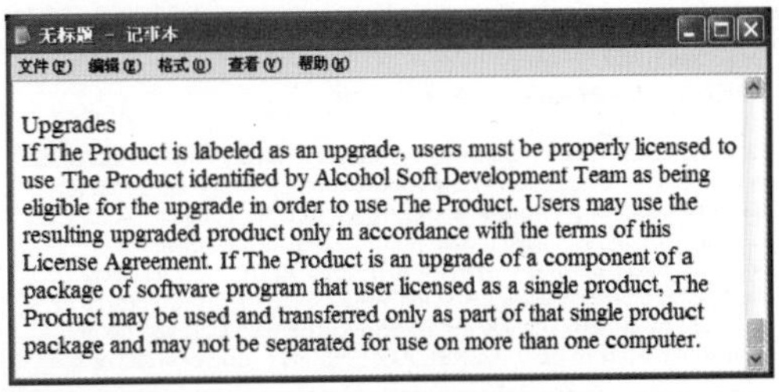
无标题 - 记事本
Upgrades
If The Product is labeled as an upgrade, users must be properly licensed to use The Product identified by Alcohol Soft Development Team as being eligible for the upgrade in order to use The Product. Users may use the resulting upgraded product only in accordance with the terms of this License Agreement. If The Product is an upgrade of a component of a package of software program that user licensed as a single product, The Product may be used and transferred only as part of that single product package and may not be separated for use on more than one computer.

9 关闭important.txt窗口

单击important.txt窗口右上角的☒按钮。

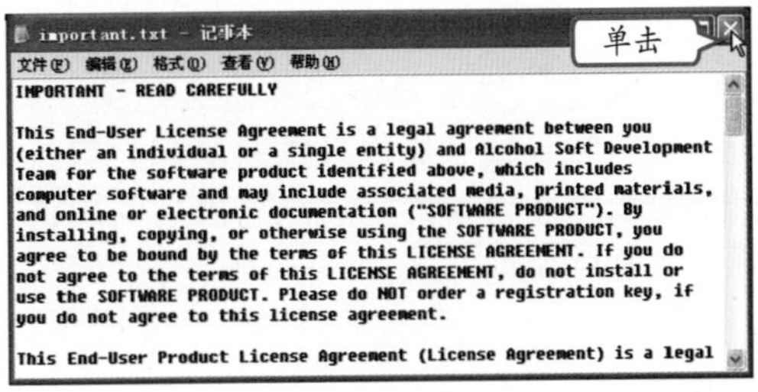
important.txt - 记事本
单击
IMPORTANT - READ CAREFULLY
This End-User License Agreement is a legal agreement between you (either an individual or a single entity) and Alcohol Soft Development Team for the software product identified above, which includes computer software and may include associated media, printed materials, and online or electronic documentation ("SOFTWARE PRODUCT"). By installing, copying, or otherwise using the SOFTWARE PRODUCT, you agree to be bound by the terms of this LICENSE AGREEMENT. If you do not agree to the terms of this LICENSE AGREEMENT, do not install or use the SOFTWARE PRODUCT. Please do NOT order a registration key, if you do not agree to this license agreement.
This End-User Product License Agreement (License Agreement) is a legal

10 最大化“无标题”窗口

单击“无标题”窗口右上角的□按钮将窗口最大化以查看其中的内容。

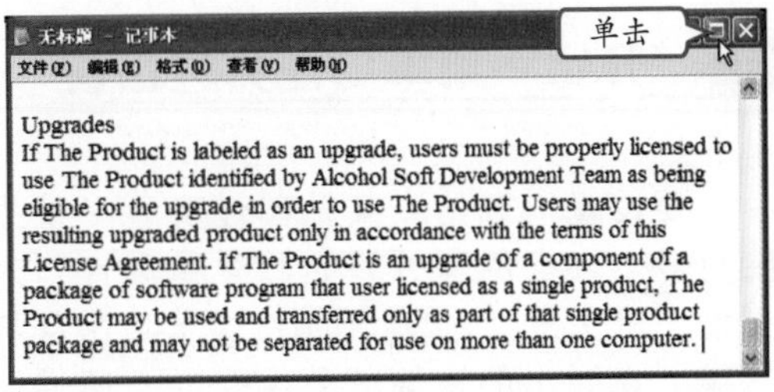
无标题 - 记事本
单击
Upgrades
If The Product is labeled as an upgrade, users must be properly licensed to use The Product identified by Alcohol Soft Development Team as being eligible for the upgrade in order to use The Product. Users may use the resulting upgraded product only in accordance with the terms of this License Agreement. If The Product is an upgrade of a component of a package of software program that user licensed as a single product, The Product may be used and transferred only as part of that single product package and may not be separated for use on more than one computer.

操作提示：关闭上级窗口

关闭文件夹窗口时，如果按下【Shift】键再单击☒按钮，那么它所在磁盘上所有打开的上级窗口都会被关闭。

补充两句

操作电脑时，可在显示屏上安装一块电脑专用滤色板以减轻辐射。

11 还原并关闭“无标题”窗口

单击“无标题”窗口右上角的按钮将窗口还原后单击按钮。

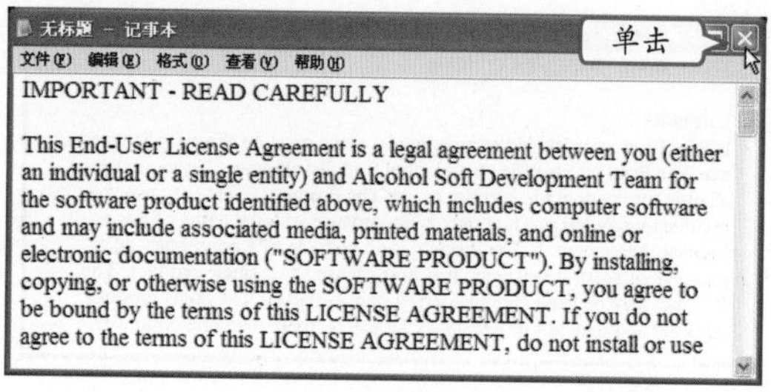
无标题 - 记事本
文件(F) 编辑(E) 格式(O) 查看(V) 帮助(H)
单击
IMPORTANT - READ CAREFULLY
This End-User License Agreement is a legal agreement between you (either an individual or a single entity) and Alcohol Soft Development Team for the software product identified above, which includes computer software and may include associated media, printed materials, and online or electronic documentation ("SOFTWARE PRODUCT"). By installing, copying, or otherwise using the SOFTWARE PRODUCT, you agree to be bound by the terms of this LICENSE AGREEMENT. If you do not agree to the terms of this LICENSE AGREEMENT, do not install or use

12 取消保存文档

在打开的提示对话框中单击 否(N) 按钮，取消对文档的保存。

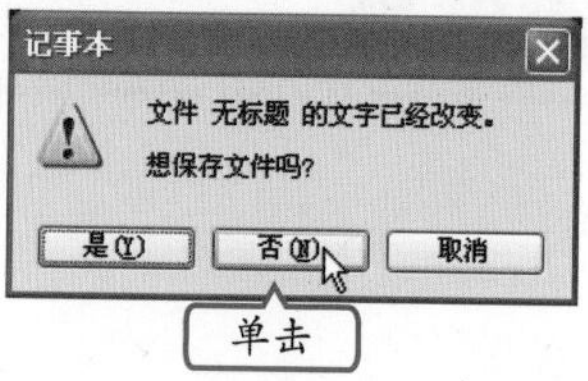
记事本
文件 无标题 的文字已经改变。
想保存文件吗?
是(Y)
否(N)
取消
单击

1.3 打造个性化的办公环境

一天，小李经过老马的办公桌前，看到老马的鼠标指针是一只猴子，小李很好奇地问：“马工，你的鼠标指针怎么是这个样子的？跟我的不一样啊？”老马说：“这不奇怪，因为我更换了操作系统的鼠标方案。不仅鼠标可以更换方案，操作系统的其他很多项目都可以重新设置的。”小李乐呵呵地说：“那你教教我吧，我整天都对着一个样子的屏幕，都有点烦了。”

1.3.1 学习1小时

学习目标

- 学会设置“开始”菜单和任务栏。
- 学会设置“显示”属性。
- 学会设置鼠标。
- 学会系统用户账户的基本操作。

1 “开始”菜单与任务栏设置

要设置“开始”菜单和任务栏，首先要打开“任务栏与「开始」菜单属性”对话框，方法是：在 开始 按钮上单击鼠标右键，在弹出的快捷菜单中选择“属性”命令。

“任务栏与「开始」菜单属性”对话框有两个选项卡：“任务栏”选项卡和“「开始」菜单”选项卡，下面分别进行介绍。

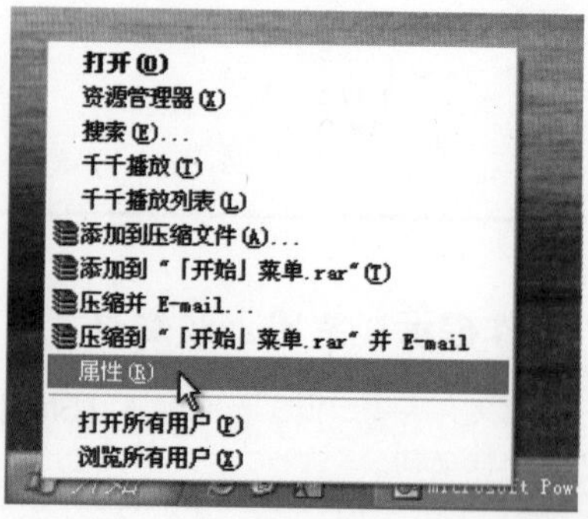
打开(O)
资源管理器(X)
搜索(E)...
千千播放(T)
千千播放列表(L)
添加到压缩文件(A)...
添加到“「开始」菜单.rar”(T)
压缩并 E-mail...
压缩到“「开始」菜单.rar”并 E-mail
属性(R)
打开所有用户(P)
浏览所有用户(X)

高手指点 某些系统设置会影响系统中软件的运行，例如系统时间的设置，对某些软件来说，如果系统时间设置错误，将会导致软件无法运行或运行错误。

（1）“「开始」菜单”选项卡

「开始」菜单的设置主要是切换“开始”菜单的显示方式，可选择「开始」菜单和经典「开始」菜单。经典「开始」菜单即为Windows XP系统之前的系统所使用的“开始”菜单，一些习惯使用旧版本操作系统“开始”菜单的用户可以选中该单选按钮。

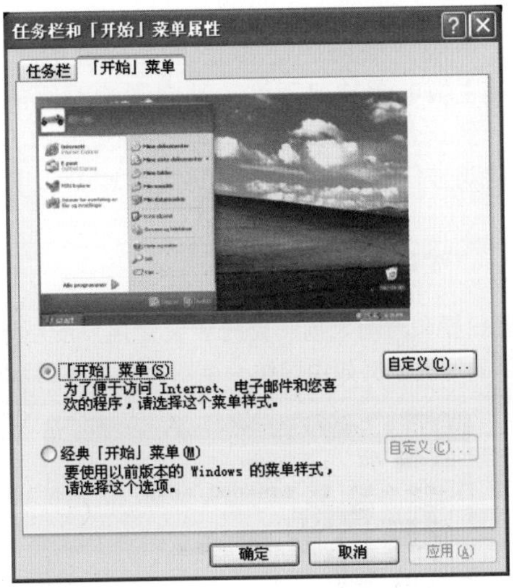

操作提示：调整开始菜单项目

在“「开始」菜单”选项卡中单击自定义(C)...按钮，在打开的“自定义「开始」菜单”对话框的“高级”选项卡中，可以调整开始菜单项目的显示与否。

（2）“任务栏”选项卡

任务栏设置主要是对任务栏上各区域的显示与隐藏进行设置。

“任务栏”选项卡中的复选框选项有锁定任务栏、自动隐藏任务栏、将任务栏保持在其他窗口的前端、分组相似任务栏按钮、显示快速启动、显示时钟和隐藏不活动的图标。

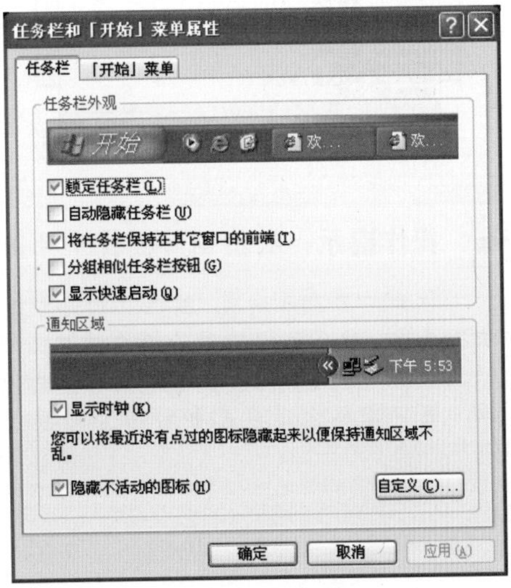

操作提示：调整图标隐藏方案

在“任务栏”选项卡中单击自定义(C)...按钮，在打开的“自定义通知”对话框中可以调整“通知区域”内图标的隐藏方案。

操作提示：“自动隐藏任务栏”和“分组相似任务栏按钮”复选框

在“任务栏”选项卡中如果选中“自动隐藏任务栏”复选框，当鼠标指针不在任务栏所在的位置时，任务栏就会自动隐藏起来；当鼠标指针指向任务栏位置时，任务栏又会显示出来。

如果选中“分组相似任务栏按钮”复选框，当用户打开很多个窗口时，系统会自动将相同类型的按钮集中到一个分类按钮上，用户在查找窗口时，需要先单击它所在的分类按钮，然后在弹出的菜单中选择需要的按钮来切换到需要的窗口。

补充两句

在未锁定任务栏的状态下，按住鼠标左键不放，并将其拖动到桌面的四周，松开鼠标即可完成任务栏的移动。

2 设置系统日期和时间

一般，电脑的时钟是非常准确的，但如果系统发生了异常，如中了病毒、重装了系统、主板电池被取下等，都会影响时间的准确性，这时就需要重新设置系统日期和时间。

要调整系统日期和时间，首先要打开“日期和时间 属性”对话框，具体方法是用鼠标左键双击任务栏上显示时间的区域。

“时区”选项卡

设置日期和时间之前，首先要设置用户所在地区使用的时区，例如中国统一使用的是北京时间。

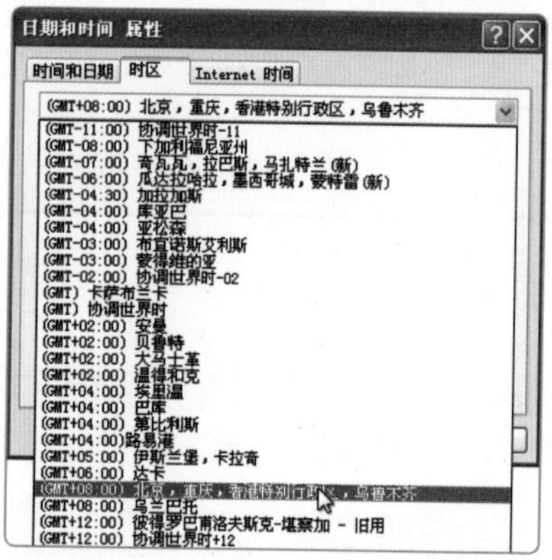

“时间和日期”选项卡

在“日期”栏中选择输入月份，按⇕按钮输入年份，单击选择当前日期；然后在“时间”栏中通过⇕按钮调整时间。设置完后单击 应用(A) 按钮即可。

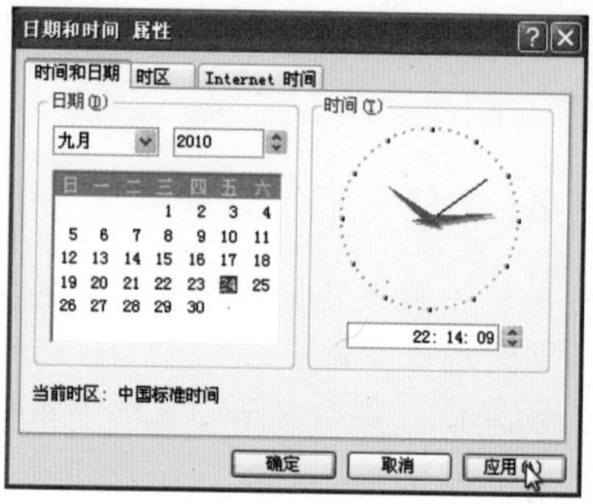

操作提示：从控制面板打开对话框

打开“日期和时间 属性”对话框的方法有很多，除了可以使用鼠标左键双击任务栏上显示时间的区域外，还可以在“控制面板”窗口中双击“日期和时间”图标来打开。

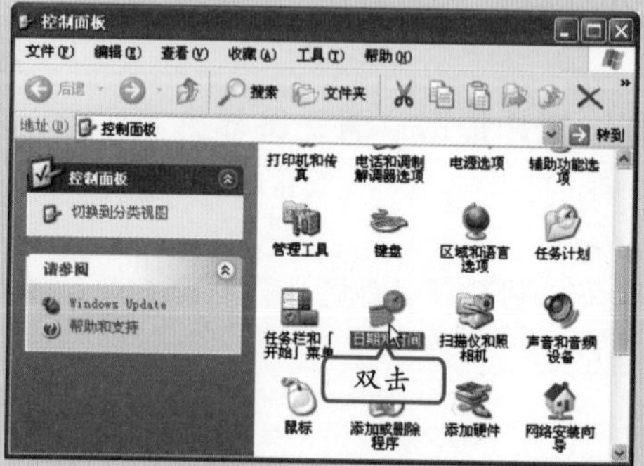

3 更换个性化的桌面背景

桌面背景是操作系统的主界面之一，由于经常看到，很容易产生审美疲劳。如果不定期地更换一些有趣、亮丽的背景，可以使桌面背景看起来不那么枯燥。下面介绍如何设置桌面背景。

要设置桌面背景，首先要打开“显示 属性”对话框，具体的操作方法是：在桌面的空

高手指点 主板上一般有两个或两个以上的内存插槽，用户可以安装两个或两个以上的内存条，但要注意不要使用不同品牌的内存条，这有可能使电脑无法启动。有时安装两个同品牌的内存条也可能造成系统不稳定。

白区域单击鼠标右键，然后在弹出的快捷菜单中选择“属性”命令，打开“显示 属性”对话框后，选择“桌面”选项卡即可开始设置桌面背景。

（1）更换系统背景

Windows XP自带了很多背景，用户可以在其中选择一个作为自己的桌面背景。具体操作方法是：在“背景”列表框中选择需要的背景图案，然后单击[应用(A)]按钮。

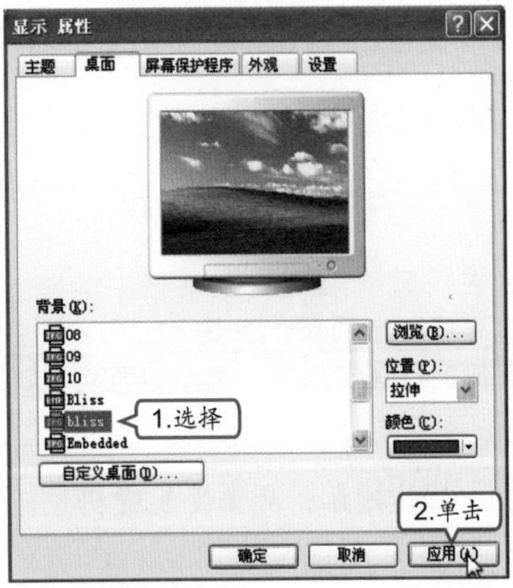

操作提示：小图片背景

单击“位置”栏的▾按钮，在弹出的下拉列表框中有3个选项：居中、拉伸和平铺。这3个选项主要是针对原始大小不足以铺满整个桌面的图片，选择合适的选项可以使图片背景保持最佳显示状态。

（2）更换用户自定义背景

除了Windows XP的自带背景外，用户还可以将自己喜欢的其他图片设置为桌面背景。其具体操作如下。

教学演示\第1章\更换用户自定义背景

1 打开“浏览”对话框

打开“显示 属性”对话框后，单击“桌面”选项卡中的[浏览(B)...]按钮。

2 选择图片

1. 在打开的“浏览”对话框中选择自己喜欢的图片。
2. 单击[打开(O)]按钮返回“显示 属性”对话框，单击[应用(A)]按钮完成设置。

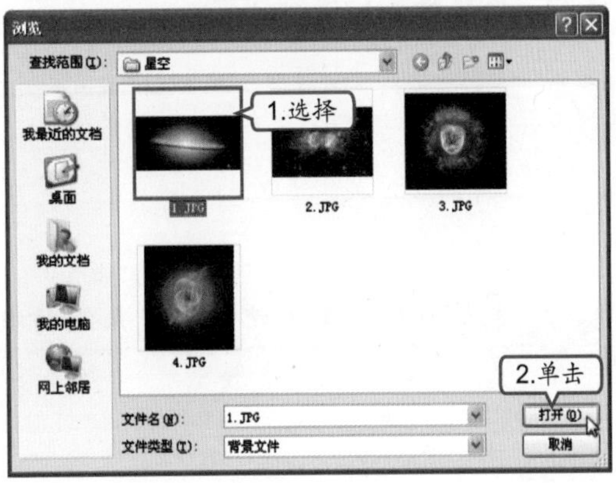

长时间使用电脑后，脸上会吸附很多电磁辐射的颗粒，应该及时用清水洗脸，可使所受辐射降低7%以上。　补充两句

4 设置屏幕保护程序及电源管理

如果要暂时离开，又不想被别人看到自己的桌面内容，就可以设置屏幕保护程序，并且为屏幕保护程序加上密码，这样就能确保他人不会在自己离开时未经允许而使用自己的电脑。

电源管理就是对电源使用方案进行设置，以达到节约用电的目的。

（1）设置屏幕保护程序

在“显示 属性”对话框中选择“屏幕保护程序”选项卡，在其下拉列表框中选择需要的屏幕保护程序，单击 应用(A) 按钮。

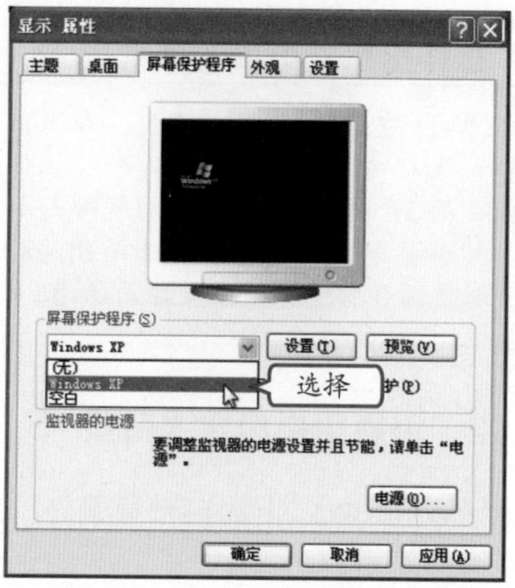

操作提示：屏保恢复密码

在Windows XP操作系统中，屏幕保护程序的恢复密码与用户账户的登录密码是一致的。因此要想使屏幕在从屏幕保护程序中恢复时输入密码，就必须为用户账户设置密码（设置用户账户密码的方法将在后面讲解）。

（2）设置电源选项

单击“屏幕保护程序”选项卡中的 电源(O)... 按钮，打开“电源选项 属性”对话框，然后单击“关闭监视器”栏后的▾按钮，在弹出的下拉列表中选择关闭监视器电源的时间，最后单击 应用(A) 按钮。

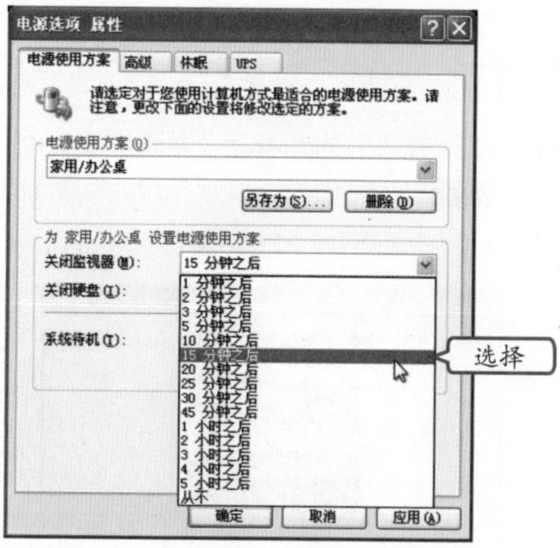

操作提示：系统休眠

在“电源选项 属性”对话框的“休眠”选项卡中，可以启用系统休眠，这需要占用一定的磁盘空间，但系统休眠可以在下次使用电脑时快速进入工作状态。

教你一招：关闭硬盘和使系统待机

在“电源使用方案”选项卡中，还可以设置关闭硬盘电源的时间，甚至还可以使系统待机，这将更大范围地关闭电脑中暂不使用部件的电源。

高手指点　通过时区的选择，能够了解世界各地的当前时间。首先设置好所在时区的时间，然后选择其他时区，这时系统上显示的时间就是在其他时区的时间。

5 监视器设置

监视器设置主要是针对屏幕分辨率、颜色质量和屏幕刷新频率来进行的。

（1）设置屏幕分辨率和颜色质量

如果屏幕上的图像不清晰，可以调整屏幕分辨率和颜色质量。在“显示 属性”对话框中选择“设置”选项卡可以对屏幕分辨率和颜色进行设置，其具体操作如下。

教学演示\第1章\设置屏幕分辨率和颜色质量

1 设置屏幕分辨率

1. 拖动滑块来调整分辨率的大小。
2. 单击 应用(A) 按钮。

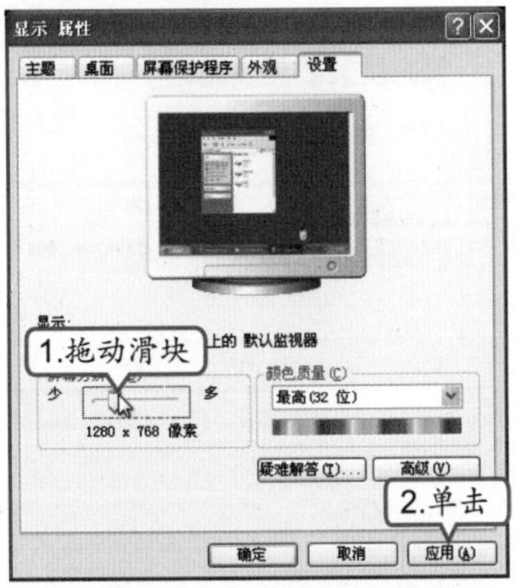

2 设置颜色质量

1. 在“颜色质量”下拉列表框中选择颜色质量。
2. 单击 应用(A) 按钮。

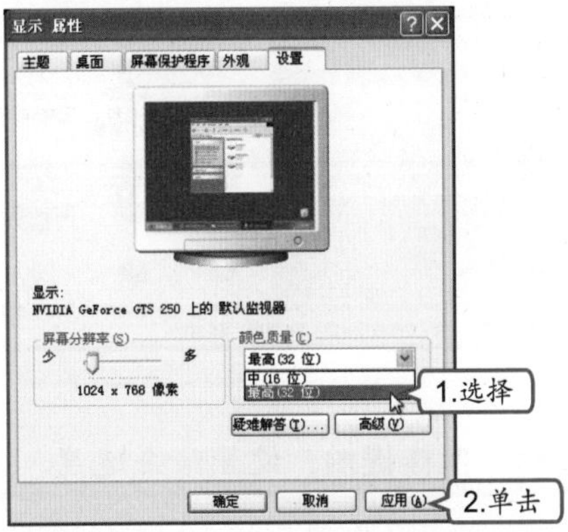

（2）设置屏幕刷新频率

对于CRT显示器，如果屏幕的刷新频率设置不当，可能会导致屏幕闪烁而使眼睛感觉疲劳，这就需要重新将屏幕的刷新频率设置为合适的值。而LCD显示器一般不用设置屏幕刷新频率。

在“显示 属性”对话框的“设置”选项卡中，单击 高级(V) 按钮打开监视器属性对话框，在其中选择“监视器”选项卡，然后在“监视器设置”栏的“屏幕刷新频率”下拉列表框中选择合适的刷新频率，最后单击 应用(A) 按钮即可设置屏幕刷新频率。

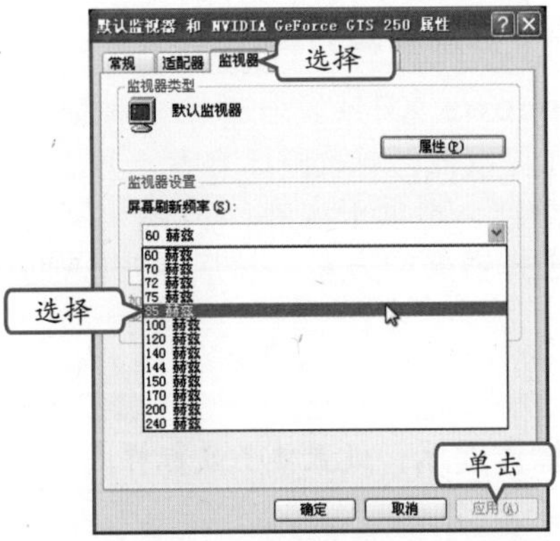

操作提示：合理设置刷新频率

屏幕的刷新频率并不是越高越好，过高的刷新频率可能会对显示器造成永久性的损坏。

补充两句

当不使用电脑，又不需要关机时，可设置电脑的屏幕保护程序。不仅能减少耗电量，这样还可延长显示器的寿命。

6 设置个性化鼠标

Windows XP系统中内置了很多鼠标使用方案，但使用时间长了，换一个有趣的鼠标指针会改善工作时的心情。用户也可以在网上自行下载鼠标方案，然后安装在操作系统中。下面就介绍设置鼠标的方法。

（1）打开“鼠标 属性”对话框

单击 开始 按钮，在弹出的“开始”菜单中选择“控制面板”命令打开“控制面板”窗口，然后用鼠标左键双击“鼠标”图标即可打开“鼠标 属性”对话框。

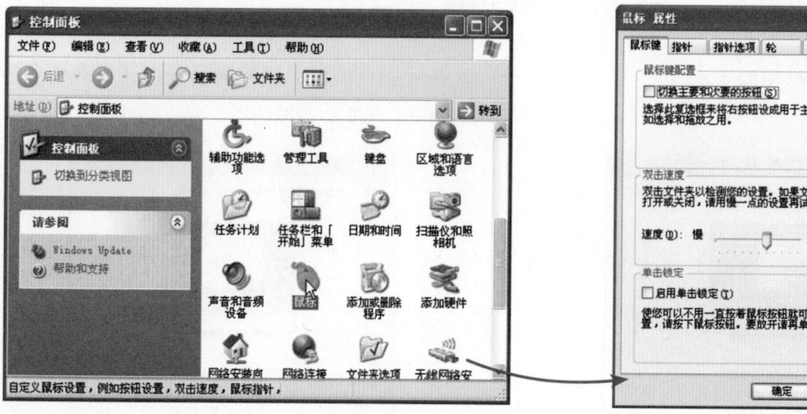

操作提示：设置双击速度

在“鼠标 属性”对话框的“鼠标键”选项卡中的“双击速度”栏内，拖动“速度”滑块可以调整适合自己操作的双击速度。

（2）设置鼠标方案

Windows XP系统自带了多种鼠标方案，用户可以自己更改鼠标方案，方法是：选择“指针”选项卡，在“方案”下拉列表框中选择需要的方案，然后单击 应用(A) 按钮。

操作提示：设置单个鼠标样式

在“指针”选项卡的“自定义”列表框中选择需更改的某个鼠标样式选项，单击 浏览(B)... 按钮，在打开的对话框中选择需要的鼠标光标，将只更改选择的鼠标样式。

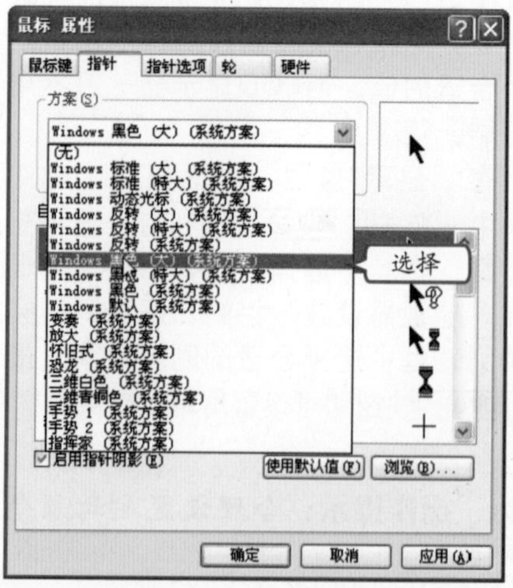

高手指点 鼠标的移动速度要调整适当，过快会使鼠标的定位精确度降低，不易控制；过慢则会降低工作效率。

（3）设置指针选项

设置适合自己操作习惯的指针选项可以大大提高操作速度。

“指针选项”选项卡中各项设置的作用如下。

- 移动：拖动滑块可以调整指针的移动速度。速度越快，鼠标移动相同距离时指针的移动距离越大。
- 取默认按钮：在打开新的对话框时，鼠标指针总是自动移动到对话框的默认按钮上。
- 可见性：显示或隐藏指针和指针的踪迹。

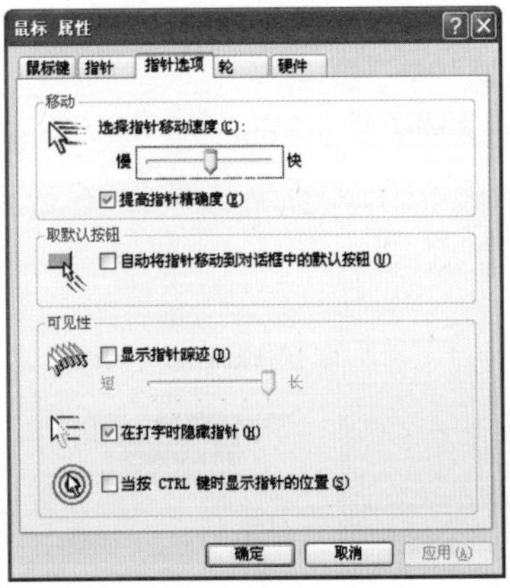

7 用户账户的创建与删除

就像银行的账户一样，操作系统也可以为多个使用同一台电脑的用户各设置一个账户。这样，用户使用电脑时都使用自己的账户登录，可以对电脑进行个性化设置，而不会影响到其他用户的操作。

（1）创建用户账户

要创建用户账户，首先要打开“用户账户”窗口，方法是：单击“开始”按钮，在弹出的“开始”菜单中选择“控制面板”命令打开“控制面板”窗口，然后双击“用户账户”图标。

下面介绍创建用户账户的方法，其具体操作如下。

教学演示\第1章\创建用户账户

1 创建新账户

在“挑选一项任务”界面中单击“创建一个新账户”超链接。

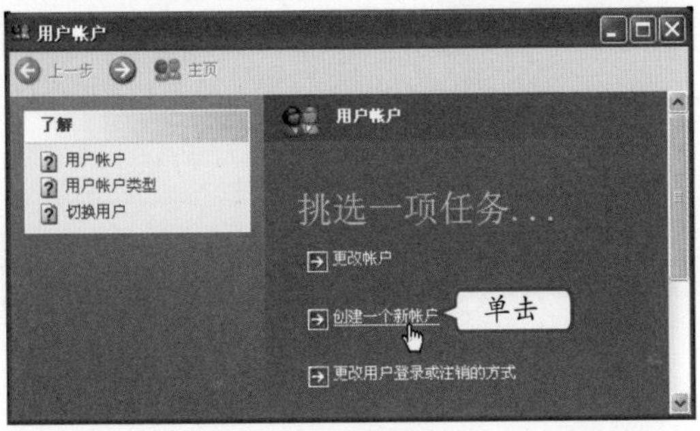

2 输入账户名

1. 在“为新账户起名”界面的文本框中输入名称。
2. 单击“下一步(N) >”按钮。

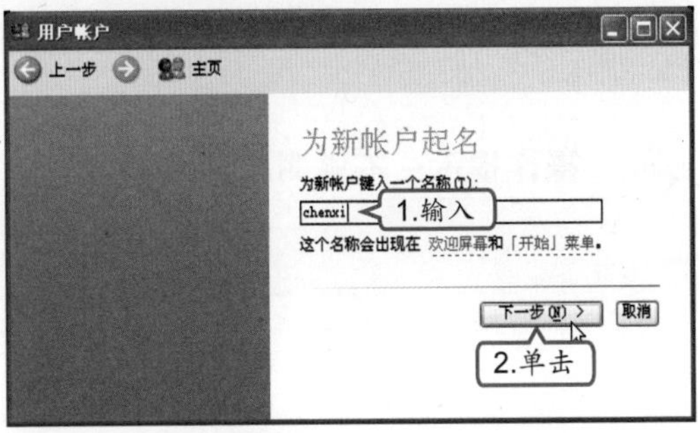

补充两句

当创建了一个新账户并将其设置为“计算机管理员”后，原来的账户Adiministrator会自动隐藏。

3 选择账户类型

1. 在“挑选一个账户类型”界面中选中“计算机管理员”单选按钮。
2. 单击 创建帐户(C) 按钮。

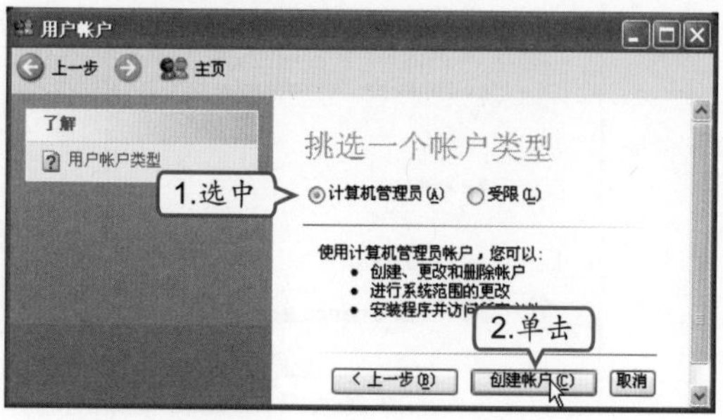

操作提示：系统账户

安装操作系统时，系统会默认创建两个账户：计算机管理员账户Administrator和来宾账户Guest。Guest账户可以启用或禁用，用于其他人临时访问电脑。当创建新的管理员账户并重启计算机后，系统便会以用户账户登录，而不再以Administrator计算机管理员账户登录，且“用户账户”窗口中也不再显示Administrator计算机管理员账户。

（2）删除用户账户

当一些用户账户不再需要的，可以将其删除。删除用户账户的具体操作如下。

教学演示\第1章\删除用户账户

1 选中要删除的账户

单击“用户账户”窗口中的 主页 按钮切换到账户设置主页，在“或挑一个账户做更改”界面中单击要删除的用户账户图标。

2 单击“删除账户”超链接

在“您想更改chenxi的账户的什么？”界面中单击“删除账户”超链接。

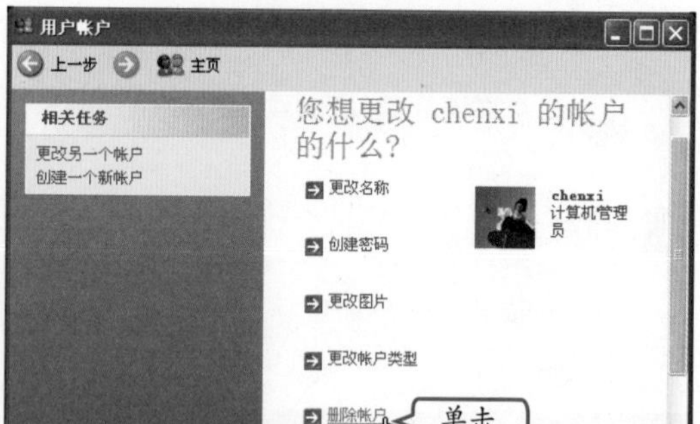

操作提示：不能删除的账户

Administrator为计算机管理员账户，Guest为来宾账户，这都是不能被删除的，并且在创建了用户账户后，系统中应至少保留一个由用户创建的管理员账户。

高手指点 有时在局域网中不能访问其他电脑的共享数据和设备，可以启用Guest账户再试试。

3 删除账户文件

在打开的窗口中询问是否保留用户文件，单击 删除文件(M) 按钮。

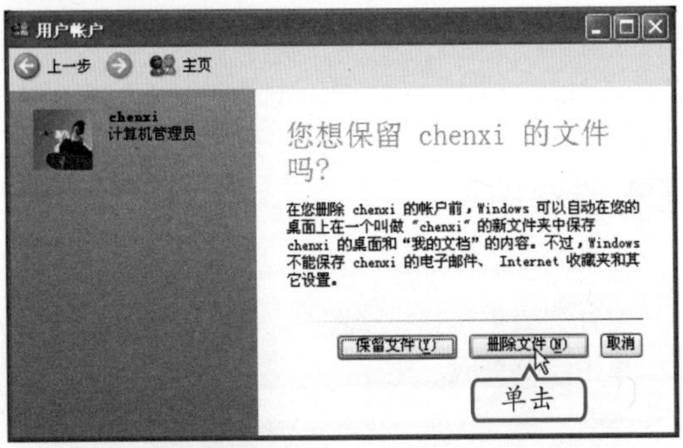

4 确认删除账户

在确认删除窗口中单击 删除帐户(D) 按钮。

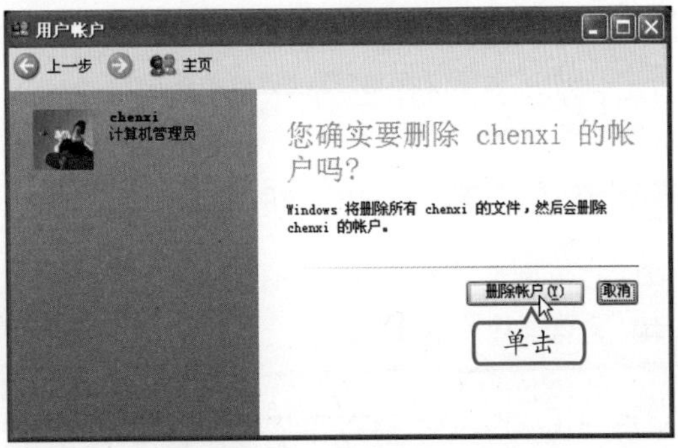

8 设置用户账户

创建账户时，系统会自动给账户选择一张账户图片。创建完账户后，用户可以根据自己的喜好更换账户图片。另外，用户还可以更改自己的账户名称和账户类型。

（1）更改账户名称

更改账户名称的方法为：打开“用户账户”窗口，在“或挑一个账户做更改”界面中单击要更改名称的用户账户图标，然后按以下步骤进行操作。

教学演示\第1章\更改账户名称

1 单击“更改名称”超链接

在“您想更改chenxi的账户的什么？”界面中单击“更改名称”超链接。

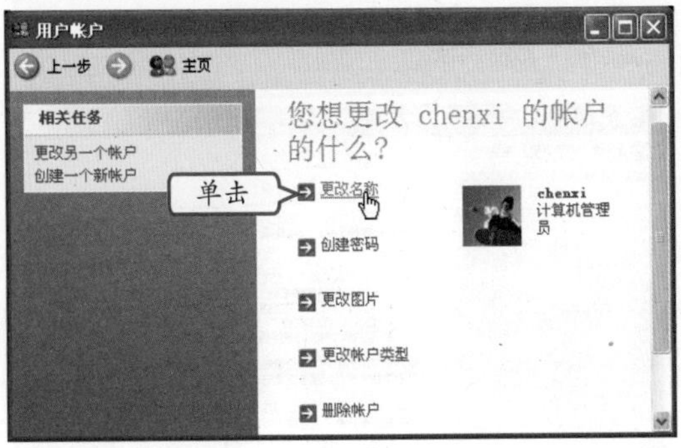

2 输入名称

1. 在“为chenxi的账户提供一个新名称”界面中的文本框中输入新名称。
2. 单击 改变名称(C) 按钮。

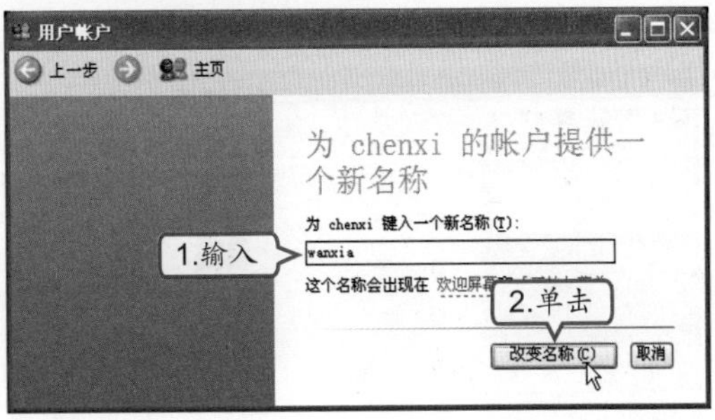

（2）更改账户图片

在“用户账户”窗口的“或挑一个账户做更改”界面中单击要更改图片的用户账户图标，然后按以下步骤进行操作。

教学演示\第1章\更改账户图片

1 单击“更改图片”超链接

在“您想更改chenxi的账户的什么？”界面中单击“更改图片”超链接。

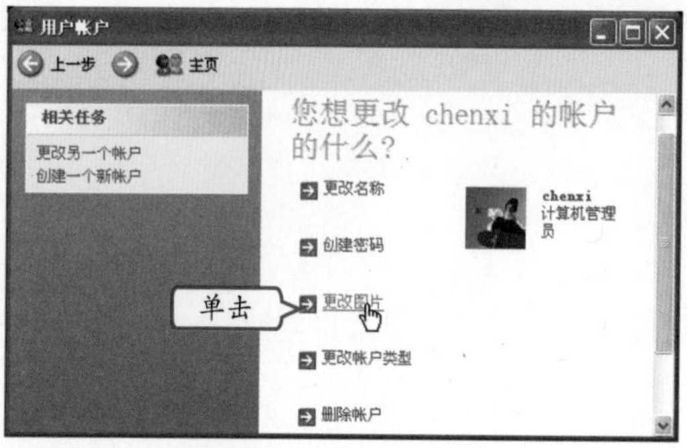

2 选择图片

1. 在“为chenxi的账户挑选一个新图像”界面的图片列表中选择一个图片。
2. 单击 更改图片(C) 按钮。

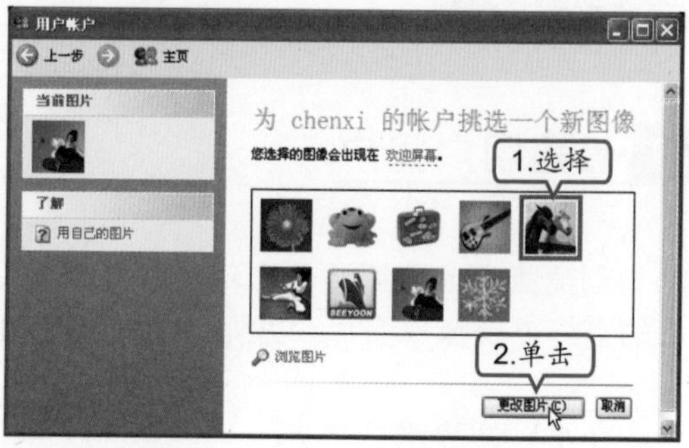

（3）更改账户类型

在“用户账户”窗口的“或挑一个账户做更改”界面中单击要更改账户类型的用户账户图标，然后按以下步骤进行操作。

教学演示\第1章\更改账户类型

1 单击“更改账户类型”超链接

在“您想更改chenxi的账户的什么？”界面中单击“更改账户类型”超链接。

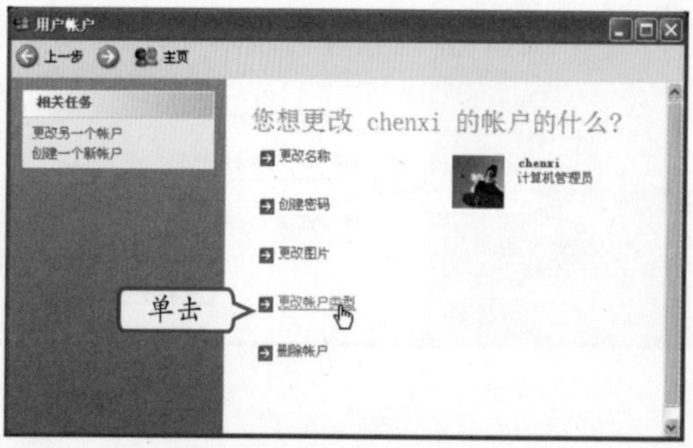

2 选择账户类型

1. 在“为chenxi挑选一个新的账户类型”界面中选中“受限”单选按钮。
2. 单击 更改帐户类型(C) 按钮。

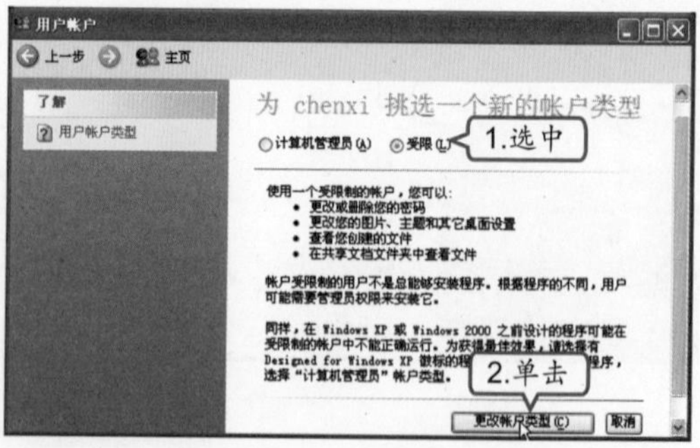

高手指点 用户创建的管理员账户与系统自带的Administrator管理员账户的权限还是有一定差别的。在需要的情况下，可以取消“使用欢迎屏幕”登录方式，在登录窗口输入用户名和密码来登录Administrator管理员账户。

9 设置账户登录方式和登录密码

在Windows XP中，用户可以使用传统的账户登录对话框登录，也可以将系统中存在的账户显示出来，供用户选择登录。如果用户账户设置了密码，选择了账户后还会要求用户输入密码才能登录。

下面介绍设置账户登录方式和登录密码的方法。

（1）设置账户登录方式

在“用户账户”窗口的“挑选一项任务”界面中单击“更改用户登录或注销的方式”超链接。在“选择登录和注销选项”界面中选中需要的复选框，然后单击 应用选项(A) 按钮。

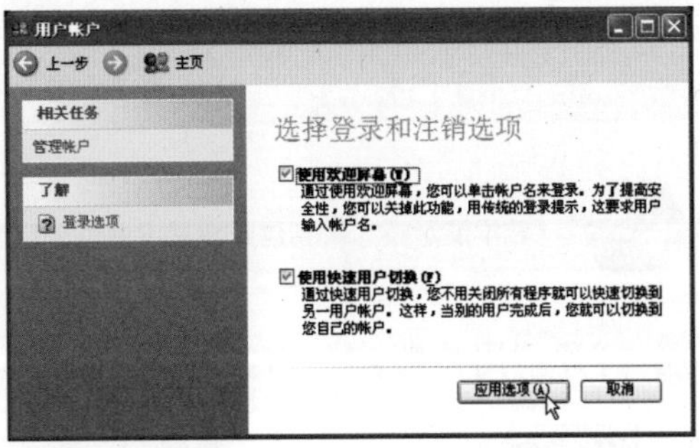

（2）设置登录密码

在“用户账户”窗口的“或挑一个账户做更改”界面中单击要设置登录密码的用户账户图标，然后按以下步骤进行操作。

教学演示\第1章\设置登录密码

1 单击“创建密码”超链接

在“您想更改chenxi的账户的什么？”界面中单击“创建密码”超链接。

2 设置密码

1. 在“为chenxi的账户创建一个密码”界面的文本框中分别按提示输入密码、确认密码和密码提示。
2. 单击 创建密码(C) 按钮。

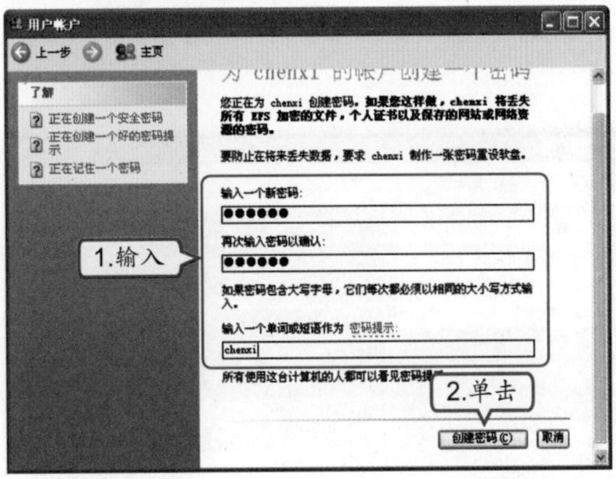

补充两句

经常面对电脑的工作人员，每天吃一个橘子能有效抵抗电脑辐射。

1.3.2 上机1小时：创建账户并设置办公环境

本练习将创建一个名为xixi的账户，在设置头像、密码后设置桌面背景、屏幕保护程序等办公环境，主要熟悉账户操作和办公环境的设置。

上机目标

- 熟悉账户的创建与设置操作。
- 掌握个性化办公环境的设置方法。

教学演示\第1章\创建账户并设置办公环境

1 打开“用户账户”窗口

单击 开始 按钮，在弹出的“开始”菜单中选择“控制面板”命令，在打开的“控制面板”窗口中双击“用户账户”图标。

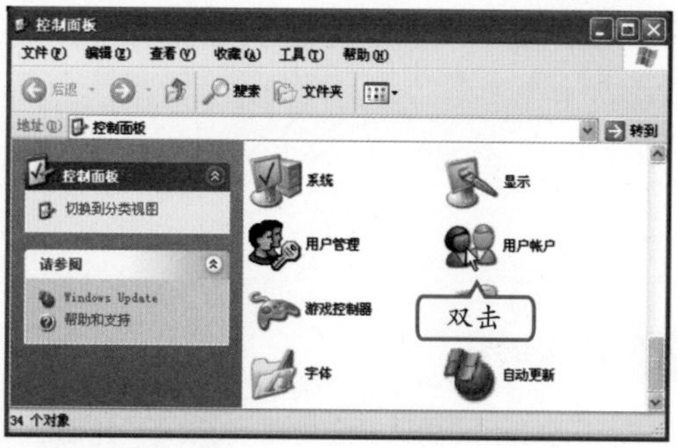

2 创建新账户

在打开的“用户账户”窗口中单击“创建一个新账户”超链接。

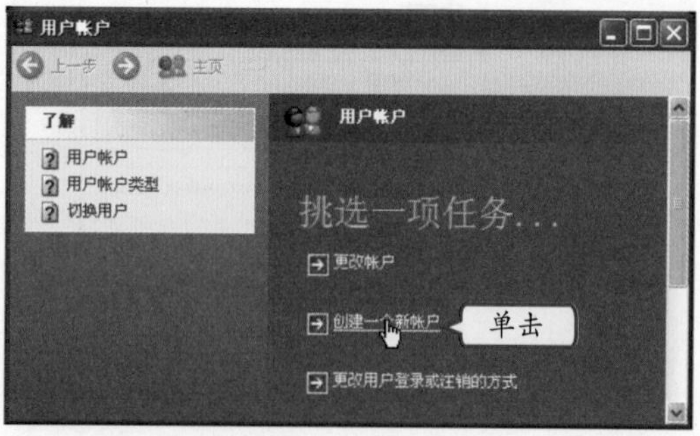

3 为新账户命名

1. 在“为新账户起名”界面的文本框中输入账户名称“xixi”。
2. 单击 下一步(N) > 按钮。

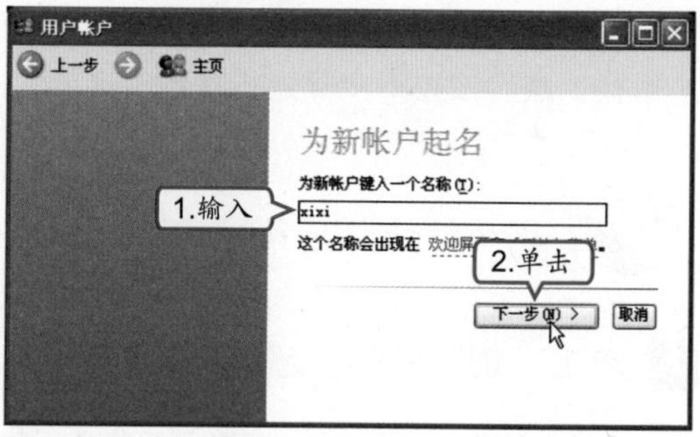

4 设置账户类型

1. 在“挑选一个账户类型”界面中选中“计算机管理员”单选按钮。
2. 单击 创建帐户(C) 按钮。

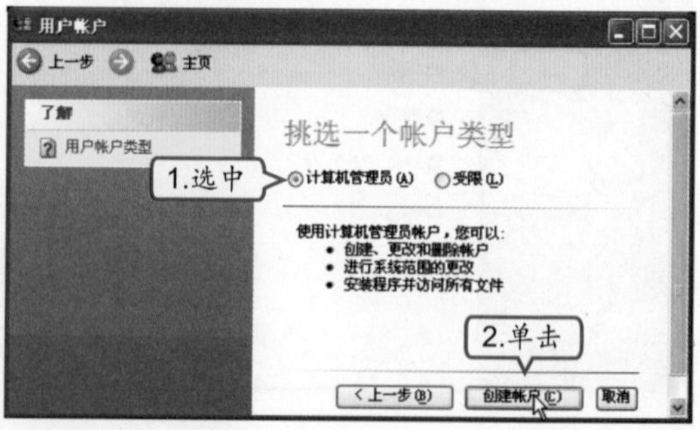

高手指点 在“任务管理器”窗口的“用户”选项卡中选择用户名，然后单击 注销(L) 按钮，也可以注销用户账户，这种方法可以在系统桌面程序被异常关闭时使用。

5 更换账户图片

1. 在“用户账户”窗口的“或挑一个账户做更改”界面中单击xixi账户图标，在打开的界面中单击“更改图片”超链接，然后在“为xixi的账户挑选一个新图像”界面的列表中选择雪花图像。
2. 单击 更改图片(C) 按钮。

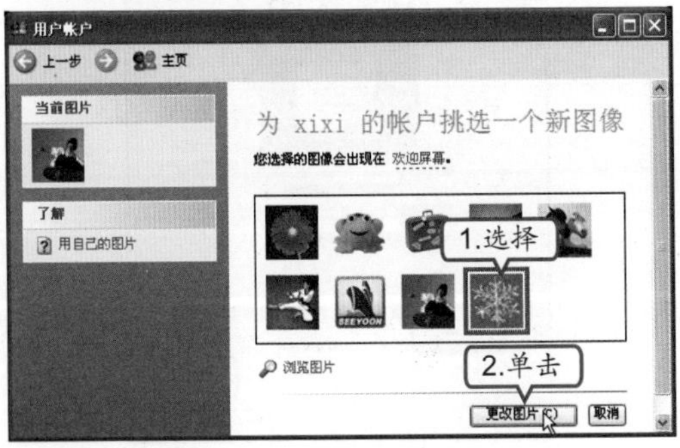

6 创建账户密码

1. 在“用户账户”窗口的“你想更改xixi的账户的什么？”界面中单击“创建密码”超链接。在打开界面的相应文本框中输入密码“xixi”、确认密码“xixi”和密码提示“xx”。
2. 单击 创建密码(C) 按钮。

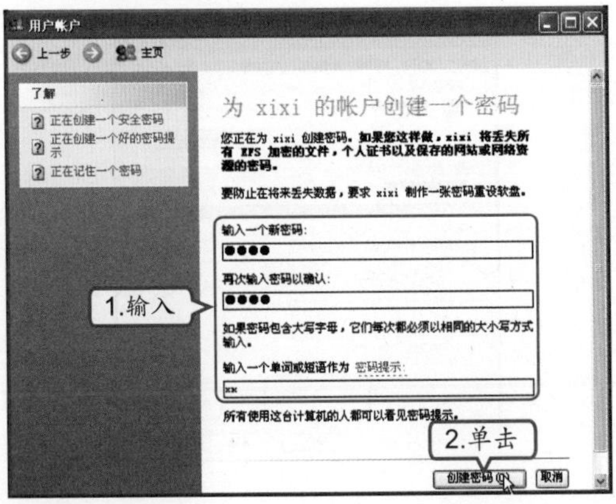

> **操作提示：密码须区分大小写**
>
> 账户密码中的英文字母是要区分大小写的，同一个字母的大写和小写会被认为是不同的两个字符。

7 启用Guest账户

在“用户账户”窗口的“或挑一个账户做更改”界面中单击Guest账户图标，然后在打开的界面中单击 启用来宾帐户(T) 按钮。

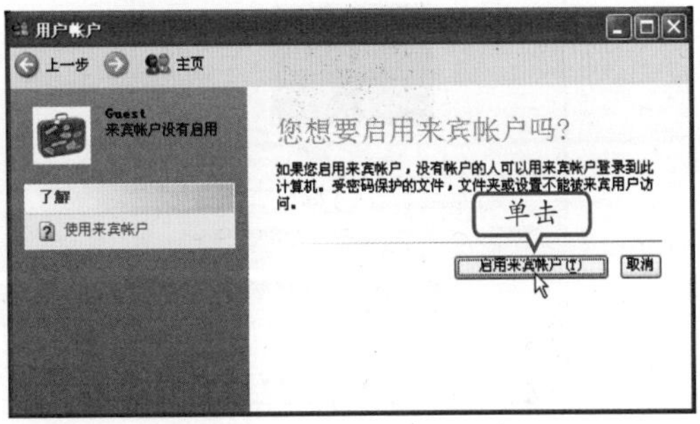

8 设置桌面背景

1. 关闭所有窗口。在桌面空白处单击鼠标右键，在弹出的快捷菜单中选择“属性”命令，打开“显示 属性”对话框，然后在“桌面”选项卡的“背景”列表框中选择一个选项。
2. 单击 应用(A) 按钮。

> **操作提示：选择“背景”图片**
>
> “背景”栏中系统自带的背景图案会根据操作系统版本的不同而不同，用户可任意选择一个自己喜欢的图案。

补充两句

只有用户账户级别为“计算机管理员”才可以对其他用户账户进行管理，也可以对操作系统的硬件资源进行操作。

9 设置屏幕保护

1. 选择“屏幕保护程序”选项卡，在“屏幕保护程序”下拉列表框中选择Windows XP选项。
2. 选中“在恢复时返回到欢迎屏幕”复选框。
3. 单击 应用(A) 按钮。

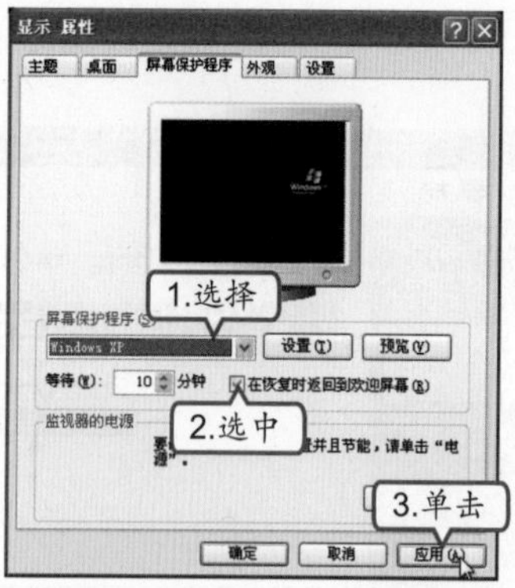

10 设置电源选项

1. 单击“监视器的电源”栏中的 电源(O)... 按钮，打开“电源选项 属性”对话框，分别在“关闭监视器”、“关闭硬盘”和“系统待机”下拉列表框中设置时间。
2. 单击 应用(A) 按钮。
3. 单击 确定 按钮。

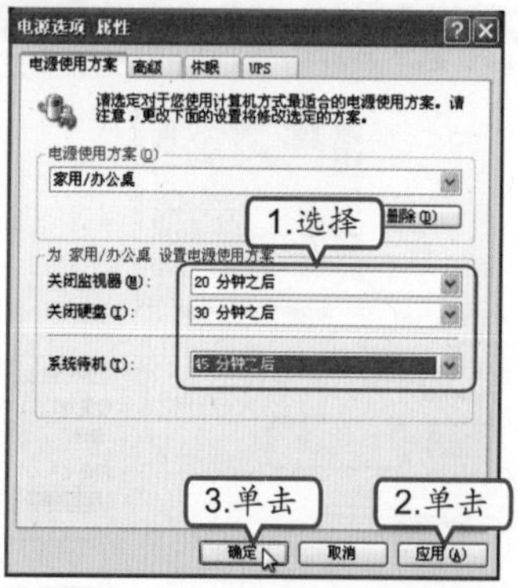

操作提示：不同复选框名称

有的操作系统中，“屏幕保护程序”栏中的复选框名称为“在恢复时使用密码保护”，与上述“在恢复时返回到欢迎屏幕”复选框的作用是相同的。

11 设置屏幕分辨率和颜色质量

1. 选择“设置”选项卡，在“屏幕分辨率”栏中拖动滑块调整屏幕大小。
2. 在“颜色质量”下拉列表框中选择“最高（32位）”选项。
3. 单击 应用(A) 按钮。

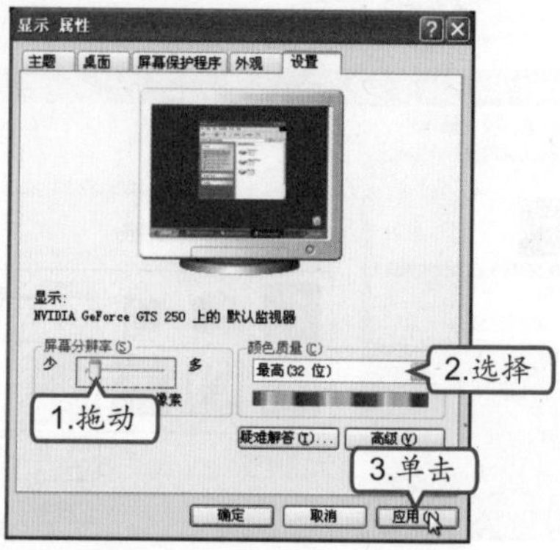

12 设置屏幕刷新频率

1. 单击 高级(D) 按钮，打开监视器属性对话框，选择“监视器”选项卡，然后在“屏幕刷新频率”下拉列表框中将刷新频率设置为“85赫兹”。
2. 单击 应用(A) 按钮。
3. 单击 确定 按钮。

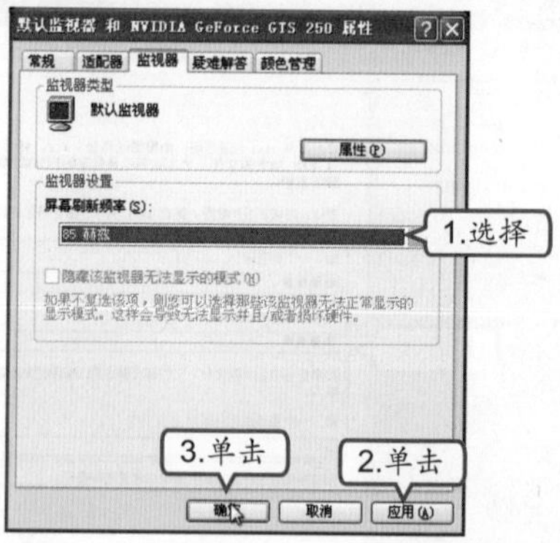

操作提示：显示器的刷新频率

对于大多数的CRT显示器来说，刷新频率调整到85赫兹后，可基本消除屏闪现象。

高手指点 屏幕分辨率的设置要根据显示器的大小和显卡的支持类型而定，过小的显示器设置过大的屏幕分辨率会使屏幕上的文字变得很小，看不清楚。

1.4　跟着视频做练习1小时

一下子介绍了这么多，小李感觉有点消化不了，“行了，我得先自己练练去。有不懂的，我再来请教您。”“请教可不敢当。”老马说道，“有问题您随时来找我。”

1 电脑操作

本练习将启动电脑，通过“开始”菜单打开“记事本”程序和“写字板”程序，然后打开素材文档，进行文字输入和格式设置后，关闭写字板。通过练习，可熟悉“开始”菜单、窗口、菜单、对话框的一般使用方法。

操作提示：

1. 启动电脑，进入操作系统。
2. 通过“开始”菜单打开“记事本”程序。
3. 通过“开始”菜单打开“写字板”程序。
4. 纵向平铺“记事本”和“写字板”程序窗口，对比两个窗口的区别。
5. 关闭“记事本”窗口。
6. 最大化“写字板”窗口。
7. 参照写字板文档“实例素材\第1章\careless whispers.rtf”，在“写字板”窗口中输入内容。
8. 选中文档首行，选择【格式】/【字体】命令。
9. 在“字体”对话框中对“字体”、“字形”和“大小”进行设置，观察与之前在“记事本”中设置字体的不同之处。
10. 关闭“写字板”窗口。

实例素材\第1章\careless whispers.rtf
视频演示\第1章\电脑操作

2 电脑设置

本练习将启动电脑，通过“控制面板”窗口新建一个名为lianxi的用户，设置图片、密码后，切换到lianxi用户，在其中设置日期、时间、桌面背景、屏幕保护程序和鼠标指针等，通过练习，可掌握设置电脑的常用方法。

操作提示：

1. 启动电脑，进入操作系统。
2. 通过“开始”菜单打开“控制面板”窗口。
3. 在“控制面板”窗口中双击“用户账户”图标，打开“用户账户”窗口。
4. 启用来宾账户。
5. 新建一个lianxi管理员账户并设置其图片和密码。
6. 将“账户登录与注销方式”设置为“使用欢迎屏幕”和“使用快速用户切换”。
7. 注销当前账户，切换到lianxi账户。
8. 设置lianxi账户的系统日期和时间。
9. 设置lianxi账户的开始菜单属性、任务栏属性、系统桌面图案、屏幕保护程序、电源管理选项、屏幕分辨率和屏幕刷新频率。
10. 更改鼠标指针方案并查看更改后的鼠标指针效果。
11. 设置鼠标指针选项并查看设置后的效果。

视频演示\第1章\电脑设置

补充两句

当需要打开的文件不知道放在什么地方时，可通过搜索文件来找出该文件，在桌面按【F3】键可打开“搜索结果”窗口进行搜索。

1.5 秘技偷偷报

要使电脑办公的效率提高，电脑硬件的配置和电脑操作系统的选择非常重要。电脑硬件配置既要满足办公过程中使用软件的运行环境要求，又不能配置过高造成资金浪费，而合适的操作系统也是影响办公效率的重要因素。

1 办公电脑选购技巧

选择办公电脑要针对不同的部门、不同的岗位而定，不能一视同仁。

对于一般的公司行政管理部门，日常主要工作内容就是Office办公软件的使用以及普通的管理软件操作，这些工作对电脑配置的要求是非常低的，使用目前常说的“一代机”（可以理解为使用单核处理器的电脑）就可以了。

对于工程设计部门及类似部门，平时会用到一些比较大的设计软件，对系统配置的要求会相对高一些，如果使用“一代机”，则会使操作的响应时间变长，影响工作效率。因此，“二代机”（可以理解为使用双核处理器的电脑）应该是不错的选择。

对于公司的数据服务器，由于平常公司的所有员工都会经常访问它，电脑的负荷会相当大。因此，它的系统配置最好选用“三代机”（可以理解为使用多核处理器的电脑）或专用的服务器配置。

虽然说电脑的中央处理器是整个电脑的核心，但也不是说中央处理器好电脑就一定好，中央处理器还要靠其他电脑部件的配合才能发挥最大的效率，内存、主板、硬盘、显卡以及电源等，都需要与所选择的中央处理器性能相匹配才可以。

2 办公电脑操作系统的选择

目前，使用最广的系统仍然是Windows系列的操作系统，另外，Linux操作系统也为不少电脑发烧友所喜爱。

Windows系列操作系统有Windows 98、Windows 2000、Windows ME、Windows Server 2003、Windows XP、Windows Vista以及刚发行不久的Windows 7等。

操作系统的选择主要考虑以下几点。

- 软件兼容性：目前新发行的应用软件等大都不再支持Windows 98操作系统，还有部分软件对操作系统也有兼容性要求，选择操作系统要根据自己使用的软件的需要。
- 电脑的用途：各种用途的电脑选择的操作系统也不尽相同，例如，作为服务器使用的电脑就最好选用Windows Server 2003系统，该系统是专为服务器设计的，可以让很多用户同时通过网络使用服务器。其他的操作系统则有同时访问的数量限制，通常为10台。
- 电脑的配置：电脑的配置高低也决定了操作系统的选择。最新发布的Windows Vista和Windows 7系统对电脑的配置要求都比较高，如果使用的是“一代机”，最好还是不要去凑这个热闹了。
- 个人喜好：操作系统之间也有一定的差别，系统操作方式不尽相同。用户经常使用一个操作系统后，刚接触新的操作系统会感觉很陌生，可能几个月都不能熟练，因此，操作系统也要选择自己熟悉的。

高手指点 在同一台电脑中，用户可以安装多个操作系统。例如，在一台电脑上可以装Windows XP、Windows Vista和Linux操作系统，但要注意安装顺序和安装在不同的分区，否则有的系统可能不能使用。

第2章

办公文件管理与中文输入法

有一天，老马看到小李皱着眉头，眼睛一动不动地盯着电脑，于是上前问道：“小李，遇到什么困难了吗？”小李抬起头，说“马工，您来得正好。您看这些文件乱七八糟地凑在一起，名字又全是我看不懂的英文。我刚画的图都找不到了。”“哦，这样啊，我帮你把这些文件归一下类，放在不同的文件夹里，再给它们取个中文名字，以后你找它们就容易多了。”老马说完，用鼠标、键盘忙活了一阵，就全弄好了。小李看了看，刚刚还乱成一团的文件都规规矩矩地放在不同的文件夹里了，而且有了中文名字，查找起来也方便了。小李高兴地说：“这我得学学，快教教我你是怎么把它们弄得这么整齐的。”于是，老马向小李讲起了文件的管理方法和怎么输入中文。

2小时学知识

- 办公文件管理
- 输入汉字

3小时上机练习

- 创建Data文件管理体系
- 在写字板中输入文字
- 制作个人资料

2.1 办公文件管理

老马告诉小李：“建立一个好的文件管理体系，可以让办公效率大大提高，想找什么文件都能快速地查找到。下面我们就来学习一下文件系统的基本知识和操作。”

2.1.1 学习1小时

学习目标

- 熟悉文件夹和文件的基本操作。
- 学会使用资源管理器。
- 掌握文件夹和文件的设置方法。

1 认识文件系统

文件管理系统主要分为3级：磁盘、文件夹和文件。所有文件都存放在硬盘中，按照“硬盘－磁盘－文件夹－文件”的顺序一级一级查找下去，就能找到需要的文件，这样的结构称为“树形文件管理系统”。但要注意的是，文件存放的级数不应过多，以磁盘为第1级，文件最好不要存放到第7级，否则查找起来很不方便。

磁盘

硬盘在安装使用之前都会被分区和格式化。分区是指将硬盘分为多个磁盘区域，这些磁盘区域在被格式化之后就可以用来存放文件夹和文件了。一般的硬盘分为3~5个区域，默认以“本地磁盘（C:）”、“本地磁盘（D:）”、“本地磁盘（E:）”等进行命名，还可以根据需要为这些磁盘命名，命名方式与重命名文件夹相同。实际上，磁盘也可看作是一个特殊的文件夹。

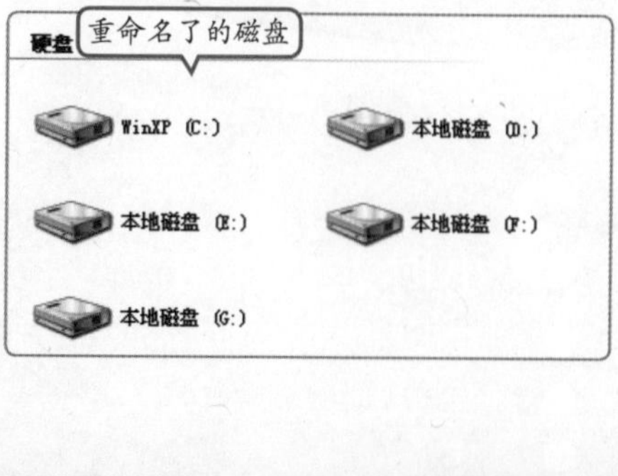

文件夹和文件

文件夹用于将磁盘中的文件细化分类，文件夹中还可以包含多个文件夹，这样的结构有利于用户管理和查找文件。

文件是用于存放信息的基本单位，按其存放信息的不同可以大致分为：文本文件、图片文件、音频文件、视频文件、数据库文件等。

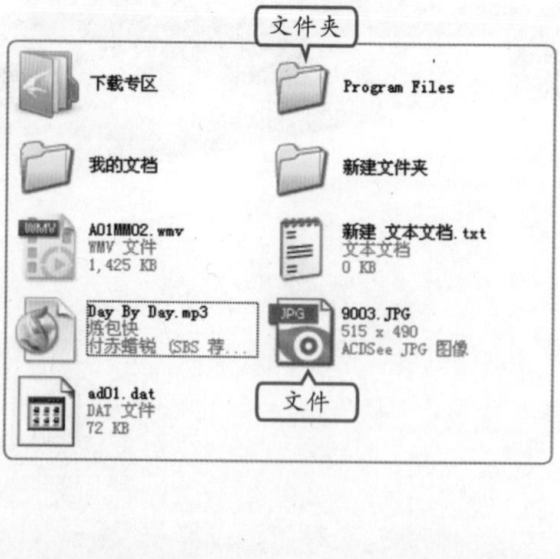

高手指点 文件的名称由文件名和扩展名两部分组成，如blue.bmp，它由文件名bule加扩展名bmp组成，中间用符号“.”分隔。

2 文件夹与文件的创建与重命名

在电脑的使用过程中，经常需要创建新的文件夹和文件并根据需要为其命名。下面讲解其具体操作方法。

（1）创建文件夹和文件

文件夹和文件的创建方式主要有两种：快捷菜单创建和文件夹窗口创建。

通过快捷菜单创建

在需要创建文件夹的窗口内容区的空白处单击鼠标右键，在弹出的快捷菜单中有一个“新建”命令组，选择其中的命令就可以创建对应的文件夹和文件。

通过文件夹窗口创建

在任意的文件夹窗口的“文件”菜单中有一个“新建”命令组，其中的命令与在窗口中单击右键打开的快捷菜单中的命令是一样的。

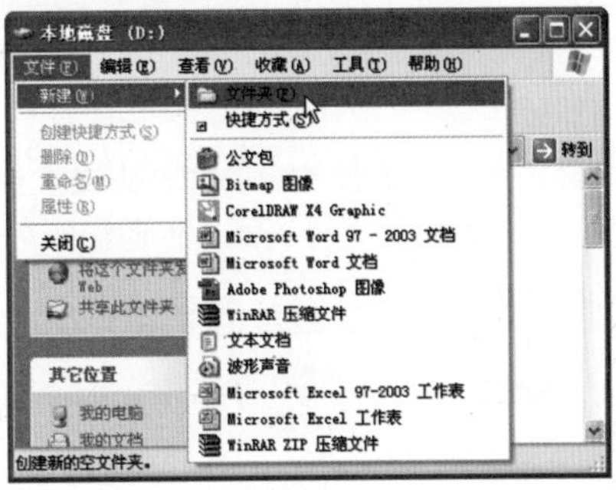

（2）文件夹和文件的命名

文件夹和文件在创建时，其名称都是可以编辑的，直接输入需要的名称即可为其命名。文件夹和文件的名称并不固定，有时随着环境的改变，可能需要对它们重新命名。下面介绍如何命名文件夹和文件。

命名文件夹和文件

文件夹和文件的命名方式是一样的，下面以文件夹为例进行介绍。新建的文件夹，其名称区域会处于可编辑状态，这时，它的名称是被选中的，直接输入需要的名称即可。

重命名文件夹和文件

以文件夹为例，在需要重新命名的文件夹上单击鼠标右键，在弹出的快捷菜单中选择“重命名”命令，然后输入名称即可。

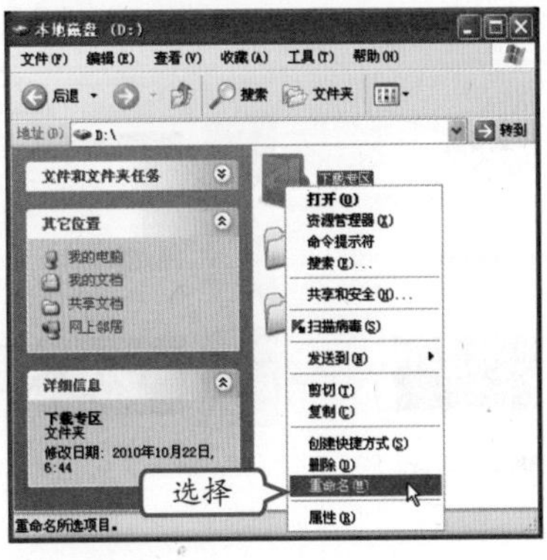

补充两句

长时间面对电脑的工作人员，应该学会如何减少电磁辐射。一般情况下，显示器散发出来的辐射来自于侧面或背面，应避免将显示器背对着同事的后脑。

教你一招：快速选中文件夹和文件的名称

如果觉得在鼠标右键的快捷菜单中选择“重命名”命令的方式太麻烦，还有一种简单的方法：首先单击选中要更改名字的文件夹或文件，然后在其名称上单击鼠标左键即可使文件夹或文件的名称处于可编辑状态。但要注意的是，两次单击的时间间隔应稍长一点，不然该操作就会变成双击鼠标左键，会将文件夹或文件打开。

3 选择文件夹或文件

选择文件夹或文件的方法有很多，可以用鼠标左键单击选择单个的文件夹或文件，也可以拖动鼠标左键框选多个文件夹或文件。另外，使用鼠标配合键盘操作，不但可以选择多个不连续的文件夹或文件，还可以快速选择连续的文件夹或文件。

下面介绍选择文件夹或文件的几种方式。

选择单个的文件夹或文件

前面已经提到过，选择单个的文件夹或文件只需要用鼠标左键单击该文件夹或文件图标即可。

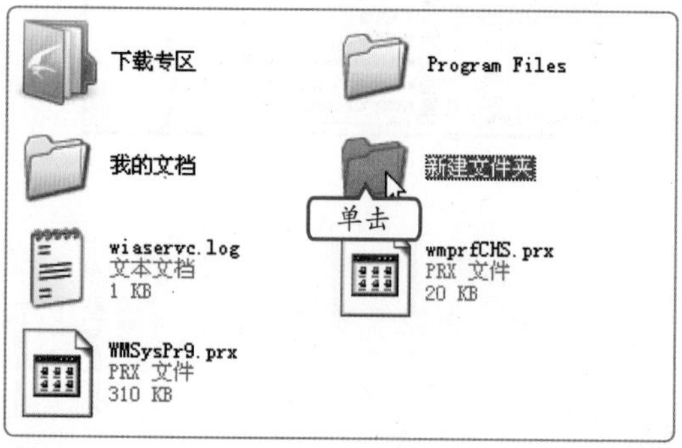

框选多个文件夹或文件

在文件夹窗口内容区的空白处拖动鼠标左键形成一个矩形框，被矩形框框到的文件夹或文件都会被选中。

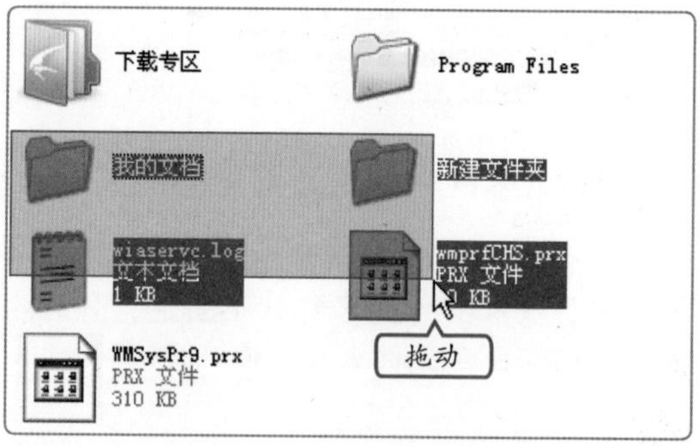

选择连续的文件夹或文件

首先选择第1个文件夹或文件，然后按住【Shift】键的同时选择最后一个文件夹或文件，即可选择两个对象之间的所有对象。

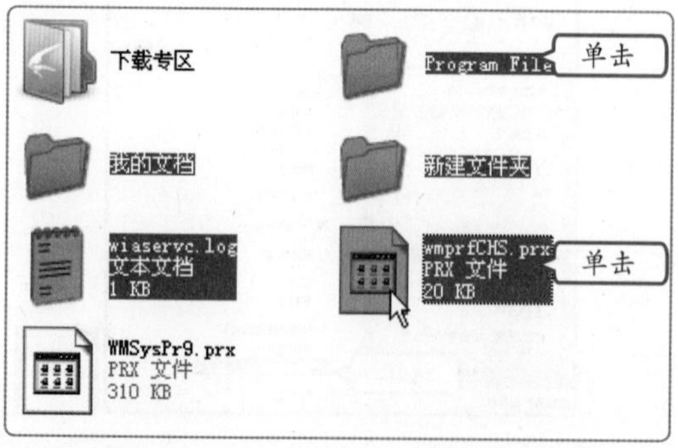

选择不连续的文件夹或文件

按住【Ctrl】键的同时，再利用鼠标左键单击和拖动的方式选择所需的文件夹或文件，即可选中多个不连续的文件夹或文件。

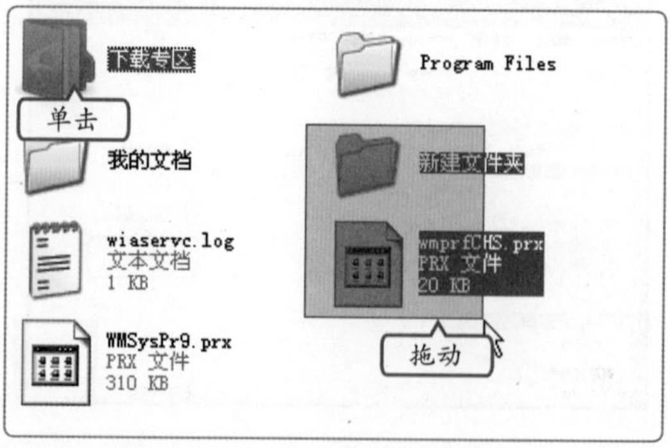

高手指点 对文件夹进行的操作将对文件夹中的全部内容同时有效。

教你一招：选择所有文件夹与文件

选择某个文件夹中的所有文件夹和文件的方法为：单击该文件夹窗口的任意空白位置以激活窗口，然后按【Ctrl+A】组合键即可。

4 文件夹与文件的复制与移动

操作电脑时经常会遇到文件夹和文件的复制与移动。

移动文件夹和文件就是将某一位置的文件夹或文件移动到另一位置，移动后，原来的位置就没有该文件夹或文件了。而复制文件夹和文件是将某一位置的文件夹或文件移动到另一位置，复制后，原来位置的文件夹或文件仍然存在。

（1）移动文件夹或文件

移动文件夹或文件的方法如下。

教学演示\第2章\移动文件夹或文件

1 剪切文件夹或文件

用鼠标右键单击要移动的文件夹或文件，在弹出的快捷菜单中选择“剪切”命令。

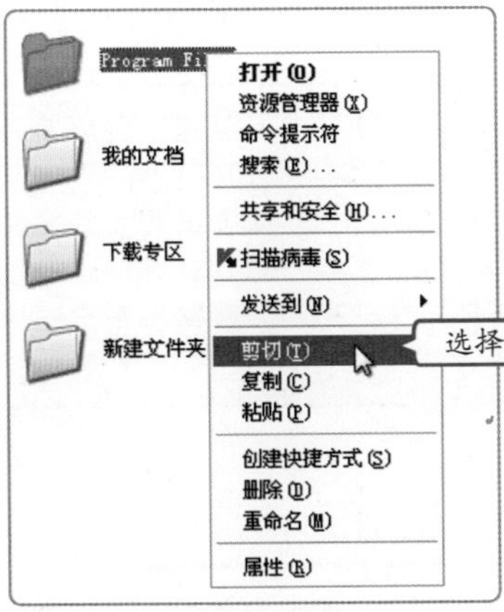

2 粘贴文件夹或文件

切换到要将文件夹或文件移动到的窗口，在窗口的空白区单击鼠标右键，在弹出的快捷菜单中选择“粘贴”命令即可。

操作提示：移动文件夹和文件的其他方法

除了使用快捷菜单移动文件夹和文件外，还可以通过使用快捷键和直接用鼠标拖动的方法移动文件夹和文件。

使用快捷键：首先选中要移动的文件夹或文件，然后按【Ctrl+X】组合键将文件夹或文件剪切下来，然后切换目标窗口，按【Ctrl+V】组合键粘贴即可。

使用鼠标拖动：用鼠标左键直接选中要移动的文件夹或文件，拖动到同一磁盘中的其他文件夹中即可。

补充两句

在办公室中常准备一些绿茶，茶叶中的茶多酚等活性物质，有助于吸收电脑散发的放射性物质。

（2）复制文件夹或文件

复制文件夹或文件的方法与移动的方法类似。

教学演示\第2章\复制文件夹或文件

1 复制文件夹或文件

用鼠标右键单击要复制的文件夹或文件，在弹出的快捷菜单中选择“复制”命令。

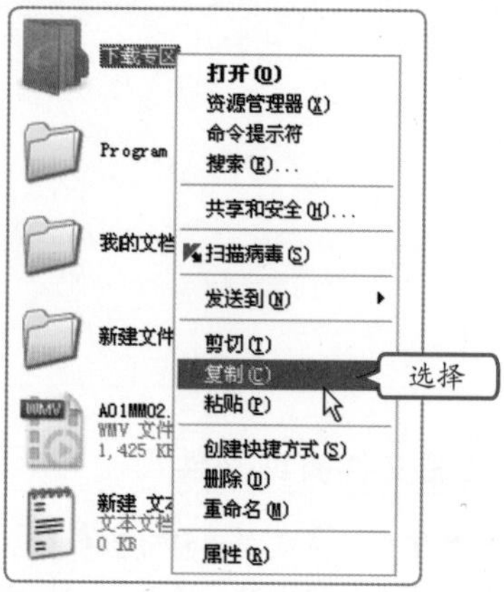

2 粘贴文件夹或文件

切换到要将文件夹或文件复制到的窗口，在窗口的空白区单击鼠标右键，在弹出的快捷菜单中选择“粘贴”命令即可。

操作提示：复制文件夹或文件的其他方法

除了使用快捷菜单复制文件夹和文件外，还可以通过使用快捷键和直接用鼠标拖动的方法复制文件夹和文件。

使用快捷键：首先选中要复制的文件夹或文件，然后按【Ctrl+C】组合键将文件夹或文件复制到剪贴板中，然后切换到文件夹或文件要复制到的窗口，按【Ctrl+V】组合键粘贴即可。

使用鼠标拖动：用鼠标左键直接选中要复制的文件夹或文件，拖动到其他磁盘中的文件夹中或按住【Ctrl】键的同时拖动到同一磁盘中的其他文件夹中。

5 文件夹与文件的删除与还原

有些文件夹和文件在使用一段时间后就不再使用了，这时就可以将其从电脑中删除。有时，在删除无用文件夹和文件的同时，可能会误删除一些有用的文件，这时可以从回收站将其还原到原来的位置。

操作提示：调整回收站的大小

在一般情况下，回收站的大小是固定的。当删除的文件过大时，系统就会提示用户将文件直接删除。可以通过在回收站图标上单击鼠标右键，在弹出的快捷菜单中选择“属性”命令打开“回收站属性”对话框，再选择“全局”选项卡，通过拖动“回收站的最大空间”滑块至合适的位置来调整回收站的大小。

高手指点 文件具有可移动性，它可以从一张磁盘复制到另一张磁盘，或者从一台电脑复制到另外一台电脑。

（1）删除文件夹或文件

删除文件夹或文件可以使用键盘或快捷菜单来进行操作。

使用键盘删除文件夹或文件首先要选中需要删除的文件夹或文件，然后按“编辑键区”的【Delete】键，在弹出的确定删除对话框中单击 是(Y) 按钮。

使用快捷菜单删除文件夹和文件的方法如下。

教学演示\第2章\删除文件夹或文件

1 选择“删除”命令

选中要删除的文件夹或文件，在选中的区域上单击鼠标右键，在弹出的快捷菜单中选择“删除”命令。

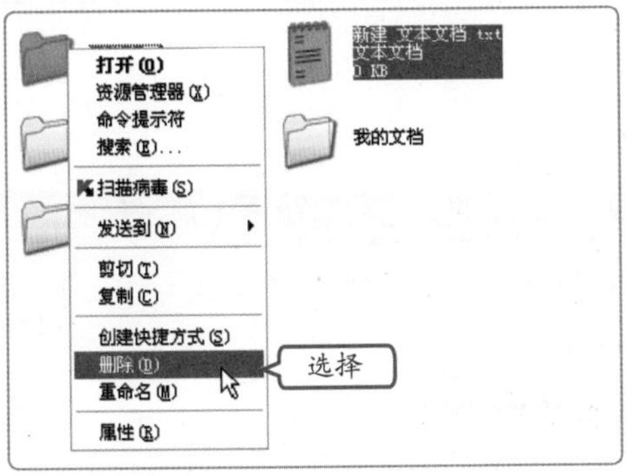

2 确认删除

弹出“确认删除多个文件”对话框，单击 是(Y) 按钮，即可将选中的文件夹和文件删除到回收站中。

3 清空回收站

用鼠标左键双击系统桌面上的“回收站”图标，打开“回收站”窗口，然后单击窗口左侧的“回收站任务”栏中的“清空回收站”超链接。

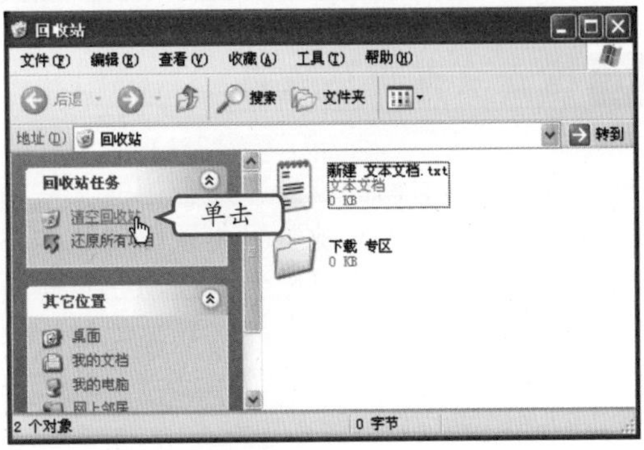

4 确认清空回收站

弹出确定删除对话框，单击 是(Y) 按钮即可彻底删除文件夹和文件。

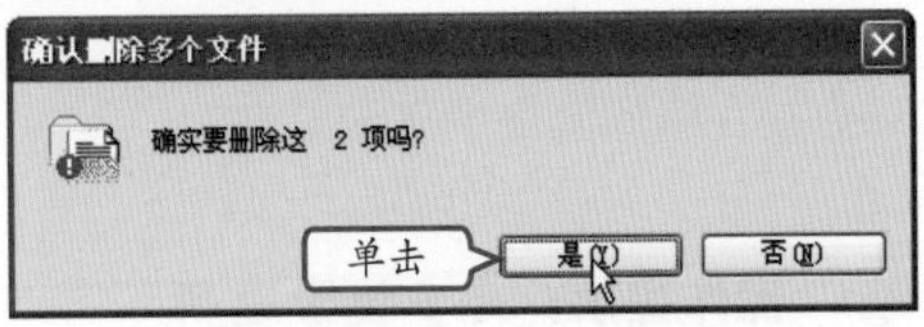

教你一招：直接删除文件夹或文件

在上面介绍的删除文件夹或文件的操作中，每次删除时都是先将文件夹或文件移动到回收站中，然后再清空回收站来彻底删除文件夹或文件。如果在按下【Shift】键的同时再按【Delete】键或者在快捷菜单中选择“删除”命令，那么文件夹和文件将被直接删除，而不会被放到回收站中。

补充两句

应定期整理电脑中的文件和文件夹，如删除不需要的文件和文件夹，可提高电脑的运行速度，也可使电脑能储存更多有用的资源。

（2）还原文件夹或文件

文件夹或文件在没有彻底删除之前是可以恢复的，其方法为：首先用鼠标左键双击系统桌面上的“回收站”图标打开“回收站”窗口，然后选中要还原的文件夹或文件，单击窗口左侧“回收站任务”栏中的“还原此项目”超链接即可将文件夹或文件还原到它原来的位置。

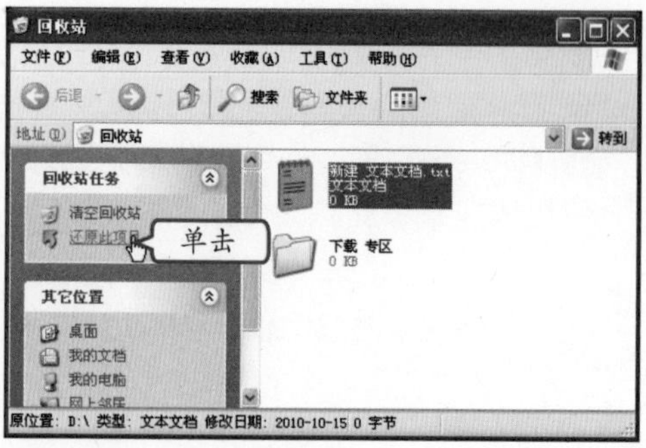

操作提示：还原所有项目

如果回收站中的所有文件夹或文件都要还原，不用选中文件夹或文件，直接在窗口左侧的“回收站任务”栏中单击“还原所有项目”超链接即可。

6 搜索文件夹与文件

随着使用时间的延续，磁盘中的文件夹和文件会越来越多，那些很久以前创建的不常用的文件夹和文件可能会被遗忘在某些角落里，当再想使用这些文件夹和文件时，已经想不起它们在什么位置了，这时，就需要使用Windows XP的搜索功能。

在任意的文件夹窗口中，单击工具栏上的搜索按钮，在窗口的左侧就会出现一个“搜索助理”窗格。在“全部或部分文件名”文本框中输入文件名，在“在这里寻找”列表框中选择搜索位置。另外，还可以提供文件的修改时间和大小等信息来帮助搜索，最后单击搜索(R)按钮开始搜索，搜索结果会在右侧的窗格中显示出来。

操作提示：更多搜索选项

在“搜索助理”窗格中，单击“更多高级选项”超链接，会在其下方显示出几个复选框。可以选择是否在系统文件夹、子文件夹和隐藏文件夹里查找所有文件（包括隐藏的文件），还可以选择是否区分文件名的大小写。

7 认识和使用资源管理器

使用Windows XP的资源管理器可以很方便地查看电脑中的文件夹和文件，并进行其他操作。

高手指点 在“我的电脑”窗口中列出了电脑的各种主要存储设备，有硬盘、光驱、软驱等。要打开一个对象，只需要将光标移动到设备图标之上直接双击即可。

（1）打开资源管理器

资源管理器可以通过“开始”菜单打开，也可以在系统桌面上使用快捷菜单打开。下面介绍打开资源管理器的方法。

使用“开始”菜单打开

在“开始”菜单中选择【所有程序】/【附件】/【Windows 资源管理器】命令即可打开资源管理器。

使用快捷菜单打开

在系统桌面上用鼠标右键单击“我的电脑”图标，在弹出的快捷菜单中选择“资源管理器”命令也可打开资源管理器。

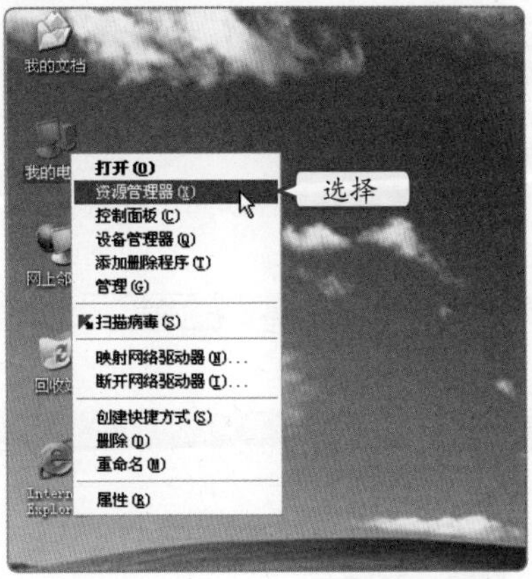

（2）使用资源管理器

在打开的资源管理器窗口中，窗口的标题栏上显示的名称即为当前查看的文件夹名称。在窗口左侧的“文件夹”窗格中单击即可查看相应的文件夹。对于多级文件夹，要查看子文件夹中的内容，需要单击文件夹名称前的⊞按钮展开目录；将子文件夹内容收起，单击文件夹名称前的⊟按钮即可。

补充两句：在办公桌旁边放上一盆植物或水，也可以吸收电脑散发出的部分电磁波。

8 设置文件夹与文件属性

文件夹和文件的属性主要有只读和隐藏两种。只读属性的文件夹和文件中的内容是不能被更改的，而隐藏属性是将文件夹和文件隐藏起来，不显示在窗口中。另外，文件夹还有共享和自定义设置，下面分别进行介绍。

（1）常规属性与共享设置

要设置文件夹和文件的属性，首先要打开“属性”对话框，方法是在需要设置的文件夹或文件目标上单击鼠标右键，然后在弹出的快捷菜单中选择“属性”命令。

设置只读和隐藏属性

在“属性”对话框中选择“常规”选项卡，其中显示的是该文件夹或文件的基本信息。最下方的“属性”栏中有两个复选框：只读和隐藏，根据需要选中复选框，然后单击 确定 按钮即可。

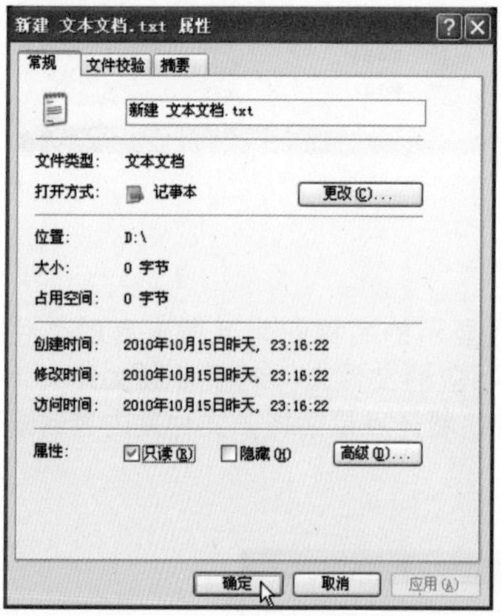

设置文件夹共享

在“属性”对话框中选择“共享”选项卡，然后在“网络共享和安全”栏中选中“在网络上共享这个文件夹”复选框，并在下方的“共享名”文本框中输入名字，单击 应用(A) 按钮后再单击 确定 按钮即可完成文件夹共享设置。

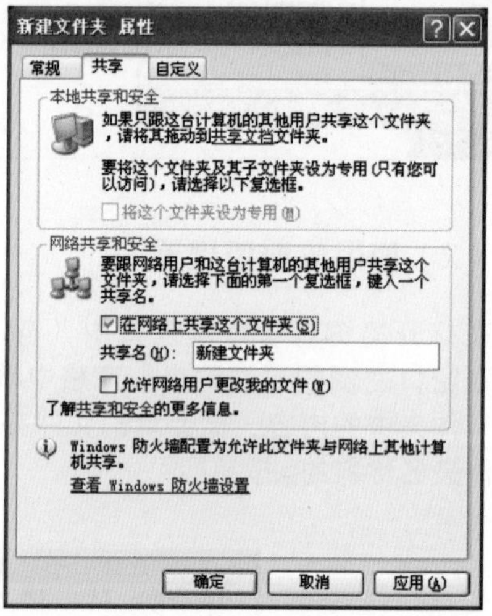

操作提示：允许其他用户更改共享文档

在文件夹属性对话框的“共享”选项卡中选中“网络共享和安全”栏中的“允许网络用户更改我的文件”复选框，就可以在网络上的其他电脑中随意更改该文件夹中的内容。

（2）自定义文件夹

在Windows XP中，文件夹有多种类型，选择不同的文件夹类型可以使文件夹窗口的界面更适合查看该文件夹里的内容。另外，用户还可以更改文件夹的图标，下面介绍如何自定义文件夹。

高手指点 文件夹上的提示图片只有在文件夹“缩略图”查看方式下才能看见。在文件夹的空白处单击鼠标右键，在弹出的快捷菜单中选择【查看】/【缩略图】命令即可进行“缩略图”查看方式。

选择文件夹类型

在文件属性对话框中选择“自定义”选项卡，在“您想要哪种文件夹？”栏中单击▼按钮，可在弹出的下拉列表中选择需要的文件夹类型。

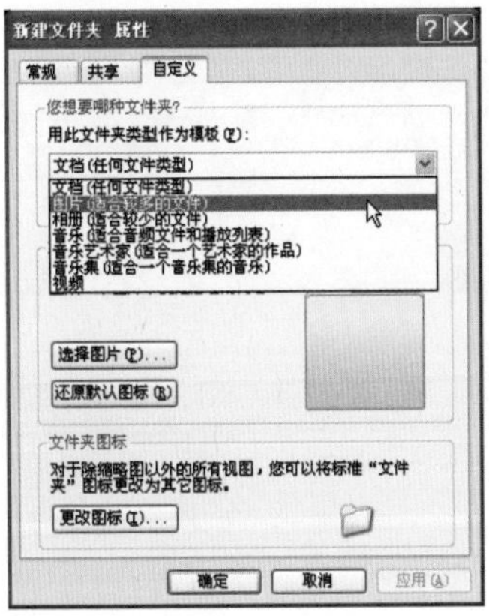

更改文件夹图标

在文件属性对话框中选择“自定义”选项卡，在“文件夹图标”栏中单击 更改图标(I)... 按钮，在弹出的对话框中选择图标后单击 确定 按钮即可更改文件夹的图标。

9 显示隐藏的文件夹与文件

如果想要修改那些被设置了隐藏属性的文件夹和文件，首先要将它们显示出来，其方法为：在任意文件夹窗口中选择【工具】/【文件夹选项】命令，打开“文件夹选项”对话框，选择“查看”选项卡，然后在“高级设置”栏中选中“显示所有文件和文件夹”单选按钮，单击 应用(A) 按钮后再单击 确定 按钮即可显示出隐藏的文件夹和文件。

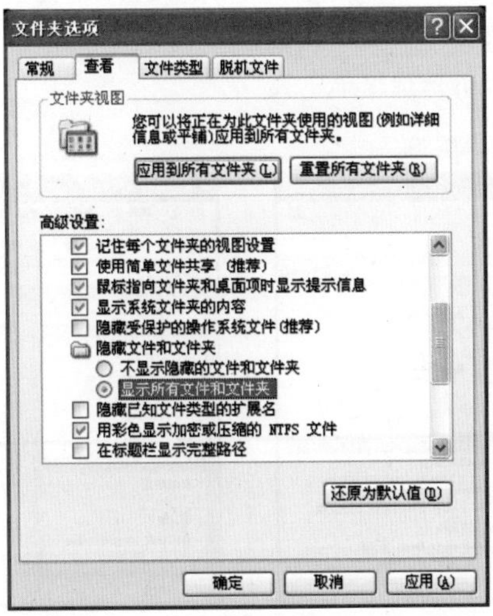

操作提示：隐藏的系统文件

有一类文件即使设置了显示所有文件夹和文件，依然不能显示出来，这就是受保护的操作系统文件。取消选中“文件夹选项”对话框中“查看”选项卡下“高级设置”栏中的“隐藏受保护的操作系统文件”复选框可以将这些文件显示出来。

2.1.2 上机1小时：创建Data文件管理体系

本例将创建一个多级的Data文件管理体系，用于管理工作中使用的数据文件。完成后的效果如下图所示。

上机目标

- 掌握文件夹和文件的基本操作。
- 了解文件管理体系的组成。

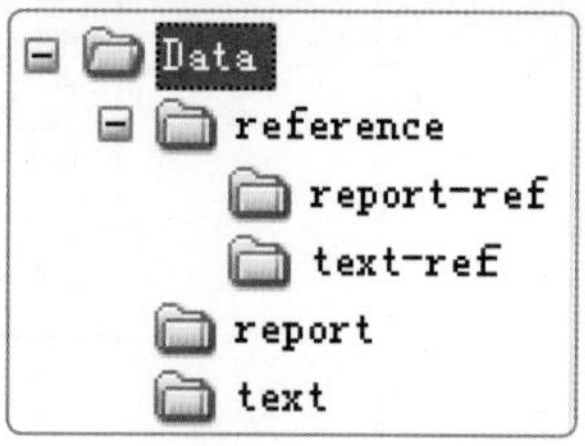

教学演示\第2章\创建Data文件管理体系

1 创建Data文件夹

在桌面上双击“我的电脑”图标打开“我的电脑”窗口，再双击“本地磁盘（D:）”图标，打开“本地磁盘（D:）”文件夹窗口，然后在窗口空白处单击鼠标右键，在弹出的快捷菜单中选择【新建】/【文件夹】命令。

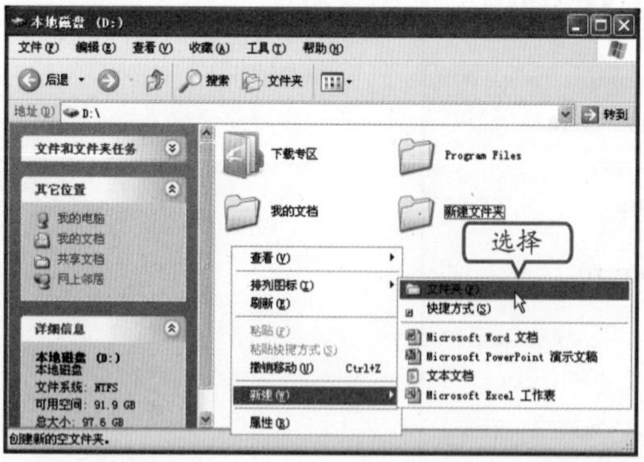

2 命名文件夹

直接使用键盘输入“Data”后按【Enter】键，为新建的文件夹命名。

教你一招：配合使用鼠标和键盘快速创建文件夹

在任意文件夹窗口中单击鼠标右键，然后紧接着按一下【W】键，再按一下【F】键即可创建一个新文件夹。

高手指点 若不想改变文件的类型，则不要轻易更改文件名中的扩展名部分。

3 创建子文件夹

双击Data文件夹图标打开Data文件夹窗口，选择【文件】/【新建】/【文件夹】命令。

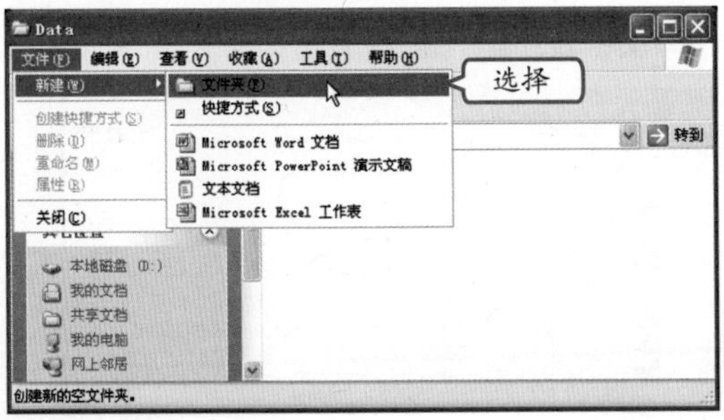

4 命名子文件夹

使用键盘输入名称“report”后按【Enter】键。

5 创建并命名其他子文件夹

使用上述方法再创建两个子文件夹并分别命名为text和reference。

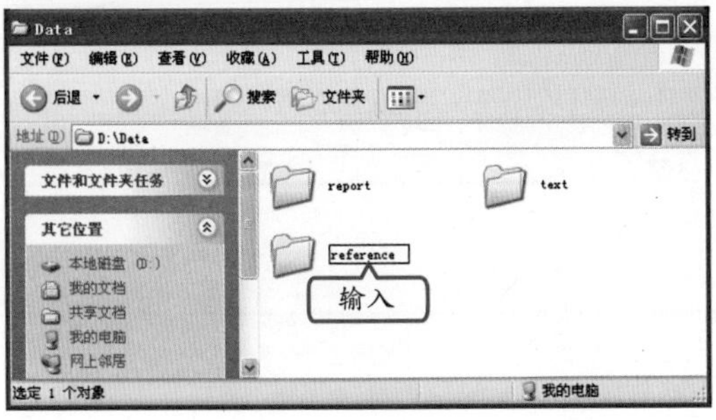

6 创建子文件夹

双击reference文件夹图标打开reference文件夹窗口，新建3个文件夹并分别命名为ref-1、ref-2和ref-3。

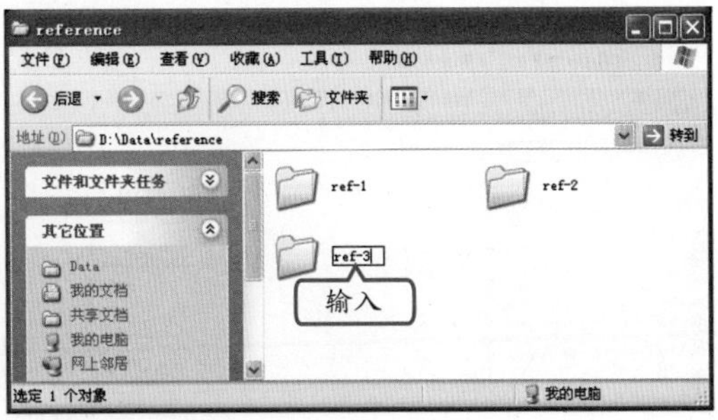

7 重命名ref-1文件夹

在ref-1文件夹图标上单击鼠标右键，在弹出的快捷菜单中选择“重命名”命令。

8 输入新名称

输入“report-ref”后按【Enter】键。

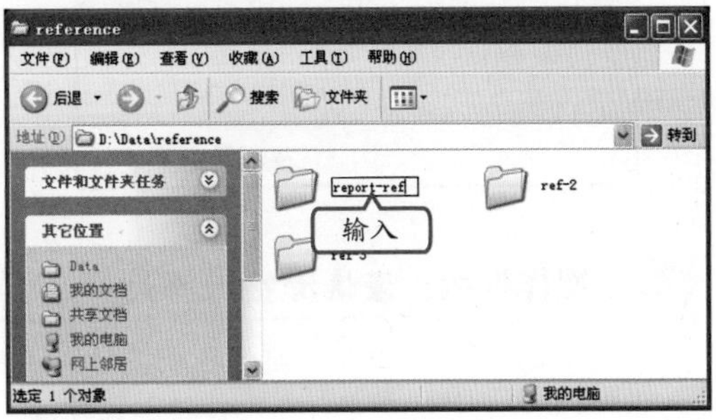

补充两句

在电脑中管理办公文件时，一定要将文件分类保存，才能方便管理，提高工作效率。

9 重命名ref-2文件夹

单击鼠标选择ref-2文件夹，再单击文件夹的名称区域使文件夹名称处于可编辑状态，然后输入新名称“text-ref”并按【Enter】键。

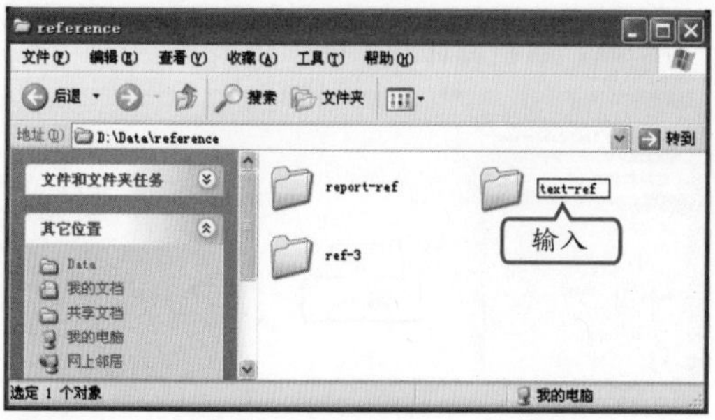

10 删除多余的文件夹

在ref-3文件夹图标上单击鼠标右键，在弹出的快捷菜单中选择“删除”命令。

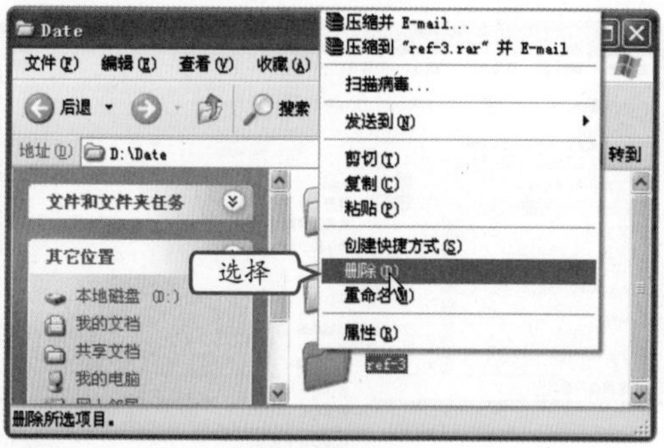

11 确认删除文件夹

在“确认文件夹删除”对话框中单击 是(Y) 按钮确认将ref-3文件夹删除到回收站中。

12 清空回收站

单击快速启动栏的“显示桌面”按钮，在桌面上双击“回收站”图标打开“回收站”窗口，在“回收站”窗口单击“清空回收站”超链接。

13 确认彻底删除文件夹

在“确认文件删除”对话框中单击 是(Y) 按钮确认将ref-3文件夹从电脑中彻底删除。

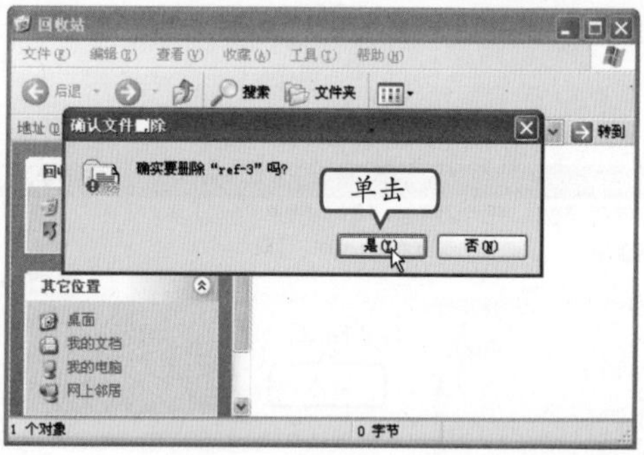

14 返回上级文件夹

在任务栏中单击reference文件夹按钮使reference文件夹窗口显示在电脑屏幕上，在窗口中单击按钮返回Data文件夹窗口。

操作提示：谨慎清空回收站

单击“清空回收站”超链接会将回收站中的所有文件彻底删除，删除后的文件夹和文件将不能再恢复。所以在执行该操作时，需确认回收站中的所有文件夹和文件已不再需要。

高手指点 在回收站中，用户不能通过双击来打开或运行文件，智能还原到原位置后才能对其进行操作。

15 复制文件

打开光盘路径“实例素材\第2章\Data”文件夹窗口，单击选中readme.txt文件，然后按【Ctrl+C】组合键将文件复制到剪贴板。

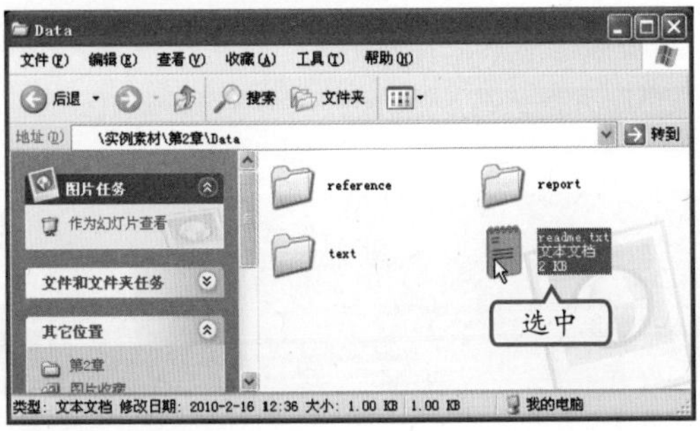

16 粘贴文件

单击任务栏中D盘下的Data文件夹按钮切换到D:\Data文件夹窗口，按【Ctrl+V】组合键将文件粘贴到文件夹中。

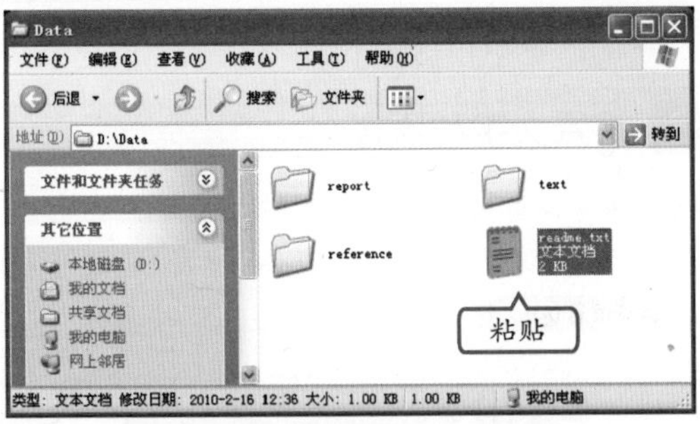

17 复制其他文件

把光盘路径“实例素材\第2章\Data”文件夹的子文件夹里的文件复制到相应的D:\Data文件夹的子文件夹中。

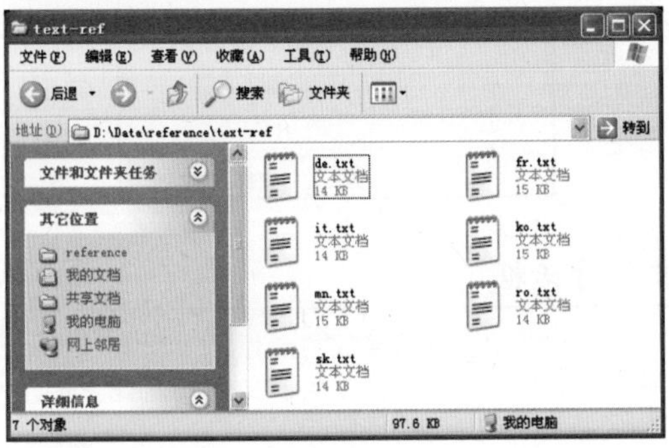

18 设置文件夹的“隐藏”属性

1. 在任意文件夹窗口的地址栏中输入“d:”后按【Enter】键。在Data文件夹图标上单击鼠标右键，然后在弹出的快捷菜单中选择“属性”命令，打开文件夹属性对话框，选中“隐藏”复选框。
2. 单击 确定 按钮。

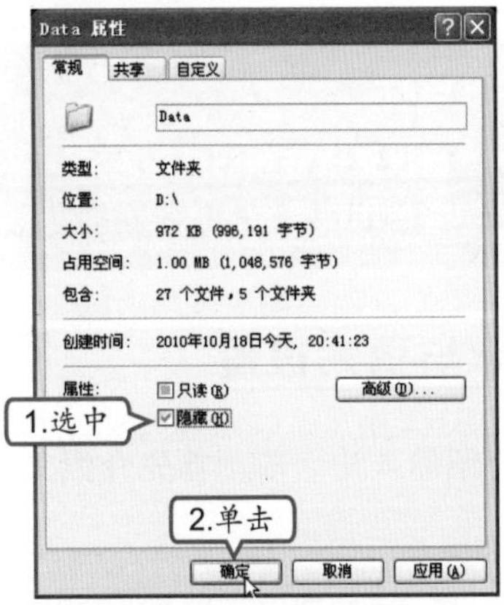

操作提示：图标颜色

文件夹选项设置为“显示所有文件和文件夹”时，隐藏的文件夹虽然被显示出来，但其图标的颜色会比正常的图标颜色暗一些，以方便用户区别哪些文件夹是隐藏的。

19 应用属性到子文件夹和文件

1. 在“确认属性更改”对话框中选中“将更改应用于该文件夹、子文件夹和文件”单选按钮。
2. 单击 确定 按钮。

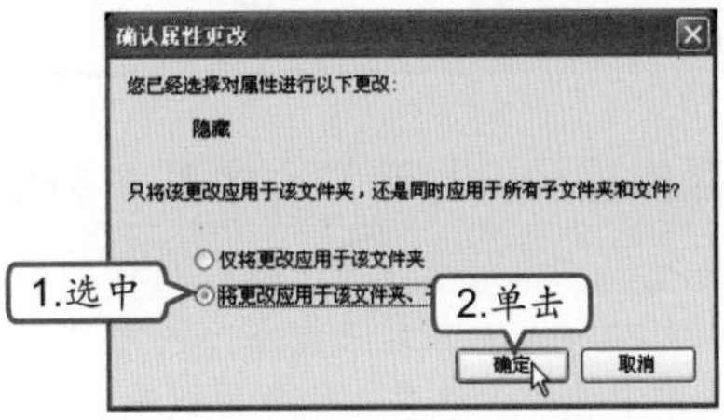

在工作过程中，隐藏文件可以防止重要文件被人偷看，如果文件夹和子文件夹过多，可以在“确认属性更改”对话框中选中“仅将更改应用于该文件夹”单选按钮，快速隐藏文件。 补充两句

2.2 输入汉字

小李学会了创建文件夹和文件，又让老马赶快教他学习中文输入法，这样就能给文件夹和文件取个中文名字，更加方便查找和管理。

2.2.1 学习1小时

学习目标

- 学会设置语言和切换输入法。
- 学会使用拼音输入法。

1 文字与语言设置

在介绍输入法之前，首先介绍文字与语言的简单设置方法。

教学演示\第2章\文字与语言设置

1 打开“区域和语言选项”对话框

单击开始按钮，在“开始”菜单中选择“控制面板”命令打开“控制面板”窗口，双击“区域和语言选项”图标打开“区域和语言选项”对话框。

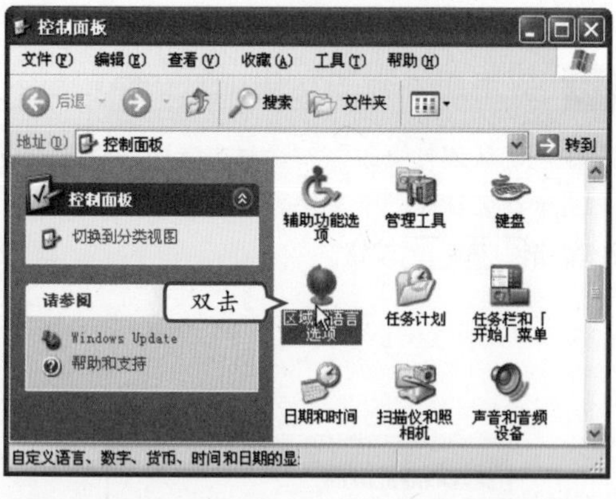

2 设置文字和语言

1. 选择“语言”选项卡。
2. 单击“文字服务和输入语言”栏中的详细信息(D)...按钮。

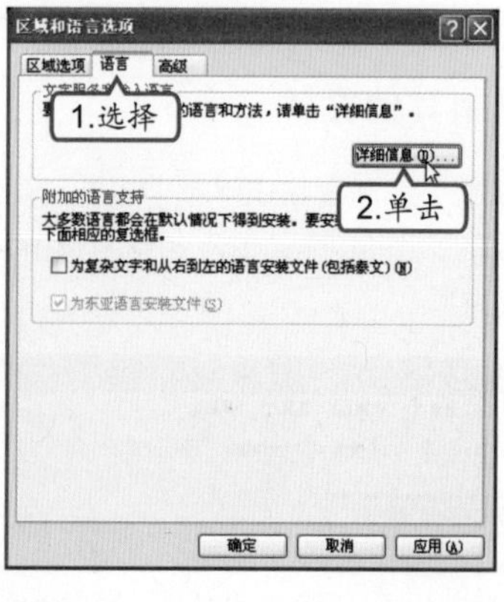

操作提示：打开“文字服务和输入语言”对话框

除了在“区域和语言选项”对话框的“语言”选项卡中单击详细信息(D)...按钮可以打开“文字服务和输入语言”对话框外，还可以在任务栏的语言栏中用鼠标右键单击按钮，在弹出的快捷菜单中选择“设置”命令来打开“文字服务和输入语言”对话框。

高手指点 当用鼠标单击任务栏时才会出现小键盘图标，其他时候小键盘图标的位置显示的是当前所使用的输入法图标。

3 选择默认输入语言

1. 打开“文字服务和输入语言”对话框，在“设置”选项卡中选择一种默认输入语言。
2. 单击 应用(A) 按钮。

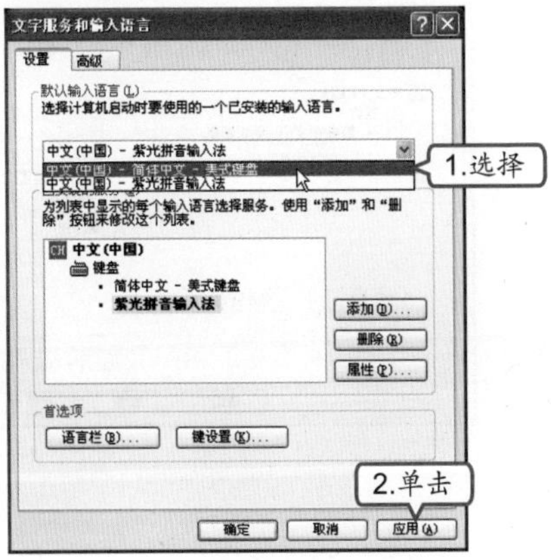

4 设置语言栏

1. 单击 语言栏(B)... 按钮打开“语言栏设置”对话框，选中“在桌面上显示语言栏”复选框。
2. 单击 确定 按钮。

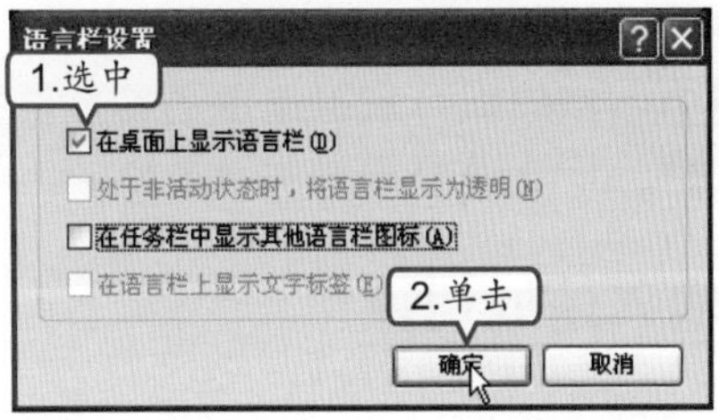

操作提示：默认输入语言

设置了默认输入语言后，在系统启动后和打开的每个窗口中，该输入法都会首先处于激活状态，以方便用户输入文字。

2 添加和删除输入法

Windows XP系统自带了多种中英文输入法，用户在使用过程中还可以根据需要添加适合自己的输入法和删除不用的输入法。

（1）添加输入法

在Windows XP中，系统提供了一些输入法供用户添加使用。用户还可以在网络上下载一些输入法程序进行安装，方法与安装普通应用程序一样。下面主要介绍添加系统输入法的方法。

用鼠标右键单击⌨按钮，在弹出的快捷菜单中选择“设置”命令，打开“文字服务和输入语言”对话框，在“设置”选项卡中单击 添加(D)... 按钮，打开“添加输入语言”对话框，然后在“键盘布局/输入法”下拉列表框中选择需要的输入法后单击 确定 按钮。

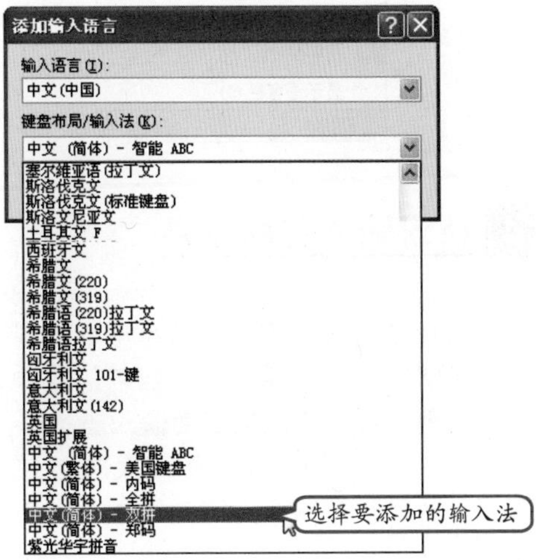

（2）删除输入法

对于通过程序安装的输入法，可以在“控制面板”窗口中打开“添加或删除程序”窗口删除，也可以通过“文字服务和输入语言”对话框来删除。下面介绍怎样使用“文字服务和输入语言”对话框删除输入法。

打开“文字服务和输入语言”对话框，在“设置”选项卡的“已安装的服务”列表框中选择要删除的输入法，然后单击 删除(R) 按钮即可删除选中的输入法，单击 确定 按钮确认并关闭对话框。

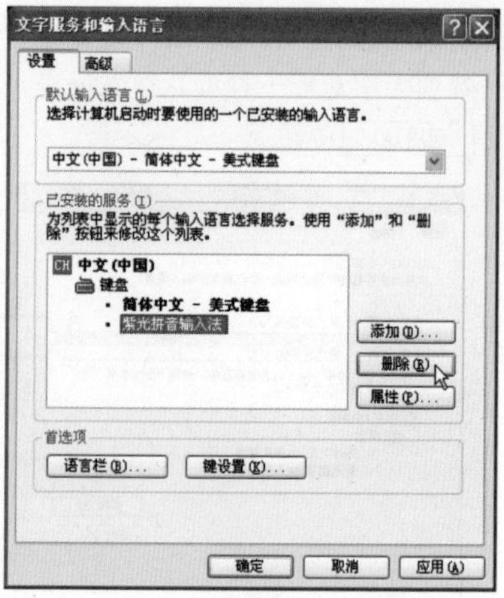

3 输入法的切换

在输入文字时，有时需要在中英文输入法之间切换，有时还需要在不同的中文输入法之间切换。切换输入法可以通过鼠标和键盘进行，下面分别进行介绍。

使用鼠标切换输入法

使用鼠标单击语言栏中的▦按钮，在弹出的输入法列表中选择需要的输入法即可切换到该输入法。

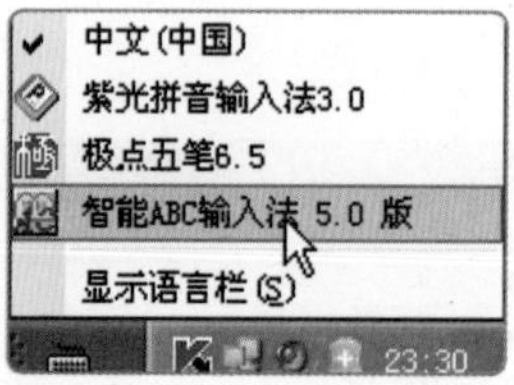

使用键盘切换输入法

使用键盘切换输入法主要是通过组合键来进行的。常用的切换输入法的组合键有以下两种。

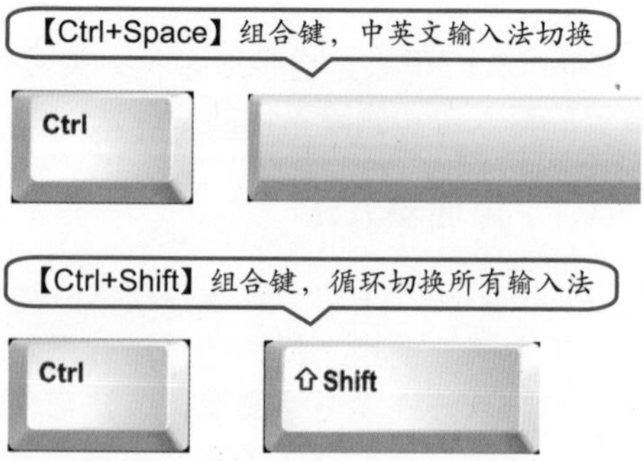

4 认识输入法状态条

选择了输入法后，在屏幕上会出现一个输入法状态条，上面显示了当前的各种输入状态，用户可以在这里切换输入法状态。

各种输入法的状态条都大同小异，下面就以紫光拼音输入法的状态条为例做简单介绍。

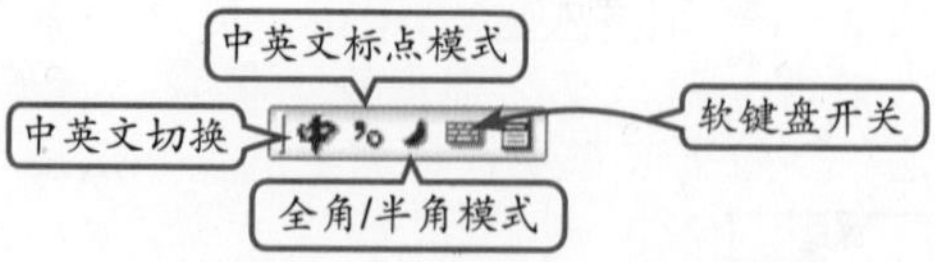

高手指点 在使用智能ABC输入法输入汉字的过程中，如果需要输入英文单词，只需要先输入“v”即可输入英文，输入完成后按空格键确认并返回中文输入状态。

中英文切换按钮

单击可进行中英文切换，也可通过按【Shift】键和【Caps Lock】键进行切换。

中英标点模式按钮

单击可进行标点模式的切换，也可通过按【Ctrl+.】组合键进行切换。

全角/半角模式按钮

单击可进行标点符号的全/半角切换，也可通过按【Shift+Space】组合键进行切换。

软键盘开关按钮

单击该按钮，可打开和关闭软键盘。

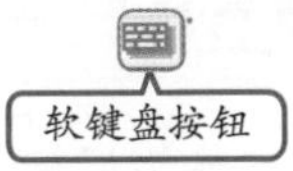

5 智能ABC输入法

智能ABC输入法是Windows XP操作系统自带的一种中文输入法，属于拼音输入法的一种，它支持全拼、简拼和双打输入。

使用智能ABC输入法输入汉字时首先输入拼音，输入的拼音会显示在输入框中，然后按空格键，这时，输入框中会显示最佳匹配的汉字，而在输入框下方会显示其他候选的汉字。如果输入框中显示的汉字即为需要的汉字，则直接按空格键即可输入，否则按对应的数字键选择需要的汉字。如果当前页中没有需要的汉字，还可以按【Page Up】和【Page Down】键进行翻页查找。

全拼输入

全拼输入即是一次输入汉字或词组的所有拼音。

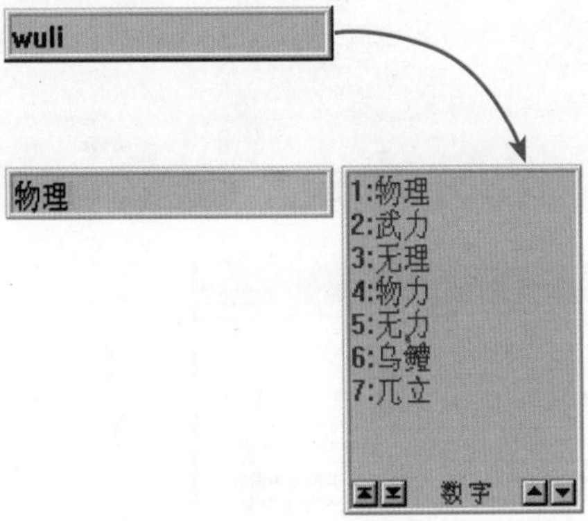

简拼输入

简拼输入即只输入每个字的声母。

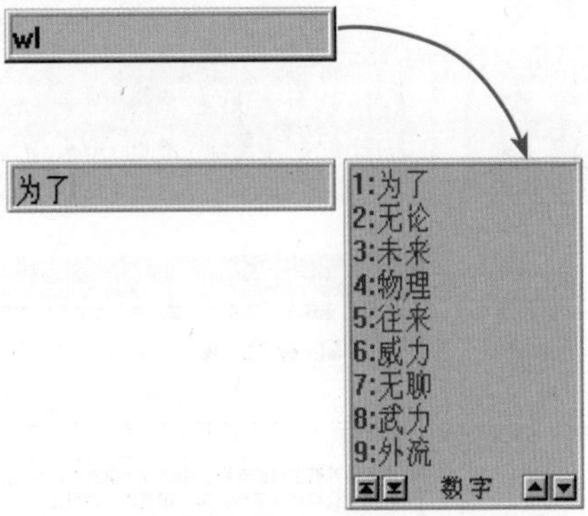

操作提示：混拼输入

混拼输入即输入汉字词组时，一部分汉字用全拼输入，一部分汉字用简拼输入的输入方式。例如，要输入词组“计算机”，可以输入拼音“jisj”、“jsuanj”或“jsji”，其输入方式比较灵活。

6 微软拼音输入法

微软拼音输入法也是中文输入法的“元老”之一，它同样可以使用全拼、简拼和混拼方式输入，而且它还具备自动更正的功能。在输入时，用户不用每个字都去进行选择，可以连续输入整句话的拼音，系统会自动根据输入的拼音来选择最合理的汉字进行输入。输入完成后按一下【Enter】键即可。

使用微软拼音输入法输入文字时的效果如下图所示。

7 紫光拼音输入法

紫光拼音输入法作为后起之秀，其开创的输入法理念在中文输入法领域起到了重要作用。它拥有强大的字库功能，能够在使用过程中将用户常用的字和词组自动添加到字库中去，并且按照用户的使用频率对可选汉字进行排序。这样在使用一段时间后，用户的汉字输入速度就会大大提升。

使用紫光拼音输入法输入文字时的效果如下图所示。

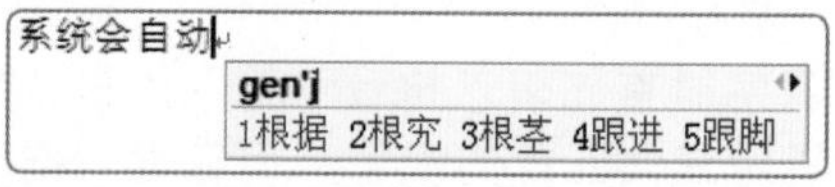

2.2.2 上机1小时：在写字板中输入文字

本例将使用智能ABC输入法和紫光拼音输入法，在“写字板”程序中输入“国航简介”文档。完成后的效果如下图所示。

上机目标

- **熟练输入法操作与设置。**
- **掌握使用拼音输入法输入中文的方法。**

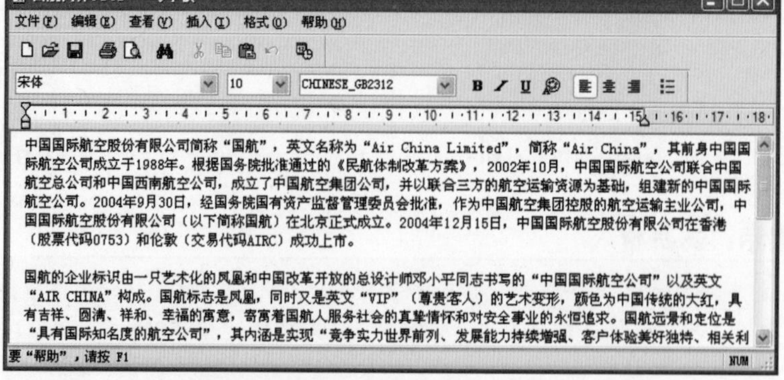

国航简介.rtf - 写字板

中国国际航空股份有限公司简称“国航”，英文名称为“Air China Limited”，简称“Air China”，其前身中国国际航空公司成立于1988年。根据国务院批准通过的《民航体制改革方案》，2002年10月，中国国际航空公司联合中国航空总公司和中国西南航空公司，成立了中国航空集团公司，并以联合三方的航空运输资源为基础，组建新的中国国际航空公司。2004年9月30日，经国务院国有资产监督管理委员会批准，作为中国航空集团控股的航空运输主业公司，中国国际航空股份有限公司（以下简称国航）在北京正式成立。2004年12月15日，中国国际航空股份有限公司在香港（股票代码0753）和伦敦（交易代码AIRC）成功上市。

国航的企业标识由一只艺术化的凤凰和中国改革开放的总设计师邓小平同志书写的“中国国际航空公司”以及英文“AIR CHINA”构成。国航标志是凤凰，同时又是英文“VIP”（尊贵客人）的艺术变形，颜色为中国传统的大红，具有吉祥、圆满、祥和、幸福的寓意，寄寓着国航人服务社会的真挚情怀和对安全事业的永恒追求。国航远景和定位是“具有国际知名度的航空公司”，其内涵是实现“竞争实力世界前列、发展能力持续增强、客户体验美好独特、相关利

要“帮助”，请按 F1

高手指点 在录入文本时，如需要输入符号或者特殊形式的数字，如希腊字母或拉丁文等，可以使用中文输入法中的动态键盘来实现。

实例素材\第2章\国航简介.rtf
教学演示\第2章\在写字板中输入文字

1 打开“写字板”程序

单击 开始 按钮，在弹出的“开始”菜单中选择【所有程序】/【附件】/【写字板】命令启动“写字板”程序。

2 打开“国航简介”文档

1. 单击工具栏中的“打开”按钮，在打开的对话框中选择素材文件“国航简介.rtf”文档。
2. 单击 打开(O) 按钮。

3 切换到“智能ABC”输入法

按步骤1的操作再打开一个“写字板”程序，然后按【Shift+Ctrl】组合键将输入法切换到“智能ABC”。

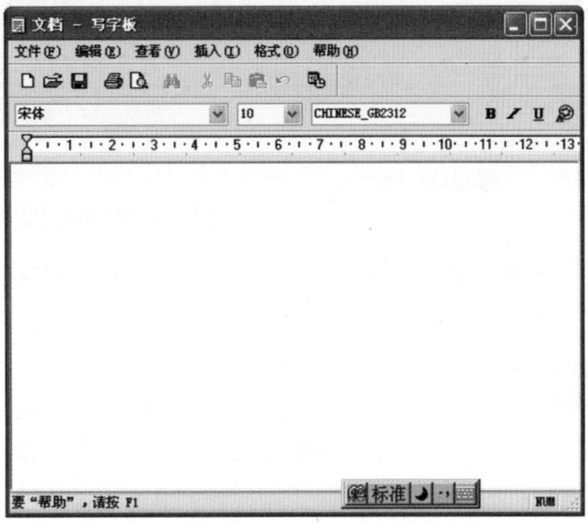

4 横向平铺窗口

在任务栏中的空白区域单击鼠标右键，然后在弹出的快捷菜单中选择“横向平铺窗口”命令，将两个打开的“写字板”程序窗口横向平铺在屏幕中。

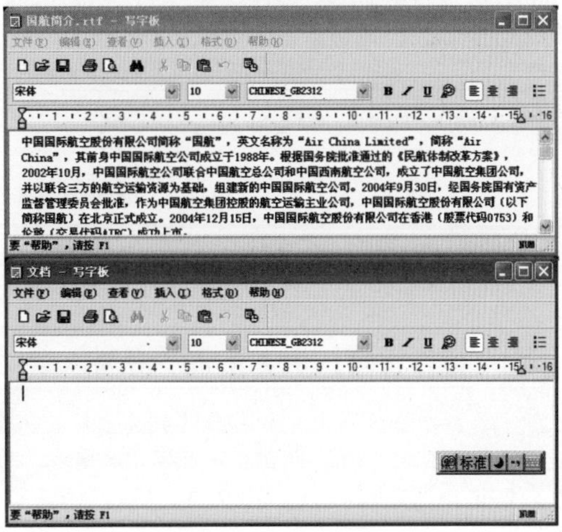

在输入文档时，可以使用【Ctrl+空格键】组合键快速切换中英文的输入法状态。

补充两句

5 输入文字

对照“国航简介”文档在空白文档中输入文字。

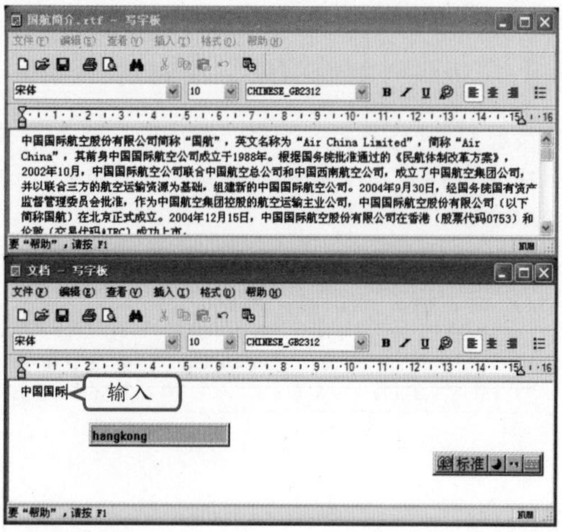

6 输入字母

单击输入法状态条中的图标，切换到英文输入状态，当图标变为时输入英文文本。

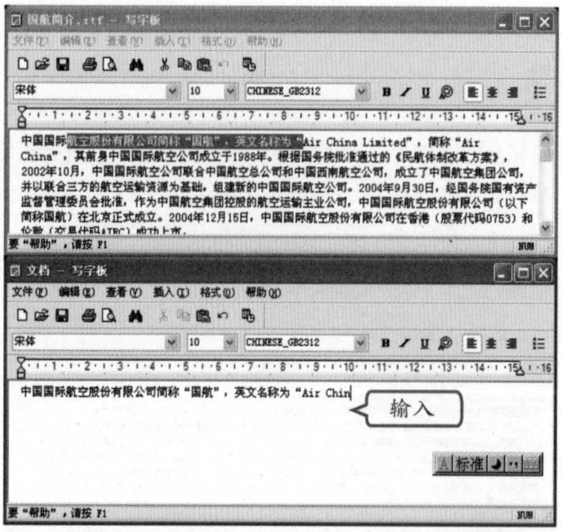

7 选择紫光拼音输入法

安装紫光拼音输入法后按【Shift+Ctrl】组合键切换到紫光拼音输入法并输入文字。

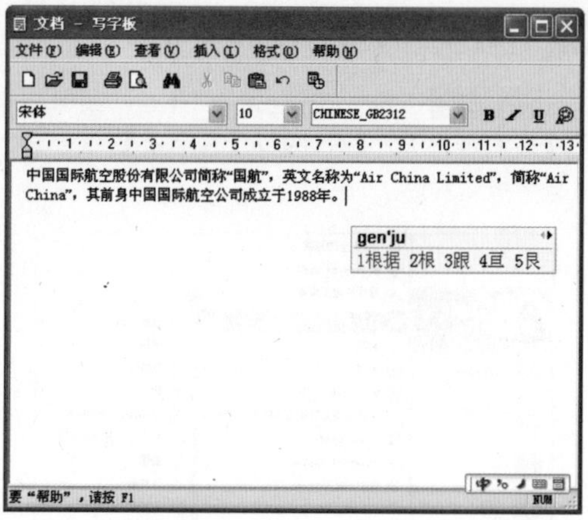

8 保存文档

1. 全部输入完成后，单击工具栏中的“保存”按钮，在弹出的对话框中选择保存路径。
2. 在“文件名”文本框中输入“国航简介.rtf”。
3. 单击保存(S)按钮。

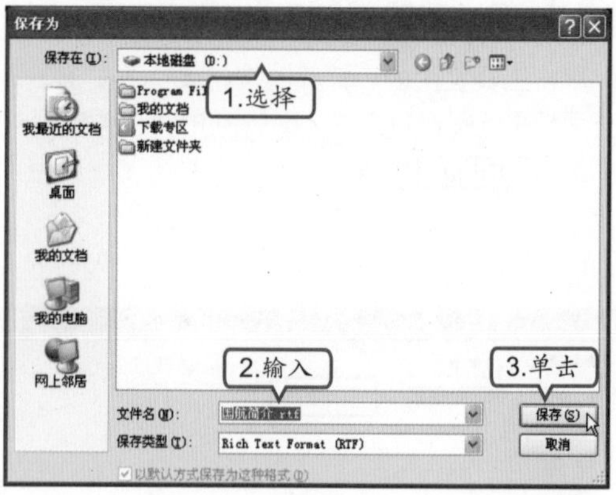

操作提示：学会使用多种输入法

在办公过程中，经常会遇到比较难输入的字。此时，使用不同的输入法会提供不同的输入方式。例如，知道拼音的字可以用拼音输入法，不知道拼音的字可以用五笔输入法，更专业一点的可以使用区位码进行输入。

高手指点 使用输入法状态栏右键菜单中的“定义新词”命令可以输入需要定义的新词。

2.3　跟着视频做练习1小时：制作个人资料

本例将创建一个“个人资料”文件管理体系，然后在其中的“简历资料”文件夹中创建“个人简历”文档并在文档中输入文字。通过实例主要练习文件管理的方法和中文输入操作。

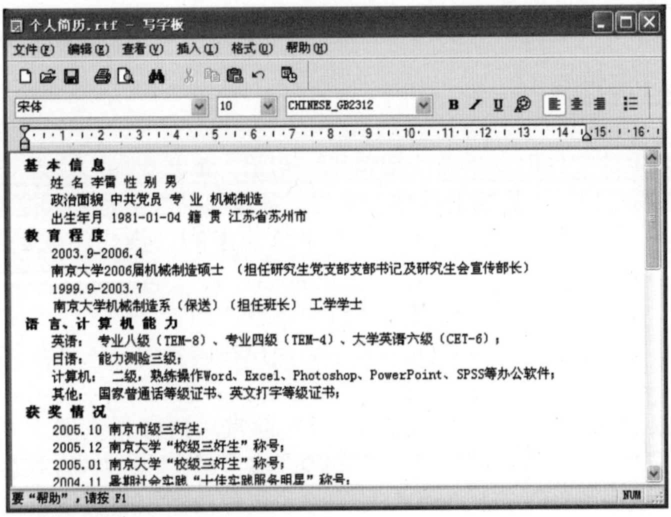
个人简历.rtf - 写字板
文件(F) 编辑(E) 查看(V) 插入(I) 格式(O) 帮助(H)
宋体
10
CHINESE_GB2312
基 本 信 息
姓 名 李雷 性 别 男
政治面貌 中共党员 专 业 机械制造
出生年月 1981-01-04 籍 贯 江苏省苏州市
教 育 程 度
2003.9-2006.4
南京大学2006届机械制造硕士 （担任研究生党支部支部书记及研究生会宣传部长）
1999.9-2003.7
南京大学机械制造系（保送）（担任班长） 工学学士
语 言、计 算 机 能 力
英语： 专业八级（TEM-8）、专业四级（TEM-4）、大学英语六级（CET-6）；
日语： 能力测验三级；
计算机： 二级，熟练操作Word、Excel、Photoshop、PowerPoint、SPSS等办公软件；
其他： 国家普通话等级证书、英文打字等级证书；
获 奖 情 况
2005.10 南京市级三好生；
2005.12 南京大学“校级三好生”称号；
2005.01 南京大学“校级三好生”称号；
要“帮助”，请按 F1
NUM

最终效果\第2章\个人资料
视频演示\第2章\制作个人资料

操作提示：

1. 在“本地磁盘（D:）”中创建“个人资料”文件夹。
2. 打开“个人资料”文件夹，在文件夹中创建3个文件夹，分别命名为“工作计划及记录”、“简历资料”和“照片”。
3. 将“照片”文件夹的文件夹属性设置为“隐藏”，但不将隐藏属性应用到子文件夹和文件。
4. 通过“开始”菜单打开“写字板”程序窗口。
5. 对照效果文件在写字板中输入文字。
6. 将输入的文档保存到“D:\个人资料\简历资料”文件夹中。
7. 关闭“写字板”程序窗口。
8. 在“文件夹选项”对话框中设置“显示所有文件和文件夹”。

2.4　秘技偷偷报——文件安全与恢复

老马告诉小李：“在平时使用电脑的时候，最好将文件的扩展名显示出来。因为现在很多病毒文件都把自己伪装成视频、音频或文本文件，让你在毫不知情的情况下打开并运行病毒程序，后果不堪设想。”小李惊讶极了：“还有这样的啊，你快教教我怎么把文件的扩展名显示出来吧。”老马说：“好的，顺便我再给你讲讲怎样恢复被误删的文件吧。”

补充两句

硬盘上的文件删除后会放在回收站里，可以对其进行恢复操作。而U盘上的文件被删除后不会放入回收站，而是直接从U盘删除，无法恢复。

1 显示文件的扩展名

文件扩展名的显示是在“文件夹选项”对话框里进行设置的。

首先在任意的文件夹窗口中选择【工具】/【文件夹选项】命令来打开“文件夹选项”对话框，然后选择“查看”选项卡，取消选中“高级设置”列表中的“隐藏已知文件类型的扩展名”复选框，最后单击 确定 按钮即可将文件的扩展名显示出来。这样利用这种方式传播的病毒文件就无所遁形了。

2 恢复误删的文件

当误删了磁盘中的文件时，千万不要慌张。切记，最重要的一点是千万不要对被删除文件所在的磁盘进行任何写入数据的操作，这样，被删除的数据是可以被恢复的。

磁盘中的数据是存放在硬盘中的一个个小单元里的，操作系统通过一种特殊的途径——文件索引，来找到存放在硬盘单元中的数据并把它们组合成为文件。当删除文件时，系统只是将文件索引删除了，这样在系统中就找不到该文件了，而文件真实的数据依然存放在硬盘中原来的单元里，这些数据要等到用户在硬盘中写入新数据时才有可能被新数据覆盖而消失，在这之前，从理论上说，数据都是可以恢复的。

恢复数据需要使用专业的数据恢复工具，目前常用的数据恢复工具有FinalData、EasyRecovery、DataExplore、Recuva和AntlerTek Data Recovery等。这些工具的功能都很强大，即使对硬盘进行了格式化和分区操作，里面的数据也可以被恢复，但这些工具也有一些缺点，对某些类型的文档，如Word文档，恢复的成功率不高，即使恢复了，文件也可能不能打开。如果被误删的文件是相当重要的资料，建议将硬盘送到专业的数据恢复机构进行处理，这样数据恢复的成功率会大一些。

读书笔记

高手指点 按【Delete】键删除的文件会放入回收站。而按【Shift+Delete】组合键，删除的文件不会放入回收站。

第3章

Word 2003文档编辑基础

这一天，老马又看到小李盯着电脑发呆，于是上前问道："小李，遇到什么困难了吗？"小李抬起头，"老马，您来得正好。您看我做的这些文档，格式老不正确，整体看上去一片混乱，我要怎么才可以做出让人看着赏心悦目的文档呢？"老马说："这可需要熟练掌握一些文档操作的基本方法。"说完，上前一阵忙活，就全弄好了。小李看了看，刚刚还乱如麻的文字已经规规矩矩地罗列在文档里了。小李高兴地说："这我得学学，快教教我你是怎么做到的。"于是，老马向小李讲起了Word 2003文档编辑的基本操作方法。

2小时学知识

- 文档基本操作
- 办公文档格式设置

3小时上机练习

- 创建并编辑"健康和安全须知"文档
- 设置"假日安排"文档
- 制作"工作时间说明"

3.1 文档基本操作

老马告诉小李，Word 2003提供了强大的文字处理功能，不仅可以输入文本，还可以根据需要插入各种符号，让文档变得更加丰富。小李一脸兴奋，赶紧着手做一个文档，可是却不知该从哪儿入手，看来还得回去让老马给讲讲。

3.1.1 学习1小时

第3章

学习目标

- **熟练启动和退出Word 2003的方法。**
- **熟悉Word 2003的操作界面。**
- **学会Word 2003的基本操作。**

1 启动和退出Word 2003

要使用Word 2003进行文字处理，首先要启动Word 2003程序，工作完成后还要退出Word 2003程序。下面介绍启动和退出Word 2003的方法。

启动Word 2003

启动Word 2003的方法为：选择【开始】/【所有程序】/【Microsoft Office】/【Microsoft Office Word 2003】命令，即可打开Word 2003程序。

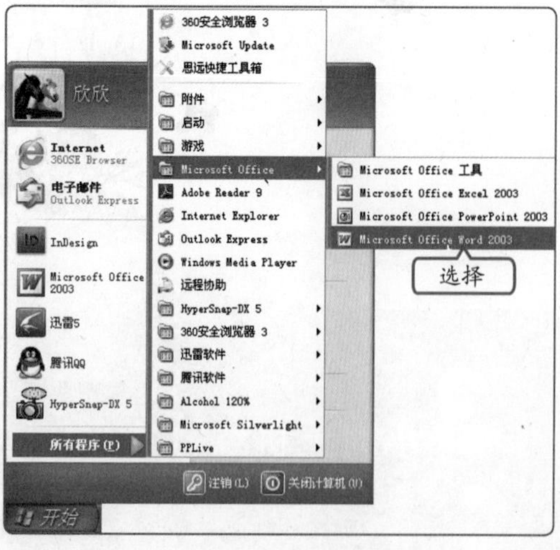

退出Word 2003

可以在文档窗口中选择【文件】/【退出】命令来退出Word 2003程序，这时所有打开的Word文档窗口都会被关闭。

另外，单独关闭所有打开的Word文档窗口也可以退出Word程序。

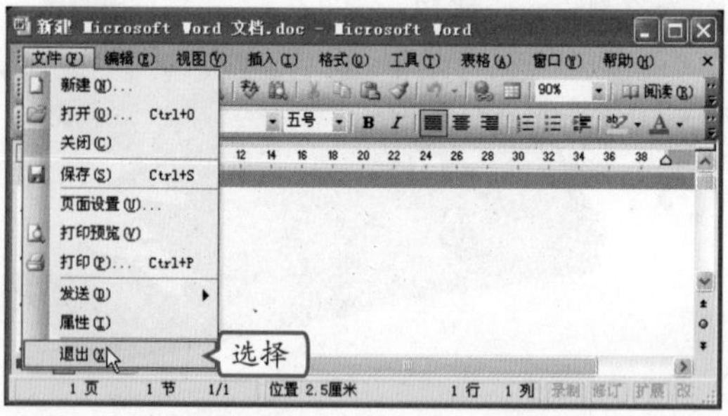

教你一招：退出的其他方法

要退出Word 2003，还可以单击标题栏中的“关闭”按钮☒，也可按【Alt+F4】组合键。

高手指点 如果用户使用某个程序的频率较高，该程序将会在“开始”菜单中的“高频率使用程序”栏中出现，用户可以更加方便地打开。

2 认识Word 2003的操作界面

进入Word 2003后，将打开一个Word窗口，它由标题栏、菜单栏、工具栏、文本区、标尺、滚动条以及状态栏等部分组成。

标题栏

标题栏位于窗口的最顶端，用于显示当前所使用的程序名称和文件名。标题栏的最左端是Word窗口的控制按钮，单击它可以打开一个下拉菜单，其中提供了一些Word 2003的窗口控制命令。标题栏最右边有“最小化”按钮、“还原/最大化”按钮和“关闭”按钮，主要用于改变Word工作窗口的大小和退出Word。

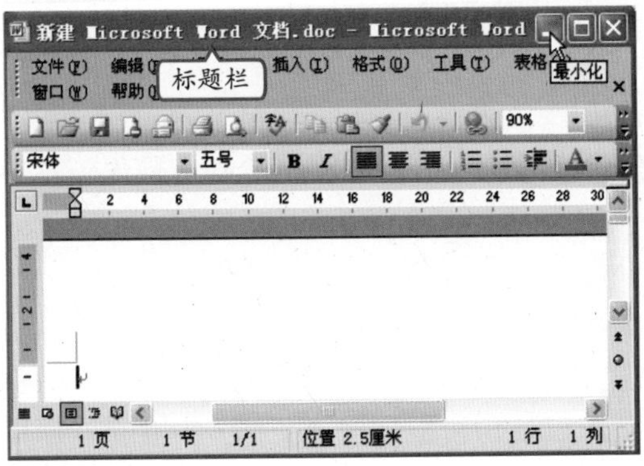

菜单栏

位于标题栏之下，供用户选择各种操作命令。菜单栏由“文件”、“编辑”、“视图”、“插入”、“格式”、“工具”、“表格”、“窗口”和“帮助”9个菜单项组成，单击之后可弹出相应的下拉菜单，供用户选择。

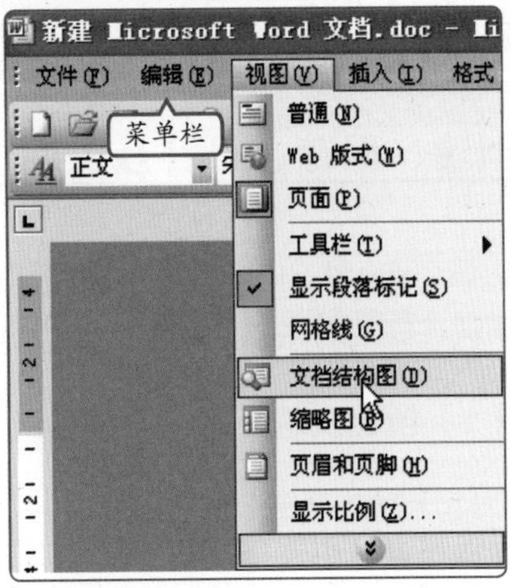

工具栏

一般情况下，工具栏中只显示常用的工具按钮，用户可以根据自己的需要调出其他工具按钮。通过“视图”菜单中的“工具栏”命令，在其下一级菜单中选择所需的工具项，即可在工具栏中显示相应的按钮。

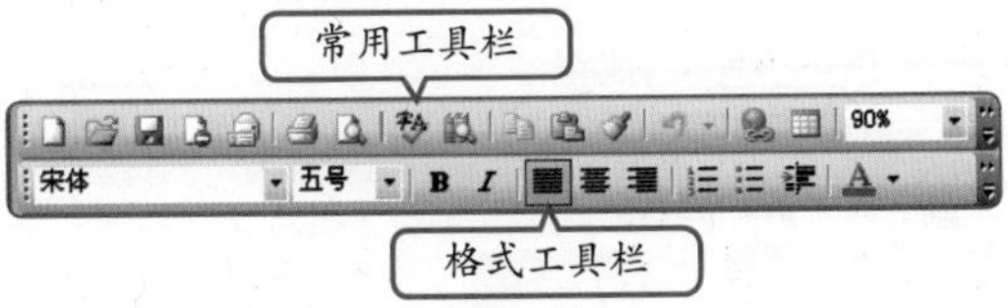

文本区

文本区即编辑工作区，用于编辑或显示文档的内容。这个区域才是Word的最重要区域，写文章、制表格、排版式、插图片等都需要在这个“大白纸”上操作。

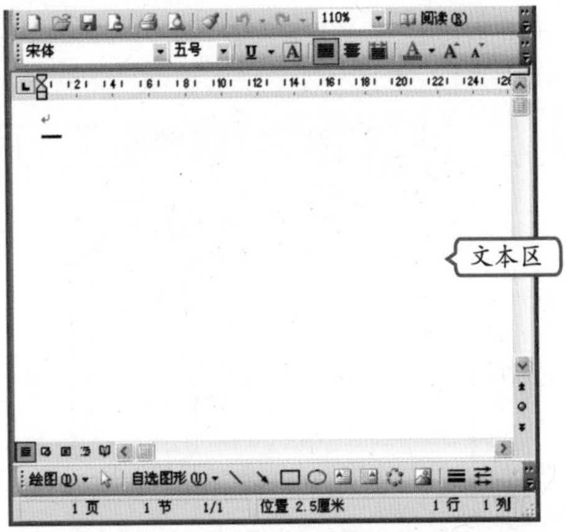

教你一招：快速还原窗口

双击Word窗口的标题栏即可使Word窗口在最大化和还原之间切换。

补充两句

使用【Ctrl+F4】组合键可以关闭文档窗口，使用【Alt+F4】组合键可以打开关闭应用程序窗口。

标尺

编辑区横向和纵向各有一条标有刻度的工具尺，用于在工作窗口中以滑动标尺滑块的方式进行定位。

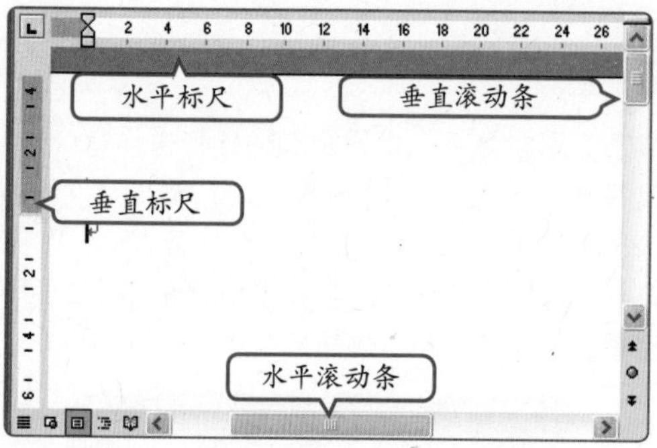

状态栏

状态栏位于窗口的底部，用于显示当前的文档状态，如当前的页号、行号等信息。

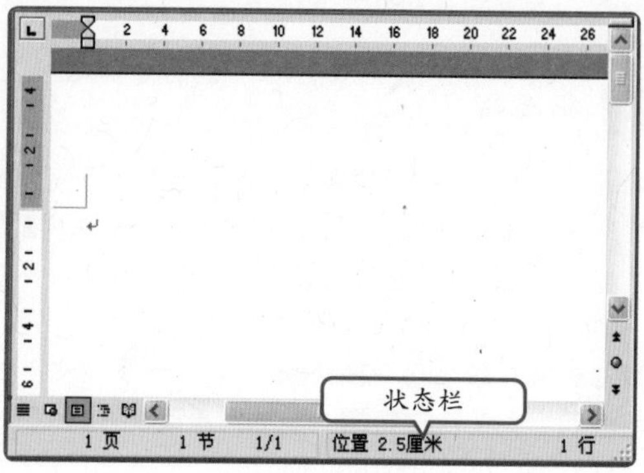

3 创建、保存、打开及关闭文档

认识了Word 2003之后，就可以来学习怎样操作它了。Word文档的基本操作包括新建、保存、打开和关闭等。

（1）创建文档

在打开的文档窗口中单击常用工具栏中的□按钮可以快速新建一个空白的文档。另外，在文档窗口中选择【文件】/【新建】命令，可以使用模板来创建文档。下面介绍使用模板创建文档的方法。

教学演示\第3章\创建文档

1 打开“模板”对话框

在文档窗口中选择【文件】/【新建】命令后，窗口中会出现一个“新建文档”任务窗格。在其中单击“模板”栏的“本机上的模板”超链接。

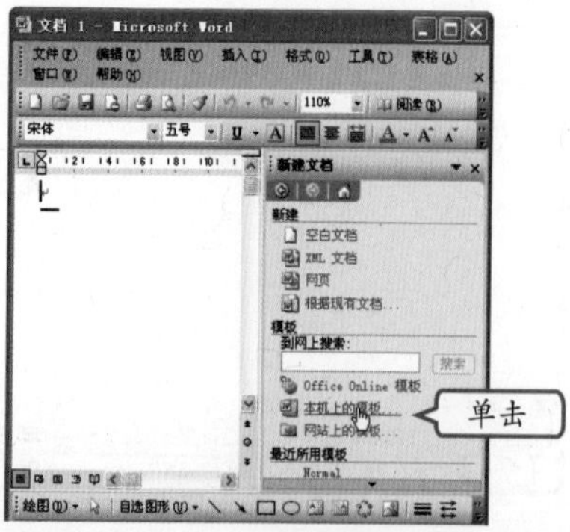

2 选择模板

1. 在打开的“模板”对话框中选择“备忘录”选项卡。
2. 在备忘录列表框中选择“专业型备忘录”模板。
3. 单击 确定 按钮。

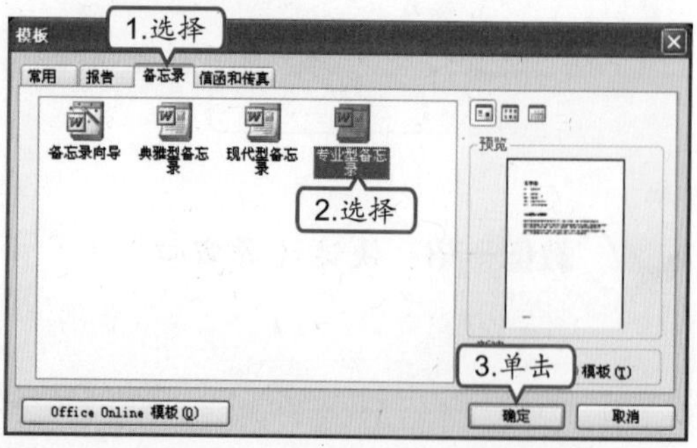

高手指点 有时某些工具栏可能不显示，可以在工具栏空白处单击鼠标右键，在弹出的快捷菜单中选择需要显示的工具栏类型。

(2) 保存文档

空白文档创建后，系统会自动命名为“文档1”，可以通过在保存文档时为其重新命名的操作来更改文档的保存名称。

教学演示\第3章\保存文档

1 打开“另存为”对话框

在打开的Word窗口中选择【文件】/【保存】命令，打开“另存为”对话框。

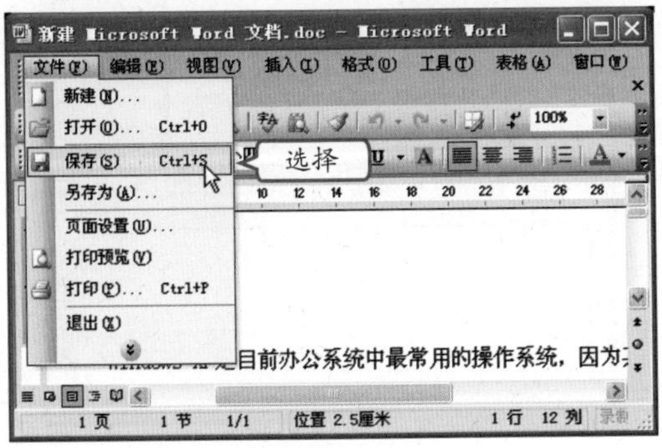

2 保存文件

1. 在“保存位置”下拉列表框中选择保存位置。
2. 在“文件名”文本框中输入文件名称。
3. 单击[保存(S)]按钮。

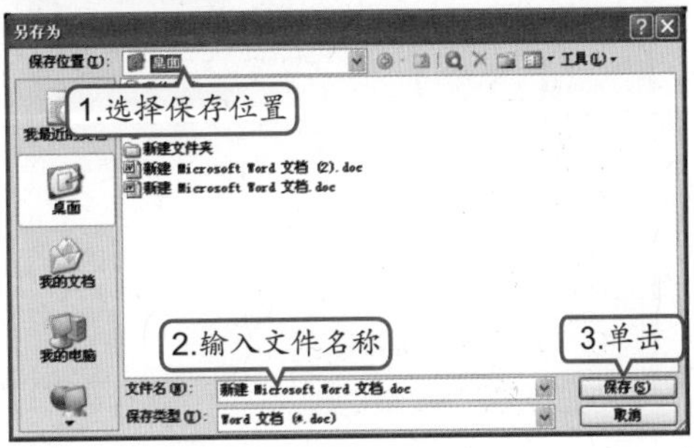

(3) 打开文档

打开一个已保存在磁盘中的文档有两种方式：一种是找到文档所在的位置双击文件图标打开，另一种是在Word窗口中打开。下面介绍在Word窗口中打开文档的方法。

教学演示\第3章\打开文档

1 打开“打开”对话框

在打开的Word窗口中选择【文件】/【打开】命令，打开“打开”对话框。

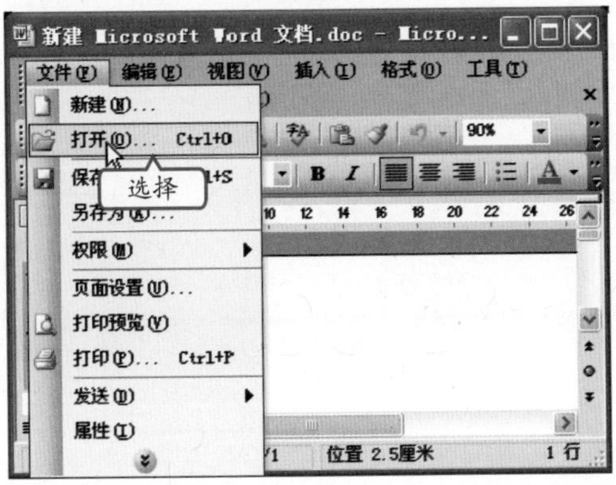

2 打开文档

1. 在“查找范围”下拉列表框中选择文件位置。
2. 在文件列表中选择需要打开的文件。
3. 单击[打开(O)]按钮。

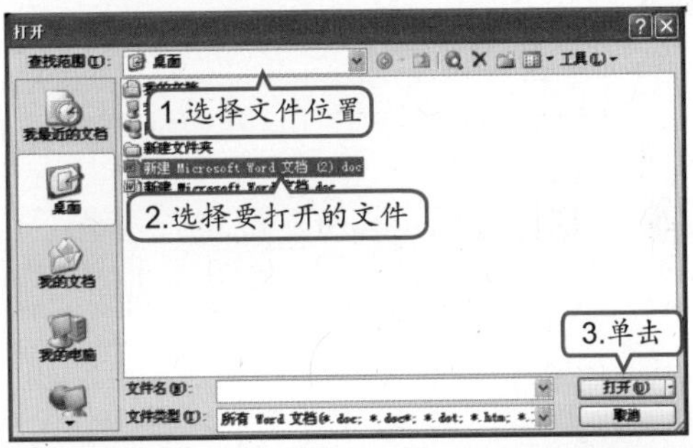

补充两句　使用【Ctrl+N】组合键，可以新建文档；使用【Ctrl+O】组合键可以打开文档。

（4）关闭文档

关闭Word文档和退出Word 2003应用程序的概念是不同的。关闭文档是指退出当前文档的编辑，这并不影响其他Word 2003编辑窗口的状态；而退出Word 2003是指关闭所有的Word文档。关闭文档有以下3种方法。

通过“文件”菜单关闭

选择【文件】/【关闭】命令可关闭当前文档窗口。

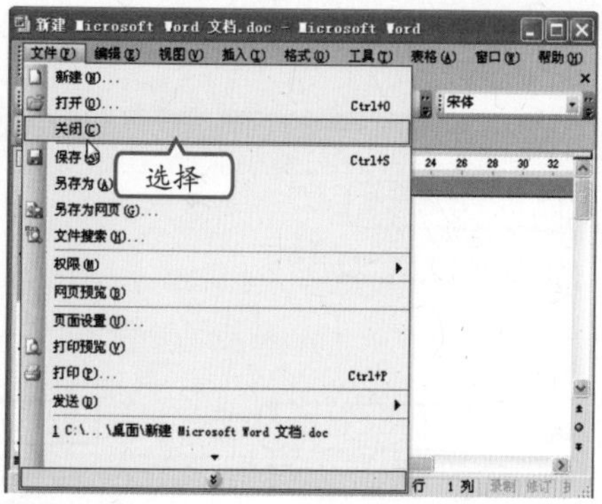

用右键菜单关闭

在文档的标题栏上单击鼠标右键，在弹出的快捷菜单中选择“关闭”命令。

直接关闭

直接单击标题栏右边的“关闭”按钮☒。

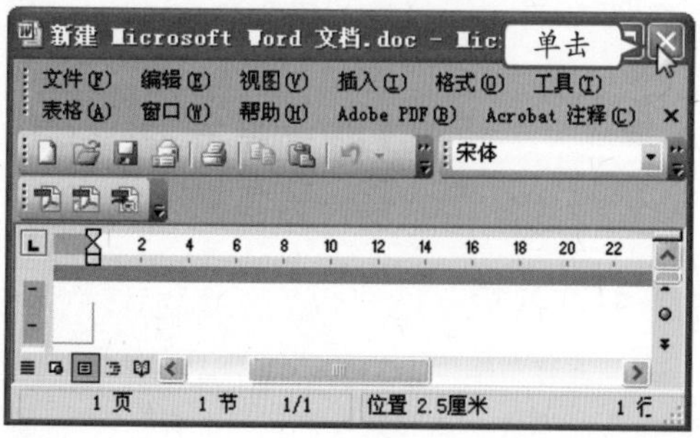

教你一招：自定义快捷键

为了提高办公效率，可以通过选择【工具】/【自定义】命令打开“自定义”对话框，再单击 键盘(K)... 按钮，在打开的“自定义键盘”对话框中自行定义一些常用功能的快捷键。

在定义新快捷键时，注意避免与Word默认的快捷键重复。

4 输入文本及符号

新的文档创建之后，可在Word窗口中的文本区内的插入点处输入内容文字或者符号。

操作提示：Word自动换行功能

输入文本后，插入点自动后移，同时文本显示在屏幕上，但输入文本到达右边界时，Word会自动换行，插入点移动到下一行，此时可继续输入。

高手指点 双击鼠标左键即可选中光标所处位置的单词；如果光标位于两个单词之间，则会选中光标后面的单词。

（1）输入文本

文本包括英文文本、中文文本和数字。可以用前面介绍的方法使用键盘输入英文文本和数字，还可以使用中文输入法输入中文文本。

（2）输入符号

在Word 2003中，除了需要输入键盘上的标点符号、运算符号等外，有时还需要输入一些特殊字符。输入特殊字符可以使用Word程序的“符号”对话框，也可以使用中文输入法的软键盘，下面分别进行介绍。

使用“符号”对话框

在Word窗口中选择【插入】/【符号】命令，打开“符号”对话框，在其中选择需要插入的符号，单击 插入(I) 按钮即可。

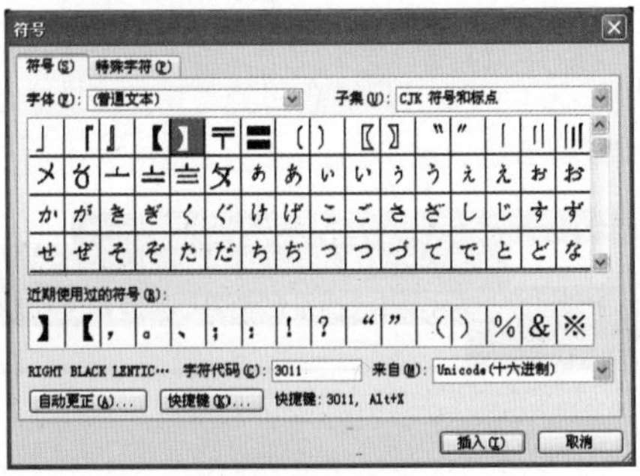

使用软键盘

在输入法状态条上的按钮上单击鼠标右键，在弹出的列表框中选择需要输入的字符类型，即可打开对应的特殊字符软键盘并选择输入。

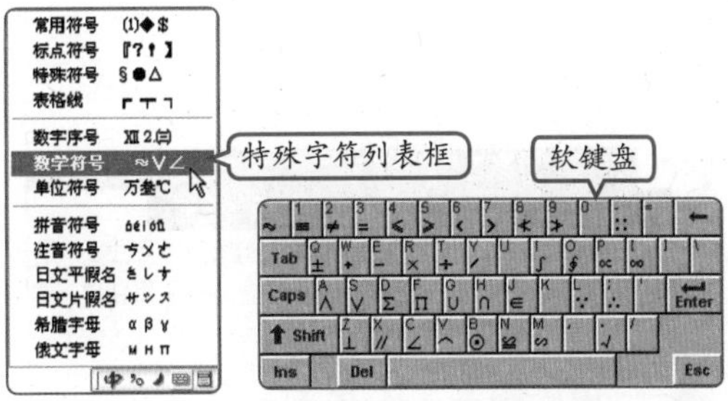

5 选择、删除和改写文本

在输入文本之后，用户可以根据需要对输入的文本进行一系列简单的操作。

（1）选择文本

在对文本进行移动、复制、删除等操作之前必须要将指定范围内的文本选择，选择后的文本呈反向高亮显示。选择文本有多种类型，如选择单字、选择多字、选择单词、选择整句、选择整段、选择一行、选择多行和选择全文等。

在实际工作中，为了提高工作效率，通常会同时使用鼠标和键盘结合起来进行操作。

补充两句

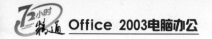

选择单字或多字

将鼠标指针移动到要选择的字前，然后按住鼠标左键拖动，使其呈黑底白字显示即表示选择该字。配合使用【Ctrl】键和【Shift】键还可以选择连续的和不连续的多字。

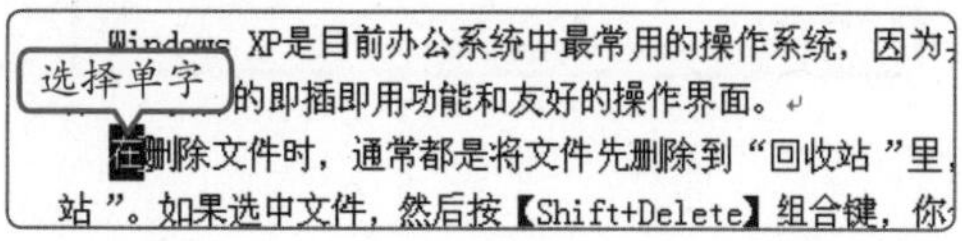

Windows XP是目前办公系统中最常用的操作系统，因为
选择单字
的即插即用功能和友好的操作界面。
在删除文件时，通常都是将文件先删除到“回收站”里，
站”。如果选中文件，然后按【Shift+Delete】组合键，你

选择单词

在需要选择的英文单词或中文词组的位置双击鼠标左键即可选中该单词。

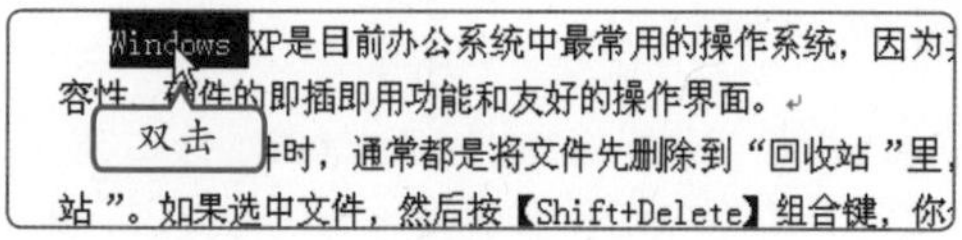

Windows XP是目前办公系统中最常用的操作系统，因为
容性、硬件的即插即用功能和友好的操作界面。
双击
件时，通常都是将文件先删除到“回收站”里，
站”。如果选中文件，然后按【Shift+Delete】组合键，你

选择整句

按住【Ctrl】键的同时，在要选择的句子中的任意位置单击鼠标左键即可选中该句文字。

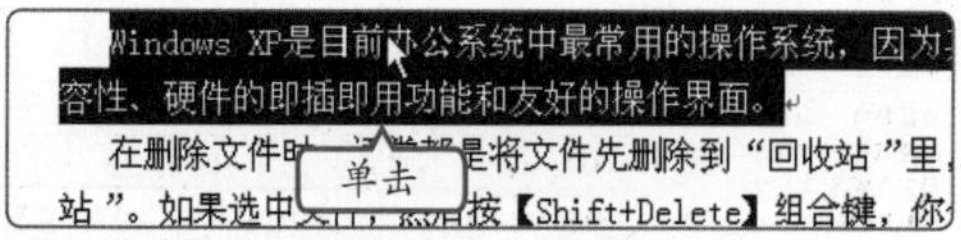

Windows XP是目前办公系统中最常用的操作系统，因为
容性、硬件的即插即用功能和友好的操作界面。
在删除文件时，通常都是将文件先删除到“回收站”里，
单击
站”。如果选中文件，然后按【Shift+Delete】组合键，你

选择一行或多行

将鼠标指针移动到要选择的行首，此时鼠标指针会变为形状，单击即可选择该行。拖动鼠标或配合使用【Ctrl】键和【Shift】键还可以选择连续的和不连续的多行。

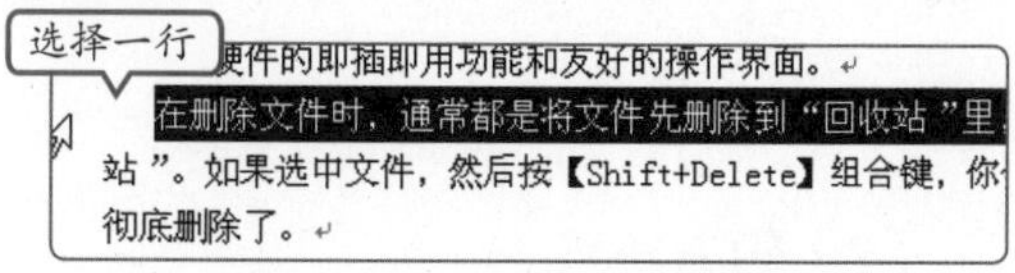

选择一行
硬件的即插即用功能和友好的操作界面。
在删除文件时，通常都是将文件先删除到“回收站”里，
站”。如果选中文件，然后按【Shift+Delete】组合键，你
彻底删除了。

选择整段

在要选择段落的任意位置连续快速按3次鼠标左键即可选中该段文字。

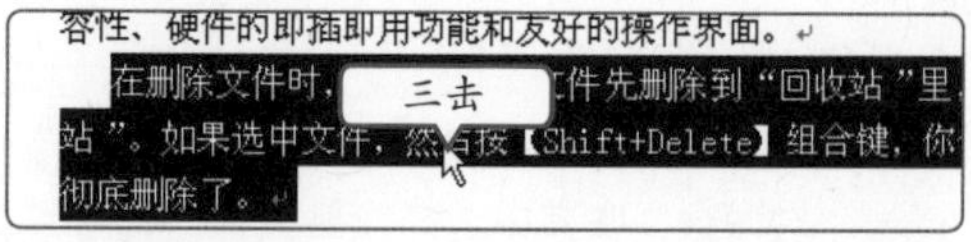

选择全文

将鼠标指针移动到任意一行前，当鼠标指针会变为形状时，按住【Ctrl】键的同时单击鼠标左键即可选中全文。

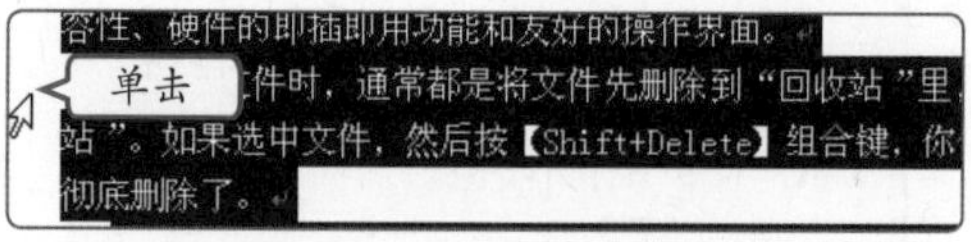

操作提示：选择文本的其他方法

除了上述选择文本的方法外，在文档中按【Ctrl+A】组合键或选择【编辑】/【全选】命令也可以选中全文。

将鼠标指针移至一行首且变为形状时，双击鼠标左键可以选择该行所在的整个段落。

（2）删除文本

在输入错误或需要修改时，就需要用到删除功能。删除文本时可以按【Delete】键删除光标后一个字符或被选择的文本，还可以按【Backspace】键删除光标前一个字符或被选择的文本。

另外，通过一些组合键还可以快速删除单词，例如，按【Ctrl+Delete】组合键可以删除光标后的一个单词，而按【Ctrl+Backspace】组合键可以删除光标前的一个单词。

高手指点 如果在文档中执行了错误的操作，想要回到之前的状态，可以按【Ctrl+Z】组合键撤销最近的操作直到回到需要的状态。

（3）改写文本

如果有大段的文字需要修改，可以在文档的状态栏中双击“改写”按钮，当其由灰色变成深色时文档就进入了改写状态，用户可以直接将光标移动到需要改写的文字前，输入新的文字，输入的文字会自动替换原有的文字。

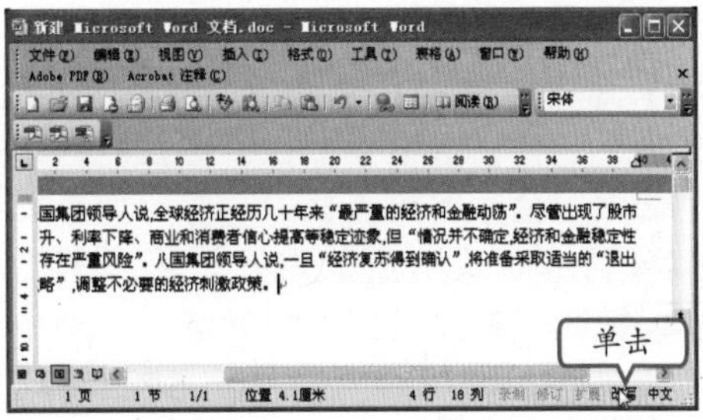

6 移动和复制文本

当需要改变文本内容的位置时，可以使用通过剪贴板移动或复制文本，也可用鼠标拖动的方法移动和复制文本。

用鼠标拖动

选择需要移动或者复制的文字，然后将光标移动到选择的文字上，用鼠标拖动到相应位置即可移动文字的位置，如果需要保留以前的文字，则可以按住【Ctrl】键，再拖动文字进行复制。

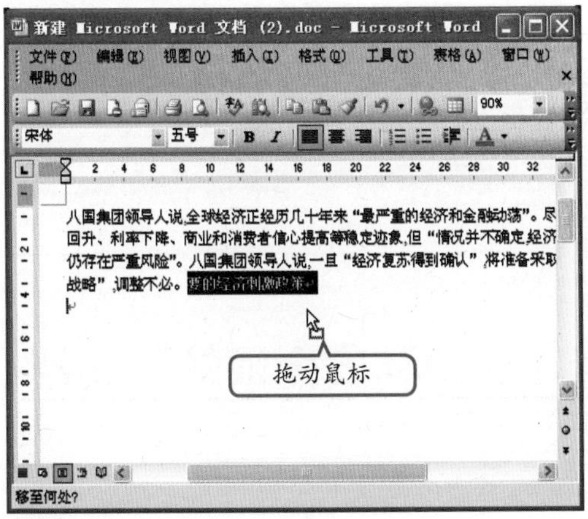

用剪贴板移动或复制

选择需要移动或者复制的文字，选择【编辑】/【复制】命令或者【编辑】/【剪切】命令，再将光标移动到需要移动到的位置，然后选择【编辑】/【粘贴】命令，即可将选择的文字移动或复制到相应的位置。

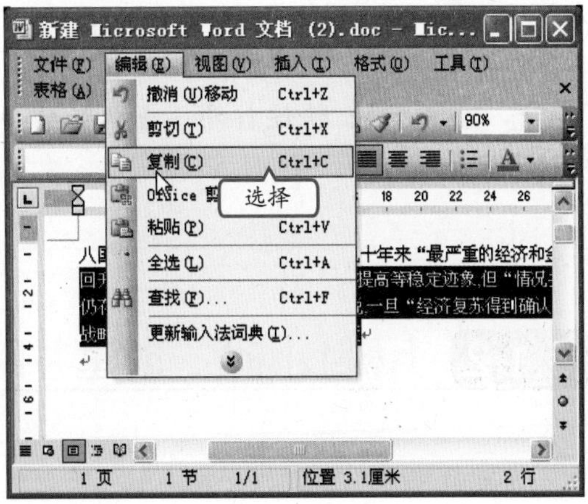

7 查找和替换文本

使用Word提供的查找与替换功能，可以很方便地搜索指定的内容，并可将搜索到的内容替换成需要的内容。

补充两句

按住【Shift】键的同时，通过按方向键也可以进行文本的选择。

（1）查找文本

在文档中查找文字，可以选择【编辑】/【查找】命令，打开“查找和替换”对话框，选择“查找”选项卡，在“查找内容”下拉列表框中输入需要查找的内容，如果需要更加精确地查找所需的内容，可以单击 高级 ¥ (M) 按钮，在弹出的“搜索选项”栏中选中相关条件，完成设置后单击 查找下一处(F) 按钮，开始查找，退出时单击 取消 按钮即可。

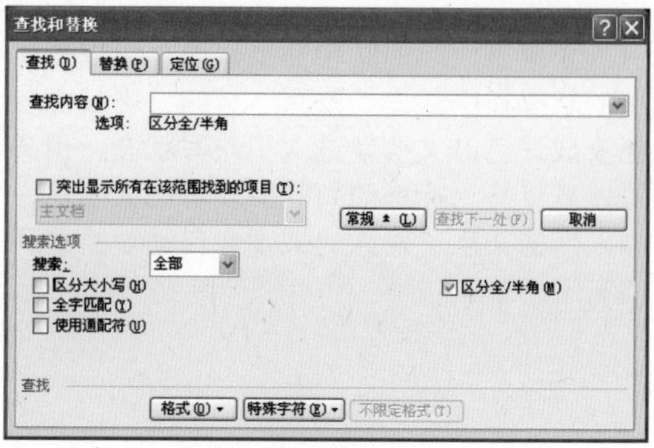

（2）替换文本

在文档中替换文字，可以选择【编辑】/【替换】命令，打开“查找和替换”对话框，在“替换”选项卡的“查找内容”下拉列表框中输入需要替换的内容，在“替换为”下拉列表框中输入替换的内容，如果需要更加精确地查找所需的内容，可以单击 高级 ¥ (M) 按钮，在弹出的“搜索选项”栏中选中相关条件，完成设置后单击 替换(R) 按钮或者 全部替换(A) 按钮，进行替换，退出时单击 取消 按钮即可。

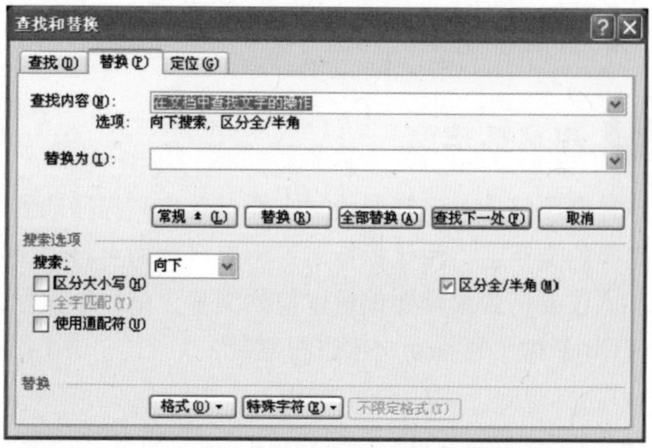

教你一招：快速打开“查找和替换”对话框

还可以通过按【Ctrl+F】或者【Ctrl+H】组合键直接进入“查找和替换”对话框的“查找”或者“替换”选项卡。

3.1.2 上机1小时：创建并编辑“健康和安全须知”文档

本例将创建“健康和安全须知”文档，并在文档中插入文本和特殊符号，然后通过移动文本调整文本顺序，最后利用“查找和替换”对话框更改文档中的文字。完成后的效果如下图所示。

上机目标

- **巩固文档的基本操作，并能熟练移动或复制文本。**
- **掌握特殊符号的插入方法。**

高手指点 将鼠标指针置于文档左侧的空白处，当其变成↗形状时连续单击3次鼠标左键即可选中整篇文档。

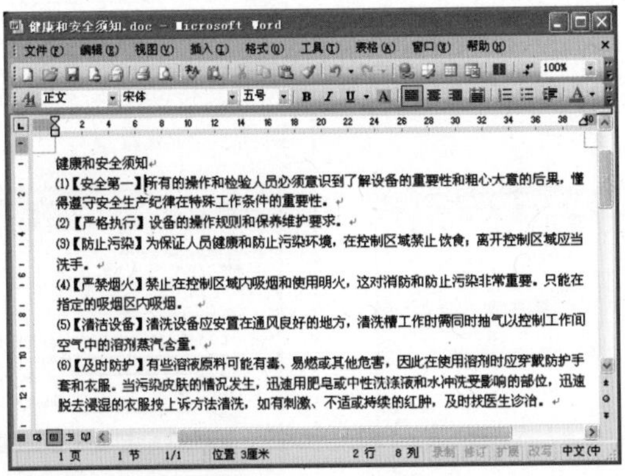

最终效果\第3章\健康和安全须知.doc
教学演示\第3章\创建并编辑“健康和安全须知”文档

1 创建“健康和安全须知”文档

在桌面上单击鼠标右键，在弹出的快捷菜单中选择【新建】/【Microsoft Word文档】命令，创建一个新的Word文档。

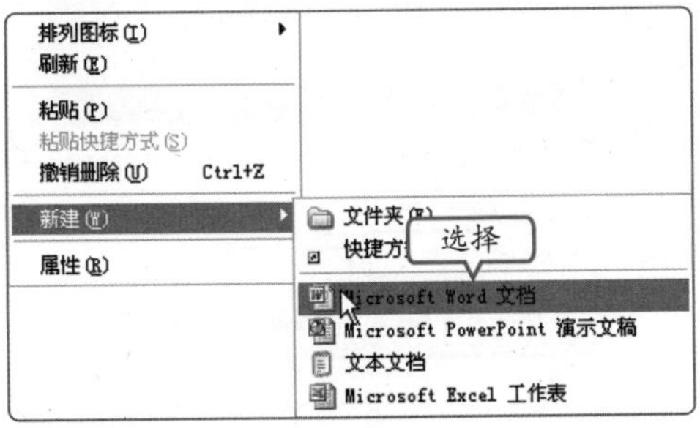

2 为文档命名

输入文档名称“健康和安全须知”，然后按【Enter】键。

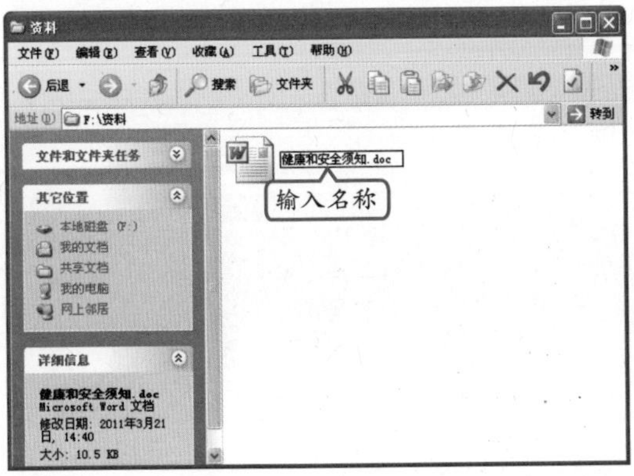

3 输入标题

双击文档图标打开“健康和安全须知”文档，在文档窗口的文本区输入文档标题。

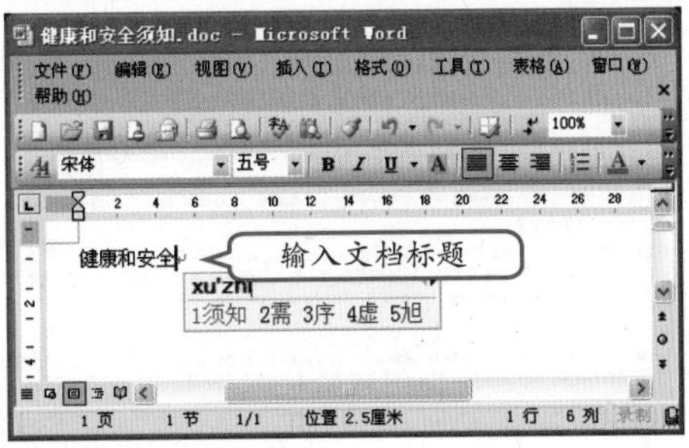

4 插入特殊字符

1. 按【Enter】键换行，然后选择【插入】/【符号】命令打开“符号”对话框，在“符号”选项卡中选择需要的符号。
2. 单击 插入(I) 按钮，插入完成后单击 关闭 按钮关闭“符号”对话框。

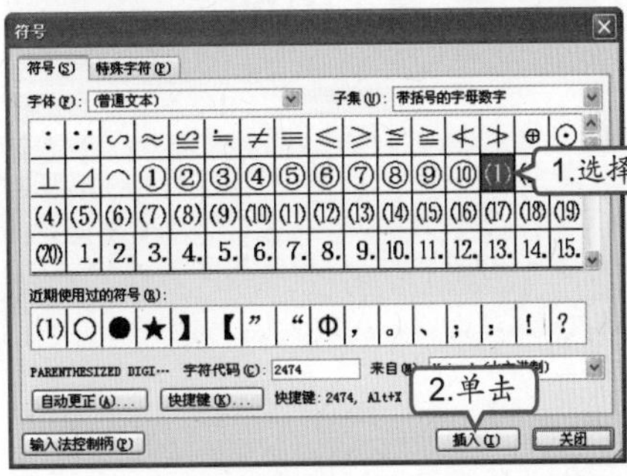

补充两句 输入文档时要经常进行保存，以防止突然断电造成数据丢失，可以按【Ctrl+S】组合键快速保存。

5 输入简单符号

在中文输入法状态下，按【[】键和【]】键即可输入符号“【”和“】”。

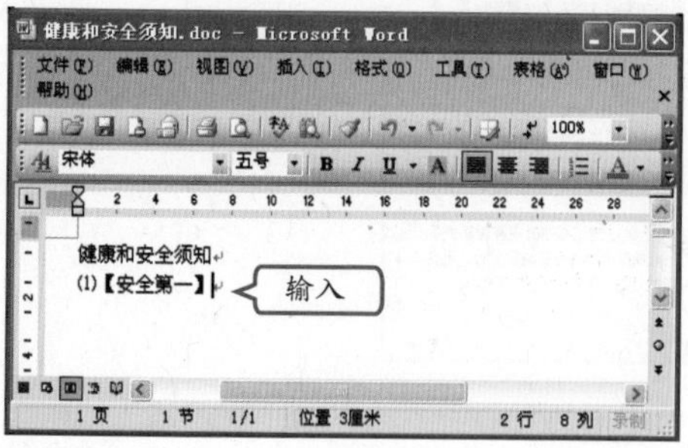

6 保存文档

输入剩余文本，然后单击按钮保存文档。

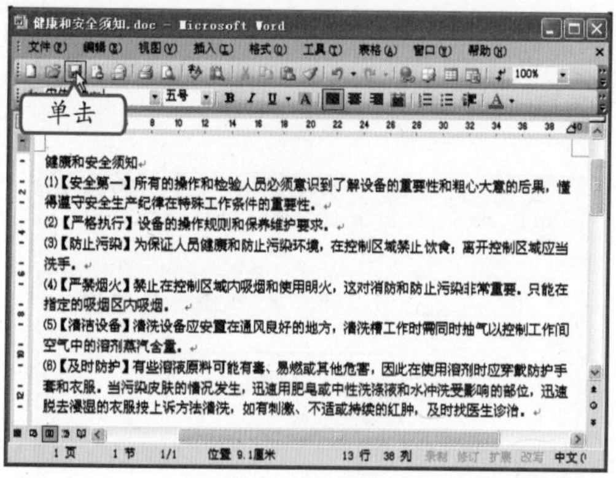

7 移动文本

选中要移动的文本，然后使用鼠标左键将其拖动到需要的位置。

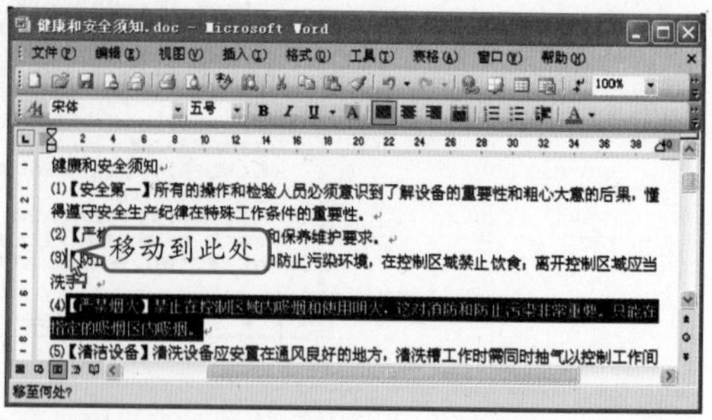

8 查找与替换文本

1. 选择【编辑】/【替换】命令打开“查找和替换”对话框，在“替换”选项卡的“查找内容”下拉列表框中输入查找内容。
2. 在“替换为”下拉列表框中输入替换文本。
3. 单击全部替换(A)按钮，最后单击关闭按钮关闭对话框。

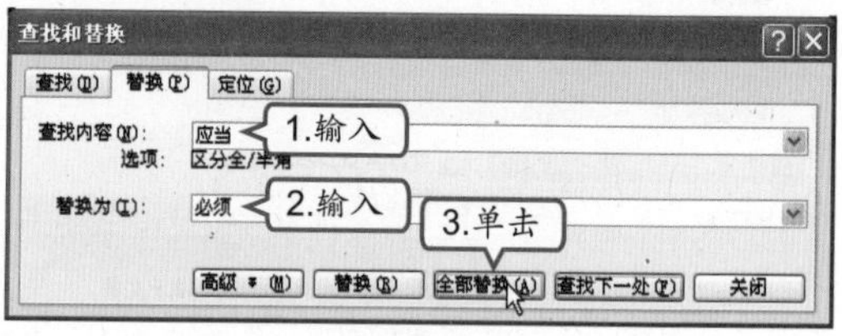

3.2 办公文档格式设置

老马告诉小李，熟悉Word 2003的基本操作只是一个开始，一个漂亮的文档还需要用到Word 2003中提供的其他格式设置功能。小李一脸茫然，仔细听着老马的讲解。

3.2.1 学习1小时

学习目标

- **熟悉字体、段落格式的设置、复制和清除操作。**
- **熟悉边框底纹的设置。**
- **为文本添加拼音注释。**

高手指点 在重命名文档时，也可以选中文档后单击鼠标右键，在弹出的快捷菜单中选择“重命名”命令。

1 应用样式

Word 2003提供了大量的标准样式，这些样式保存在样式库中，对一个段落或整个文档而言就不必分别设置字符格式、段落格式及其他格式，只需应用符合标准的样式即可。由于样式是字符、段落、制表位、标题、正文等文档元素的格式集合，所以也可对个别元素进行修改，样式库会帮助用户保存新创建的样式。

选择【格式】/【样式和格式】命令，在“样式和格式”窗格中选择输入文本的样式，如“标题1”。也可以选择“清除样式”，将有格式的文本格式清除。

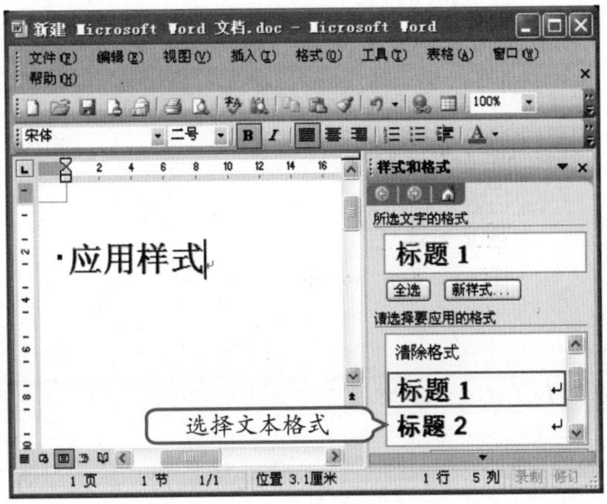

2 设置字体格式

在Word中可以对输入的文档进行字体格式设置，如设置字体、字号、字形等，让文档的层次更分明，外观更美观。调整字体有两种方法：一种是通过工具栏中的“字体”组设置，一种是通过“字体”对话框设置。下面主要讲解通过“字体”对话框设置字体格式的方法。

选择所需的文本，选择【格式】/【字体】命令，可以打开“字体”对话框。下面分别对“字体”对话框中的各部分进行介绍。

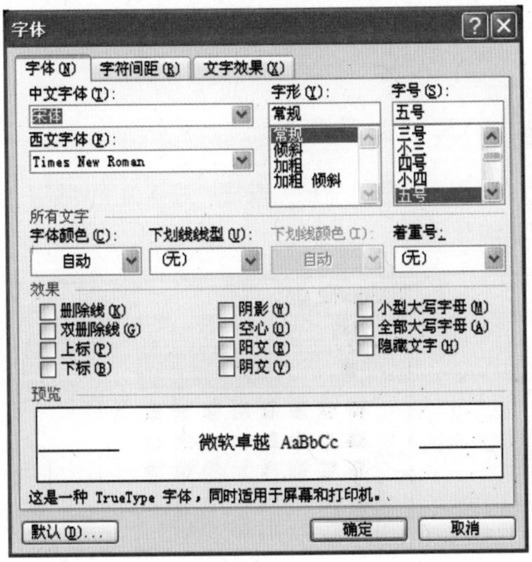

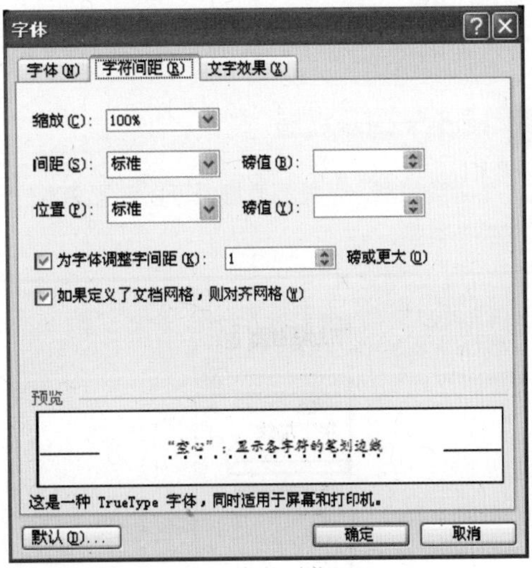

补充两句

可以在选择所需的文本后，在其上单击鼠标右键，在弹出的快捷菜单中选择“字体”命令打开“字体”对话框。

设置字体类型

在“字体”对话框中有“中文字体”和“西文字体”两个下拉列表框，可以根据需要选择相应的字体类型。

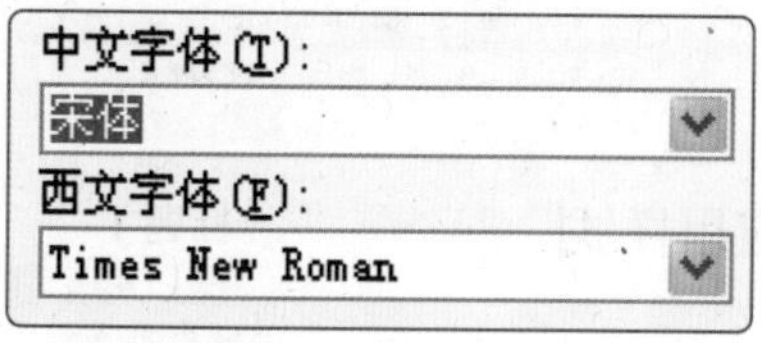

设置字号

在“字号”列表框中可以设置字体大小，拖动右侧的滚动条可以显示更多字号，如果列表中没有用户需要的字号，还可以在文本框中自定义输入字号大小。

教你一招：利用键盘设置字体

利用【Ctrl+]】（或【Ctrl+[】）组合键，将选中的文字缓慢地增大（或缩小）。每按一次【Ctrl+]】（或【Ctrl+[】）组合键，选中的文字就增大（或缩小）1磅。

设置下划线线型

在“下划线线型”下拉列表框中可以设置文本的下划线线条类型。

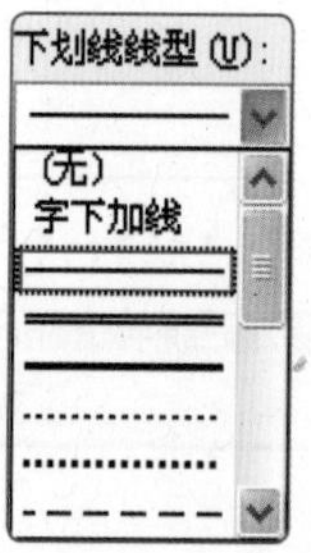

设置字形

在“字形”列表框中可以设置文字的字形，如加粗、倾斜等。

设置字体颜色

为了让文字更加突出，可以为文字设置更多的颜色，可以在“字体颜色”下拉列表框中选择喜欢的颜色，如果现有的颜色都不适合，可以单击“其他颜色”按钮，在弹出的“颜色”对话框中通过拖动鼠标调节自定义颜色，在“颜色”对话框右下角的预览框中可以看到颜色效果。

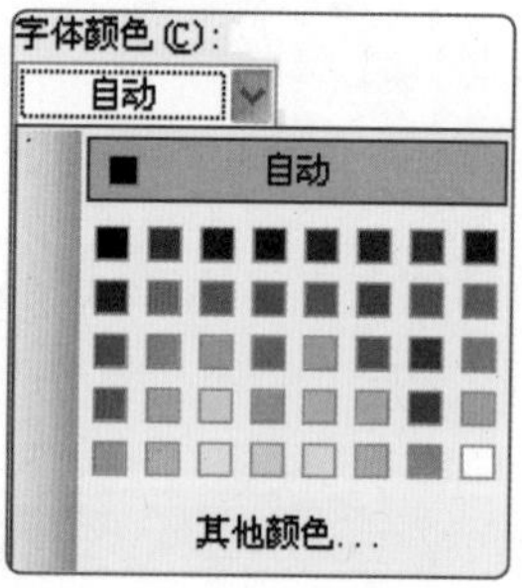

设置下划线颜色

在“下划线颜色”下拉列表框中可以为下划线设置相应的颜色。

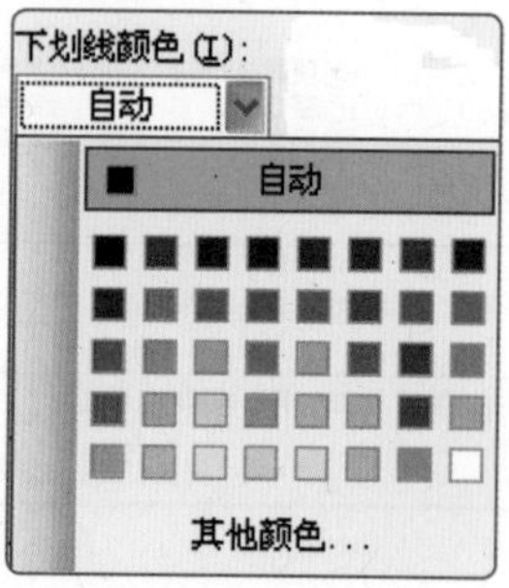

高手指点 在格式工具栏中，通过“字体颜色”下拉按钮可以快速设置字体颜色。

设置着重号

在“着重号”下拉列表框中可以为选中的文本设置着重号。

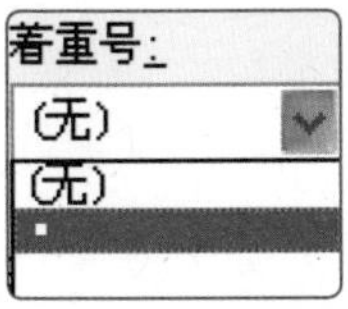

字体效果预览框

在“预览”栏中可以看到进行以上设置后的字体效果。

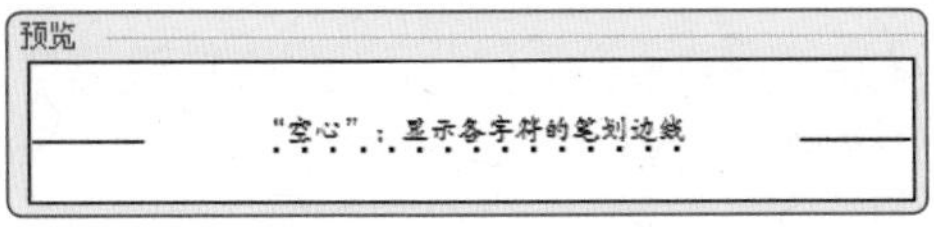

设置字符间距

除了文字的字体、大小、字形外，字符之间的间隔也是可以设置的。字间距是指相邻两个字符之间的距离，它可以用当前字宽的百分比或标尺单位来表示，也可以自定义字符之间的距离。方法为：在“字符间距”选项卡中选择间距、位置、缩放比例等，然后单击 确定 按钮即可。

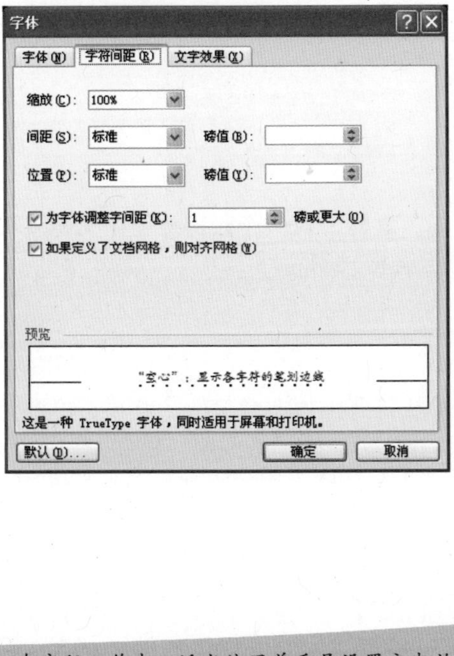

设置字体效果

在“字体”对话框中还有一组效果复选框，利用这些选项可以为选定的文本或要输入的文本设置丰富多彩的效果。如选中“空心”复选框，即可显示各字符的笔画边线。

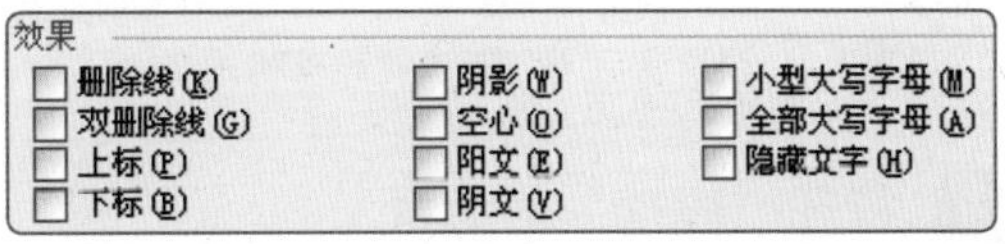

教你一招：快速设置字体

实现以上操作可以使用快捷方式，如用格式工具栏中的“字体”下拉列表框可以实现设置字体的操作，“字号”下拉列表框可实现设置文字大小的操作，并且对于这些效果，选择后都可以在“预览”栏中看到。

设置文字效果

在此提及的文字效果是指文字在屏幕上显示的动态效果，这种变化效果是无法以静态形式打印出来的。可以在“动态效果”选项卡的“动态效果”列表框中选择喜欢的效果，并在“预览”栏中可以看到设置后的效果，设置完成后单击 确定 按钮即可。

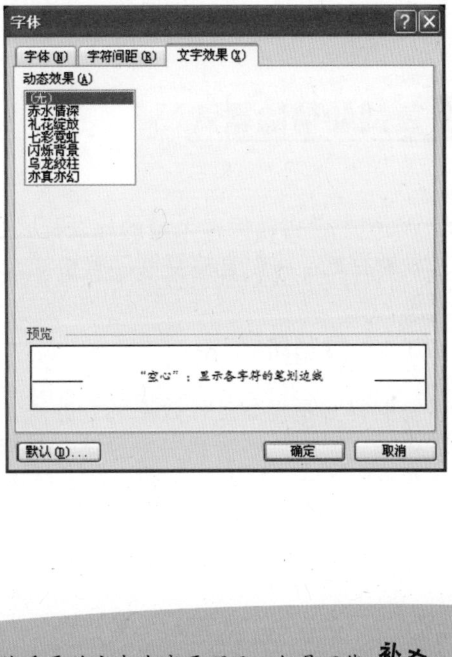

第3章

补充两句

在实际工作中，适当使用着重号设置文本效果，可以使重要的文本内容更醒目，但是不能滥用。

3 设置段落格式

通过设置字体格式可以美化文档，通过设置段落格式可以让文档的层次更分明，结构更清晰。下面讲解设置段落格式的方法。

实例素材\第3章\新建 Microsoft Word 文档.doc
教学演示\第3章\设置段落格式

1 打开“段落”对话框

1. 打开素材文件，在文档窗口中选中要设置段落格式的文本。
2. 选择【格式】/【段落】命令，打开“段落”对话框。

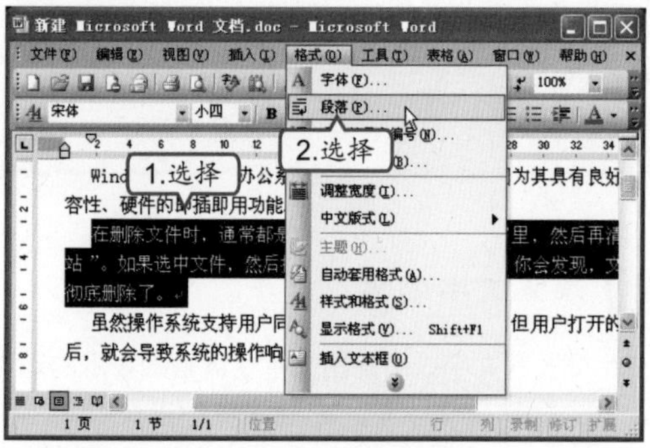

教你一招：巧妙修改段落格式

对于段落对齐方式的选择以及段落缩进量的更改，还可直接通过段落格式工具按钮进行。

2 设置段落格式

1. 选择“缩进和间距”选项卡。
2. 在“对齐”栏中选择对齐方式，如“居中”。
3. 在“缩进”栏中选择缩进的字符数。
4. 在“间距”栏中设置间距大小。
5. 设置完成后单击 确定 按钮。

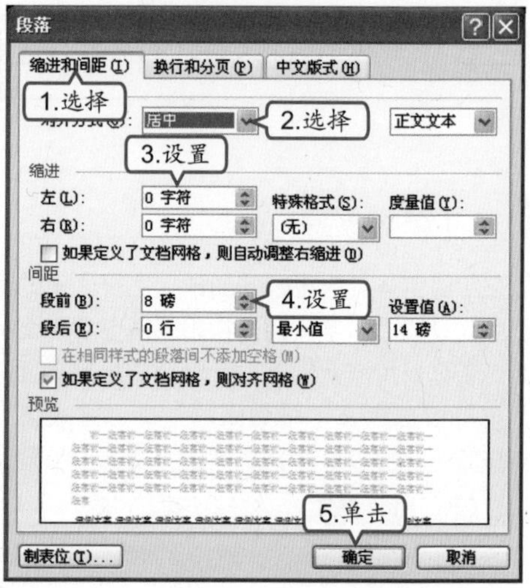

4 复制和清除格式

Word中会自动保存大量的标准样式在样式库中，这样，对一个段落或整个文档就不必分别设置格式，可以直接复制已有格式，还可以将已有格式删除。

（1）复制格式

复制样式是提高工作效率的好办法，在Word中执行此操作非常简便、容易。方法为：先将鼠标光标定位于有格式的段落，然后单击常用工具栏中的“格式刷”按钮，然后单击需要设置格式的段落，则将该段落的格式设置为与上一段落相同的格式。

高手指点 单击常用工具栏中的“恢复”按钮将恢复被撤销的操作，重复单击可恢复被撤销的多步操作。

（2）清除格式

当文档中的某些样式不符合要求时可以将该样式删除，方法为：选择【格式】/【样式和格式】命令，打开“样式和格式”窗格，然后选择需要删除的格式，单击右侧的下拉按钮，在弹出的下拉菜单中选择“删除”命令。

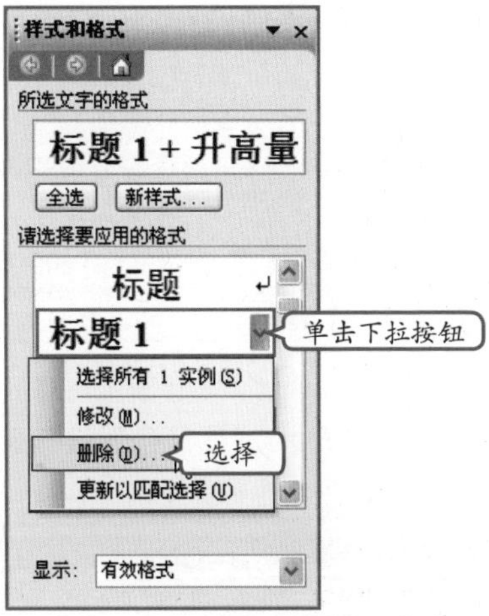

操作提示：自动更改样式

选择“删除”命令后，选中的样式被删除。这时，文档中设置为该样式的段落将自动更改为“正文”样式。

5 设置项目符号和编号

当文档中需要并列排列或者顺序排列项目内容时，就需要为其添加项目符号或者编号，让文档的结构和逻辑更加清晰明了。

（1）设置项目符号

项目符号在文档中通常用于并列的项目内容，添加项目符号的方法如下。

实例素材\第3章\设置项目符号.doc
教学演示\第3章\设置项目符号

1 打开对话框

1. 在文档窗口中选中要设置段落格式的文本。
2. 选择【格式】/【项目符号和编号】命令，打开“项目符号和编号”对话框。

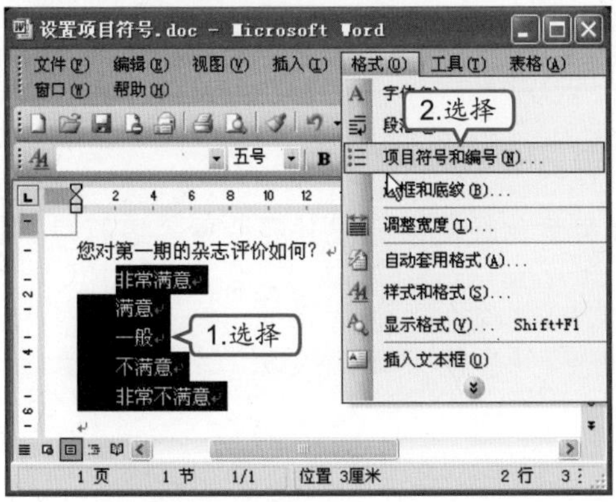

2 设置项目符号

1. 选择“项目符号”选项卡。
2. 在“项目符号”列表框中选择需要的样式。
3. 设置完成后单击 确定 按钮。

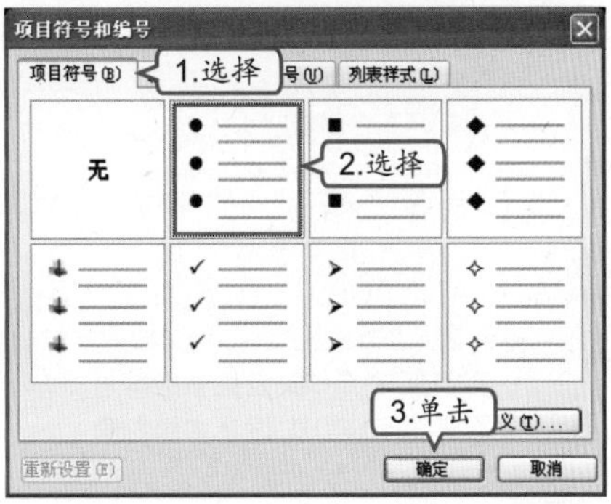

要注意项目符号的使用场合，不要什么地方都用，否则导致文档杂乱无章。

（2）设置编号

编号主要用于具有顺序关系的项目内容，设置方法如下。

实例素材\第3章\设置编号.doc
教学演示\第3章\设置编号

1 打开对话框

1. 在文档窗口中选中要设置段落格式的文本。
2. 选择【格式】/【项目符号和编号】命令，打开“项目符号和编号”对话框。

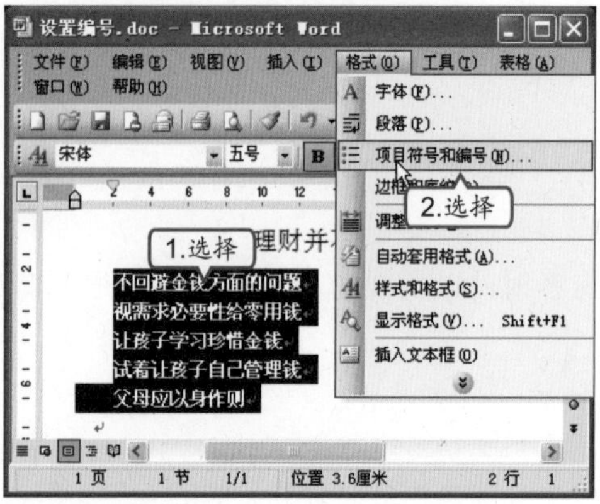

2 设置编号

1. 选择“编号”选项卡。
2. 在“编号”列表框中选择需要的样式。
3. 设置完成后单击 确定 按钮。

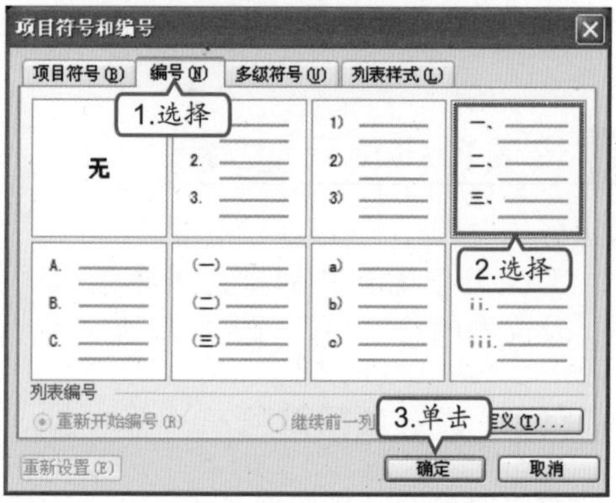

教你一招：快速设置编号

也可以通过格式工具栏快速添加简单的编号或者项目符号，具体方法是：先选择所需设置的段落，然后再单击格式工具栏中的“编号”按钮或者“项目符号”按钮。只是用这种方式设置的编号或项目符号形式比较单一，要想设置更多个性化的样式，还需要在“项目符号和编号”对话框的类型列表中选择。

（3）设置多级符号

在制作某些文档时，如果其中的层次、逻辑关系比较复杂，就需要设置多级符号，设置方法如下。

实例素材\第3章\设置多级符号.doc
教学演示\第3章\设置多级符号

高手指点 虽然设置了多级符号，但由于系统默认将段落全部作为1级，因此看不出多级的效果，需要对部分段落的级别进行调整。

1 打开对话框

1. 打开素材文件，在文档窗口中选中要设置段落格式的文本。
2. 选择【格式】/【项目符号和编号】命令，打开“项目符号和编号”对话框。

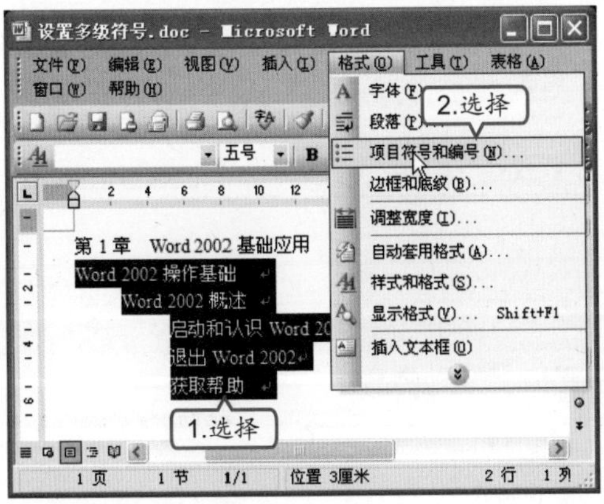

2 设置多级符号

1. 选择“多级符号”选项卡。
2. 在“多级符号”列表框中选择需要的样式。
3. 设置完成后单击 确定 按钮。

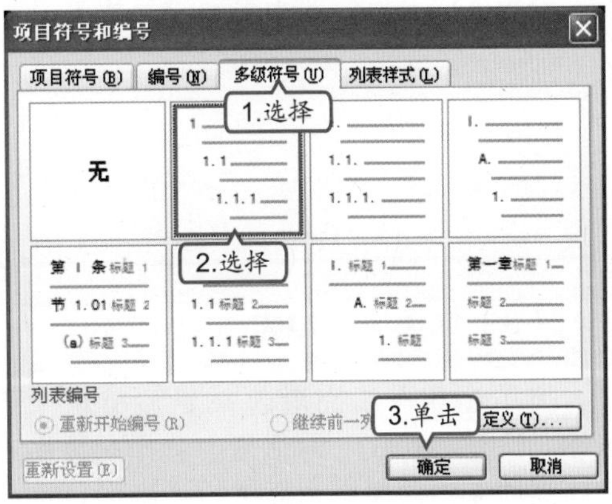

教你一招：快速删除项目符号或编号

选中不再需要项目符号或编号的段落文本，然后在“项目符号和编号”对话框中选择相应的选项卡，选择“无”样式即可删除样式；也可将光标移到项目符号或编号与正文之间，然后按【Backspace】键即可完成删除操作。

6 设置边框和底纹

除了可以为文档中的文本设置字体、段落格式，还可以添加边框和底纹，让文本更美观。

选择【格式】/【边框和底纹】命令，打开“边框和底纹”对话框，用户可以根据自己的喜好，在对话框中选择喜欢的样式，让文档变得更加美观。

（1）设置边框

如果要为文字设置边框，可以在其中进行边距样式、线性颜色，宽度等设置，还可以根据需要设置边框样式颜色和宽度，并在“应用于”下拉列表框中选择应用对象，设置完成后单击 确定 按钮即可完成设置。

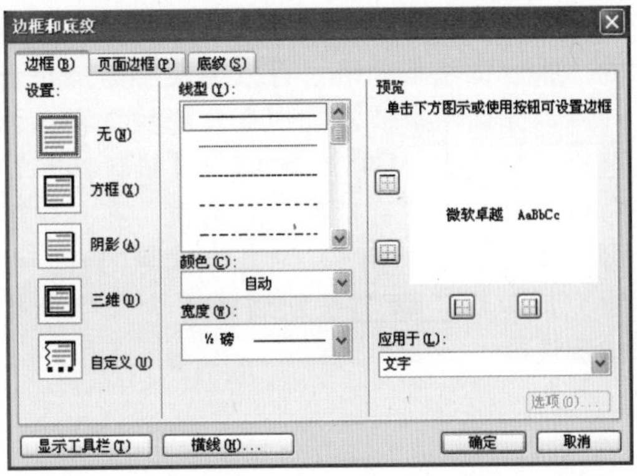

补充两句：在“边框和底纹”对话框的各个选项卡中进行设置时，可以在“预览”栏中查看编辑效果。

（2）设置底纹

如果要为文字设置底纹，可以在“边框和底纹”对话框中选择“底纹”选项卡，在其中可进行底纹的颜色和图案等设置，之后选择应用对象，单击 确定 按钮完成设置，可以在“预览”栏中看到设置效果。

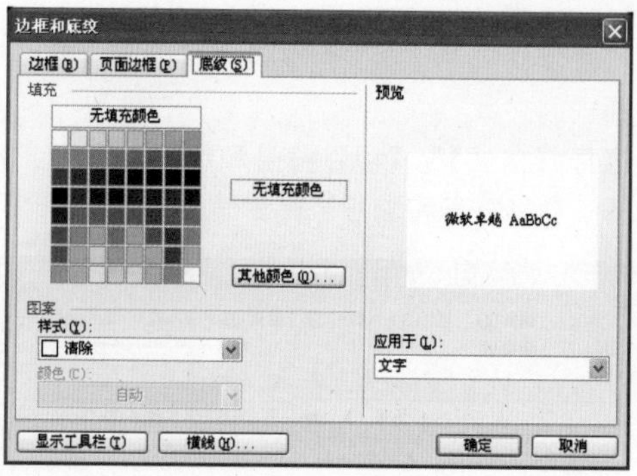

（3）设置页面边框

为了让整个页面看起来更加美观，可以在“边框和底纹”对话框中选择“页面边框”选项卡，对整个页面进行详细的设置，在“预览”栏中可看到设置效果，设置完成后单击 确定 按钮。

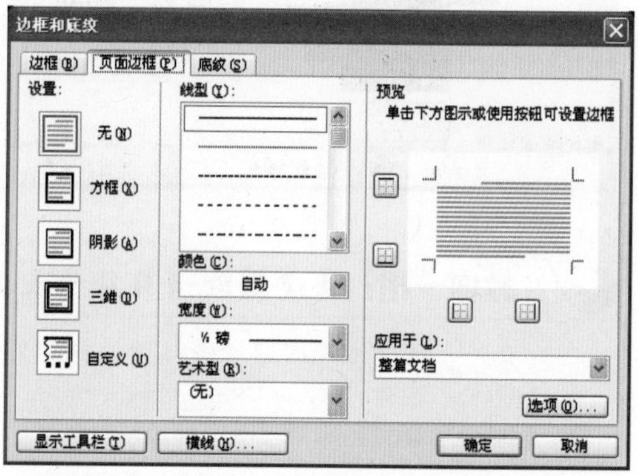

操作提示：高级设置

单击“应用于”下拉列表框右下方的“选项”按钮，可以打开“边框和底纹选项”对话框，可以在其中对边框和底纹做更多的设置，如上下左右边距、度量依据等。

7 为文本添加拼音注释

当遇到生僻字时，Word还提供了强大的“拼音指南”功能，可以为文字添加拼音注释。先选中需要添加拼音注释的文字，再选择【格式】/【中文版式】/【拼音指南】命令，打开“拼音指南”对话框，在其中还可以设置字体、字号、对齐方式等内容，设置完成单击 确定 按钮后即可为文字添加拼音注释。

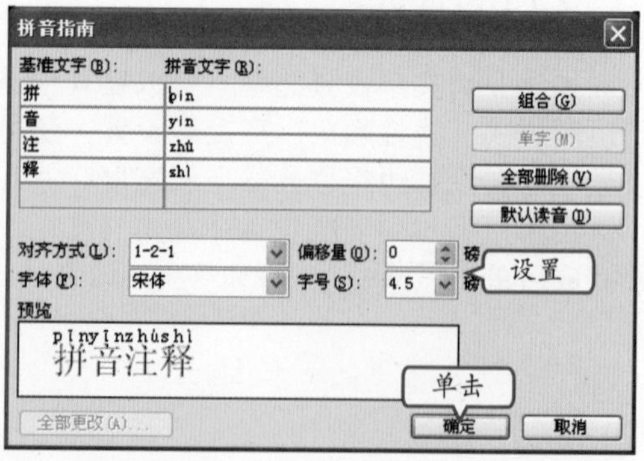

高手指点

若要将英文翻译成中文，在“词典”下拉列表框中选择“英语（美国）到中文（中国）”，按【Enter】键，即可显示出相应的中文意思。

3.2.2 上机1小时：设置“假日安排”文档

本例将为某公司编辑“假日安排”文档，并为文档添加边框和底纹及项目符号，对文档进行美化，使整个文档更加美观。完成后的效果如下图所示。

上机目标

- **巩固编号、项目符号的插入方法。**
- **进一步掌握边框底纹的设置。**

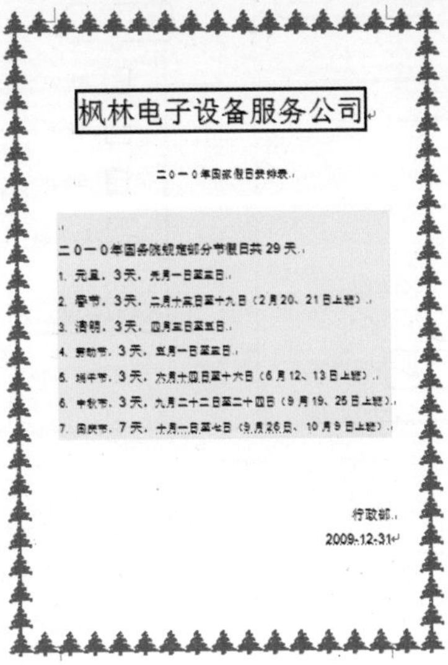

实例素材\第3章\假日安排.doc
最终效果\第3章\假日安排.doc
教学演示\第3章\设置“假日安排”文档

1 打开文档

打开光盘路径下的“实例素材\第3章”文件夹，在文件夹窗口中双击“假日安排.doc”文档将其打开。

2 设置对齐方式

1. 选中第1行和第2行，单击格式工具栏中的居中按钮，将文本对齐方式设置为“居中”。
2. 选中最后两行，单击格式工具栏中的右对齐按钮，将文本对齐方式设置为“右对齐”。

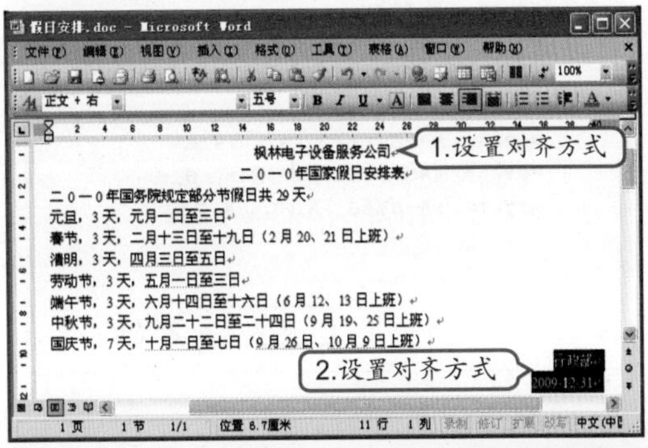

补充两句

在实际工作中，一定要选择较快捷的操作进行文档编辑，以提高工作效率。

3 设置字体

1. 选中文档的第1行，将字体设置为“宋体，小初”。
2. 选中文档的第2行和第4~10行，将字体设置为“宋体，四号”。
3. 选中文档的第3行和第11~12行，将字体设置为“宋体，三号”。

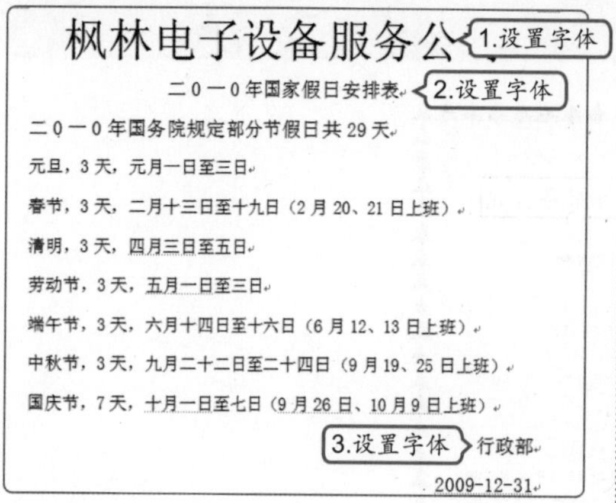

枫林电子设备服务公
1.设置字体
二０一０年国家假日安排表
2.设置字体
二０一０年国务院规定部分节假日共29天。
元旦，3天，元月一日至三日。
春节，3天，二月十三日至十九日（2月20、21日上班）
清明，3天，四月三日至五日。
劳动节，3天，五月一日至三日。
端午节，3天，六月十四日至十六日（6月12、13日上班）
中秋节，3天，九月二十二日至二十四日（9月19、25日上班）
国庆节，7天，十月一日至七日（9月26日、10月9日上班）
3.设置字体
行政部
2009-12-31

4 设置段落

1. 选中文档的第1行，在“段落”对话框中将段前间距设置为5，段后间距设置为1。
2. 选中文档的第2行，在“段落”对话框中将段前间距和段后间距都设置为2。
3. 在第3行前按【Enter】键插入一行。
4. 选中文档的第11行，在“段落”对话框中将段前间距设置为5。

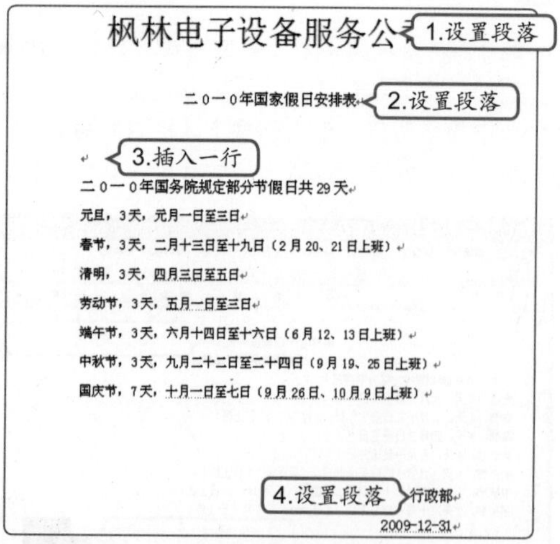

枫林电子设备服务公
1.设置段落
二０一０年国家假日安排表
2.设置段落
3.插入一行
二０一０年国务院规定部分节假日共29天。
元旦，3天，元月一日至三日。
春节，3天，二月十三日至十九日（2月20、21日上班）
清明，3天，四月三日至五日。
劳动节，3天，五月一日至三日。
端午节，3天，六月十四日至十六日（6月12、13日上班）
中秋节，3天，九月二十二日至二十四日（9月19、25日上班）
国庆节，7天，十月一日至七日（9月26日、10月9日上班）
4.设置段落
行政部
2009-12-31

5 设置页面边框

1. 选择【格式】/【边框和底纹】命令，打开“边框和底纹”对话框，选择“页面边框”选项卡，在“设置”栏中选择“方框”选项。
2. 在“艺术型”下拉列表框中选择绿树选项。
3. 单击 确定 按钮。

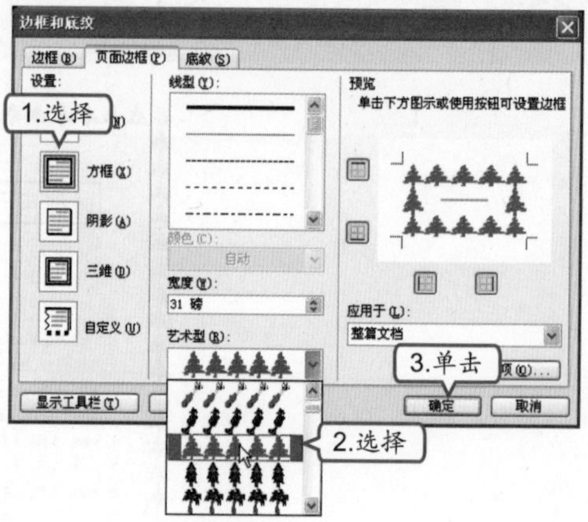

6 设置文字边框

1. 选中文档的第1行，选择【格式】/【边框和底纹】命令，打开“边框和底纹”对话框，选择“边框”选项卡，在“设置”栏中选择“方框”选项。
2. 在“线型”列表框中选择细实线。
3. 在“宽度”下拉列表框中选择粗线条。
4. 单击 确定 按钮。

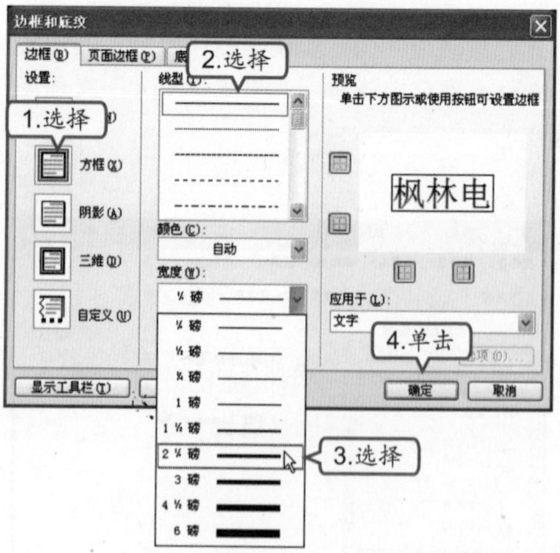

高手指点 选中需要调整行间距的文本，按【Ctrl+1】组合键可以将其设为单倍行距；按【Ctrl+2】组合键可以将其设为2倍行距；按【Ctrl+5】键可以将其设为1.5倍行距。

7 设置文字底纹

1. 选中文档的第3~10行，同时选中第3行前面的空行，在“边框和底纹”对话框的“底纹”选项卡的“填充”栏内选择“浅黄”。
2. 单击 确定 按钮。

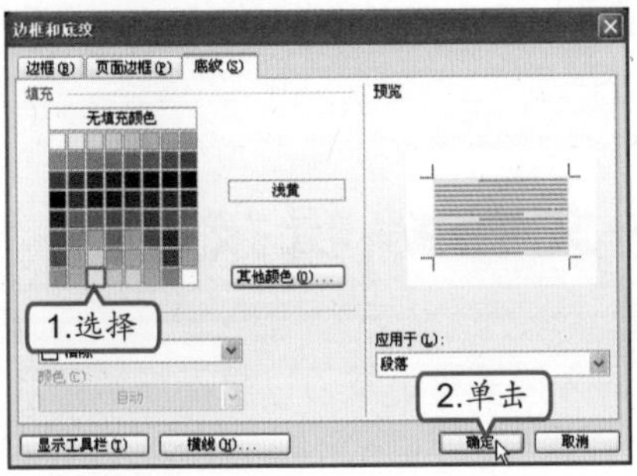

8 设置编号

选中文档的第4~10行，单击格式工具栏中的 按钮。

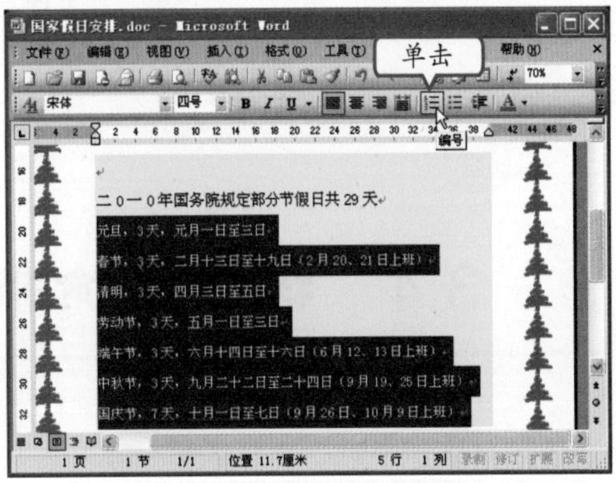

3.3 跟着视频做练习1小时：制作“工作时间说明”

本例将创建一个“工作时间说明”文档，然后在其中输入文字并对文档的字体、段落、文档边框和字符底纹进行设置。通过制作主要练习在Word 2003中输入文字和基本的设置方法。

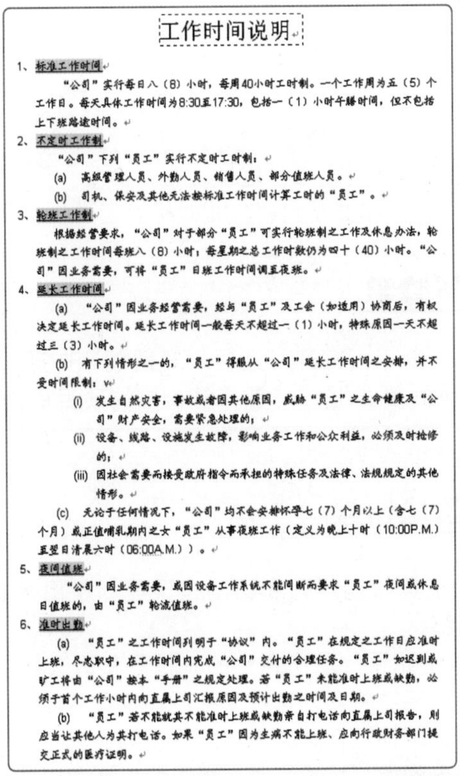

工作时间说明

1、标准工作时间

“公司”实行每日八（8）小时，每周40小时工时制。一个工作周为五（5）个工作日。每天具体工作时间为8:30至17:30，包括一（1）小时午膳时间，但不包括上下班路途时间。

2、不定时工作制

“公司”下列“员工”实行不定时工时制：

(a) 高级管理人员、外勤人员、销售人员、部分值班人员。

(b) 司机、保安及其他无法按标准工作时间计算工时的“员工”。

3、轮班工作制

根据经营要求，“公司”对于部分“员工”可实行轮班制之工作及休息办法，轮班制之工作时间每班八（8）小时；每星期之总工作时数仍为四十（40）小时。“公司”因业务需要，可将“员工”日班工作时间调至夜班。

4、延长工作时间

(a) “公司”因业务经营需要，经与“员工”及工会（如适用）协商后，有权决定延长工作时间。延长工作时间一般每天不超过一（1）小时，特殊原因一天不超过三（3）小时。

(b) 有下列情形之一的，“员工”得服从“公司”延长工作时间之安排，并不受时间限制：v

(i) 发生自然灾害，事故或者因其他原因，威胁“员工”之生命健康及“公司”财产安全，需要紧急处理的；

(ii) 设备、线路、设施发生故障，影响业务工作和公众利益，必须及时抢修的；

(iii) 因社会需要而接受政府指令而承担的特殊任务及法律、法规规定的其他情形。

(c) 无论于任何情况下，“公司”均不会安排怀孕七（7）个月以上（含七（7）个月）或正值哺乳期内之女“员工”从事夜班工作（定义为晚上十时（10:00P.M.）至翌日清晨六时（06:00A.M.））。

5、夜间值班

“公司”因业务需要，或因设备工作系统不能间断而要求“员工”夜间或休息日值班的，由“员工”轮流值班。

6、准时出勤

(a) “员工”之工作时间列明于“协议”内。“员工”在规定之工作日应准时上班，尽忠职守，在工作时间内完成“公司”交付的合理任务。“员工”如迟到或旷工将由“公司”按本“手册”之规定处理。若“员工”未能准时上班或缺勤，必须于首个工作小时内向直属上司汇报原因及预计出勤之时间及日期。

(b) “员工”若不能就其不能准时上班或缺勤亲自打电话向直属上司报告，则应当让其他人为其打电话。如果“员工”因为生病不能上班、应向行政财务部门提交正式的医疗证明。

补充两句：在上述练习中，设置小标题文字底纹时，可以先选择所有的小标题文本，再统一设置底纹。

操作提示：

1. 在“本地磁盘（D:）”创建“工作时间说明”Word文档。
2. 打开“工作时间说明”文档，在文档中输入文字。
3. 设置文档字体和段落格式。
4. 设置标题文字“乌龙绞柱”的文字效果。
5. 设置页面边框。
6. 设置小标题文字底纹。
7. 设置项目编号。
8. 保存文档。

最终效果\第3章\工作时间说明.doc
视频演示\第3章\制作“工作时间说明”

3.4 秘技偷偷报——文档编辑技巧

老马告诉小李：“Word 2003中还有一些实用的文档编辑小技巧，想不想学啊？”小李说：“当然要学啦，来者不拒，快教教我吧。”

1 删除打开Word文档的历史记录

Word的“文件”菜单中会列出最近打开过的Word文档的历史记录，要将这些记录删除，可以选择【工具】/【选项】命令，打开“选项”对话框，然后选择“常规”选项卡，取消选中“列出最近所用文件”复选框，最后单击 确定 按钮完成删除操作。

2 快速输入着重号

在使用Word时，着重号的输入很不方便，一般要在“字体”对话框中才能完成，操作起来非常麻烦。是否还有其他的方法输入呢？可以在格式工具栏上添加一个“着重号”按钮，其方法为：选择【工具】/【自定义】命令，在打开的“自定义”对话框中选择“命令”选项卡，在“类别”列表框中选择“所有命令”选项，在“命令”列表框中选择DotAccent命令，然后用鼠标将DotAccent命令拖入格式工具栏，此时格式工具栏中将会显示“着重号”按钮。

3 各功能区的显示与隐藏

选择【工具】/【选项】命令，打开“选项”对话框，选择“视图”选项卡，然后在显示栏中选中需要显示的区域的复选框，或者将已选中的项目取消选中，即可完成对各功能区的显示与隐藏。

4 快速修改拼写和语法错误

如何使用Word自带的工具检测拼写和语法错误呢？使用本功能的前提是开启了Word的自动检查拼写与语法功能。

如果文档中有拼写和语法错误，状态栏上的“拼写和语法状态”指示器图标上将显示一个红色的叉号，双击该图标，系统将自动选中光标所在位置后面最近的一个拼写或语法错误，并弹出一个快捷菜单。根据实际情况在该菜单中选择不同命令，忽略或更正当前错误。继续双击“拼写和语法状态”指示器图标，可依次对文档中的拼写和语法错误进行检查与修改。

高手指点 在中文输入法状态下，按【Shift+－】组合键即可快速输入破折号“——”。

第4章

Word 2003办公文档高级应用

小李用Word 2003制作了一个设备说明文档，总觉得还差点什么东西，就找来老马问道："马工，您看我做了个文档，都设置好了，可我总觉得缺点什么东西，您帮我瞧瞧。"老马仔细看了一下小李制作的文档，称赞道："恩，不错不错，几天就把Word 2003练得这么熟了。要是在文档里插入一个表格，列出设备零件清单，再配个设备图片作为补充，这篇文档就完美了。"小李惊奇地说道："Word 2003里还可以插入表格和图片啊？"老马说："那当然了，Word 2003还有很多功能呢，想不想学啊？"小李点了点头，"当然想学啦，马工，您快指导指导我吧。"老马也不再多说，就开始给小李讲起了怎样在Word文档中使用表格、怎样丰富和审阅文档内容以及怎样打印文档。

3小时学知识

- 在文档中使用表格
- 文档的丰富及审阅
- 文档的页面设置与打印

5小时上机练习

- 创建并设置"采购计划表"
- 制作"飞机结构介绍"文档
- 设置并打印"飞机结构介绍"文档
- 制作"申购项目评估及预算"文档
- 美化"车型介绍"文档

4.1 在文档中使用表格

老马告诉小李，在Word文档中使用表格相当方便。通过使用表格可以让文档中的内容更加清晰明了地表现出来。小李于是坐在老马旁边细心地听他讲如何在Word中添加和使用表格。

4.1.1 学习1小时

学习目标

- 学会创建表格。
- 学会设置表格属性。
- 学会对表格数据进行简单操作。

1 插入表格

在Word 2003中，通过“插入表格”对话框可以很方便地在文档中插入表格，其具体操作如下。

教学演示\第4章\插入表格

1 打开“插入表格”对话框

在文档窗口中将光标移动到需要插入表格的位置，然后选择【表格】/【插入】/【表格】命令。

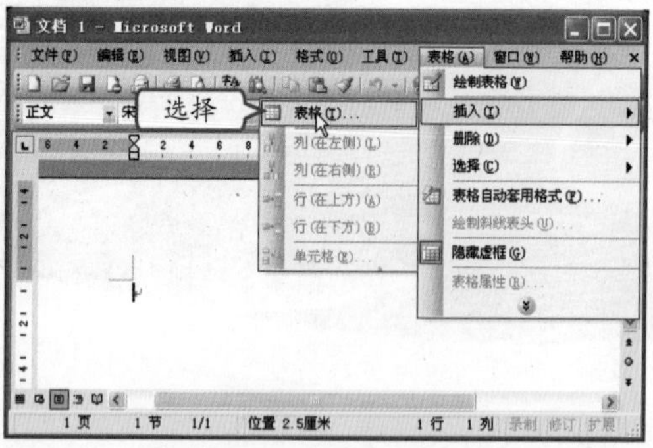

2 插入表格

1. 打开“插入表格”对话框，在“表格尺寸”栏的“列数”和“行数”数值框中输入具体数值。
2. 单击确定按钮。

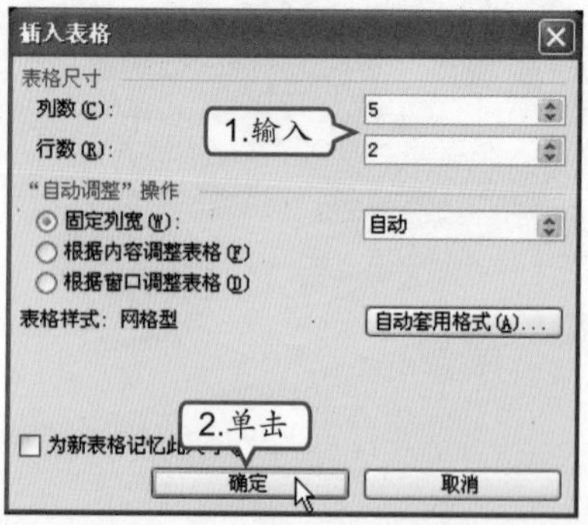

操作提示：自动套用格式

在“插入表格”对话框中单击自动套用格式(A)...按钮还可以打开“表格自动套用格式”对话框，在“表格样式”列表框中有很多现成的表格样式，可以在其中选择一种来应用到新创建的表格中。

高手指点 用户可以将选中的行移出表格，从而成一个独立表格。

2 绘制表格

除了使用菜单命令来插入表格外，还可以自己绘制表格，其具体操作如下。

教学演示\第4章\绘制表格

1 选择【表格】/【绘制表格】命令

在文档窗口中选择【表格】/【绘制表格】命令。

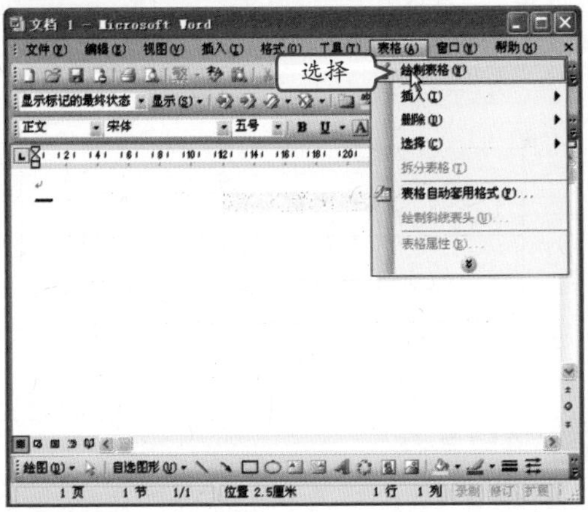

2 绘制外边框

此时，文档窗口中会出现一个“表格和边框”工具栏，用鼠标在文档中需要插入表格的位置拖动出一个矩形区域作为表格的外边框。

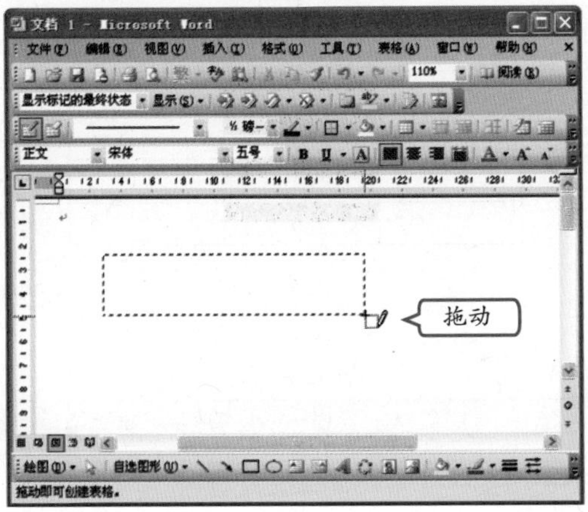

3 绘制行

在绘制好的表格边框中，用鼠标水平拖动出一条直线，Word程序会自动调整该直线到最佳位置绘制出一行。

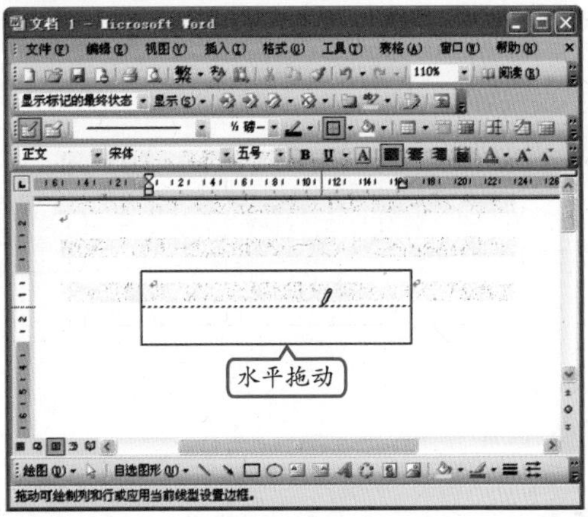

4 绘制列

再用鼠标竖直拖动出一条直线，Word程序会自动调整该直线到最佳位置绘制出一列。

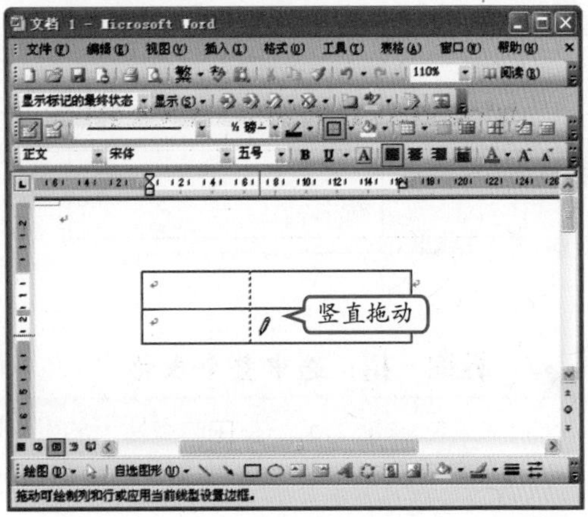

补充两句：将鼠标光标定位在表格末尾的换行符处，按【Enter】键可快速插入一行表格。

3 选中表格行、列和单元格

创建好表格后，在对表格的行、列和单元格进行其他操作前，首先要选中这些对象，下面简单介绍选中表格行、列和单元格的方法。

选中整个表格

将鼠标指针移动到表格中，这时表格左上角会出现一个⊞按钮，将指针移动到该按钮上，指针变为✥形状时，单击鼠标即可选中整个表格。

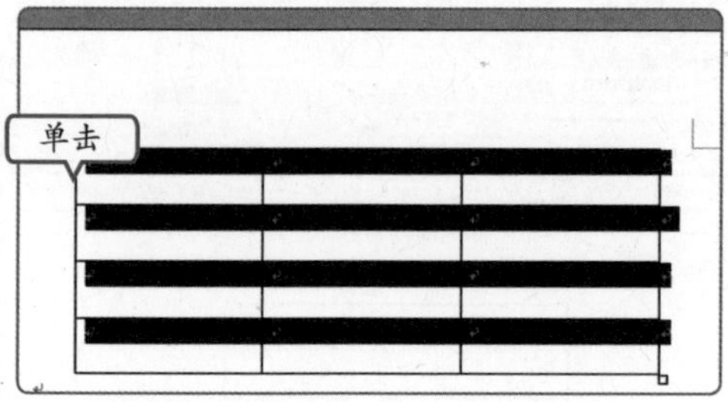

选中单元格

将鼠标指针移动到单元格内靠近左边线的位置，指针变为↗形状时，单击鼠标可以选中该单元格；水平、竖直或斜向拖动鼠标还可以选中连续的单元格；选中一个单元格后按住【Ctrl】键再选择其他单元格，可以选中不连续的多个单元格。

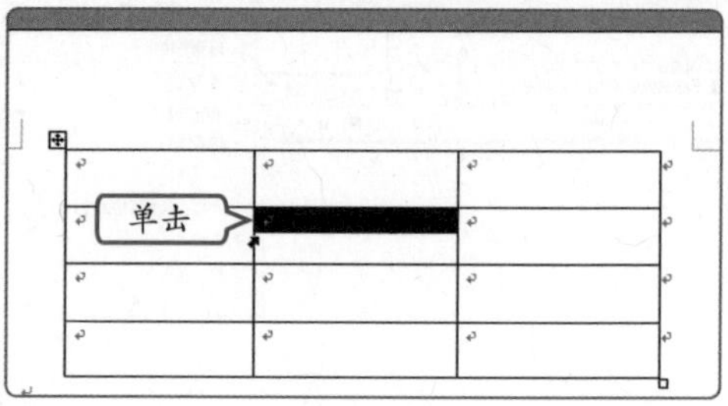

选中整行

将鼠标指针移动到行首的边框外侧，当指针变为↗形状时，单击鼠标可以选中该行；按住鼠标左键上下拖动，还可以选中连续的多行；选中一行后按住【Ctrl】键再选择其他行，可以选中不连续的多行。

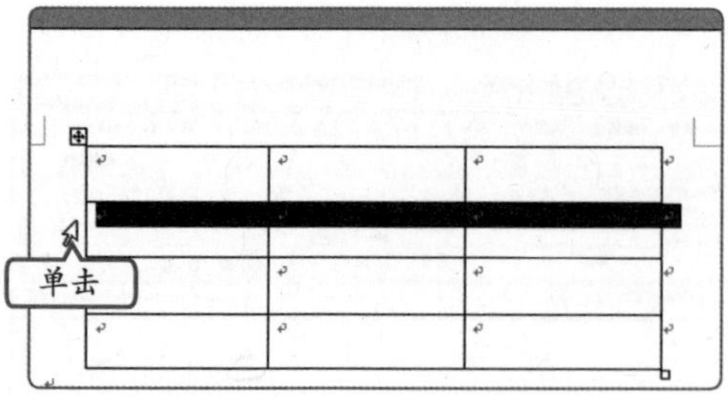

选中整列

将鼠标指针移动到列上方的边框外侧，当指针变为⬇形状时，单击鼠标可以选中该列；按住鼠标左键左右拖动，还可以选中连续的多列；选中一列后按住【Ctrl】键再选择其他列，可以选中不连续的多列。

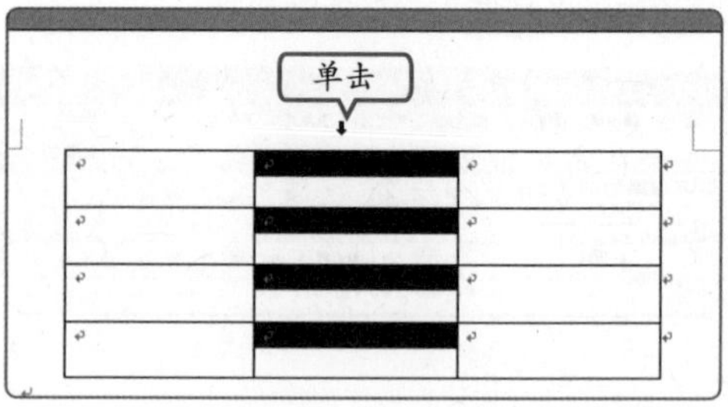

教你一招：选中整个表格

除了上面介绍的单击⊞按钮选中整个表格的方法外，在鼠标指针处于↗选择行状态和↗选择单元格状态时，先按下【Ctrl】键再单击鼠标也可选中整个表格。

高手指点 按【Tab】键可选定下一个单元格中的内容；按【Shift+Tab】组合键可选定上一个单元格的内容。

4 调整表格行高和列宽

创建好表格后，一般还需要根据内容对表格的行高和列宽进行调整。调整表格行高列宽的方法主要有两种，下面分别介绍。

（1）调整行高

调整行高的方法如下。

使用鼠标左键拖动

将鼠标指针移动到行与行之间的分隔线上，当指针变为形状时，按住鼠标左键上下拖动，将分隔线调整到需要的位置即可。

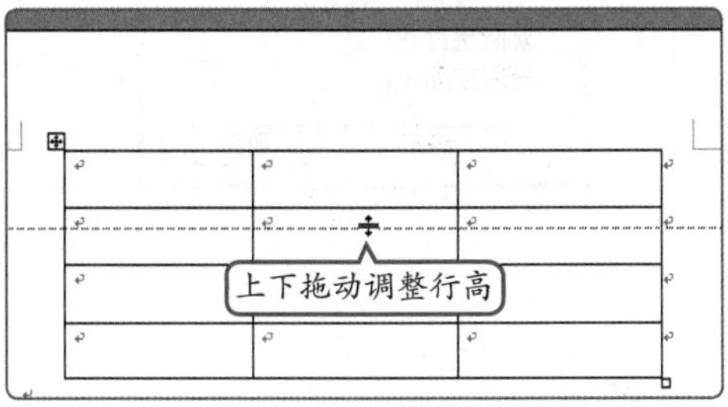

使用“表格属性”对话框

选中需要调整的行，再单击鼠标右键，在弹出的快捷菜单中选择“表格属性”命令打开“表格属性”对话框，选择“行”选项卡，选中“指定高度”复选框，并在其数值框中输入数值或按按钮调整行高，调整完成后单击 确定 按钮。

（2）调整列宽

调整列宽的方法如下。

使用鼠标左键拖动

将鼠标指针移动到列与列之间的分隔线上，当指针变为形状时，按住鼠标左键左右拖动，将分隔线调整到需要的位置即可。

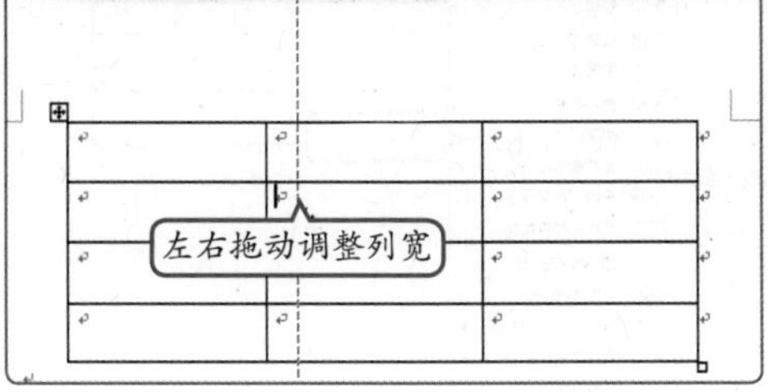

使用“表格属性”对话框

选中需要调整的列，在“表格属性”对话框中选择“列”选项卡，然后选中“指定宽度”复选框，并在其数值框中输入数值或按按钮调整列宽，调整完成后单击 确定 按钮。

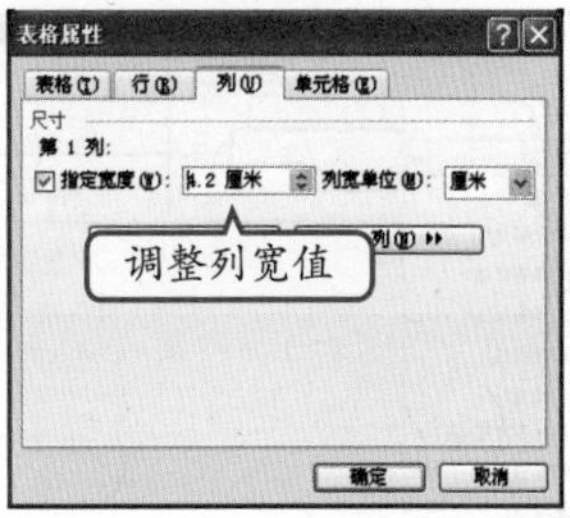

在文档中使用表格应注意表格与文本之间的协调，表格不能遮住文档中的文本内容。

补充两句

5 插入和删除表格的单元格、行和列

在使用表格的过程中，经常会根据需要插入或删除单元格、行和列。

（1）拆分和删除单元格

在Word 2003中，对一个单元格还可以进行拆分和删除操作，具体操作方法如下。

拆分单元格

选中要拆分的单元格，然后单击鼠标右键，在弹出的快捷菜单中选择“拆分单元格”命令，在打开的“拆分单元格”对话框中设置要将单元格拆分成的行数和列数，最后单击 确定 按钮。

删除单元格

选中要删除的单元格，然后单击鼠标右键，在弹出的快捷菜单中选择“删除单元格”命令，在打开的“删除单元格”对话框中选择单元格删除选项，最后单击 确定 按钮。

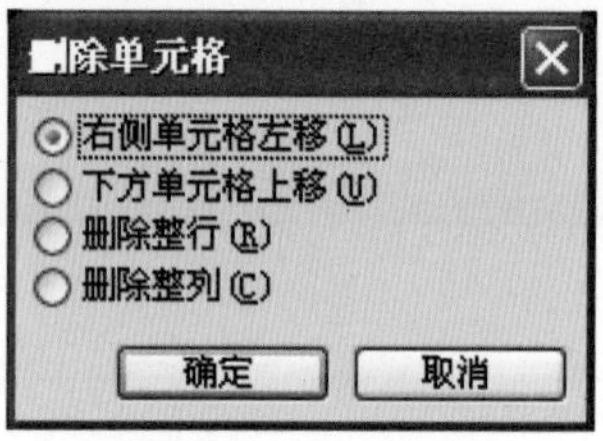

（2）插入和删除行或列

行和列的插入和删除操作方法类似，下面以行为例介绍怎样在表格中插入和删除行，具体操作方法如下。

插入行

选中要插入行的位置，然后单击鼠标右键，在弹出的快捷菜单中选择“插入行”命令即可在其上方插入一行。

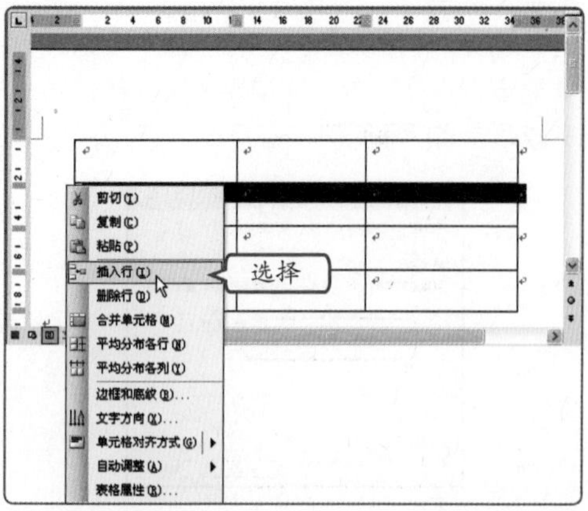

删除行

选中要删除的行，然后单击鼠标右键，在弹出的快捷菜单中选择“删除行”命令即可删除该行。

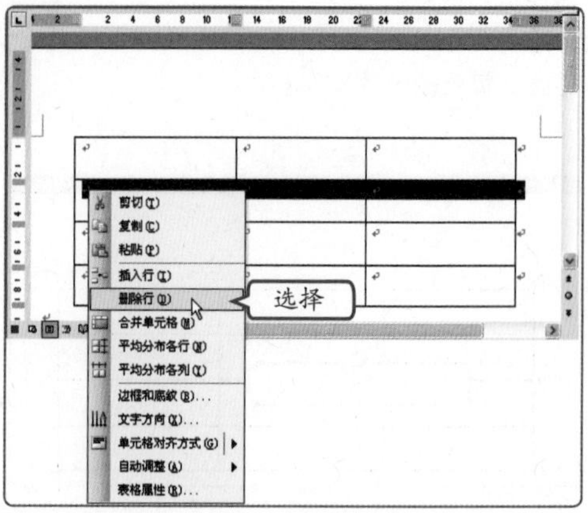

高手指点 如果要在表格中所需位置插入一行，只需将光标移到表格某行的最右侧，然后按下【Enter】键即可在该行下面插入新的一行。

教你一招：插入多行和多列

在Word 2003中，如果要插入多行和多列，无须进行多次插入一行和一列操作。如果要插入3行，则先选中3行后，再单击鼠标右键，然后在弹出的快捷菜单中选择“插入行”命令即可。插入多列的操作方法也一样。

6 表格的拆分与单元格合并

在使用表格的过程中，根据内容的需要，可能需要对表格进行拆分和合并单元格操作。下面简单介绍拆分表格和合并单元格的方法。

拆分表格

首先将鼠标光标移动到要将表格拆分开的分隔线下方的第1行内的任意位置，然后选择【表格】/【拆分表格】命令即可。

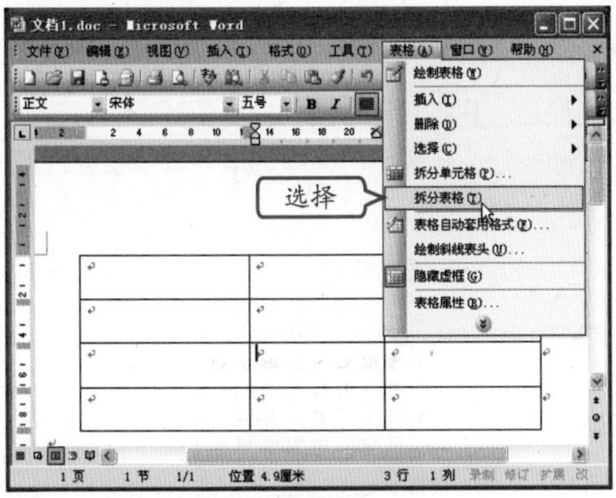

合并单元格

选中要合并的单元格，然后选择【表格】/【合并单元格】命令可将其合并为一个单元格。

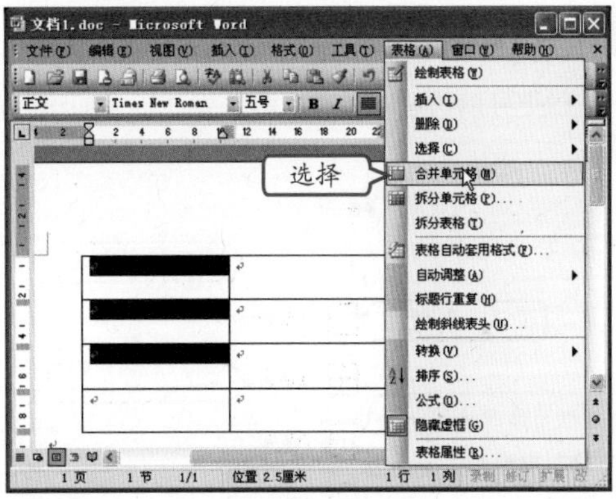

操作提示：合并单元格

进行合并的单元格必须是连续单元格，且要合并的单元格区域必须是规则的四方形。不连续的单元格以及不规则多边形的单元格区域是不能进行合并的。单元格合并后，原来单元格中的内容将集中放置到合并后的单元格中。

7 表格边框和底纹设置

对表格的边框和底纹进行设置可以使表格看起来更加美观，对表格各区域的区分更加清晰明了。

选中要设置的单个或多个单元格，然后选择【格式】/【边框和底纹】命令，可在打开的“边框和底纹”对话框中对表格进行边框和底纹设置。

补充两句

在拆分或合并单元格后，表格的大小可能会发生变化，此时，可以通过拖动鼠标的方法调整行高和列宽。

（1）设置表格边框

在“边框和底纹”对话框中选择“边框”选项卡，通过综合选择各栏中的选项，可以为表格加上各种不同样式的边框。下面介绍各栏的主要作用。

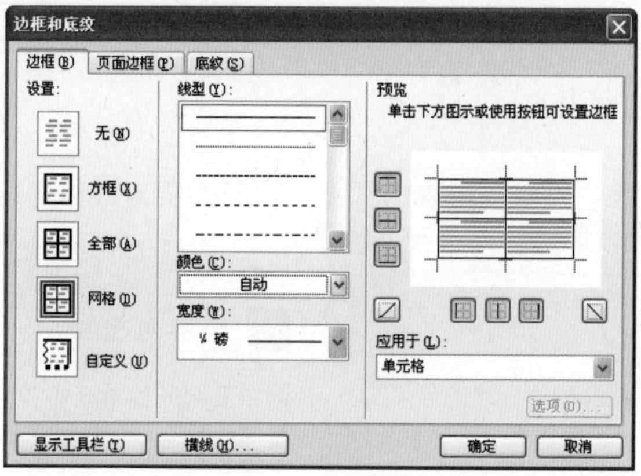

“设置”栏

在该栏中可以快速地对表格的框线进行添加和删除操作。

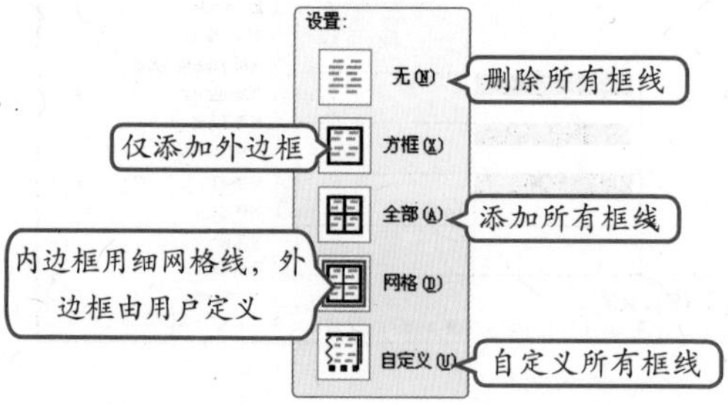

“线型”栏

在“线型”栏的列表框里，Word 2003提供了很多线型供用户选择。

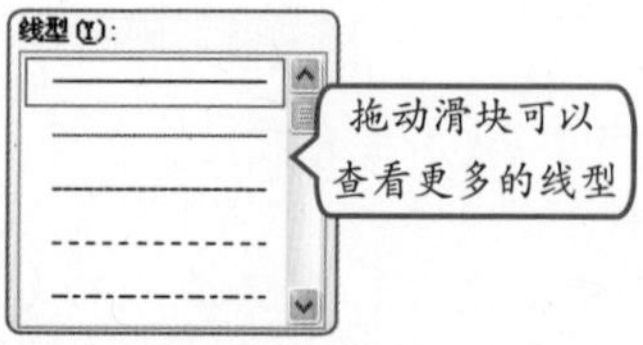

“颜色”栏

在“颜色”栏中可以对边框的线条颜色进行设置，单击▾按钮，在弹出的下拉列表中选择需要的颜色即可。

“宽度”栏

在“宽度”栏中可以对边框的线条宽度进行设置，单击▾按钮，在弹出的下拉列表中选择需要的线条宽度即可。

高手指点 单击“擦除”按钮，鼠标指针变成橡皮擦形状后，在要擦除的框线上拖动，即可擦除不需要的框线。

"预览"栏

在"预览"栏中可以预览表格边框的效果，在预览图中，单击边框位置可以添加或删除线条。单击预览图左侧和下方的8个按钮也可以添加和删除对应的线条。

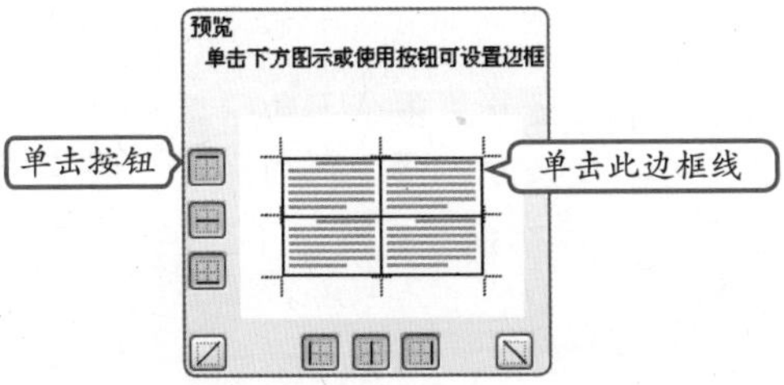

"应用于"栏

在"应用于"栏中单击▼按钮，在弹出的列表中包含4个选项"文字"、"段落"、"单元格"和"表格"。可以选择对单元格中选中的部分文字添加边框、对单元格中的文字段落添加边框、对选中的单元格添加边框或者对整个表格添加边框。

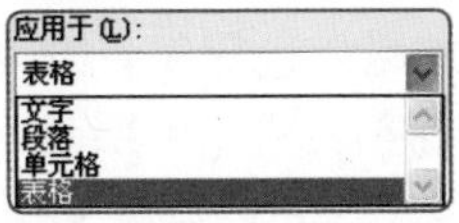

（2）设置表格底纹

在"边框和底纹"对话框中选择"底纹"选项卡，通过综合选择各栏中的选项，可以为表格加上各种不同样式的底纹。其中"预览"栏和"应用于"栏的作用与"边框"选项卡中的一样。下面仅对"填充"栏和"图案"栏的作用进行介绍。

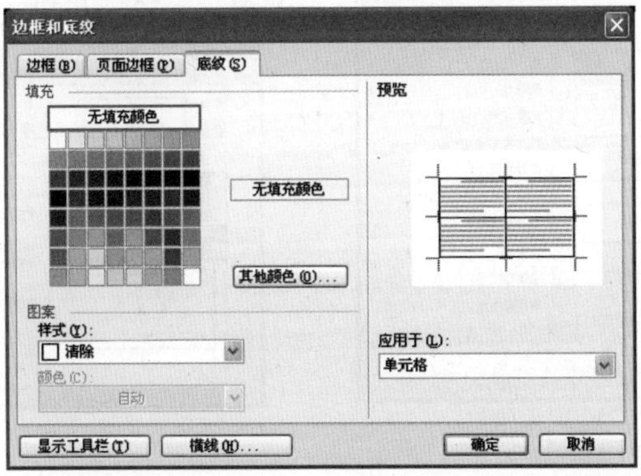

"填充"栏

在"填充"栏中，通过选择列表框中的颜色可以为表格加上背景颜色，也可以选择"无填充颜色"取消背景填充。

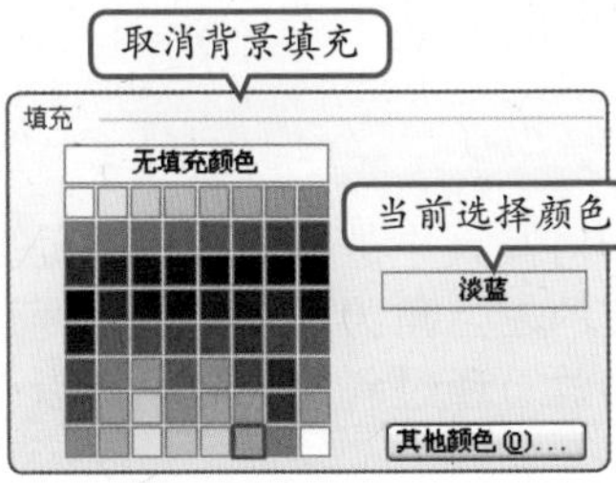

"图案"栏

在"图案"栏中，单击"样式"列表框旁的▼按钮，可以在弹出的列表中选择需要的样式。选择样式后，还可以在下方的"颜色"列表框中选择图案的颜色。

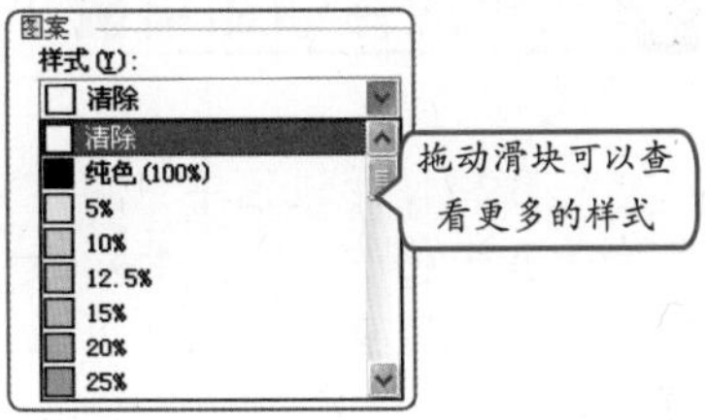

补充两句

选择【表格】/【转换】命令，在弹出的子菜单中选择相应的命令，可以使表格与文本之间互相转换。

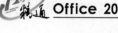

操作提示：设置表格底纹

设置表格的背景颜色和图案时需要注意，尽量不要使用与文字颜色相同或相近的颜色，因为相同或相近的颜色会使表格中的文字显示不出来或看不清楚。

8 绘制斜线表头

在制作表格的过程中，常常需要将表格左上角的单元格分为多个三角区域来标识表格的行、列和内容区域。用绘制表格的方法只能将一个单元格分为两个三角区域，要将一个单元格分为多个三角区域就要使用Word 2003的“绘制斜线表头”功能。

教学演示\第4章\绘制斜线表头

1 打开“插入斜线表头”对话框

选中要绘制斜线表头的表格，然后选择【表格】/【绘制斜线表头】命令。

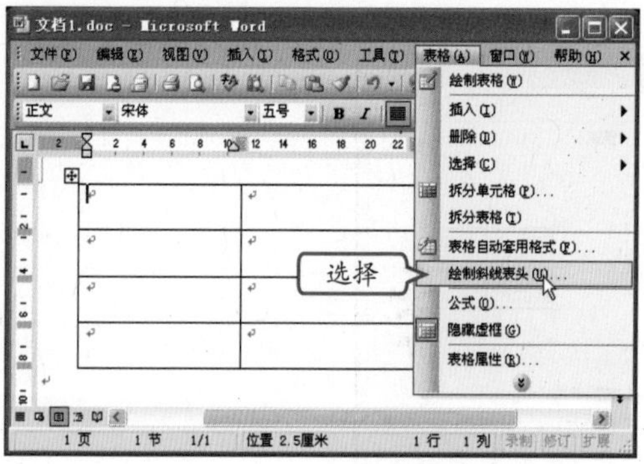

2 插入斜线表头

1. 在“表头设置”栏中选择“表头样式”和“字体大小”。
2. 在标题文本框中输入标题。
3. 单击 确定 按钮。

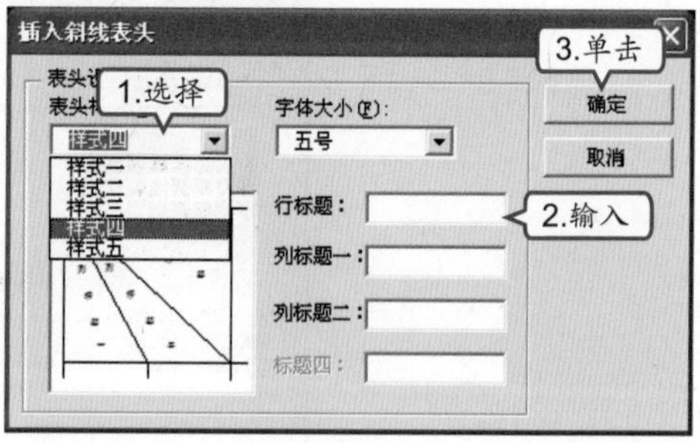

操作提示：插入斜线表头

默认情况下，斜线表头总是插入到所选表格左上角的第1个单元格中。事实上，斜线表头是以自选图形和文本框的形式插入到表格中的，用户可以根据需要将斜线表头移动到需要的单元格中去。

9 表格的移动和缩放

在表格使用过程中，常常需要对其位置进行移动和对其大小进行缩放。移动表格时，不会改变表格的大小。而对表格进行缩放时，是以表格的左上角为基准点的。通过使用鼠标在水平或竖直方向拖动可以仅对表格的行或列进行缩放，通过斜向拖动则可以对整个表格进行缩放。

高手指点 将光标置于表格中，水平标尺上出现列标记，将光标移到某个列标记上，当光标变成双向箭头形状后进行拖动即可调整该列宽度而不影响相邻列的列宽。

移动表格

将鼠标指针移动到表格中，这时表格左上角会出现一个⊞按钮，将指针移动到该按钮上，指针变为⇱状时，按住鼠标左键拖动，可以将表格移动到需要的位置。拖动时，指针变为✥状，窗口中还会出现一个虚框来提示当前表格的位置。

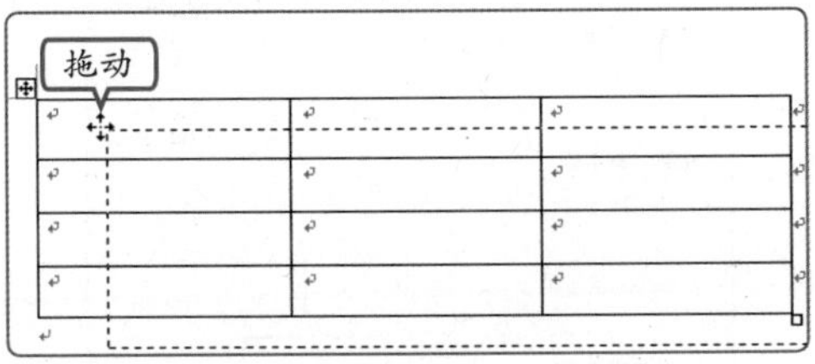

缩放表格

将鼠标指针移动到表格中，这时表格右下角会出现一个拖动块□，将指针移动到该拖动块上，当指针变为↘状时，按住鼠标左键拖动可以将表格缩放到需要的大小。拖动时，鼠标指针变为十状，窗口中还会出现一个虚框来提示当前表格的大小。

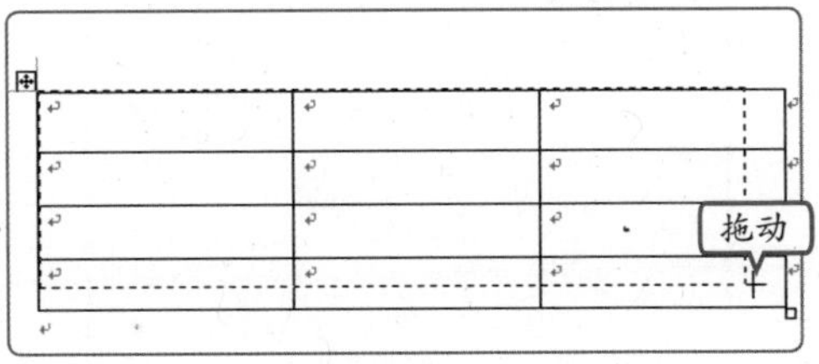

10 单元格数据的排序和计算

在Word 2003中，还可以对表格中的数据进行简单的排序和计算。

（1）表格数据排序

在Word 2003中，可以分别指定3个排序关键字来进行升序或降序的排序操作，这对于简单的数据表来说已经足够了。

实例表材\第4章\员工学历登记.doc
教学演示\第4章\表格数据排序

1 打开“排序”对话框

将光标移动到要进行排序的表格中，然后选择【表格】/【排序】命令，打开“排序”对话框。

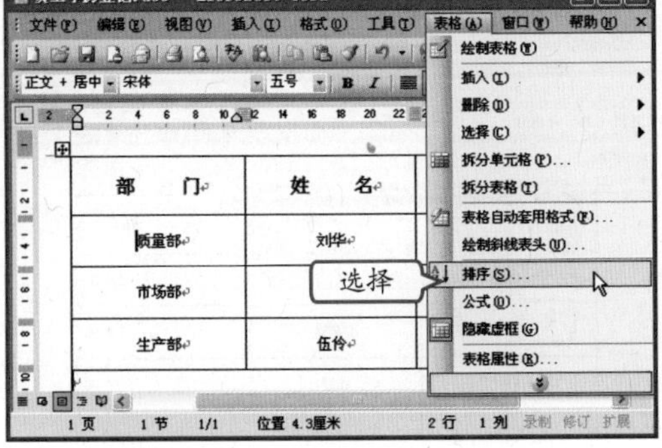

2 设置标题行

在“列表”栏中选中“有标题行”单选按钮。

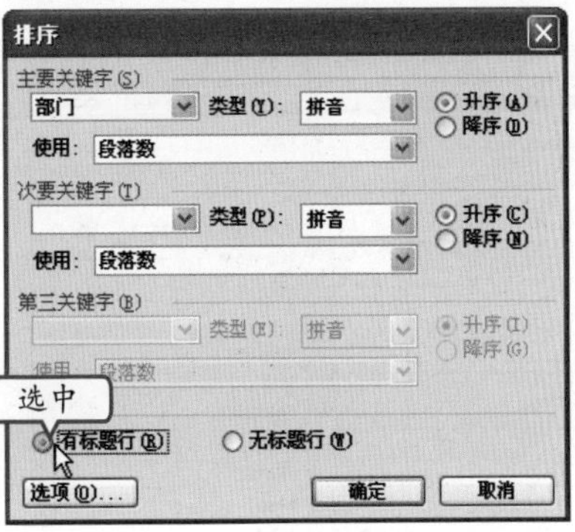

补充两句

在“排序”对话框中选中“有标题行”单选按钮，可以将表格第1行文本作为标题，而不进行排序；选中“无标题行”单选按钮则会将表格中所有文本进行排序。

3 选择主要关键字

在“主要关键字”列表框中选择排序的主要关键字，然后在“类型”列表框中选择关键字的类型，最后在“使用”下拉列表框中选择排序依据。

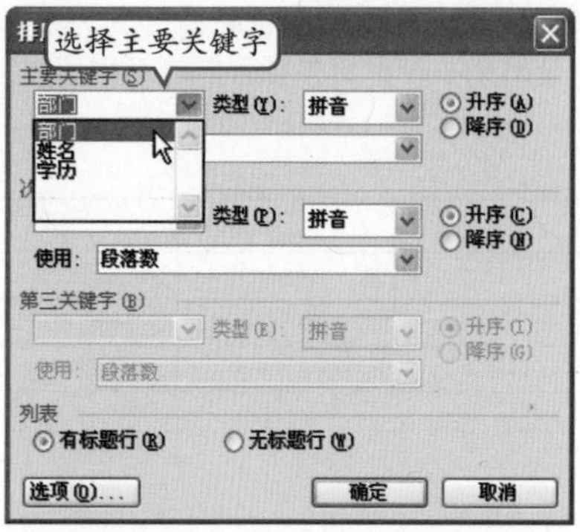

4 选择升序排列

1. 在“主要关键字”栏的右侧选中“升序”单选按钮。
2. 单击 确定 按钮。

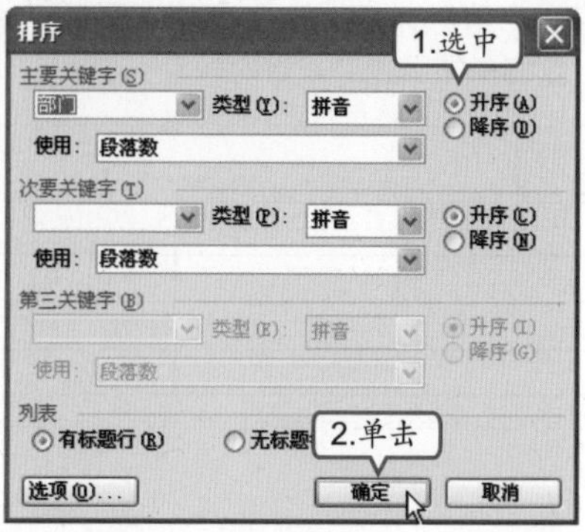

操作提示：关键字类型和其他关键字

关键字的类型有4种：笔画、数字、日期和拼音。正确选择关键字的类型才能得到正确的排序结果。另外，当主要关键字有重复时，还可以设置次要关键字甚至第三关键字来帮助排序。

（2）单元格数据求和计算

在Word 2003中，可以对表格中的数据进行简单的求和计算，其具体操作如下。

实例素材\第4章\交通费用表.doc
教学演示\第4章\单元格数据求和计算

1 显示“表格和边框”工具栏

在文档窗口工具栏的空白处单击鼠标右键，在弹出的快捷菜单中选择“表格和边框”命令，弹出“表格和边框”工具栏。

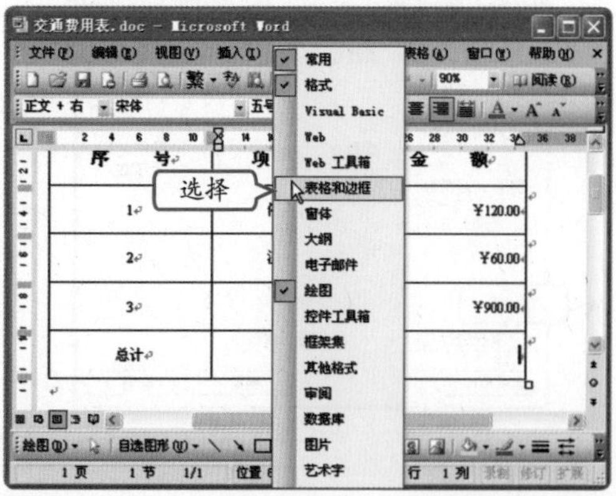

2 单击“求和”按钮

1. 将鼠标光标定位到表格最后一个单元格。
2. 单击“表格和边框”工具栏中的Σ按钮。

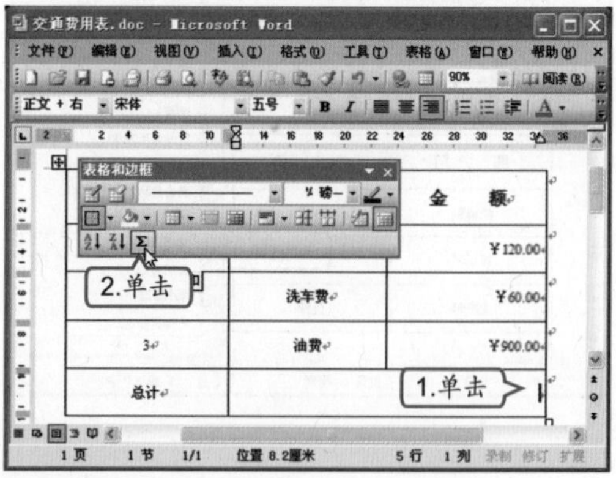

高手指点 需要求和的列中输入的必须都是符合标准的数字，如果某些单元格中无数据，需用0代替。

4.1.2 上机1小时：创建并设置“采购计划表”

本例将创建一个“采购计划表”并对表格进行简单设置，最后对表格数据进行求和计算。通过练习，达到基本掌握Word 2003中表格的使用方法的目的。完成后的效果如下图所示。

上机目标

- **学会在文档中插入和绘制表格。**
- **掌握在文档中调整和设置表格的方法。**

采购计划表

根据各部门统计，由于办公和生产需要，现拟集中采购一批办公用品，具体清单如下：

部门	序号	名称	单位	单价	数量	总价
行政部	1	复印纸	箱	¥120.00	5	¥600.00
	2	签字笔	盒	¥7.50	20	¥150.00
	3	打印机（佳能）	台	¥1280.00	1	¥1280.00
小计						¥2030.00
生产部	1	工作椅	把	¥45.00	6	¥270.00
	2	抹布	条	¥12.00	50	¥600.00
	3	工具箱	个	¥60.00	12	¥720.00
小计						¥1590.00
市场部	1	笔记本电脑	台	¥3350.00	1	¥3350.00
	2	固定电话	台	¥75.00	2	¥150.00
	3	传真机	台	¥1650.00	1	¥1650.00
	4	扫描仪	台	¥320.00	1	¥320.00
小计						¥5470.00
总计						¥9090.00

申请人：　　　　审核：　　　　批准：

2010-10-30

最终效果\第4章\采购计划表.doc
教学演示\第4章\创建并设置“采购计划表”

1 输入文档标题

在电脑的任意文件夹中新建一个“采购计划表”文档，然后打开文档，在其中输入“采购计划表”。

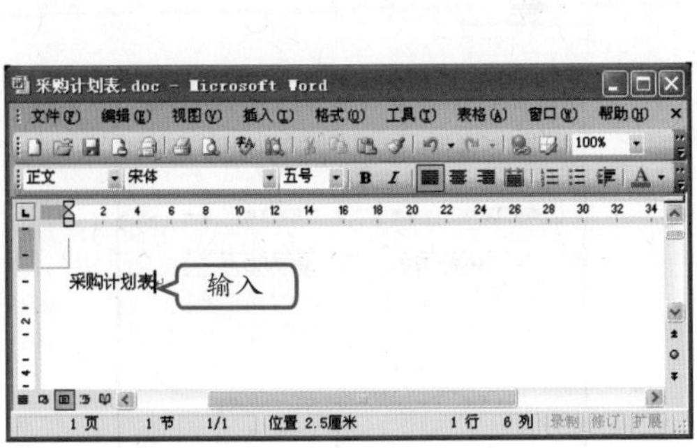

2 插入表格

1. 输入一段文字说明。
2. 选择【表格】/【插入】/【表格】命令。

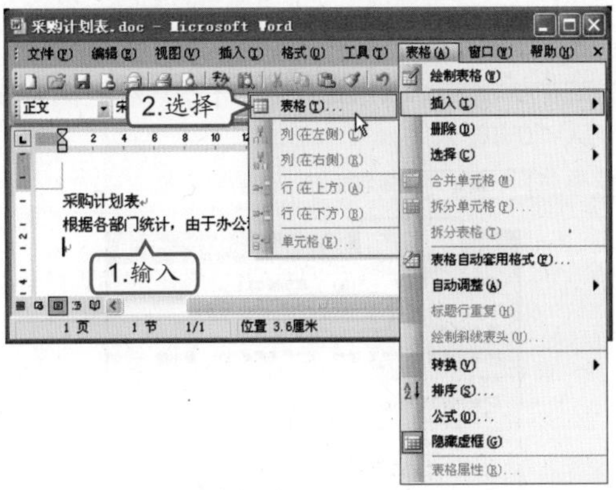

将鼠标光标移动到表格左边，当光标变为形状时，单击鼠标左键，可以选择表格中一行的所有文本。

补充两句

3 设置表格尺寸

1. 打开“插入表格”对话框，在“表格尺寸”栏的“列数”数值框中输入“7”。
2. 在“行数”数值框中输入“15”。
3. 单击 确定 按钮。

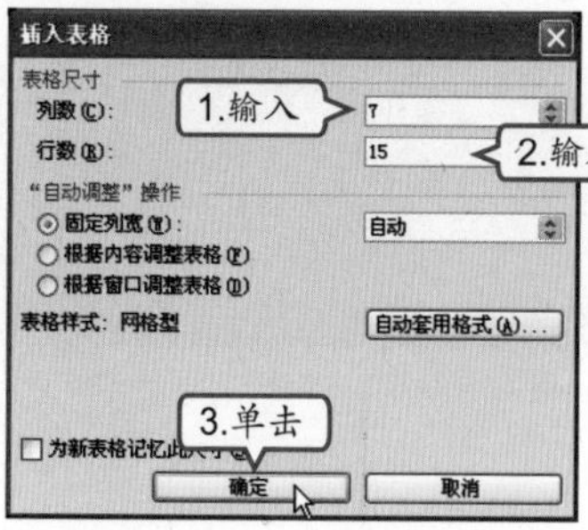

4 输入内容

在插入的表格中输入采购信息。

采购计划表

根据各部门统计，由于办公和生产需要，现拟集中采购一批办公用品，具体清单如下：

部门	序号	名称	单位	单价	数量	总价
行政部	1	复印纸	箱	￥120.00	5	
	2	签字笔	盒	￥7.50	20	
	3	打印机(佳能)	台	￥1280.00	1	
小计						
生产部	1	工作椅	把	￥45.00	6	
	2	抹布	条	￥12.00	50	
	3	工具箱	个	￥60.00	12	
小计						
市场部	1	笔记本电脑	台	￥3350.00	1	
	2	固定电话	台	￥75.00	2	
	3	传真机	台	￥1650.00	1	
	4	扫描仪	台	￥320.00	1	
小计						
总计						

5 调整行高

1. 选中表格的第2~15行，单击鼠标右键，在弹出的快捷菜单中选择“表格属性”命令，在打开的“表格属性”对话框中选择“行”选项卡。
2. 选中“指定高度”复选框，并在其数值框中输入“0.8厘米”。
3. 单击 确定 按钮。

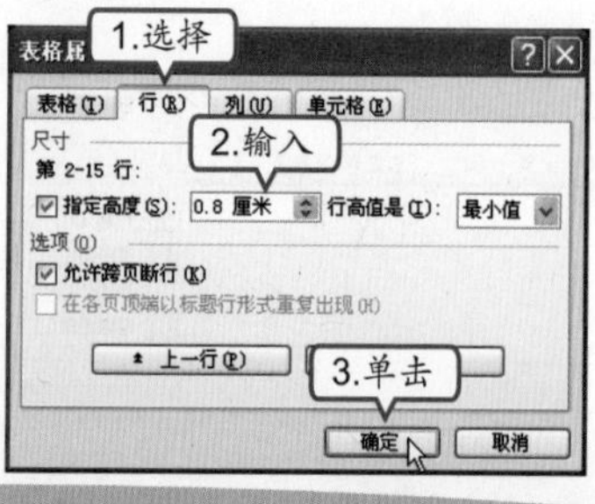

6 调整标题行的行高

将鼠标指针移动到第1行的下边框处，当指针变为÷状时，按住鼠标左键向下拖动到第3行处释放。

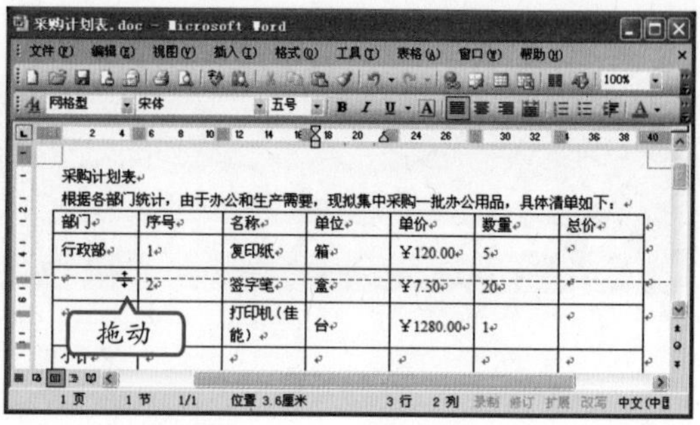

7 调整列宽

1. 选中表格的第1、2、4和6列，打开“表格属性”对话框，在“列”选项卡中选中“指定宽度”复选框，并在其数值框中输入“1厘米”。
2. 单击 确定 按钮。

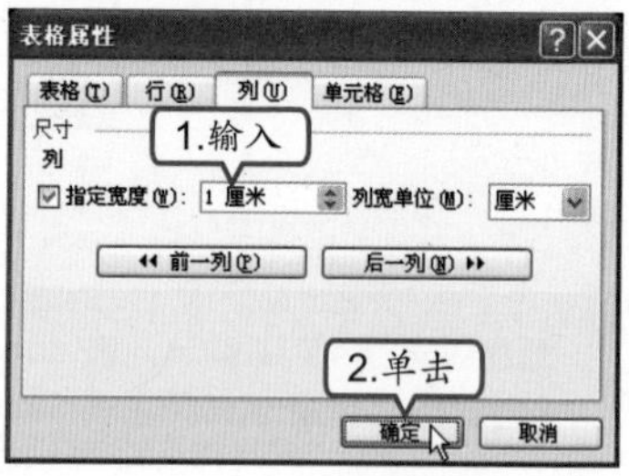

8 调整列宽

1. 选中表格的第3、5和7列，打开“表格属性”对话框，在“列”选项卡中选中“指定宽度”复选框，并在其数值框中输入“4厘米”。
2. 单击 确定 按钮。

高手指点 按住【Alt】键的同时用鼠标在表格中任意单元格内双击即可快速选定整张表格。

9 合并单元格

选中要合并的单元格，然后单击鼠标右键，在弹出的快捷菜单中选择“合并单元格”命令。用此方法将所有要合并的单元格合并。

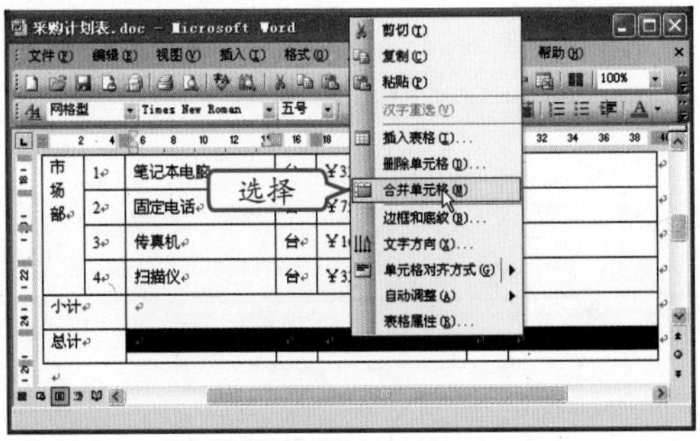

10 插入公式计算

1. 选中“总价”列中要计算总价的单元格，然后选择【表格】/【公式】命令，在打开的“公式”对话框的“公式”文本框中输入公式“=PRODUCT(left)”。
2. 单击 确定 按钮。

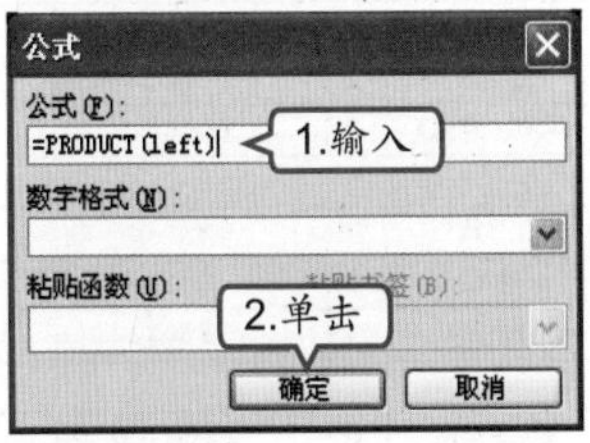

11 计算“总计”

1. 选中要计算总计价格的单元格，然后选择【表格】/【公式】命令，在打开的“公式”对话框的“公式”文本框中输入公式“=SUM(ABOVE)/2”。
2. 单击 确定 按钮。

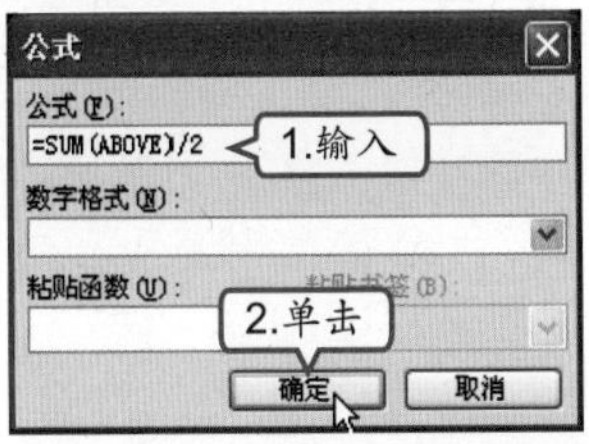

12 设置文字对齐

选中整个表格，然后单击鼠标右键，在弹出的快捷菜单中选择“单元格对齐方式”命令，在弹出的列表框中选择水平和垂直居中对齐方式，最后选中所有显示价格的单元格，将其水平对齐方式设置为右对齐。

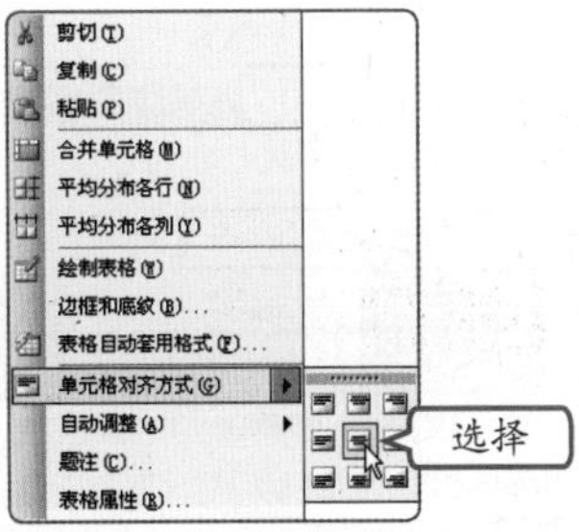

13 设置边框

1. 选中整个表格，打开“边框和底纹”对话框，将表格边框设置为“网格”。
2. 将外边框设置为“双横线”。
3. 单击 确定 按钮。

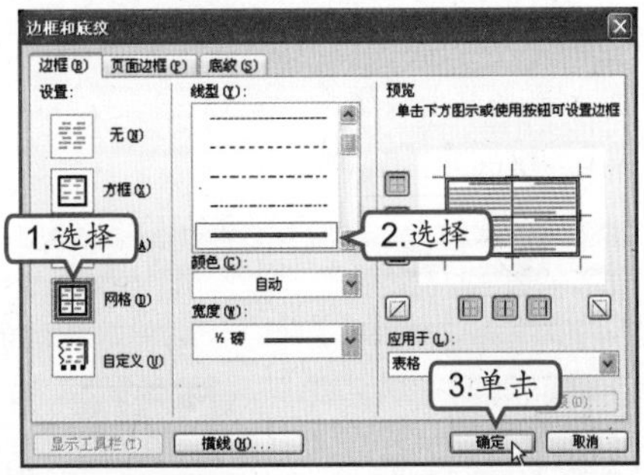

14 设置边框

1. 选中第5、9和14行，打开“边框和底纹”对话框，将线条宽度设置为“$2^{1/4}$磅”。
2. 单击“预览”栏中图示的下边框。
3. 单击 确定 按钮。

第4章

补充两句：设置边框线时要注意大小适中，过大或过小都会影响文档的整体效果。

15 设置底纹

1. 选中第1行，打开“边框和底纹”对话框，先选择“边框”选项卡，在其中将下框线设置为“2 1/4磅”的粗实线，再选择“底纹”选项卡。
2. 在“填充”栏中选择“灰度-25%”。
3. 单击 确定 按钮。用同样的方法将第15行的填充色设置为“淡紫色”。

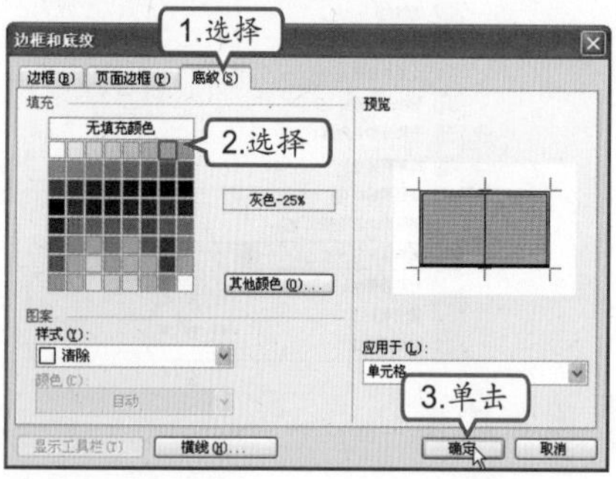

16 设置底纹

1. 选中第2～14行，打开“边框和底纹”对话框，选择“底纹”选项卡。
2. 在“图案”栏的“样式”下拉列表框中选择15%，再将颜色设置为“淡蓝色”。
3. 单击 确定 按钮。

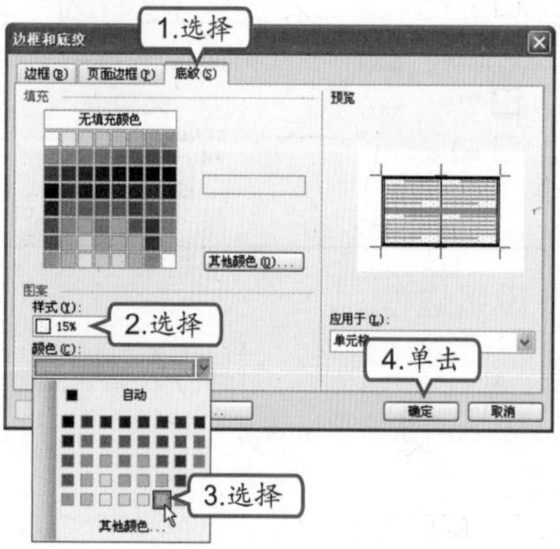

17 完成最后输入并设置文字

1. 在表格下方输入签署栏和日期。将表格下方的签署栏文字设置为“宋体、四号、段前间距0.5行”，将日期设置为“Times New Roman、四号、右对齐”。
2. 将文档标题设置为“宋体、一号、加粗、分散对齐（左右各缩进8字符）”，将表格上方的说明文字设置为“宋体、四号、首行缩进（2字符）”。
3. 将表格第1行中的文字设置为“宋体、四号、加粗”，将“部门”列中的文字设置为“宋体、四号”，将“小计”和“总计”设置为“宋体、四号、加粗、倾斜”。
4. 将表格中的其他文字全部设置为“宋体、小四”，设置完后保存文档。

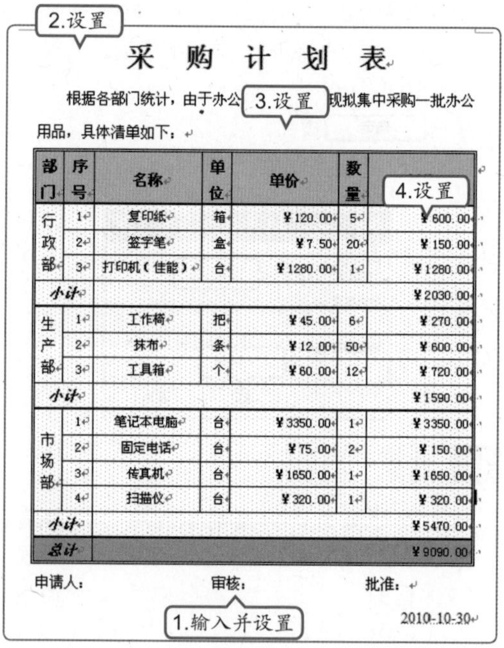

采　购　计　划　表

根据各部门统计，由于办公……现拟集中采购一批办公用品，具体清单如下：

部门	序号	名称	单位	单价	数量	
行政部	1	复印纸	箱	¥120.00	5	¥600.00
	2	签字笔	盒	¥7.50	20	¥150.00
	3	打印机（佳能）	台	¥1280.00	1	¥1280.00
小计						¥2030.00
生产部	1	工作椅	把	¥45.00	6	¥270.00
	2	抹布	条	¥12.00	50	¥600.00
	3	工具箱	个	¥60.00	12	¥720.00
小计						¥1590.00
市场部	1	笔记本电脑	台	¥3350.00	1	¥3350.00
	2	固定电话	台	¥75.00	2	¥150.00
	3	传真机	台	¥1650.00	1	¥1650.00
	4	扫描仪	台	¥320.00	1	¥320.00
小计						¥5470.00
总计						¥9090.00

申请人：　　　　审核：　　　　批准：

2010-10-30

4.2 文档的丰富与审阅

老马告诉小李，Word 2003中不但可以插入表格，还可以插入图片、艺术字、自选图形和文本框等。除此之外，为Word文档添加文档结构图、目录和索引还可以方便查看文档。小李说：“还有这么多功能啊，好想快点学会哦。”老马拍拍胸脯，说：“有我老马在，包教包会。”

高手指点 一般制作的办公表格不需要太过花哨的字体、边框和底纹，以表达清楚内容为目的，而且很多公司的表格有固定的格式，不能随意更改。

4.2.1 学习1小时

学习目标

- 熟悉在文档中插入图片、图形、艺术字和文本框的方法。
- 学会组织文档结构和为文档添加目录和索引的方法。
- 学会为文档添加页眉、页脚以及分隔符的方法。

1 插入图片并编辑

在Word文档中插入图片，可以将资料图文并茂地展现出来，不但更加美观，而且更易阅读。下面介绍在Word 2003中插入图片的方法。

（1）插入图片

插入图片的具体操作如下。

实例素材\第4章\新飞\产品介绍.doc、新飞冰箱.JPG
最终效果\第4章\产品介绍.doc
教学演示\第4章\插入图片

1 打开“插入图片”对话框

打开“产品介绍”文档，将光标移动到第2行，然后选择【插入】/【图片】/【来自文件】命令，打开“插入图片”对话框。

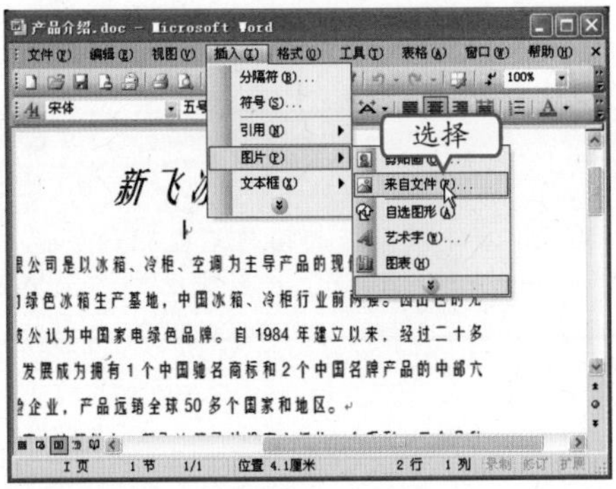

2 选择图片

1. 在“查找范围”下拉列表框中选择图片所在的位置，这里选择光盘路径下的“实例素材\第4章\新飞”文件夹。
2. 在中间列表框中选择“新飞冰箱.JPG”图片。
3. 单击 插入(S) 按钮。

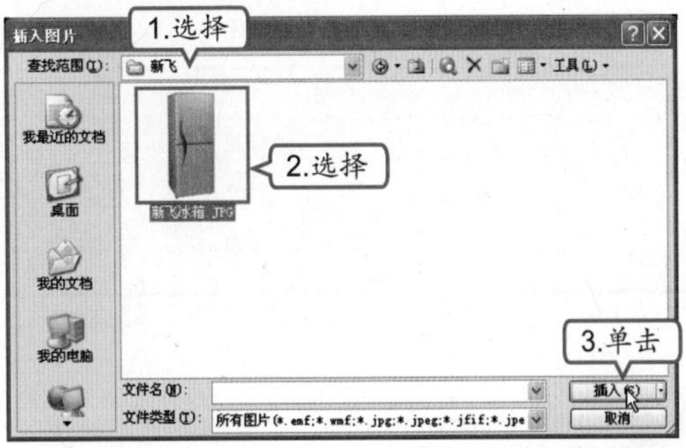

操作提示：插入图片选项

在“插入图片”对话框的 插入(S) 按钮旁有个▾按钮，单击该按钮会弹出一个下拉列表，其中有3个选项“插入”、“链接图片”和“插入和链接”。选择“插入”或“插入和链接”选项插入图片后的文档大小比选择“链接图片”选项的要大很多。

在文档中插入图片时，如果图片过大，会影响文档的运行速度。

补充两句

（2）“图片”工具栏

插入图片后，要对“图片”进行设置就需要使用“图片”工具栏。在Word窗口工具栏的空白处单击鼠标右键，在弹出的快捷菜单中选择“图片”命令就可以显示出“图片”工具栏。

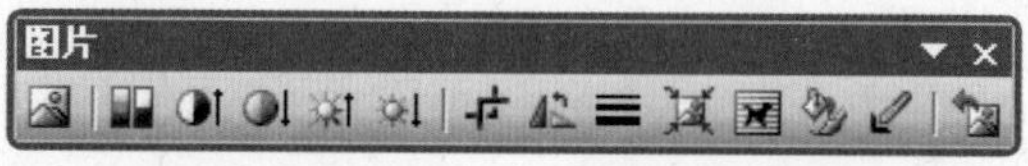

“插入图片”和“重设图片”按钮

在工具栏中的第1个按钮就是“插入图片”按钮，单击该按钮可以打开“插入图片”对话框。工具栏中的最后一个按钮是“重设图片”按钮，无论对图片做过任何更改，单击此按钮就可以使图片回到初始状态。

色彩调整按钮

色彩调整按钮一共有5个，即“颜色”、“增加对比度”、“降低对比度”、“增加亮度”和“降低亮度”。其中，单击“颜色”按钮还会弹出一个列表让用户选择。

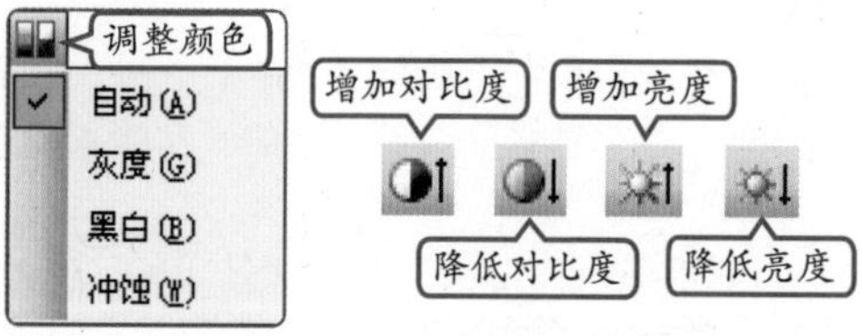

图片编辑按钮

图片编辑按钮共有7个，即“裁剪”、“向左旋转”、“线型”、“压缩图片”、“文字环绕”、“设置图片格式”和“设置透明色”按钮。单击按钮可以打开“设置图片格式”对话框，在其中可以对图片进行各种编辑。

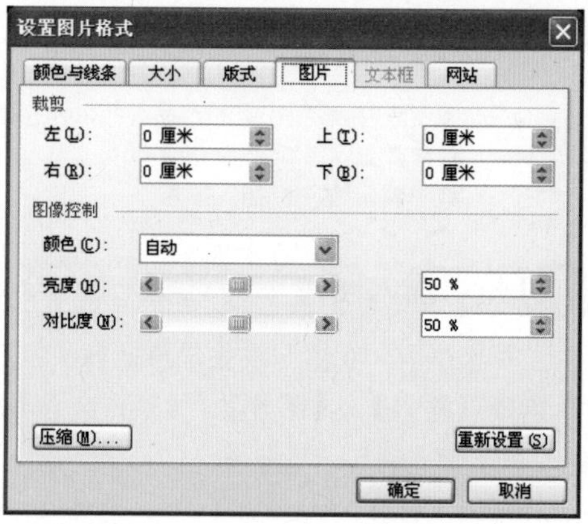

操作提示：调整图片大小和锁定图片纵横比

在“设置图片格式”对话框的“大小”选项卡中可以对图片的高度和宽度分别进行调整，另外，还可以直接在文档中选中图片，然后拖动图片四周的定位块来调整图片大小。

在调整图片大小时，可以锁定图片的纵横比，这样才能使调整后的图片不至比例失调，具体方法是：在“设置图片格式”对话框的“大小”选项卡下的“缩放”栏内选中“锁定纵横比”复选框即可。

2 插入艺术字

在文档的一些特殊位置插入艺术字，可以使文档看起来更加美观。下面介绍插入艺术字的具体方法。

实例素材\第4章\新飞\产品介绍1.doc
最终效果\第4章\产品介绍1.doc
教学演示\第4章\插入艺术字

高手指点 在插入的图片上使用鼠标双击，可以快速打开“设置图片格式”对话框。

1 选择“艺术字”样式

1. 打开“产品介绍”文档，选择第1行中的文字“新飞冰箱”，然后选择【插入】/【图片】/【艺术字】命令，在打开的“艺术字库”对话框中选择需要的艺术字样式。
2. 单击 确定 按钮。

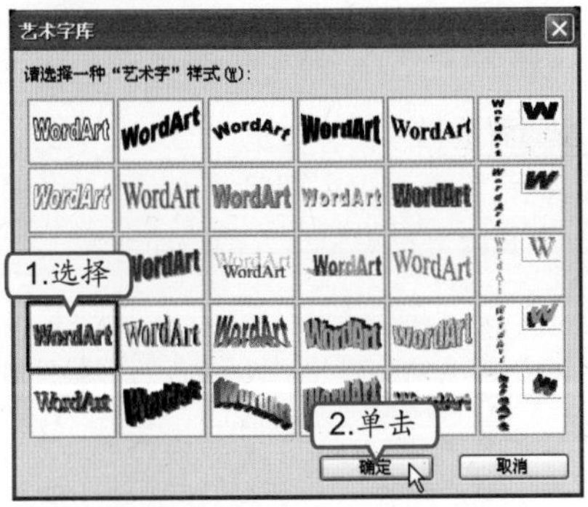

2 编辑“艺术字”文字

1. 打开“编辑‘艺术字’文字”对话框，在“字体”栏中设置“字体”为“宋体”。
2. 设置“字号”为36。
3. 单击 确定 按钮。

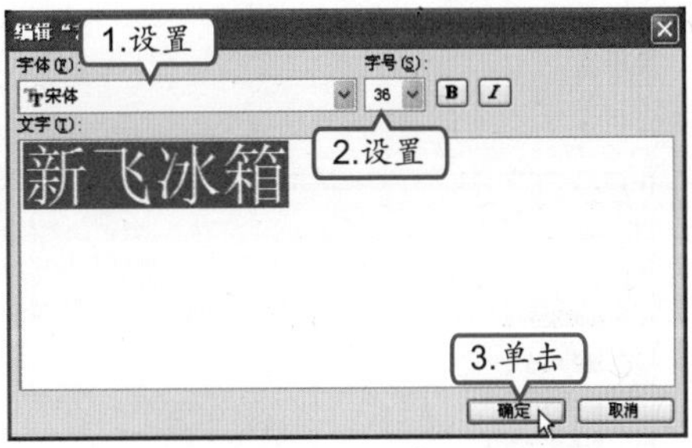

3 插入自选图形

Word 2003提供了许多自选图形供用户选择。自选图形主要分为线条、连接符、基本形状、箭头总汇、流程图、星与旗帜和标注等。通过使用自选图形可以使文档阅读起来更加直观。

（1）插入自选图形

插入自选图形前，首先要打开“绘图”工具栏，方法是在工具栏的空白处单击鼠标右键，在弹出的快捷菜单中选择“绘图”命令。下面讲解在文档中插入标注自选图形的方法。

实例素材\第4章\新飞\产品介绍2.doc
最终效果\第4章\产品介绍2.doc
教学演示\第4章\插入自选图形

1 选择图形

单击“绘图”工具栏中的 自选图形(U) 按钮，在弹出的下拉列表中选择“标注”选项，然后在弹出的列表框中选择需要的图形。

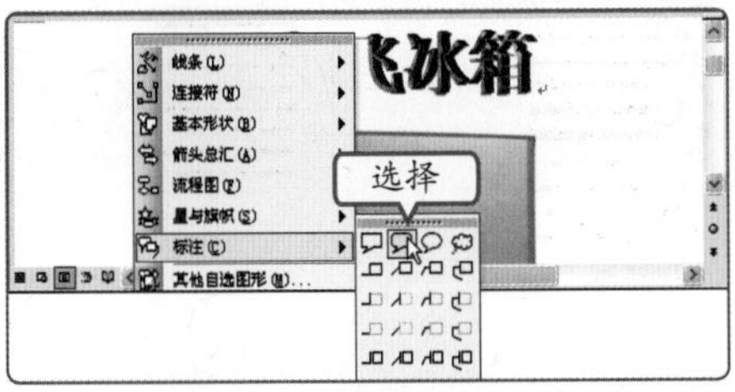

2 插入图形

选择图形后，鼠标指针会变为十状，在文档中需要插入图形的位置单击即可插入自选图形。

补充两句：合理使用图形可让文档更加美观，更方便阅读。

（2）“绘图”工具栏

插入自选图形后，可以使用“绘图”工具栏对自选图形进行设置。“绘图”工具栏中各按钮的作用如下。

“绘图”按钮

单击绘图(D)按钮会弹出一个下拉列表，在其中可以对自选图形进行设置和更改。

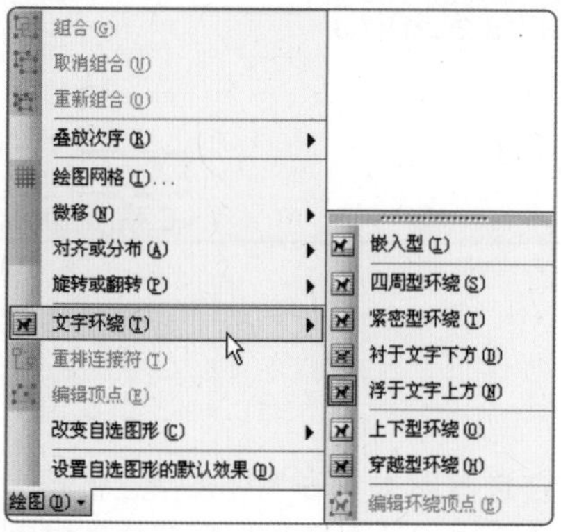

“自选图形”按钮

单击自选图形(U)按钮会弹出一个下拉列表，在其中用鼠标指向某个自选图形类别还会弹出一个列表框，在其中选择需要插入的图形即可。

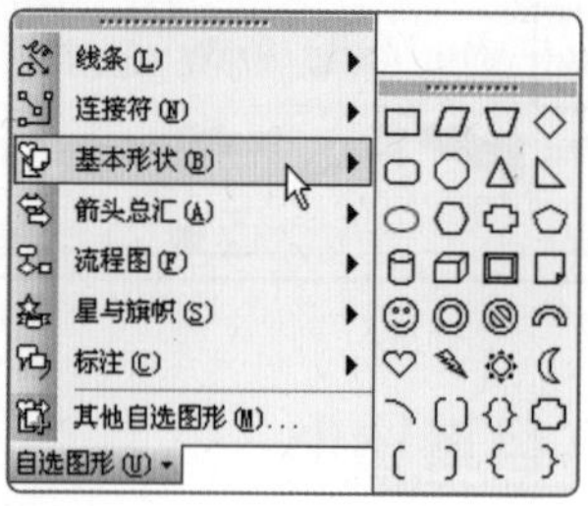

其他自选图形按钮

在自选图形(U)右侧还有一些常用的自选图形按钮，单击按钮可以快速插入对应的自选图形。除了自选图形外，其中还包含插入文本框、图片和艺术字的按钮。另外，单击按钮还会打开一个“图示库”对话框，在其中可以有多种图示供用户选择插入。

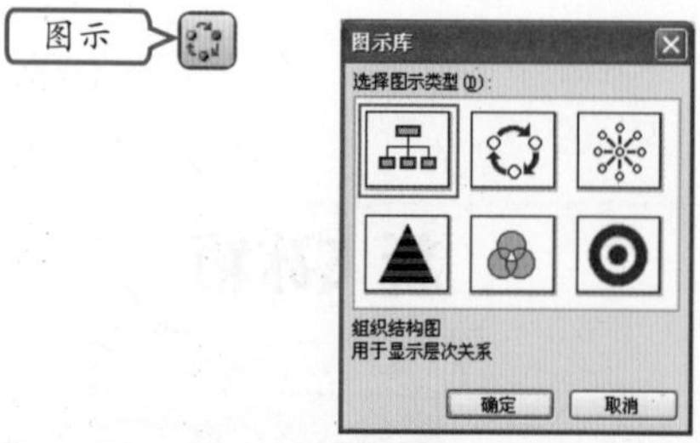

设置按钮

主要的设置按钮有“填充颜色”、“边框颜色”、“文字颜色”、“线宽”和“线型”。单击按钮还会弹出对应的列表框，在其中可以选择不同的设置选项。

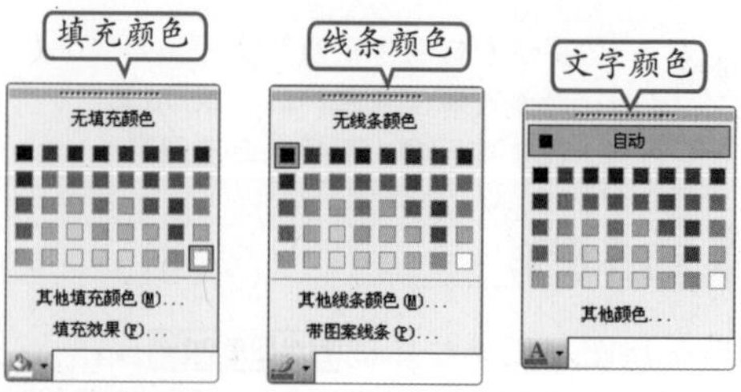

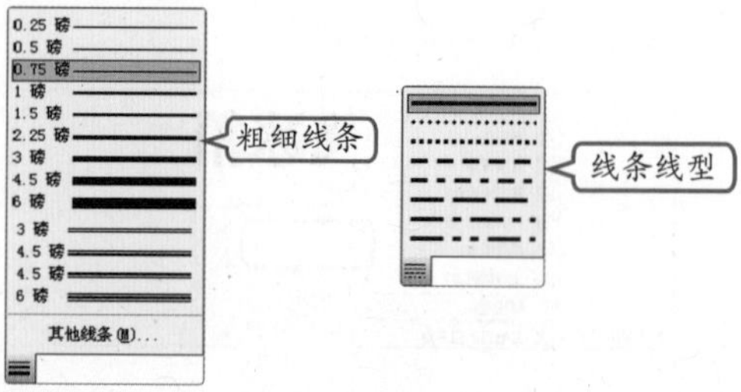

高手指点：画一般直线的方法为：单击“绘图”工具栏上的按钮，然后按住【Shift】键拖动。

4 插入文本框

文本框在文档中可以起到最直接的说明作用。文本框有横排文本框和竖排文本框两种。在文档中插入文本框的方法是：在文档窗口中选择【插入】/【文本框】/【横排】命令，然后在文档中需要插入文本框的位置单击鼠标左键，即可在指定位置插入一个横排文本框，最后在文本框中输入文字。同样也可以选择插入竖排文本框。

操作提示：文本框的设置

在“绘图”工具栏中，通过“填充颜色”、“边框颜色”、“文字颜色”、“线宽”和“线型”按钮可以为文本框设置丰富多彩的样式。

5 组合图形

在文档中插入多个自选图形或文本框后，可以将它们组合在一起形成一个整体，这样它们的相对位置就不会改变。

实例素材\第4章\新飞\产品介绍3.doc
最终效果\第4章\产品介绍3.doc
教学演示\第4章\组合图形

1 选择图形

1. 单击“绘图”工具栏中的“选择对象”按钮。
2. 按住【Ctrl】键选择要组合的图形。

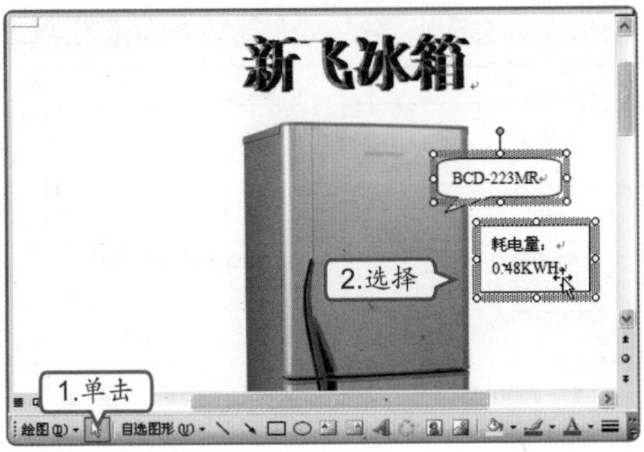

2 组合图形

在任一选中的图形上单击鼠标右键，在弹出的快捷菜单中选择【组合】/【组合】命令。

补充两句

组合后的图形都是对其整体进行操作的，想要对其中一个图形进行操作必须取消组合才能进行。

6 使用大纲组织文档结构

对于一些层次分明的文档，可以使用大纲来对文档的结构进行分级。下面就通过实例介绍怎样使用大纲组织文档结构。

实例素材\第4章\行政规定.doc
最终效果\第4章\行政规定.doc
教学演示\第4章\使用大纲组织文档结构

1 切换到大纲视图

打开光盘路径下的"实例素材\第4章\行政规定.doc"素材文档，在文档中单击窗口左下角的"大纲视图"按钮切换到大纲视图。

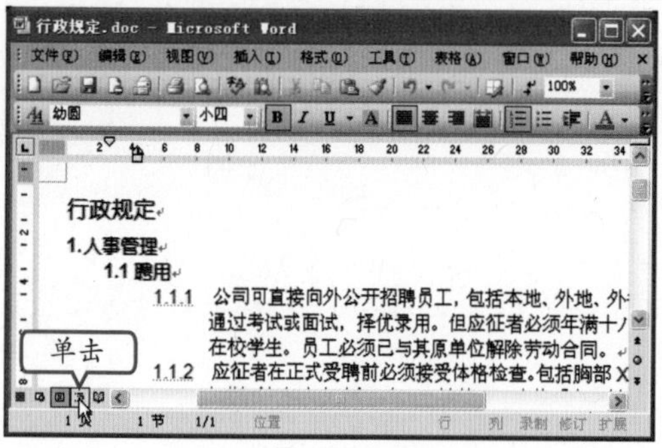

2 设置级别

在大纲视图中，窗口中会出现一个"大纲"工具栏。选中要设置的文本，然后在"大纲"工具栏中的"大纲级别"下拉列表框中选择相应的级别。

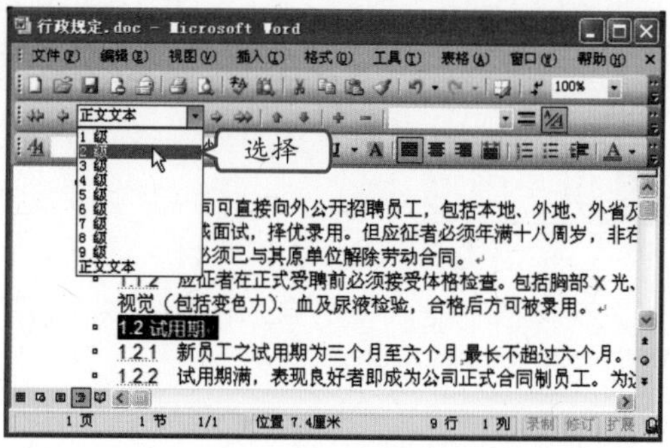

操作提示：使用菜单打开大纲视图

除了单击窗口右下角的按钮可以切换到大纲视图外，选择【视图】/【大纲】命令也可以切换到大纲视图。

7 插入目录

在Word 2003中，在大纲视图中设置了各标题的级别后，就可以使用插入目录功能在文档中自动插入目录。下面介绍在文档中插入目录的方法。

首先打开需要插入目录的文档，然后选择【插入】/【引用】/【索引和目录】命令，在打开的"索引和目录"对话框中选择"目录"选项卡，然后在"常规"栏中设置"显示级别"，完成设置后单击 确定 按钮即可插入目录。

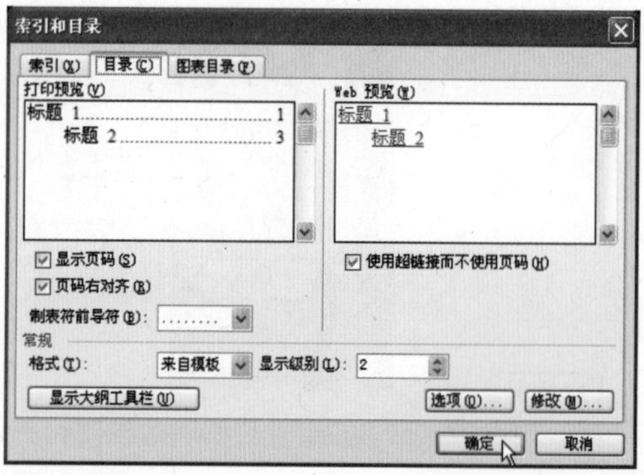

高手指点 默认的"样式与格式"任务窗格只列出了当前的有效样式与格式，在"显示"下拉列表框中选择"所有样式"选项将显示更多的样式与格式。

教你一招：使用目录快速转到要查看的正文

将鼠标指针指向要查看正文的对应目录项，按住【Ctrl】键的同时单击该目录项，这时窗口就快速显示该目录对应的正文位置。

8 插入分页符和分节符

分隔符分为分页符、分栏符、换行符和分节符，其中分页符和分节符最为常用。分页符的作用是将当前输入位置直接转到下一页开始，无论当前页面下方还有多少空白。分节符的作用是将整个文档的不同类型的内容分开，如文档的前言、目录等页面或奇数、偶数页面，使其可以应用不同的设置。

要插入分隔符，首先要打开“分隔符”对话框，方法是：在文档窗口中将光标定位到要插入分隔符的位置，然后选择【插入】/【分隔符】命令。

插入分页符

在“分隔符”对话框的“分隔符类型”栏中选中“分页符”单选按钮，然后单击 确定 按钮即可在当前位置插入一个分页符，光标将自动跳到下一页。

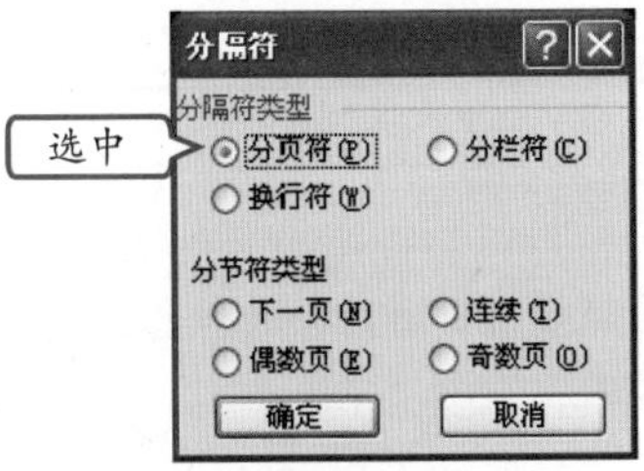

插入分节符

分节符的插入方式与分页符类似，分节符有4种类型：下一页（在下一页开始新节）、连续（在当前位置开始新节）、奇数页（在下一个奇数页开始新节）和偶数页（在下一个偶数页开始新节）。

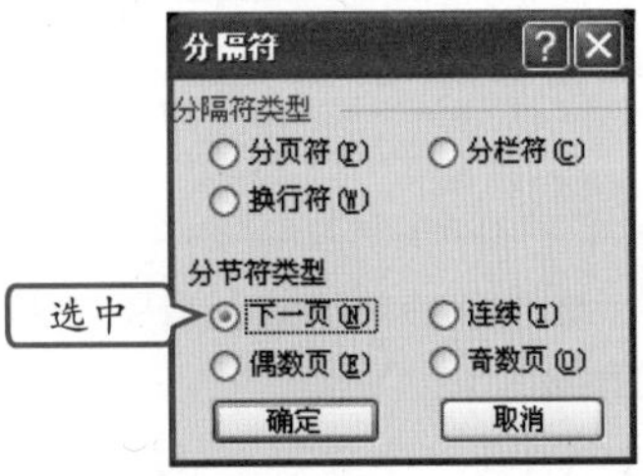

9 插入页眉和页脚

很多文档在每一页的顶端和底端都有固定的内容和格式，这时就可以在文档中插入页眉和页脚，这样，只需要编辑一次页眉和页脚就可以在文档的所有页面中显示相同的内容和格式。

首先在打开的文档中选择【视图】/【页眉和页脚】命令，这时，窗口中会出现一个“页眉和页脚”工具栏，页面中的页眉和页脚区域也处于可编辑状态，可以直接在其中输入文字和符号，而正文区域则呈灰色显示，这时不能编辑正文。

补充两句

在页眉和页脚中还可以插入一些与公司或工作相关的图片，制作更具特色的文档。

插入"自动图文集"

单击 插入"自动图文集"(S) 按钮会弹出一个列表，在其中选择需要插入的图文类型即可在当前位置插入所选的图文。

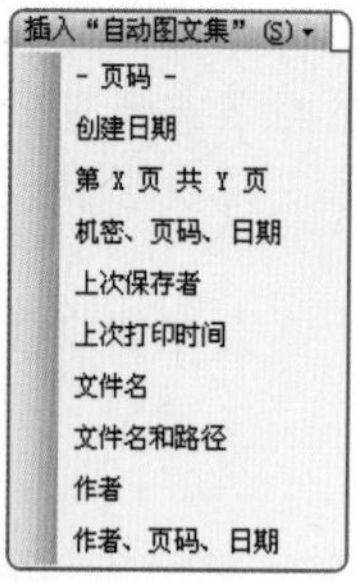

插入日期和时间

通过单击"插入日期"和"插入时间"按钮可以在当前位置插入当前的日期和时间。

切换和链接

以下4个按钮主要用于各节间的页眉/页脚操作和页眉/页脚间的切换。

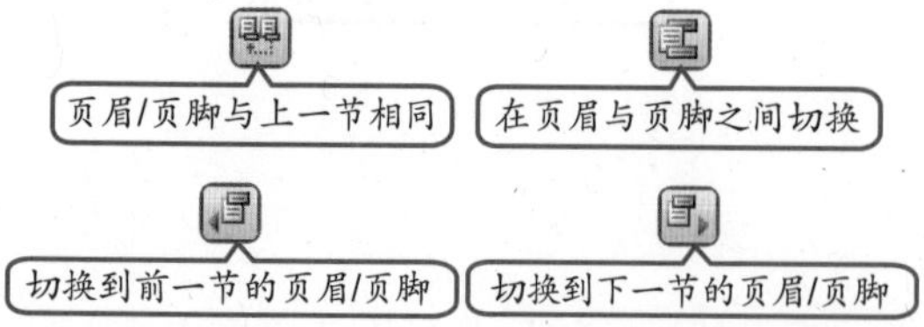

插入页码和页数

单击"插入页码"按钮可以在当前位置插入该页的页码，单击"插入页数"按钮可以在当前位置插入文档的总页数。另外，还有一个"设置页码格式"按钮，单击该按钮会弹出"页码格式"对话框，在其中可以设置页码的数字格式和起始的页码。

页面设置和正文显示

通过单击"页面设置"按钮可以打开"页面设置"对话框，单击"显示/隐藏文档文字"按钮可以将正文文字显示或隐藏。

关闭页眉和页脚

单击"关闭"按钮可以退出页眉和页脚的编辑状态，回到正文编辑状态。

操作提示：在页眉和页脚中插入对象

在页眉和页脚中，并不是只能添加"页眉和页脚"工具栏中提到的内容。实际上，页眉和页脚的操作与正文的操作是一样的，在其中可以插入表格、图片、艺术字、自选图形和文本框等。页眉和页脚也不是仅仅局限于页面上方和下方的一小块区域，如果是内容需要，可以将一大段文字、表格和图片设置为页眉和页脚。

高手指点 如果需要修改页眉中的划线格式，可在"边框和底纹"对话框中对边框的线型、颜色、宽度等项目进行修改。

4.2.2 上机1小时：制作“飞机结构介绍”文档

本例将在文字内容的“飞机结构介绍”文档中插入飞机图片、艺术字标题、图形标注、页眉/页脚以及目录，并编辑插入的图片，使整个文档美观形象，一目了然。完成后的效果如下图所示。

上机目标

- **巩固图片、艺术字和自选图形的插入方法，掌握组合图形的方法。**
- **进一步掌握页眉页、脚和分隔符的插入方法。**
- **掌握大纲的使用方法和插入目录的方法。**

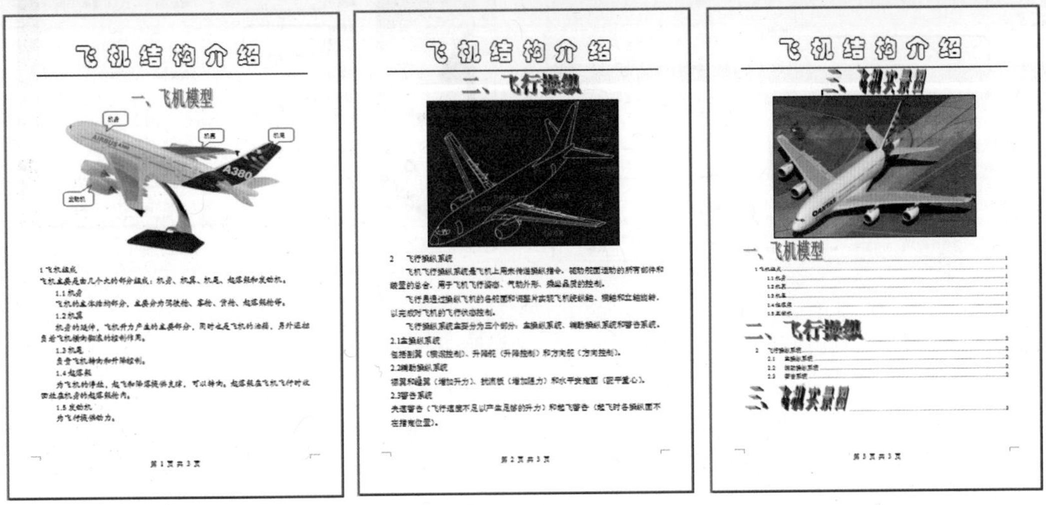

实例素材\第4章\飞机结构介绍.doc、飞机模型图.jpg、飞机示意图.jpg、飞机俯视图.jpg
最终效果\第4章\飞机结构介绍.doc
教学演示\第4章\制作“飞机结构介绍”文档

1 打开“飞机结构介绍”文档

打开光盘中的“飞机结构介绍.doc”文档。

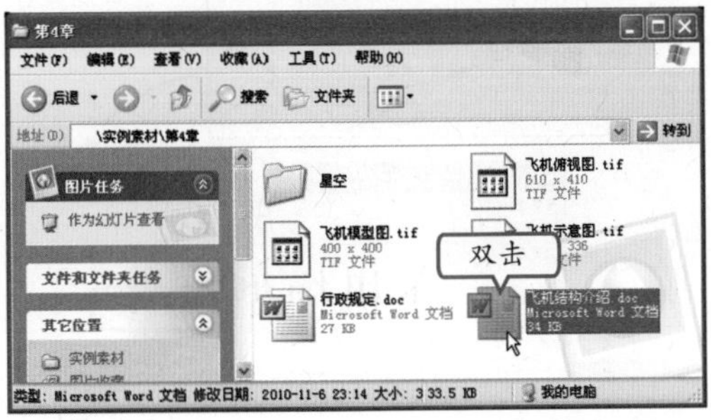

2 插入分页符

1. 将光标移动到“二、飞行操纵”一行的行首，选择【插入】/【分隔符】命令，在打开的“分隔符”对话框中选中“分页符”单选按钮。
2. 单击 确定 按钮。用同样的方法在“三、飞机实景图”一行的行首也插入分页符。

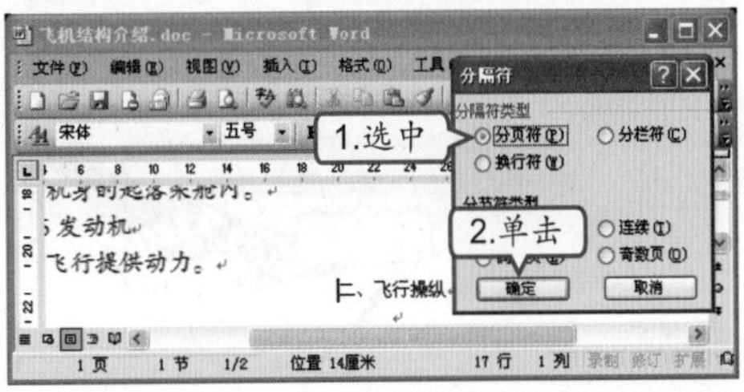

补充两句

在每一页结束后插入分页符可让文档显得更有顺序和章节感。

3 插入图片

1. 将光标定位到第1页第2行上。
2. 选择【插入】/【图片】/【来自文件】命令，打开“插入图片”对话框，在其中找到并选中“飞机模型图.jpg”图片文件。
3. 单击 插入(S) 按钮。用同样的方法在第2页插入“飞机示意图.jpg”，在第3页插入“飞机俯视图.jpg”。

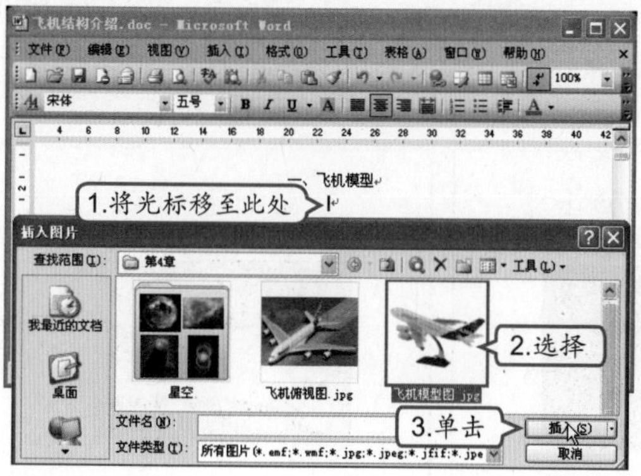

4 裁剪图片

1. 在第1页中，选中飞机模型图片，在工具栏的空白处单击鼠标右键，在弹出的快捷菜单中选择“图片”命令，打开“图片”工具栏，然后单击按钮。
2. 当鼠标指针变为形状时，按住鼠标左键拖动图片上边界中央的边界块。
3. 拖动到图示位置后释放鼠标左键。用同样的方法将图片的下边界调整到适当的位置。

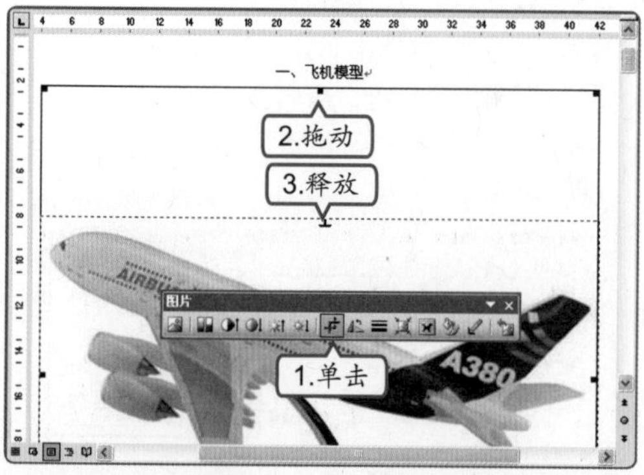

5 调整图片大小

1. 在第3页中，双击“飞机实景图”，此时会打开“设置图片格式”对话框，在其中选择“大小”选项卡。
2. 选中“缩放”栏中的“锁定纵横比”复选框。
3. 在“高度”数值框中将数值改为60。
4. 单击 确定 按钮。

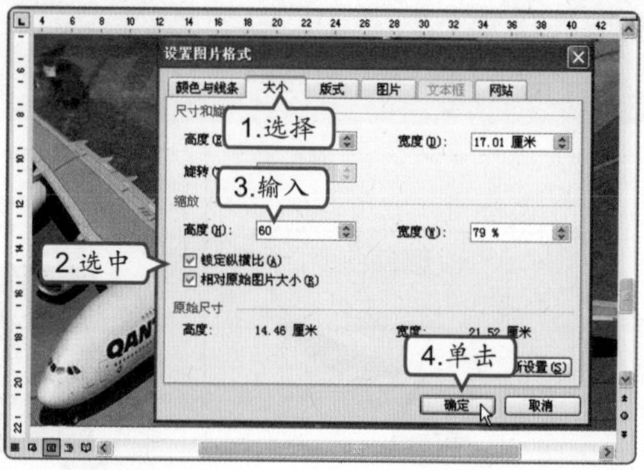

6 插入艺术字

1. 在第1页中，选中“一、飞机模型”文字，然后选择【插入】/【图片】/【艺术字】命令打开“艺术字库”对话框，在其中选择需要的艺术字样式。
2. 单击 确定 按钮。
3. 在打开的“编辑‘艺术字’文字”对话框中单击 **B** 按钮。
4. 单击 确定 按钮。用同样的方法将第2页中的“二、飞行操纵”和第3页中的“三、飞机实景图”设置为艺术字。

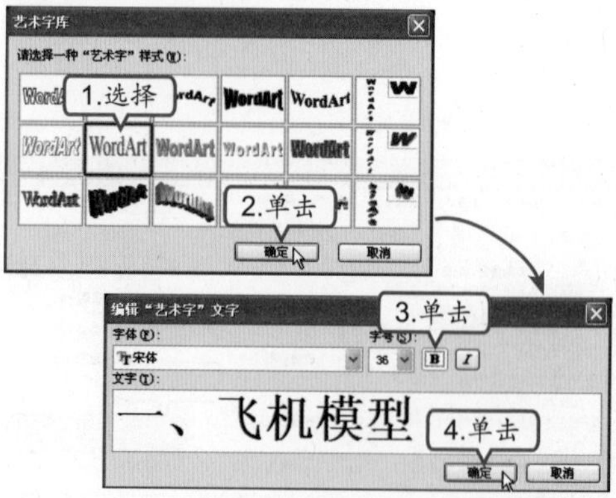

高手指点 图片中被剪除的部分其实并没有真正被剪去，只是被隐藏了。如果再次单击“裁剪”按钮，然后将图片的控点拖动到原来位置即可复原图片。

7 插入自选图形

1. 在第1页中，选中飞机模型图片，再在工具栏中的空白处单击鼠标右键，在弹出的快捷菜单中选择“绘图”命令，打开“绘图”工具栏，单击 自选图形(U)▾ 按钮。
2. 在弹出的下拉列表中选择“标注”组中的“圆角矩形标注”选项。

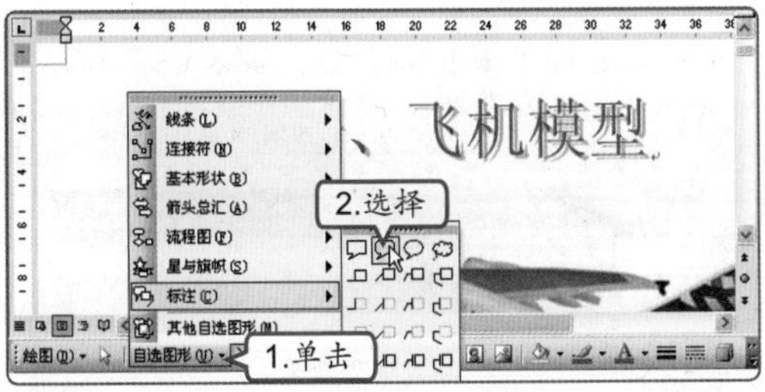

8 设置自选图形格式

1. 在需要插入图形的位置单击鼠标左键，将图形插入到所选位置，拖动图形框四周的定位块调整图形框的大小，在图形框的文本框输入“机身”。
2. 单击“绘图”工具栏中 按钮旁的 按钮，在弹出的下拉列表中选择最上方的“无填充颜色”选项，然后单击“绘图”工具栏中 按钮旁的 按钮，在弹出的下拉列表中选择“红色”。用同样的方法在“飞机模型图”和“飞机示意图”上插入自选图形。

操作提示：取消组合自选图形

对于已经组合了的自选图形，如果要对其中一个进行更改，需要先取消图形的组合，具体方法是：在图形上单击鼠标右键，在弹出的快捷菜单中选择【组合】/【取消组合】命令。

9 组合自选图形

在“绘图”工具栏中单击 按钮，按住【Ctrl】键的同时选中飞机模型图上的4个自选图形框。在任意图形框上单击鼠标右键，在弹出的快捷菜单中选择【组合】/【组合】命令。

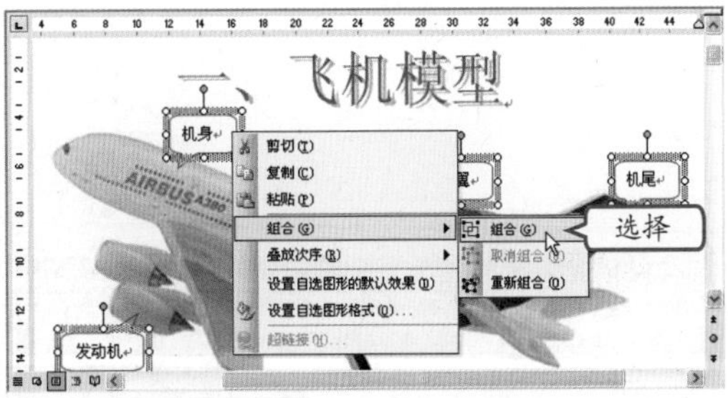

10 插入页眉页脚

1. 选择【页面】/【页眉和页脚】命令，在页眉中输入文字“飞机结构介绍”，将字体设置为“方正姚体、初号、空心”，将字符间距设置为“8磅”。
2. 切换至页脚，在“页眉和页脚”工具栏中单击 插入“自动图文集”(S)▾ 按钮，在弹出的下拉列表中选择“第X页 共Y页”选项，将插入的页脚字号设置为“小四”并居中显示。
3. 完成后单击 关闭(C) 按钮退出页眉和页脚设置。

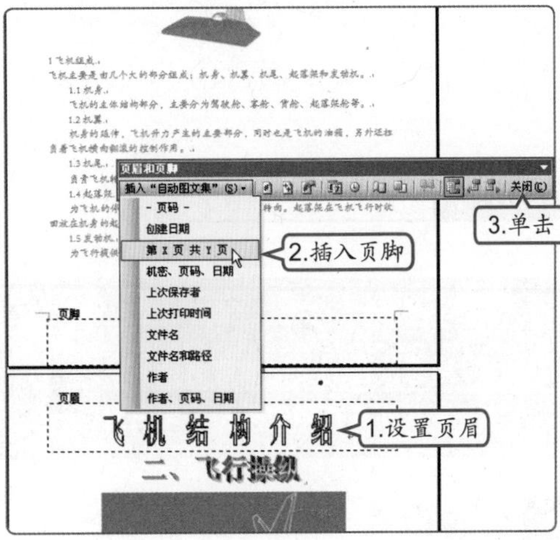

第4章

如果文档中插入的自选图形过多，一定要注意自选图形的摆放位置，要保持文档的整体美观。 补充两句

11 组织文档结构

单击[icon]按钮切换到大纲视图，将3个艺术字的级别设置为“1级”，将以单个数字1、2开始的段落设置为“2级”，将以连续数字“1.…”、“2.…”开始的段落设置为“3级”。其余内容（包括图片）设置为“正文文本”。

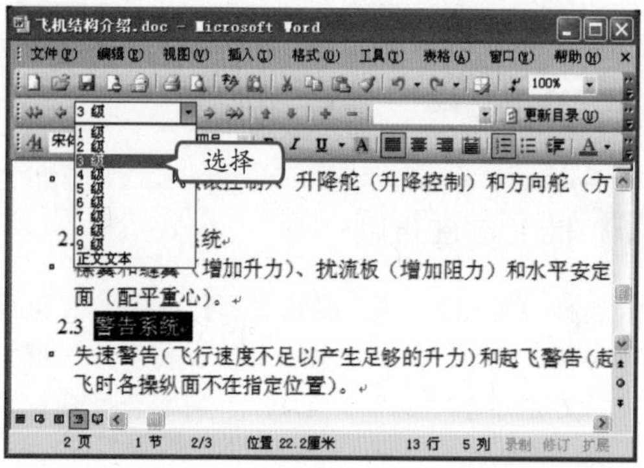

12 插入目录

1. 单击[icon]按钮切换到页面视图，将光标定位到第3页的最后一行。
2. 选择【插入】/【引用】/【索引和目录】命令，在打开的“索引和目录”对话框中选择“目录”选项卡，将目录的“显示级别”设置为3，最后单击 确定 按钮。

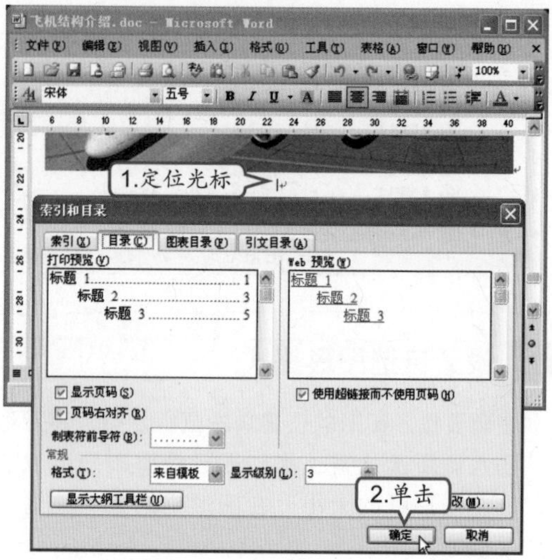

4.3 文档的页面设置与打印

小李拿着一张废纸问老马：“马工，为什么我制作好的文档打印出来只有一半呢？另一半到哪里去了？”老马看了看，说：“这一定是你打印的时候没有设置好打印选项。”于是，小李又跟着老马开始学习怎样设置文档页面和打印选项了。

4.3.1 学习1小时

学习目标

- **熟悉文档的页面设置方法。**
- **学会预览打印效果和打印设置。**

1 页面设置

文档的页面设置主要是对文档的页边距、纸张、版式和文档网格进行设置，下面分别进行介绍。

高手指点 单击“打印”对话框中的“选项”按钮打开“选项”对话框，在“双面打印选项”栏中选中“纸张正面”复选框可能改变打印奇数页的顺序；选中“纸张背面”复选框可能改变打印偶数页的顺序。

（1）页边距

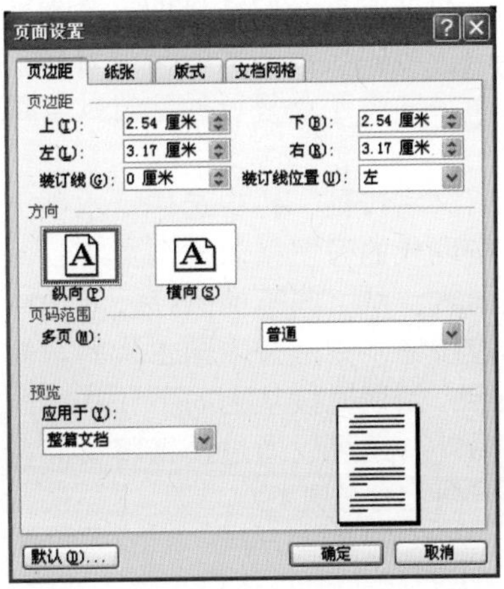

在文档窗口中选择【文件】/【页面设置】命令，在打开的“页面设置”对话框的“页边距”选项卡中，可以设置文档的页边距、装订线和纸张方向。

用户可以任意设置页面上、下、左、右4个位置的页边距，但最好不要超过打印机的可打印范围，否则有的内容可能打印不出来。

装订线位置可以选择左或上，距离由用户定义。

纸张方向有纵向和横向两种，主要根据内容的需要来选择。

（2）纸张

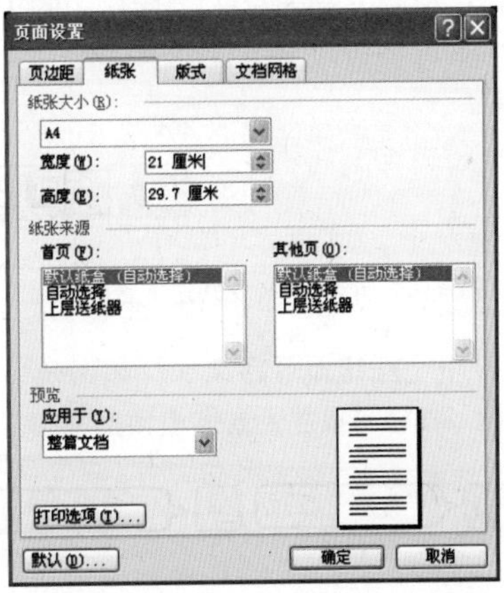

在“页面设置”对话框的“纸张”选项卡中，可以设置纸张的大小和来源。

目前办公常用的纸张大小为A4，另外，有时打印一些特殊文件，如工程图、宣传册等就需要使用不同的纸张大小。其他常用的纸张大小有A3和B5等。

纸张来源主要有纸盒和上层送纸器。纸盒一般是自动送纸，而上层送纸器是手动送纸。

（3）版式

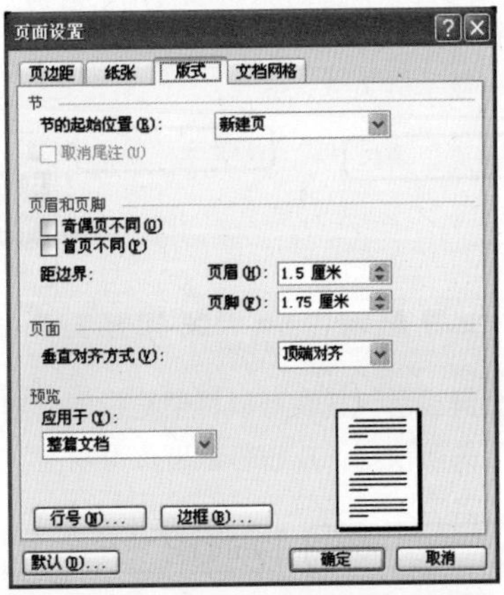

在“页面设置”对话框的“版式”选项卡中，可以设置插入新节的起始位置、页眉和页脚边距、文档的垂直对齐方式，还可以为文档添加行号和边框等。

节的起始位置设置选项与前面讲的“插入分节符”类似。

页眉和页脚设置主要是对文档的不同部分设置不同的页眉/页脚和设置页眉/页脚的边界距离。

文档的垂直对齐方式主要有顶端对齐、居中对齐、两端对齐和底端对齐几种。

设置页边距时，应注意与文档边框的距离，太近或太远都会影响文档的整体效果。

补充两句

（4）文档网格

在“页面设置”对话框的“文档网格”选项卡中，可以设置文字的排列方向、有无网格、网格的类型及每行的字符数与每页的行数。

在“文字排列”栏中选中“水平”单选按钮即按现代的习惯横向排列文字，阅读时按从左向右、从上向下的顺序。而选中“垂直”单选按钮，则是按中国古代的习惯竖向排列文字，阅读时按从上向下、从右向左的顺序。另外，还可以通过设置将页面在水平或垂直方向上分成几栏。

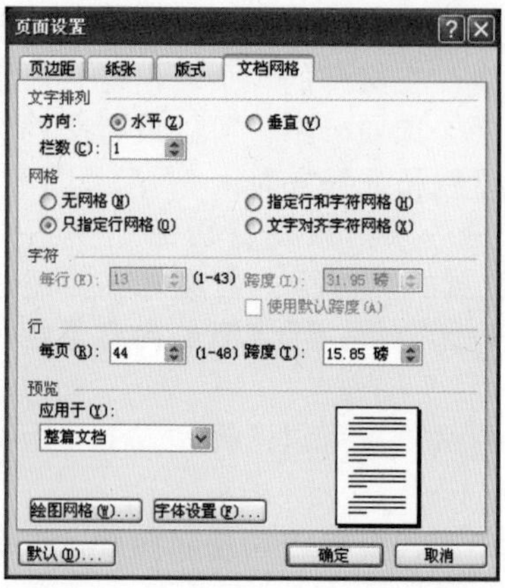

第4章

2 打印预览

在设置完文档准备打印前，可以通过打印预览来查看打印效果。单击常用工具栏中的按钮即可查看文档的打印效果。这时，窗口中的工具栏区域上会出现一个“打印预览”工具栏。

“打印”和“放大镜”按钮

单击“打印”按钮即可将文件打印出来，而单击“放大镜”按钮可以放大或缩小预览视图。

“单页”和“多页”按钮

单击“单页”按钮则窗口中仅显示一页。单击“多页”按钮将弹出一个列表框，在列表框中可以选择在窗口中显示的页数。

“全屏显示”和“关闭预览”按钮

单击“全屏显示”按钮可以将预览视图全屏显示，而单击“关闭预览”按钮将退出预览视图。

“缩小字体填充”和“查看标尺”按钮

单击“缩小字体填充”按钮可以将最后一页的少量文字合并到倒数第2页。单击“查看标尺”按钮可以显示或隐藏标尺。

显示比例下拉列表框

单击列表框旁的下拉按钮将弹出下拉列表，在其中选择需要的显示比例或选项即可将预览视图按比例显示。

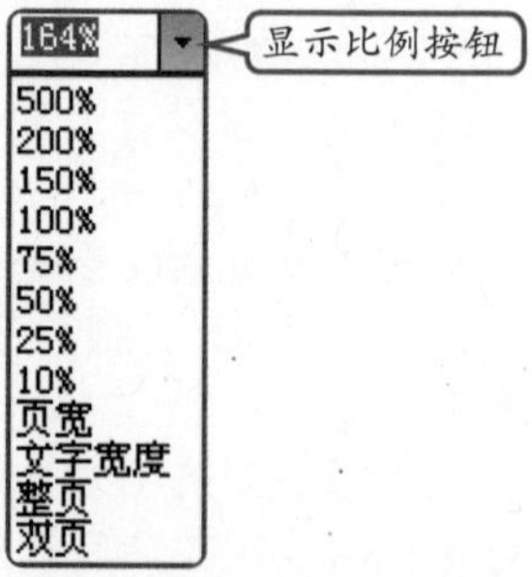

高手指点 将鼠标指针移到水平标尺的左边，当其变为横向的左右箭头并出现“左边距”文字时，按下鼠标左键左右拖动可改变文档的左边距；使用同样的方法还可改变右边距，在垂直标尺上可改变上边距和下边距。

3 设置打印属性

通过打印预览查看文档的打印效果，满意后即可进行打印，打印时还需要进行一些打印属性的设置。

（1）“打印”对话框

选择【文件】/【打印】命令即可打开“打印”对话框，对话框中各栏的作用如下。

“打印机”栏

在“打印机”栏的“名称”下拉列表框中列出了本机和网络上安装的打印机，从中选择一个需要的打印机，下面会显示该打印机的基本信息。

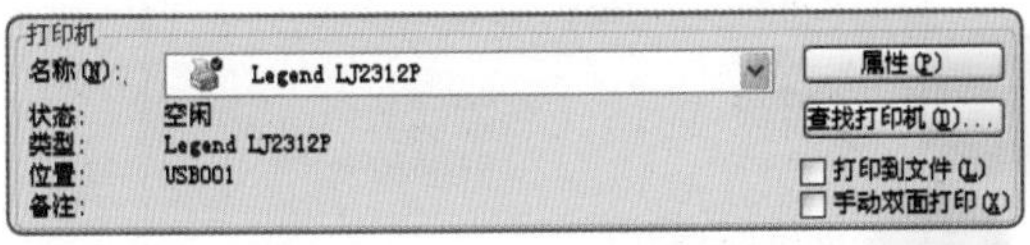

“副本”栏

在“副本”栏的“份数”数值框中可以设置需打印的份数。下方的“逐份打印”复选框可以用来设置文档是逐页打印还是逐份打印。

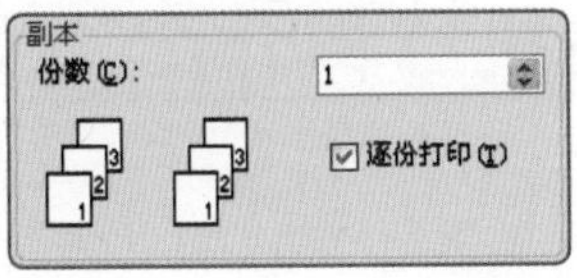

其他选项

在“打印内容”下拉列表框中可以选择不同的文档内容进行打印。在“打印”下拉列表框中可以选择是打印所有页面，还是只打印奇数页或偶数页。

“页面范围”栏

在“页面范围”栏中可以选择需要打印文档中的哪些页面。选中“全部”单选按钮即是打印文档的全部页面；选中“当前页”单选按钮即是只打印当前光标所在的页；选中“页码范围”单选按钮，然后在后面的文本框内输入要打印的页码即可打印指定页面。

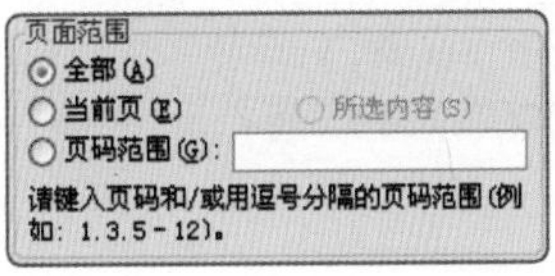

“缩放”栏

在“缩放”栏中可以设置每个页面中放置的版数和将页面打印到不同大小的纸张上。

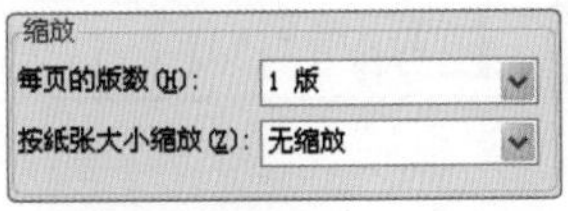

操作提示：打印到文件

在“打印机”栏中选中“打印到文件”复选框，单击 确定 按钮后，Word程序会将文档保存为一种其他打印机可使用的格式而不是打印到打印机。要打印时，将此文档发送到打印机即可。

补充两句：打印文档时，一般要先进行打印预览，查看打印效果，确认无误后，再进行打印。

（2）“打印机文档属性”对话框

在“打印”对话框的“打印机”栏中单击 属性(P) 按钮可以打开一个打印机文档属性对话框。

在打印机文档属性对话框中可以设置文档的打印方向和打印的页面顺序。

另外，在“每张纸打印的页数”下拉列表框中选择相应的数字还可以在一张纸上打印多个页面。

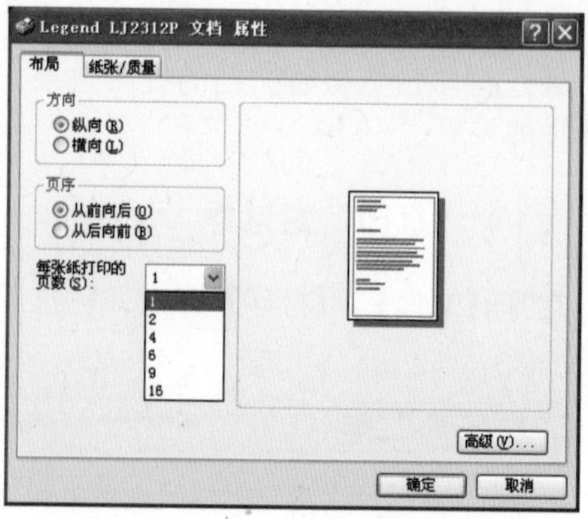

（3）打印选项设置

在“打印”对话框中单击 选项(O)... 按钮，可以再打开一个新的“打印”对话框，选择“打印”选项卡，在其中可以对更多的打印选项进行设置，如逆页序打印、背景色和图像的打印以及双面打印选项等。

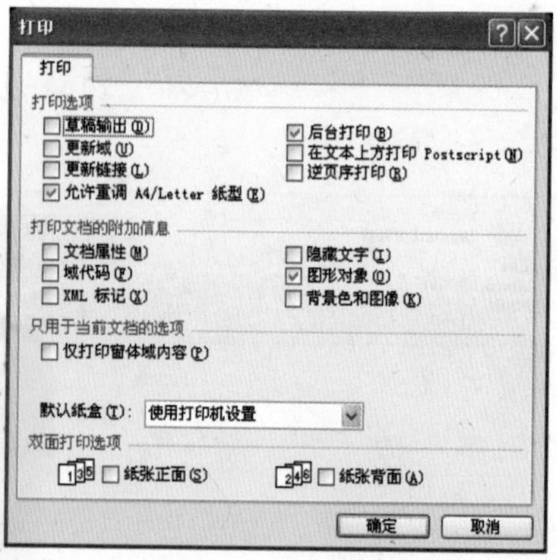

第4章

4.3.2 上机1小时：设置并打印“飞机结构介绍”文档

本例将对“飞机结构介绍”文档进行页面设置，并对其进行打印前的效果预览，最后设置文档的打印选项。

上机目标

- **巩固文档页面设置的方法。**
- **熟悉打印预览操作与打印选项设置方法。**

实例素材\第4章\飞机结构介绍1.doc
教学演示\第4章\设置并打印“飞机结构介绍”文档

高手指点　如果不想在页眉中使用划线，只需在“设置”中选择“无”边框格式即可。

1 打开文档

打开光盘中的素材文件“飞机结构介绍1.doc”文档。

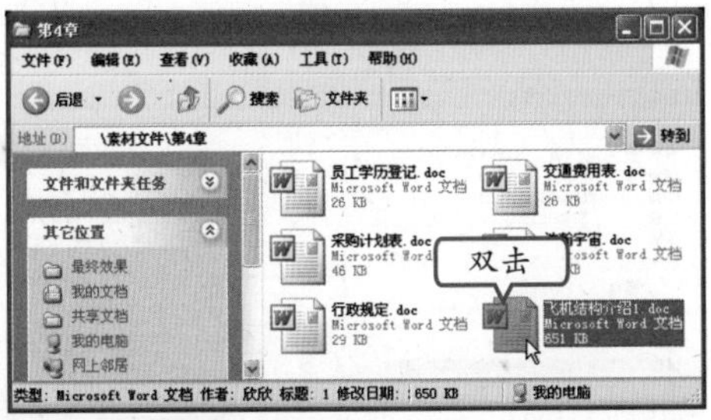

2 设置页边距

1. 选择【文件】/【页面设置】命令打开“页面设置”对话框，选择“页边距”选项卡。
2. 在“页边距”栏中将页面的“上”、“下”、“左”、“右”边距均设置为“2厘米”。

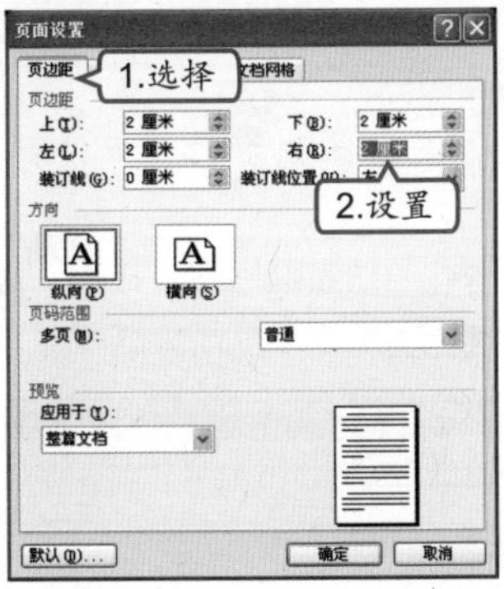

3 设置纸张大小

1. 选择“纸张”选项卡。
2. 在“纸张大小”栏的下拉列表框中选择A4。

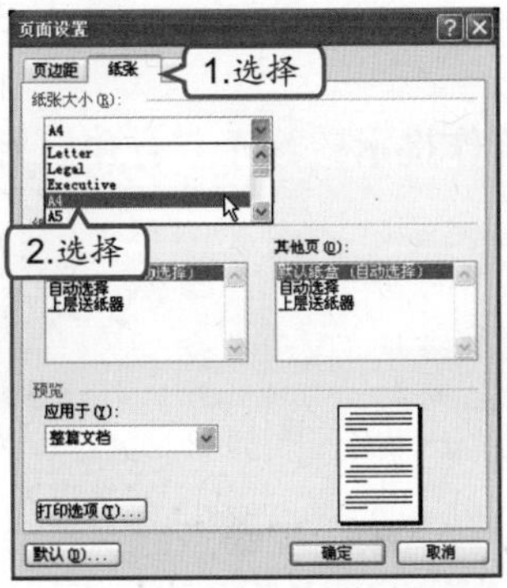

4 设置页面对齐方式

1. 选择“版式”选项卡。
2. 在“页面”栏中将“垂直对齐方式”设置为“居中”。

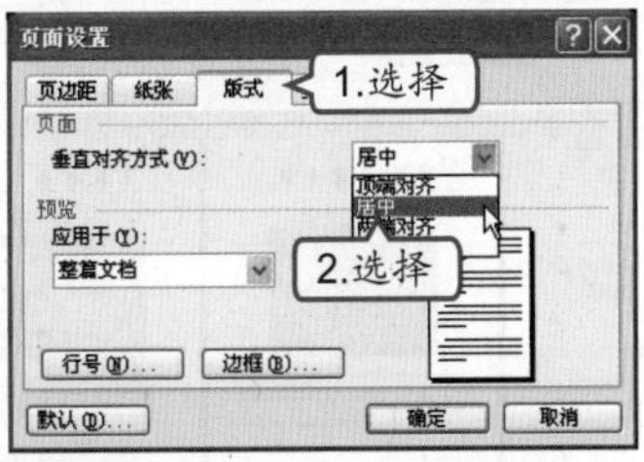

5 设置每页的行数

1. 选择“文档网格”选项卡。
2. 在“行”栏的“每页”数值框中输入“48”。
3. 单击 确定 按钮。

6 打开打印预览视图

单击常用工具栏中的按钮打开打印预览视图。

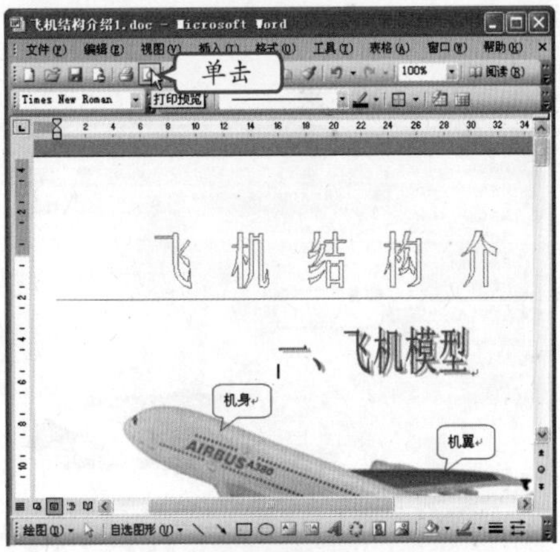

第4章

补充两句：在设置纸张大小时，一定要根据实际情况来选择相应的纸张大小，以免造成浪费。

7 多页预览

在预览视图中单击▦按钮，在弹出的列表框中选择“1×3页”。

8 退出预览视图

预览效果后单击关闭(C)按钮退出预览视图。

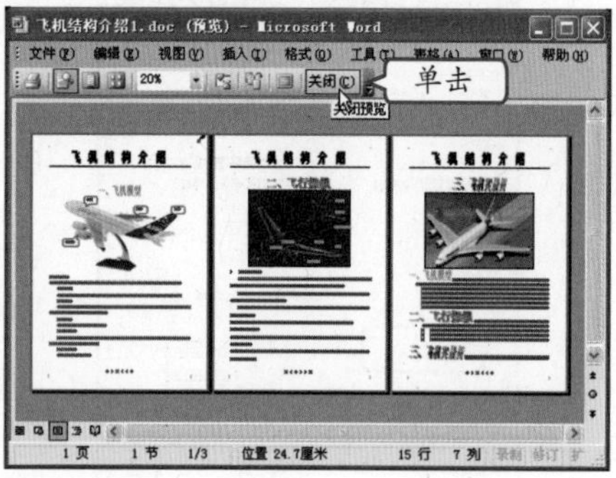

9 打开“打印”对话框

选择【文件】/【打印】命令打开“打印”对话框。

10 设置打印份数

1. 在“副本”栏的“份数”数值框中输入打印份数“2”。
2. 选中“逐份打印”复选框。

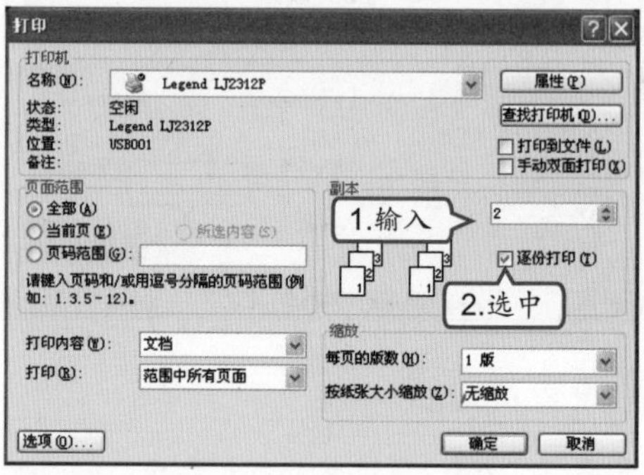

11 设置每张纸上的页数

1. 在“打印机”栏中单击属性(P)按钮打开打印机文档属性对话框，选择“布局”选项卡。
2. 在“每张纸打印的页数”下拉列表框中选择2。
3. 单击确定按钮退回到“打印”对话框，再单击确定按钮即可开始打印。

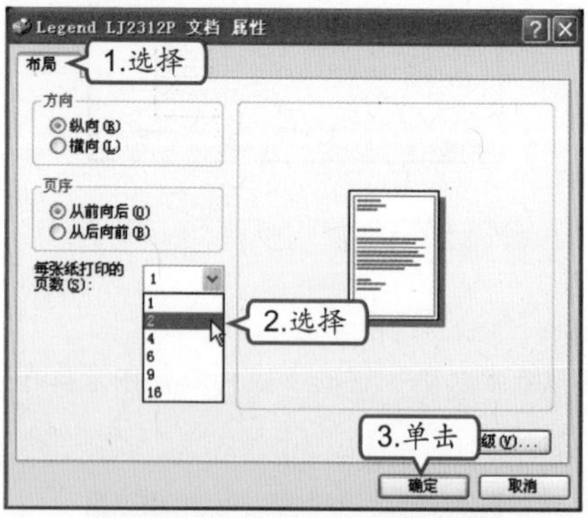

操作提示：打开“打印”对话框

除了选择【文件】/【打印】命令打开“打印”对话框外，直接按【Ctrl+P】组合键也可以打开“打印”对话框。另外，如果不需要设置打印选项，可以直接单击常用工具栏中的▤按钮立即执行打印。

高手指点　实际应用中，使用Word的“纵横混排”功能可以制作试卷头。

4.4　跟着视频做练习

老马给小李讲了好久，终于讲完了，也说得口干舌燥，就让小李先回去领会练习一下，老马也趁机好好休息一下。

1 练习1小时：制作“申购项目评估及预算”文档

本例将在“申购项目评估及预算”文档中插入一个表格，并对页面和表格进行设置。通过实例的制作，熟悉表格的一般操作和设置方法。

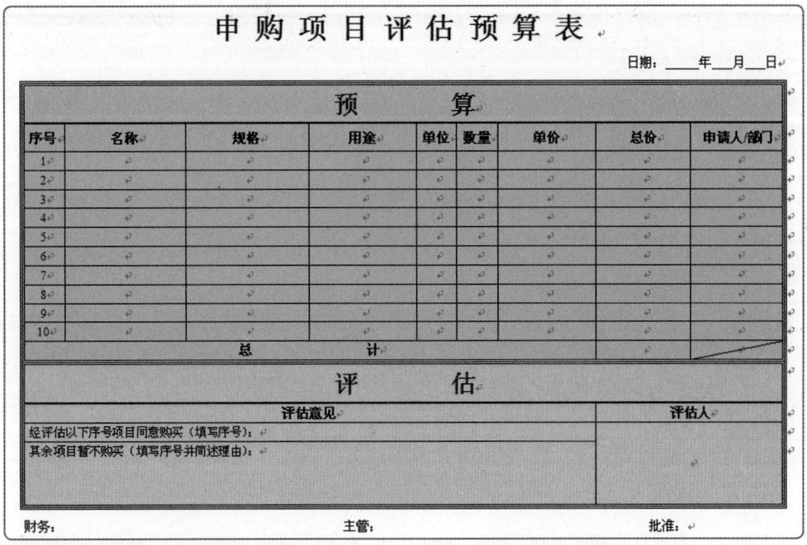

申购项目评估预算表

日期：____年__月__日

预算								
序号	名称	规格	用途	单位	数量	单价	总价	申请人/部门
1								
2								
3								
4								
5								
6								
7								
8								
9								
10								
总计								
评估								
评估意见							评估人	
经评估以下序号项目同意购买（填写序号）：								
其余项目暂不购买（填写序号并简述理由）：								

财务：　　　　主管：　　　　批准：

实例素材\第4章\申购项目评估及预算.doc
最终效果\第4章\申购项目评估及预算.doc
视频演示\第4章\制作“申购项目评估及预算”文档

操作提示：

1. 打开实例素材文档。
2. 插入17行9列的表格。
3. 在表格中输入内容。
4. 合并单元格，绘制斜线。
5. 设置纸张方向为“横向”并设置上下页边距为2。
6. 调整表格行高和列宽。
7. 设置单元格文字对齐方式和字体格式。
8. 设置表格边框和底纹。

2 练习1小时：美化“车型介绍”文档

本例将在“车型介绍”文档中插入图片、分页符、艺术字、页眉和页脚，然后再对文档进行页面设置，最后预览文档的打印效果。通过实例的制作，掌握文档的美化技巧和页面设置方法。

补充两句

在表格中输入文字时，为了提高工作效率，应尽量使用方向键和【Tab】键来移动鼠标光标的位置。

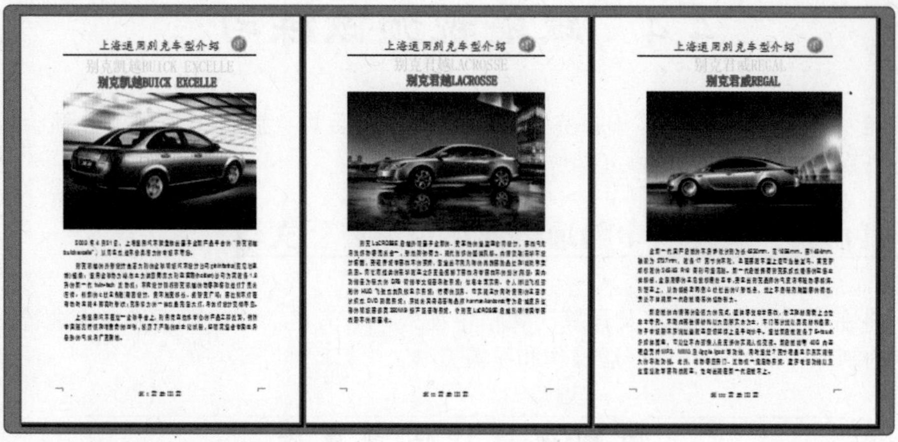

实例素材\第4章\车型\
最终效果\第4章\车型介绍.doc
视频演示\第4章\美化“车型介绍”文档

操作提示：

1. 打开实例素材文档。
2. 在每个车型介绍部分后插入分页符。
3. 在每个页面中插入对应的图片并调整图片的大小和位置。
4. 将每页的第1行文字设置为艺术字。
5. 插入页眉和页脚。
6 设置页眉文字格式并在页眉中插入图片，调整图片的大小和位置。
7. 更改页脚/页码格式和总页数符号格式。
8. 设置文档的页边距，页眉/页脚的距离和文档对齐方式。
9. 预览文档的打印效果。

4.5 秘技偷偷报——表格处理技巧

小李经过几个小时的学习，已经基本掌握了文档的美化和打印技巧，但是在文档中插入表格后，小李的操作似乎不那么熟练了。老马告诉小李不用担心，只要掌握一些表格处理的小技巧就可以解决这些问题。

1 快速选定表格

在要选定的单元格内的段落标记前的任意位置连续单击鼠标左键3次即可选定该单元格。

2 巧妙添加表格标题

在不改变原表格格式的情况下插入标题的方法为：首先将光标定位到表格第1个单元格内的最前面，然后按【Enter】键即可在表格上方插入一空行。

高手指点 在用鼠标拖动图片四周的控点调整其大小时，图片的大小会自动与默认的网格对齐；如果不能按需要进行缩放，只需按住【Alt】键不放，再用鼠标拖动控点进行调整即可精确地缩放。

第5章

Excel 2003表格制作基础

小李制作了一张表格，拿到老马那里，让老马帮忙检查一下还有什么问题。老马看了看说：“你这个表格是用Word制作的吧？”小李说：“是啊，刚刚学会，现学现卖，怎么样？马工，做得还行吧？”老马仔细看了会儿，说：“还行，看来Word你是学会了。不过，这个表格要是用Excel做出来，会更好一些，毕竟Excel是专门的电子表格制作软件。”小李说：“哦，做表格还可以用Excel啊？那您快教教我，我把这个表格重做一遍。”老马于是就开始给小李讲起了Excel 2003的基本使用方法。

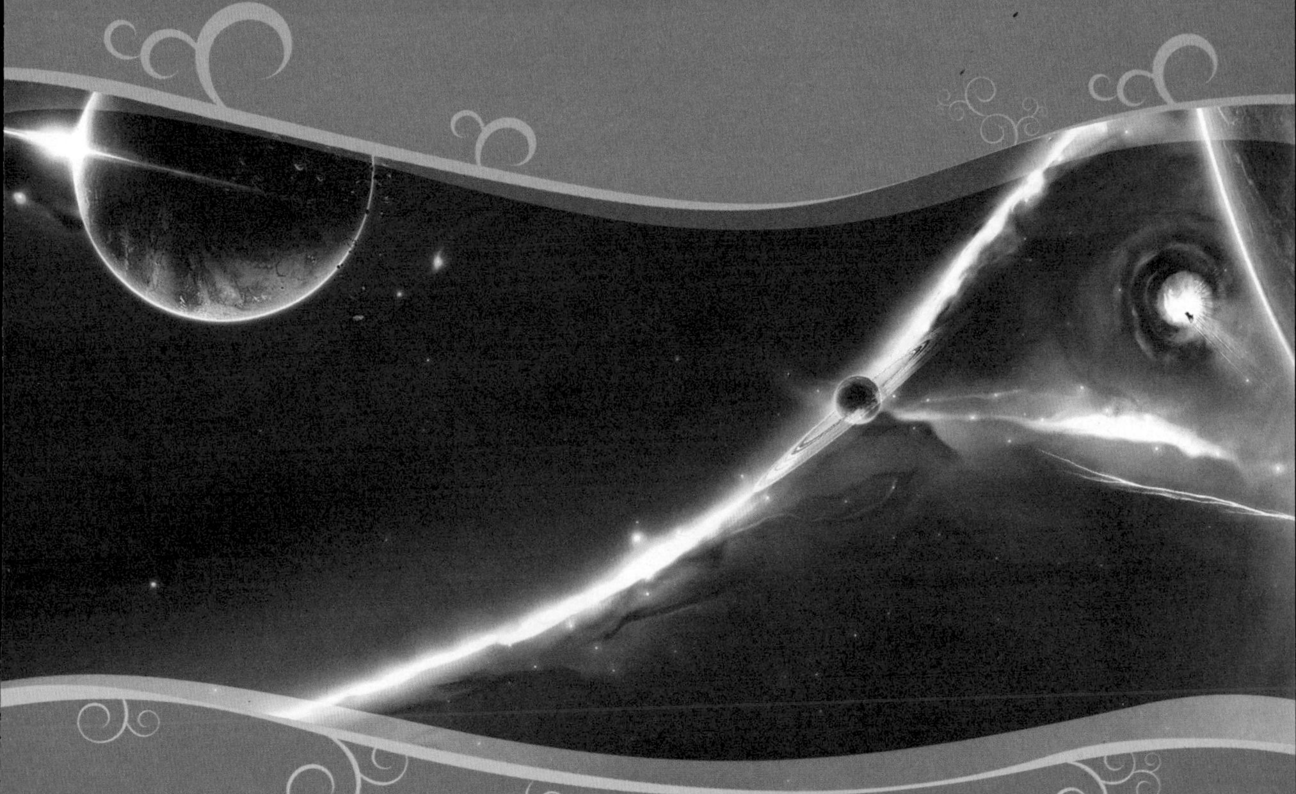

4小时学知识

- Excel 2003基本操作
- 工作表基本操作
- 数据输入与单元格操作
- 表格的美化与打印

5小时上机练习

- 创建“离职人员名单”工作簿
- 建立“办公联系人通讯录”工作表
- 在“员工通讯录”中输入数据
- 设置并打印“欣跃员工通讯录”
- 制作“周末值班表”

5.1 Excel 2003基本操作

老马告诉小李，Excel 2003具有强大的电子表格制作和处理功能，用户可以随意创建、保存工作簿，还可以为工作簿设置权限或者共享。小李一脸茫然，还不知道原来Excel这么厉害，急忙让老马给详细讲解讲解。

5.1.1 学习1小时

学习目标

- **启动和退出Excel，认识Excel工作界面。**
- **新建、保存和打开工作簿。**
- **保护和共享工作簿。**

1 启动与退出Excel 2003

使用Excel之前需要先启动Excel程序，在操作完成后需要退出Excel程序。下面介绍Excel 2003的启动和退出方法。

（1）启动Excel

启动Excel 2003程序有很多种方法，最常使用的是通过“开始”菜单启动，方法是：单击任务栏上的 开始 按钮，在弹出的“开始”菜单中选择【所有程序】/【Microsoft Office】/【Microsoft Office Excel 2003】命令。

另外，如果在桌面上建立了Excel 2003的快捷方式，还可以双击Excel图标启动；如果已经创建了Excel文件，可以通过资源管理器找到要打开的文档，双击该文档即可打开。

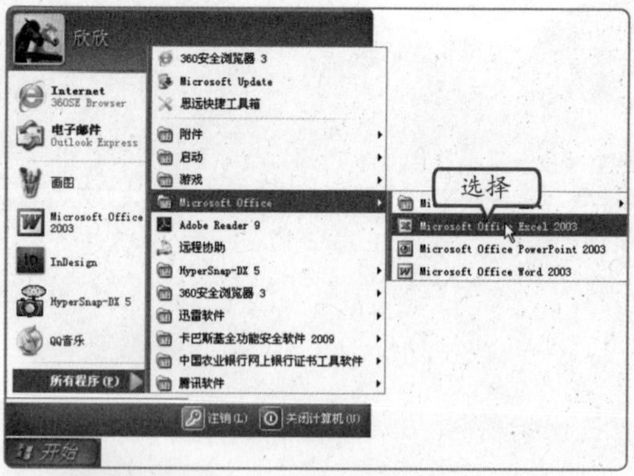

（2）退出Excel

退出Excel 2003程序也有很多种方法，最常用的方法是在Excel窗口中选择【文件】/【退出】命令。

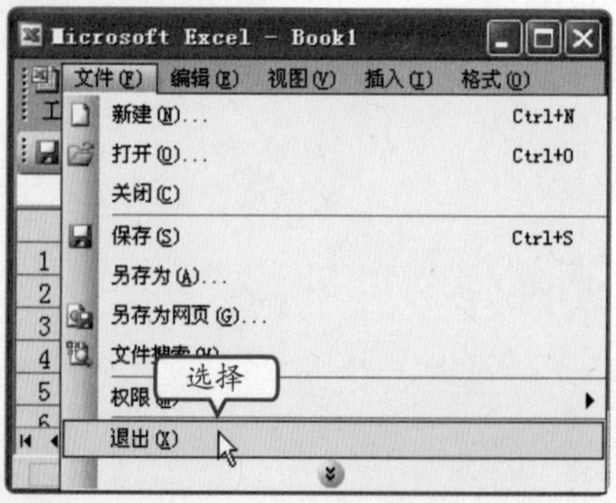

高手指点 另外，还可以直接单击程序窗口上的☒按钮来退出Excel程序。

2 认识Excel 2003的工作界面

Excel 2003的工作窗口由7个部分组成，即标题栏、菜单栏、工具栏、编辑栏、工作簿窗口、状态栏和任务窗格，其主界面如下图所示。

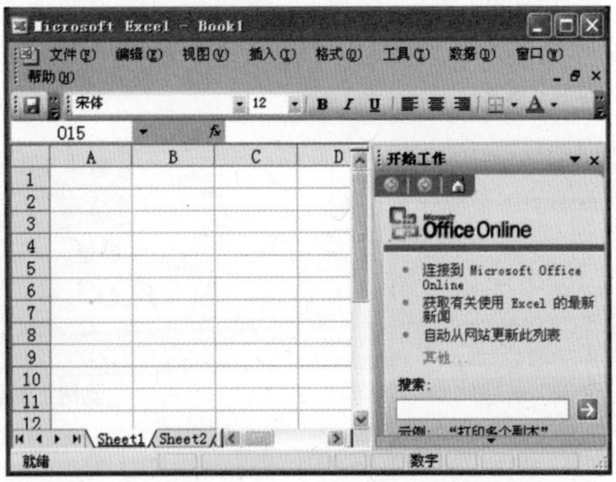

标题栏

标题栏位于Excel 2003窗口的顶部，用来显示应用程序名称Microsoft Excel和当前的Excel文件标题。标题栏的最右端有“最小化”、“最大/还原”和“关闭”按钮。标题栏的左端还有一个控制按钮。

菜单栏

菜单栏位于标题栏之下，单击菜单栏上的任一菜单项，都会显示其下拉菜单。因操作的内容或对象不同，同一菜单可能有不同的下拉菜单项。在下拉菜单命令底部单击“展开”按钮可以扩展该菜单，显示该菜单中的所有菜单命令。

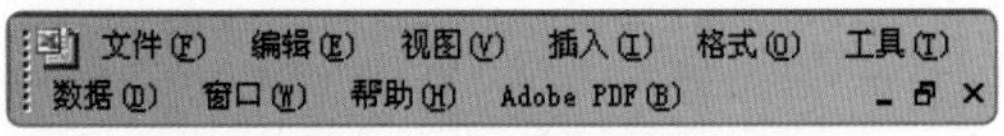

工具栏

工具栏是工具按钮的组合，这里提供了一些常用的菜单命令快捷方式，即单击工具按钮同选择相应的菜单命令可以实现相同的操作。Excel 2003提供20多种工具栏，其中常用的工具栏有常用工具栏和格式工具栏两种。

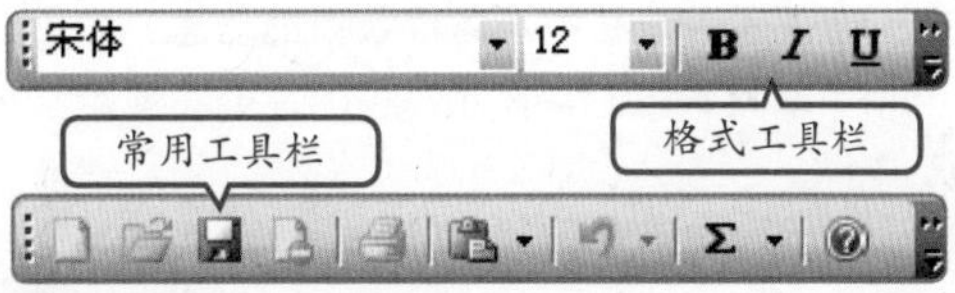

编辑栏

Excel 2003的编辑栏用于输入和修改工作表数据。在工作表中的某个单元格输入数据时，编辑栏中会显示相应的属性选项。按【Enter】键或单击编辑栏上的✓按钮，输入的数据便插入到当前的单元格中；如果需要取消正在输入的数据，可单击编辑栏上的✕按钮或按【Esc】键。单击编辑栏上的fx按钮，可以打开“插入函数”对话框。

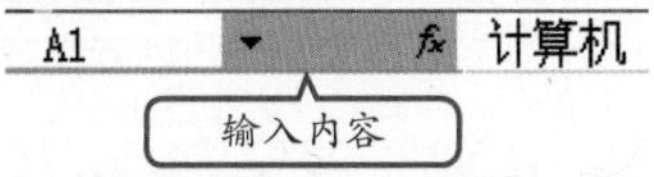

操作提示：输入内容

编辑栏左边标记的是当前活动单元格，如 A1 计算机 表示当前的活动单元格为A1单元格，输入的内容为“计算机”。

在工具栏中的空白区域单击鼠标右键，在弹出的快捷菜单中选择相应的命令，可显示出相应的工具栏。

补充两句

工作簿窗口

在Excel中，程序窗口实际上由两部分构成，即Excel窗口框架和工作簿窗口。工作簿窗口位于Excel窗口框架中，Excel 2003在启动时会自动创建一个Excel工作簿文件。工作簿窗口分为标题栏、行号与列标、活动单元格、拆分条、滚动条、工作表标签。

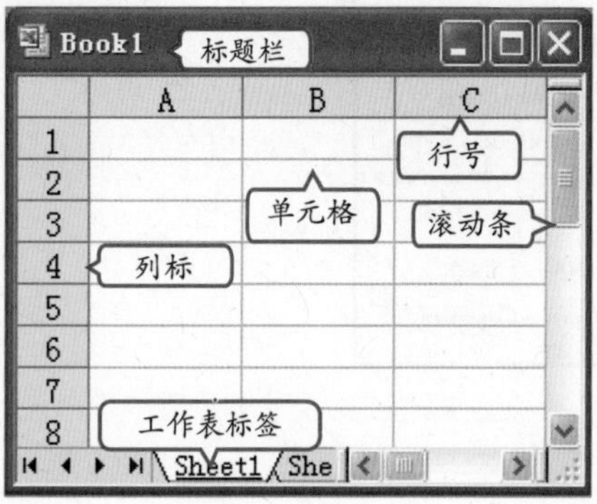

状态栏

位于Excel窗口底部，用来显示当前工作区的状态。通常大多数情况下，状态栏的左端显示“就绪”，表明工作表正在准备接收新的信息，如正在单元格中输入数据时，在状态栏的左端将显示“输入”字样。

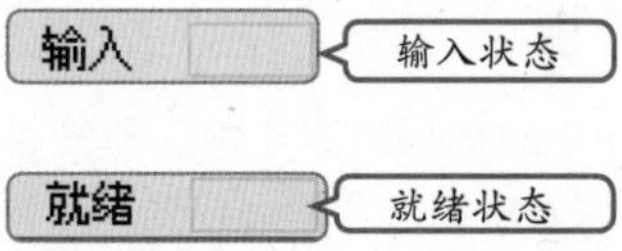

任务窗格

任务窗格位于窗口的右侧，用来显示常用的操作选项。在Excel 2003中的任务窗格中包括新建工作簿、剪贴板、帮助、剪贴画等几个组。单击▾按钮会弹出下拉菜单，选择某个命令，任务窗格将显示该命令对应的组。

教你一招：隐藏状态栏

Excel在默认的情况下会显示状态栏，如果想隐藏状态栏，选择【视图】/【状态栏】命令，取消左边的复选标记即可。

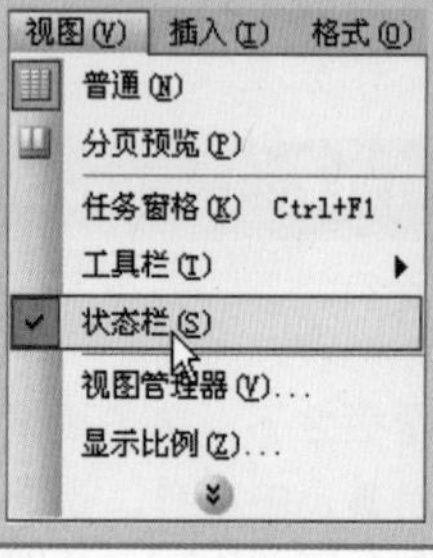

教你一招：Excel 2003的新增功能

Excel 2003是从Excel 2002升级而来的，因此与Excel 2002相比，它在功能上有许多的改进，如信息权限管理、并排比较工作簿、XML支持、列表功能、搜索库功能等。

3 认识工作簿、工作表和单元格

Microsoft Excel 电子表格程序具备多种功能，是非常强大的工具，也是许多领域中众多专业人士的必备选择。使用Excel前必须了解其最基本的3个常用术语：工作簿、工作表

高手指点 XML是将不同文档标准统一之后形成的一种通用的文档交换格式。

和单元格。

工作簿

在Excel中，工作簿是计算和储存数据的文件，即Excel文件，打开 Excel 程序时会加载这类文件。每一个工作簿都可以包含多张工作表，可在单个文件中管理各种类型的相关信息。

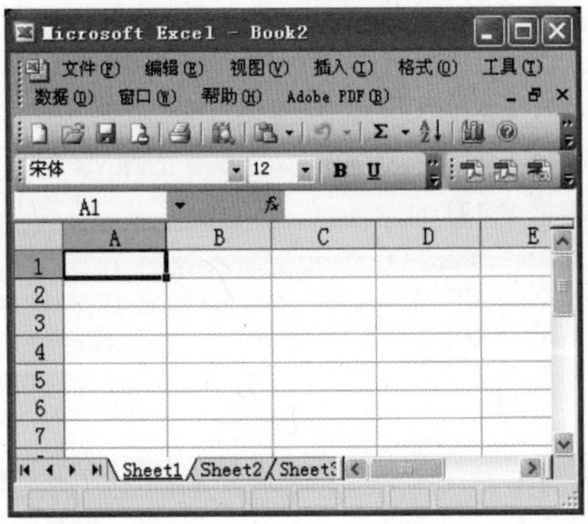

工作表

工作表是Excel用来存储和处理数据最主要的文档，其中包括排列成行和列的单元格，它是工作簿的一部分，通常称作电子表格。使用工作表可以对数据进行组织和分析，可以同时在多张工作表上输入并编辑数据，还可以对来自不同工作表的数据进行汇总计算。在创建图表后，既可以将其置于源数据所在的工作表上，也可以放置在单独的图表工作表上。

单元格

工作表中的行线和列线将整个工作表划分为一个个的格子，工作表中的文字、数据等就存放在这些称为单元格的格子中，单元格是工作表中存储数据的基本单位。

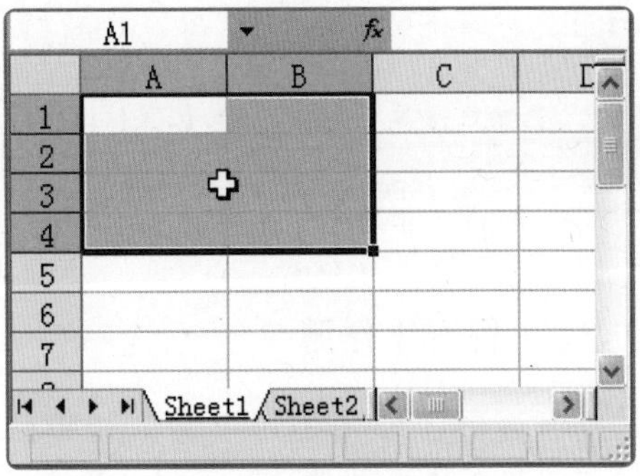

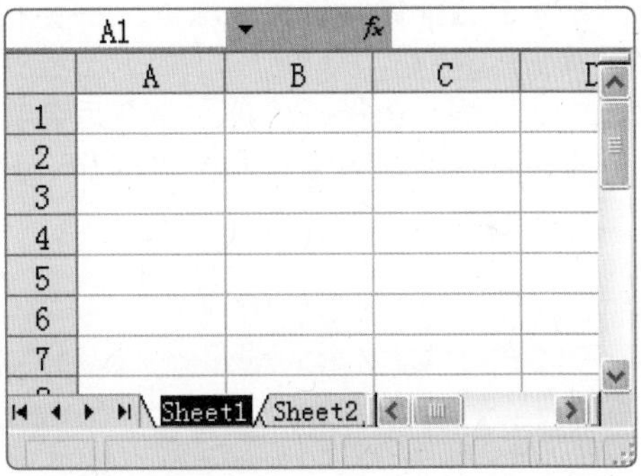

操作提示：表示单元格区域

单元格可以根据它在工作表中的位置来标识。除了可以标识单个的单元格之外，也可以标识一个单元格区域，通常用“第一单元格:最后一个单元格”的形式来标识一个矩形区域的单元格区域。如A1:V2表示的单元格是A1到V2的矩形区域。

4 新建、保存和打开工作簿

对Excel的基本概念有所了解之后，就可以开始操作了。要使用Excel需要先创建一个工作簿，然后在工作簿中进行操作。下面介绍新建、保存和打开工作簿等简单操作。

补充两句 在Excel中，新建、保存和打开工作簿的操作与在Word中新建、保存和打开文档的操作基本相同。

（1）新建工作簿

工作簿作为Excel的文档文件，是Excel操作的载体，因此在制作电子表格前，需新建一个工作簿。在Excel 2003中，选择【文件】/【新建】命令即可新建工作簿。

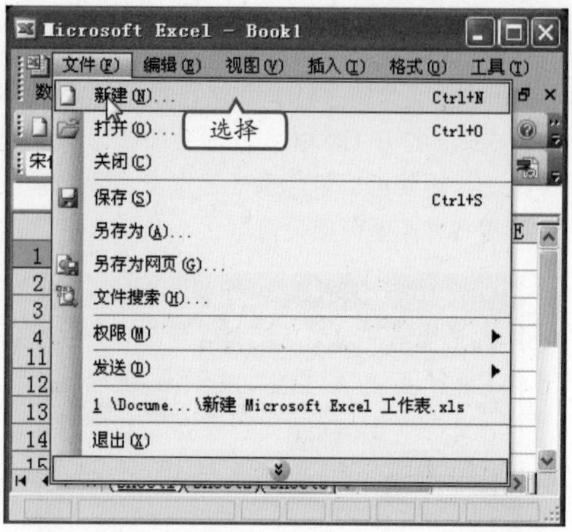

教你一招：快速新建工作簿

快速新建工作簿的方法还有：单击常用工具栏中的“新建空白文档”按钮；在“任务窗格”中的“新建工作簿”组选择“空白工作簿”命令；按【Ctrl+N】组合键。

（2）保存工作簿

新创建的工作簿进行了输入和编辑等操作后，需要将其存盘。方法为：选择【文件】/【保存】命令，打开“另存为”对话框，在其中选择储存位置，输入文件名称，最后单击 保存(S) 按钮。如果是已经存在的工作簿文档，选择“保存”命令后会直接将修改的内容保存到文档而不再打开“另存为“对话框。

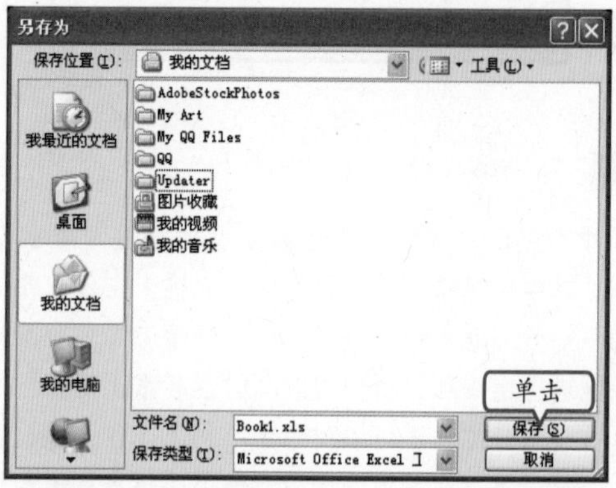

（3）打开工作簿

在Excel 2003中打开旧文档的方法很多，一般是通过“打开”对话框，如果要打开最近使用过的文档，可以直接单击“开始工作”任务窗格中的某个文档名。还可以通过选择【文件】/【打开】命令，在打开的“打开”对话框中选择文件位置，然后选中需要打开的文件，单击 打开(O) 按钮即可打开。

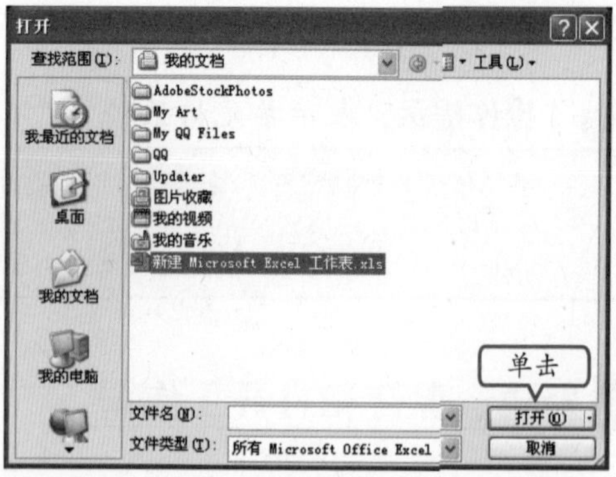

教你一招：快速保存打开的工作簿

还可以通过单击常用工具栏中的按钮或按【Ctrl+S】组合键打开“另存为”对话框。可以通过按【Ctrl+O】组合键快速打开“打开”对话框。

高手指点 可以通过按【Alt+F】组合键选择“文件”菜单，再在其中选择“退出”命令。

5 工作簿安全

为了防止他人浏览、修改或删除用户工作簿及其工作表，可以对工作簿进行保护。Excel 2003提供了各种方式对用户如何查看或改变工作簿中的数据进行了限定。通过在打开或保存工作簿时输入密码，可以对打开和使用工作簿数据的人员进行限制，还可以建议他人以只读方式打开工作簿。

（1）设置打开工作簿密码

为了防止他人修改或浏览自己的工作簿，可以为工作簿设置打开密码，其具体操作如下。

教学演示\第5章\设置打开工作簿密码

1 打开“另存为”对话框

打开需设置打开密码的工作簿，选择【文件】/【另存为】命令，打开“另存为”对话框。

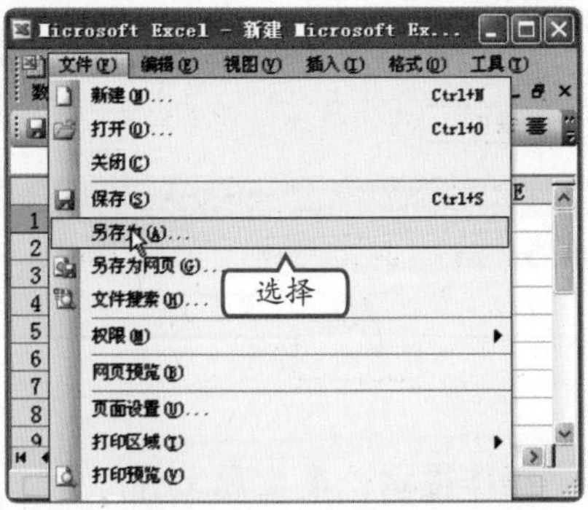

2 打开“保存选项”对话框

1. 单击工具(L)按钮。
2. 在弹出的下拉菜单中选择“常规选项”命令。

3 输入密码

1. 在打开的“保存选项”对话框的“打开权限密码”文本框中输入密码。
2. 单击确定按钮。

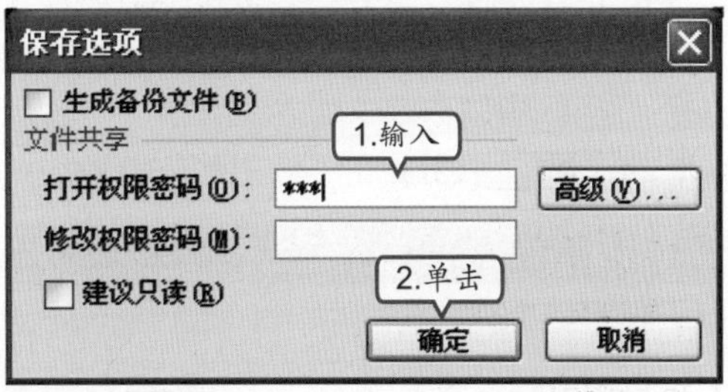

4 确认密码

1. 在弹出的“确认密码”对话框中重新输入密码。
2. 单击确定按钮返回“另存为”对话框。

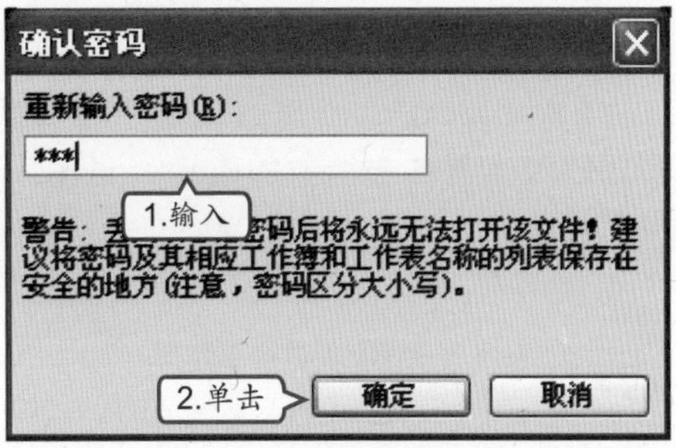

在“保存选项”对话框中，可单击高级(V)...按钮对加密类型进行高级设置。

补充两句

5 替换原文件

在“另存为”对话框中单击 保存(S) 按钮，然后在打开的确认对话框中单击 是(Y) 按钮覆盖原文件即可。

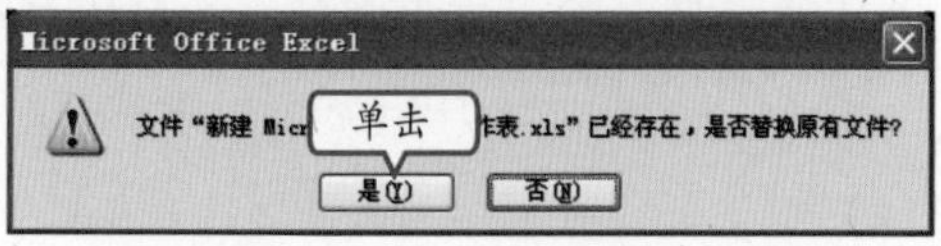

操作提示：打开工作簿

重新打开设置好权限密码的工作簿时，Excel 2003就会弹出一个提示框，要求用户输入打开和修改权限密码，输入正确后才能打开工作簿，否则将不能打开并重置其中的内容。

（2）设置打开工作簿的“只读”方式

如果工作簿只允许浏览而禁止修改时，可以以“建议只读”的方式打开工作簿，防止对工作簿进行修改，其具体操作如下。

教学演示\第5章\设置打开工作簿的“只读”方式

1 设置只读方式

1. 打开需设置打开密码的工作簿，选择【文件】/【另存为】命令，打开“另存为”对话框。使用前面介绍的方法，打开“保存选项”对话框，选中“建议只读”复选框。
2. 单击 确定 按钮返回“另存为”对话框。

2 替换原文件

单击 保存(S) 按钮，然后在弹出的确认对话框中单击 是(Y) 按钮覆盖原文件即可。

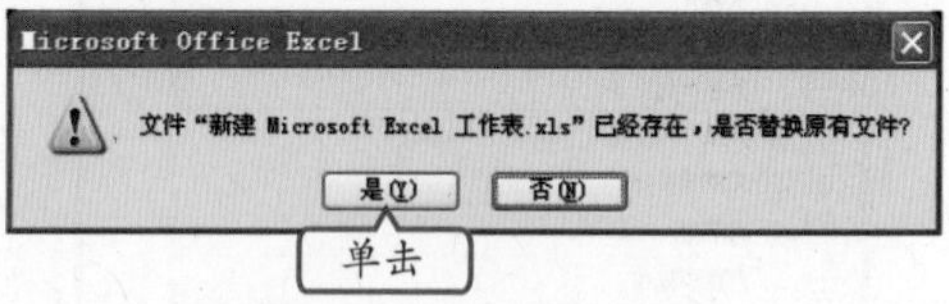

操作提示：覆盖原文件

单击 是(Y) 按钮后即设置了只读方式的文件会覆盖原文件，因此在进行此操作前最好先检查自己是否保存了文件。

6 共享工作簿

在Excel 2003中，可以设置工作簿的共享来加快数据的录入速度，而且在工作过程中还可以随时查看各自所做的改动，当多人一起在共享工作簿上工作时，Excel会自动保持信息不断更新。

教学演示\第5章\共享工作簿

高手指点 还可以通过选择【工具】/【选项】命令，在打开的对话框中进行安全设置。

1 打开“共享工作簿”对话框

选择【工具】/【共享工作簿】命令，打开“共享工作簿”对话框。

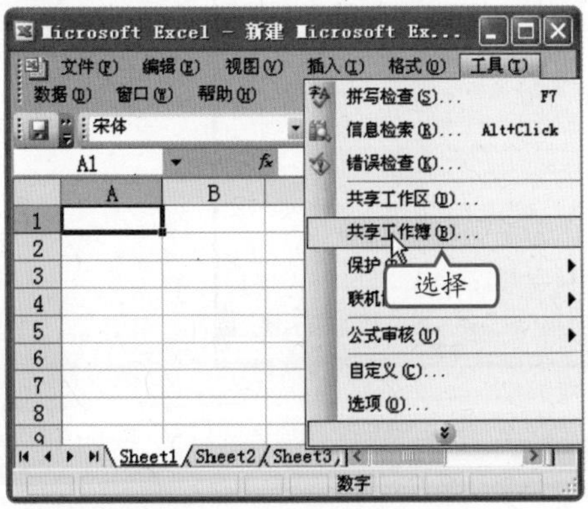

2 设置共享

1. 选中“允许多用户同时编辑，同时允许工作簿合并”复选框。
2. 单击 确定 按钮。

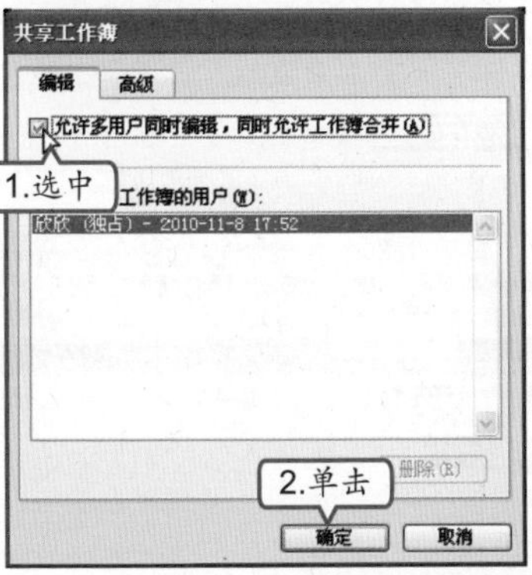

3 确认操作

此时会弹出一个对话框，询问是否继续该操作，此操作会导致保存文档，单击 确定 按钮保存文档即可。

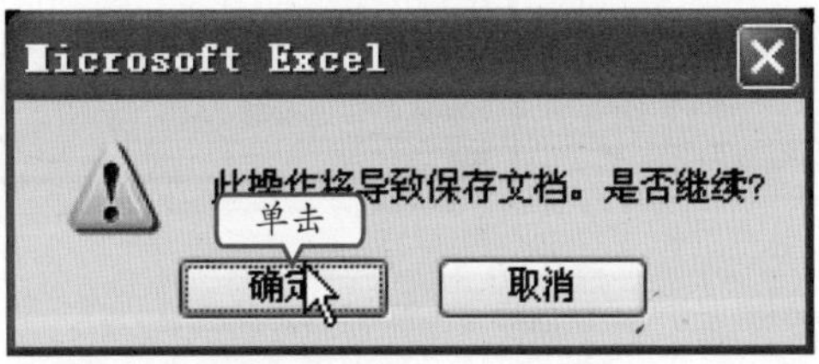

操作提示：共享详细设置

在“共享工作簿”对话框中选择“高级”选项卡，在其中可以对共享属性进行更详细的设置。

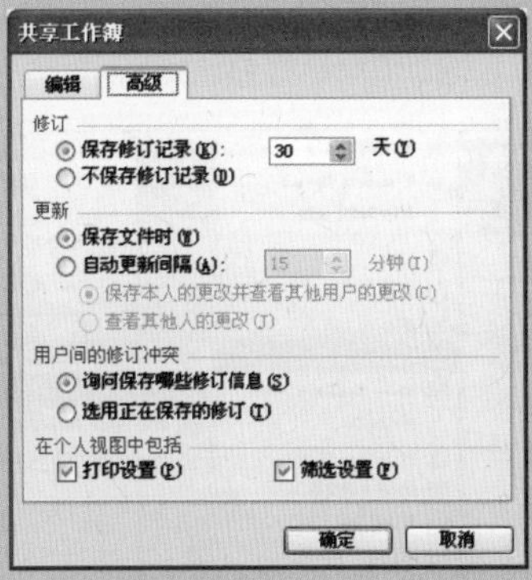

5.1.2 上机1小时：创建“离职人员名单”工作簿

本例将首先打开Excel程序，然后新建一个工作簿，再为工作簿命名并保存，最后设置工作簿保护后退出Excel程序。完成后的效果如下图所示。

上机目标

- 掌握Excel程序的启动和退出以及创建工作簿的方法。
- 熟悉保护工作簿的方法。

补充两句

为了避免数据丢失，在对工作簿进行共享前，可以先对其进行备份。

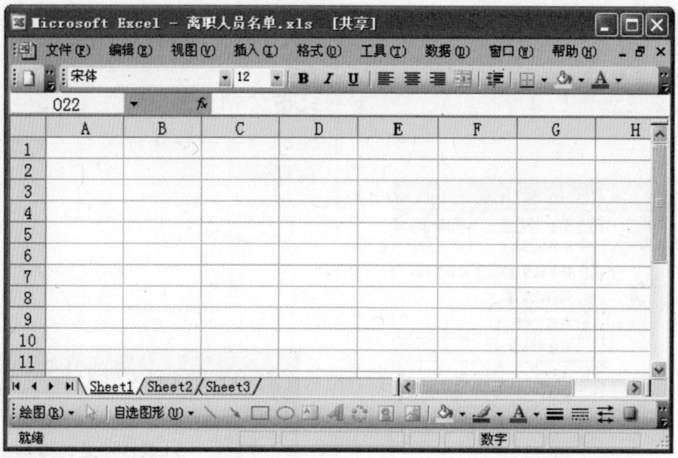

最终效果\第5章\离职人员名单.xls
教学演示\第5章\创建“离职人员名单”工作簿

1 打开Excel程序

单击 开始 按钮，在弹出的“开始”菜单中单击 所有程序(P) 按钮，然后在弹出的菜单中选择【Microsoft Office】/【Microsoft Office Excel 2003】命令启动Excel程序。

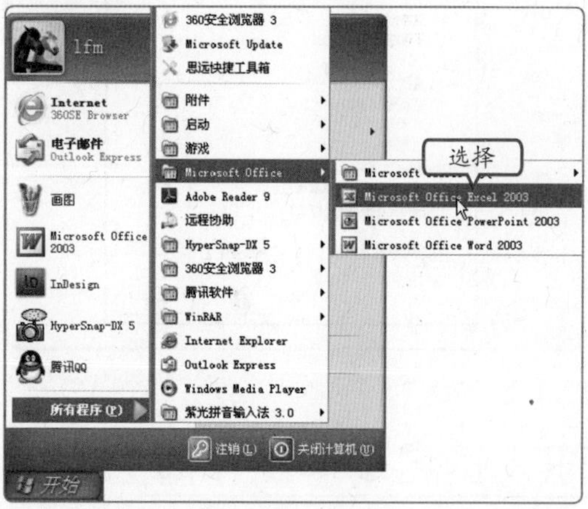

2 保存文件

1. 单击Excel程序窗口中的按钮，打开“另存为”对话框。
2. 在“保存位置”下拉列表框中选择保存位置。
3. 在“文件名”文本框中输入“离职人员名单”。
4. 单击 保存(S) 按钮。

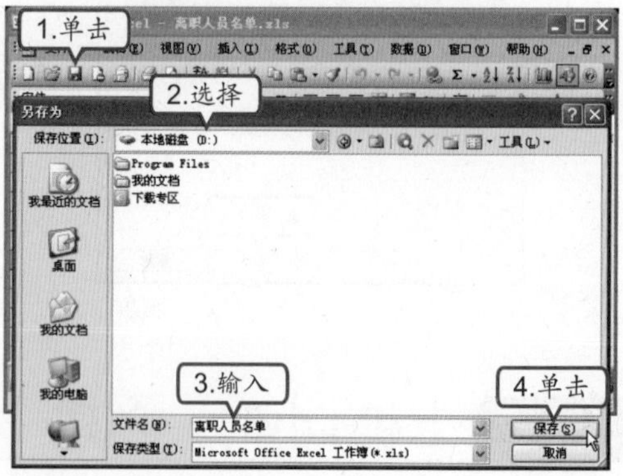

操作提示：工作簿密码的保存

对工作簿设置了打开权限密码后，必须牢牢记住密码，因为如果工作簿不常使用，时间长了之后很容易忘记密码，导致该文档永远无法打开。建议将文档密码进行编号后放置到安全位置，以备不时之需。

高手指点 如果在安装时在桌面上创建了Excel的快捷图标，还可以通过该图标来启动Excel程序。

3 设置修改权限密码

1. 选择【文件】/【另存为】命令打开“另存为”对话框，单击 工具(L)▾ 按钮。
2. 在弹出的下拉菜单中选择“常规选项”命令。

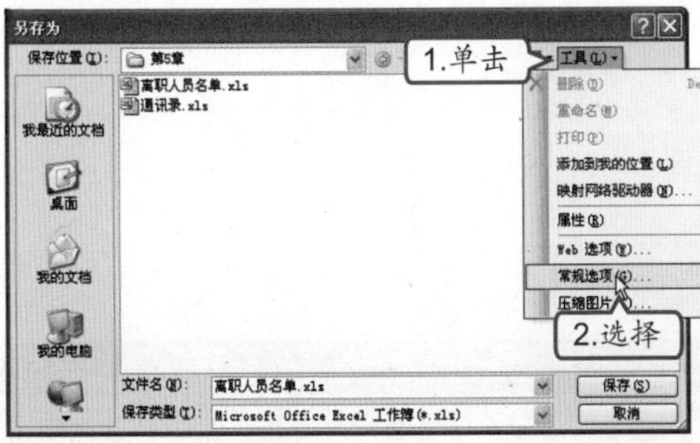

4 输入密码

1. 在打开的“保存选项”对话框的“修改权限密码”文本框中输入“123”。
2. 单击 确定 按钮。

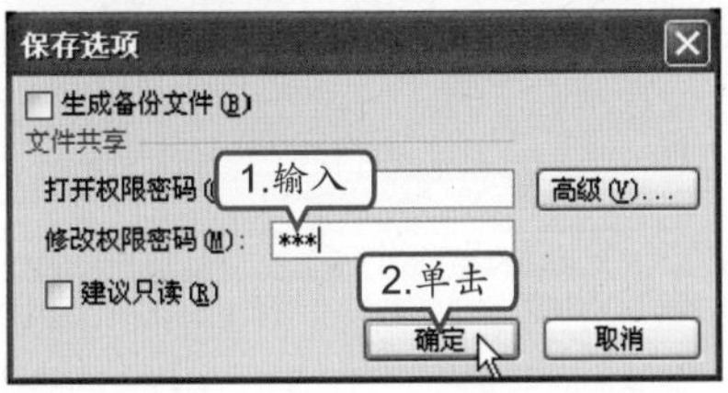

5 确认密码

1. 在打开的“确认密码”对话框的“重新输入修改权限密码”文本框中输入“123”。
2. 单击 确定 按钮。

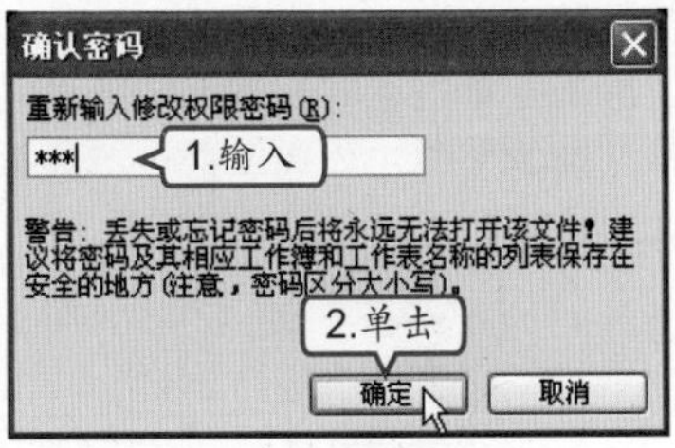

6 保存文件

返回“另存为”对话框，单击 保存(S) 按钮。

7 覆盖原文件

在Microsoft Office Excel提示对话框中单击 是(Y) 按钮。

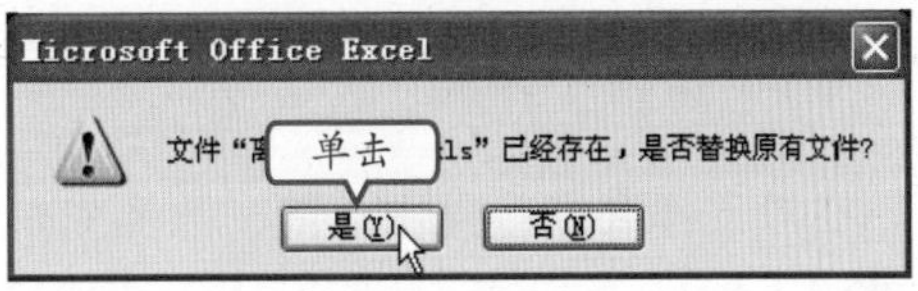

8 退出Excel程序

在Excel窗口中选择【文件】/【退出】命令退出Excel程序。

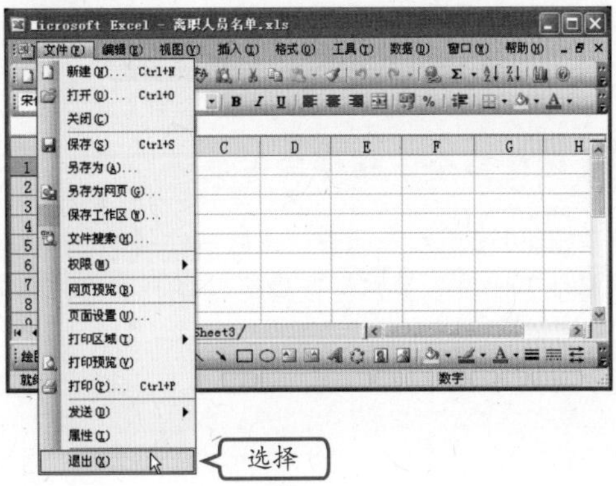

补充两句

将工作薄文件属性设置为“只读”，可以有效避免误操作导致的数据丢失。

5.2 工作表基本操作

老马告诉小李，在创建Excel 2003工作簿后就可以对表格进行基本操作了，如选择切换工作表、插入与重命名工作表、移动与复制工作表、隐藏与显示工作表、保护工作表以及窗口操作等，熟悉这些操作对后面的高级设置会有很大帮助。小李一脸迫切地说："那我们就开始学习吧！"

5.2.1 学习1小时

学习目标

- 熟悉工作表的基本操作。
- 熟悉窗口的基本操作。

1 选择与切换工作表

要对某个工作表进行操作，则该工作表必须是活动工作表，当在一个工作簿中有多个工作表时，需要进行选择或者切换。

（1）选择工作表

在对工作表进行操作之前，需要先选中工作表。在Excel 2003中可按以下方法选择工作表。

选择单个工作表

单击某个工作表标签可选定单张工作表。

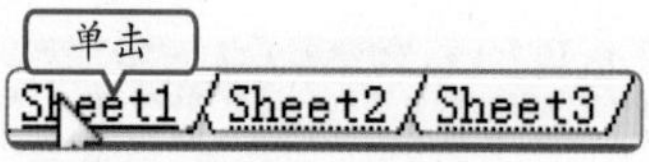

选择多个相邻工作表

先单击第1张工作表标签，然后按住【Shift】键再单击其他的工作表标签，可选中两张以上相邻的工作表。

选择多个不相邻工作表

先单击第1张工作表标签，然后按住【Ctrl】键单击其他工作表标签，可选择两张以上不相邻的工作表。

选择全部工作表

在工作表标签上单击鼠标右键，在弹出的快捷菜单中选择"选定全部工作表"命令可选中工作簿中的所有工作表。

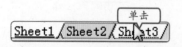

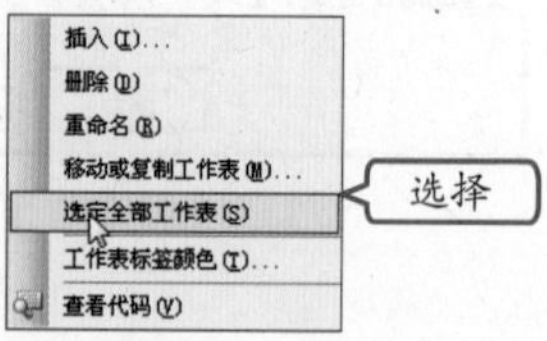

高手指点 拖动工作表拆分栏可调整工作表标签的宽度。

（2）切换工作表

一个工作簿由多个工作表组成，但在同一工作簿窗口中只能显示一个工作表。用户可以通过切换工作表的方式来激活其他工作表。用鼠标单击工作表标签，如单击Sheet2则该工作表被激活。

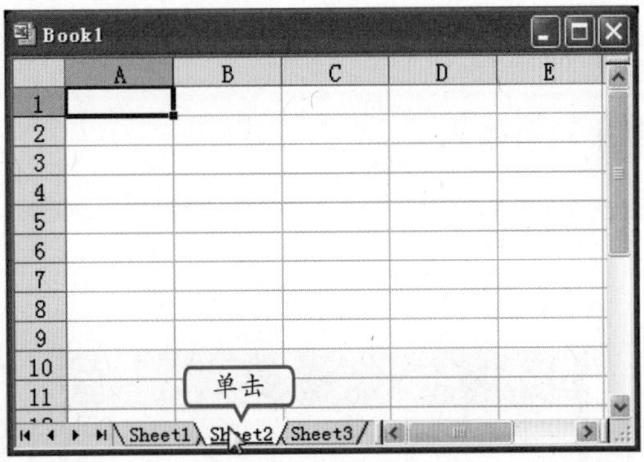

操作提示：显示其他工作表标签

如果所需要的工作表标签没有显示在工作表上，可单击底部的标签方向按钮 |◀ ◀ ▶ ▶| 进行翻页显示。

2 插入与重命名工作表

为了方便识别，通常会给工作表取一个名字，或者给工作表重新命名，另外，还可以根据需要添加新的工作表。

（1）插入工作表

在通常情况下，工作簿中有3张工作表，可以根据需要添加工作表。插入工作表通常有两种方法。

直接插入工作表

选中一张或多张工作表，选择【插入】/【工作表】命令可插入选中数量的工作表。

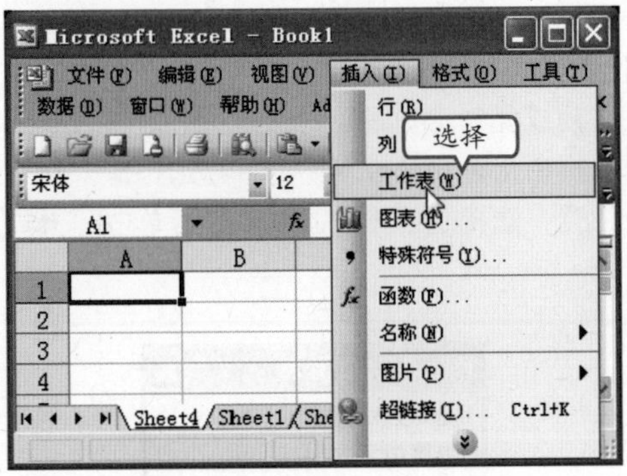

通过对话框插入工作表

选中一张或多张工作表，单击鼠标右键，在弹出的快捷菜单中选择“插入”命令，在打开的“插入”对话框中选择“工作表”选项，单击 确定 按钮。

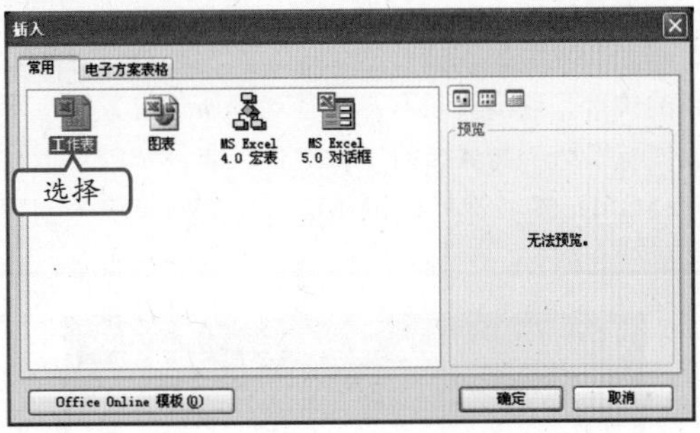

教你一招：取消选中工作表

选中多张工作表后，按住【Ctrl】键再单击已经选中的工作表标签，可取消对该工作表的选择。

在“插入”对话框中选择“电子方案表格”选项卡，在其中可以插入Excel自带的表格框架。 补充两句

（2）重命名工作表

在默认情况下，Excel会自动给每一个工作表取名为Sheet1、Sheet2、Sheet3等，如果需要，可将工作表重新命名，其操作方法有以下两种。

双击输入

双击需要重新命名工作表的标签，然后输入名称。

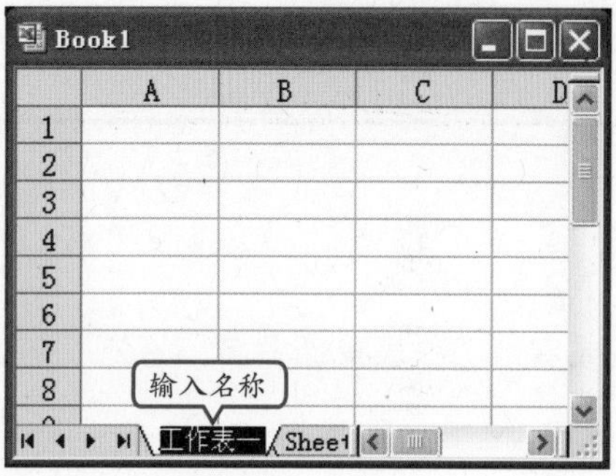

右键输入

在需要重新命名的工作表标签处单击鼠标右键，在弹出的快捷菜单中选择“重命名”命令，然后输入名称。

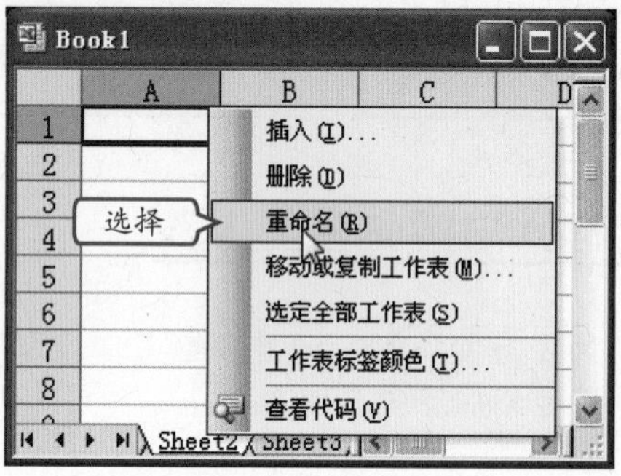

3 移动与复制工作表

在Excel 2003中，可以把工作表移动或复制到同一工作簿中，也可以在不同的工作簿之间进行工作表的移动或复制。移动或复制工作表有两种方法。

使用鼠标

将鼠标指针指向需要移动的工作表标签，按下鼠标左键并拖动，在移动的过程中鼠标指针将变为形状，在标签栏上会有一个小三角形指明目前移动到的位置，当小三角形符号移动到所需位置时，释放鼠标即可。如果要对工作表进行复制，则可以按住【Ctrl】键，然后使用鼠标拖动工作表标签到需要的位置即可。

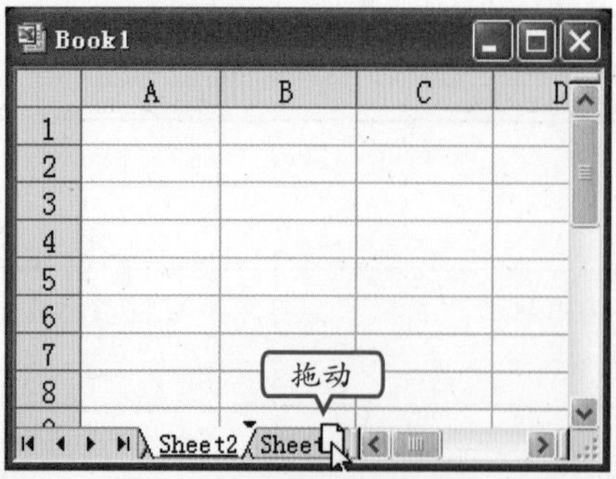

使用对话框

在原工作簿中选中需移动或复制的工作表，选择【编辑】/【移动或复制工作表】命令，在打开的“移动或复制工作表”对话框的“工作簿”下拉列表框中选择移动或复制的目标工作簿，然后选择位置，选择是否建立副本，最后单击 确定 按钮。

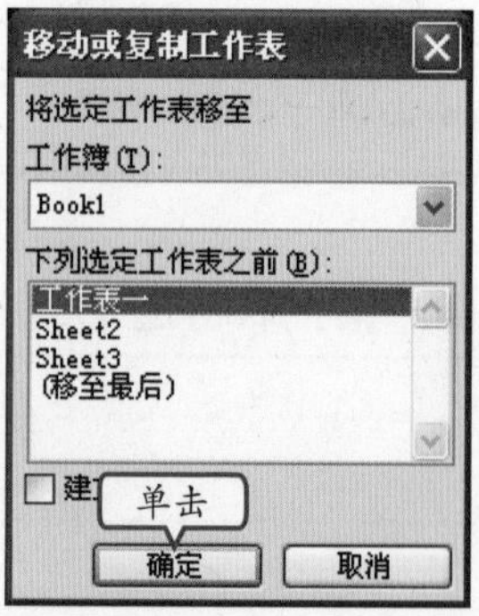

高手指点 如果工作表的移动或复制在一个工作簿中进行的，则打开该工作簿；如果移动或复制在不同的工作簿进行，则打开源工作簿与目标工作簿。

4 隐藏与显示工作表

可以根据需要将工作簿和工作表的全部或部分内容隐藏起来，从而减少屏幕上的显示窗口，这样可以避免不必要的改动并能起到保护重要数据的作用。

（1）隐藏工作表

如果当前有多个工作表，可以暂时将不用的工作表隐藏起来，方法为：选中需要隐藏的工作表，选择【格式】/【工作表】/【隐藏】命令即可。

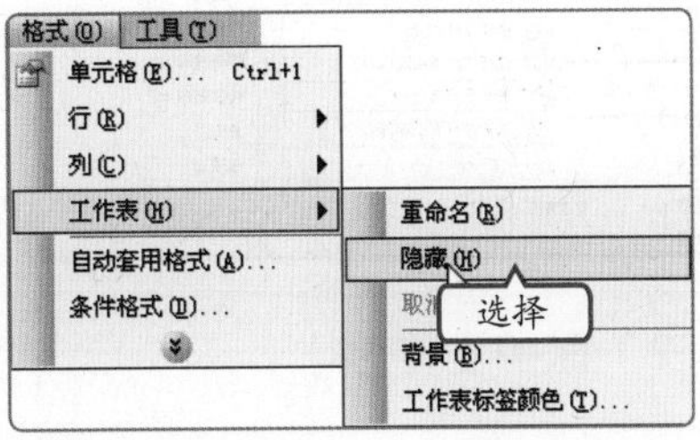

（2）显示工作表

工作表隐藏后，其对应的工作表标签也将消失，因此无法切换到该工作表，也就无法对工作表做任何操作。如果要重新显示被隐藏的工作表，则选择【格式】/【工作表】/【取消隐藏】命令，在打开的“取消隐藏”对话框中选中要取消隐藏的工作表名称，单击 确定 按钮即可。

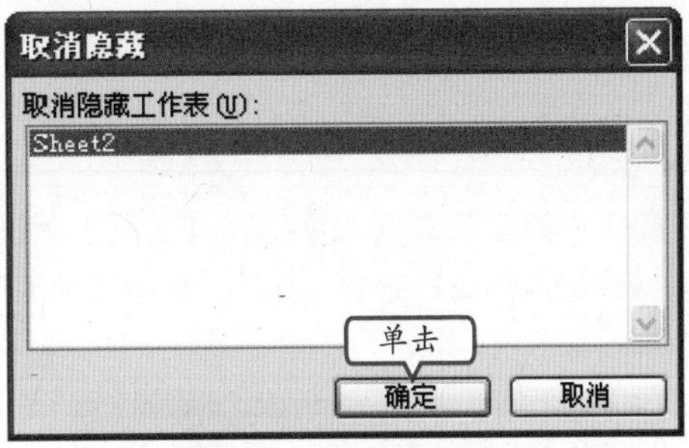

5 保护工作簿和工作表

为了防止他人修改工作簿结构和工作表内容，可以设置工作簿保护密码和工作表保护密码。

（1）保护工作簿

保护工作簿主要是保护工作簿的结构和窗口，设置了工作簿保护后，工作表的插入、删除、移动和复制等操作都不可进行，也不能新建工作簿窗口，其具体操作如下。

教学演示\第5章\保护工作簿

操作提示：保护并共享工作簿

选择【工具】/【保护】/【保护并共享工作簿】命令可以打开“保护共享工作簿”对话框，在其中可以选择“以追踪修订方式共享”选项以避免丢失工作簿修订记录；还可以对共享工作簿的密码进行设置，但此操作必须在共享工作簿之前进行。

补充两句

在Excel中还可以设置只保护选择的单元格，或设置只有选择的单元格为可编辑，其他单元格不可编辑。

1 打开“保护工作簿”对话框

在需要保护的工作簿窗口中选择【工具】/【保护】/【保护工作簿】命令，打开“保护工作簿”对话框。

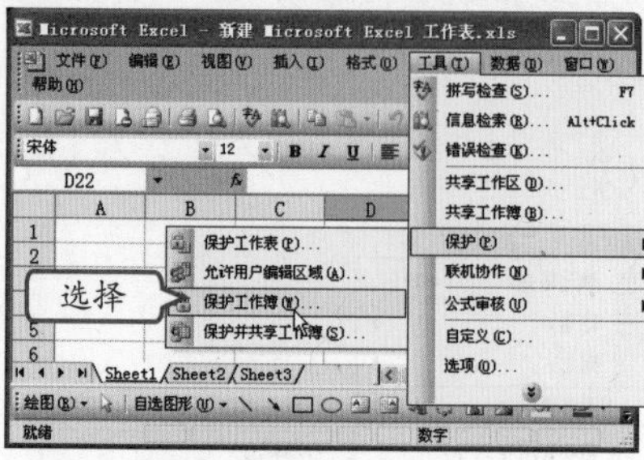

2 设置选项和密码

1. 选中“保护工作簿”栏中的“结构”和“窗口”复选框。
2. 在“密码（可选）”文本框中输入“123”。
3. 单击 确定 按钮，最后输入确认密码。

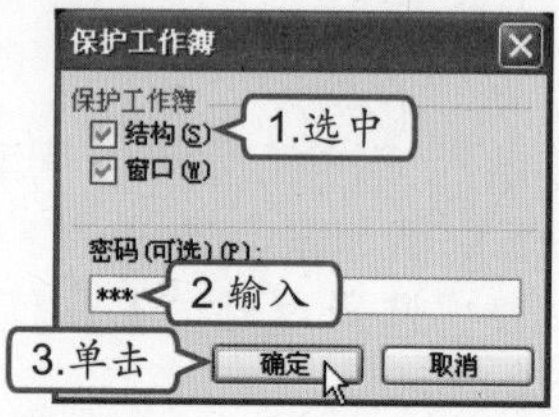

（2）保护工作表

保护工作表主要是针对工作表中内容的操作进行限制，其具体操作如下。

教学演示\第5章\保护工作表

1 打开“保护工作表”对话框

在需要保护的工作表窗口中选择【工具】/【保护】/【保护工作表】命令，打开“保护工作表”对话框。

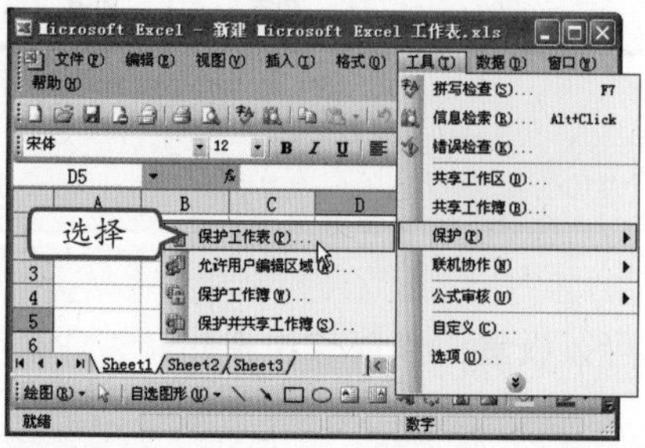

2 设置选项和密码

1. 在文本框中输入密码“123”。
2. 选中允许操作项目前的复选框。
3. 单击 确定 按钮，最后输入确认密码。

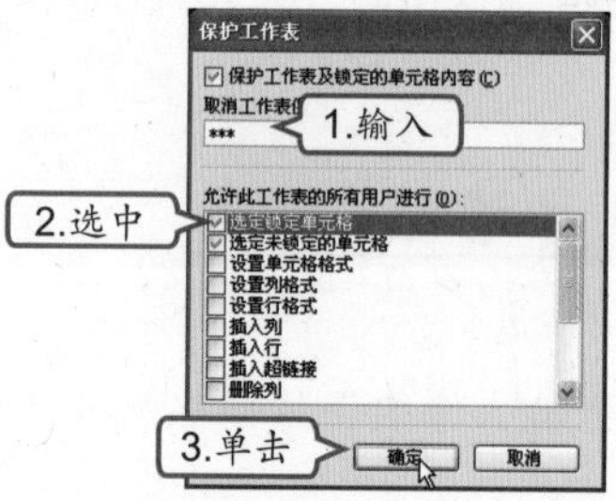

5.2.2 上机1小时：建立“办公联系人通讯录”工作表

本例将首先建立一个“内部”工作表，并通过复制和重命名的方式建立“客户”工作表，接下来将不需要的工作表隐藏起来，然后对两个工作表设置操作保护密码，通过新建窗口并水平排列窗口来查看两个工作表是否相同，最后分别冻结两个工作表的部分窗格。完成后的效果如下图所示。

上机目标

- **掌握工作表的选择、切换、命名、复制、隐藏等基本操作。**
- **熟悉保护工作表操作和新建及重排窗口的方法。**

高手指点 同时打开多个工作簿时，除了可以在任务栏上选择切换窗口外，还可以在Excel窗口中单击“窗口”菜单项，在弹出的菜单中选择需要切换的工作簿窗口。

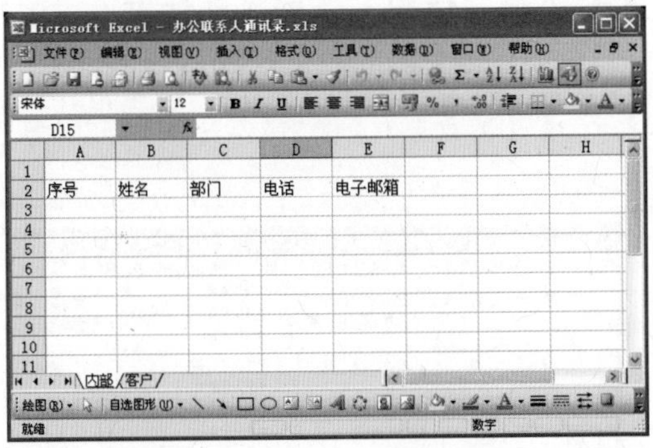

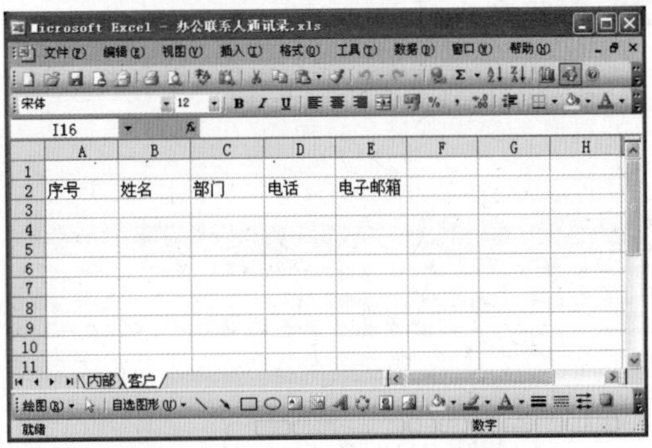

实例素材\第5章\办公联系人通讯录.xls
最终效果\第5章\办公联系人通讯录.xls
教学演示\第5章\建立"办公联系人通讯录"工作表

1 打开素材文档

在光盘中找到素材文件"办公联系人通讯录.xls"并双击打开。

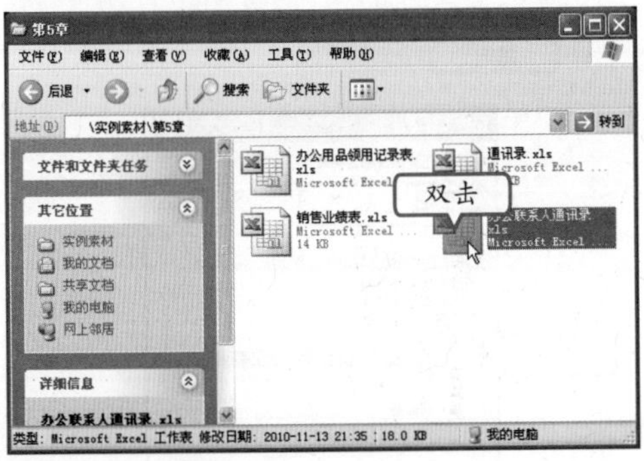

2 命名工作表

双击Sheet1工作表标签，输入工作表名称"内部"后按【Enter】键确认更改名称。

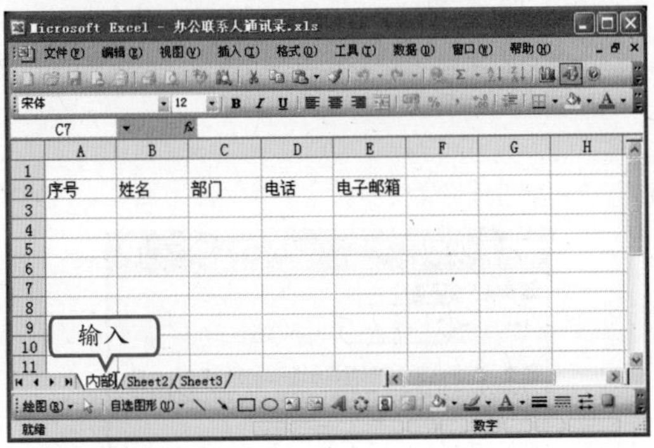

3 选择命令

在"内部"工作表标签上单击鼠标右键，在弹出的快捷菜单中选择"移动或复制工作表"命令。

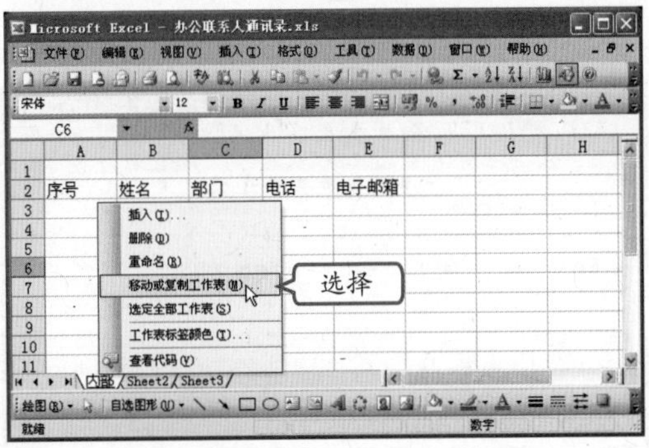

4 复制工作表

1. 在打开的对话框中选中"建立副本"复选框。
2. 单击 确定 按钮。

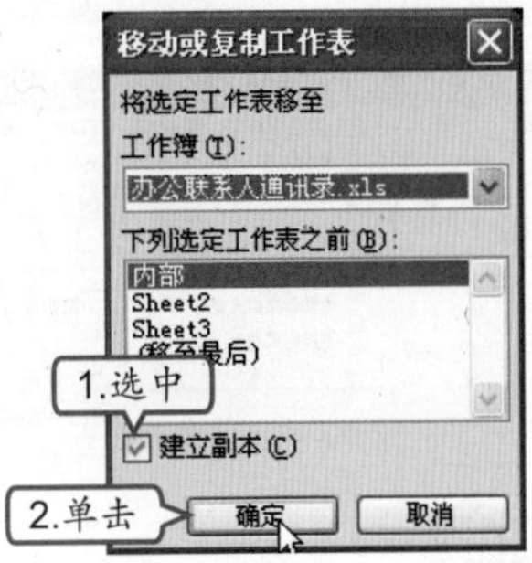

补充两句

为了提高工作效率，无论是使用Excel还是其他软件，在选择命令时，一定要选择自己最熟悉的选择方式。

5 重命名工作表

在“内部(2)”工作表标签上单击鼠标右键，在弹出的快捷菜单中选择“重命名”命令将其命名为“客户”。

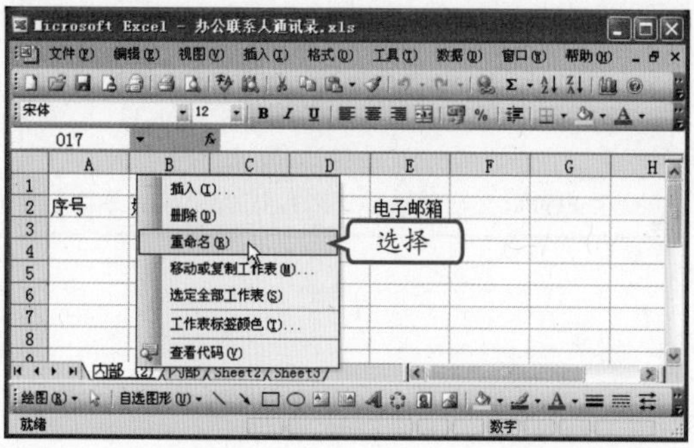

6 移动工作表

使用鼠标将“客户”工作表拖动到“内部”工作表之后。

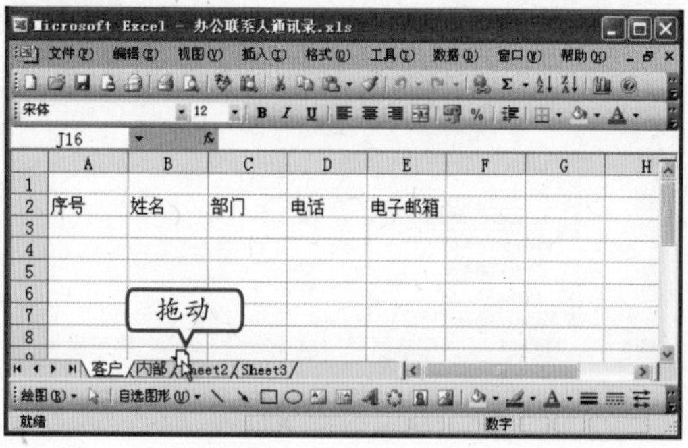

7 隐藏工作表

1. 单击Sheet2工作表标签。
2. 选择【格式】/【工作表】/【隐藏】命令将其隐藏。同样将Sheet3工作表也隐藏起来。

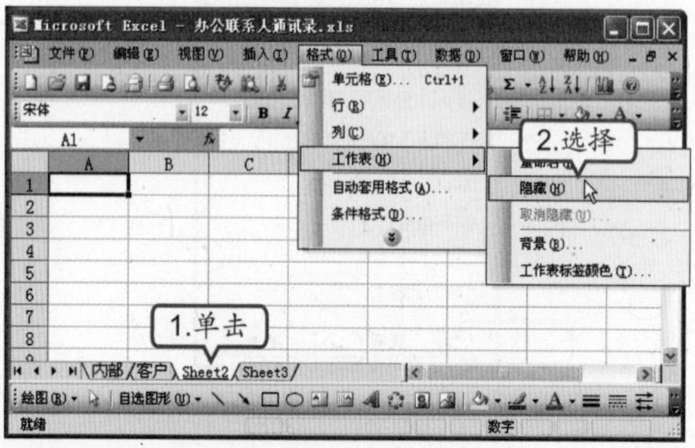

8 打开“保护工作表”对话框

1. 单击“客户”工作表标签。
2. 选择【工具】/【保护】/【保护工作表】命令。

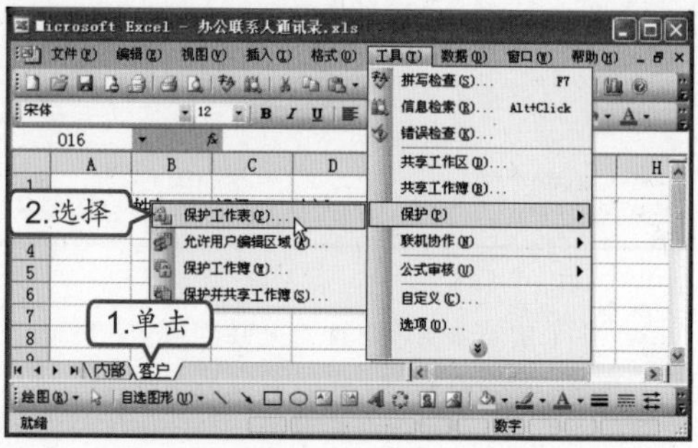

9 保护工作表

1. 在打开的对话框中输入密码“456”。
2. 选中允许进行的操作前的复选框。
3. 单击 确定 按钮。

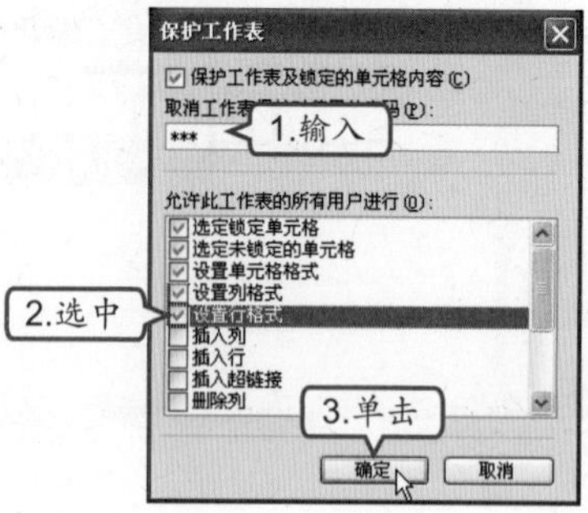

10 确认密码

1. 在打开的对话框中输入确认密码“456”。
2. 单击 确定 按钮。

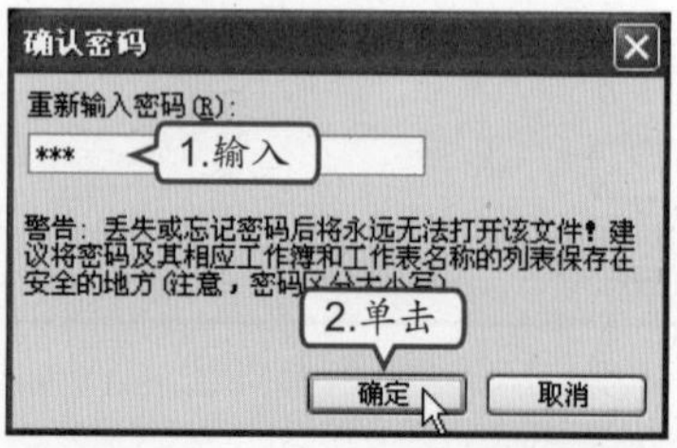

高手指点

还可以通过双击工作表标签或者选择【格式】/【工作表】/【重命名】命令来修改工作表名称。

5.3　数据输入与单元格操作

小李在忙着输入一大堆数据，老马路过看见小李忙得焦头烂额，便走过去问问究竟，小李说所有的数据都要挨个输入，弄了大半天了，还有很多，老马笑了笑，说："小李啊，Excel 2003提供了强大的数据处理功能，你怎么不懂灵活运用呢？"小李感觉找到了救星，连忙让老马教教他怎么快速输入数据以及怎么对单元格进行操作。

5.3.1 学习1小时

学习目标

- **熟悉数据输入的方法。**
- **学会单元格的基本操作。**

1 直接输入数据

数据的输入和编辑是工作表编辑中最基本的操作，也是进行工作表数据分析处理的基础。在Excel 2003工作表中输入数据的方法有以下两种。

在编辑栏中输入

单击要输入数据的单元格，直接输入数据，也可将鼠标光标定位到工作簿窗口的编辑栏中进行输入。

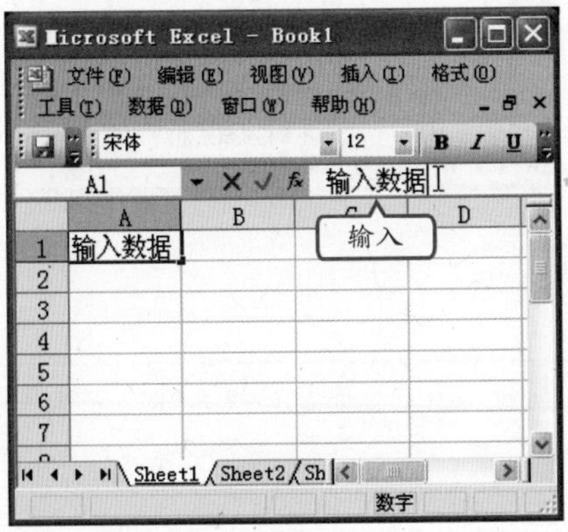

在单元格中输入

双击要输入数据的单元格，在单元格中直接输入数据。

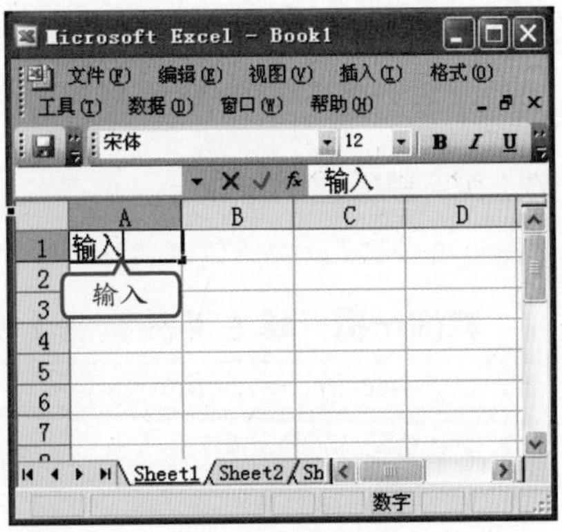

教你一招：调整单元格宽度

在输入日期、时间或其他类型的数据时，如果在单元格中出现符号"######"，表示单元格宽度不足以容纳该数据，将箭头指向该单元格所在列的列标与其右边列标的交界线，双击鼠标，这时单元格宽度将调整到与数据长度相同；也可以在输入单元格内容时，按【Alt+Enter】键插入一个硬回车换行；还可以设置"自动换行"，方法将在后面讲解。

补充两句

在单元格中输入数据时，除了上述两种方法外，还可以在单击需要输入数据的单元格后直接输入数据。

2 快速填充数据

在实际应用中，工作表中的某一行或某一列中的数据经常是一些有规律的序列，如销售表中的第1列往往是“2000年”、“2001年”……，而课程表的第1行则一般是“星期一”、“星期二”……。对于这样的序列，可以通过使用Excel 2003中的自动填充功能填充数据。

自动填充是指将用户选中的起始单元格中的数据复制或按序列规律延伸到所在行或列的其他单元格中。

（1）用鼠标拖动方式填充数据

使用活动单元格右下角的填充柄，可以在同一行或列中填充数据，其具体操作如下。

教学演示\第5章\用鼠标拖动方式填充数据

1 拖动鼠标

选中包含需要复制数据的单元格，将鼠标指针指向选中单元格右下角的填充柄，当指针变为✚形状时，按下鼠标左键并横向或纵向拖动鼠标。

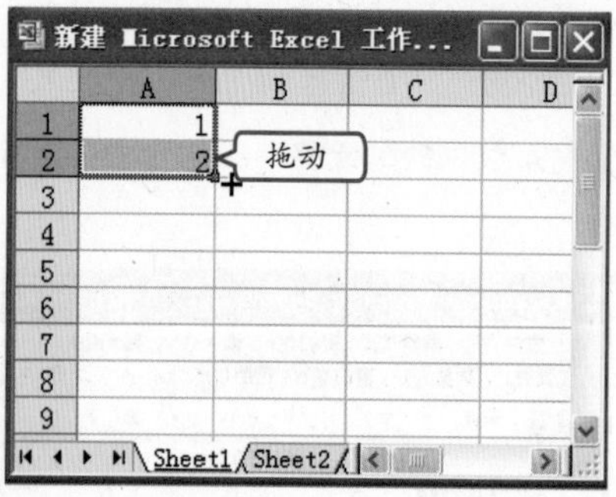

2 选择填充方式

释放鼠标后，单击填充标记旁的下拉按钮，在弹出的菜单中选择填充类型即可。

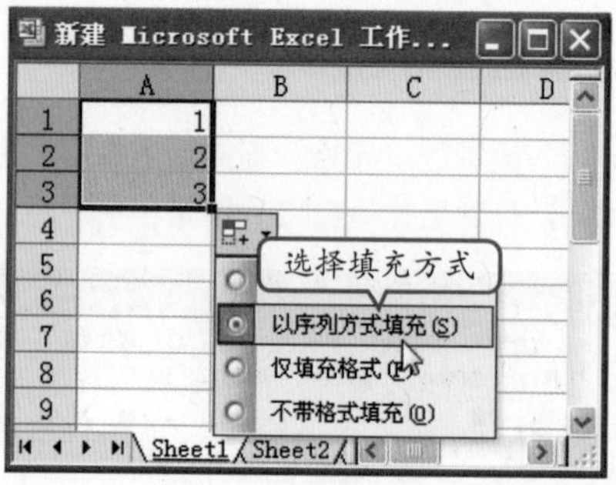

教你一招：填充其他数据类型

如在单元格中输入类似于2011、星期一之类的数据，进行鼠标拖动填充时，也可以序列方式自动填充2012、2013……星期二、星期三……

（2）用对话框方式填充数据

使用对话框也可以完成单元格的数据填充，其具体操作如下。

教学演示\第5章\用对话框方式填充数据

高手指点 一般情况下，在填充日期时，选择“以天数填充”和“以序列方式填充”的填充效果是一样的。

1 打开“序列”对话框

选择数据的单元格，选择【编辑】/【填充】/【序列】命令，打开“序列”对话框。

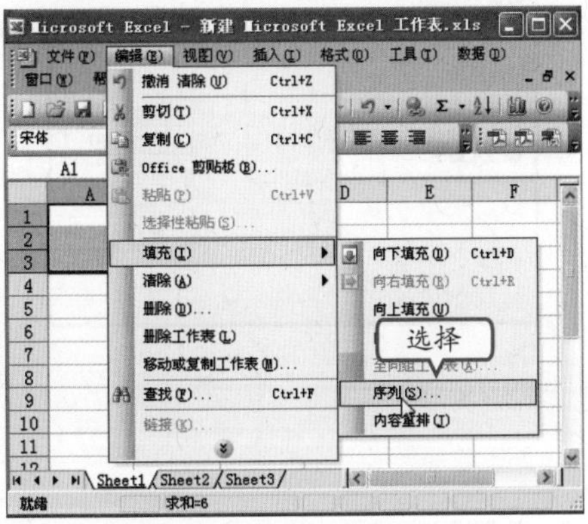

2 设置序列

1. 在“序列”对话框中选择序列产生位置以及序列类型。
2. 在“步长值”文本框中输入变化的值，在“终止值”文本框中输入最终的数值。
3. 单击 确定 按钮。

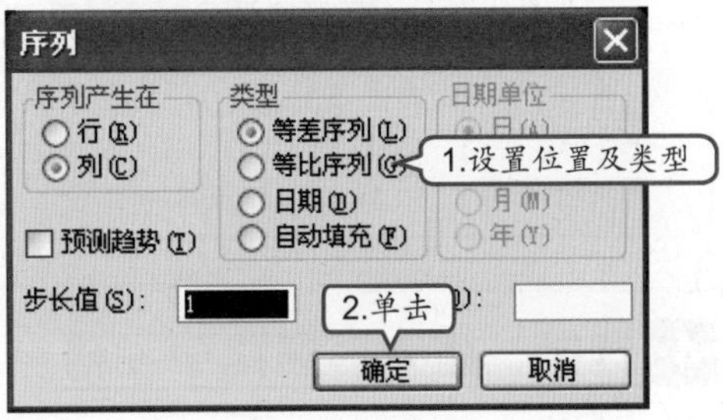

操作提示：步长值与终止值

如在“步长值”文本框中输入“2”，在“终止值”文本框中输入“20”，表示以2为变化值进行数据填充，最后一个填充的数字是20。

3 使用数据记录单录入批量数据

数据记录单是一种对话框，利用它可以方便地建立数据库，并可在数据清单中输入、修改、删除、显示或查找记录。使用记录单可以很方便地在数据清单中输入新记录，如需要在“办公用品领用记录表”中增加其他员工的记录，其具体操作如下。

实例素材\第5章\办公用品领用记录表.xls
教学演示\第5章\使用数据记录单录入批量数据

1 打开“记录单”对话框

单击数据清单中的任意一个单元格，选择【数据】/【记录单】命令，打开记录单对话框。

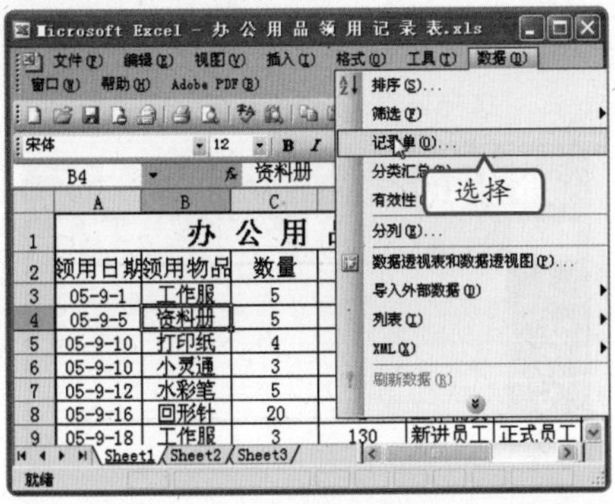

2 新建记录单

单击 新建(W) 按钮，在记录单对话框中显示一个空白记录单。

补充两句：在上述操作中，如果出现了误操作，可以单击Sheet1对话框中的 还原(R) 按钮进行还原。

3 输入记录单

1. 输入新记录所包含的信息。
2. 完成记录添加后，单击［关闭(L)］按钮完成新记录的添加。

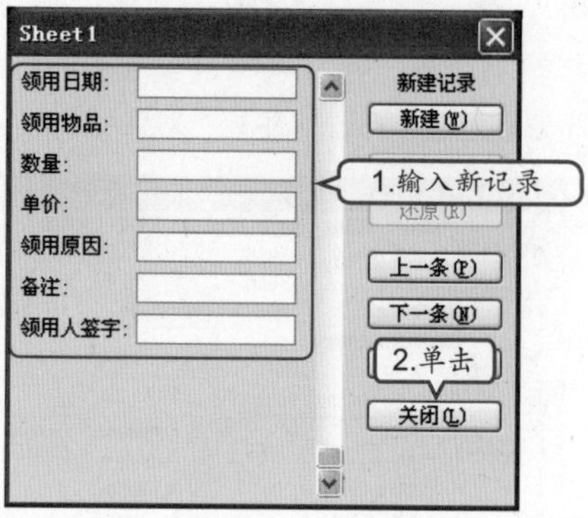

操作提示：移动字段

如果要移到下一字段，按【Tab】键或直接用鼠标单击该字段；如果要移到上一字段，可按【Shift+Tab】组合键；完成数据输入后，按【Enter】键添加记录。

4 选择、插入、删除单元格

用户在对单元格进行输入或编辑操作之前，首先选定要进行操作的单元格，并且还可以进行插入或者删除操作。

（1）选择单元格

被选择的单元格称为活动单元格，只有在活动单元格中才能进行输入、编辑或设置格式操作。选择单元格的操作主要有以下几种。

选择某个单元格

如果要选定某个单元格，单击该单元格，这时选定的单元格为活动单元格。

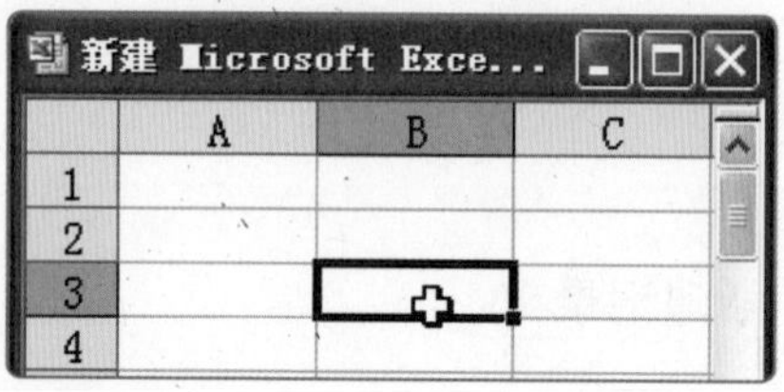

选择整列

如果要选择整列，则单击位于顶端的列标，如选择C列，则单击列号C。

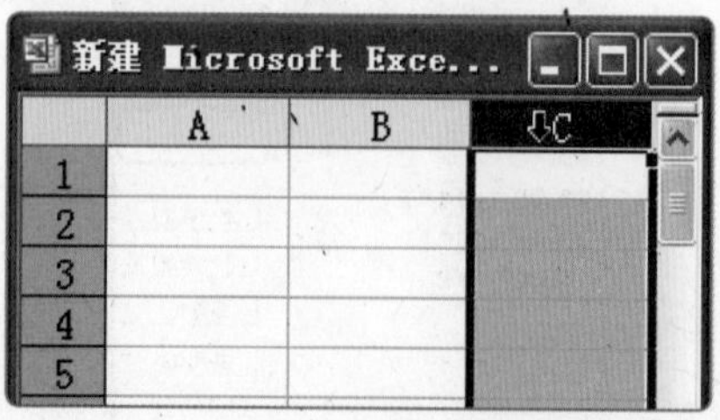

选择整行

如果要选择整行，则单击位于左端的行标，如选择3行，则单击行号3。

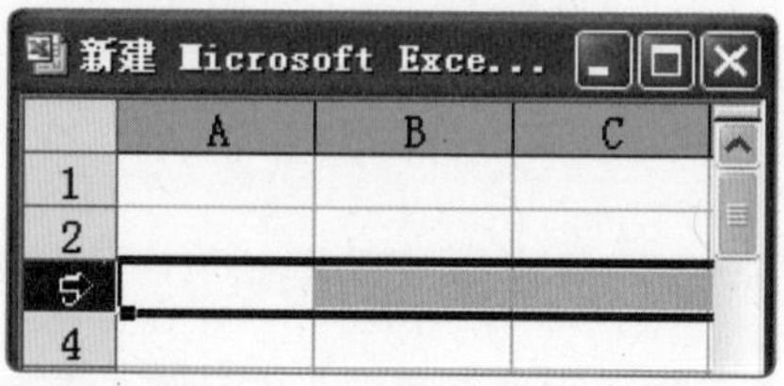

选择连续的行或列

将鼠标指针指向起始行号或列标，按住鼠标左键拖动鼠标即可选择连续的行或列。

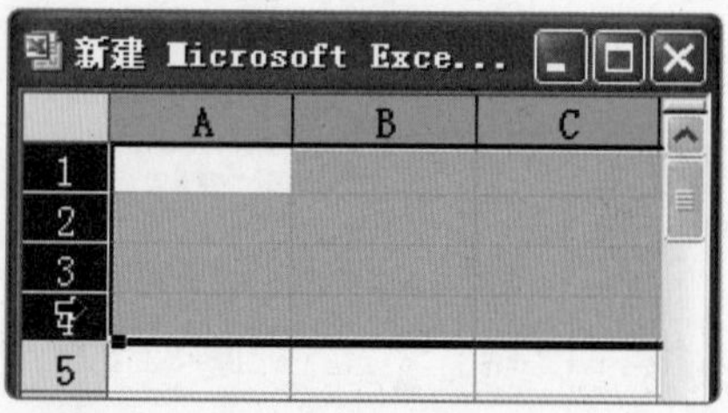

高手指点　按【Shift+Page Down】组合键，可将当前位置到所在列可见的最后一个单元格间的所有单元格全部选中。

选择不连续的行或列

如果想要选中不连续的行或列，选择第1行或列之后，按住【Ctrl】键的同时单击其他需要选择的行号或列标。

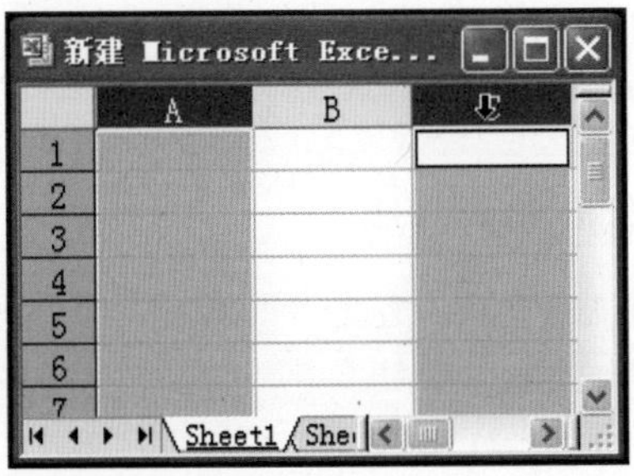

选择相邻的单元格区域

如果要选择一个相邻的单元格区域，先选择第1个单元格，按住鼠标左键并沿对角的方向拖动鼠标到最后一个单元格。

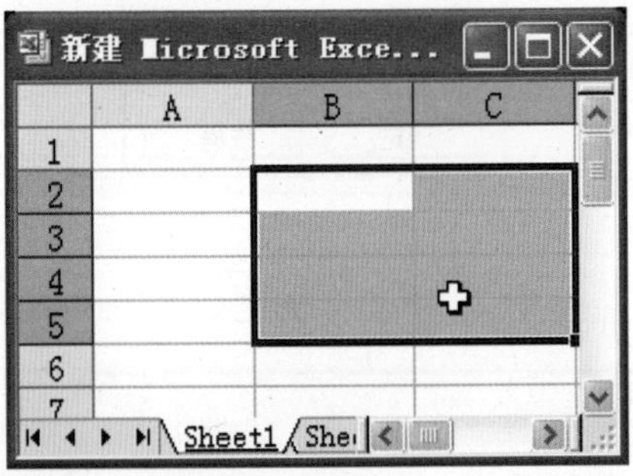

选择不相邻的单元格

如果需要选择不相邻的单元格，可以先选择某个单元格，然后按住【Ctrl】键单击其他需要选定的单元格。

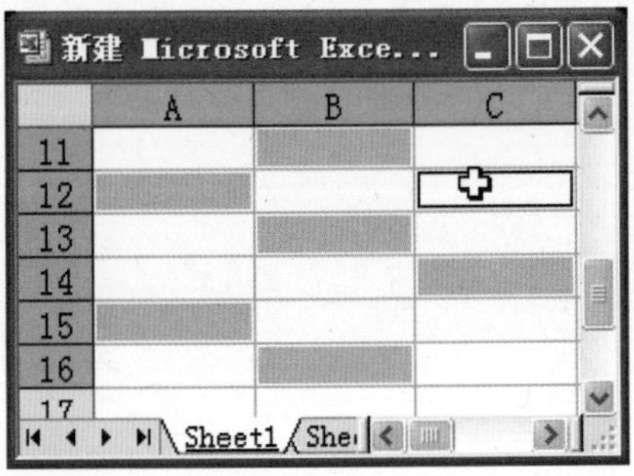

选择所有单元格

如果想要选择工作表中的所有单元格，则单击工作表左上角的“全选”按钮。

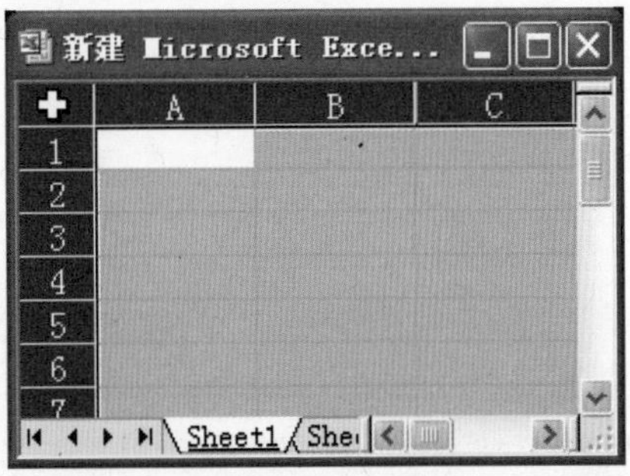

选择较大的单元格区域

如果要选择一个较大的单元格区域，即一屏显示不完的单元格区域，可以单击起始单元格，然后按住【Shift】键并拖动窗口边缘的滚动条，在需要的单元格显示出来后，单击该单元格完成选定。

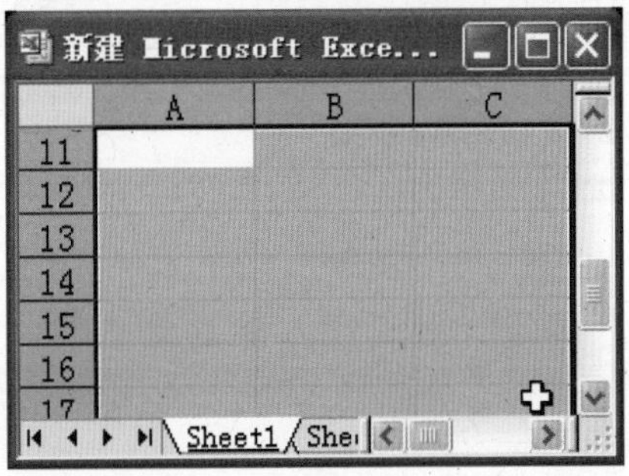

操作提示：用键盘选择单元格

除此之外，还可以使用键盘选择单元格，如按【Shift+→】组合键可将选择区域向右扩展；按【Shift+←】组合键可将选择区域向左扩展；按【Shift+↑】组合键可将选择区域向上扩展；按【Shift+↓】组合键可将选择区域向下扩展。

补充两句

在选择所有单元格时，除了可以单击“全选”按钮外，还可以按【Ctrl+A】组合键，或选择【编辑】/【全选】命令。

（2）插入单元格

插入单元格是工作表制作过程中经常会用到的操作，其具体操作如下。

实例素材\第5章\办公用品领用记录表.xls
教学演示\第5章\插入单元格

1 打开“插入”对话框

选中要插入单元格的区域，选择【插入】/【单元格】命令，打开“插入”对话框。

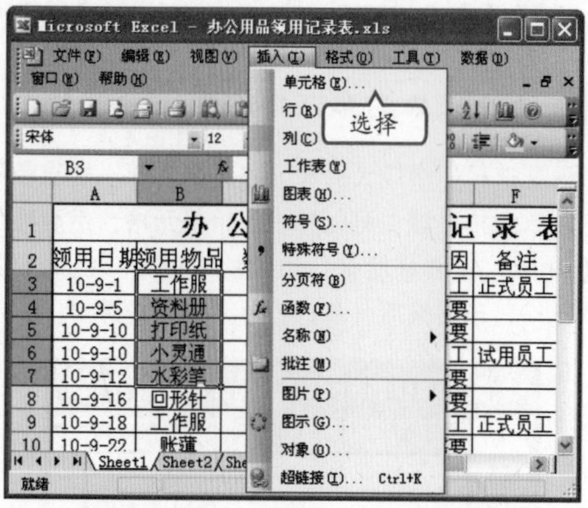

2 选择插入方式

1. 选中需要的插入方式。
2. 单击 确定 按钮。

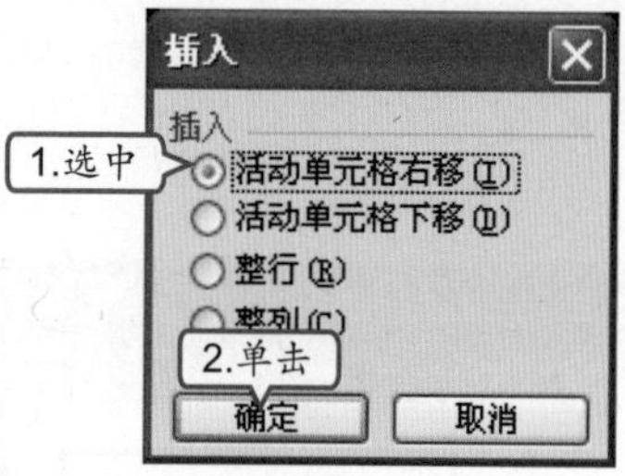

教你一招：插入整行或整列

可以插入整行或整列的单元格，只需要在“插入”对话框中选中“整行”或“整列”单选按钮即可。如果只需要插入一行或一列，则单击其下边或右侧任一单元格；如果要插入多行或多列，则选中插入数相同的行和列数。插入行后，原有选中的行及下方的行自动下移；插入列后，原有选中的列及右侧的列自动向右移。

（3）删除单元格

删除单元格操作是将单元格和其中的信息一起删除，删除单元格后，该单元格消失，其所在位置由其下方或右侧的单元格填充，其具体操作如下。

实例素材\第5章\办公用品领用记录表.xls
教学演示\第5章\删除单元格

高手指点 设置合并后的单元格区域变为了一个单元格，且单元格标识为合并前单元格区域内右上角的单元格的标识。

1 打开“删除”对话框

选中要删除的单元格，选择【编辑】/【删除】命令，打开“删除”对话框。

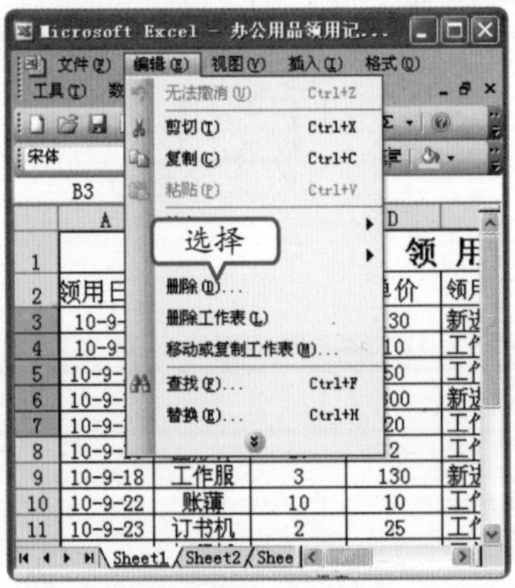

2 删除单元格

1. 选中需要的删除方式。
2. 单击 确定 按钮。

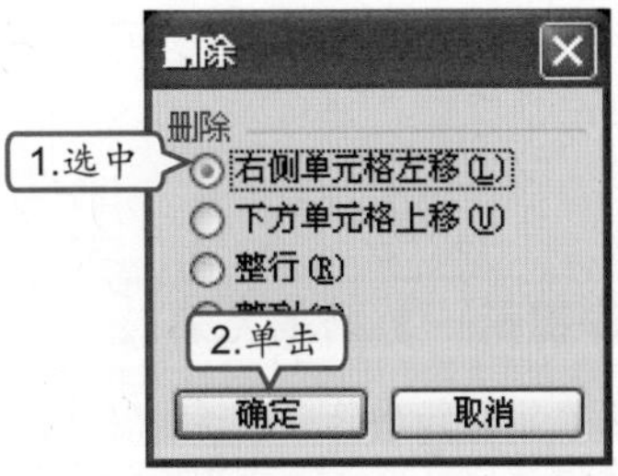

操作提示：删除方式

右侧单元格左移：将选中单元格删除，并将其右边的单元格左移填充空白；下方单元格上移：将选中单元格删除，并将其下方的单元格上移填充空白；整行：删除单元格所在的行，并将其下方的行向上移填充空白；整列：删除单元格所在的列，并将其右边的列向左移填充空白。

5 移动、复制单元格

Excel中的移动或复制操作通常以单元格为单位。在Excel 2003中，可以将选中的单元格移动或复制到同一个工作表的不同位置或不同工作表甚至不同工作簿中。与Word中的移动和复制一样，可以通过剪贴和鼠标拖动的方式移动或复制单元格。

（1）使用剪贴板

将选定的内容复制到剪贴板中时，选定的内容周围会出现闪烁的虚框线，这时可以将剪贴板中的内容粘贴到所需的位置。在每次粘贴时，系统同样会显示粘贴标记，单击此标记会弹出一个选项菜单，在其中可以选择不同的粘贴方式。

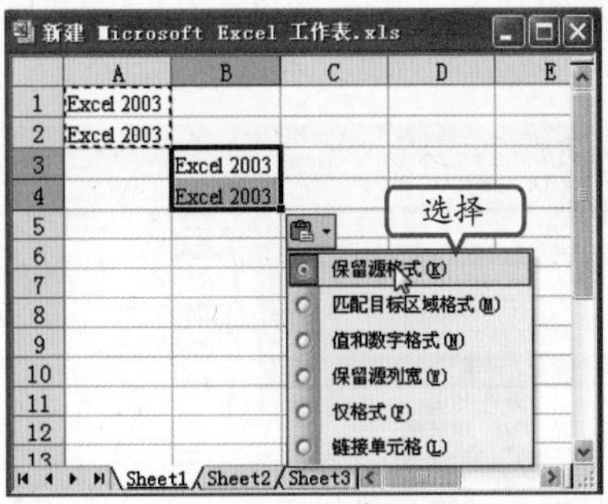

操作提示：粘贴单元格区域

在粘贴的过程中，如果复制的是单元格区域，粘贴内容时只需要选择粘贴位置上的第1个单元格，Excel 2003会自动将复制的内容依次放入其他单元格。

在移动或复制单元格时，单元格周围出现的边框线成为蚁线，按【Esc】键可以取消蚁线。 补充两句

（2）使用鼠标移动

使用鼠标拖动的方法来移动和复制单元格，适用于与目标位置距离较近的操作。可以先选中需移动的单元格或单元格区域，然后将鼠标指针指向选中区域的边缘，当鼠标指针变为✥形状时，按下鼠标左键拖动，这时会有一个虚线框指示移动的位置。当虚线框到达目标位置后，释放鼠标即可将选定的内容移动到目标位置。

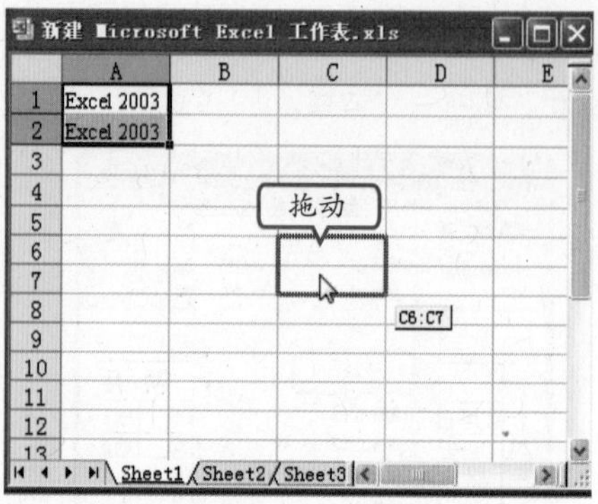

操作提示：复制单元格

如果在拖动鼠标的同时按下【Ctrl】键，这时鼠标指针的右上角会有一个加号标识。按下鼠标左键拖动，当虚框线到达目标位置后，释放鼠标再松开【Ctrl】键，即可将单元格内容复制到相应位置。

6 合并单元格

在制作表格时，常常需要将表格标题行排列在表格的上面，这时就需要设置单元格合并，其具体操作如下。

实例素材\第5章\销售业绩表.xls
教学演示\第5章\合并单元格

1 打开“单元格格式”对话框

选择要合并的单元格区域，该区域包含数据单元格和空白单元格，选择【格式】/【单元格】命令，打开“单元格格式”对话框。

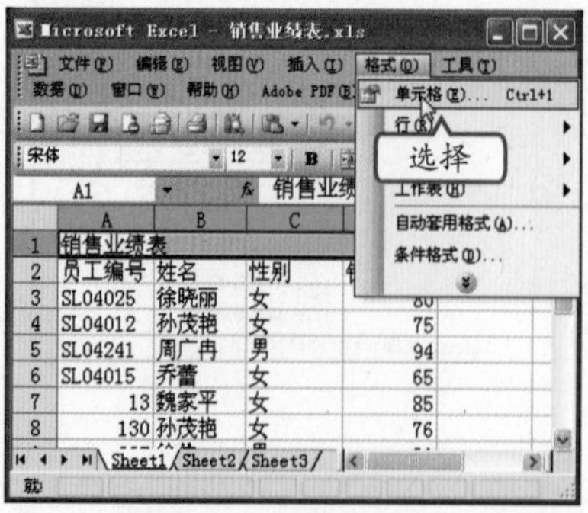

2 合并单元格

1. 选择“对齐”选项卡。
2. 选中“合并单元格”复选框。
3. 单击 确定 按钮。

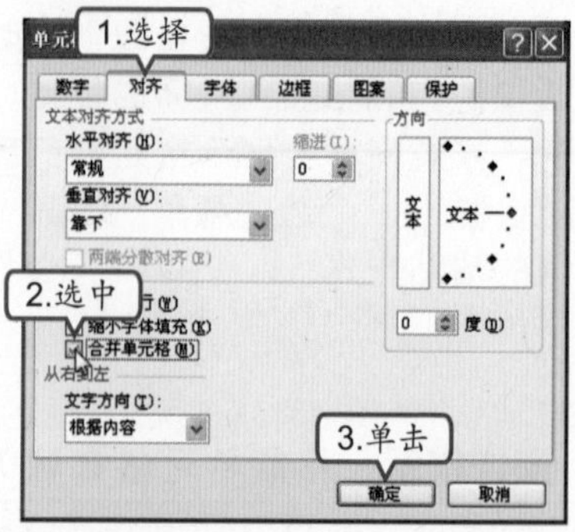

高手指点 选择要合并的单元格区域，单击工具栏中的合并按钮即可合并，再次单击可取消合并。

教你一招：取消单元格合并

设置合并后的单元格区域变为了一个单元格且只有一个标识，如B1。如果需要取消对单元格区域的合并可以取消选中“合并单元格”前的复选框。

5.3.2 上机1小时：在“员工通讯录”中输入数据

本例将在“员工通讯录”工作簿的“通讯录”工作表中利用多种方法输入数据，并将需要的单元格进行合并。完成后的效果如下图所示。

上机目标

- **掌握在单元格中输入数据的方法。**
- **掌握单元格基本操作。**

	B	C	D	E	F	G	H	I	J
2	欣跃员工通讯录								
3	统计时间：2010年01月01日								
4									
5	编号	姓名	性别	学历	部门	职务	固定电话	移动电话	Email地址
6	XY1001	刘晓鸥	男	大学	生产部	经理	80792288	1.62E+10	LXO@SCXINYUE.COM
7	XY1002	唐芳	女	大学	生产部	经理助理	80792288	1.62E+10	TF@SCXINYUE.COM
8	XY1003	张月	女	大专	生产部	职员	80792289	1.62E+10	ZY@SCXINYUE.COM
9	XY1004	李小丽	女	大专	生产部	职员	80792289	1.62E+10	LXL@SCXINYUE.COM
10	XY1005	马艳	女	大专	生产部	职员	80792289	1.62E+10	MY@SCXINYUE.COM
11	XY1006	李红	男	大专	生产部	职员	80792290	1.62E+10	LH@SCXINYUE.COM
12	XY1007	张小蒙	男	大专	生产部	职员	80792290	1.62E+10	ZXM@SCXINYUE.COM
13	XY1008	卢月	女	大专	生产部	职员	80792290	1.62E+10	LY@SCXINYUE.COM
14	XY2001	李成	男	博士	市场部	经理	80792291	1.62E+10	LC@SCXINYUE.COM
15	XY2002	杜云胜	男	大学	市场部	经理助理	80792292	1.62E+10	DYS@SCXINYUE.COM
16	XY2003	程小月	女	大学	市场部	职员	80792293	1.62E+10	CXY@SCXINYUE.COM
17	XY2004	张大为	男	大学	市场部	职员	80792293	1.62E+10	ZDW@SCXINYUE.COM
18	XY2005	卢艳霞	女	大学	市场部	职员	80792293	1.62E+10	LYX@SCXINYUE.COM
19	XY3001	李恬	女	大学	质量部	经理	80792294	1.62E+10	LT@SCXINYUE.COM
20	XY3002	杜丽丽	女	大学	质量部	经理助理	80792295	1.62E+10	DLL@SCXINYUE.COM
21	XY3003	张小燕	女	大学	质量部	职员	80792296	1.62E+10	ZXY@SCXINYUE.COM
22	XY3004	李长青	男	大学	质量部	职员	80792296	1.62E+10	LCQ@SCXINYUE.COM
23	XY3005	赵锦程	男	大学	质量部	职员	80792296	1.62E+10	ZJC@SCXINYUE.COM

实例素材\第5章\员工通讯录.xls
最终效果\第5章\员工通讯录.xls
教学演示\第5章\在“员工通讯录”中输入数据

1 打开素材文档

在光盘中双击素材文件“员工通讯录.xls”图标打开文档。

2 输入表格标题

1. 在文档窗口中单击“通讯录”工作表标签。
2. 选中B2单元格。
3. 在编辑栏中输入“欣跃员工通讯录”。

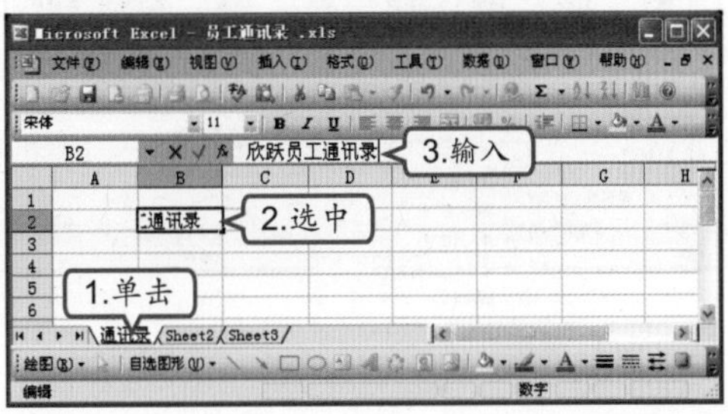

补充两句

在输入表格标题时，应该让表格标题体现出表格的内容，让人一目了然。

3 输入统计时间

双击B3单元格，在单元格中输入“统计时间：2010年1月1日”。

4 填充数据

1. 在B5:J5单元格区域中输入表格列标题，然后在B6单元格中输入“XY1001”并选中单元格。
2. 拖动B6单元格右下角的填充板，使虚框包含B6:B13单元格。

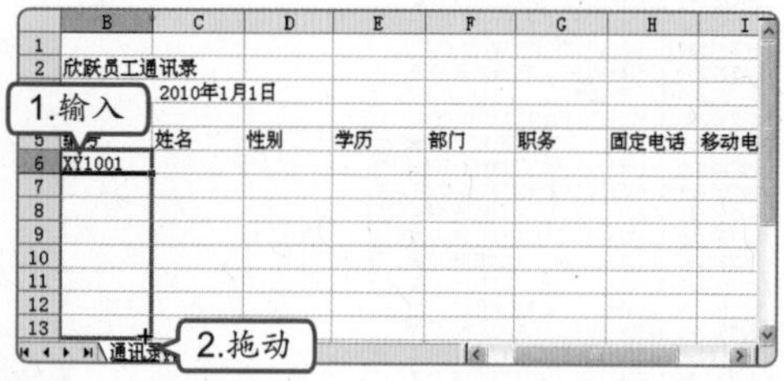

5 插入单元格

1. 在C6单元格中输入“唐芳”。
2. 选中C6单元格，单击鼠标右键，在弹出的快捷菜单中选择“插入”命令。

6 选择插入选项

1. 在打开的“插入”对话框中选中“活动单元格下移”单选按钮。
2. 单击 确定 按钮。

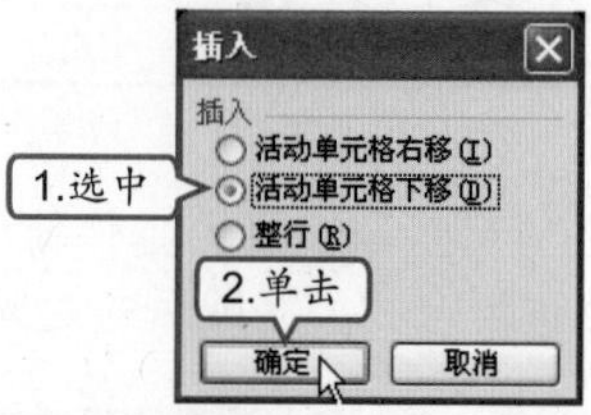

7 复制单元格

1. 在C6单元格中输入“刘晓鸥”，在C8:C13单元格区域中输入其他员工的姓名，然后在D6单元格中输入“男”并选中该单元格，按【Ctrl+C】组合键复制单元格。
2. 选中D11:D12单元格区域，按【Ctrl+V】组合键粘贴单元格。

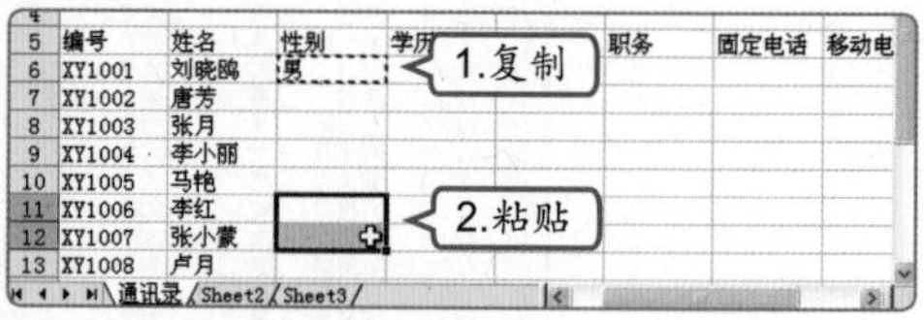

8 使用数据记录单输入

1. 在D6:J13单元格区域中的空白单元格中输入数据，然后选择B14单元格。
2. 选择【数据】/【记录单】命令。

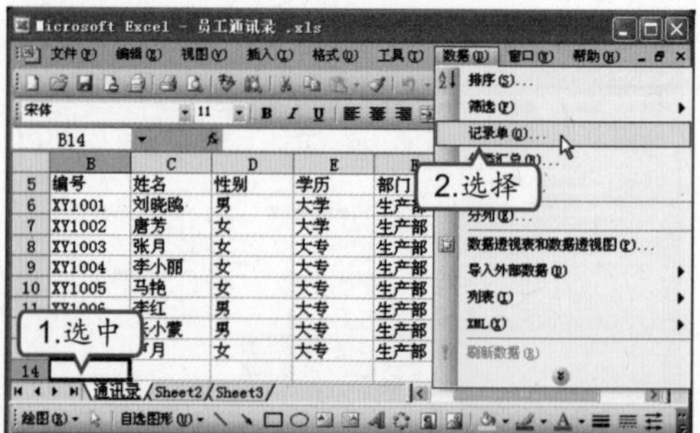

高手指点 在输入数据时，系统会有记忆式输入功能，如果不接受建议，可以不必理会，继续输入数据，当输入一个与建议不符合的字符时，建议内容会自动消失。

9 新建记录

在“通讯录”对话框中单击[新建(W)]按钮。

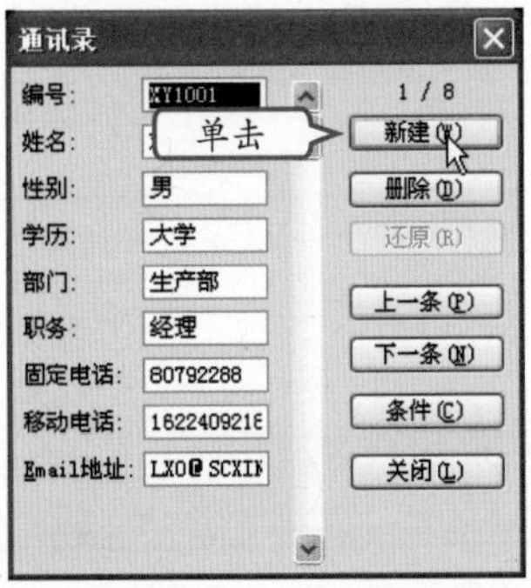

10 输入记录

1. 在各文本框中输入文字。
2. 单击[新建(W)]按钮，继续输入完剩余记录。

11 合并单元格

1. 选中B2:J2单元格区域。
2. 单击格式工具栏中的按钮。

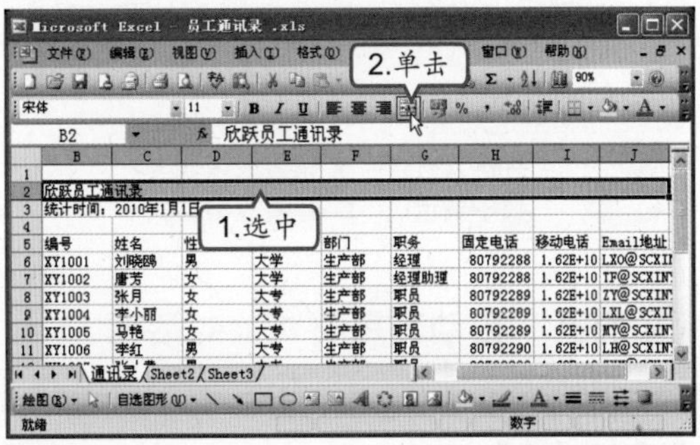

12 关闭文档

1. 分别选中B3:J3单元格区域，单击格式工具栏中的按钮，然后单击按钮保存文档。
2. 单击按钮关闭文档。

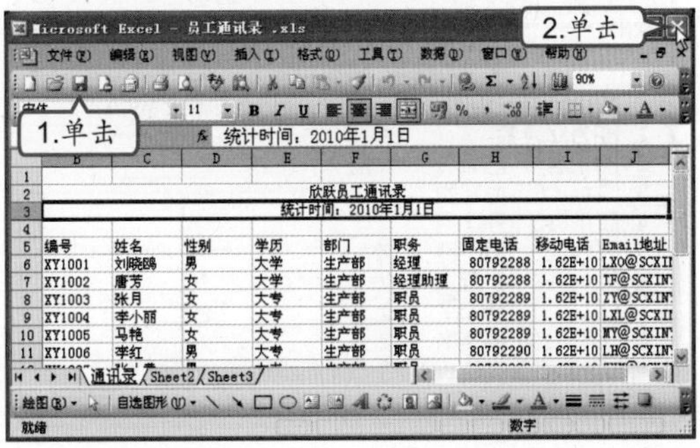

5.4 表格的美化与打印

小李在打印机旁看着自己刚打印出来的表格，一脸郁闷，老马问他怎么回事，小李说：“为什么我做出来的表格没别人做的好看呢？”老马说：“这表格的制作和打印可有些技巧哦，我来给你仔细讲讲！”小李开始认真学习起来。

5.4.1 学习1小时

学习目标

- **熟悉表格的美化。**
- **学会表格的打印技巧。**

补充两句：在对文档进行打印前，应该检查打印机与电脑之间的连接是否正常。

1 套用表格格式

在Excel 2003中内置了一些典型的单元格区域格式样本，这些格式包括字体大小、图案、边框和对齐方式等，可以使用这些内置格式样式快速地为自己的工作表设置格式。使用自动套用格式的具体操作如下。

实例素材\第5章\销售业绩表.xls
教学演示\第5章\套用表格格式

1 打开“自动套用格式”对话框

选择要自动套用格式的单元格或单元格区域，选择【格式】/【自动套用格式】命令，打开“自动套用格式”对话框。

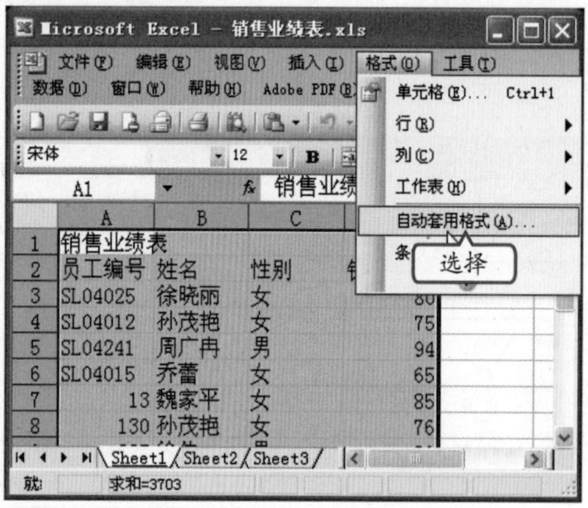

2 选择格式样式

1. 选择需要的格式样式。单击选项(O)...按钮，显示格式样式中的格式种类选项。
2. 选中需要应用的格式前的复选框。
3. 单击确定按钮。

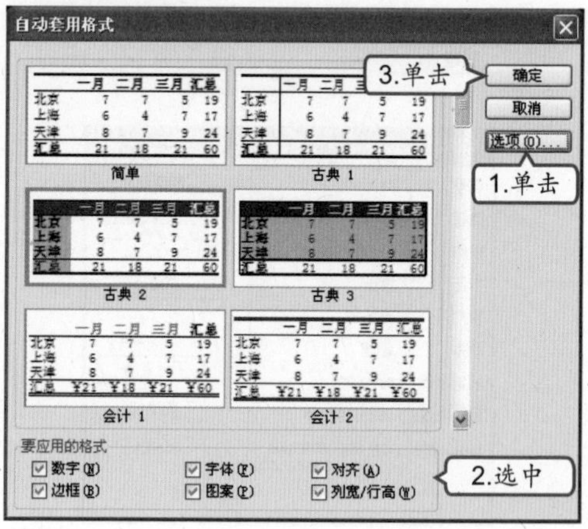

2 设置单元格边框和底纹

为工作表绘制边框可以使表格看起来层次分明，便于阅读，还可以为单元格设置边框和底纹。

（1）使用“单元格格式”对话框设置边框

使用“单元格格式”对话框来设置单元格边框，其具体操作如下。

实例素材\第5章\销售业绩表.xls
教学演示\第5章\使用“单元格格式”对话框设置边框

高手指点　通过“自动套用格式”对话框可以对已有的格式做个性化设置，也可只选中应用某些格式。

1 打开“单元格格式”对话框

选择要添加边框的单元格或单元格区域，选择【格式】/【单元格】命令，打开“单元格格式”对话框。

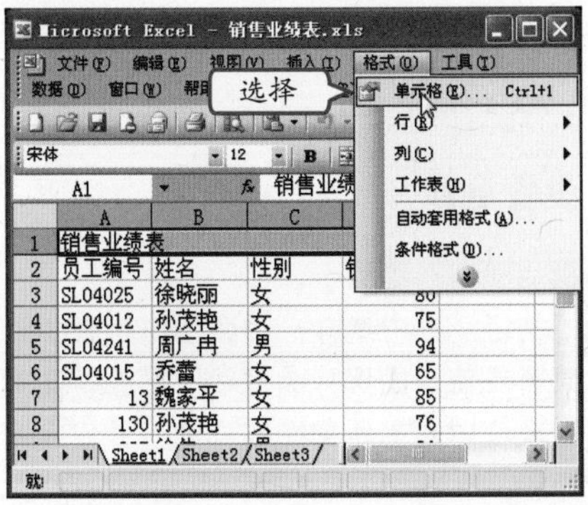

2 设置边框

1. 选择“边框”选项卡。
2. 在“线条”栏中选择线条样式和颜色。
3. 单击“预置”栏的按钮添加框线。
4. 单击 确定 按钮。

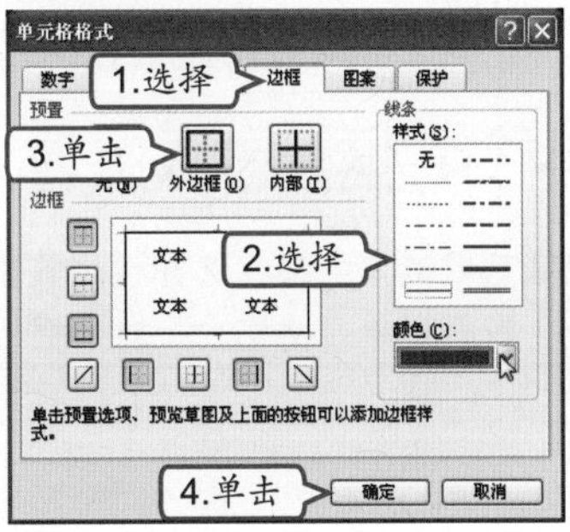

（2）使用“边框”工具栏设置边框

在工具栏的空白处单击鼠标右键，然后在弹出的快捷菜单中选择“边框”命令即可显示出“边框”工具栏。

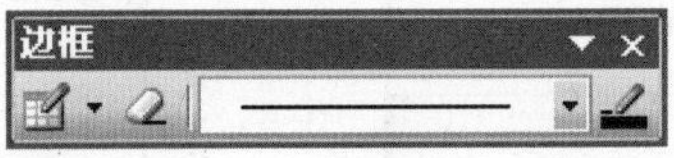

“绘图边框”按钮

单击按钮旁的按钮将弹出一个下拉列表，其中有两个选项：绘图边框和绘图边框网格。选择选项后拖动鼠标即可在工作表中绘制边框或边框网格，在单元格框线上单击可以绘制单一框线。

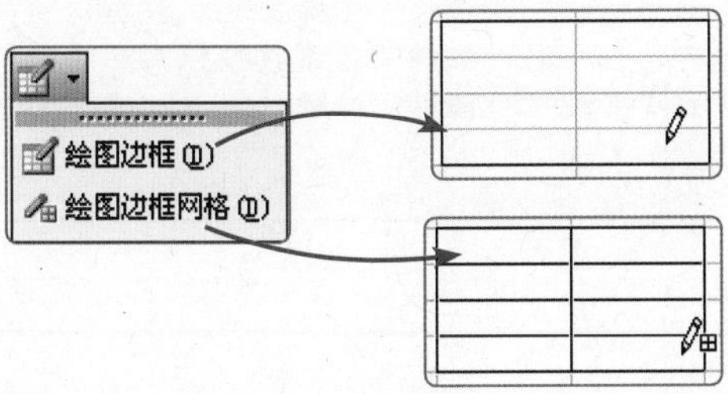

“线条样式”下拉列表框

单击列表框右边的按钮将弹出一个下拉列表框，在其中可选择需要的线条样式。

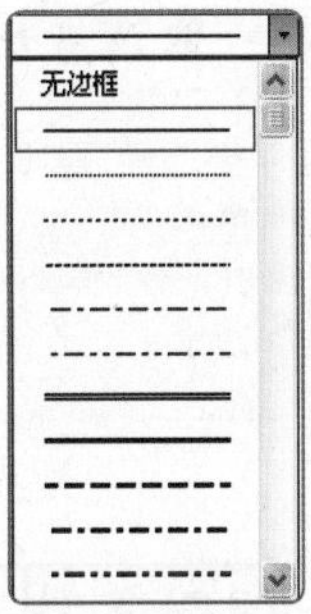

“擦除边框”按钮

单击按钮，拖动鼠标即可将所选区域中的框线全部擦除，在单元格框线上单击可以擦除单一框线。

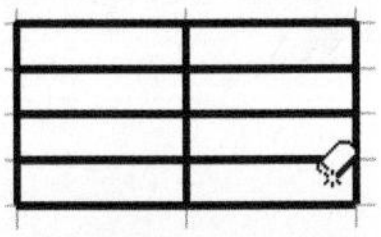

“线条颜色”按钮

单击按钮将弹出一个列表框，在其中可选择需要的线条颜色。

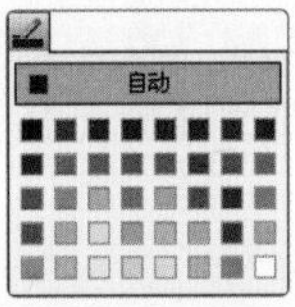

在设置边框时，应将边框样式和颜色区分开来，保持表格的美观。

补充两句

（3）设置单元格底纹

通过格式工具栏中的“填充颜色”按钮或“单元格格式”对话框中的“图案”选项卡可以设置单元格底纹。使用“图案”选项卡设置底纹的具体操作如下。

实例素材\第5章\销售业绩表.xls
教学演示\第5章\设置单元格底纹

1 打开“单元格格式”对话框

选中要设置底纹的单元格，选择【格式】/【单元格】命令，打开“单元格格式”对话框。

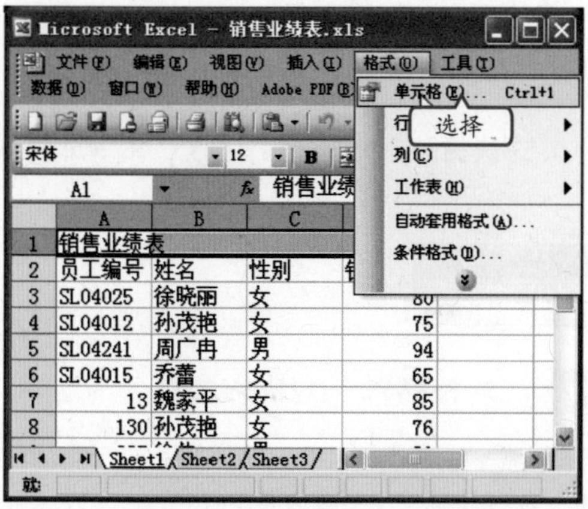

2 设置底纹

1. 选择“图案”选项卡。
2. 在“颜色”栏中选择一种颜色作为底纹颜色。
3. 如果需要使用图案作为底纹，则在“图案”下拉列表框中选择所需图案样式，并设定好图案的颜色。
4. 单击确定按钮。

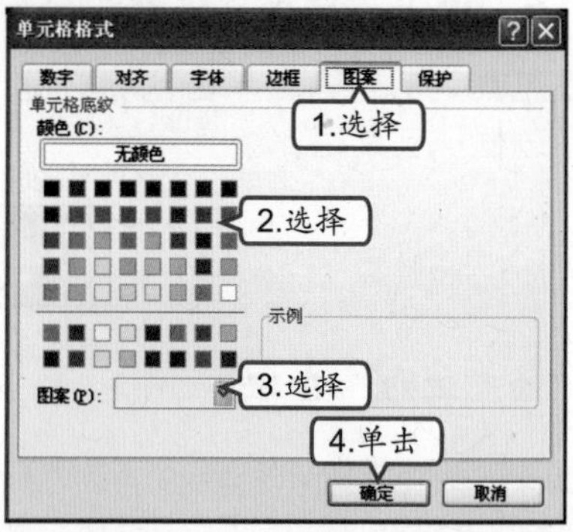

教你一招：取消底纹设置

此外，还可以使用格式工具栏上的“填充颜色”按钮为工作表快速设置底纹颜色。如果需要取消对底纹的设置，可以单击格式工具栏上的“填充颜色”按钮旁的下拉按钮，在弹出的下拉列表中选择“无填充颜色”选项，或者在“单元格格式”对话框中选择“图案”选项卡中的“无颜色”选项。

3 设置单元格数字和字体格式

在设置单元格字符格式时，可对单元格的全部或部分进行字体、字号、字形、颜色、下划线以及数字格式等设置。选中需设置字符格式的单元格或部分字符后，可以使用格式工具栏和“单元格格式”对话框进行字符格式设置。

下面介绍使用“单元格格式”对话框对单元格数字和字体格式进行设置的方法。首先需要选择【格式】/【单元格】命令，打开“单元格格式”对话框。

高手指点 在设置边框底纹之后可以在“示例”栏中看到设置后的效果。

设置数字格式

选择“数字”选项卡，在“分类”栏中选择数字类型，然后在右侧的详细设置栏中进行必要的设置。

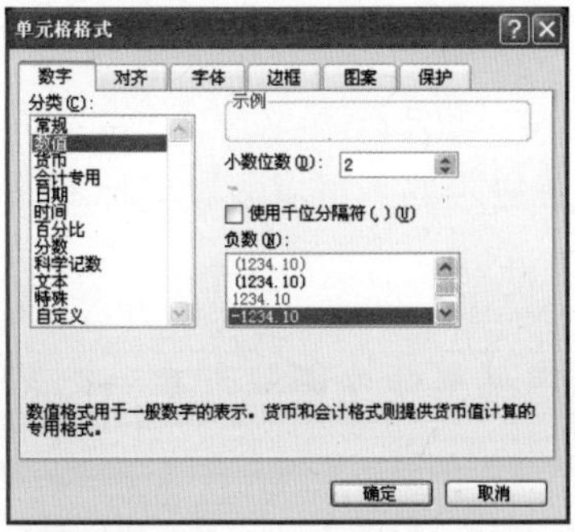

设置字体格式

选择“字体”选项卡，分别对字体、字号、字形、颜色、下划线进行设置，最后单击 确定 按钮完成设置。

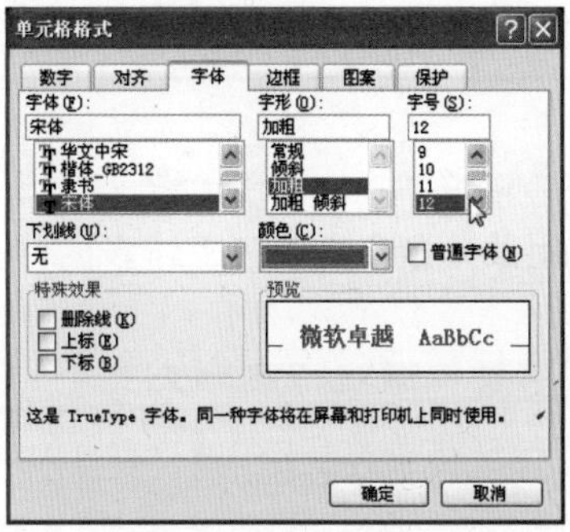

教你一招：快速设置字体

还可以通过快捷键【Ctrl+B】（加粗）、【Ctrl+I】（倾斜）、【Ctrl+U】（下划线）快速设置字体格式。

4 设置单元格对齐方式

单元格对齐方式是指文本在单元格中的排列规则，包括水平对齐方式和垂直对齐方式。设置对齐方式的具体操作如下。

实例素材\第5章\销售业绩表.xls
教学演示\第5章\设置单元格对齐方式

1 打开“单元格格式”对话框

选中要设置对齐方式的单元格，选择【格式】/【单元格】命令，打开“单元格格式”对话框。

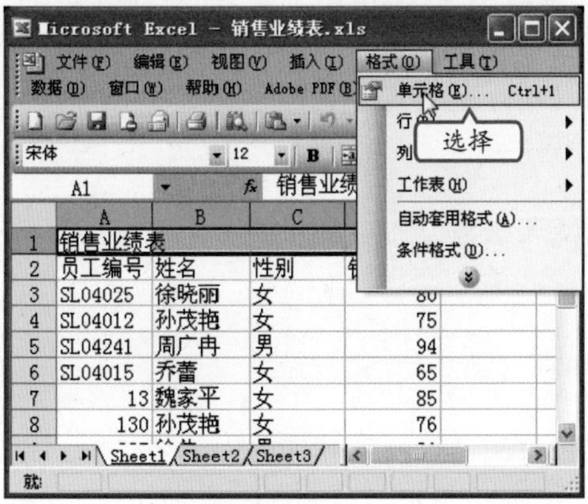

2 设置对齐方式

1. 选择“对齐”选项卡。
2. 在“水平对齐”和“垂直对齐”下拉列表框中选择对齐方式。
3. 设置完成后单击 确定 按钮。

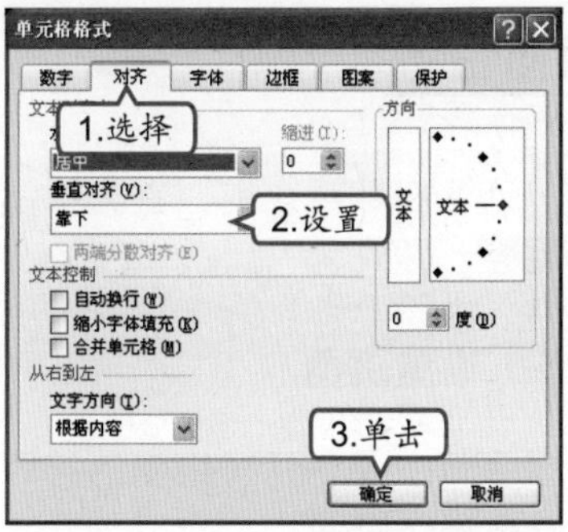

补充两句

除了可以在“单元格格式”对话框中设置单元格对齐方式，还可通过单击格式工具栏中的相应按钮进行设置。

教你一招：快速对齐

此外，还可以单击格式工具栏中的“左对齐”、“居中”和“右对齐”按钮，对选中单元格进行左对齐、居中和右对齐设置。

5 调整单元格的行高和列宽

一般情况下，工作表中的行高与列宽是按默认设置显示的，可以通过鼠标拖动的方法或者使用菜单命令来改变工作表的行高和列宽。

使用鼠标调整行高和列宽

将鼠标指针指向列标的右边界，当鼠标指针变为✛形状时，按住鼠标左键水平拖动可以移动列线同时改变列宽。将鼠标指针指向行号的下边界，当鼠标指针变为✛形状时，按住鼠标左键垂直拖动可以移动行线同时改变行高。

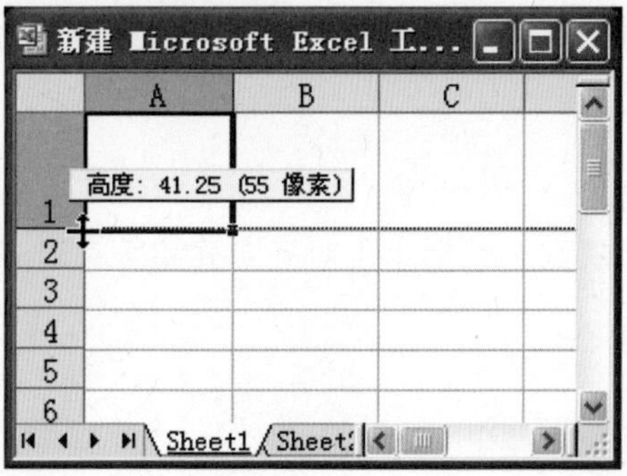

使用菜单命令调整行高和列宽

使用菜单命令调整行高需要先选中需设置行高的行，然后选择【格式】/【行】/【行高】命令打开“行高”对话框，在其中输入行高值，单击确定按钮。选择【格式】/【列】/【列宽】命令可调整列宽。

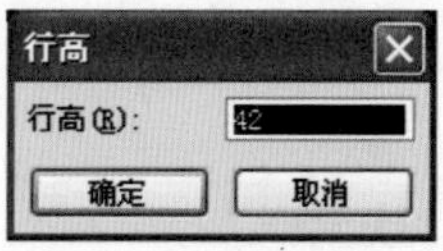

教你一招：选择合适的调整方法

一般表格对于行高或列宽并没有非常严格的标准，所以使用拖动鼠标的方法即可，因为其调整的速度最快。

教你一招：使用鼠标调整多行行高或多行列宽

要同时调整多行或多列的行高和列宽，除了可以使用菜单命令来调整外，也可以直接使用鼠标拖动的方法来实现，只需同时选中多行或多列，然后拖动其中的一行或一列进行调整，其他的行或列也会随着变为相同的数值。

6 页面设置

在打印表格数据之前，首先要设置打印区域的页面格式，如纸张大小、打印方向以及页面边距等。

（1）设置页面

设置页面主要包括对纸张的打印方向、工作表打印缩放比例和纸张大小的设置。设置页面的具体操作如下。

高手指点 可以选择【格式】/【列】/【最合适的列宽】命令或【格式】/【行】/【最合适的行高】命令来设置最合适的列宽或行高。

实例素材\第5章\办公用品领用记录表.xls
教学演示\第5章\设置页面

1 打开“页面设置”对话框

在打开的Excel窗口中选择【文件】/【页面设置】命令，打开“页面设置”对话框。

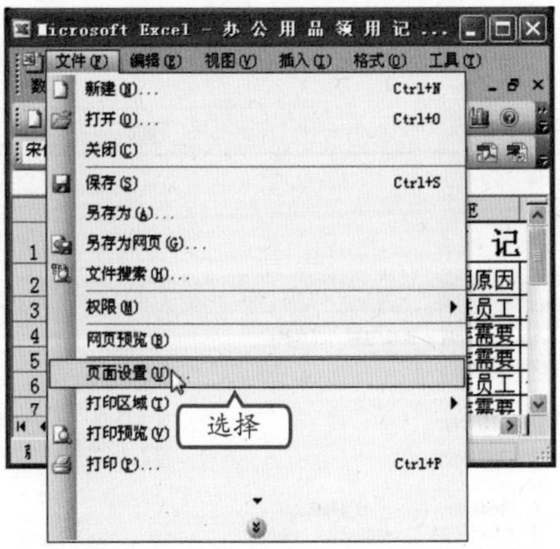

2 设置页面

1. 选择“页面”选项卡。
2. 设置打印方向、缩放比例和纸张大小等。
3. 单击 确定 按钮。

教你一招：设置起始页码

如果不希望起始页码为1，可在“页面设置”对话框的“起始页码”数值框中输入所需的数字，“自动”表示起始页码设为1。

（2）设置页边距

通过设置页边距可以调节打印文字与纸张边距之间的距离。选择【文件】/【页面设置】命令，打开“页面设置”对话框，然后选择“页边距”选项卡，在“上”、“下”、“左”、“右”、“页眉”和“页脚”数值框中输入页边距值，再选择表格的居中方式，然后单击 确定 按钮即可设置页边距。

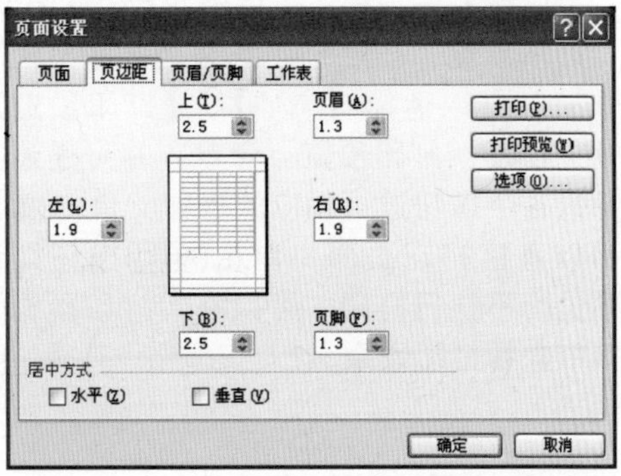

教你一招：设置预览

设置完成后，可以单击 打印预览(W) 按钮来查看设置效果，如不满意，再根据需要对设置进行适当更改。

补充两句

在进行打印预览时，可以单击工具栏上的 关闭(C) 按钮或按【Esc】键。

（3）设置页眉/页脚

页眉是每一打印页顶部所显示的一行信息，可以用于显示名称和标题等内容。页脚是每一打印页中最底端所显示的信息，可以用于显示页码、打印日期及时间等。可以在“页面设置”对话框中选择“页眉/页脚”选项卡，在“页眉”、“页脚”下拉列表中选择适合的样式，然后单击 确定 按钮对页眉/页脚进行设置。

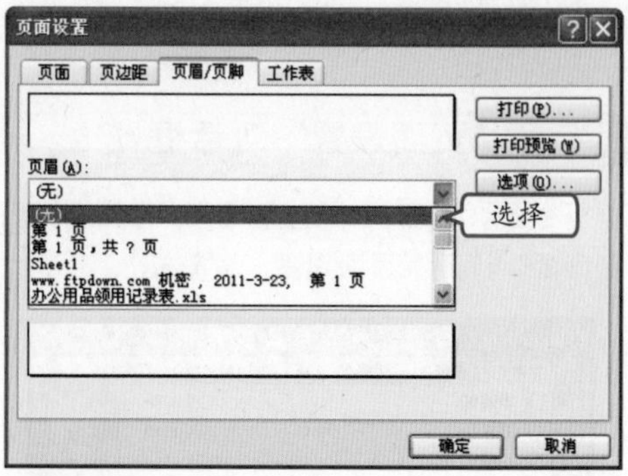

（4）设置工作表

对工作表的页面设置包括对打印区域、打印标题、打印顺序以及网格线等项目的设置，可以在“页面设置”对话框中选择“工作表”选项卡，在其中设置详细的页面信息，然后单击 确定 按钮。

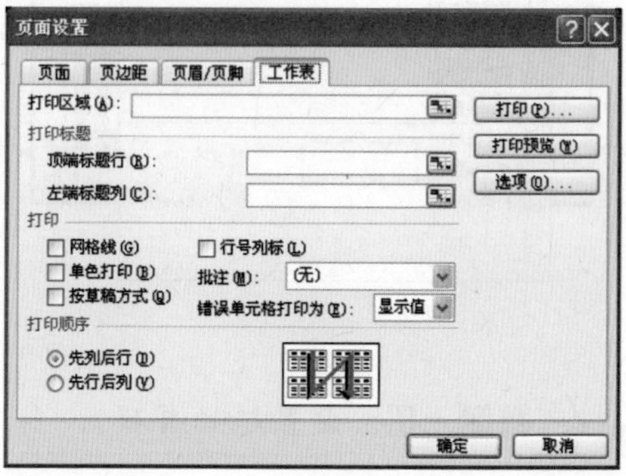

第5章

7 预览工作表

页面设置完成后，可以通过Excel 2003的“打印预览”功能来查看文档打印出来后的效果。可以选择【文件】/【打印预览】命令，打开“打印预览”窗口，并可通过其顶部的各个按钮进行相应的操作，单击打印按钮可以直接打印页面，单击 关闭(C) 按钮则退出预览而不执行打印。可以在“打印预览”窗口中查看打印效果。

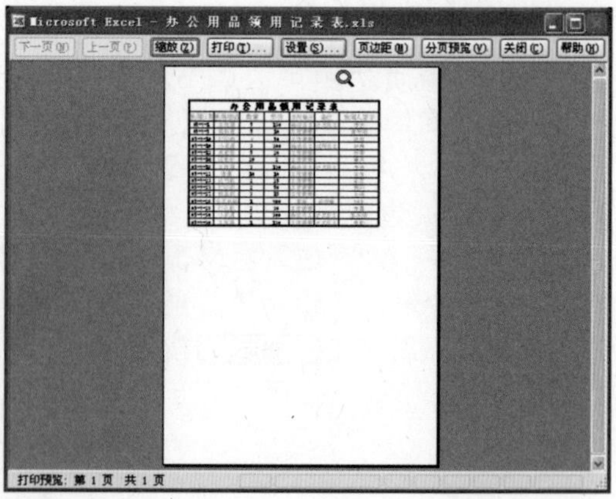

操作提示：快速打开预览窗口

此外，还可以单击常用工具栏上的“打印预览”按钮快速打开“打印预览”窗口。

高手指点

在设置页眉页脚时，如果系统提供的格式不符合自己的要求，可以单击 自定义页眉(C)... 或 自定义页脚(U)... 按钮自行设置页眉/页脚。

8 打印工作表

通过查看打印预览，确认设置没有问题之后，就可以开始打印了。如果需要还可以在“打印内容”对话框中对打印参数进行一些必要的设置。有些工作表可能需要打印很多份或者需要把同一工作簿中的所有工作表一起打印出来。选择【文件】/【打印】命令，打开“打印内容”对话框，设置打印范围和打印内容并选择打印机后单击 确定 按钮即可进行打印。

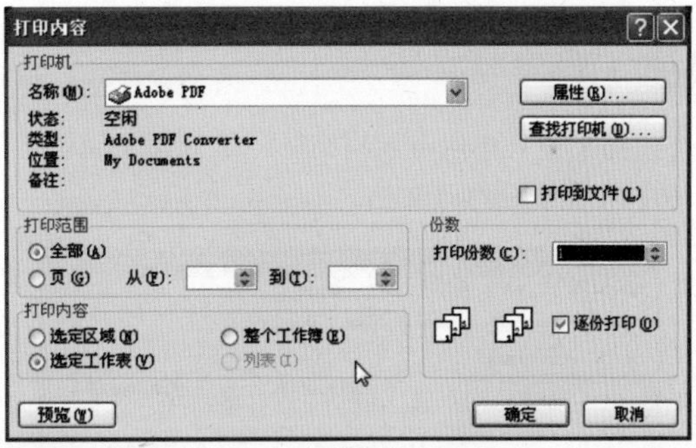

教你一招：快速打印

单击常用工具栏上的“打印”按钮可立即开始打印，还可以按【Ctrl+P】组合键打开“打印内容”对话框。

5.4.2 上机1小时：设置并打印“欣跃员工通讯录”

本例将设置“欣跃员工通讯录”工作表的字体格式、单元格对齐方式、表格行高/列宽以及边框和底纹等，最后设置表格打印区域，预览打印效果并进行打印属性设置。完成后的效果如下图所示。

上机目标

- 掌握表格常用设置的方法。
- 掌握表格打印设置方法。

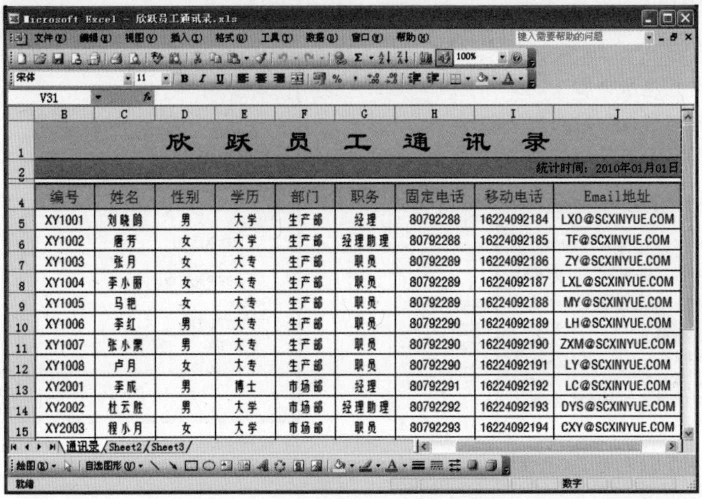

单击 查找打印机(D)... 按钮，可以选择本地上其他打印机或网络中的打印机对表格进行打印。

补充两句

实例素材\第5章\欣跃员工通讯录.xls
最终效果\第5章\欣跃员工通讯录.xls
教学演示\第5章\设置并打印“欣跃员工通讯录”

1 打开素材文档

在光盘文件夹中双击素材文件“欣跃员工通讯录.xls”文件图标打开文档。

2 调整行高

拖动第2行的行分界线，将第2行的行高设置为36，将第3和第6~23行的行高设置为18，将第4和第5行的行高分别设置为6和24。

3 调整列宽

1. 选中B~G列，在列标签上单击鼠标右键，在弹出的快捷菜单中选择“列宽”命令，并在“列宽”对话框中将列宽值设置为9。
2. 单击 确定 按钮。用同样的方法将H到I列的列宽设置为14和22，J列设置为22。

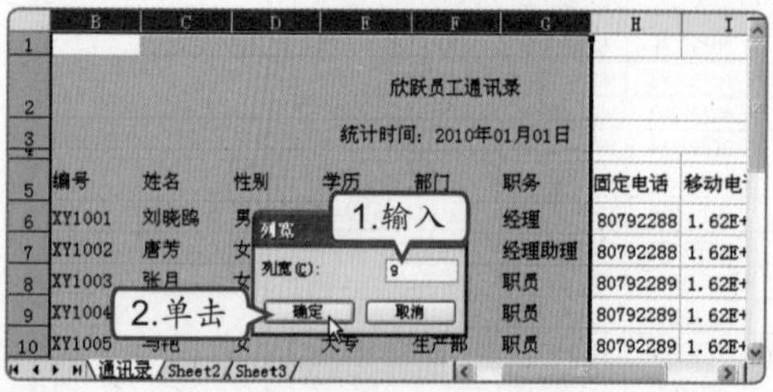

4 设置字体

在格式工具栏中将B2单元格中文字的格式设置为“隶书、28”，将B5:J5单元格区域中的文字格式设置为“宋体、14”，将B6:J23单元格区域中的文字格式设置为“方正姚体、12”。

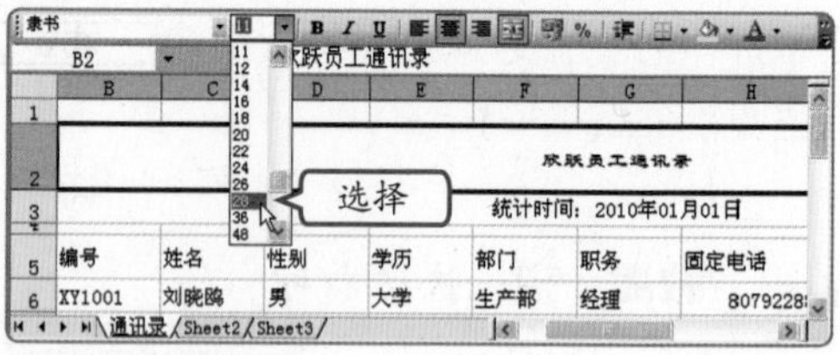

5 设置对齐方式

1. 选中B2单元格，选择【格式】/【单元格】命令，在打开的“单元格格式”对话框的“对齐”选项卡中将B2单元格的水平对齐方式设置为“分散对齐(缩进)”，缩进值设置为6，垂直对齐方式设置为“居中”。
2. 单击 确定 按钮。用同样的方法将B3单元格的水平对齐方式设置为“右对齐”，垂直对齐方式设置为“居中”。其余单元格的水平和垂直对齐方式全部设置为“居中”。

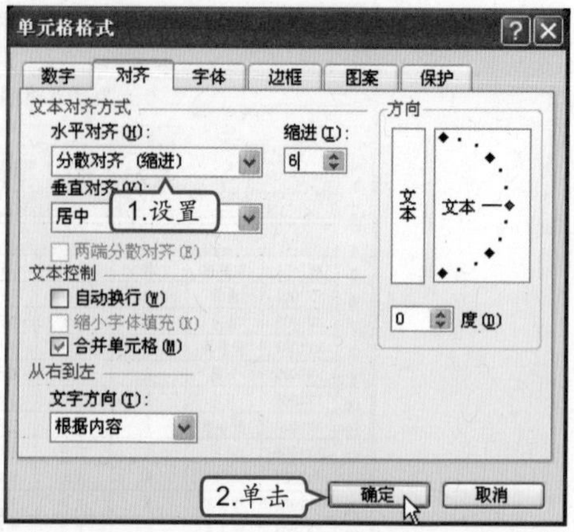

高手指点 可以选择【格式】/【列】/【标准列宽】命令来设置所有列的标准列宽。

6 设置边框

1. 选中B2:J23单元格区域，选择【格式】/【单元格】命令，在打开的“单元格格式”对话框的“边框”选项卡中将表格边框全部设置为细实线。
2. 单击 确定 按钮。用同样的方法将B5:J23单元格区域的外边框设置为蓝色的粗实线。

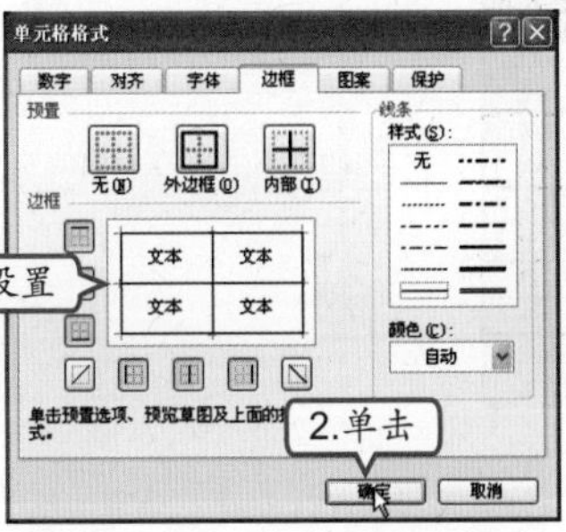

7 设置底纹

1. 选中B2单元格和B5:J5单元格区域，打开“单元格格式”对话框，在“边框”选项卡中将表格底纹设置为“蓝色”。
2. 单击 确定 按钮。用同样的方法将B3单元格的底纹设置为“灰色”。

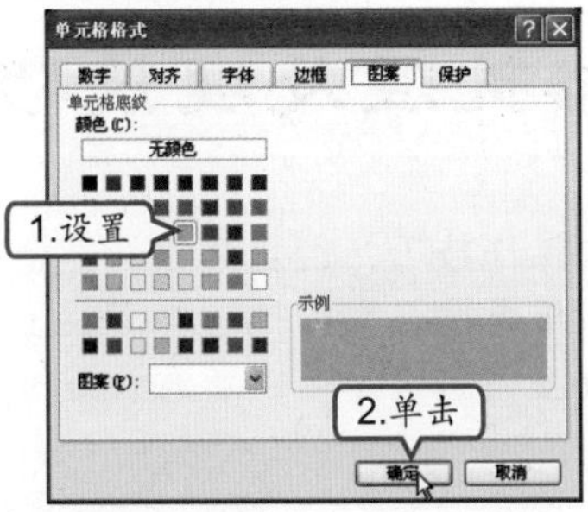

8 设置打印区域

选中B2:J23单元格区域，选择【文件】/【打印区域】/【设置打印区域】命令将其设置为打印区域。

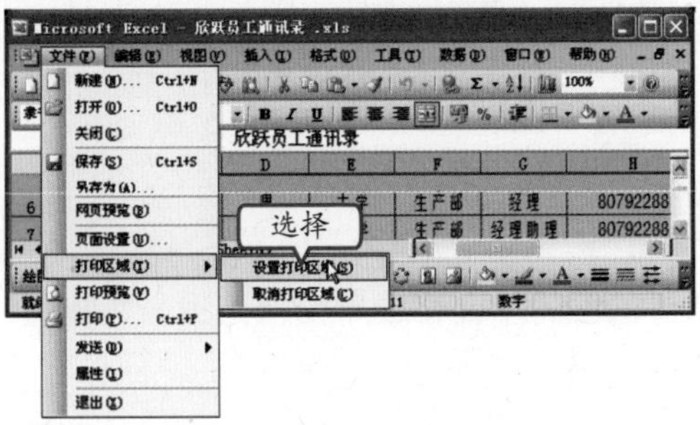

9 页面设置

1. 选择【文件】/【页面设置】命令打开“页面设置”对话框，在“页面”选项卡的“方向”栏中选择“横向”选项，选择“页边距”选项卡。
2. 选中“居中方式”栏中的两个复选框。
3. 单击 确定 按钮。

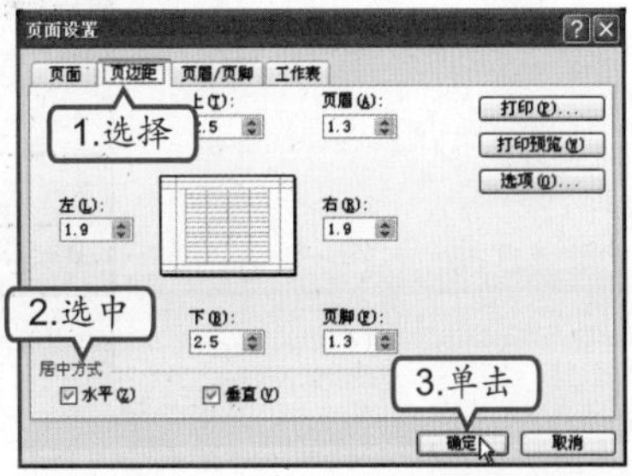

10 打印设置

1. 选择【文件】/【打印】命令打开“打印内容”对话框，在“打印份数”数值框中将打印份数设置为5。
2. 单击 确定 按钮。

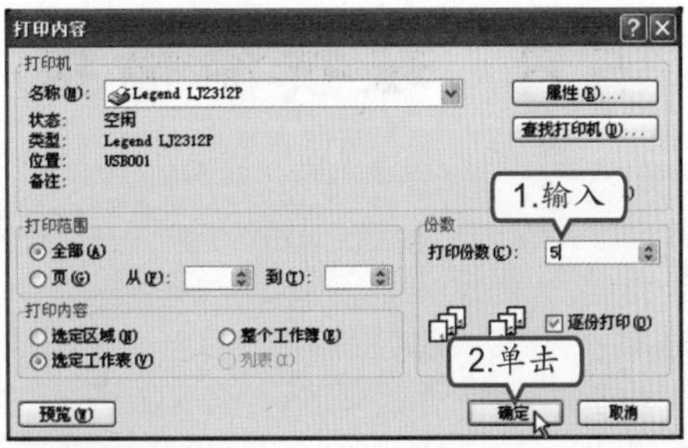

11 关闭文档

1. 单击按钮保存文档。
2. 单击按钮关闭文档。

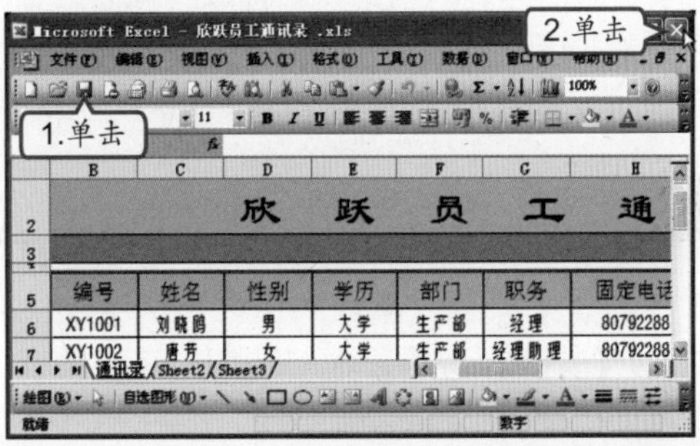

补充两句

在“打印内容”对话框中取消选中“逐份打印”复选框，在打印时会对当前页打印完指定的份数后才进行下一页的打印。

5.5 跟着视频做练习1小时：制作“周末值班表”

本例将制作一个值班安排工作表，在工作表中输入数据并设置单元格格式，最后进行页面设置和打印预览。完成后的效果如下图所示。

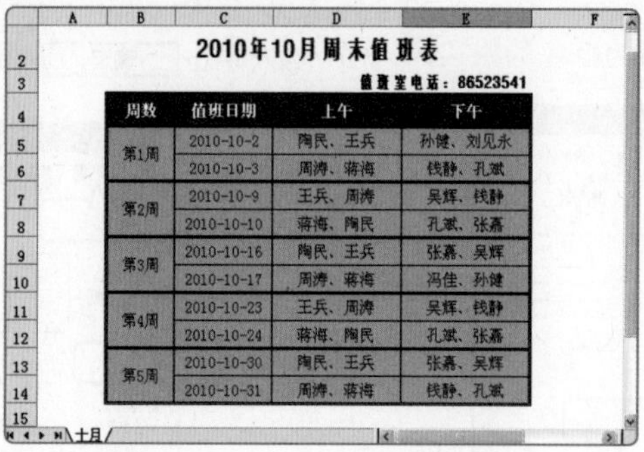

2010年10月周末值班表

值班室电话：86523541

周数	值班日期	上午	下午
第1周	2010-10-2	陶民、王兵	孙健、刘见永
	2010-10-3	周涛、蒋海	钱静、孔斌
第2周	2010-10-9	王兵、周涛	吴辉、钱静
	2010-10-10	蒋海、陶民	孔斌、张嘉
第3周	2010-10-16	陶民、王兵	张嘉、吴辉
	2010-10-17	周涛、蒋海	冯佳、孙健
第4周	2010-10-23	王兵、周涛	吴辉、钱静
	2010-10-24	蒋海、陶民	孔斌、张嘉
第5周	2010-10-30	陶民、王兵	张嘉、吴辉
	2010-10-31	周涛、蒋海	钱静、孔斌

操作提示：

1. 打开实例素材文档。
2. 隐藏多余工作表。
3. 在表格中合并单元格并输入数据。
4. 设置表格行高和列宽。
5. 设置表格文字字体和对齐方式。
6. 设置表格边框和底纹。
7. 设置打印区域并进行页面设置。
8. 打印预览。

实例素材\第5章\周末值班表.xls
最终效果\第5章\周末值班表.xls
视频演示\第5章\制作“周末值班表”

第5章

5.6 秘技偷偷报——表格批注处理技巧

小李经过几个小时的学习，已经掌握了表格的基本操作技巧，但是又遇到一个难题，表格被领导审查了，其中有一些批注，这些批注格式很难更改，有的批注不需要了，想要删除却不知道该怎样操作，老马告诉小李，在表格中批注信息也是可以随意设置的，小李高兴地听老马讲了起来。

1 巧妙更改批注的默认格式

在单元格上单击鼠标右键，在弹出的快捷菜单中选择“插入批注”命令可为其添加批注，但要加入特殊的批注格式，需要修改批注的默认格式，方法为：在桌面上单击鼠标右键，在弹出的快捷菜单中选择“属性”命令，在打开的“显示 属性”对话框中选择“外观”选项卡，再单击 高级(D) 按钮，再打开“高级外观”对话框。在“项目”下拉列表框中选择“工具提示”选项，可以设置批注的背景颜色、字体颜色和大小等。

2 快速彻底清除单元格的批注及格式

彻底清除单元格中的内容的方法为：选择需要清除的单元格或单元格范围，选择【编辑】/【清除】命令，在“清除”子菜单中根据需要选择“全部”、“格式”、“内容”或“批注”命令。

高手指点 在“打印预览”窗口中，可以很方便地通过“调整块”对表格的页边距以及页眉/页脚的页边距进行调整。

第6章

Excel 2003数据管理

小李一个人将头埋在办公桌里，只听见一阵阵敲击计算器的声音。老马走过去一看，小李正在计算着什么。老马问："小李，在忙什么呢？"小李放下手上的工作，边活动疲惫的手指边说："我在计算清单价格呢，你看这么多，我都算了好几遍了，每次都算得不一样，真麻烦。"老马笑了笑说："Excel自带了求和计算功能，你让它自动求和不就可以了。另外，利用公式和函数还可以让表格自动进行各种计算，而且还可以将这些清单分类进行运算。"小李听得瞠目结舌，说："Excel还有这么强大的功能啊，马工，您快教会我，我就不用这么费力地按计算器了。"

2小时学知识

- 公式与函数的运用
- 数据管理与数据图表

3小时上机练习

- 对"人事考核表"进行数据处理
- 对"工资表"进行数据分析
- 数据分析和处理

6.1 公式与函数的运用

老马告诉小李，通过在Excel 2003表格中使用公式和函数，可以对很多复杂的操作进行自动处理。有了公式和函数的帮助，使用表格的过程中就更加方便和快捷，工作效率自然就更高。

6.1.1 学习1小时

学习目标

- 学会插入和编辑公式。
- 学会插入和编辑函数。
- 认识常用的函数。

1 单元格的引用

在Word 2003中，单元格的引用方式通常包括相对引用、绝对引用和混合引用3种。下面就对单元格的引用方式进行简单介绍。

相对引用

相对引用所引用的单元格与引用单元格之间的相对位置是不变的。将公式复制或填充到其他单元格时，公式会根据当前行和列的内容自动改变公式中引用的单元格的行号和列号。

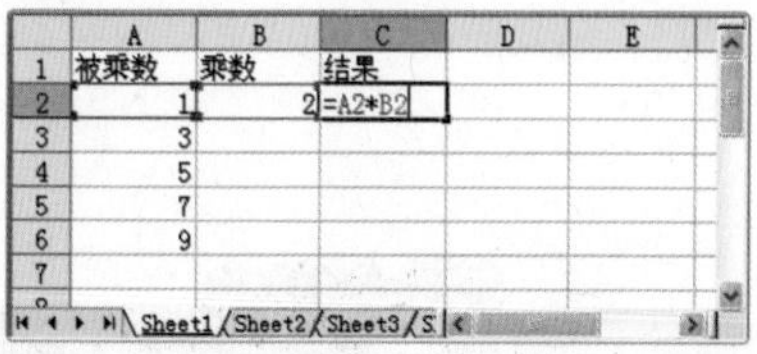

绝对引用

绝对引用所引用的单元格是固定不变的。无论该公式复制或填充到什么位置，仍将引用原单元格。使用绝对引用时，在列标号及行标号前面需加上一个“$”符号，如$B$2。

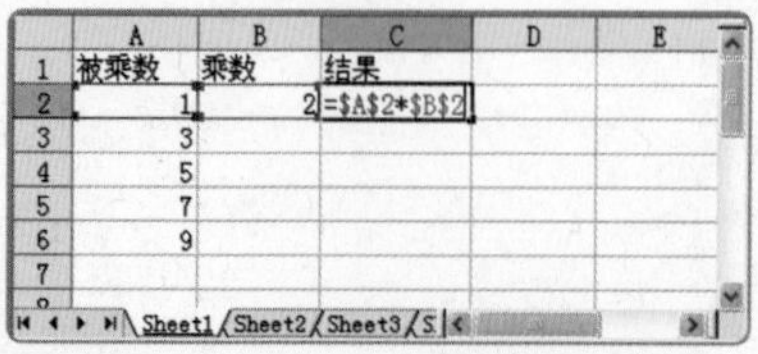

混合引用

混合引用是指在对单元格的引用中，既存在相对引用，又存在绝对引用。混合引用有两种方式：一种是行相对引用，列绝对引用，如$B2，另一种是行绝对引用，列相对引用，如B$2。

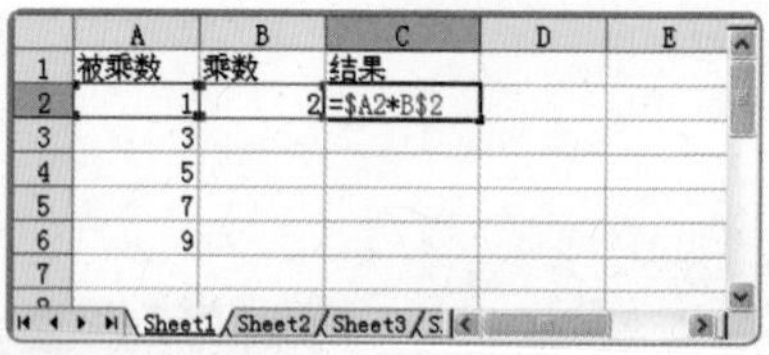

操作提示：循环引用

当一个单元格内的公式直接或间接地应用了这个公式本身所在的单元格时，就称为循环引用。循环引用在Excel工作表中是不允许存在的，因为循环引用是无穷的运算。可以利用在工具栏的空白处单击鼠标右键，然后在弹出的快捷菜单中选择“循环引用”命令显示“循环引用”工具栏来查找和删除循环引用。

高手指点 在公式中合理地使用相对引用、绝对引用和混合引用可以使公式的移动、复制和填充能够达到预期的目的，而且更加方便、快捷。

2 插入公式

公式是对工作表数据以及普通常量进行运算的一种方程式。公式中通常包含公式起始符“=”、运算符、单元格引用和常量。创建公式时可以直接在单元格中输入，也可以在编辑栏中输入。

（1）插入公式

首先选中要输入公式的单元格，在单元格中输入公式，如“=A2*B2”，完成后单击☑按钮或者按【Enter】键即可完成公式的输入。

SUM　=A2*B2

	A	B	C	D	E
1	被乘数	乘数	结果		
2	1	2	=A2*B2		
3	3				
4	5				
5	7				

（2）公式中的运算符

公式中的运算符主要包括算术运算符、比较运算符、文本运算符和引用运算符4种，下面分别进行介绍。

算术运算符

用于完成基本的数学运算，包括“+（加）”、“-（减或负数）”、“*（乘）”、“/（除）”、“%（百分比）”和“^（乘幂）”。

	A	B	C	D
1	被乘数	乘数	公式	结果
2	1	2	=A2+B2	3
3	3		=A3-B2	1
4	5		=A4*B2	10
5	7		=A5/B2	3.5
6	9		=A6%	0.09
7	11		=A7^B2	121

比较运算符

用于比较两个数值并产生逻辑值TRUE或FALSE，包括“=（相等）”、“>（大于）”、“<（小于）”、“>=（大于等于）”、“<=（小于等于）”和“<>（不等于）”。

	A	B	C	D
1	被乘数	乘数	公式	结果
2	1	2	=A2=B2	FALSE
3	3		=A3>B2	TRUE
4	5		=A4<B2	FALSE
5	7		=A5>=B2	TRUE
6	9		=A6<=B2	FALSE
7	11		=A7<>B2	TRUE

文本运算符

用于将一个或多个文本连接为一个组合文本；文本运算符只有一个，即“&（连字符）”。

	A	B	C	D
1	被乘数	乘数	公式	结果
2	1	2	=A2&B2	12
3	3		=A3&B2	32
4	5		=A4&B2	52
5	7		=A5&B2	72
6	9		=A6&B2	92
7	11		=A7&B2	112

引用运算符

用于将单元格区域合并计算，“：（冒号）”、“，（逗号）”和空格符都属于引用运算符。

	A	B	C	D
1	1	2	8	12
2	3	2	24	32
3	5	2	48	52
4				
5	公式	结果		
6	=SUM(A1:A3)	9		
7	=SUM(A1:A3,C1:C3)	89		
8	=SUM(A1:B3 B1:C3)	6		

在实际工作中，计算表格中的数据都是在Excel表格中进行的，而不再使用计算器进行计算。补充两句

操作提示：运算符的优先级

Excel 2003在计算公式时会按一定的优先级来对运算符进行逐个的计算，优先级较高的运算符先运算，然后再运算优先级较低的运算符。Excel中运算符的优先级按从高到低排序的顺序为："：（冒号）"、"，（逗号）"、空格符、"（）（括号）"、"－（负号）"、"%（百分比）"、"^（乘幂）"、"*（乘）"和"/（除）"、"+（加）"和"－（减）"、"=（相等）"、">（大于）"、"<（小于）"、">=（大于等于）"、"<=（小于等于）"和"<>（不等于）"。

3 使用名称简化公式

在Word 2003中使用名称，可以让用户很方便地进行公式的编辑和管理。在工作表中经常会使用到一些常量，如汇率、银行利率、数学常量（如圆周率）等，可以在工作表中的固定区域将这些常量值列出，然后为它们命名。这样，在以后的工作中就可以直接输入常量名称来引用该常量，而且只要在常量值列表区域中改变常量的数值，就可以使整个工作表中引用了该常量的公式都发生变化。在公式中使用名称的具体操作如下。

实例素材\第6章\汇率计算.xls
最终效果\第6章\汇率计算.xls
教学演示\第6章\使用名称简化公式

1 定义名称

1. 打开"汇率计算"工作簿，选中要定义名称的B2单元格。
2. 选择【插入】/【名称】/【定义】命令。

2 输入名称

1. 在打开的"定义名称"对话框中输入常量名称"汇率"。
2. 单击 确定 按钮。

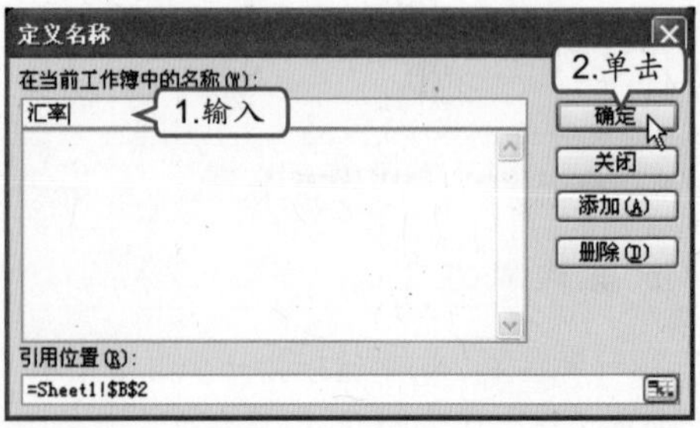

操作提示：选择名称的引用位置

在上面的步骤中，因为先选择了需定义名称的单元格，再选择【插入】/【名称】/【定义】命令打开"定义名称"对话框，所以在"引用位置"栏中已经列出了定义名称的单元格。如果刚开始没有选择单元格，那么单击"引用位置"栏中的按钮，然后在工作表中选择要定义的单元格即可。

高手指点 不仅可以为单个常量定义名称，也可以为单元格区域和公式定义名称，使用方法也与常量名称相同。

3 输入公式

1. 在D5单元格中输入公式“＝C5/汇率”。
2. 单击☑按钮。

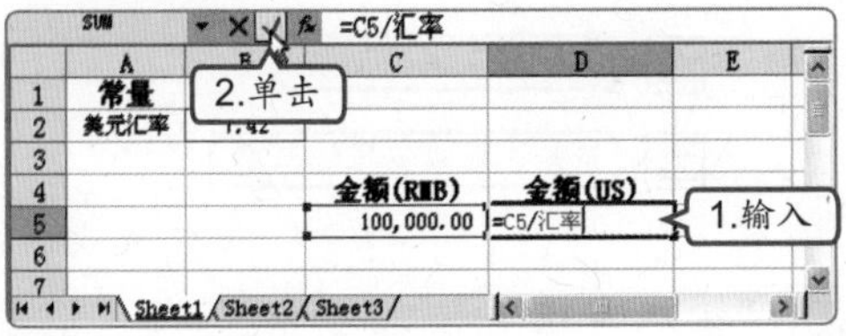

4 计算结果

此时D5单元格中就计算出了对应的美元金额。

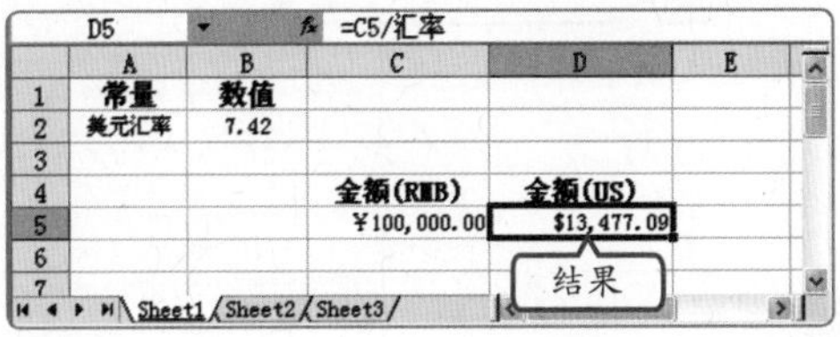

4 公式的审核

在使用公式的过程中往往会出现很多错误，而且错误的单元格中会显示相应的错误信息，以提示用户出了什么错。公式出错后，可以通过“公式审核”工具栏对单元格进行错误检查、公式求值和单元格追踪等操作。

（1）常见的错误信息

Excel 2003中常见的错误信息如下表所示。

Excel 2003常见错误代码含义

错误代码	代码代表的错误信息	错误代码	代码代表的错误信息
#####!	公式计算的结果太长	#DIV/0	除数为零
#N/A	公式中无可用的数值或者缺少函数参数	#VALUE!	公式中含有一个错误类型的参数或者操作数
#NULL!	使用了不正确的区域运算或者不正确的单元格引用	#NUM!	在需要数字参数的函数中使用了不能接收的参数或公式计算结果的数字太大或太小，Excel无法表示出来
#RFF!	公式引用了一个无效的单元格	#NAME?	公式中引用了一个无法识别的名称

（2）“公式审核”工具栏

“公式审核”工具栏一般情况下没有显示在Excel窗口中，需要选择【工具】/【公式审核】/【显示“公式审核”工具栏】命令来将其显示出来。

“错误检查”按钮

该按钮用于检查单元格中的公式错误。如果发现错误还会弹出一个“错误检查”对话框，在其中显示出错误的详细信息。

“追踪”按钮

用于追踪和取消追踪公式引用的单元格和引用该单元格的公式。

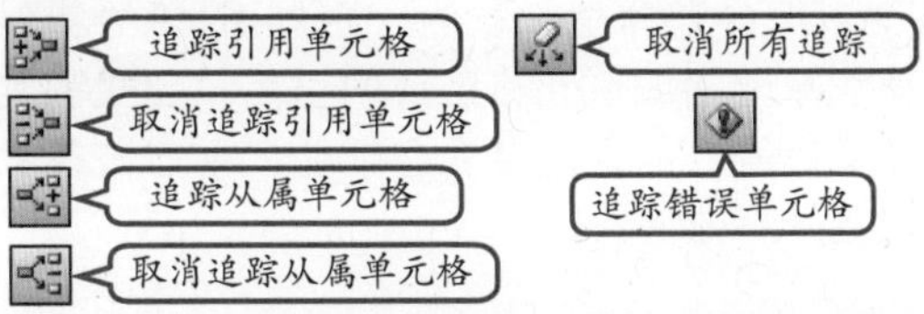

补充两句

如果计算结果过长，单元格将会显示的为“#####!”，可以直接调整单元格的列宽，将计算结果显示出来。

"批注"按钮

该按钮用于为当前单元格添加一个批注。

为单元格插入批注

"显示监视窗口"按钮

单击该按钮将打开公式监视窗口，在窗口中将显示所监视的单元格中的公式和计算结果。

单击将显示监视窗口

"无效数据圈释"按钮

用于圈释公式引用的无效数据，并清除对无效数据的标识圈。

圈释无效数据

清除无效数据的标识圈

"公式求值"按钮

打开"公式求值"对话框，在其中可以对公式的求值过程进行详细查看。

单击打开"公式求值"对话框

教你一招：将公式的计算结果转换为数值

对于插入了公式的单元格，如果直接进行复制/粘贴，那么单元格中的公式就会被复制到新单元格中，而公式的计算结果也由于相对引用的单元格数值的变化而发生改变。

要复制公式的计算结果，首先需要复制源单元格，然后选中目标单元格，选择【编辑】/【选择性粘贴】命令打开"选择性粘贴"对话框，在"粘贴"栏中选中"数值"单选按钮，最后单击 确定 按钮即可。

5 插入函数

函数能完成系统指定的特定的数据运算。Excel 2003中提供了大量的内置函数，如数值统计、财务报表、科学计算（如三角函数）和逻辑判断等。使用函数可以简化公式计算，还能极大地丰富、提高公式的作用。特别是在计算数据量很大、计算过程很复杂的场合，使用函数能大大提高工作效率。

（1）函数的组成

Excel的函数结构大致可分为函数名和参数表两部分。

使用函数的基本形式为"=函数名（参数1,参数2,…）"。其中，函数名说明函数要执行的运算；函数名后用圆括号括起来的是参数表，用于说明函数使用的单元格数值，参数可以是数字、文本、形如TRUE或FALSE的逻辑值、数组、形如#N/A的错误值、单元格或单元格区域的引用、公式和其他函数等。给定的参数必须能产生与该参数对应的有效的值。

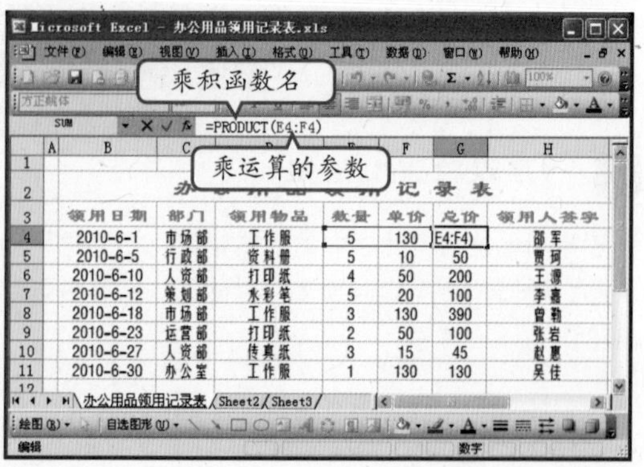

高手指点 如果想要显示公式的内容而不是公式的计算结果，可以选择【工具】/【公式审核】/【公式审核模式】命令。

操作提示：函数嵌套和无参函数

当函数的参数表中又包括另外的函数时，就称为函数的嵌套使用，如公式“=IF(SUM(B2:B6)>10000,"1","0")”。由于函数嵌套的计算量很大，所以函数嵌套并不是无限制使用的，在Excel 2003中，函数的最大嵌套次数为7。

在Excel 2003中，有少数的函数是没有参数的，这些函数被称为无参函数。例如，返回圆周率的函数PI()。需要注意的是，虽然没有参数，但是无参函数后的圆括号不可去掉。

（2）插入函数

在使用函数时，如果对该函数的结构非常熟悉，可以直接在单元格或编辑框中输入函数。大多数情况下，用户需要借助“插入函数”对话框来查找和插入函数。下面将介绍使用“插入函数”对话框来插入函数的方法，其具体操作如下。

实例素材\第6章\办公用品领用记录表.xls
最终效果\第6章\办公用品领用记录表.xls
教学演示\第6章\插入函数

1 打开“插入函数”对话框

1. 打开“办公用品领用记录表”工作表，选择要插入函数的单元格，如G4单元格。
2. 选择【插入】/【函数】命令，打开“插入函数”对话框。

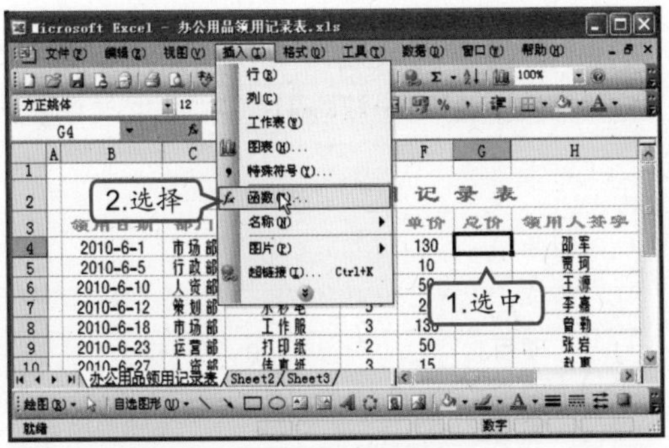

2 选择函数

1. 在“或选择类别”下拉列表框中选择“数学与三角函数”选项。
2. 在“选择函数”列表框中选择PRODUCT。
3. 单击 确定 按钮。

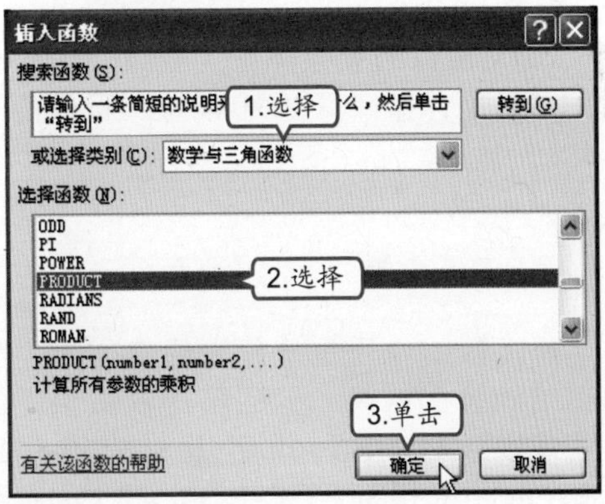

教你一招：快速打开“插入函数”对话框

除了在菜单栏中选择【插入】/【函数】命令来打开“插入函数”对话框外，还可以单击编辑栏旁的 fx 按钮来打开“插入函数”对话框。

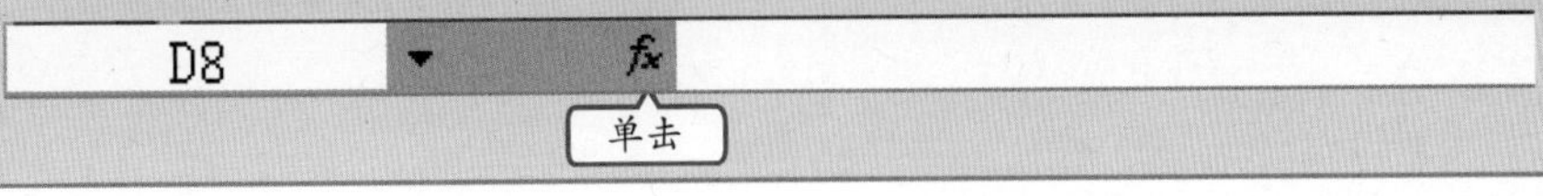

补充两句

在“插入函数”对话框的“搜索函数”文本框中输入关键字，然后单击 转到(G) 按钮，可快速找到该函数。

3 输入函数参数

1. 在“函数参数”对话框的Number1文本框中输入“E4:F4”。
2. 单击 确定 按钮。

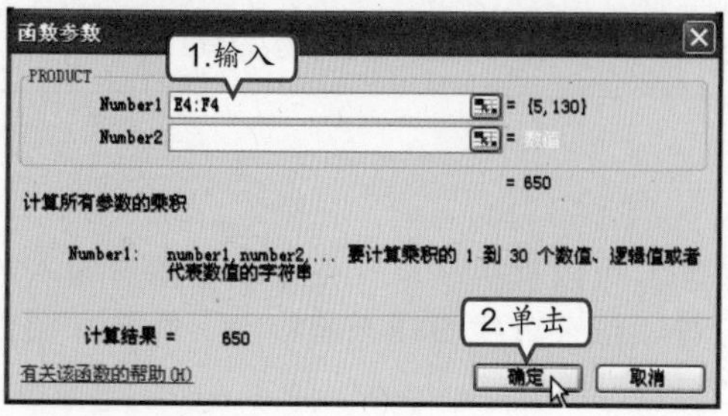

4 计算结果

工作表中插入函数之后的单元格将显示最后的计算结果。

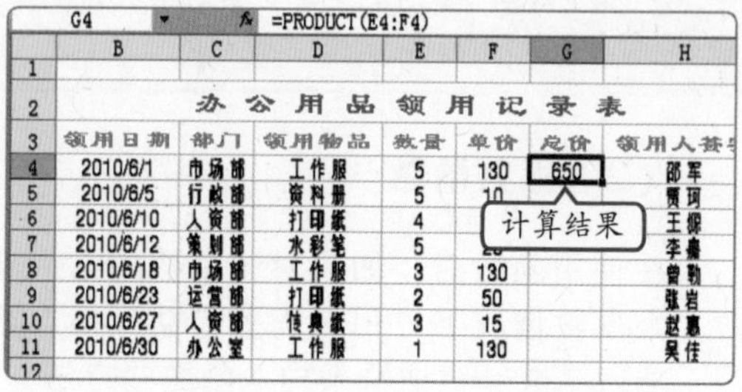

G4 =PRODUCT(E4:F4)
办公用品领用记录表
领用日期 部门 领用物品 数量 单价 总价
2010/6/1 市场部 工作服 5 130 650 邵军
2010/6/5 行政部 资料册 5
2010/6/10 人资部 打印纸 4
2010/6/12 策划部 水彩笔 5
2010/6/18 市场部 工作服 3 130
2010/6/23 运营部 打印纸 2 50
2010/6/27 人资部 传真纸 3 15
2010/6/30 办公室 工作服 1 130
计算结果

6 简单函数的应用

Excel中的函数众多，也可实现各种不同的功能，作为一般办公用户，使用一些简单的函数即可完成日常工作中的常见计算。

（1）SUM函数

SUM函数的作用是将函数参数做求和运算。SUM函数的基本使用形式是SUM(参数1,参数2,…)。

SUM函数的参数类型为数值，也可为时间和日期，如计算2010年1月1日后的第200天的日期。

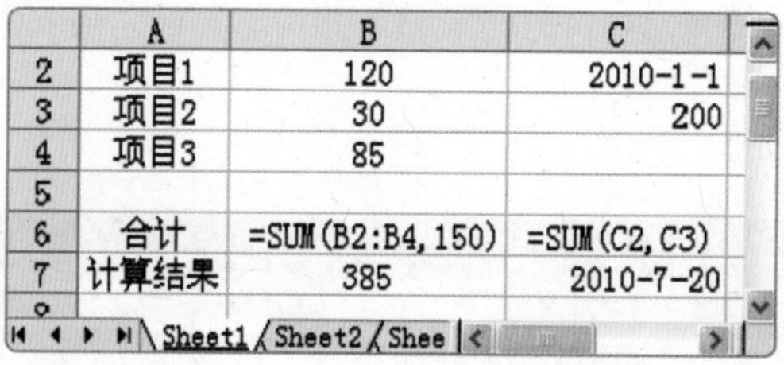

A B C
2 项目1 120 2010-1-1
3 项目2 30 200
4 项目3 85
5
6 合计 =SUM(B2:B4,150) =SUM(C2,C3)
7 计算结果 385 2010-7-20
Sheet1 Sheet2 Shee

（2）IF函数

IF函数的作用是执行真假值判断，根据逻辑计算的结果，返回不同参数。IF函数的基本形式为IF(logical_test,value_if_true,value_if_false)，其中logical_test参数是计算结果为TRUE或FALSE的值或表达式，value_if_true参数是当logical_test参数的值为TRUE时的返回值，value_if_false参数是当logical_test参数的值为FALSE时的返回值。

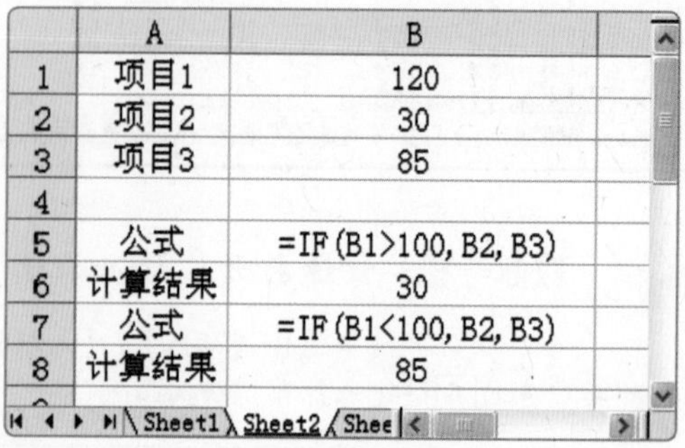

高手指点 在单元格中输入公式“=NOW()”不但可以返回当前的日期，而且当前的时间也会显示出来。

（3）COUNT函数

COUNT函数的功能是返回包含数字以及包含参数列表中的数字的单元格的个数。它的基本形式是COUNT(value1,value2,…)，其中参数value1,value2,…必须为数字类型的数据或单元格区域，且参数最多不能超过30个。

COUNT函数参数中数字类型的数据包括数字、日期或以文本代表的数字，而错误值或其他无法转换成数字的文字将不会被计算。

	A	B	C
1	项目1	120	
2	项目2	飞翔	
3	项目3	2010-3-25	
4	项目4		
5	项目5	￥24.00	
6			
7	公式	=COUNT(B1:B5)	
8	计算结果	3	
9			

Sheet2 Sheet3

操作提示：COUNT函数的相关函数

计数函数除了COUNT函数外还有很多，如COUNTA函数（计算参数列表中的数值和非空单元格的数目）、COUNTBLANK函数（计算参数列表中空单元格的数目）和COUNTIF函数（计算参数列表中满足给定条件的单元格数目）。

（4）AVERAGE函数

AVERAGE函数的功能是返回所选参数的平均值，它的基本形式是AVERAGE(number1,number2,…)，其中参数个数不能超过30个。

AVERAGE函数的参数可以是数字或者是包含数字的名称、数组或引用。另外，在数组或引用参数中包含文本、逻辑值的单元格或空白单元格将被忽略，但包含零值的单元格将计算在内。

	A	B	C
1	项目1	120	
2	项目2	30	
3	项目3	85	
4	项目4		
5	项目5	0	
6			
7	公式	=AVERAGE(B1:B5)	
8	计算结果	58.75	
9			

Sheet3 Sheet4

（5）TODAY函数

TODAY函数的功能是返回当前日期的序列号。TODAY函数是一个无参函数，它的使用方法为“=TODAY()”，并且该函数是一个可变函数，其计算结果会随着操作系统时间的变化而变化。

在Windows操作系统中，TODAY函数返回的序列号是以“1900年1月1日”为基准进行计算的，如“2008年5月1日”的序列号是39569，这是因为它距“1900年1月1日”有39569天。

	A	B
1	当前日期	=TODAY()
2	结果	2010-11-2
3		
4	45天前	=TODAY()-45
5	结果	2010-9-18
6		
7	80天后	=TODAY()+80
8	结果	2011-1-21
9		

Sheet5

补充两句：使用公式时，一定要确保公式的正确性，避免因公式错误而导致数据计算错误。

7 高级函数的应用

Excel 2003还有很多能完成复杂运算的函数，如文本函数、数学与三角函数、查找与引用函数、统计函数和财务函数等。

（1）文本函数

文本函数是对表格中的文本进行处理的函数，可以完成转换文本格式、计算文本长度和返回文本中的某些字符等操作。

LOWER函数

将文本字符串中所有字母转换为小写形式。

PROPER函数

将文本字符串的首字母及任何非字母字符之后的首字母转换成大写，而将其余的字母转换成小写。

RMB函数和DOLLAR函数

将数字转换为文本格式，并应用货币符号。

TEXT函数

将数值转换为按指定数字格式表示的文本。

LEFT函数

从一个文本字符串的第1个字符开始返回指定个数的字符。

UPPER函数

将文本字符串中所有字母转换为大写形式。

FIND函数和SEARCH函数

查找一个字符串在另一个字符串中出现的起始位置，FIND函数在查找时会区分大小写，而SEARCH函数忽略大小写。

VALUE函数

将代表数字的文本字符串转换成数字。

LEN函数

返回文本字符串中的字符个数。

RIGHT函数

从一个文本字符串的最后一个字符开始返回指定个数的字符。

（2）数学与三角函数

数学与三角函数包含对数字进行三角函数、阶乘、对数、四舍五入、取余、取整以及乘幂运算等的函数。办公中常用的有ROUND函数（按指定位数对数值进行四舍五入）、MOD函数（返回两数相除的余数，其计算结果的正负号与除数相同）、INT函数（将数字向下舍入到最接近的整数）。

（3）查找与引用函数

查找和引用函数用于在表格中返回符合条件的单元格或单元格区域的相关信息或对应的其他单元格的信息。办公中常用的有COLUMN函数（返回给定引用的列号）以及ROW函数（返回给定引用的行号）。

	A	B	C	D
1				
2		公式	结果	
3		=ROW()	3	
4		=COLUMN()	2	
5		=ROW(E6)	6	
6		=COLUMN(D4)	4	
7				

Sheet1 / Sheet2 / Sheet3

高手指点 在财务函数里，有计算固定利率下贷款的等额分期还款额的函数PMT。

第6章

6.1.2 上机1小时：对“人事考核表”进行数据处理

本例将为考核成绩进行总成绩计算并排名，然后计算出各项成绩的平均成绩、最高分和最低分，最后对总成绩进行等级划分。完成后的效果如下图所示。

上机目标

- 掌握插入公式的方法和公式的复制方法。
- 进一步掌握常用函数的使用方法和函数的嵌套使用方法。

	A	B	C	D	E	F	G	H
1	2010 年 度 三 项 考 核 表							
2	参考信息		考核项目			总成绩	名次	
3	编号	姓名	业务能力	专业知识	工作态度			
4	KL01	李林	98.50	80.00	80.00	258.50	5	良好
5	KL02	胡大林	97.00	87.00	85.00	269.00	2	优秀
6	KL03	方友	87.50	86.50	95.50	269.50	1	优秀
7	KL04	赵利民	92.00	82.00	80.00	254.00	9	良好
8	KL05	张丽丽	94.50	95.00	77.00	266.50	3	优秀
9	KL06	张勇	90.00	90.50	77.50	258.00	6	良好
10	KL07	王蒙	88.50	92.00	76.00	256.50	7	良好
11	KL08	罗林	82.00	94.00	80.00	256.00	8	良好
12	KL09	黄永乐	90.50	88.00	82.00	260.50	4	良好
13		平均成绩	91.17	88.33	81.44	260.94		
14		最高分	98.50	95.00	95.50	269.50		
15		最低分	82.00	80.00	76.00	254.00		

考核表

实例素材\第6章\人事考核表.xls
最终效果\第6章\人事考核表.xls
教学演示\第6章\对“人事考核表”进行数据处理

1 打开素材文档

在光盘文件夹中双击“人事考核表.xls”素材文件打开文档。

2 快速插入求和函数

1. 选择F4单元格。
2. 单击常用工具栏中的“自动求和”按钮Σ。

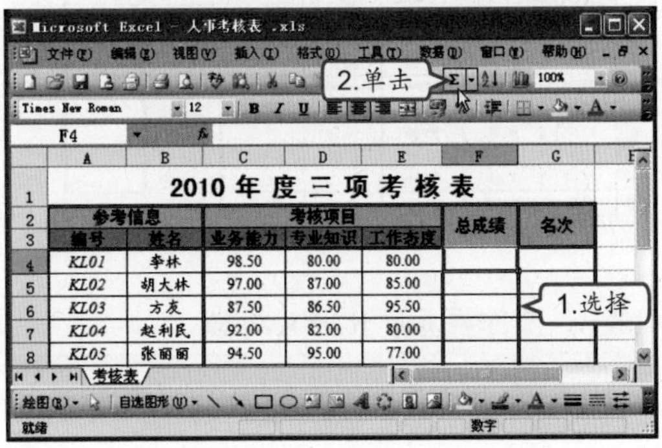

补充两句

在使用函数时，同一个单元格中只能插入一种函数。

3 输入公式

这时单元格中将自动插入求和公式，单击✓按钮确认输入公式。

4 复制公式

1. 选中F4单元格，按【Ctrl+C】组合键复制公式。
2. 选中F5:F12单元格区域，按【Ctrl+V】组合键粘贴公式。

5 输入排名公式

1. 选中G4单元格，输入公式“=RANK(F4,$F$4:$F$12)”。
2. 单击✓按钮。

操作提示：RANK函数

RANK函数的作用是返回某个数值在一组数字中的大小排名。

6 复制排名公式

1. 选中G4单元格，按【Ctrl+C】组合键复制公式。
2. 选中G5:G12单元格区域，按【Ctrl+V】组合键粘贴公式。

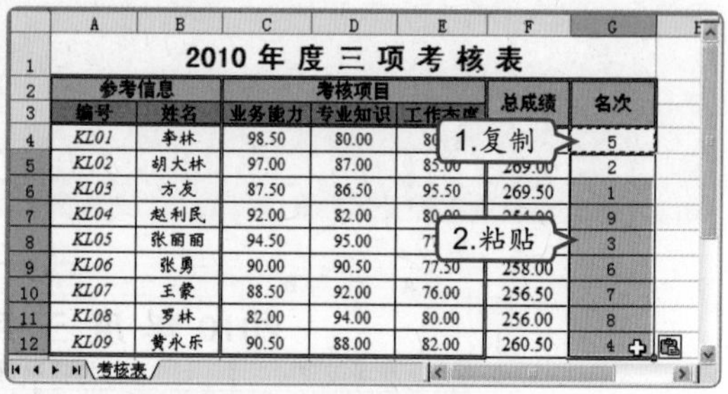

操作提示：公式复制技巧

在公式复制过程中，采用相对引用（如F4）的参数会随之变化，而采用绝对引用（如$F$4）的参数是固定不变的。另外，还可以使用混合引用来使只有行随之变化或只有列随之变化。

7 输入平均成绩公式

1. 选中C13单元格。
2. 单击Σ按钮旁的▾按钮，在弹出的下拉列表中选择“平均值”选项。

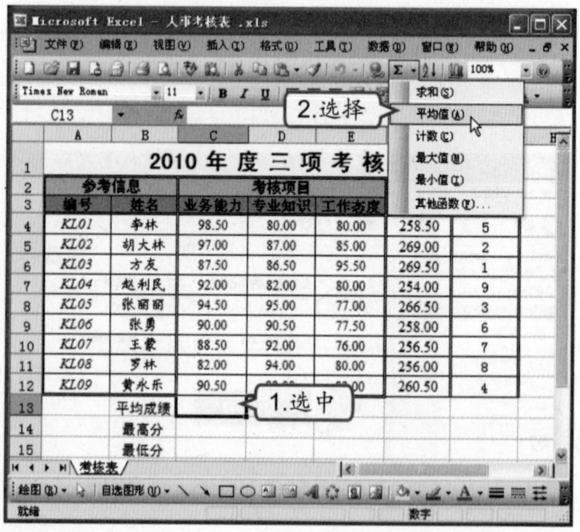

高手指点

使用RANK函数进行排名，不仅可以按数值从高到低进行排名，还可以按数值从低到高进行排名。RANK函数的基本形式为“=RANK(NUM,REF,ORDER)”，其中ORDER的值为0或忽略该值时，排名是按降序排列，值为1时按升序排列。

8 输入最大值公式

1. 选中C14单元格，输入公式“=MAX(C4:C12)”。
2. 单击☑按钮。

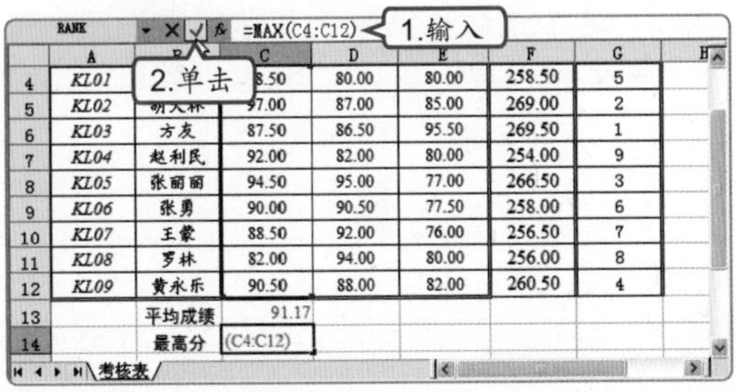

9 输入最小值公式

1. 选中C15单元格，输入公式“=MIN(C4:C12)”。
2. 单击☑按钮。

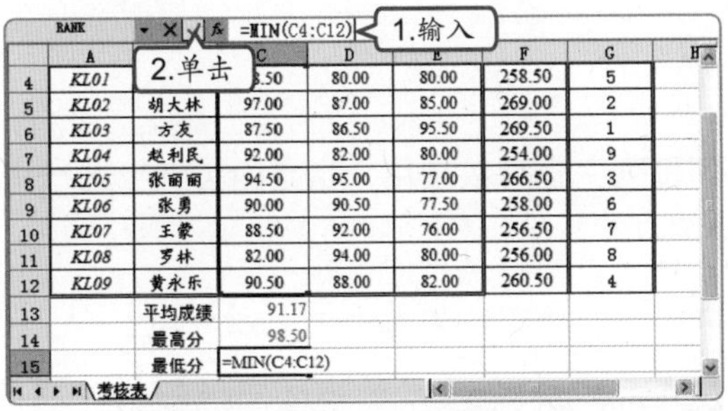

10 复制公式

1. 选中C13:C15单元格，按【Ctrl+C】组合键复制公式。
2. 选中D13:F15单元格区域，按【Ctrl+V】组合键粘贴公式。

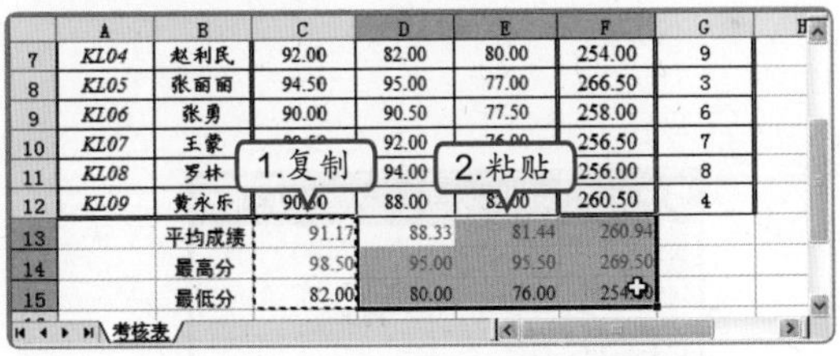

操作提示：MAX和MIN函数

MAX函数和MIN函数的功能分别是返回一组值中的最大值和最小值。

11 输入等级公式

1. 选中H4单元格，输入公式“=IF(F4>265,"优秀",IF(F4>250,"良好","中等"))”。
2. 单击☑按钮。

12 复制等级公式

1. 选中H4单元格，按【Ctrl+C】组合键复制公式。
2. 选中H5:H12单元格区域，按【Ctrl+V】组合键粘贴公式。

操作提示：IF函数的嵌套

通过IF函数的嵌套使用，可以完成对复杂条件的判断操作。例如，工资收入的个人所得税的征收比例的计算，通过多层的函数嵌套，可以自己计算个人所得税的征缴情况。但函数的嵌套最多不能超过7层，否则系统将无法计算。

第6章

补充两句

在使用IF函数时，可对数据进行多重条件设置，但要注意条件语句必须正确。

6.2 数据管理与数据图表

小李拿着一张制作精美的报表来找老马，“马工，这个表格是怎么做出来的啊，真漂亮，是用Excel做的吗？”老马拿过来看了看，说：“这个是数据透视表和数据透视图，是在一个数据表的基础上添加的，在表格中还用到了筛选和分类汇总。”于是，老马向小李讲起了在Excel中的数据管理和数据图表的知识。

6.2.1 学习1小时

学习目标

- **熟悉数据的排序、筛选和分类汇总。**
- **学会使用数据透视图和数据透视表分析数据。**

1 数据排序

Excel可以按数据表的第1列进行升序或降序排列，也可以按用户指定的关键字进行排序。下面介绍在Excel 2003中对数据表进行排序的方法。

（1）直接排序

选中要排序的单元格区域，然后单击常用工具栏中的按钮或按钮即可实现对单元格区域的升序或降序排序。排序的依据是选中单元格区域的第1列。

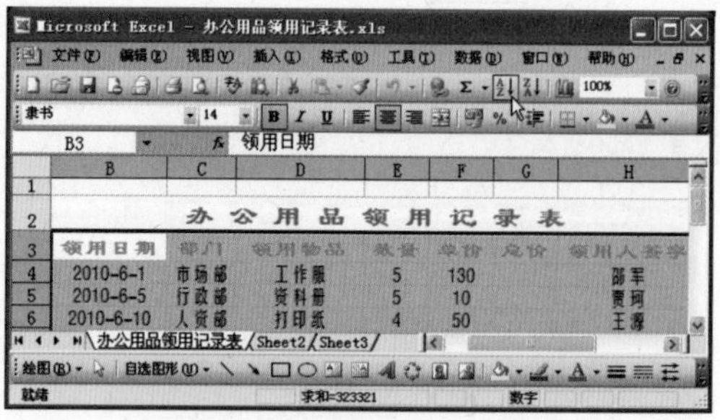

（2）条件排序

对于单元格区域中数据较复杂的排序，需要使用“排序”对话框来对单元格区域进行排序设置。

首先选中要排序的单元格区域，然后选择【数据】/【排序】命令打开“排序”对话框，在其中设置排序的“主要关键字”、“次要关键字”和“第三关键字”以及它们的排序方式，可按设置条件进行排序。

高手指点　在菜单栏中选择【工具】/【选项】命令打开“选项”对话框，选择“自定义序列”选项卡，在其中可以自定义排序序列。

2 数据筛选

数据筛选是将数据表中符合一定条件的数据记录显示或放置在一起，使用数据筛选可以让用户更方便地对数据进行分析。

下面将对表格数据进行自动筛选，并按“领用日期”进行降序排列，最后筛选出“工作服”的领用记录，其具体操作如下。

实例素材\第6章\办公用品领用记录表.xls
教学演示\第6章\数据筛选

1 选择“筛选”命令

1. 打开“办公用品领用记录表.xls”文档，选中B3:H11单元格区域。
2. 选择【数据】/【筛选】/【自动筛选】命令。

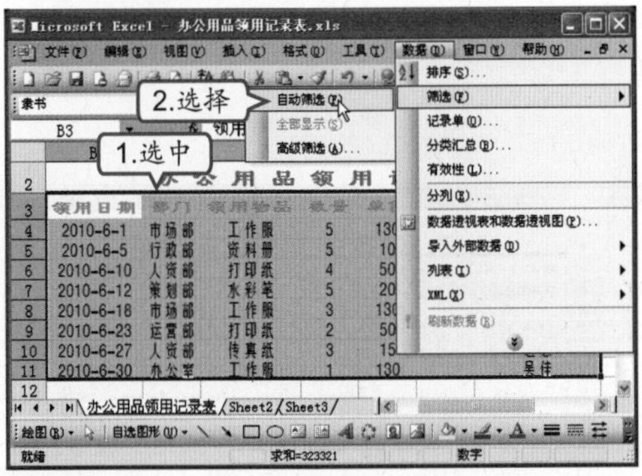

2 排序

单击B3单元格旁的▼按钮，在弹出的下拉列表中选择“降序排列”选项。

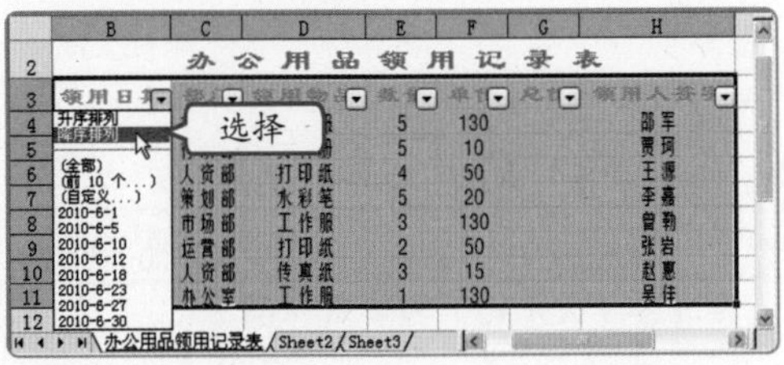

3 筛选

单击D3单元格旁的▼按钮，在弹出的下拉列表中选择“工作服”选项。

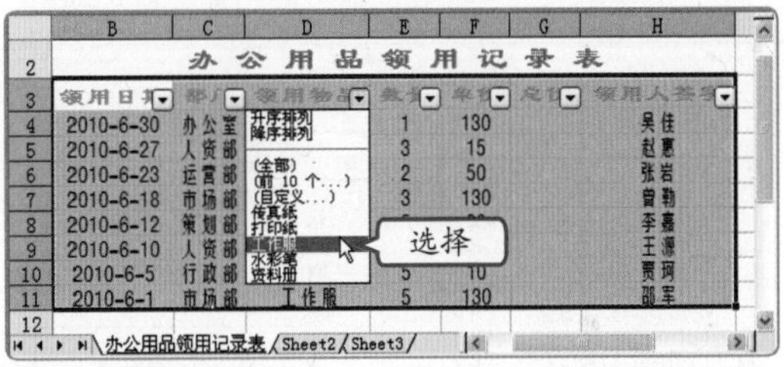

4 筛选效果

工作表中将显示排序和筛选后的效果。

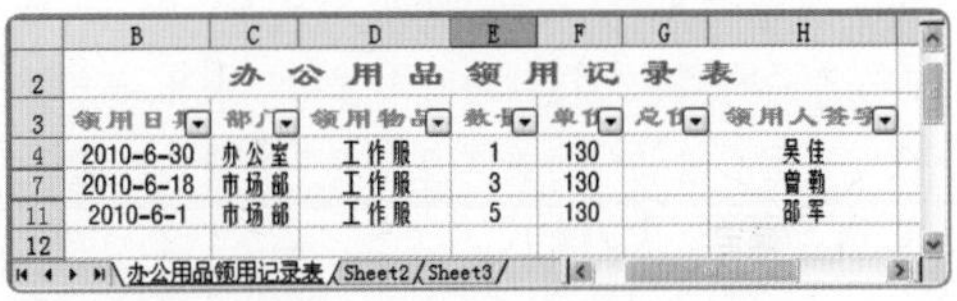

操作提示：自定义自动筛选方式

在筛选区域中单击▼按钮，在弹出的下拉菜单中选择“自定义”选项，将打开“自定义自动筛选方式”对话框，在其中还可以设置更多的筛选条件对选中的区域进行筛选。

选择【数据】/【筛选】/【高级筛选】命令，在打开的对话框中还可以对筛选结果进行复制。 补充两句

3 数据的分类汇总

分类汇总能根据数据库中的某一列数据将所有记录分类，然后对每一类中的指定数据进行汇总运算，这些汇总运算包括求和、计数、平均值、最大值、最小值、乘积和数值计数等。

分类汇总在数据分析上对用户是很有帮助的，它可以很方便地显示出各个分类中的有效数据，为用户调整方案提供帮助。但需要注意的是，在进行分类汇总之前，必须对数据进行排序。在表格中对数据进行分类汇总的具体操作如下。

实例素材\第6章\办公用品领用记录表（分类汇总）.xls
教学演示\第6章\数据的分类汇总

1 选择"分类汇总"命令

1. 打开"办公用品领用记录表（分类汇总）.xls"文档，选中B3:H11单元格区域。
2. 选择【数据】/【分类汇总】命令。

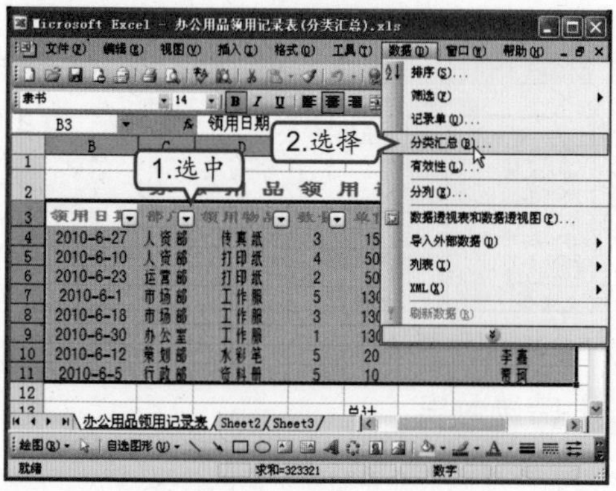

2 设置分类汇总参数

1. 打开"分类汇总"对话框，在"分类字段"下拉列表框中选择"领用物品"选项。
2. 在"汇总方式"下拉列表框中选择"求和"选项。
3. 在"选定汇总项"列表框中选中"数量"复选框。
4. 单击 确定 按钮。

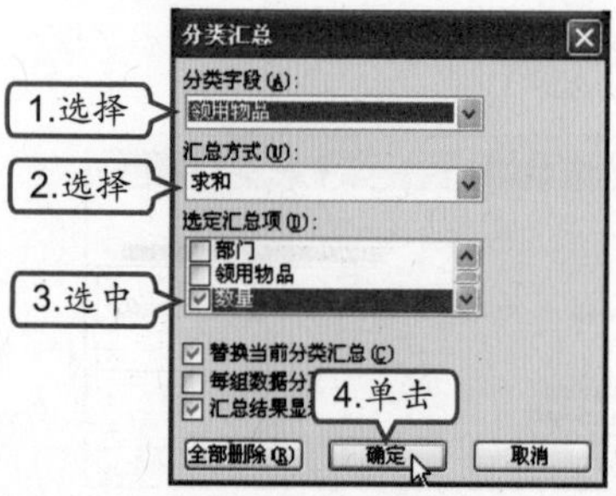

3 分类汇总效果

工作表中将显示分类汇总后的效果。

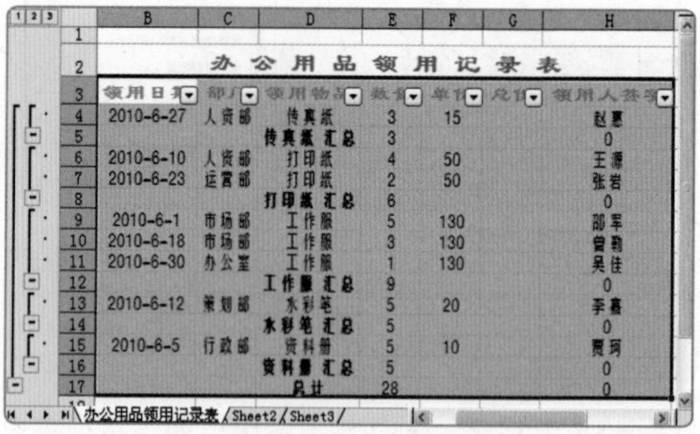

教你一招：多级分类汇总

对已进行了汇总的数据表，还可以再进行分类汇总，即多级汇总。

在进行多级汇总时需要注意以下两点：一是汇总前应对汇总列进行多重排序，并将第1级排序的分类字段作为排序的第1关键字，将第2级排序的分类字段作为排序的第2关键字，依此类推。二是在进行下一级汇总时必须取消选中"分类汇总"对话框中的"替换当前分类汇总"复选框，否则会将前一级的分类汇总清除。

高手指点 单击"分类汇总"对话框中的 全部删除(R) 按钮，可以将选中区域里的所有分类汇总项全部删除。

4 创建数据透视表和数据透视图

数据透视表与数据透视图能对表格数据进行简单的分析和处理，使表格中的数据更清晰、直观地显示在用户眼前。

通过数据透视表可以方便地对数据进行排序、筛选和汇总。数据透视表可以通过转换行和列来查看源数据的不同汇总结果，可以显示不同页面的筛选数据，还可以根据需要显示区域中的明细数据。

数据透视图是通过图表的方式来显示和分析数据。数据透视图是在数据透视表的基础上建立起来的，所以在建立数据透视图之前，必须先建立数据透视表。一般情况下，在创建数据透视图时，数据透视表就被同时创建了。

下面就为“办公用品领用记录表”添加一个数据透视图和数据透视表，其具体操作如下。

实例素材\第6章\办公用品领用记录表.xls
最终效果\第6章\办公用品领用记录表.xls
教学演示\第6章\创建数据透视表和数据透视图

1 选择命令

1. 打开“办公用品领用记录表.xls”文档，选中B3:H11单元格区域。
2. 选择【数据】/【数据透视表和数据透视图】命令。

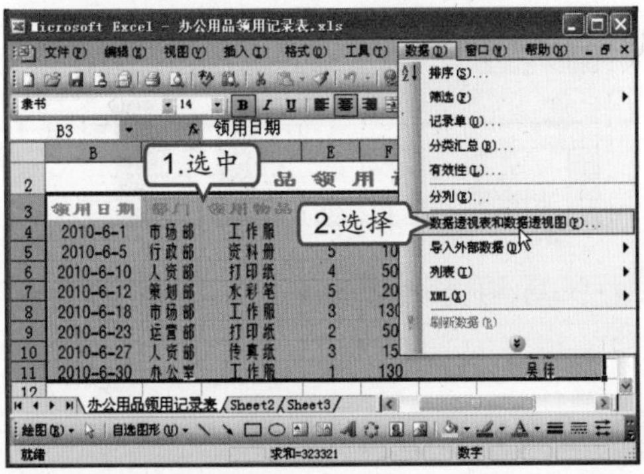

2 选择报表类型

1. 打开“数据透视表和数据透视图向导--3步骤之1”对话框，在“所需创建的报表类型”栏中选中“数据透视图（及数据透视表）”单选按钮。
2. 单击[下一步(N) >]按钮。

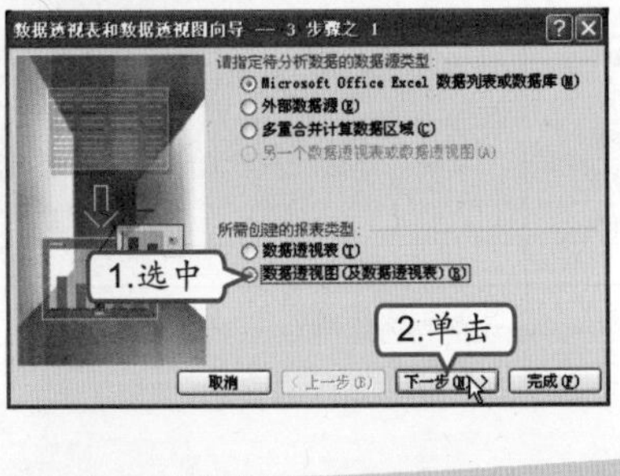

3 选择数据源

1. 打开“数据透视表和数据透视图向导--3步骤之2”对话框，在“选定区域”文本框中输入“$B$3:$H$11”。
2. 单击[下一步(N) >]按钮。

4 选择显示位置

1. 打开“数据透视表和数据透视图向导--3步骤之3”对话框，在“数据透视表显示位置”栏中选中“新建工作表”单选按钮。
2. 单击[完成(F)]按钮。

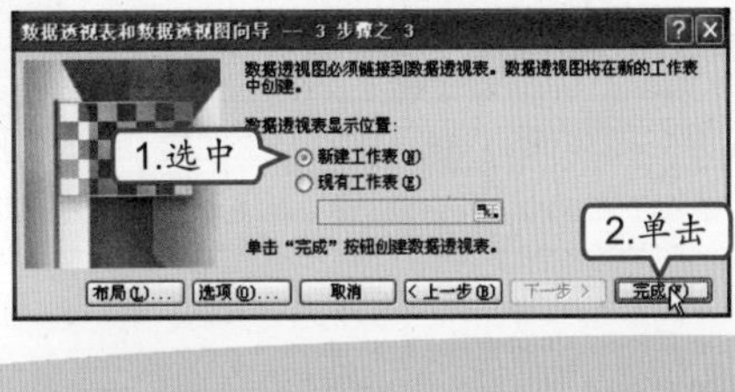

第6章

补充两句

在选择数据源时，可通过拖动鼠标的方式快速选择需要进行处理的数据源。

5 添加页字段

用鼠标将“数据透视表字段列表”中的“领用日期”项拖动到页字段处。

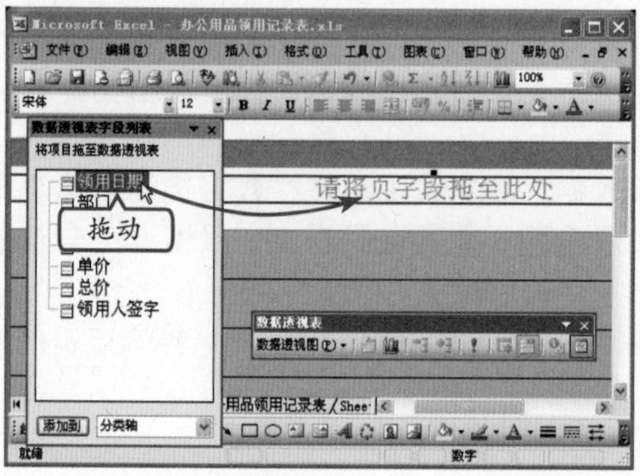

6 添加数据字段

用鼠标将“数据透视表字段列表”中的“数量”项拖动到数据字段处。

7 添加分类字段

用鼠标将“数据透视表字段列表”中的“领用物品”项拖动到分类字段处。

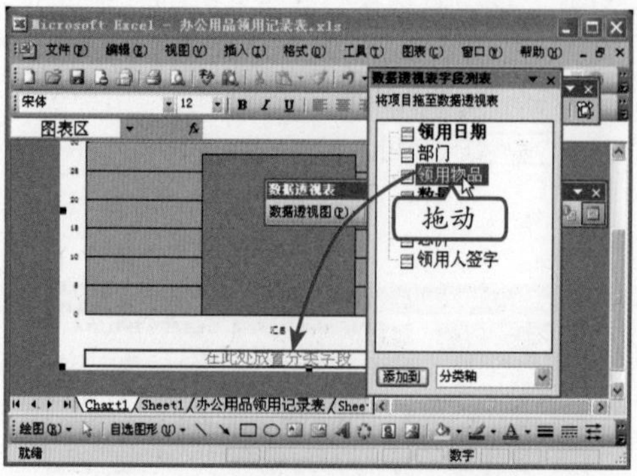

8 添加系列字段

用鼠标将“数据透视表字段列表”中的“部门”项拖动到系列字段处。

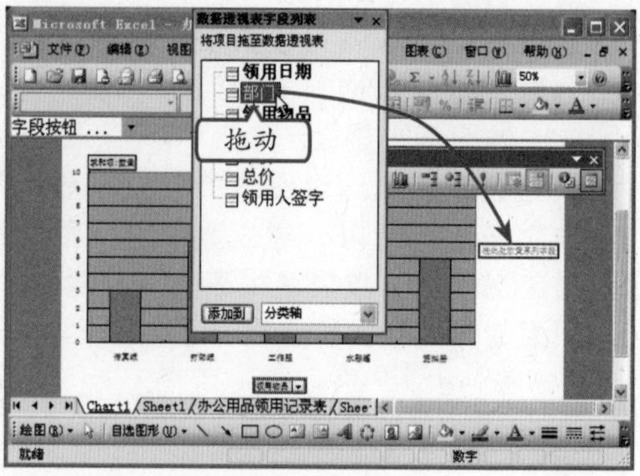

9 查看数据透视图效果

返回工作区域，可查看创建的数据透视图效果。

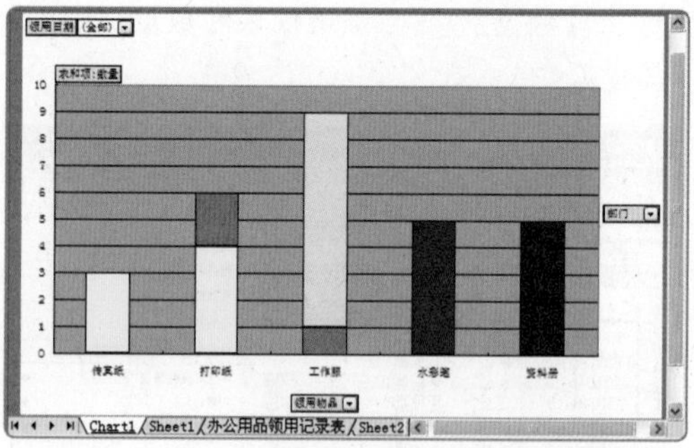

10 查看数据透视表效果

单击Sheet1工作表标签，可查看创建的数据透视表效果。

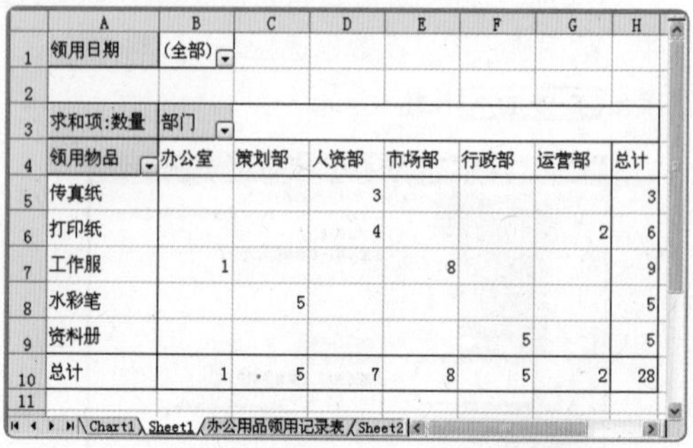

领用日期	(全部)						
求和项:数量	部门						
领用物品	办公室	策划部	人资部	市场部	行政部	运营部	总计
传真纸			3				3
打印纸			4			2	6
工作服	1			8			9
水彩笔		5					5
资料册					5		5
总计	1	5	7	8	5	2	28

高手指点 数据透视图与普通图表的类型基本相同，不同的是，在数据透视图中，用户还可以对数据进行筛选显示。

5 创建图表

图表是表格中数据的图形化表示方法。图表在表格数据的基础上创建，并随着表格数据的变化而变化。采用合适的图表类型来显示数据将有助于管理和分析数据。创建图表与创建数据透视图不同的是，创建图表不会同时创建数据透视表。

下面将为“员工年龄分布”表创建一个饼形图表，通过该图表可直观地看出各个年龄人群的比例，其具体操作如下。

实例素材\第6章\员工年龄分布.xls
最终效果\第6章\员工年龄分布.xls
教学演示\第6章\创建图表

1 选择命令

1. 打开“员工年龄分布.xls”文档，选中B2:C8单元格区域。
2. 选择【插入】/【图表】命令。

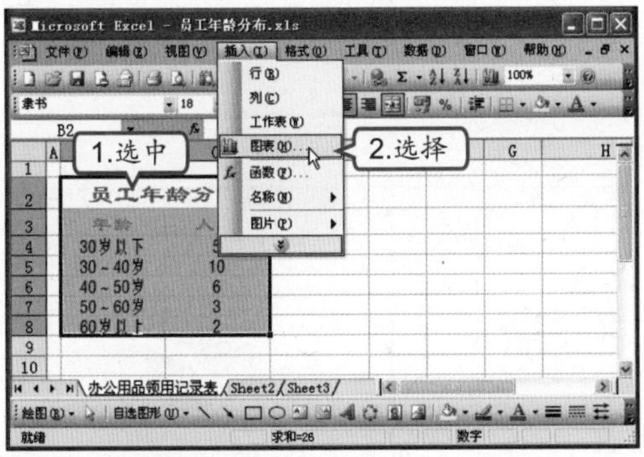

2 选择图表类型

1. 在打开的“图表向导”对话框中选择“标准类型”选项卡。
2. 在“图表类型”列表框中选择“饼图”选项。
3. 在“子图表类型”列表框中选择“分离型饼图”选项。
4. 单击 下一步(N) > 按钮。

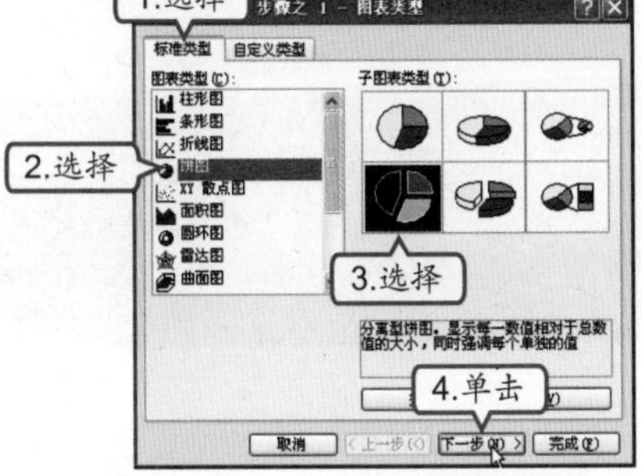

3 选择数据区域

1. 选择“数据区域”选项卡，在“数据区域”文本框中选择数据区域。
2. 在“系列产生在”栏中选中“列”单选按钮。
3. 单击 下一步(N) > 按钮。

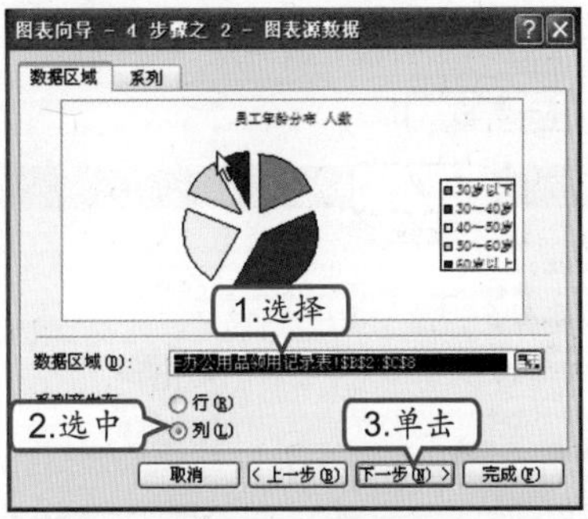

4 输入图表标题

1. 在打开的对话框中选择“标题”选项卡。
2. 在“图表标题”文本框中输入“员工年龄分布”。

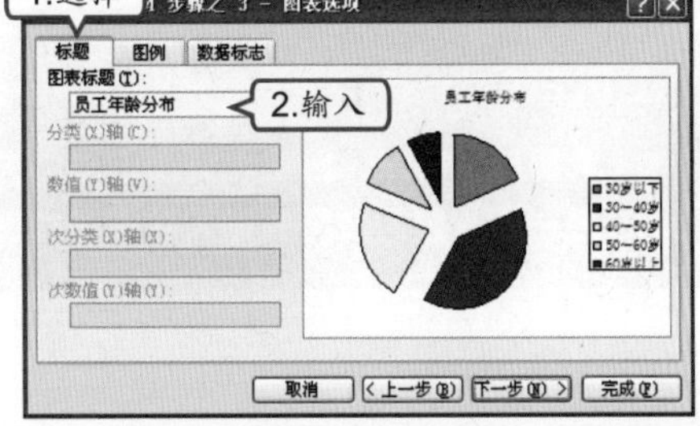

补充两句：在制作的表格中合理使用图表，可以使表格数据更加明了，方便查看。

5 设置图例位置

1. 选择“图例”选项卡。
2. 选中“显示图例”复选框。
3. 在“位置”栏中选中“底部”单选按钮。

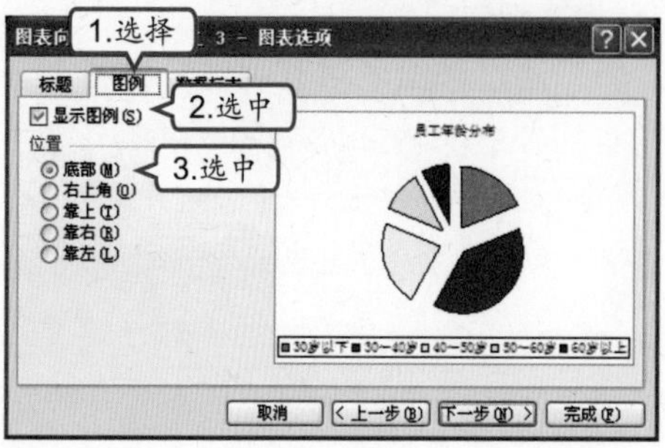

6 设置数据标志

1. 选择“数据标志”选项卡。
2. 在“数据标签包括”栏中选中“值”复选框。
3. 选中“显示引导线”复选框。
4. 单击[下一步(N) >]按钮。

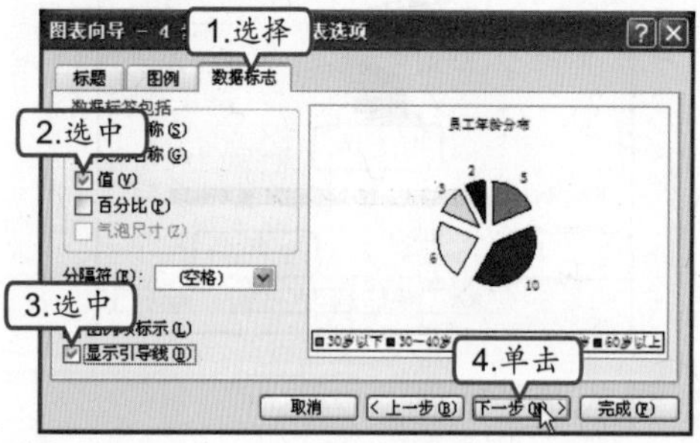

7 选择图表位置

1. 在打开的对话框中选中“作为其中的对象插入”单选按钮，并在后面的下拉列表框中选择工作表。
2. 单击[完成(F)]按钮。

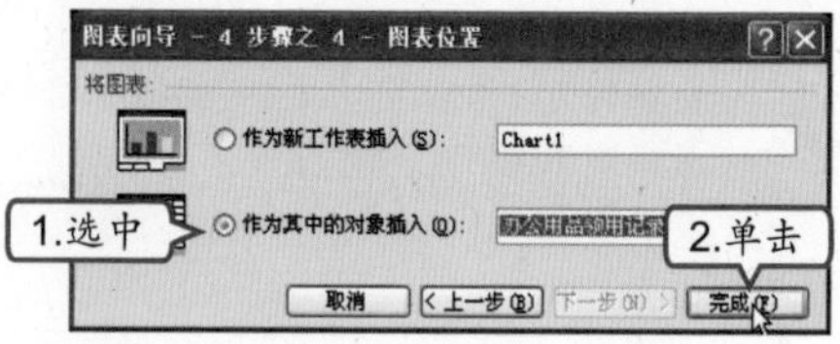

8 完成插入

返回Excel工作区域，查看插入图表后的效果。

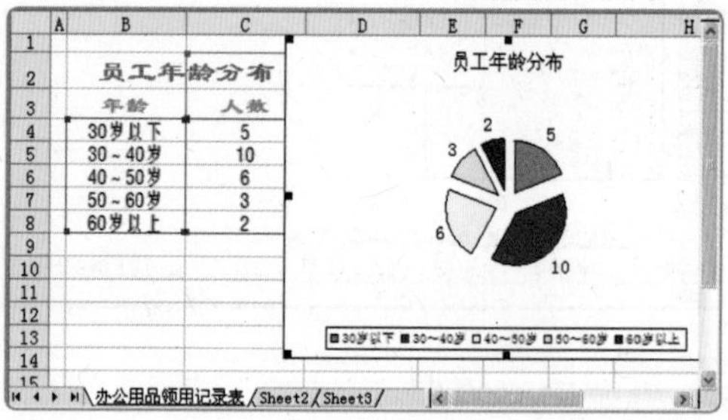

6.2.2 上机1小时：对“工资表”进行数据分析

本例将对“工资表”进行复杂排序和筛选以查看数据，然后取消筛选并为“工资表”添加数据透视图和数据透视表，最后对“工资表”进行分类汇总。完成后的效果如下图所示。

上机目标

- **巩固数据排序、筛选和分类汇总的方法。**
- **进一步掌握为数据表插入数据透视图和数据透视表的方法。**

高手指点 按住【Ctrl】键依次选中多个单元格，然后在公式编辑栏中输入公式，按【Ctrl+Enter】组合键可以在所有选中的单元格中输入相同的公式。

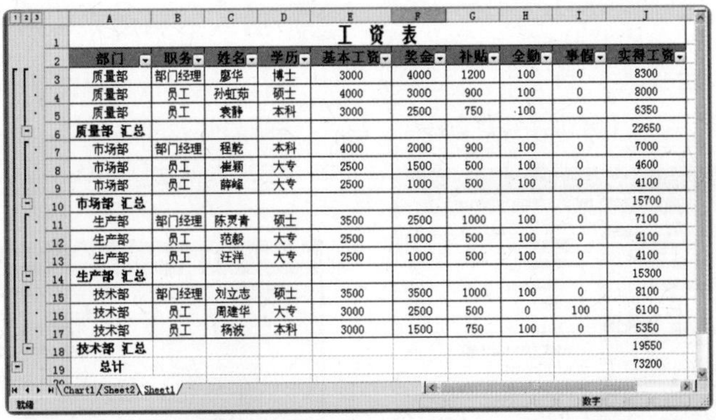

	工资表								
部门	职务	姓名	学历	基本工资	奖金	补贴	全勤	事假	实得工资
质量部	部门经理	廖华	博士	3000	4000	1200	100	0	8300
质量部	员工	孙虹茹	硕士	4000	3000	900	100	0	8000
质量部	员工	袁静	本科	3000	2500	750	100	0	6350
质量部 汇总									22650
市场部	部门经理	程乾	本科	4000	2000	900	100	0	7000
市场部	员工	崔颖	大专	2500	1500	500	100	0	4600
市场部	员工	薛峰	大专	2500	1000	500	100	0	4100
市场部 汇总									15700
生产部	部门经理	陈灵青	硕士	3500	2500	1000	100	0	7100
生产部	员工	范毅	大专	2500	1000	500	100	0	4100
生产部	员工	汪洋	大专	2500	1000	500	100	0	4100
生产部 汇总									15300
技术部	部门经理	刘立志	硕士	3500	3500	1000	100	0	8100
技术部	员工	周建华	大专	3000	2500	500	0	100	6100
技术部	员工	杨波	本科	3000	1500	750	100	0	5350
技术部 汇总									19550
总计									73200

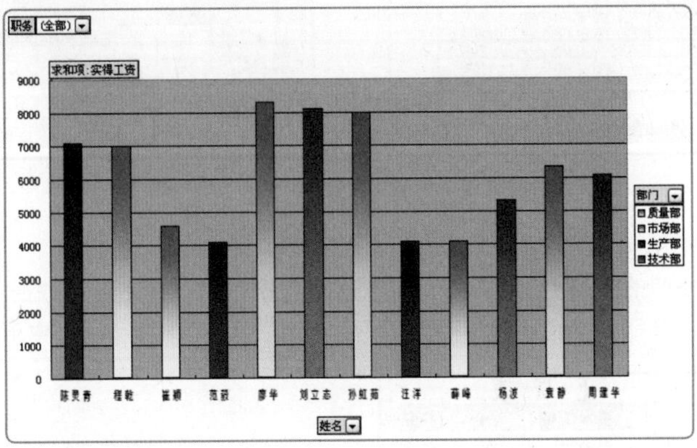

实例素材\第6章\工资表.xls
最终效果\第6章\工资表.xls
教学演示\第6章\对“工资表”进行数据分析

1 选择“排序”命令

1. 打开素材文件“工资表.xls”，选中A3:J14单元格区域。
2. 选择【数据】/【排序】命令。

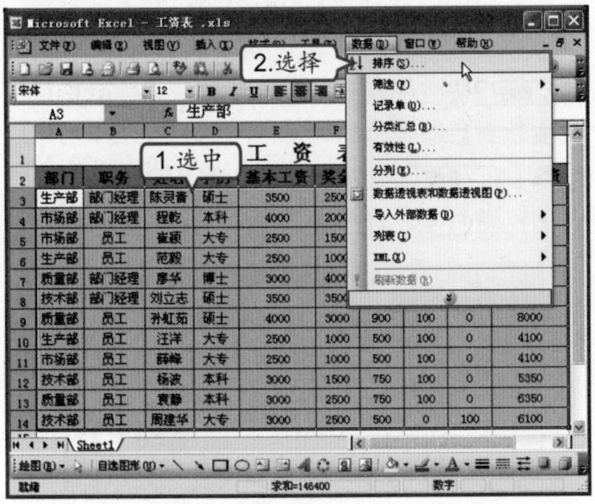

2 设置排序选项

1. 打开“排序”对话框，在“主要关键字”下拉列表框中选择“部门”选项。
2. 选中后面的“降序”单选按钮。
3. 在“次要关键字”下拉列表框中选择“职务”选项。
4. 选中后面的“升序”单选按钮。
5. 单击 确定 按钮。

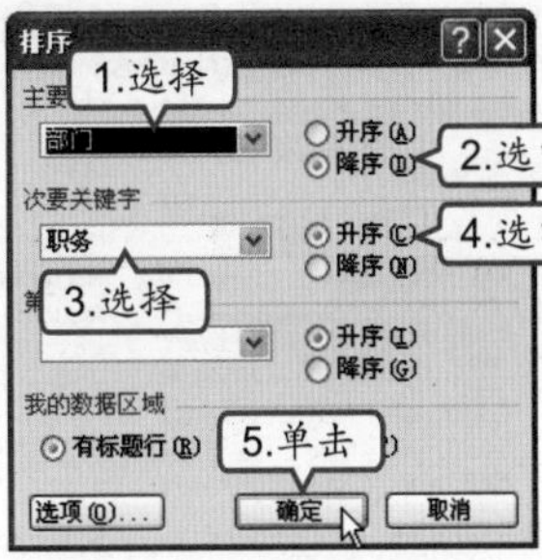

在“排序”对话框中单击 选项(O)... 按钮，在打开的“排序选项”对话框中还可以进行自定义设置。 补充两句

3 筛选数据

1. 选中A2:J14单元格区域。
2. 选择【数据】/【筛选】/【自动筛选】命令。

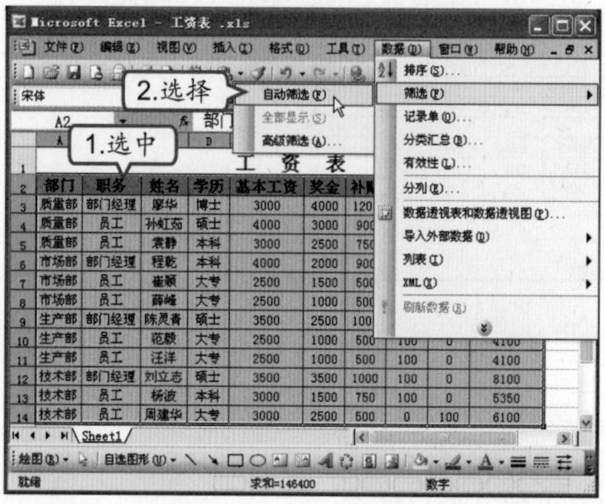

4 筛选“职务”

1. 单击“职务”单元格旁的▼按钮。
2. 在弹出的下拉列表中选择“部门经理”选项。

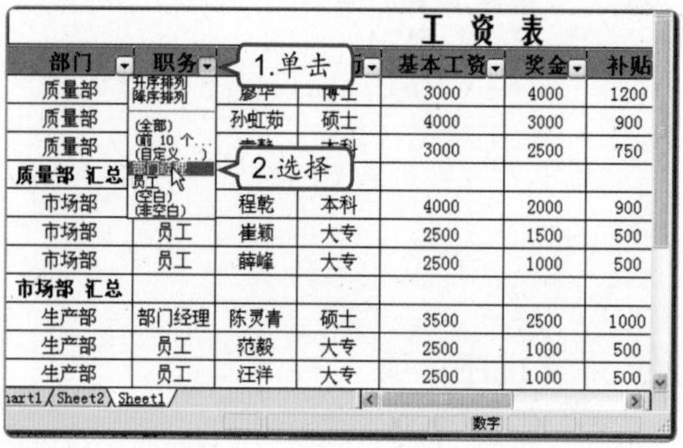

5 插入数据透视图和数据透视表

1. 选中A2:J14单元格区域。
2. 选择【数据】/【数据透视表和数据透视图】命令。

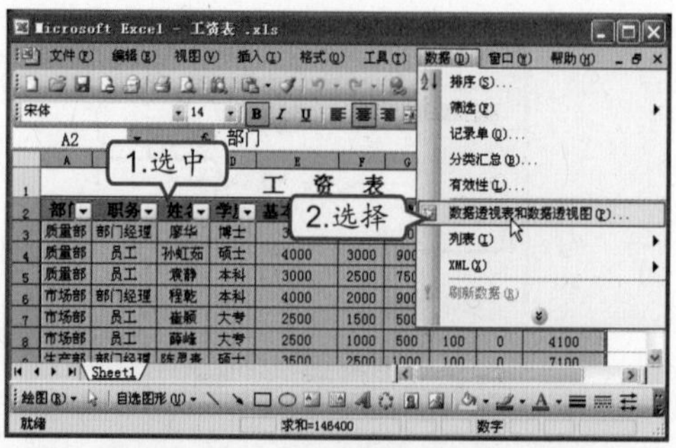

6 插入数据透视表和数据透视图

1. 在打开的对话框中选中“数据透视图（及数据透视表）”单选按钮。
2. 单击下一步(N) >按钮。

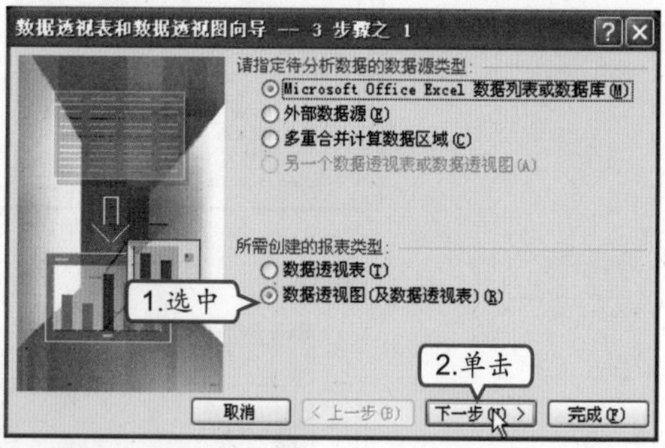

7 进入布局设置

在打开的对话框中选择数据区域后单击下一步(N) >按钮，在打开的对话框中单击布局(L)...按钮。

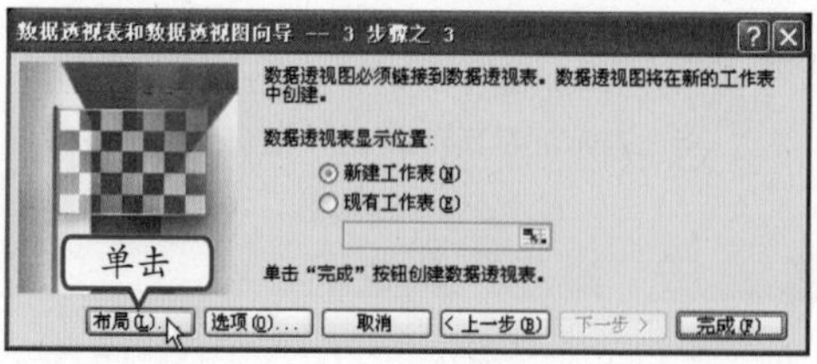

8 选择字段

1. 在打开的对话框中将职务按钮拖动到页字段框中，将部门按钮拖动到列字段框中，将姓名按钮拖动到行字段框中，将实得工资按钮拖动到数据字段框中。
2. 单击确定按钮返回“数据透视表和数据透视图向导”对话框，并单击完成(F)按钮。

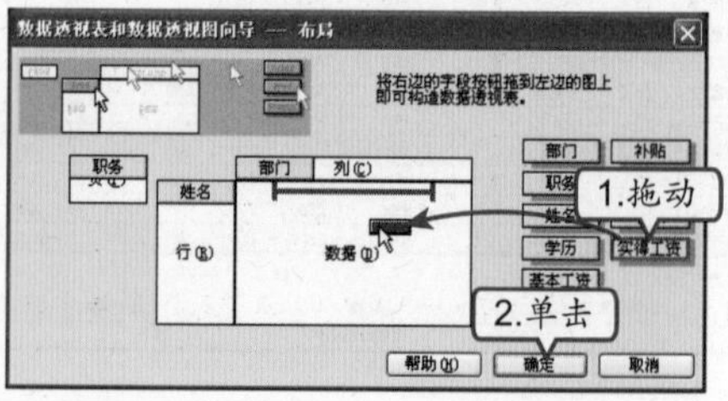

高手指点 DATE函数可以将3个数字组合成日期格式，如公式“=DATE(2010,12,1)”的计算结果为“2010-12-1”。

9 设置“姓名”分类轴文字格式

1. 双击“姓名”分类轴。
2. 在打开的对话框中设置“字体”为“方正姚体”。
3. 单击 确定 按钮。

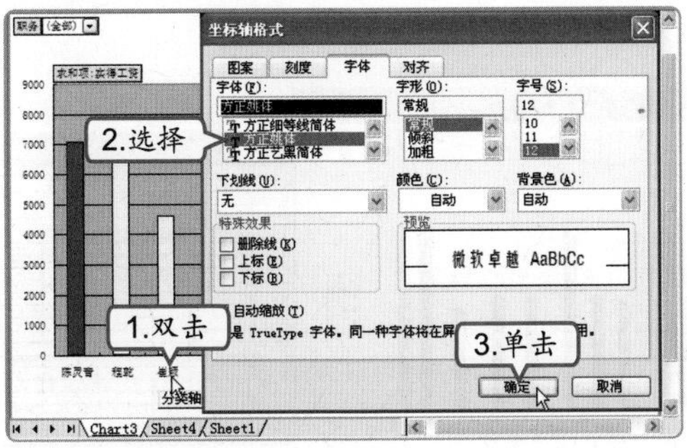

10 设置数据系列格式

1. 双击数据系列，打开“数据系列格式”对话框。
2. 单击 填充效果(I)... 按钮。

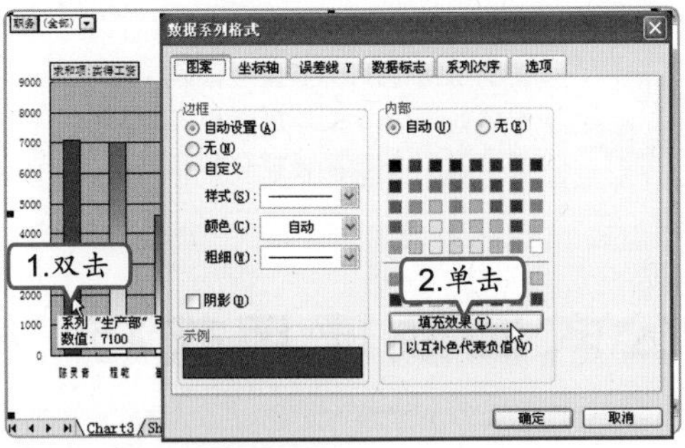

11 设置填充效果

1. 在“变形”列表框中选择一个选项。
2. 依次单击 确定 按钮确认设置。用同样的方法设置其他数据系列格式。

12 设置数据透视表底纹

1. 单击Sheet2工作表标签。
2. 将A5:A16单元格区域的底纹设置为“茶色”，选中B4:E4单元格区域。
3. 将其底纹设置为“水绿色”。

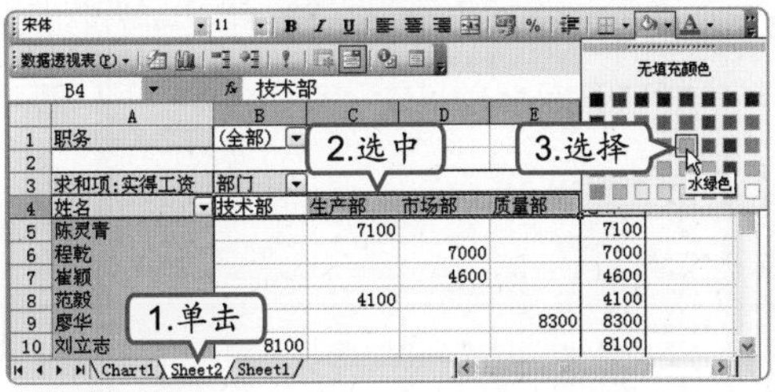

13 打开“分类汇总”对话框

1. 单击Sheet1工作表标签。
2. 选中A2:J14单元格区域。
3. 选择【数据】/【分类汇总】命令。

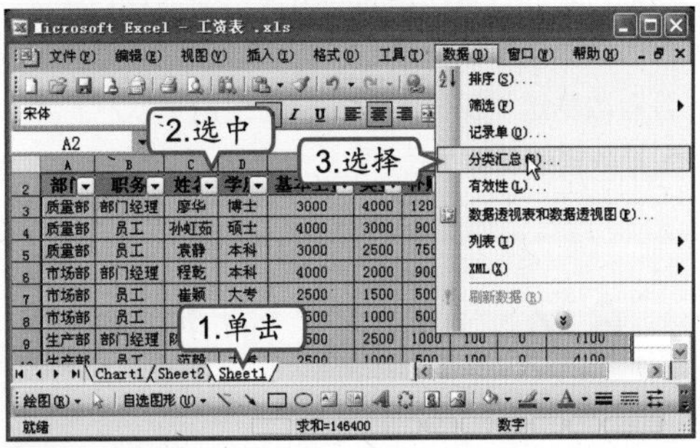

14 设置分类汇总

1. 打开“分类汇总”对话框，在“分类字段”下拉列表框中选择“部门”选项。
2. 在“汇总方式”下拉列表框中选择“求和”选项。
3. 在“选定汇总项”列表框中选中“实得工资”复选框。
4. 单击 确定 按钮。

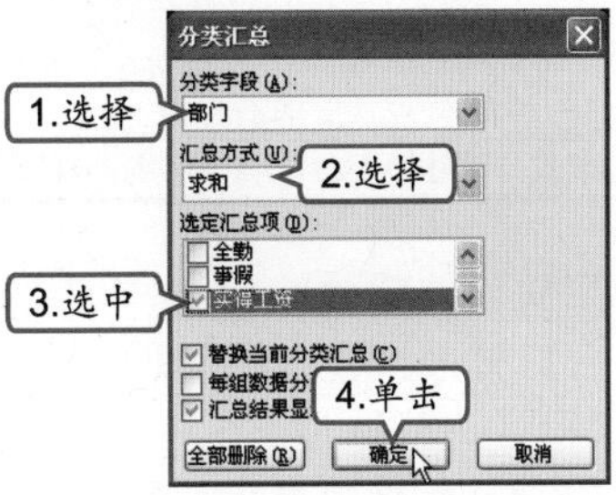

补充两句

在Excel中，为了突出显示某些单元格中的数据，可以为该单元格添加底纹，底纹可以填充颜色，也可以是图案。

6.3 跟着视频做练习1小时：数据分析和处理

本例将为“年度考核表”插入计算年度总收入的公式，然后对表格进行排序和筛选，插入数据透视图和数据透视表并进行设置，最后对“年度考核表”进行分类汇总。完成后的效果如下图所示。

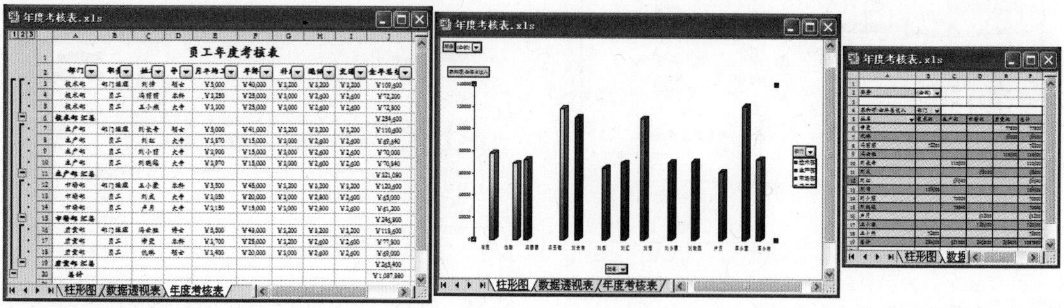

操作提示：

1. 打开实例素材文档。
2. 插入总收入计算公式。
3. 按部门和职位进行排序并为表格添加自动筛选。
4. 插入数据透视图和数据透视表。
5. 设置数据透视图的图表类型为三维簇状柱形图。
6. 设置数据透视图数据系列的填充效果。
7. 设置数据透视表底纹。
8. 对表格进行分类汇总。

实例素材\第6章\年度考核表.xls
最终效果\第6章\年度考核表.xls
视频演示\第6章\数据分析和处理

6.4 秘技偷偷报——公式函数使用技巧

老马向小李介绍完Excel 2003中数据的管理和处理知识后，小李还感觉意犹未尽。于是，老马又向小李介绍了两个公式函数的使用小技巧。

1 利用“自动填充”复制公式

如果需要在同一行或同一列中输入相同和类似的公式，就可以采用自动填充的方式来完成，方法是：先在行或列的第1个单元格内输入相应的公式，然后选择该单元格及其右侧或下方需要填充相同公式的单元格区域，按【Ctrl+R】或【Ctrl+D】组合键，即可在选择的单元格区域内填充相同的公式。

2 利用LEFT和RIGHT函数将姓和名分开显示

有时为了统计的需要，要将一个单元格中的文本分为两段显示。如要将姓和名分开显示的方法为：打开一个空白Excel文档，在A1单元格中输入“曹天骄”，在A2单元格中输入公式“=LEFT(A1,1)”，在A3单元格中输入公式“=RIGHT(A1,LEN(A1)-1)”，完成后的结果是在A2单元格中显示“曹”，在A3单元格中显示“天骄”。

高手指点

YEAR、MONTH、DAY函数可以分别返回一个日期的年份、月份和天数。如公式“=YEAR(DATE(2010,12,1))”的计算结果为“2010”，公式“=MONTH(DATE(2010,12,1))”的计算结果为12，公式“=DAY(DATE(2010,12,1))”的计算结果为1。

第7章

PowerPoint 2003幻灯片制作

小李一个人将头埋在办公桌里，愁眉苦脸，老马走上去问怎么回事，小李满脸愁容地说，领导让他制作一个幻灯片，他怎么也做不好，做出来自己都觉得很呆板，也没什么出彩的地方，老马说：“PowerPoint 2003其实有很强大的功能，只是你没好好利用而已，利用这个软件还可以设置动画、声音等特殊效果，能让你的幻灯片增色不少呢！”小李高兴极了，连忙让老马讲解一下该怎么让自己制作出漂亮出彩的幻灯片。老马说：“别着急，跟着我慢慢学习吧！”

3小时学知识

- 幻灯片的基本操作
- 美化幻灯片
- 幻灯片放映与发布

5小时上机练习

- 创建“健康和安全”演示文稿
- 设置“理念培训”演示文稿
- 设置并放映CANON演示文稿
- 制作“公司简介”演示文稿
- 设置“活动通知”演示文稿

7.1 幻灯片的基本操作

老马告诉小李，通过在PowerPoint 2003中创建演示文稿，可以让文件的内容更加丰富，而且文字、图片、声音等元素都可以灵活运用，让办公文稿更有特色。

7.1.1 学习1小时

学习目标

- 学会创建演示文稿。
- 学会幻灯片的基本操作。
- 熟练插入对象的操作。

1 认识PowerPoint 2003的工作界面

PowerPoint 2003同样来自于Office 2003这个大家族，主要用于创建具有专业水准的演示文稿，即用电脑播放的幻灯片。它的启动与退出方法与Word和Excel相同，但其工作界面却有其独特之处。下面主要讲解PowerPoint 2003工作界面中的特有部分。

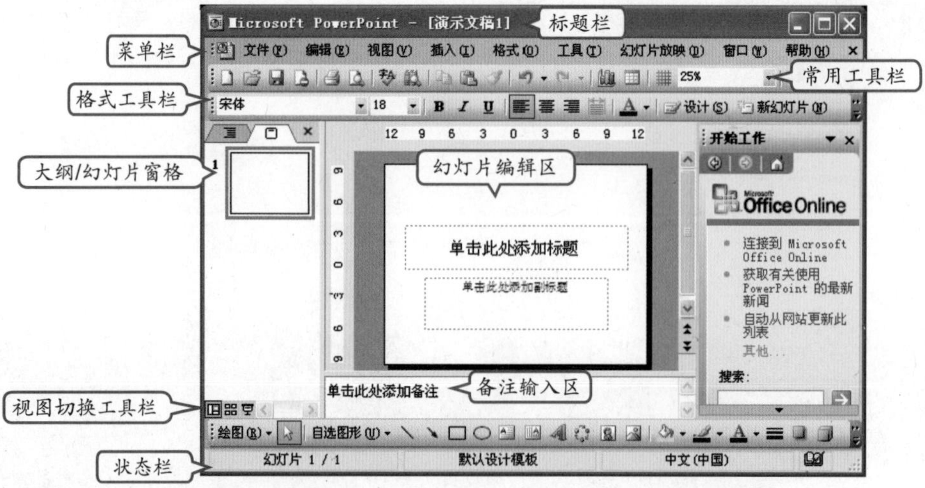

大纲/幻灯片窗格

用于显示幻灯片的大纲内容和幻灯片预览。在大纲窗格中可查看幻灯片的主要文本信息；在幻灯片窗格中可查看幻灯片的主要显示效果。选择不同的选项卡可在这两个窗格间切换。

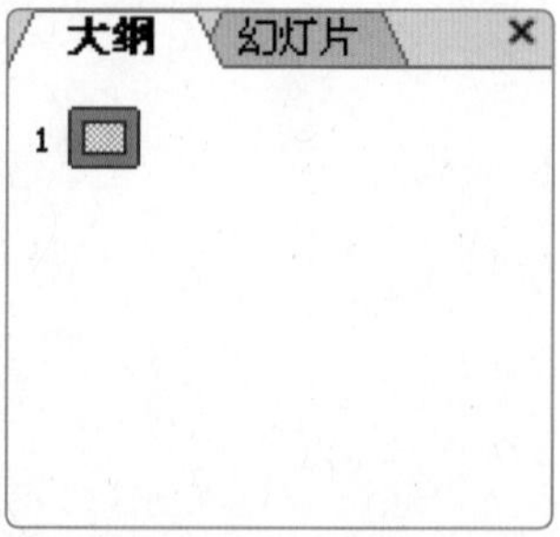

高手指点 如果Windows桌面上建立有Microsoft PowerPoint的快捷方式图标，双击图标也可以启动PowerPoint 2003。

幻灯片编辑区

可以在编辑区中输入文本、插入表格和图形等，其中最主要的制作场所是幻灯片视图，用户可以在其中制作用于展示的幻灯片中的各种元素。

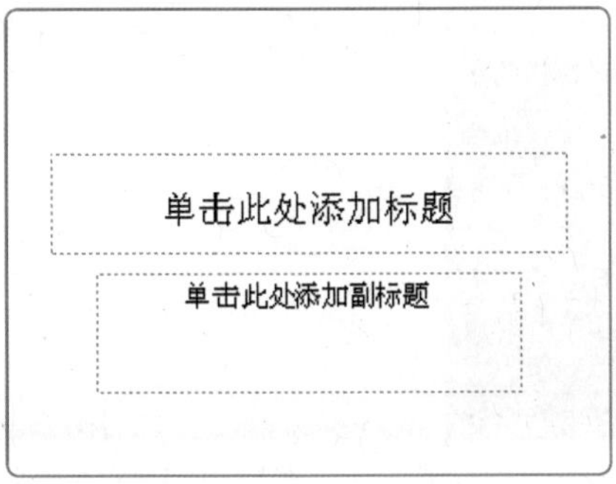

视图切换工具栏

利用视图切换工具栏中的按钮，可在普通视图、幻灯片浏览视图和幻灯片放映视图之间切换。

备注输入区

备注输入区用于输入和查看幻灯片的备注内容。

2 创建演示文稿

利用PowerPoint 2003制作幻灯片首先需要创建演示文稿，创建演示文稿通常有3种方式，具体方法如下。

（1）利用“内容提示向导”创建演示文稿

如果制作演示文稿的内容已经确定，可以使用“内容提示向导”来创建合适的演示文稿，其具体操作如下。

教学演示\第7章\利用“内容提示向导”创建演示文稿

1 打开“新建演示文稿”任务窗格

在窗口中单击右侧窗格中的“新建演示文稿”超链接。

2 选择创建方式

在弹出的窗格中单击“根据内容提示向导”超链接。

补充两句

长时间面对电脑的工作人员，需要注意锻炼身体，除了可以站起来走动一下以外，在办公室做做简单的运动也是不错的选择，像现在流行的办公室瑜伽。

3 开始创建

在打开的对话框中单击 下一步(N) > 按钮，开始创建演示文稿。

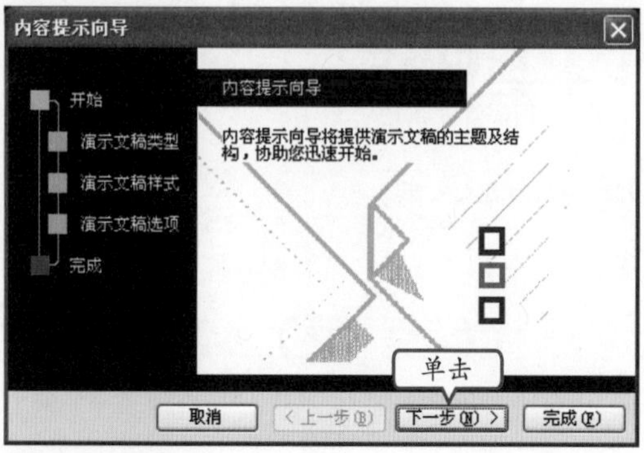

4 选择演示文稿类型

1. 在打开界面的右侧列表框中选择演示文稿类型。
2. 单击 下一步(N) > 按钮。

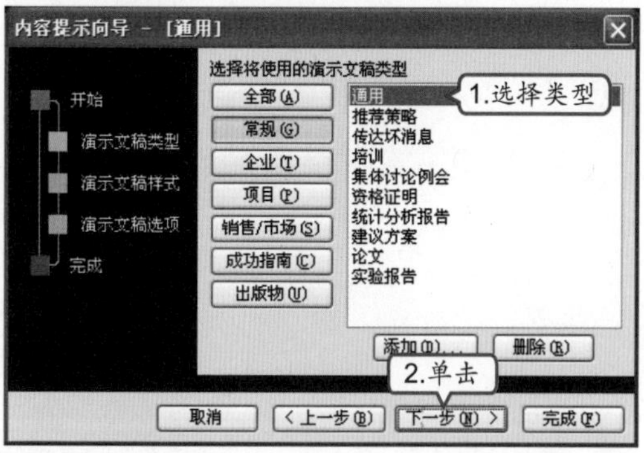

5 选择演示文稿样式

1. 在打开的界面中选择演示文稿的样式。
2. 单击 下一步(N) > 按钮。

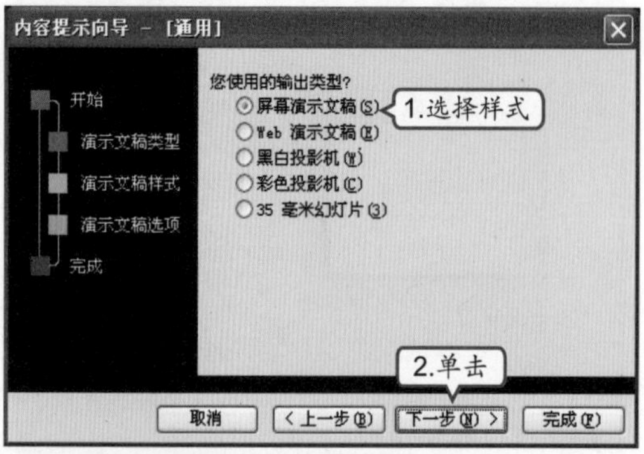

6 设置标题和页脚

1. 在“演示文稿标题”和“页脚”文本框中输入名称。
2. 单击 下一步(N) > 按钮。

7 完成创建

单击 完成(F) 按钮，完成演示文稿的创建。

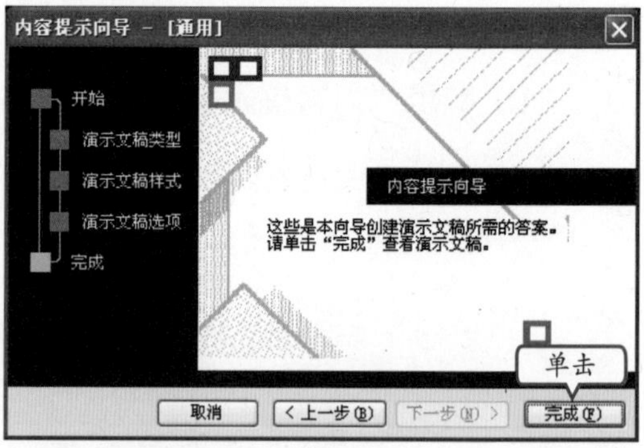

8 输入演示文稿内容

这时就可以在空白演示文稿中输入内容了。

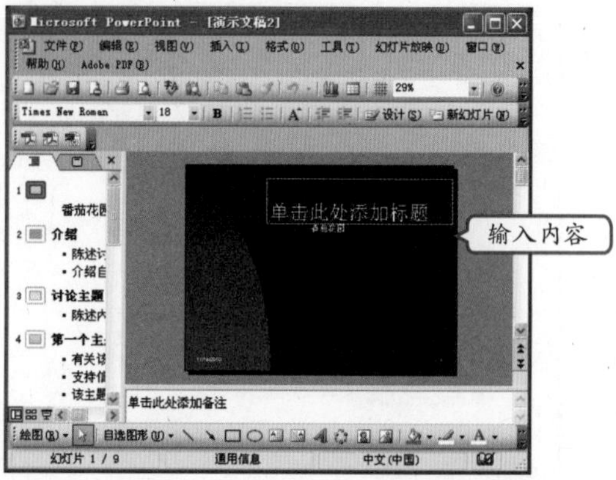

高手指点　在创建演示文稿的过程中，如果发现前一步的设置有需要修改的内容，可以单击 < 上一步(B) 按钮回到上一步操作中重新设置。

（2）利用“设计模板”创建演示文稿

如想先确定演示文稿模板，再以模板来添加内容，可以利用“设计模板”来创建演示文稿，其具体操作如下。

教学演示\第7章\利用“设计模板”创建演示文稿

1 选择创建方式

在“新建演示文稿”任务窗格中单击“根据设计模板”超链接。

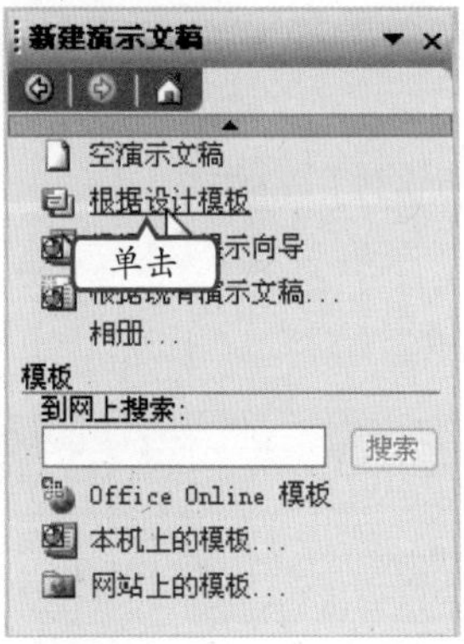

2 选择模板

在模板列表中选择需要的模板即可快速创建。

（3）利用“空演示文稿”创建演示文稿

利用“空演示文稿”创建新的演示文稿，用户可以自由地设计演示文稿的版式、背景等，其具体操作如下。

教学演示\第7章\利用“空演示文稿”创建演示文稿

1 选择创建方式

在“新建演示文稿”任务窗格中单击“空演示文稿”超链接。

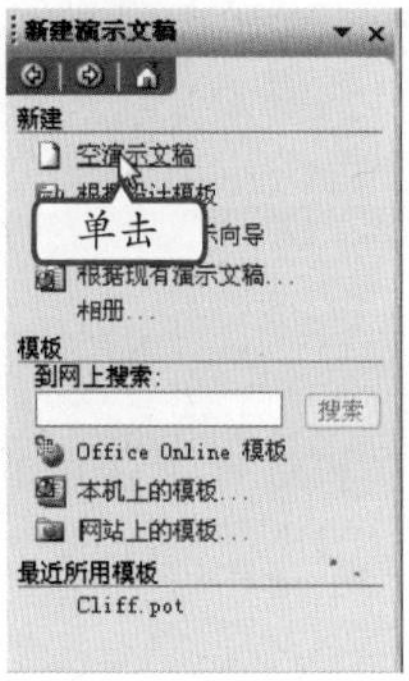

2 选择演示文稿类型

在类型列表中选择一种空演示文稿的文字或内容版式。

3 幻灯片的基本操作

创建了新的演示文稿之后就可以开始幻灯片的基本操作了，包括幻灯片的插入、复制、移动，文本的输入和设置以及对象的插入等。

（1）插入幻灯片

幻灯片是整个演示文稿的组成元素，插入新幻灯片是制作演示文稿过程中经常进行的操作，其具体操作如下。

教学演示\第7章\插入幻灯片

1 插入新幻灯片

在PowerPoint窗口中选择【插入】/【新幻灯片】命令。

操作提示：插入新幻灯片

除了可在菜单栏中选择【插入】/【新幻灯片】命令来插入新幻灯片外，还可以在“大纲/幻灯片”窗格中单击鼠标右键，在弹出的快捷菜单中选择“新幻灯片”命令，或直接在“大纲/幻灯片”窗格中按【Enter】键来插入新幻灯片。

2 设置新幻灯片版式

在打开的“幻灯片版式”任务窗格中选择一种文字及图片版式。

操作提示：设置幻灯片版式

在“幻灯片版式”任务空格中，提供了“文字版式”、“内容版式”、“文字和内容版式”以及“其他版式”4种形式的模版供用户选择。

（2）选择幻灯片

在演示文稿中有选择一张幻灯片、选择连续的多张幻灯片和选择不连续的多张幻灯片3种情况，下面分别进行介绍。

高手指点 默认情况下，在“文件”菜单中会列出最近使用过的4个文档。

选择一张幻灯片

单击“幻灯片”任务窗格中的一张幻灯片即可选择某张幻灯片。

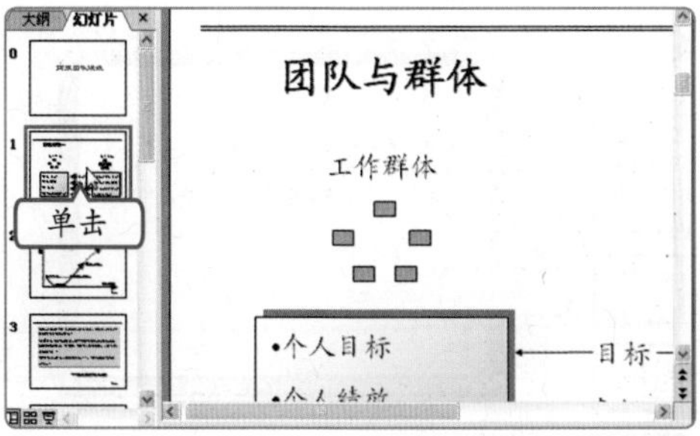

选择连续的多张幻灯片

在“幻灯片”任务窗格中单击需要选择的第1张幻灯片，按住【Shift】键，再选择需要选择的最后一张幻灯片即可。

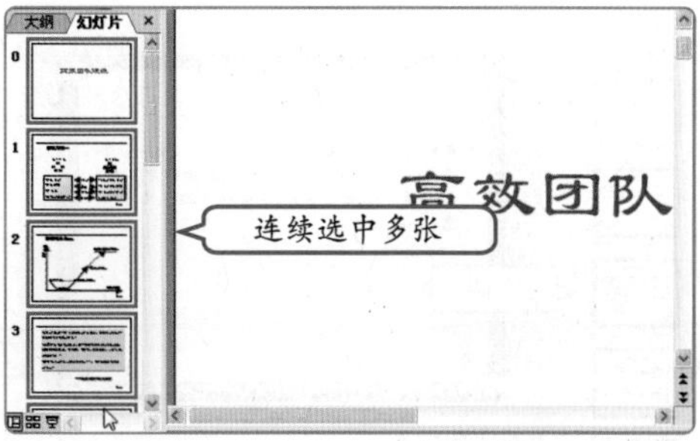

选择不连续的多张幻灯片

在“幻灯片”任务窗格中单击需要选择的其中一张幻灯片，按住【Ctrl】键，依次单击需要选择的其他幻灯片即可。

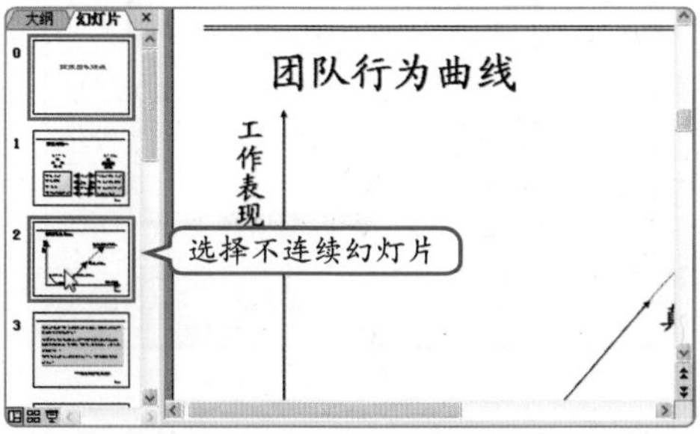

操作提示：查看隐藏幻灯片

要在幻灯片放映时查看隐藏幻灯片，可用鼠标右键单击任意幻灯片，在弹出的快捷菜单中选择“定位至幻灯片”命令，在弹出的子菜单中，幻灯片序号用括号括起来的便是被隐藏的幻灯片，单击即可进行查看。

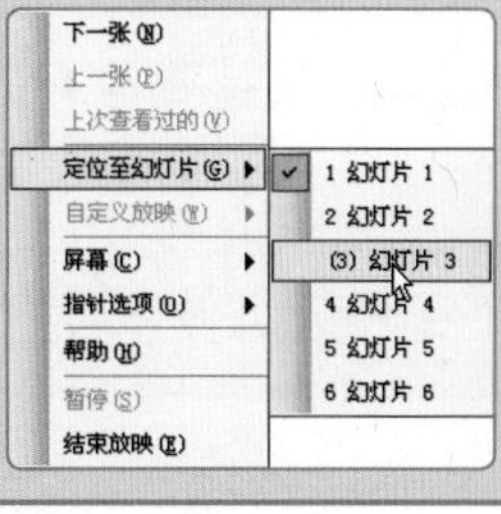

教你一招：在演示文稿间复制灯片

在不同的演示文稿之间复制幻灯片的方法为：同时打开两个或多个演示文稿，选择【窗口】/【全部重排】命令，此时两个或多演示文稿将并排显示。在“大纲”窗格中选择要进行复制的幻灯片，按住鼠标左键，将其拖至要复制到的位置即可。

（3）复制和移动幻灯片

与复制和移动Word文档一样，在演示文稿中有时也需要执行复制和移动幻灯片操作。下面分别进行介绍。

补充两句

做手部运动的方法为：将十指环环相扣，静心宁神，深深呼一口气，然后将手臂向外伸直，吐气，向外用力，并重复3~4次。

复制幻灯片

在“幻灯片”任务窗格中选择需要复制的幻灯片，按住鼠标左键的同时按住【Ctrl】键不放，当鼠标光标变为方框形状时，拖动其到目标位置后释放鼠标，选择的幻灯片即可复制到该位置。

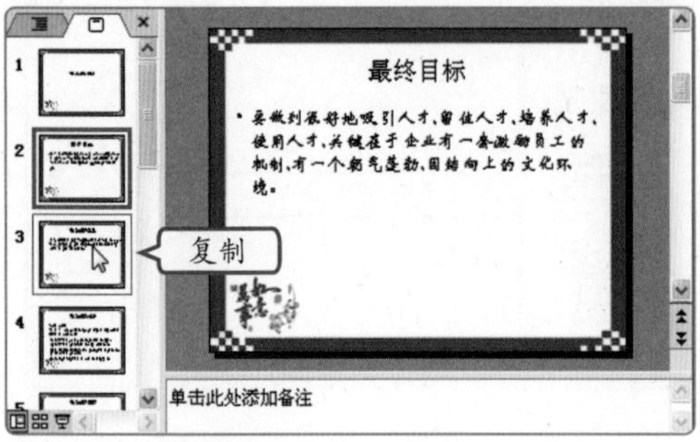

移动幻灯片

在“幻灯片”任务窗格中选择需要移动的幻灯片，将其直接拖动其到目标位置后释放鼠标即可完成移动操作。

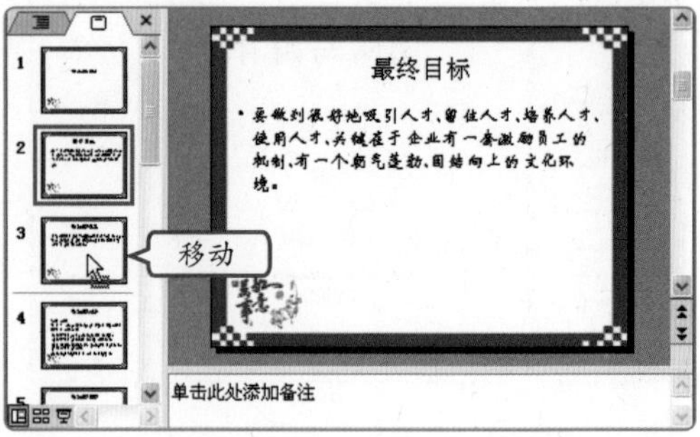

（4）删除幻灯片

当不再需要某些幻灯片时，可以将其删除，方法是：选择要删除的幻灯片，按【Backspace】键或选择【编辑】/【删除幻灯片】命令。

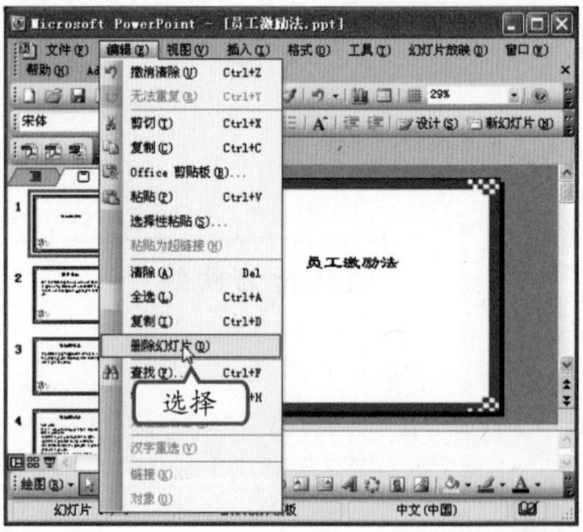

操作提示：快速删除幻灯片

选中要删除的幻灯片，选择【编辑】/【删除幻灯片】命令，或直接按【Delete】键进行删除即可。

教你一招：快速复制幻灯片

在幻灯片编辑状态，从“大纲”窗格中选中要复制的幻灯片，如果要复制多张幻灯片，可配合【Shift】（连续选取）与【Ctrl】（非连续选取）键进行选择。

4 输入并设置文本

输入文本和设置文本格式是制作幻灯片时最基础的操作之一，下面分别进行介绍。

（1）输入文本

PowerPoint 2003的幻灯片中允许在占位符和文本框中输入文本，下面分别介绍。

高手指点 默认情况下，PowerPoint会随着输入内容的多少来调整文本以适应占位符的大小，如输入的文本超出了占位符的大小，PowerPoint将自动减小字号和行距，直到容纳所有文本为止。

在占位符中输入

通常新建的幻灯片中都有占位符，单击占位符将文本插入点定位到其中即可输入文本。

操作提示：占位符的作用

占位符是一种带有虚线或阴影线边缘的框，绝大部分幻灯片版式中都有这种框。在这些框内可以放置标题及正文，或者图表、表格和图片等对象。

在文本框中输入

当要输入的文本内容太多、占位符长度不够时，则需要插入文本框输入文本，其方法为：选择【插入】/【文本框】命令，在弹出的菜单中选择文本框中文字的方向“水平”或“垂直”。在幻灯片中需要插入文本框的空白区域按住鼠标左键并拖动，勾画出文本框的大小，释放鼠标后即可在幻灯片中插入文本框。单击已插入的文本框，将文本插入点定位其中即可输入文本。

（2）设置文本格式

PowerPoint 2003提供了多种设置文本格式的方法，力求让幻灯片达到主次分明、版式大方。

教学演示\第7章\设置文本格式

1 设置字体

选中要设置的文本，在格式工具栏的“字体”下拉列表框中选择合适的字体。

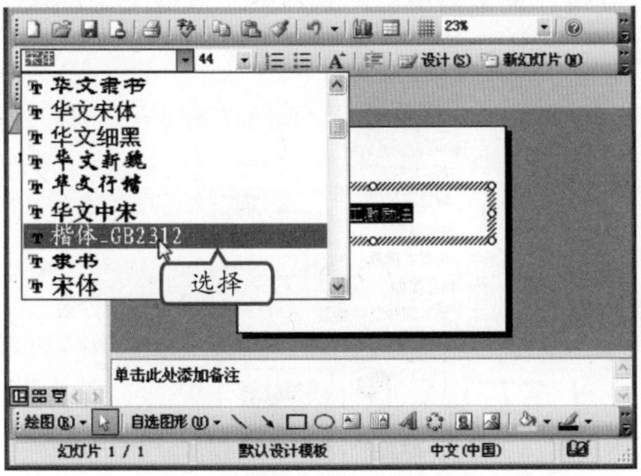

2 设置字号

在“字号”下拉列表框中选择合适的字号。

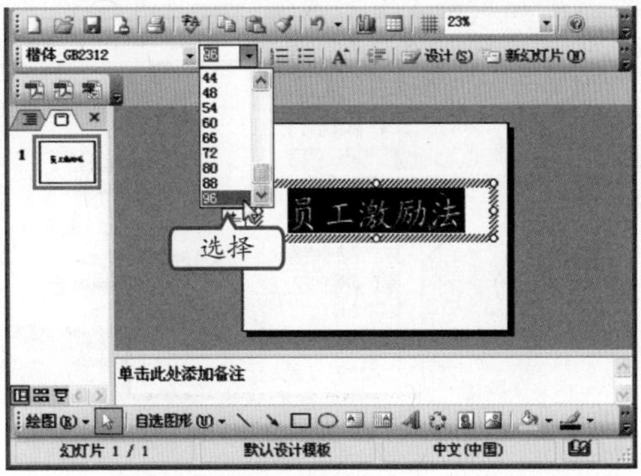

补充两句

左手掌心向下，右手拇指按住左手腕，用其余4指将左手拇指往下压，重复做几次，然后换手再来。

3 设置字体颜色

在格式工具栏的“字体颜色”下拉列表框中选择合适的颜色。

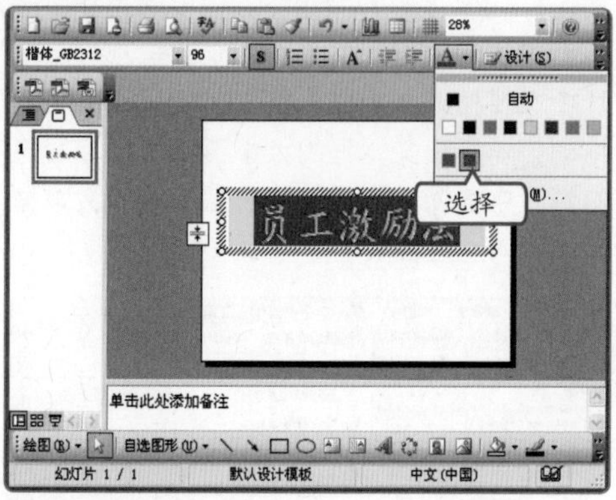

4 设置阴影

单击格式工具栏中的S按钮，为选择的文字设置阴影。

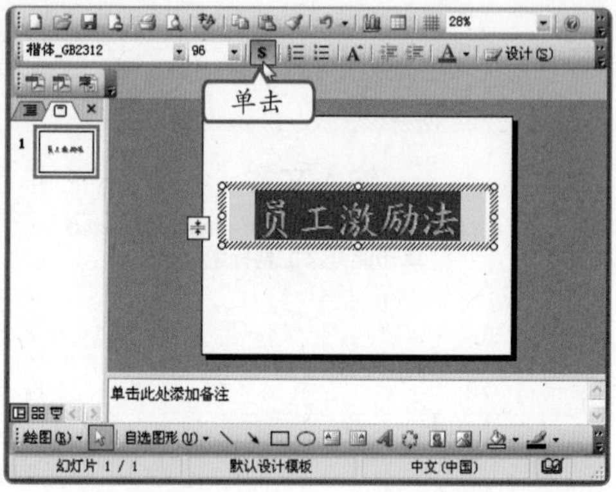

5 插入图片对象

幻灯片一般都图文并茂，精美的图片自然是幻灯片中不可缺少的元素。在幻灯片中插入图片分为插入剪贴画和插入电脑中的图片两种，下面分别进行介绍。

（1）插入剪贴画

剪贴画是PowerPoint自带的图片，PowerPoint提供了很多剪贴画供用户选择，插入剪贴画的具体操作如下。

教学演示\第7章\插入剪贴画

1 打开“剪贴画”任务窗格

选择【插入】/【图片】/【剪贴画】命令，打开“剪贴画”任务窗格。

2 选择剪贴画

在“搜索文字”文本框中输入要插入图片的类型，选择搜索范围和结果类型，单击搜索按钮，即可在任务窗格中间的列表框中查看到符合搜索类型的图片，单击需要的图片即可将其插入。

第7章

高手指点 插入图片后选中要编辑的图片，在出现的“图片”工具栏中即可完成图片大小、位置、样式等的设置。

（2）插入电脑中的图片

除剪贴画外，用户还可以将电脑中的照片、图片等插入幻灯片中，其具体操作如下。

教学演示\第7章\插入电脑中的图片

1 打开“插入图片”对话框

选择【插入】/【图片】/【来自文件】命令，打开“插入图片”对话框。

2 插入图片

打开要插入图片的保存位置并选择图片，单击 插入(S) 按钮，即可将图片插入到幻灯片中。

6 插入组织结构图

在使用PowerPoint制作办公演示文稿时，很多情况下会采用组织结构图等显示某些内容的结构关系。PowerPoint提供了直接插入组织结构图的方法，让用户可以很方便地制作该类文件，其具体操作如下。

教学演示\第7章\插入组织结构图

1 插入组织结构图

选择【插入】/【图片】/【组织结构图】命令，插入组织结构图，并打开“组织结构图”工具栏，通过它可设置组织结构图的样式。

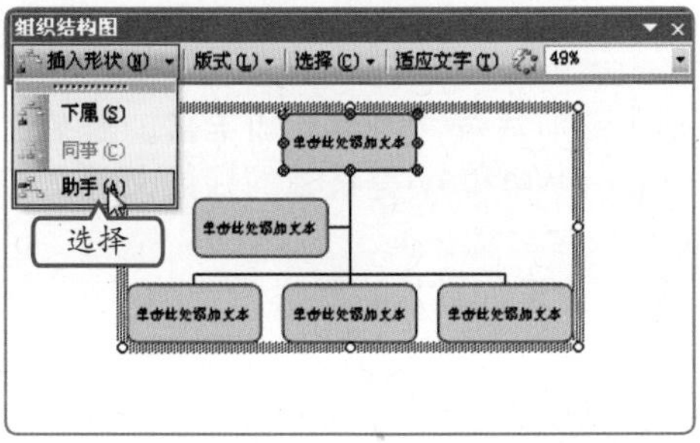

2 输入文本

样式设置完成后，将鼠标光标移动到结构图的文本框内，输入文字内容即可。

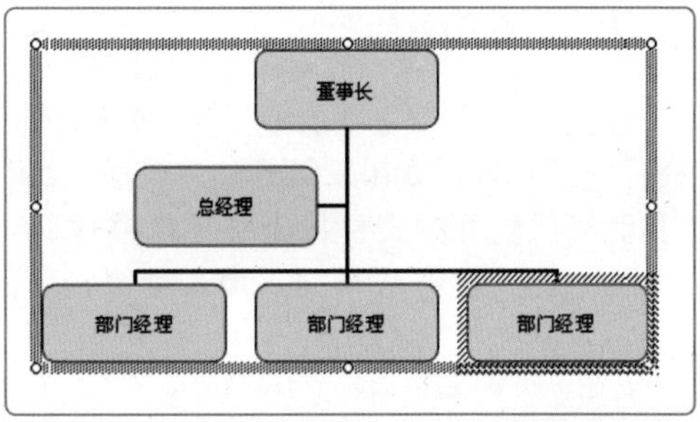

补充两句

在做颈部与肩部运动时，可以将十指交握放在脑后，重量置于手和手臂，将头往下压，脖子伸直。或将右手置于左耳，轻轻勾住，让头倾向右方，并进行深呼吸，重复数次后换左手练习。

7 插入声音和影片

与Word、Excel文件相比，幻灯片最大的优势是能与多媒体结合，播放声音和影片。下面介绍插入声音和影片的方法。

（1）插入声音

声音可以打破幻灯片在放映过程中的沉闷，更加吸引观众。为幻灯片添加声音的方法有两种，一种是通过剪辑库插入声音，一种是从文件中插入声音，下面分别进行介绍。

从剪辑库中插入声音

剪辑库中的声音存放于Office系统的声音文件中，可以很快地调用它。选择【插入】/【影片和声音】/【剪辑管理器中的声音】命令，在出现的窗格中选择所需的声音图标，选中后系统会弹出一个提示框，可以选择播放声音的时间为“自动”或“在单击时”。

从文件中插入声音

选择【插入】/【影片和声音】/【文件中的声音】命令，在打开的“插入声音”对话框中选择要插入的声音文件，系统同样会弹出一个提示框，用户可以选择播放声音的时间为“自动”或“在单击时”。

第7章

教你一招：播放幻灯片中的声音

插入声音文件成功后，可以看到在当前幻灯片中出现了一个小喇叭，在播放幻灯片时，可以根据插入文件时的选择，自动或单击喇叭图标播放声音。

（2）插入影片

在幻灯片中穿插影片，可以使整套幻灯片的形式更加活泼，内容更加丰富。需要注意的是，在PowerPoint 2003中只能插入asf、asx、wpl、wm和avi等格式的视频文件，若插入其他格式的视频文件将无法正常播放。

插入影片的方法与插入声音类似，下面介绍为幻灯片添加影片的方法。

高手指点 如果用户在添加声音或影片后想要删除或者更换，可以选中该文件图标，然后按【Delete】键即可。

从剪辑库中插入影片

选择【插入】/【影片和声音】/【剪辑管理器中的影片】命令，在出现的窗格中选择所需的影片图标，选中后系统会弹出一个提示框，用户可以选择播放声音的时间为“自动”或“在单击时”。

从影片文件夹中插入影片

选择【插入】/【影片和声音】/【文件中的影片】命令，在打开的“插入影片”对话框中选择要插入的影片文件，系统同样会弹出一个提示框，以选择播放声音的时间为“自动”或“在单击时”，选择后即可插入影片文件。

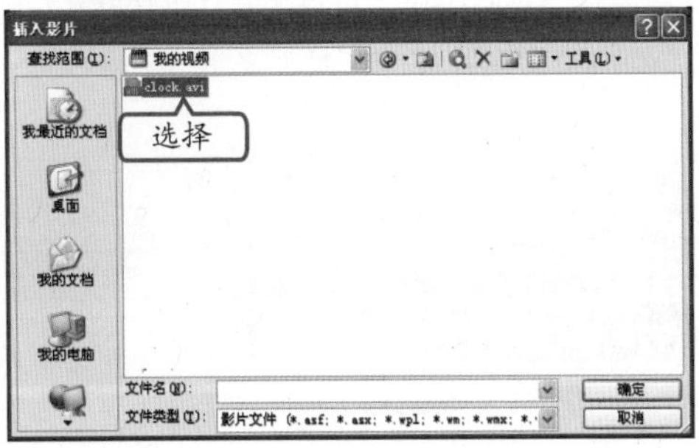

7.1.2 上机1小时：创建“健康和安全”演示文稿

本例将通过现有模板创建一个“健康和安全”演示文稿，并在文稿中输入文字，然后插入声音和视频。完成后的效果如下图所示。

上机目标

- **巩固演示文稿的创建方法，掌握幻灯片的基本操作。**
- **进一步掌握在幻灯片中输入文字，插入各种对象的方法。**

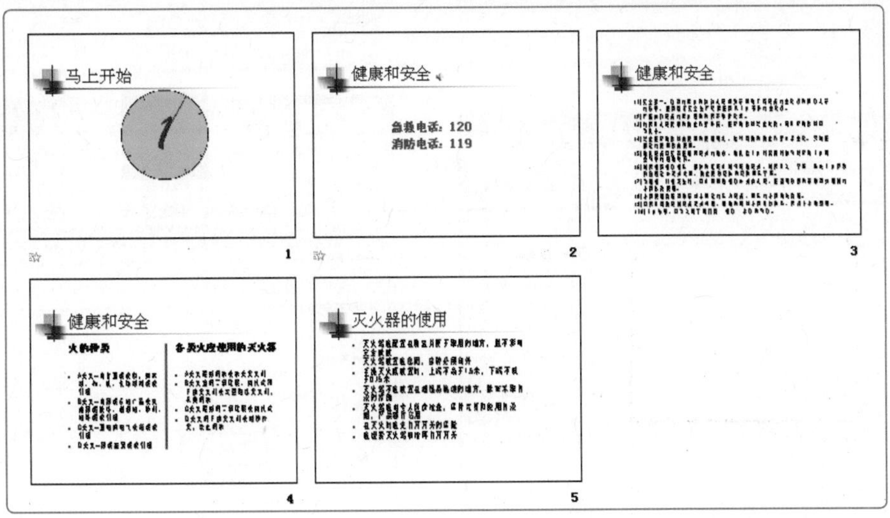

在做颈部与肩部运动时，还可以沿顺时针或逆时针慢慢旋转颈部，但放松坐着，手臂垂直平放于膝，然后抬头挺胸，进行交替运动。 补充两句

实例素材\第7章\健康和安全\
最终效果\第7章\健康和安全.ppt
教学演示\第7章\创建"健康和安全"演示文稿

1 启动PowerPoint 2003

单击 开始 按钮打开"开始"菜单，选择【所有程序】/【Microsoft Office】/【Microsoft Office PowerPoint 2003】命令启动 PowerPoint 2003。

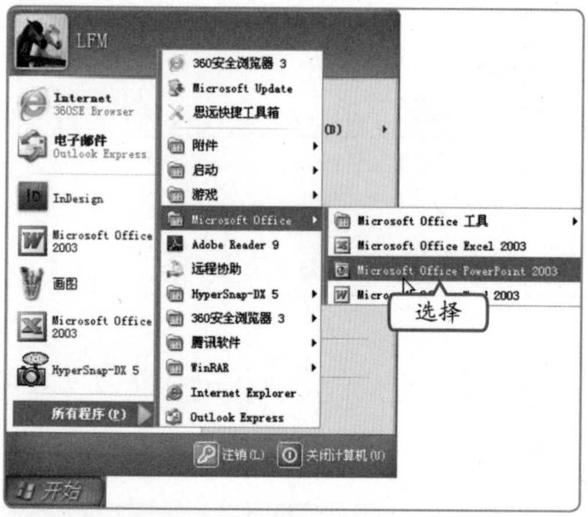

2 准备新建演示文稿

在打开窗口的"开始工作"任务窗格中单击"新建演示文稿"超链接。

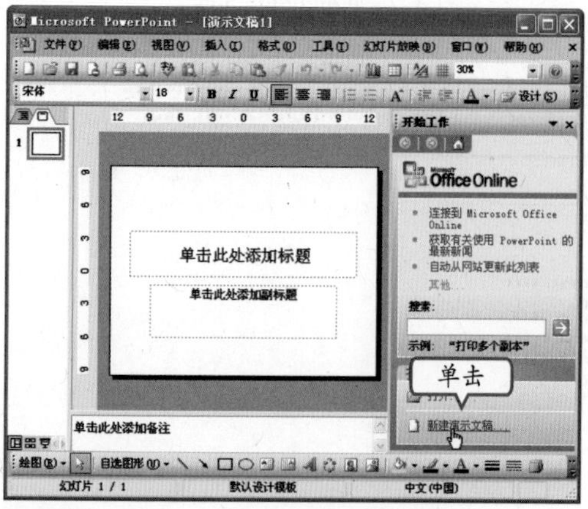

3 根据现有演示文稿新建

1. 在弹出的"新建演示文稿"任务窗格中单击"根据现有演示文稿"超链接。
2. 在打开的"根据现有演示文稿新建"对话框中选择实例素材"健康和安全.pot"演示文稿。
3. 单击 创建(C) 按钮。

4 保存文件

1. 单击常用工具栏中的保存按钮。
2. 在打开的对话框中选择保存位置，然后输入文件名"健康和安全.ppt"。
3. 单击 保存(S) 按钮。

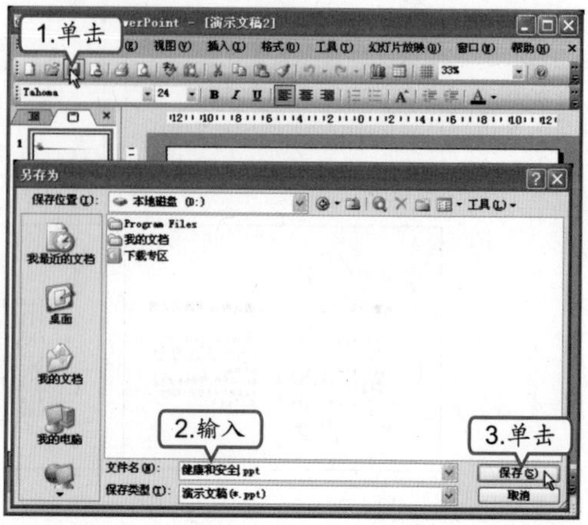

第7章

高手指点 如果打算通过单击每个声音的图标来启动它，则需要在插入声音之后拖动它们的图标，使其互相分离。在默认情况，声音将按照插入顺序进行播放。

5 输入文字并插入影片

1. 在标题文本框中输入“马上开始”。
2. 选择【插入】/【影片和声音】/【文件中的影片】命令。

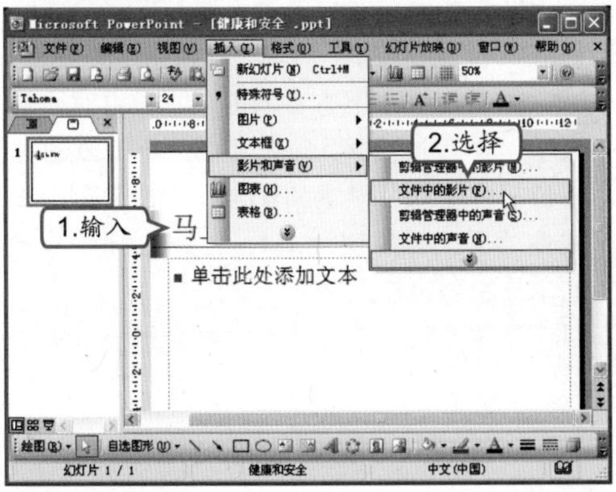

6 选择影片

1. 在打开的“插入影片”对话框中选择光盘中的素材文件clock.avi。
2. 单击［确定］按钮。

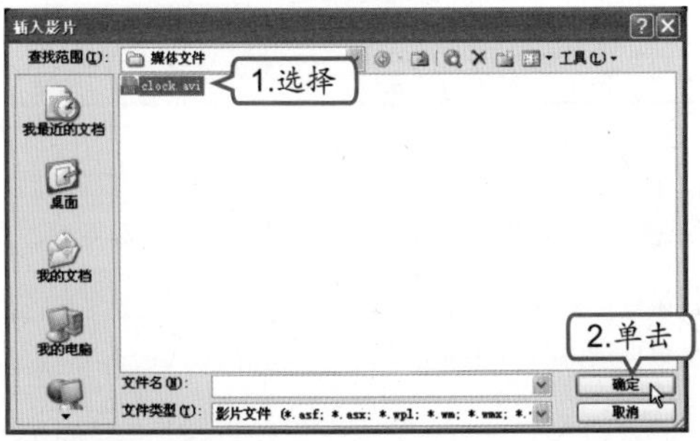

7 选择影片播放方式

在打开的Microsoft Office PowerPoint对话框中单击［自动(A)］按钮。

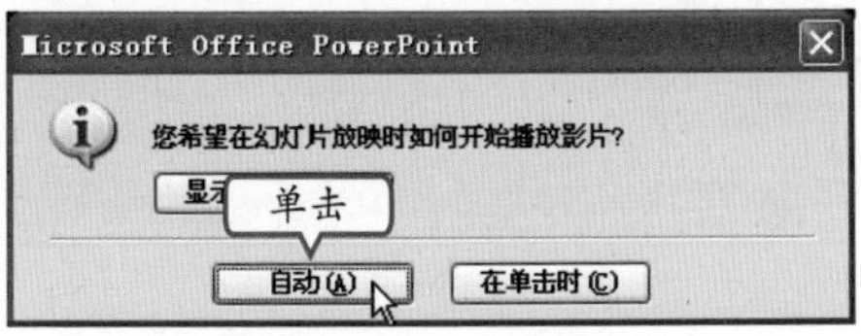

8 插入幻灯片

重复选择【插入】/【新幻灯片】命令插入5张幻灯片。

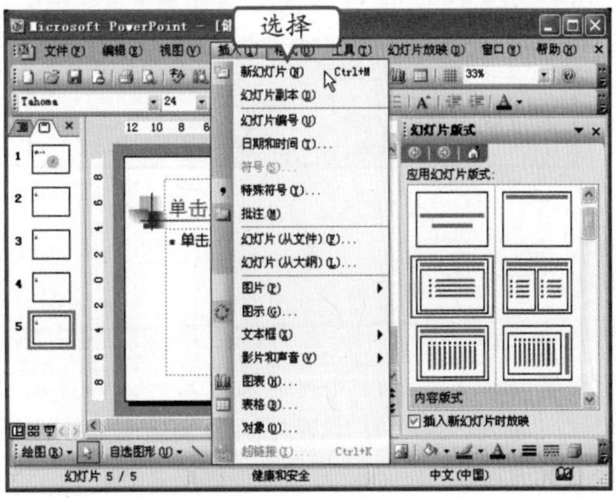

9 输入文字并插入声音

1. 选择第2张幻灯片，在上方的标题占位符中输入“健康和安全”，在下方的正文占位符中输入“急救电话：120”和“消防电话：119”。
2. 选择【插入】/【影片和声音】/【文件中的声音】命令。

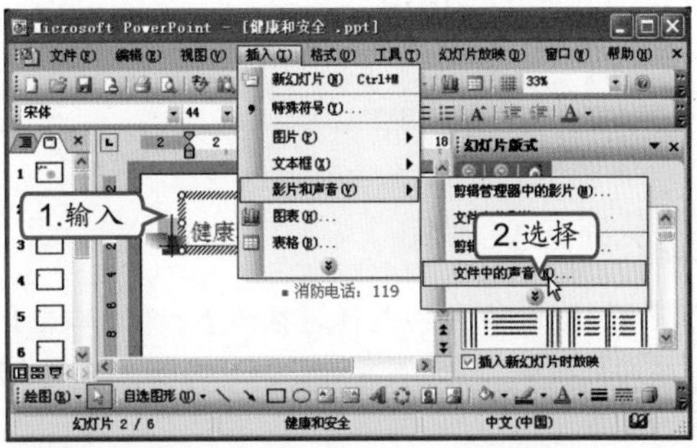

10 选择声音

1. 在打开的“插入声音”对话框中选择光盘中的素材文件music.mp3。
2. 单击［确定］按钮。

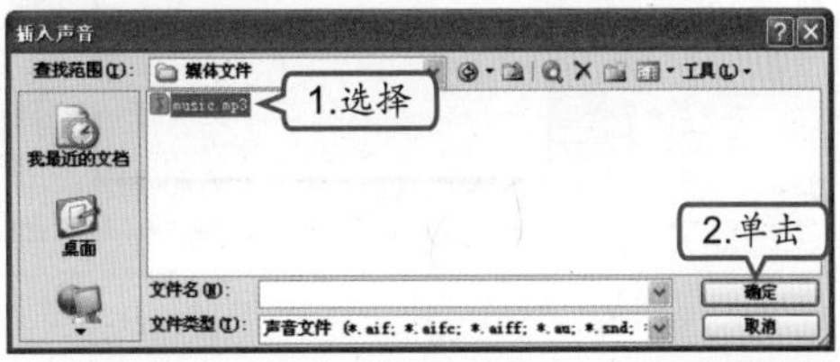

补充两句

进行脚部运动的方法很简单，将腿弯曲提起与胸平行，提起再放下，重复几次，顺时针或逆时针转动脚踝数次会，或将脚趾并拢，弯曲向上，伸直向下，进行交替运动。

11 选择声音播放方式

在打开的Microsoft Office PowerPoint对话框中单击 自动(A) 按钮。

12 输入文字

单击第3张幻灯片，在上方的标题占位符中输入“健康和安全”，打开实例素材文件“操作规程.txt”，在第3张幻灯片下方的正文占位符中对照输入文字。

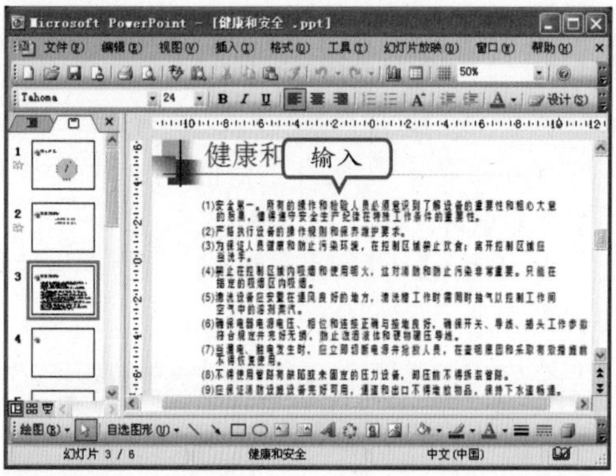

13 插入文本框

单击第4张幻灯片，选择【插入】/【文本框】/【水平】命令，拖动鼠标在幻灯片内容区域中绘制两个文本框。

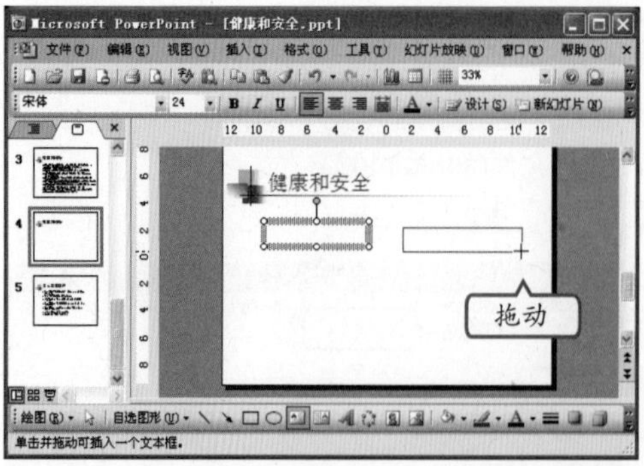

14 输入文字

1. 选择第4张幻灯片，在上方的标题占位符中输入“健康和安全”。
2. 打开实例素材文件“火的种类.txt”，在幻灯片下方左侧的文本框中对照输入文字。
3. 打开实例素材文件“各类火应使用的灭火器.txt”，在幻灯片下方右侧的文本框中对照输入文字。然后选择第5张幻灯片，在上方的标题占位符中输入“健康和安全”，打开实例素材文件“灭火器的使用.txt”，在幻灯片下方的文本框中对照输入文字。

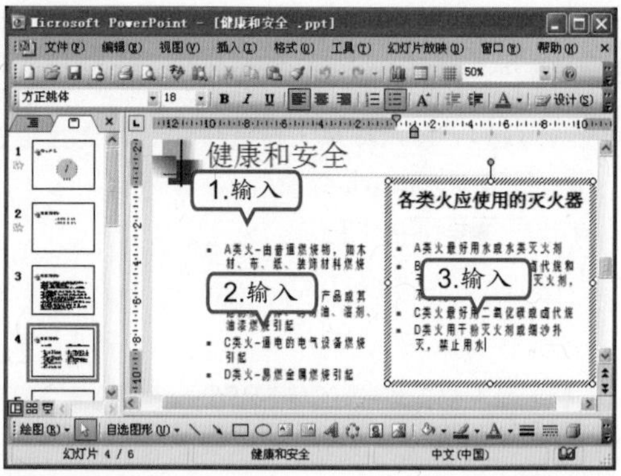

15 删除幻灯片

在第6张幻灯片上单击鼠标右键，在弹出的快捷菜单中选择“删除幻灯片”命令。

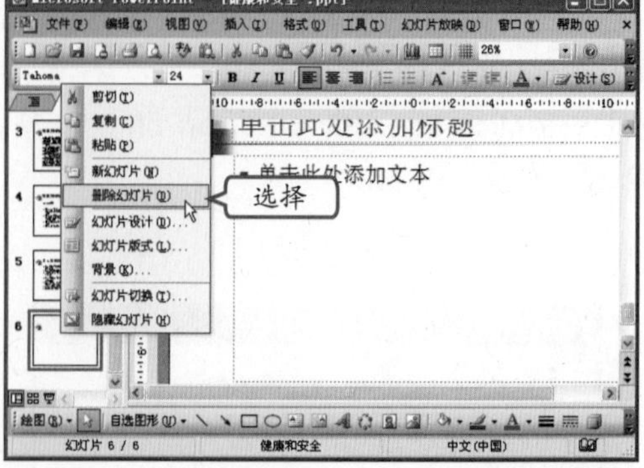

第7章

高手指点 利用母版对演示文稿的整体风格进行规划之后，若是重新对该演示文稿套用其他的模板，则之前所设置的母版将被默认删除。

7.2 美化幻灯片

老马告诉小李，PowerPoint 2003中提供了丰富的幻灯片美化功能，可以添加动画、设置背景、更改配色方案等，这些功能可以让幻灯片更加生动。小李一脸惊喜，决定跟着老马好好学习一番。

7.2.1 学习1小时

学习目标

- **熟悉幻灯片版式的运用。**
- **学会幻灯片背景及配色方案的设置。**
- **熟悉幻灯片动画的运用。**

1 更改幻灯片版式

在整个演示文稿的制作过程中，用户可随时改变幻灯片的版式，其具体操作如下。

教学演示\第7章\更改幻灯片版式

1 打开“幻灯片版式”任务窗格

选中要更改版式的幻灯片，选择【格式】/【幻灯片版式】命令，打开“幻灯片版式”任务窗格。

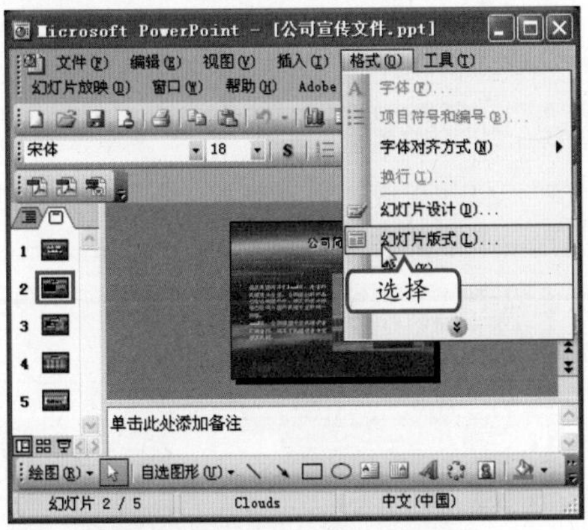

2 选择幻灯片版式

在“应用幻灯片版式”栏中选择幻灯片版式即可应用选中的幻灯片版式。

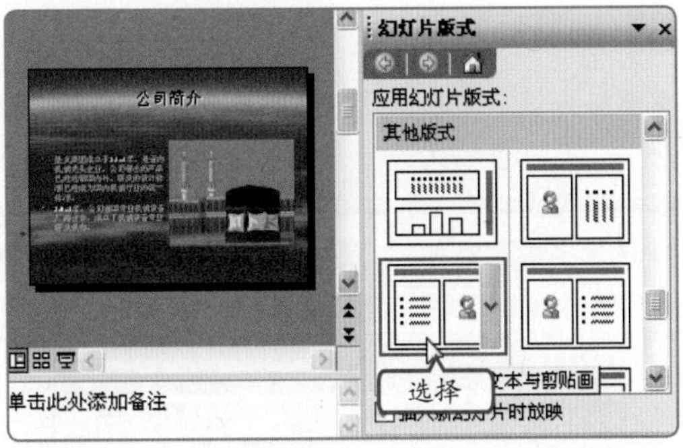

操作提示：利用幻灯片分类

“幻灯片版式”任务窗格中提供了多种版式，并对版式进行了分类，以便于用户选用。

补充两句

在进行手部与脸部运动时，可以用指尖按住头顶部，轻按并上下移位；或用指尖轻轻由太阳穴按摩到下颚处，食指与拇指捏住上眼皮，向外拉，反复多次。

2 设计和使用幻灯片母版

幻灯片母版即具有一定设计模板信息的幻灯片，包括字形、占位符大小、位置、背景设计和配色方案等。将幻灯片母版应用于幻灯片样式，只需要更改母版样式即可应用所有幻灯片设计。

（1）编辑幻灯片母版

在PowerPoint 2003中，母版主要分为幻灯片母版、讲义母版和备注母版3种。由于幻灯片母版使用频率最高，因此是用户最需要了解的对象。运用幻灯片母版可以帮助用户进行全局更改，并能快速将更改应用到演示文稿的所有幻灯片中。下面就在“公司宣传文件”演示文稿中对幻灯片母版进行编辑，其具体操作如下。

教学演示\第7章\编辑幻灯片母版

1 进入幻灯片母版视图

在打开的演示文稿窗口中选择【视图】/【母版】/【幻灯片母版】命令，进入幻灯片母版视图。

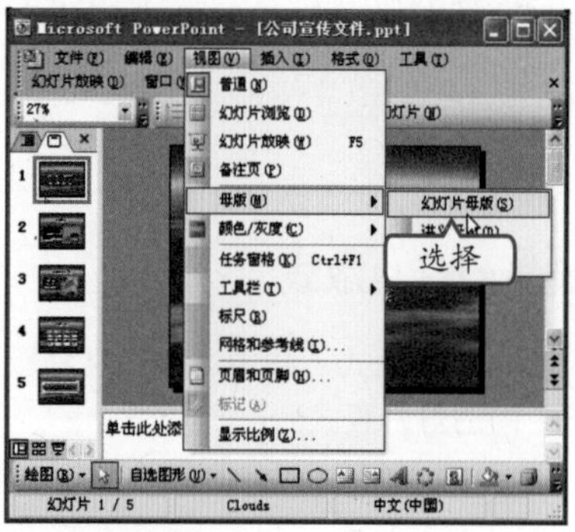

2 设置标题格式

将鼠标光标定位在默认打开的幻灯片的标题占位符中，即可查看到该标题文本的格式，选中要更改的标题或文本，选择【格式】/【字体】命令，打开“字体”对话框，设置字体、字号、颜色等内容，设置完成后单击 确定 按钮。

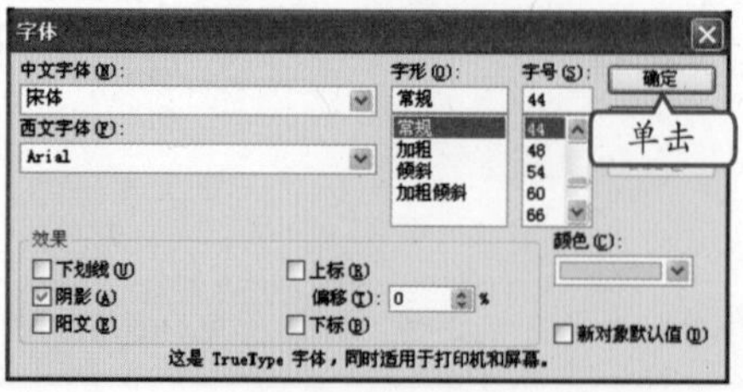

3 设置文本项目符号

单击第2张幻灯片，选择幻灯片中文本占位符中的所有文本，单击鼠标右键，在弹出的快捷菜单中选择“项目符号和编号”命令，在打开的对话框中选择合适的项目符号，单击 确定 按钮。

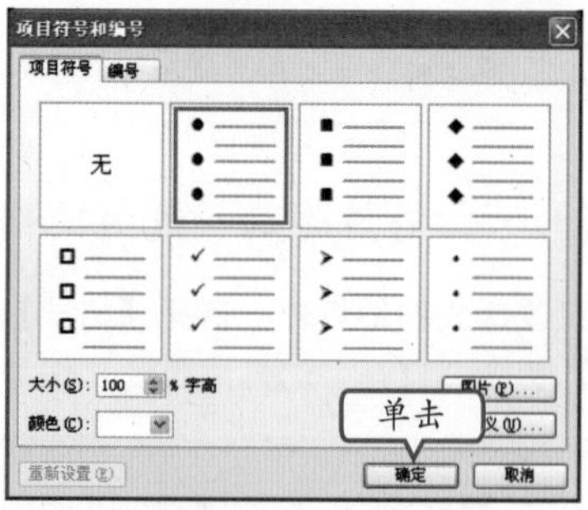

4 退出母版视图

完成对幻灯片母版的编辑后，在“幻灯片母版”工具栏中单击 关闭母版视图(C) 按钮退出母版视图。

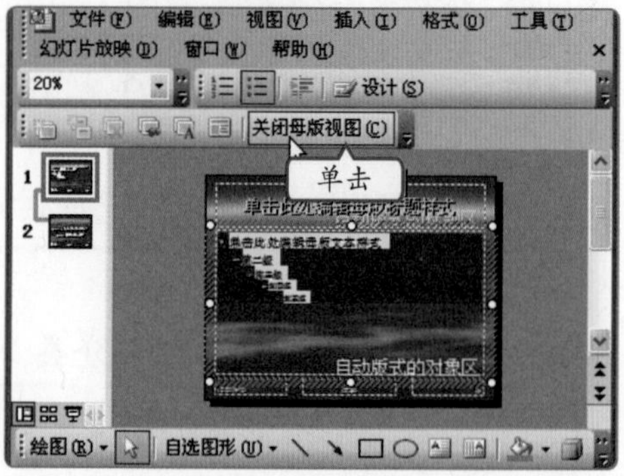

高手指点 在幻灯片母版中的操作与在普通幻灯片中的操作一样，还可以插入图片、文本框等，如插入公司的标志。

（2）应用设计主题

很多用户认为，设置幻灯片是一件麻烦的事情，为了方便操作，PowerPoint 2003提供了许多主题样式供用户选择，通过选择这些主题可以快速完成对幻灯片整体样式的设置，其具体操作如下。

教学演示\第7章\应用设计主题

1 打开“幻灯片设计”任务窗格

打开要更改主题的演示文稿，选择【格式】/【幻灯片设计】命令，打开“幻灯片设计”任务窗格。

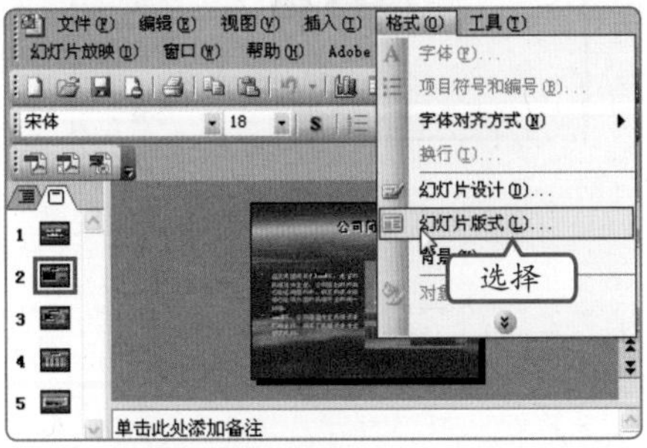

2 应用设计模板

在“应用设计模板”列表中选择需要的模板样式，即可将选中的设计主题应用到演示文稿中。

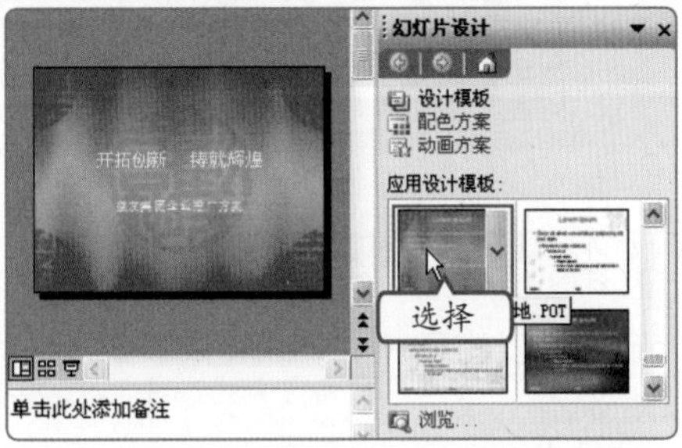

3 设置幻灯片背景

通过更改幻灯片的颜色、阴影、图案或纹理，可以改变幻灯片的背景，使其更具视觉美感。

（1）更改幻灯片背景颜色

更改幻灯片背景颜色即将幻灯片的背景改为纯色的单一背景，其具体操作如下。

教学演示\第7章\更改幻灯片背景颜色

1 打开“背景”对话框

打开需要更改背景颜色的演示文稿，选择【格式】/【背景】命令，打开“背景”对话框。

教你一招：打开“背景”对话框

在幻灯片上单击鼠标右键，在弹出的快捷菜单中选择“背景”命令，也可以打开“背景”对话框。

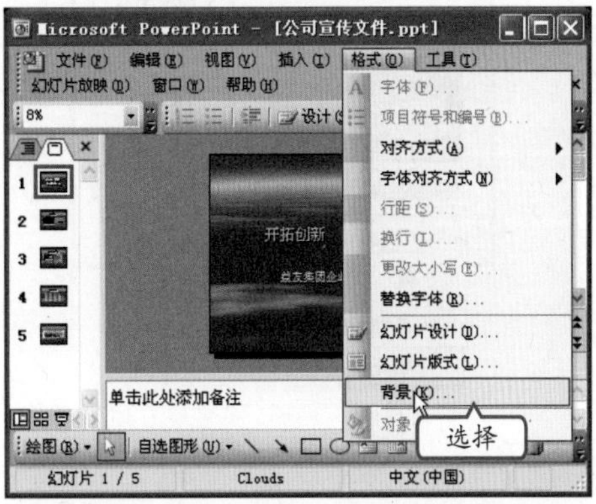

坚持做运动一段时间，有助于长时间面对电脑的人员远离头昏脑胀、四肢僵直、眼花、颈痛等不适症状。

2 打开“颜色”对话框

单击“背景填充”列表框中的下拉按钮，如果颜色列表中没有合适的，可以选择“其他颜色”命令，打开“颜色”对话框。

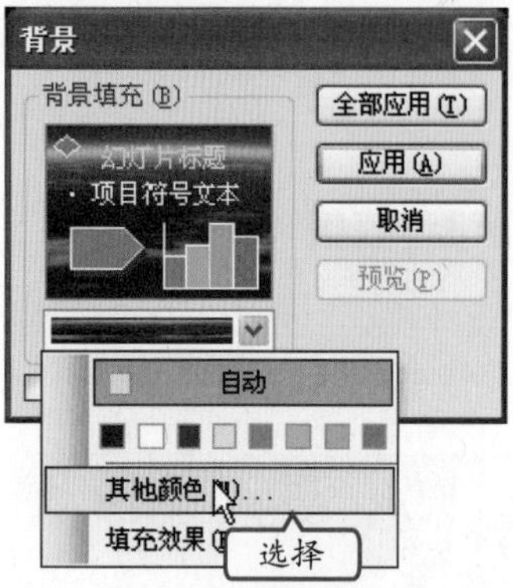

3 设置背景颜色

选择喜欢的颜色，然后单击确定按钮返回到“背景”对话框，单击应用(A)按钮即可。

（2）更改背景填充效果

除了可以在PowerPoint 2003中设置背景颜色外，还可以更改背景填充效果，其具体操作如下。

教学演示\第7章\更改背景填充效果

1 打开“填充效果”对话框

选择【格式】/【背景】命令，打开“背景”对话框，单击“背景填充”列表框中的下拉按钮，在弹出的下拉列表中选择“填充效果”选项，打开“填充效果”对话框。

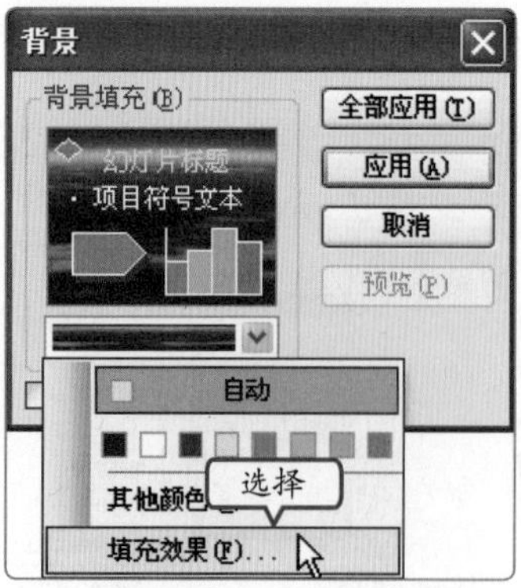

2 选择填充效果

选择填充效果，如在“纹理”选项卡中选择“白色大理石”纹理，然后单击确定按钮返回到“背景”对话框，单击应用(A)按钮即可。

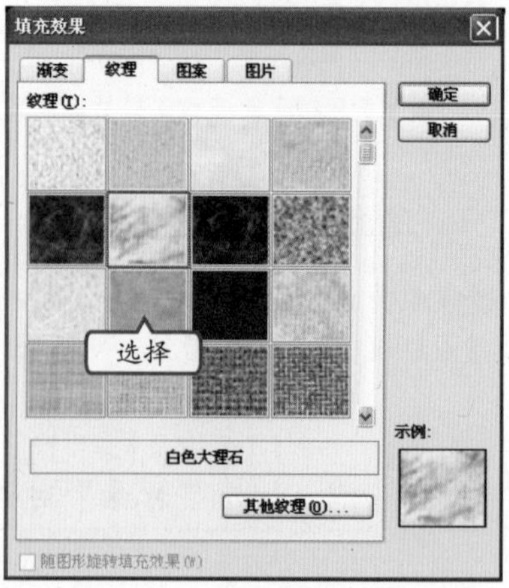

第7章

高手指点 单击应用(A)按钮可将颜色应用到选中的一张幻灯片，单击全部应用(T)按钮可将颜色应用到演示文稿中的所有幻灯片。

4 应用幻灯片配色方案

配色方案是用于演示文稿的8种协调色的集合。应用了一种配色方案后，其颜色对演示文稿中的所有对象都是有效的，并且所创建的所有对象的颜色均自动与演示文稿的其余部分相协调。

（1）应用标准配色方案

将标准配色方案应用到幻灯片中的具体操作如下。

教学演示\第7章\应用标准配色方案

1 打开“幻灯片设计”任务窗格

选择【格式】/【幻灯片设计】命令，打开“幻灯片设计”任务窗格。

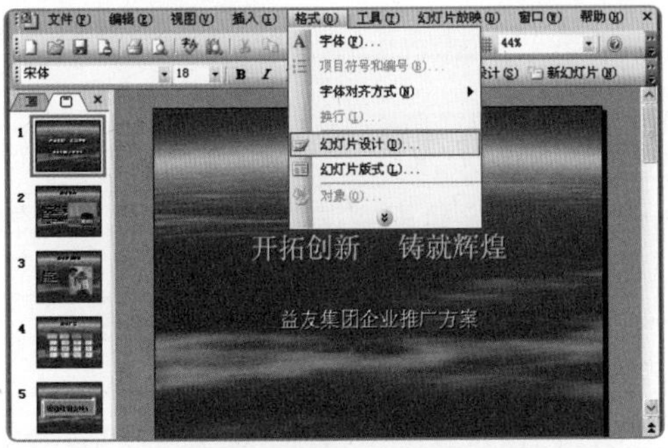

2 打开“配色方案”列表

单击“配色方案”超链接，打开“应用配色方案”列表。

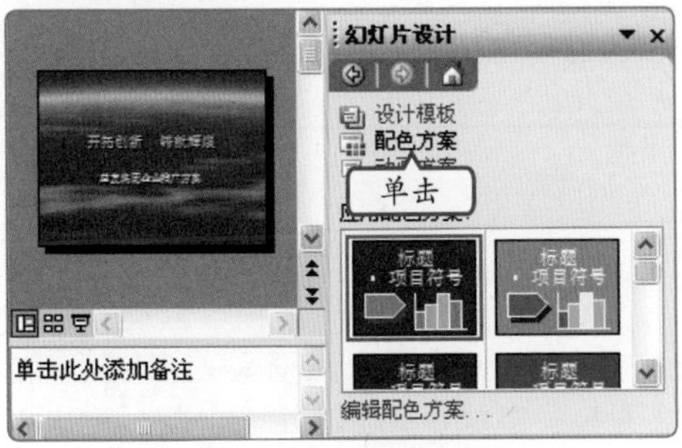

3 选择配色方案

在“应用配色方案”列表框中选择一种配色方案，可自动将其应用到当前演示文稿的所有幻灯片中。

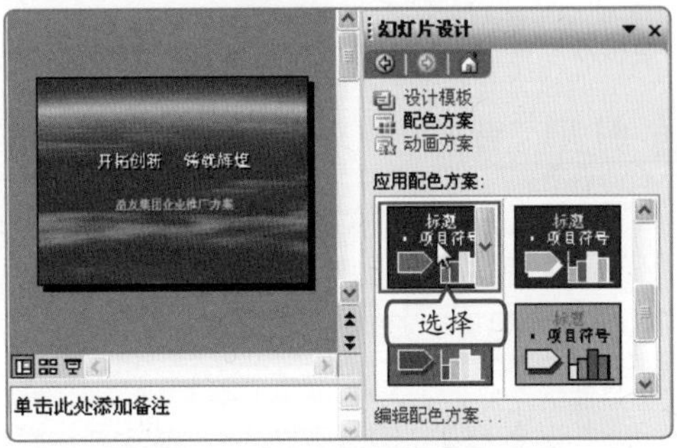

教你一招：应用一张幻灯片

如果希望配色方案应用于某张幻灯片，可选择该幻灯片，在右侧的“应用配色方案”列表框中单击需要的配色方案图标的下拉按钮，在弹出的下拉列表中选择“应用于选定幻灯片”选项。

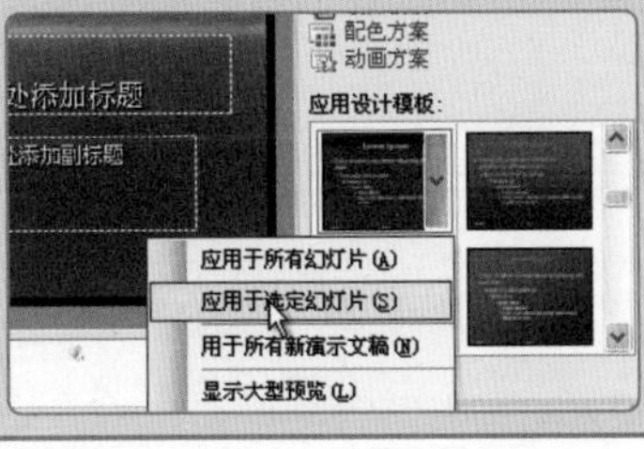

（2）自定义配色方案

如果需要设置或者编辑配置方案，可通过“编辑配置方案”对话框完成，其具体操作如下。

长时间面对电脑后，除了可以做一些简单的动作活动筋骨外，还可以在办公室内做简单的瑜伽。 补充两句

教学演示\第7章\自定义配色方案

1 打开“编辑配色方案”对话框

在“应用配色方案”栏中单击“编辑配色方案”超链接，打开“编辑配色方案”对话框。

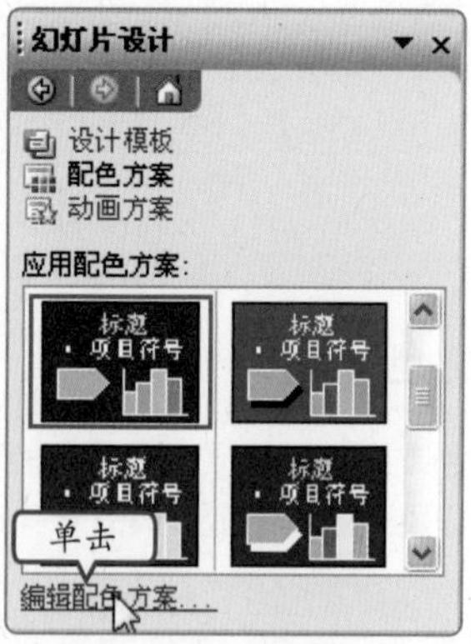

2 打开“背景色”对话框

1. 选择“自定义”选项卡，选择“配色方案颜色”栏中所要改变颜色的项目。
2. 单击[更改颜色(O)...]按钮，打开“背景色”对话框。

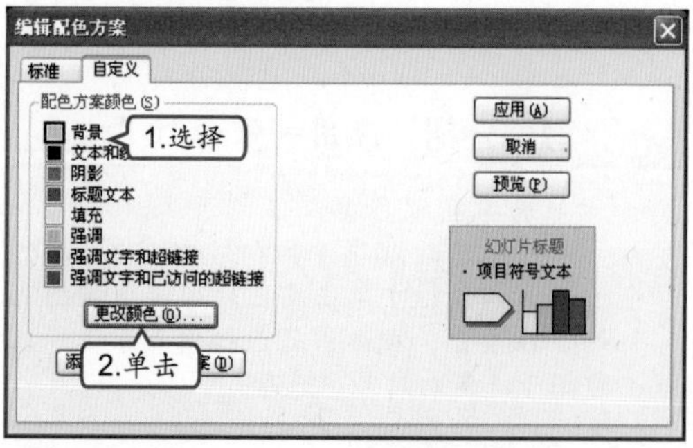

3 添加配色方案

1. 在“颜色”拾色器中选择喜欢的颜色。
2. 单击[确定]按钮。

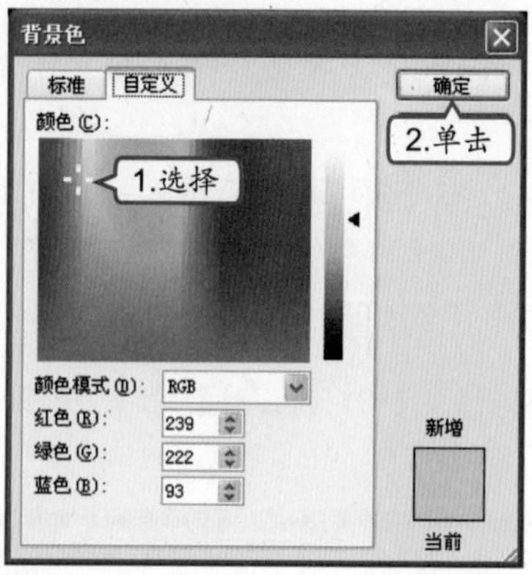

4 应用配色方案

1. 返回到“编辑配色方案”对话框，单击[添加为标准配色方案(D)]按钮。
2. 单击[应用(A)]按钮，将修改的配色方案应用到演示文稿中。

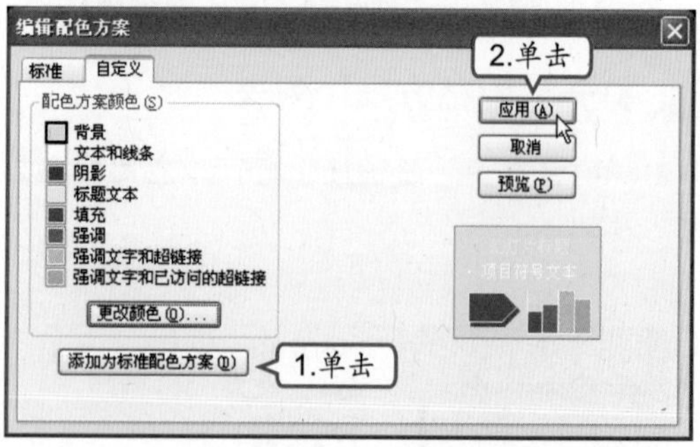

5 应用幻灯片动画方案

幻灯片上的文本、形状、声音、图像、图表和其他对象都可以具有动画效果，动画也就是在幻灯片中出现的方式及一些控制设定，如飞入、空投、溶解等。这样，不仅可以突出重点、控制信息的流程，还可以提高演示文稿的趣味性。设置动画方案的具体操作如下。

教学演示\第7章\应用幻灯片动画方案

高手指点 在幻灯片浏览视图中，选择一张具有所需配色方案的幻灯片，然后单击“格式刷”按钮，可以重新着色一张幻灯片。

1 打开“动画方案”任务窗格

选择【幻灯片放映】/【动画方案】命令，打开“动画方案”任务窗格。

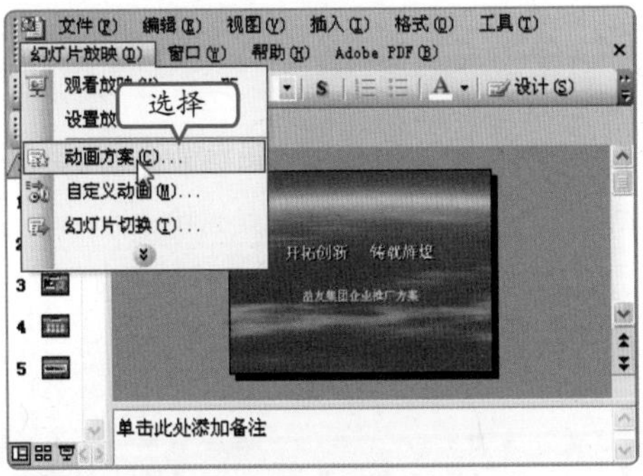

2 选择动画方案

在“应用于所选幻灯片”列表框中选择动画方案，然后单击[▶ 播放]按钮即可观看动画设置效果。

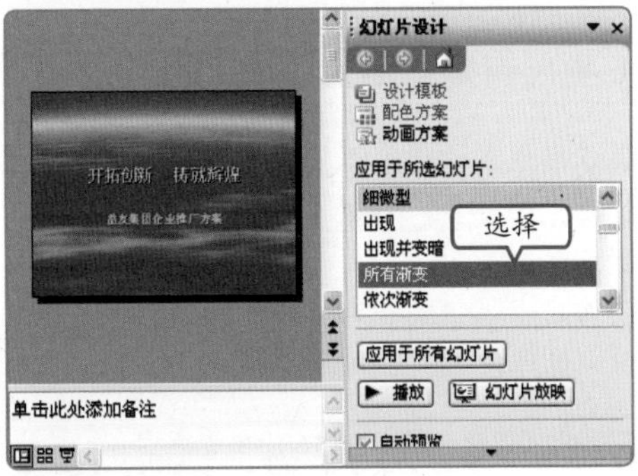

教你一招：在幻灯片中应用动画效果

如果需要将幻灯片的动画效果应用于所有的幻灯片，可以单击[应用于所有幻灯片]按钮。

6 自定义幻灯片动画

自定义动画是在预设动画的基础上为用户留出更多的自行设定空间，例如，对象的顺序和时间安排、动画效果设置及多媒体对象设置等。

（1）添加自定义动画

在幻灯片中添加自定义动画，其具体操作如下。

教学演示\第7章\添加自定义动画

1 打开“自定义动画”任务窗格

选择【幻灯片放映】/【自定义动画】命令，打开“自定义动画”任务窗格。

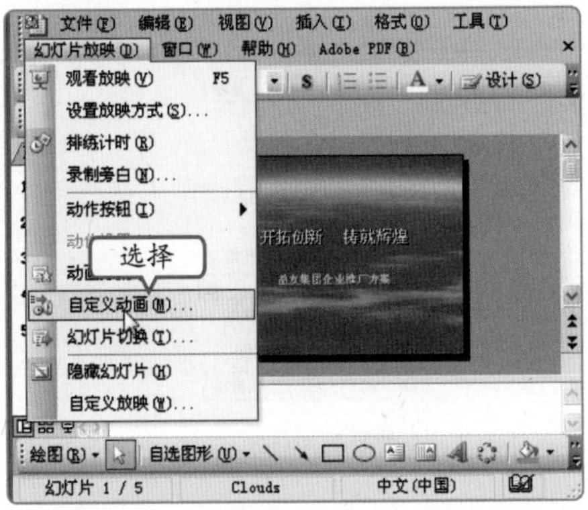

2 自定义动画

1. 选择要添加动画的对象。
2. 单击[添加效果 ▾]按钮，在弹出的下拉列表中选择【进入】/【百叶窗】选项即可完成自定义动画的添加。

在办公室做瑜伽，只能做些简单的动作，主要包括坐姿转背姿势、骑士姿势和牛面式等。 补充两句

第7章

（2）更改和删除自定义动画

在添加了自定义动画后，如果感到不满意，还可以对动画进行更改和删除。更改和删除自定义动画的具体方法如下。

更改自定义动画

要更改自定义动画，首先要选中需要更改的动画项，然后单击[更改]按钮，在弹出的下拉列表中选择“进入”、“强调”、“退出”或“动作路径”中的任意一项，然后在弹出的二级菜单中选择合适的动画。

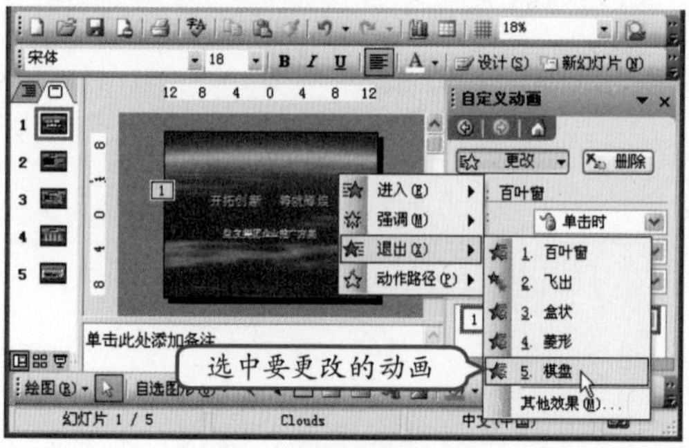

删除自定义动画

要删除自定义动画，首先选中要删除的动画项，然后单击[删除]按钮即可将其删除。

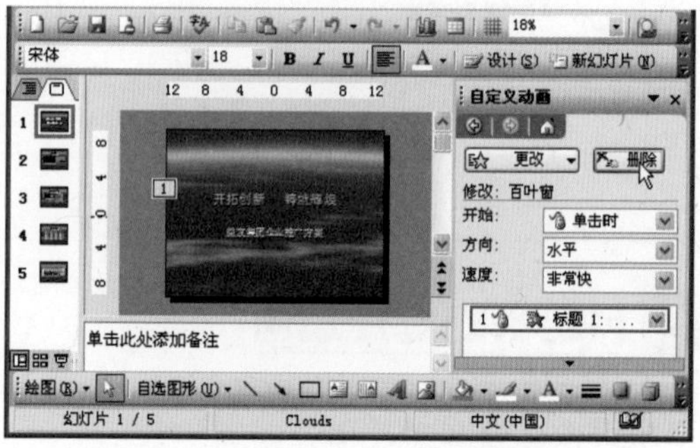

（3）设置动画效果选项

对于自定义动画，还可以为其设置更详细的效果。单击要设置效果的动画项旁的[▾]按钮，然后在弹出的下拉列表中选择“效果选项”选项即可打开如右图所示的动画效果对话框。

在对话框中有3个选项卡，可以在其中分别对动画的效果、计时和正文文本动画进行设置。

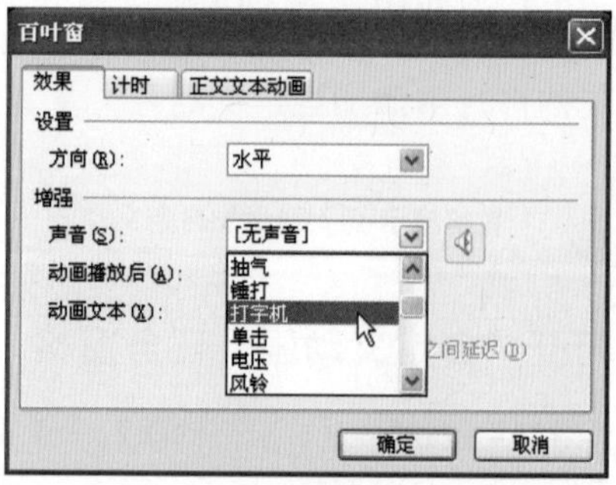

（4）调整动画顺序

对于同一张幻灯片中的自定义动画，还可以根据需要调整它们之间的先后顺序。

首先选中要调整顺序的动画项，然后单击动画列表下方的[↑]按钮或[↓]按钮可以调整动画播放的顺序。

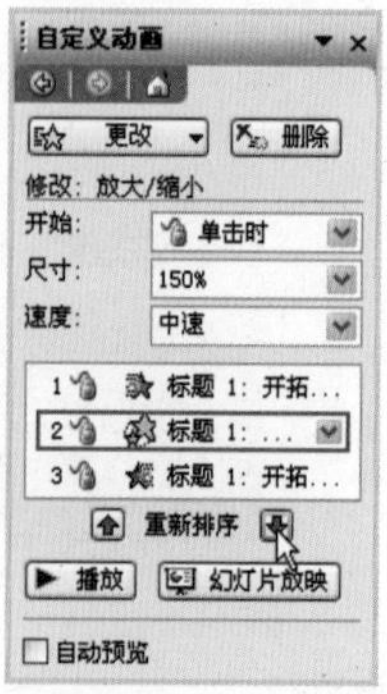

第7章

高手指点 幻灯片的动画效果包括进入方式、方向、时间等因素，设置好后对幻灯片的放映效果有很大帮助。

7 幻灯片切换动画

在PowerPoint 2003中，除了可为幻灯片中的对象设置动画外，还可以为幻灯片的切换设置动画。为幻灯片设置切换动画的具体操作如下。

实例素材\第7章\公司宣传文件.ppt
最终效果\第7章\公司宣传文件(幻灯片切换).ppt
教学演示\第7章\幻灯片切换动画

1 打开“幻灯片切换”任务窗格

打开素材文件，选择【幻灯片放映】/【幻灯片切换】命令，打开“幻灯片切换”任务窗格。

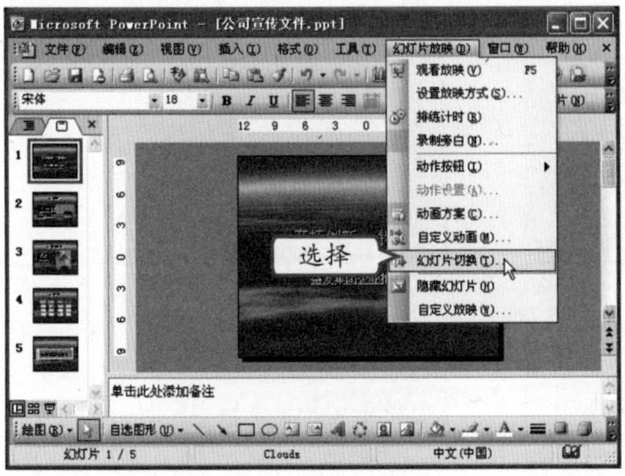

2 选择幻灯片切换动画

1. 选择需要设置的幻灯片。
2. 在“应用于所选幻灯片”列表框中选择“水平百叶窗”动画效果。

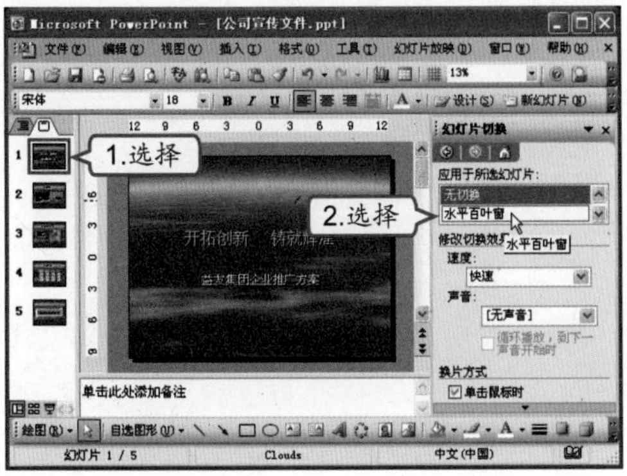

3 修改切换效果

1. 在“修改切换效果”栏中将切换速度设置为“慢速”。
2. 将“声音”设置为“爆炸”。

4 选择换片方式

1. 在“换片方式”栏中选中“单击鼠标时”复选框。
2. 选中“每隔”复选框，在数值框中将时间设置为00:12，即单击鼠标或在指定时间内都可进行换片。

补充两句

坐姿转背姿势的要领为：坐在椅子上，右手扶左膝关节，左手扶在背后或右髋关节上，吸气时转体。

7.2.2 上机1小时：设置“理念培训”演示文稿

本例将为“理念培训”演示文稿设置幻灯片设计模板、配色方案和动画方案，并自定义部分幻灯片的动画。完成后的效果如下图所示。

上机目标

- **掌握幻灯片的设计模板、配色方案和动画方案的设置。**
- **进一步掌握自定义动画的方法。**

实例素材\第7章\理念培训.ppt
最终效果\第7章\理念培训.ppt
教学演示\第7章\设置“理念培训”演示文稿

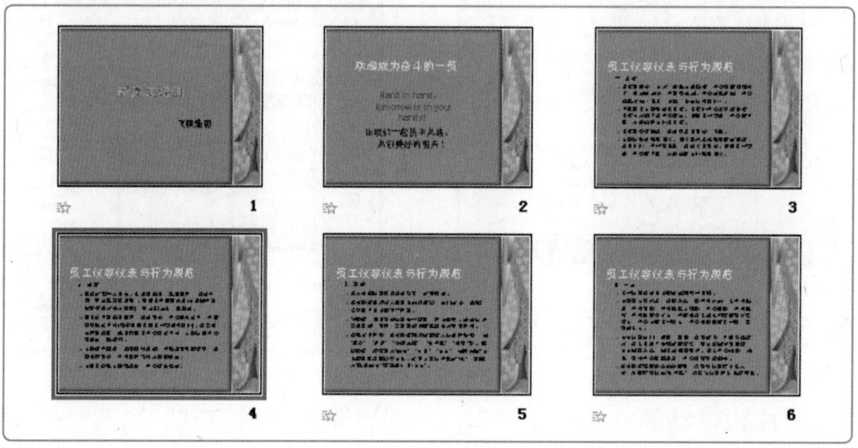

1 打开素材文档

双击光盘中的素材文件“理念培训.ppt”文档图标打开文档。

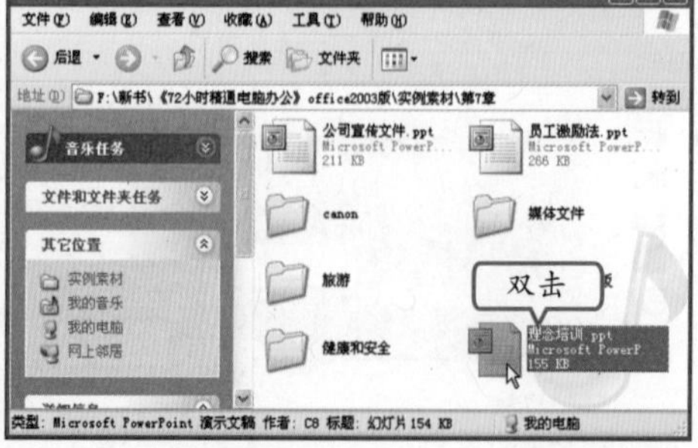

2 选择“幻灯片设计”命令

在任意一张幻灯片中单击鼠标右键，在弹出的快捷菜单中选择“幻灯片设计”命令。

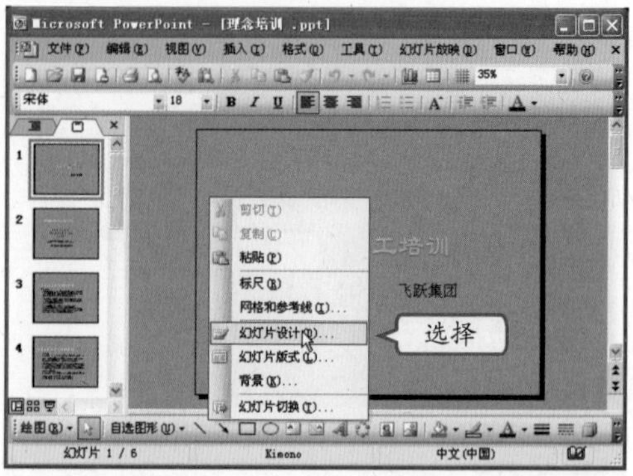

高手指点 也可以将一种动画方案应用到所有幻灯片上。

3 选择幻灯片设计模板

1. 在“幻灯片设计”任务窗格中单击“设计模板”超链接。
2. 在“应用设计模板”列表框中选择kimono.pot设计模板。

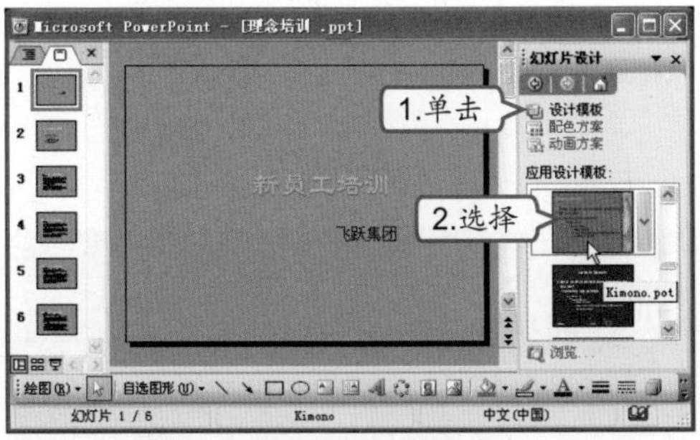

4 选择幻灯片配色方案

1. 单击“配色方案”超链接。
2. 在“应用配色方案”列表框中选择需要的配色方案。

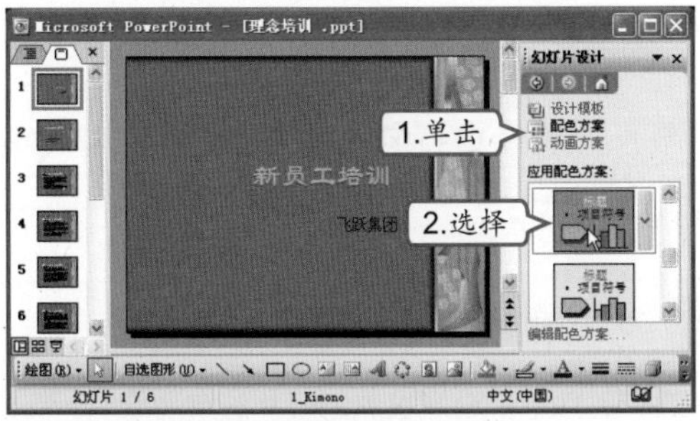

5 选择幻灯片动画方案

1. 单击“动画方案”超链接。
2. 选中第1~3张幻灯片。
3. 在“应用于所选幻灯片”列表框中选择“大标题”选项。用同样的方法将第4~6张幻灯片的动画分别设置为“飞旋退出”、“放大退出”和“线形退出”。

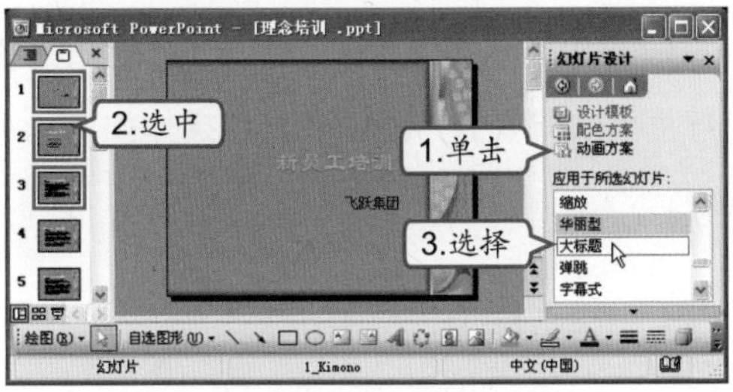

6 选择“自定义动画”命令

选中第1张幻灯片，在“新员工培训”文本框上单击鼠标右键，在弹出的快捷菜单中选择“自定义动画”命令。

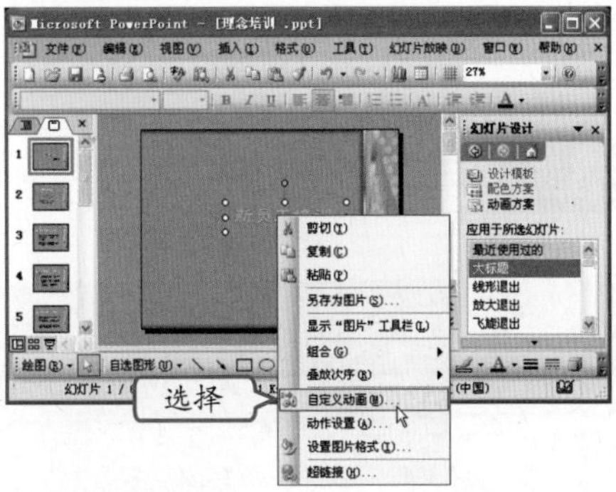

7 自定义动画

1. 单击[添加效果]按钮。
2. 在弹出的下拉列表中选择【进入】/【棋盘】选项。

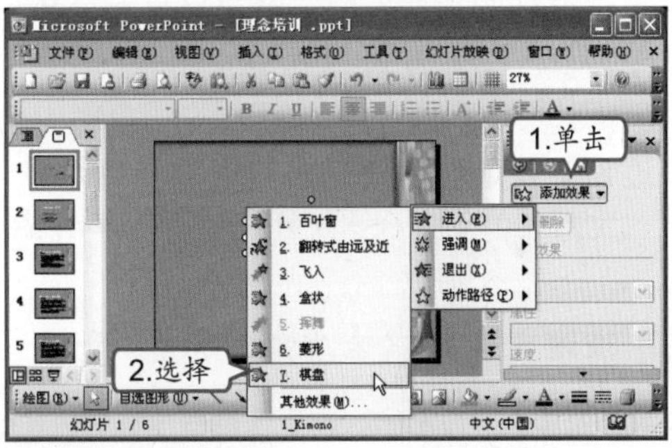

8 自定义动画

1. 选中第2张幻灯片，再选中“欢迎成为奋斗的一员”文本框，单击[添加效果]按钮。
2. 在弹出的下拉列表中选择【进入】/【挥舞】选项。

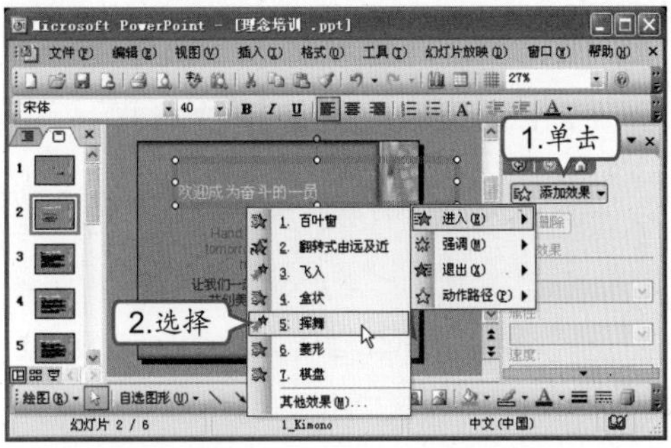

7.3 幻灯片放映与发布

小李用PowerPoint 2003制作了一个演示文稿，但是不知道怎么播放幻灯片和声音，也不知道该怎么设定声音和打印幻灯片文稿。老马告诉小李千万别着急，跟着他一起慢慢学习。

7.3.1 学习1小时

学习目标

- 熟悉幻灯片的放映设置。
- 学会幻灯片放映时的声音设置。
- 学会幻灯片的打包和打印。

1 设置幻灯片放映方式

幻灯片制作完成后，就可以设置放映幻灯片的方式。

（1）幻灯片的放映类型

幻灯片的放映类型主要有演讲者放映（全屏幕）、观众自行浏览（窗口）和在展台浏览（全屏幕）3种，下面分别进行简单介绍。

演讲者放映（全屏幕）

这是最常用的放映类型。在这种类型下，可以让幻灯片自动放映或由自己完全控制放映过程。

在展台浏览（全屏幕）

在这种类型下，必须设置幻灯片的自动放映，因为在幻灯片放映后，不能通过单击鼠标或使用右键菜单来切换幻灯片和结束放映。可以通过按【Esc】键结束放映。

观众自行浏览（窗口）

在这种类型下，最好设置幻灯片的自动放映。在幻灯片放映后，不能通过单击鼠标切换幻灯片和结束放映；但可以通过右键菜单、Web工具栏（如显示出来）和菜单栏进行幻灯片切换和结束放映。也可以通过按【Esc】键结束放映。在放映过程中，还可以随时将窗口最小化、还原和最大化，而不影响幻灯片的继续放映。

（2）设置幻灯片的放映方式

认识了幻灯片的放映类型后，下面介绍设置幻灯片放映方式的方法，其具体操作如下。

教学演示\第7章\设置幻灯片的放映方式

高手指点　如果幻灯片上的信息过多，建议在设置放映方式时设置间隔时间稍微长一点，便于观众能阅读完全。

1 打开“设置放映方式”对话框

选择【幻灯片放映】/【设置放映方式】命令，打开“设置放映方式”对话框。

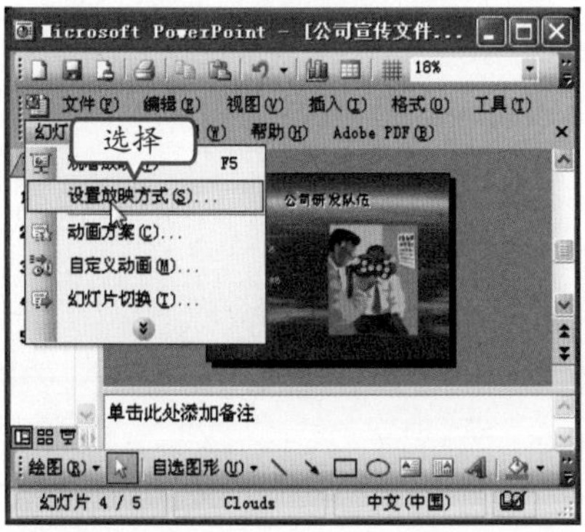

2 设置放映方式

选择放映类型、放映的起始号和终止号以及换片方式等，然后单击 确定 按钮。

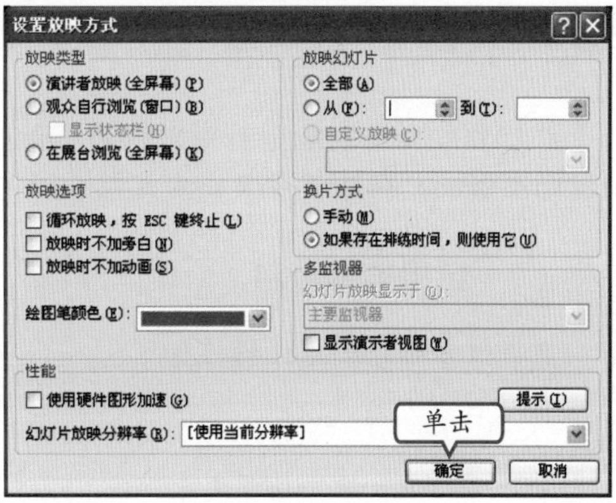

2 设置幻灯片放映速度

在正式放映幻灯片前，调整出理想的放映速度，可以达到最佳放映效果。下面介绍两种放映速度的设定方法。

自动设置放映间隔

选择【幻灯片放映】/【排练计时】命令，打开“预演”工具栏，其中会分别显示每张幻灯片和整套演示文稿放映的时间，可通过单击其左边的按钮来对其进行控制和编排。最后一张幻灯片放映完毕后，会弹出此消息框。单击 是(Y) 按钮，将在正式放映时采用此设置。

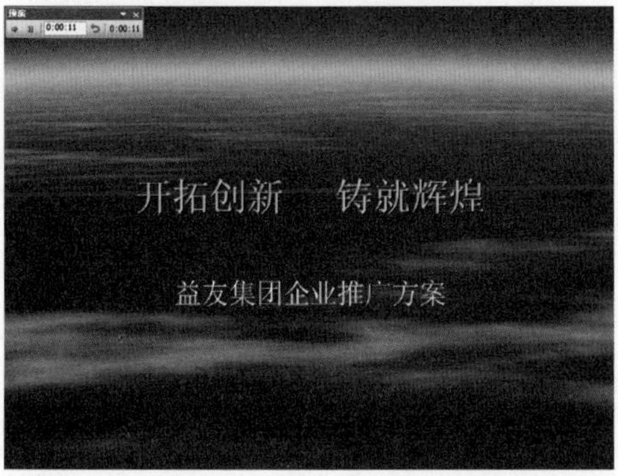

手动设置放映间隔

如果想自定义幻灯片放映的时间间隔，选择【幻灯片放映】/【幻灯片切换】命令，打开“幻灯片切换”任务窗格，在“换片方式”栏中设置间隔时间。

补充两句：骑士姿势的要领为：坐在椅子上，双腿左右分开放在椅子两侧边沿，脖颈伸直，从头到尾骨要非常直。

教你一招：查看所有幻灯片时间设置

还可在“浏览”视图中查看所有幻灯片的时间设置。

3 幻灯片的声音设置

幻灯片的声音功能是针对演讲者不能出席演示文稿会议或在展台上自动运行幻灯片等情况而准备的，需要有声卡和麦克风等硬件支持。

（1）记录声音旁白

记录声音旁白的具体操作如下。

教学演示\第7章\记录声音旁白

1 打开“录制旁白”对话框

选择【幻灯片放映】/【录制旁白】命令，打开“录制旁白”对话框。

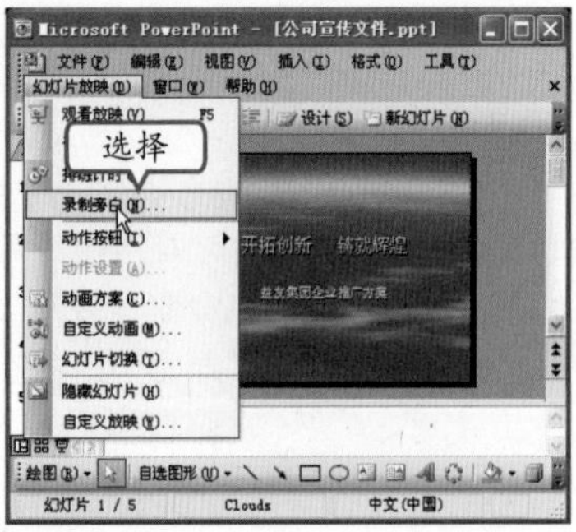

2 录制旁白

如果要作为链接对象插入旁白，则选中“链接旁白”复选框，单击 浏览(B)... 按钮选择需要链接的文件。如果是直接录制旁白则直接单击 确定 按钮。

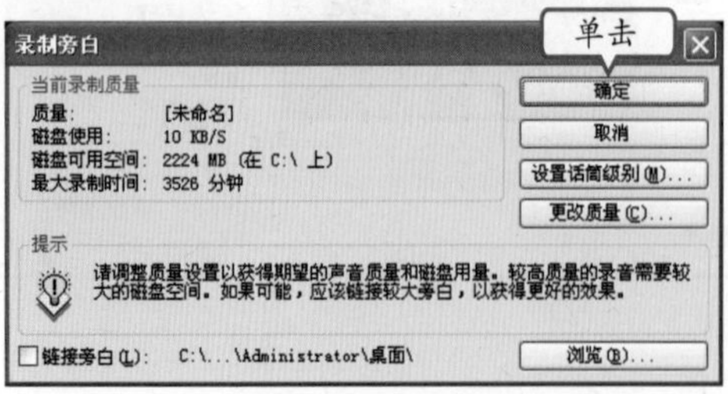

3 保存旁白

PowerPoint开始播放幻灯片，并且在幻灯片的放映过程中，系统会自动录制演讲者的声音，放映结束后，弹出对话框询问是否保存，单击 保存(S) 按钮，保存旁白和排练时间。

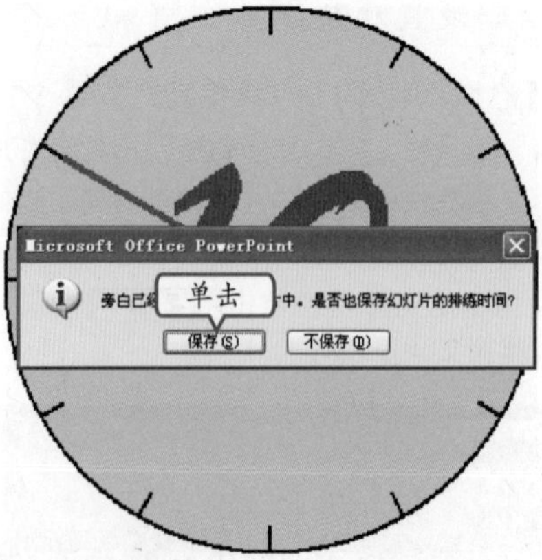

操作提示：保存旁白

如果在保存旁白提示框中单击 保存(S) 按钮，系统会保存旁白和排练时间，单击 不保存(N) 按钮，系统将只保存旁白。

高手指点 录制旁白时要保证麦克风等设备能正常使用。

4 放映幻灯片

幻灯片的多项内容设置完成之后，就可以开始放映幻灯片，还可以在放映过程中进行播放控制。

（1）启动幻灯片放映

启动幻灯片放映通常有3种方法，下面分别进行讲解。

通过“幻灯片放映”菜单

在“幻灯片放映”菜单中选择“观看放映”命令。

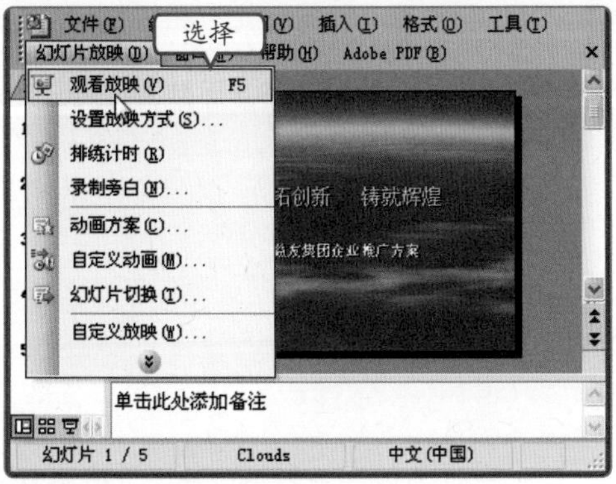

通过幻灯片视图按钮

在大纲窗口下方的视图切换按钮中单击按钮。

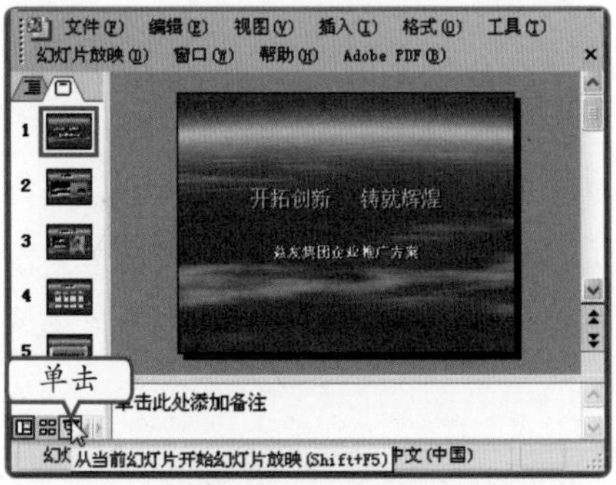

通过“视图”菜单

在“视图”菜单中选择“幻灯片放映”命令。

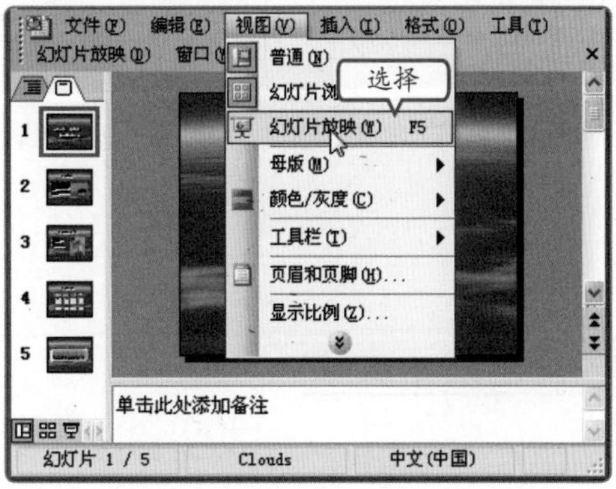

操作提示：恢复“大纲”视图

若要恢复隐藏的“大纲”窗格，单击窗格左下角的“普通视图（恢复窗格）”按钮，或将鼠标指针定位于窗口最左侧的分隔线上，将分隔线拖回到原来的位置即可。

（2）幻灯片放映过程中的控制

在幻灯片放映过程中，将鼠标移至屏幕的左下角，会出现一个按钮，单击该按钮将弹出一个菜单，此菜单即为整个演示文稿的控制菜单。其中各菜单命令的作用如下。

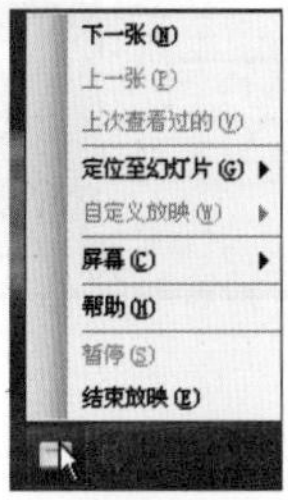

补充两句

在做骑士姿势时，双手应抬至胸前，上下重叠，挺胸立腰，颌下收，然后将臀离开椅子上提10公分高，呈马步蹲式，要屈膝下腰，颈、背尽量伸直，然后双腿逐渐向上伸直，提腰，站立。

"上一张"和"下一张"命令

选择"上一张"命令将切换到与当前幻灯片相邻的上一张幻灯片；选择"下一张"命令将切换到与当前幻灯片相邻的下一张幻灯片。

"定位至幻灯片"命令组

选择"定位至幻灯片"命令组，将弹出包含演示文稿中所有幻灯片的快捷菜单，选择其中的一个幻灯片名称即可切换到相应的幻灯片。

教你一招：选择指针

在按钮旁有一个按钮，单击该按钮将弹出一个菜单，在菜单中可以选择"箭头"、"圆珠笔"、"毡尖笔"和"荧光笔"指针类型，还可以设置墨迹的颜色和指针的可见或隐藏。

"上次查看过的"命令

选择"上次查看过的"命令切换到最近一次查看的幻灯片。

"屏幕"命令组

选择"屏幕"命令组，将弹出一个快捷菜单，在菜单中可以将屏幕设置为"黑屏"或"白屏"，还可以进行演讲者备注的查看、添加和程序的切换。

"结束放映"命令

选择"结束放映"命令，将立即结束幻灯片的放映，返回演示文稿窗口。

5 打包演示文稿

打包输出是指将演示文稿压缩，打包后的演示文稿可以在未安装PowerPoint程序的电脑上直接放映。打包演示文稿的具体操作如下。

教学演示\第7章\打包演示文稿

1 打开"打包成CD"对话框

选择【文件】/【打包成CD】命令，打开"打包成CD"对话框。

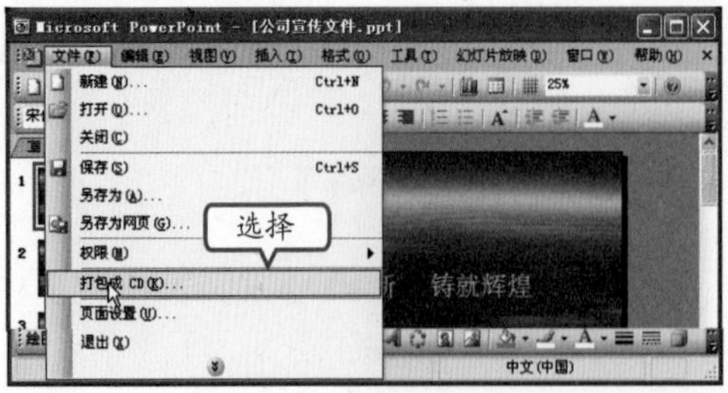

2 打开"选项"对话框

在"将CD命名为"文本框中输入演示文稿的名称，然后单击 选项(O)... 按钮，打开"选项"对话框。

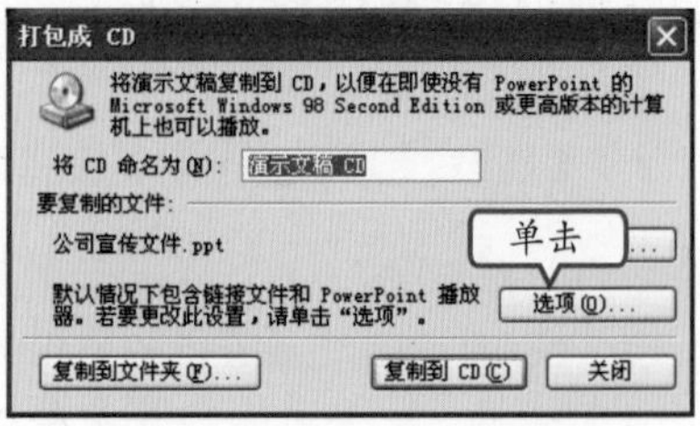

高手指点 如果电脑配置了刻录机，可以直接将演示文稿打包到光盘中。

3 设置文件

在此可以对程序包类型、演示文稿中包含的文件及文件安全等进行设置，这里 在相应的密码文本框中输入密码，单击 确定 按钮。

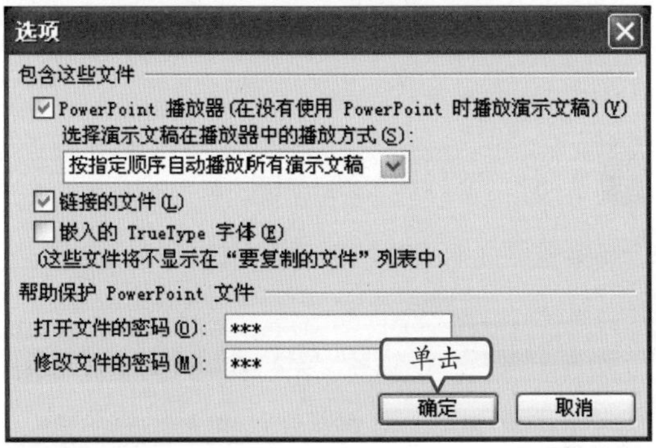

4 确认密码

打开“确认密码”对话框，在“重新输入打开权限密码”文本框中再次输入设置的密码，单击 确定 按钮。

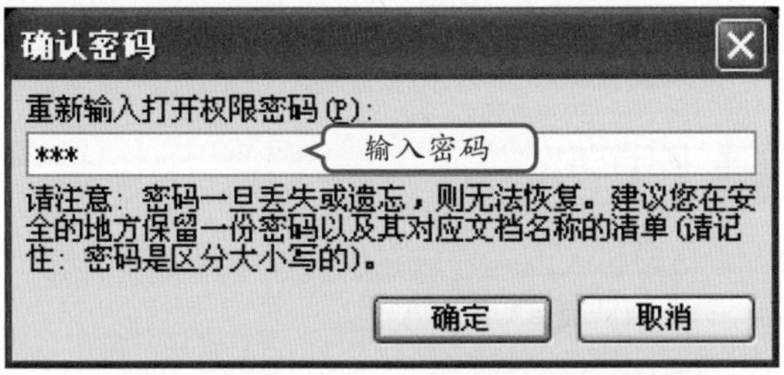

5 打开“复制到文件夹”对话框

返回“打包成CD”对话框，单击 复制到文件夹(F)... 按钮，打开“复制到文件夹”对话框，单击 浏览(B)... 按钮。

6 选择存放位置

打开“选择位置”对话框，在其中选择打包文件的存放位置，单击 选择(E) 按钮，返回“复制到文件夹”对话框，继续单击 确定 按钮。

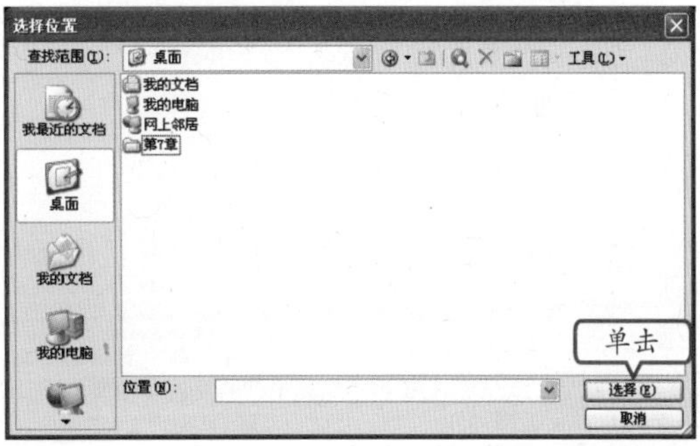

7 完成打包

稍等片刻，当打包文件创建完成后，单击 关闭 按钮关闭“打包成CD”对话框，完成打包操作。

操作提示：解包文件

当完成了演示文稿的打包操作后，用户即可将打包文件传至需要的电脑中。如果要在不同的电脑中执行解包操作可以打开该文件夹，在其中双击pptview.exe文件，然后按照提示操作即可解包文件。

6 打印演示文稿

幻灯片也可以像其他文档一样打印出来，打印之前要先进行页面设置，其具体操作如下。

教学演示\第7章\打印演示文稿

1 打开“页面设置”对话框

选择【文件】/【页面设置】命令，打开“页面设置”对话框。

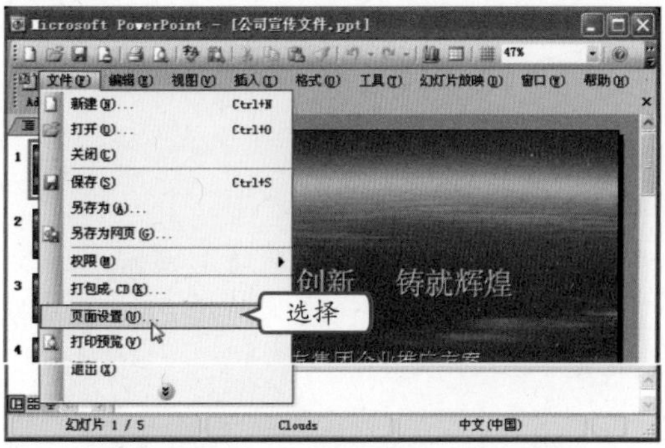

2 设置页面

设置幻灯片大小、方向、起始编号等内容，然后单击 确定 按钮。

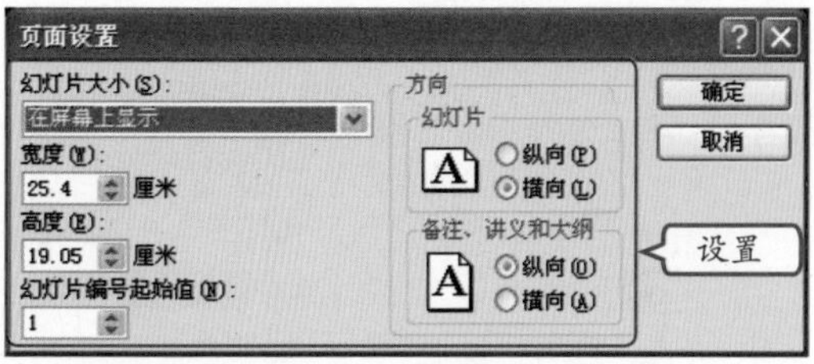

3 打开“打印”对话框

页面设置完成后选择【文件】/【打印】命令，打开“打印”对话框。

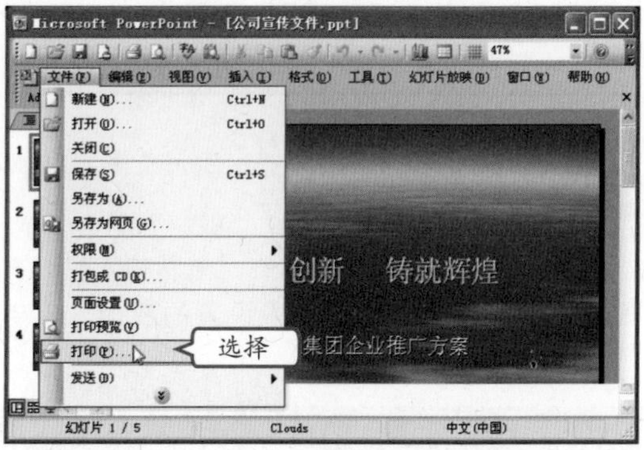

4 打印设置

设置打印机类型、打印范围、打印对象等内容，然后单击 确定 按钮。

教你一招：设置幻灯片大小

在“幻灯片大小”列表框中，当前默认值为“屏幕显示”，这是用于电子展示时的幻灯片格式，它的高度比例与电脑屏幕的比例相同，因此，最适合在电脑屏幕上展示。

高手指点 用户在设置页面时需要考虑幻灯片上的信息量大小，以免打印效果不佳。

7.3.2 上机1小时：设置并放映CANON演示文稿

本例将为CANON演示文稿设置放映方式和放映速度，然后将演示文稿打包为CD，最后放映演示文稿。完成后的效果如下图所示。

上机目标

- 巩固演示文稿的设置方法。
- 进一步掌握将演示文稿打包并放映的方法。

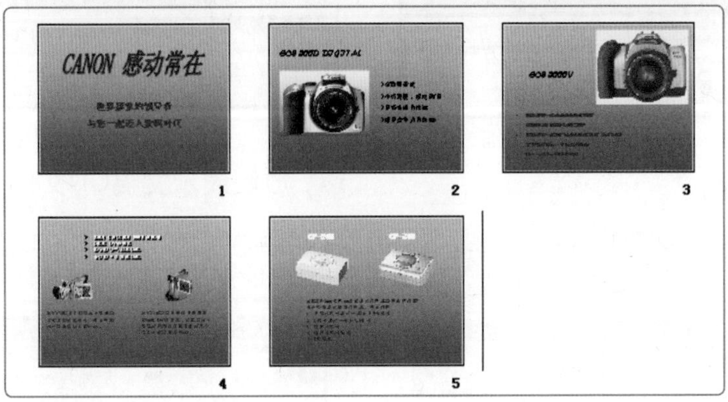

实例素材\第7章\CANON.ppt
最终效果\第7章\CANON.ppt
教学演示\第7章\设置并放映CANON演示文稿

1 打开素材文档

双击光盘中的素材文件CANON.ppt文档图标，打开文档。

2 设置放映方式

1. 选择【幻灯片放映】/【设置放映方式】命令，打开“设置放映方式”对话框，在“放映幻灯片”栏中将幻灯片放映设置为“从1到4”。
2. 单击 确定 按钮。

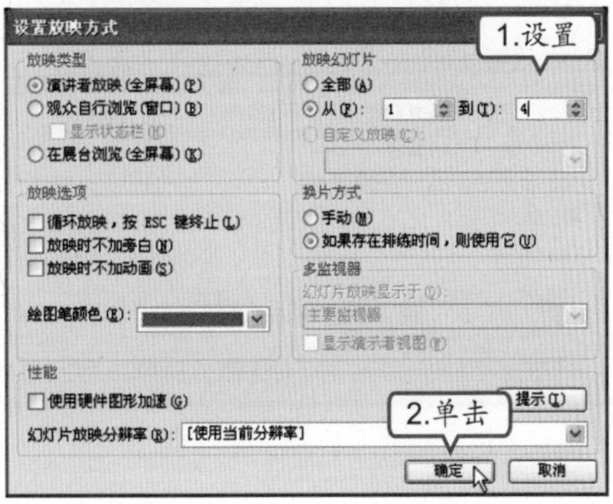

牛面式姿势要领：坐在椅子上，将背肌伸展，右手向后由上而下，左手由下而上，绕到背后，双手在背后勾住，胸廓尽量张开，然后换相反方向。

补充两句

3 设置放映速度

1. 选择【幻灯片放映】/【排练计时】命令进入“预演”模式，在“预演”工具栏中当幻灯片放映时间显示到5秒时单击➡按钮直至放映设置完成。
2. 放映完成后在打开的Microsoft Office PowerPoint对话框中单击[是(Y)]按钮。

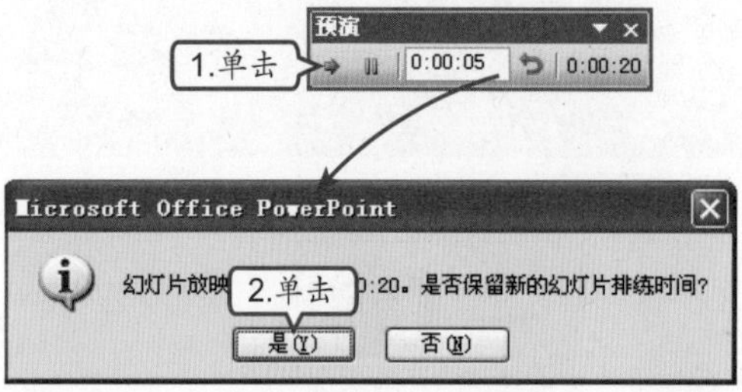

4 选择打包命令

选择【文件】/【打包成CD】命令，打开“打包成CD”对话框。

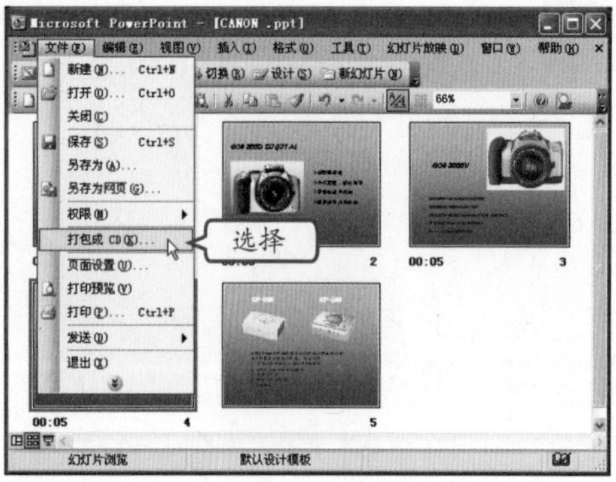

5 打包文件

单击[复制到文件夹(F)...]按钮。

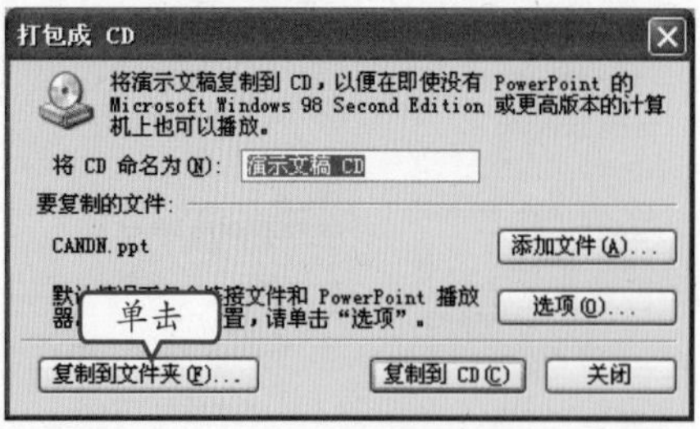

6 复制到文件夹

1. 在打开的“复制到文件夹”对话框中保持默认名称“演示文稿 CD”，选择保存位置为D:\。
2. 单击[确定]按钮，等待复制完成后单击“打包成CD”对话框中的[关闭]按钮。

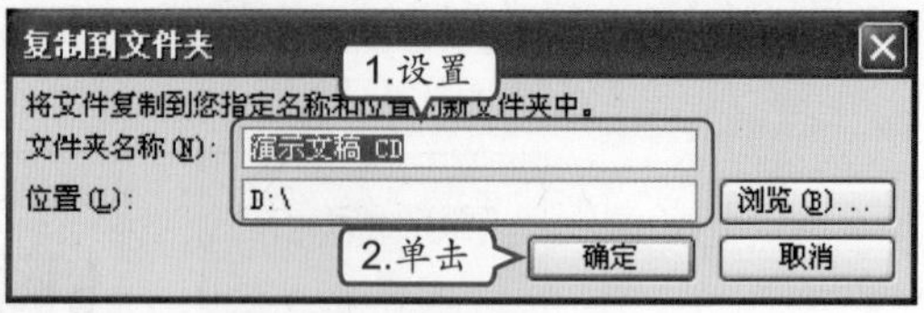

7 放映演示文稿CD文件

打开“D:\演示文稿 CD”文件夹，双击其中的play.bat文件即可播放幻灯片。

操作提示：幻灯片切换

在“幻灯片切换”任务窗格中，还可以为幻灯片切换时设置动画效果，设置效果后还可以在下方的“修改切换效果”栏中修改切换速度和切换时的声音效果。

高手指点 打包文件夹中的文件不可删除，否则可能导致支持性文件丢失而无法打开幻灯片。

7.4 跟着视频做练习

老马向小李讲解完PowerPoint 2003的使用方法，让小李先回去制作几个演示文稿来试试看。小李说：“这可难不倒我，明天准给你一个漂亮的演示文稿。”

1 练习1小时：制作“公司简介”演示文稿

本例将创建一个“公司简介”演示文稿，并在其中输入文本、插入一个组织结构图。通过实例的制作，熟悉演示文稿的创建和插入文本及组织结构图的方法。

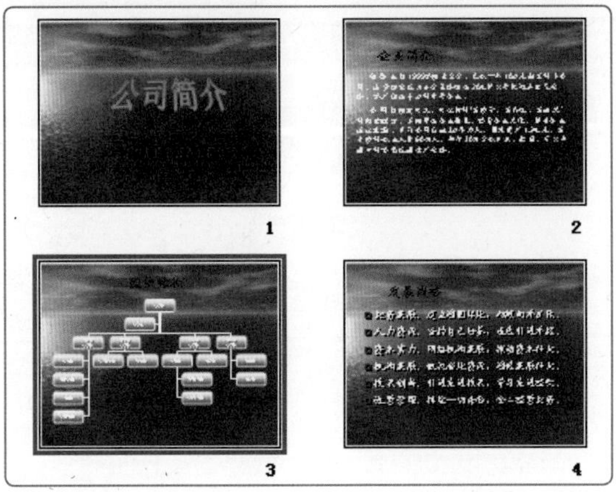

实例素材\第7章\公司简介\
最终效果\第7章\公司简介.ppt
视频演示\第7章\制作“公司简介”演示文稿

操作提示：

1. 启动PowerPoint 2003应用程序。
2. 为幻灯片应用设计模板Ocean.pot。
3. 输入文本“公司简介”和公司名称“申友设备开发有限公司”。
4. 插入3张幻灯片。
5. 按照“简介.txt”文档内容在第2张幻灯片中输入内容并设置字体格式。
6. 按照“发展战略.txt”文档内容在第3张幻灯片中输入内容并设置字体格式。
7. 按照“组织机构.txt”文档内容在第4张幻灯片中插入组织结构图。
8. 设置组织结构图中的自选图形格式。
9. 交换第3和第4张幻灯片的位置。
10. 保存演示文稿。

2 练习1小时：设置“活动通知”演示文稿

本例将为“活动通知”设置动画方案，然后为文档中的图片设置自定义动画方案，最后设置幻灯片放映速度并将演示文稿打包成CD。通过实例的制作掌握演示文稿的设置和放映方法。

补充两句

公司简介演示文稿是经常看到和用到的演示文稿类型，不同的公司，需要制作的内容不同，一般包括公司的经营范围、组织机构图、公司的历史、公司的发展及未来等。

实例素材\第7章\活动通知.ppt
最终效果\第7章\活动通知.ppt
视频演示\第7章\设置“活动通知”演示文稿

操作提示：

1. 打开素材文档。
2. 为第1张幻灯片设置动画方案，为其中的图片设置自定义动画方案。
3. 为第2张幻灯片设置动画方案。
4. 为第3~5张幻灯片设置动画方案，并为其中的图片设置自定义动画方案。
5. 使用“排练计时”为演示文稿设置放映速度。
6. 将演示文稿以“活动通知”命名打包成CD。
7. 在打包文件夹中放映幻灯片。
8. 保存演示文稿。

7.5 秘技偷偷报——PowerPoint使用技巧

老马向小李介绍完PowerPoint 2003中演示文稿的创建、设置和放映方法后，觉得还有些什么落下了。于是，老马又向小李介绍两个PowerPoint的使用小技巧。

1 设置保存位置

在PowerPoint 2003中，用户创建模板的默认保存位置为“C:\Documents and Setting \（用户账号）\Application Data\Microsoft\Templates”文件夹。用户也可以把自己创建的模板保存到其他位置，但建议保存在默认位置。

2 查看长文档

在“大纲”窗格中进行文稿编辑时，若文稿内容比较长则不便于查看，这时可以通过折叠目录的形式来阅读文档。

若要在单张幻灯片上展开或折叠文本，通过双击幻灯片图标可在展开与折叠之间进行切换。或按【Shift+Alt+减号】组合键实现折叠，按【Shift+Alt+加号】组合键实现展开。

高手指点 在默认的状态下，组织结构图中的每个元素框图的大小都是相同的，且无法调整每个元素的大小的，只能对组织结构进行整体的缩放。

第8章

网络办公的应用

小李拿着U盘在办公室里匆忙地走来走去，老马问：“小李，在忙什么啊？”小李停下脚步，一脸焦急地说：“生产部要一些文件，我正用U盘挨个拷给他们呢。明天经理要出差，让我去订机票，我还得赶快忙完去售票点买票呢。”老马“嘿”了一声，说：“你小子啊，在电脑上将文件共享了，让生产部的自己复制不就可以了嘛，而且在网上直接就可以订票，不用跑到售票点去。”小李一脸惊讶地说：“马工，真有这么方便，您快教教我。”于是，老马就向小李介绍起了局域网的应用和怎样利用互联网资源。

2 小时学知识

- 办公局域网组建与互联网接入
- 有效利用互联网资源

3 小时上机练习

- 创建ADSL拨号连接并共享文件
- 搜索资源并下载
- 网络购物

8.1 办公局域网组建与互联网接入

老马告诉小李，有了办公局域网，可以非常方便地进行资源共享，而要想使用互联网，必须先将电脑接入互联网。

8.1.1 学习1小时

学习目标

- **熟悉局域网组建和配置方法。**
- **熟悉互联网的接入方法。**

1 局域网的组建

创建局域网络可以通过网络安装向导来完成。在创建网络之前，首先要将网线水晶接头连接到电脑的网卡插孔中。下面介绍创建局域网络的方法，其具体操作如下。

教学演示\第8章\局域网的组建

1 打开“网络安装向导”对话框

单击“开始”按钮，选择【所有程序】/【附件】/【通讯】/【网络安装向导】命令，打开“网络安装向导”对话框，单击“下一步(N) >”按钮。

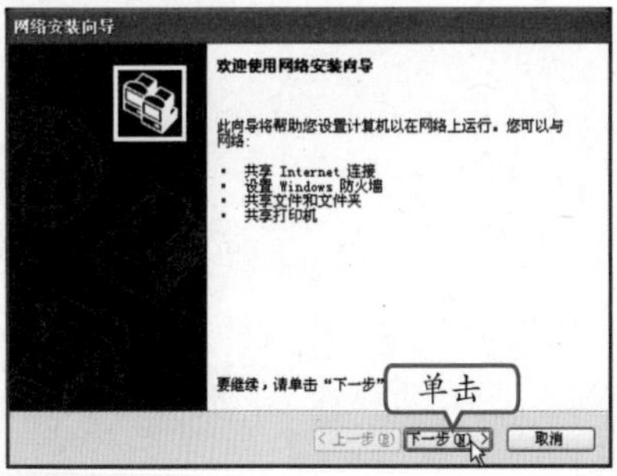

2 搜索共享Internet连接

单击“下一步(N) >”按钮，向导将开始搜索连接。

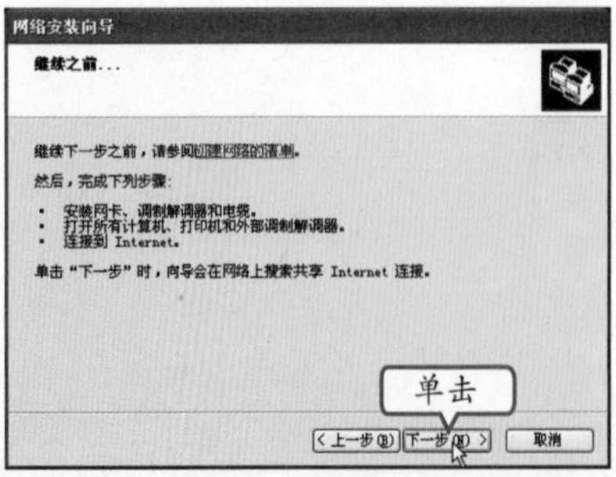

3 选择连接方法

1. 打开“选择连接方法”界面，根据实际情况选择，这里选中第2个单选按钮。
2. 单击“下一步(N) >”按钮。

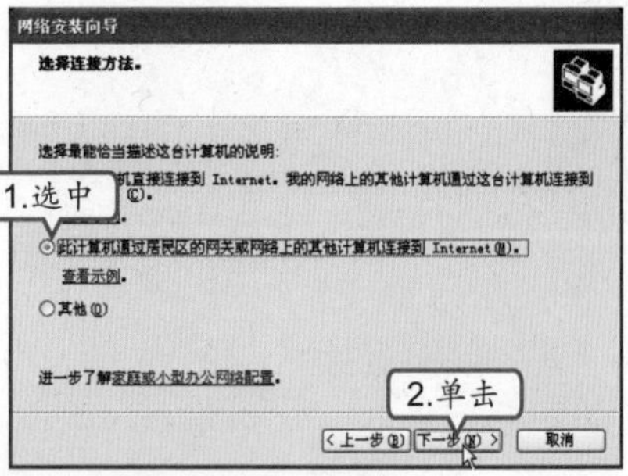

4 计算机描述和命名

1. 在打开界面的文本框中输入计算机描述和名称。
2. 单击“下一步(N) >”按钮。

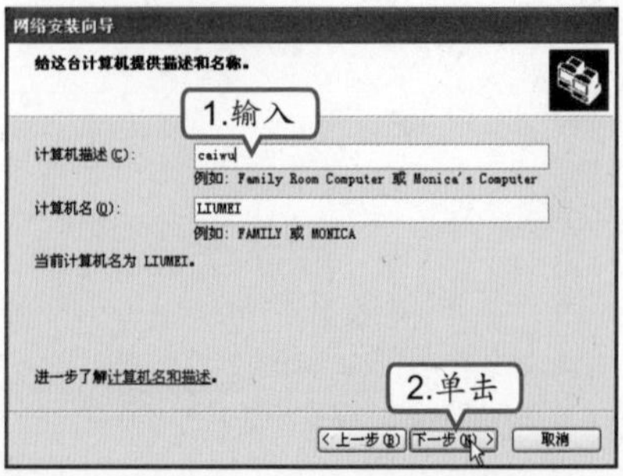

高手指点 Windows XP改良的网络功能为建立各种网络连接提供了一个连接向导，只要按照向导的提示进行操作，便能够轻松地完成ADSL上网的相关设置。

5 命名网络

1. 在打开界面的“工作组名”文本框中输入工作组名。
2. 单击[下一步(N) >]按钮。

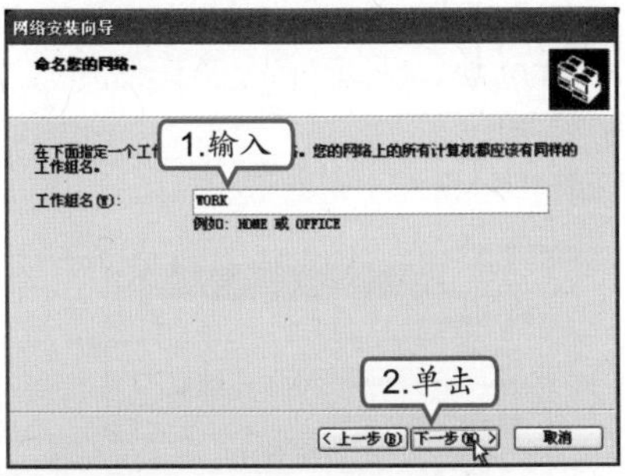

6 文件和打印机共享

1. 在打开的界面中选中“启用文件和打印机共享”单选按钮。
2. 单击[下一步(N) >]按钮。

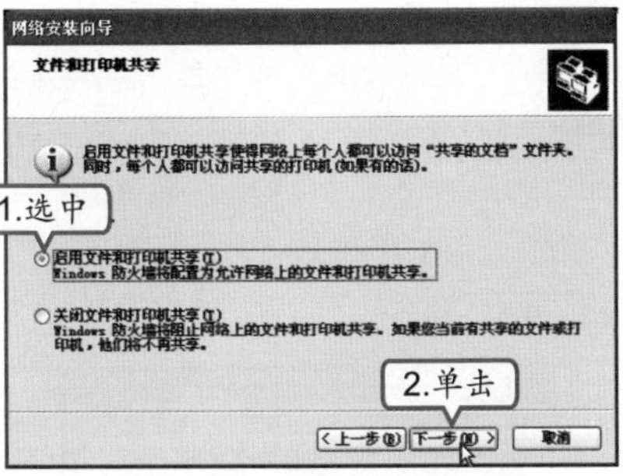

7 确认应用设置

检查设置正确后直接单击[下一步(N) >]按钮。

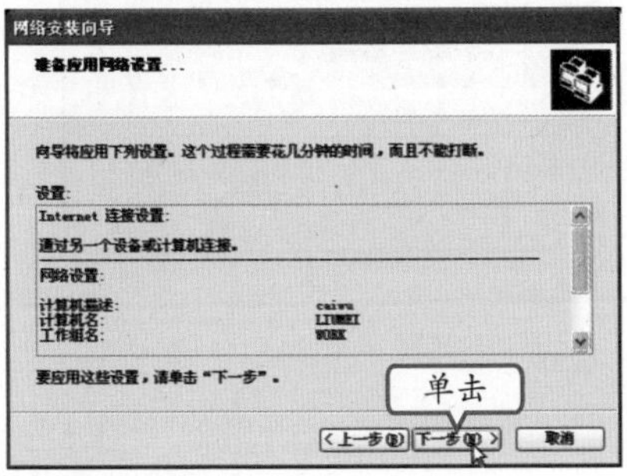

8 安装向导运行选项

1. 在打开的界面中选中最后一个单选按钮。
2. 单击[下一步(N) >]按钮。

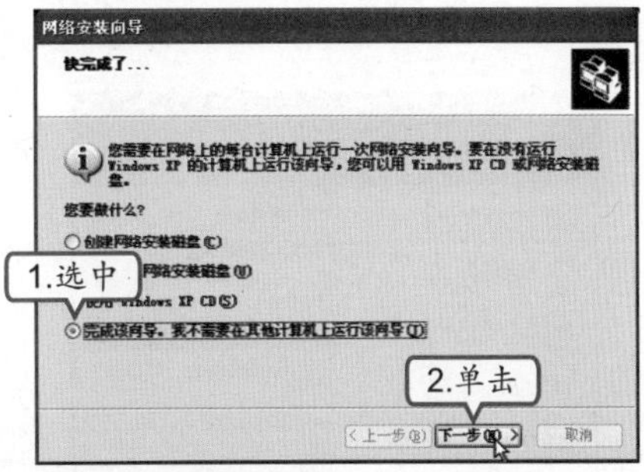

9 完成安装向导

安装向导完成安装后，单击[完成]按钮完成安装并退出向导。

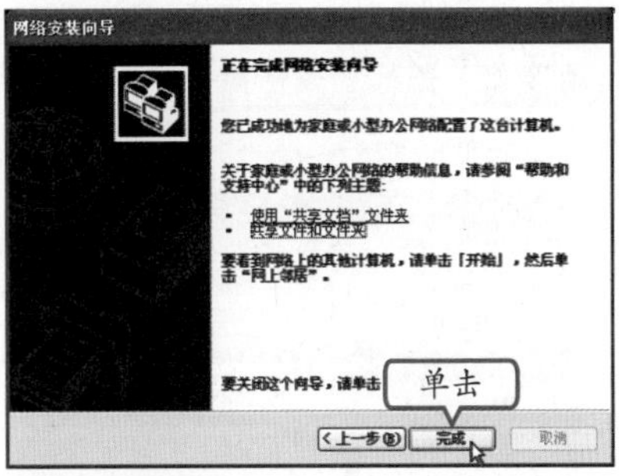

10 重启电脑

系统弹出提示对话框，询问是否要重启电脑，单击[是(Y)]按钮重启电脑完成所有操作。

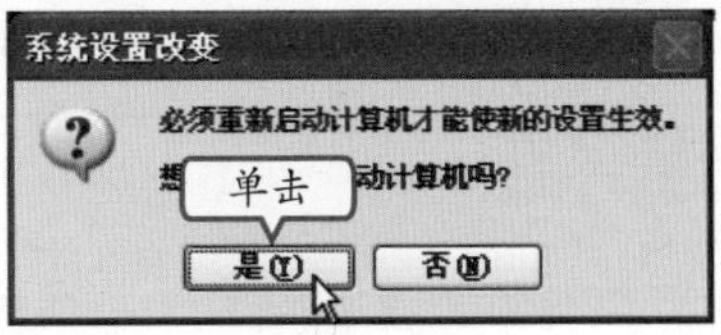

2 设置网络地址

网络安装完成后，还需要对电脑的网络地址进行设置，其具体操作如下。

教学演示\第8章\设置网络地址

补充两句

组建无线局域网，可以在不用无线路由器的情况下，将一台电脑作为服务器并新建一个无线网络，其余的电脑通过无线连接到该无线网络即可。

1 打开“网络连接”窗口

单击 开始 按钮，在弹出的“开始”菜单中选择“网络连接”命令打开“网络连接”窗口。

2 打开“属性”对话框

在“本地连接”图标上单击鼠标右键，在弹出的快捷菜单中选择“属性”命令。

操作提示：IP地址范围

局域网内一般使用C类内部私有地址，可使用的地址范围为192.168.0.0到192.168.255.255。

3 打开“Internet协议（TCP/IP）属性”对话框

1. 在打开的“本地连接 属性”对话框中选择“常规”选项卡。
2. 在“此连接使用下列项目”列表框中选中“Internet 协议(TCP/IP)”复选框。
3. 单击 属性(R) 按钮，打开“Internet协议（TCP/IP）属性”对话框。

4 设置IP地址

1. 选中“使用下面的IP地址”单选按钮并输入相关参数。
2. 选中“使用下面的DNS服务器地址”单选按钮，并输入服务器地址。
3. 单击 确定 按钮。

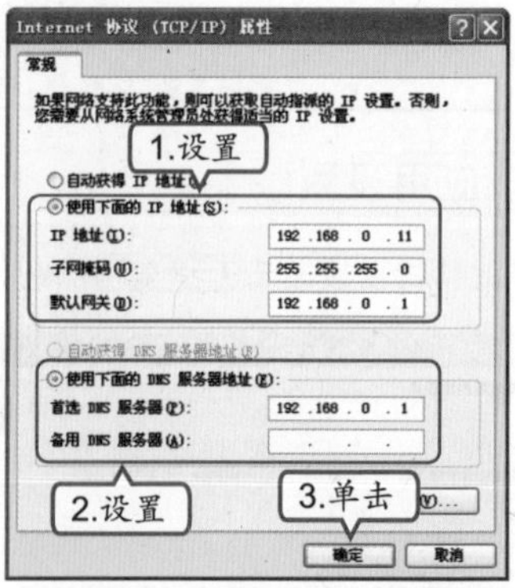

3 共享文件

如果在网络安装时启用了文件和打印机共享，那么在打开“我的电脑”窗口时，窗口中的“共享文档”文件夹就处于共享状态，将需要共享的文件夹或文件拖动到“共享文档”文件夹中即可实现共享。

此外，还可以通过在文件夹上单击鼠标右键，然后在弹出的快捷菜单中选择“共享和安全”命令来设置文件夹共享，其具体操作如下。

教学演示\第8章\共享文件

高手指点　共享一些必要的文件可以让局域网办公变得更加方便、快捷。

1 选择“共享和安全”命令

在需要共享的文件夹上单击鼠标右键，在弹出的快捷菜单中选择“共享和安全”命令。

2 设置共享

1. 在打开的对话框中选择“共享”选项卡。
2. 在“网络共享和安全”栏中选中“在网络上共享这个文件夹”复选框。
3. 在“共享名”文本框中输入共享文件名称。
4. 单击 应用(A) 按钮，再单击 确定 按钮。

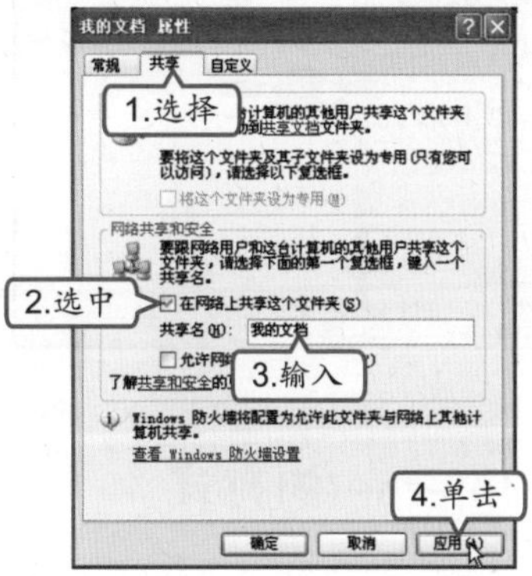

4 访问局域网共享文件

共享了文件后，其他人就可以通过局域网来访问共享的文件。也可以通过局域网访问他人共享的文件，其具体操作如下。

教学演示\第8章\访问局域网共享文件

1 打开“网上邻居”窗口

单击 开始 按钮，在弹出的“开始”菜单中选择“网上邻居”命令，打开“网上邻居”窗口。

2 查看共享文件

1. 在此显示了局域网中共享的文件夹，双击文件夹图标即可打开该共享文件。
2. 如果“网上邻居”文件夹窗口中未显示出需要的共享文件，还可以单击“查看工作组计算机”超链接。

第8章

补充两句

如果无法访问局域网共享文件，可以依次检查是否关闭了Server服务，本地连接IP、子网掩码、网关及DNS设置是否有误，是否安装了“Microsoft网络文件和打印机共享”、“Microsoft网络客户端”以及TCP/IP协议等。

3 进入工作组计算机

在打开的Workgroup窗口中显示了局域网中可访问的电脑，双击计算机图标即可进入该电脑。

4 查看工作组电脑中的共享文件

在对应的工作组电脑文件夹窗口中显示了该电脑中的所有共享文件，双击文件图标即可打开该文件。

5 连入Internet的方式

要访问Internet，首先需要将自己的电脑与Internet建立连接。目前，普通用户常用的连入Internet的方式主要有拨号上网、ADSL上网、社区宽带以及无线上网等。

（1）拨号上网

拨号上网是早期的一种主流上网方式，用户只要拥有一台个人电脑、一个调制解调器（Modem）和一根电话线，通过向本地ISP供应商申请自己的账号或购买上网卡，拥有自己的用户名和密码后，就可以通过拨打ISP的接入号连接到Internet。

拨号上网的优点是接入简单方便，而且使用比较灵活，即用户需要时进行连接，不需要时即可断开；缺点是网络速度较慢、资费较高并且上网时不能使用电话。目前，拨号上网已经很少被人们使用。

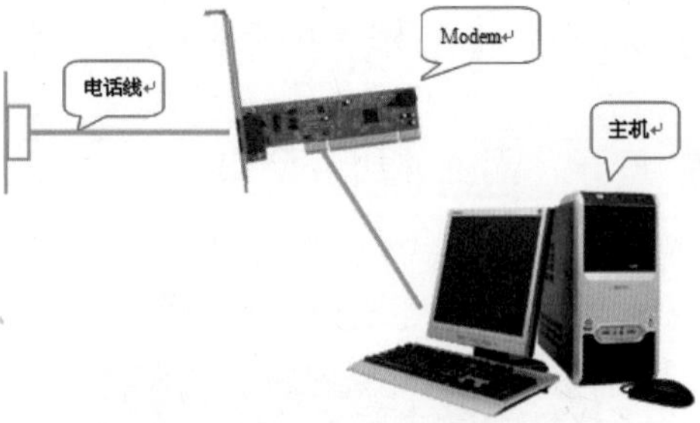

（2）ADSL上网

ADSL是目前主流的上网方式，也称为“非对称数字用户线路”。ADSL采用普通电话线路作为传输介质，可在普通双绞铜线上实现下行高达8Mb/s的传输速度；上行高达640Kb/s的传输速度。用户只要为普通电话线加装ADSL设备，然后在电脑上创建一个ADSL的拨号连接，即可使用ADSL提供的高速宽带服务。

高手指点 使用ADSL接入上网是许多商业和家庭用户的最佳选择，尤其是对于经常使用网络的用户而言更显方便、实惠。

ADSL的优点是独享带宽，传输速度快（目前主流ADSL传输速度为512KB/s～2MB/s）接入方便；缺点在于需要先安装电话，并且对电话线传输质量要求较高。

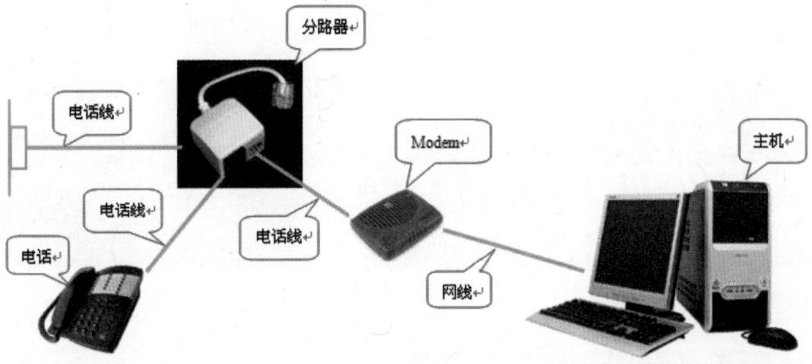

（3）社区宽带

社区宽带是目前大中城市较普及的一种网络接入方式，网络服务商采用光纤接入到小区，再通过网线接入各家各户，为整幢楼或小区提供共享带宽。社区宽带不接受个人业务，通常是由小区出面申请安装。用户要使用社区宽带，必须先确保自己所在小区已经开通了社区宽带。

社区宽带的优点在于安装方便（仅需要网卡）、费用较低且下载速度较快；不足之处在于由于社区宽带为整个小区共享带宽，因此当同一时间使用电脑人数较多时，会严重影响网络传输速度。

（4）无线上网

无线上网是一种新兴的上网方式，有两种：一种是通过无线路由器实现，而且目前大中城市很多特定场所都提供了无线上网服务。用户电脑只要安装了无线网卡，就可以通过无线网络接入网络。另一种即采用无线上网卡接入网络，用户需要先购买用于无线上网的硬件卡，然后到相关服务提供商处购买用于无线上网的UIM卡，在电脑中进行安装后即可实现无线上网。这种无线上网方式非常灵活，只要手机有信号的地方都能实现无线上网，缺点是速度较慢且信号不稳定。

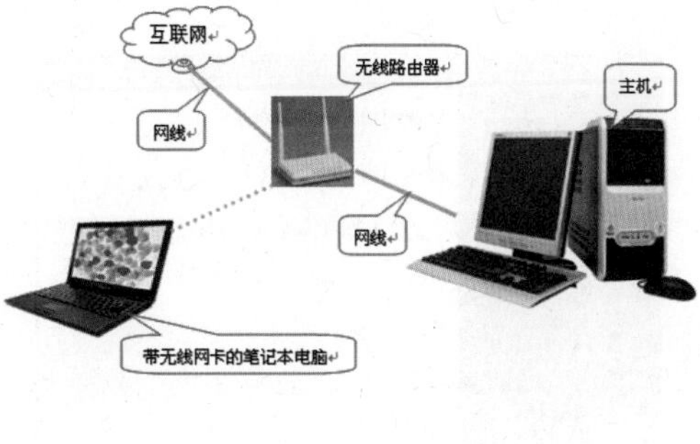

UIM卡是专用的，其他电脑不能通过搜索该卡的信号进行共享上网。

补充两句

8.1.2 上机1小时：创建ADSL拨号连接并共享文件

本例将创建一个ADSL拨号连接，然后共享主机的磁盘。

上机目标

- 学会ADSL拨号连接的创建方法。
- 进一步掌握共享文件的方法。

教学演示\第8章\创建ADSL拨号连接并共享文件

1 单击超链接

单击开始按钮，然后选择“网络连接”命令打开“网络连接”窗口，在“网络任务”窗格中单击“创建一个新的连接”超链接。

2 选择连接方法

在打开的“新建连接向导”对话框中直接单击下一步(N) >按钮。

3 选择网络连接类型

1. 在打开的界面中选中“连接到Internet”单选按钮。
2. 单击下一步(N) >按钮。

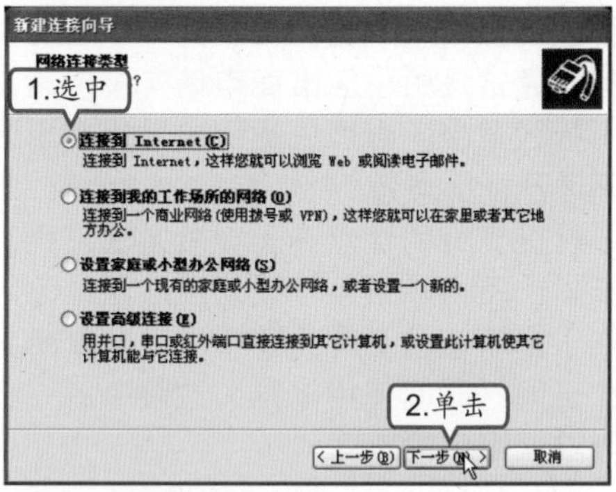

4 选择连接方式

1. 在打开的界面中选中“手动设置我的连接”单选按钮。
2. 单击下一步(N) >按钮。

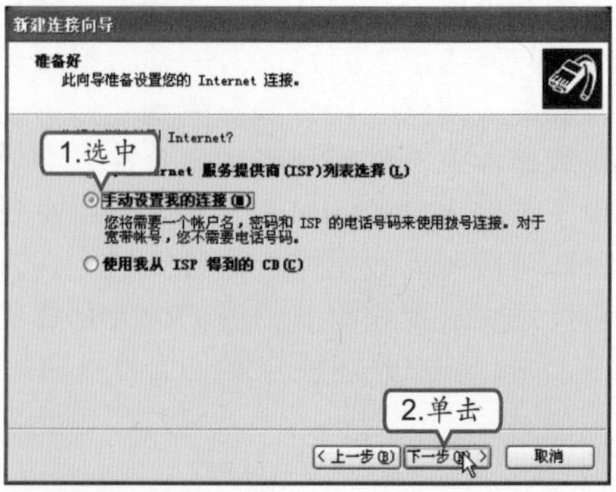

第8章

高手指点 在一些家庭或公司局域网中，都会通过共享连接来上网，这样，在宽带运营商允许的条件下，可以大大节约上网成本，而且非常方便。

5 选择拨号方式

1. 在打开的界面中选中“用要求用户名和密码的宽带连接来连接”单选按钮。
2. 单击 下一步(N) > 按钮。

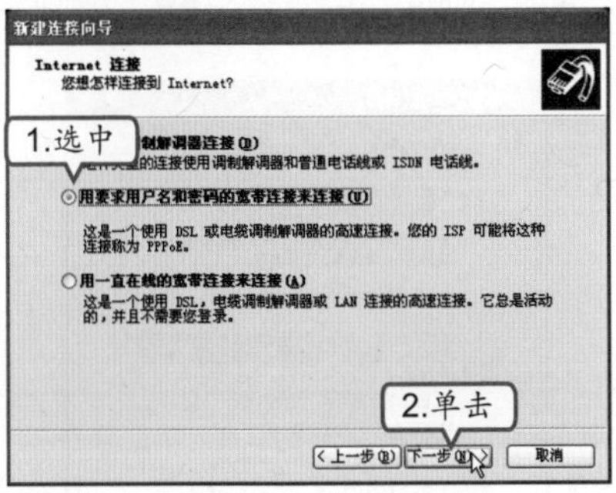

6 输入连接名称

1. 在打开界面的“ISP名称”文本框中输入“ADSL”。
2. 单击 下一步(N) > 按钮。

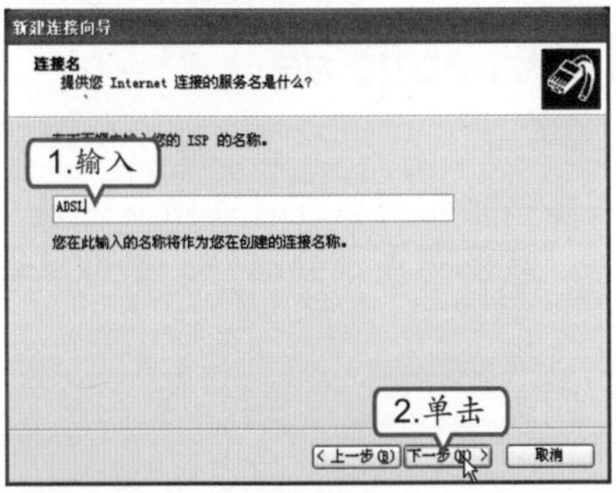

7 输入用户名和密码

1. 在打开界面的文本框中输入从ADSL运营商处获得的用户名和密码。
2. 单击 下一步(N) > 按钮。

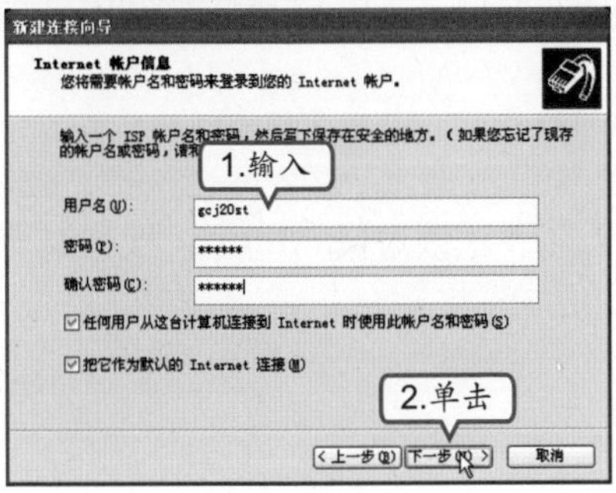

8 完成向导

1. 在打开的界面中选中“在我的桌面上添加一个到此连接的快捷方式”复选框。
2. 单击 完成 按钮。

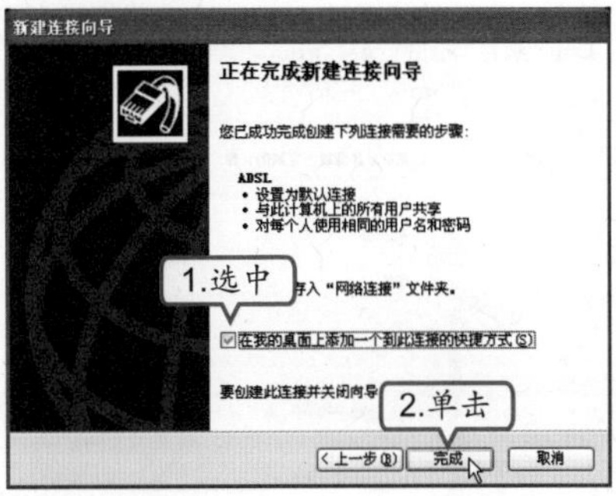

9 打开连接窗口

在桌面上双击ADSL快捷方式图标，打开宽带连接窗口。

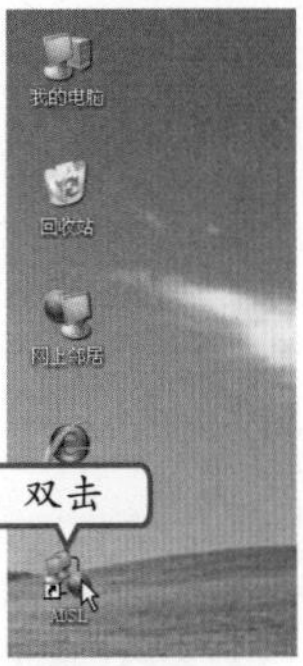

10 连接ADSL

在“连接ADSL”对话框中直接单击 连接(C) 按钮即可通过ADSL连接到Internet。

补充两句

如果使用的是电信宽带，在没有开通ADSL电话的情况下，是不能进行ADSL拨号的。

11 选择“共享和安全”命令

打开“我的电脑”窗口，在“本地磁盘（D:）”图标上单击鼠标右键，在弹出的快捷菜单中选择“共享和安全”命令。

12 设置共享

1. 在打开的对话框中选择“共享”选项卡，选中“在网络上共享这个文件夹”复选框。
2. 在“共享名”文本框中输入共享文件名称。
3. 依次单击 应用(A) 按钮和 确定 按钮。

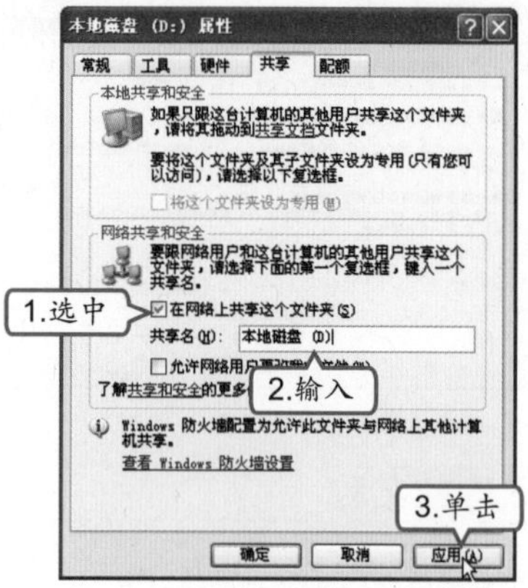

8.2 有效利用互联网资源

老马告诉小李，现在的互联网功能非常强大，很多事情都可以在互联网上完成，不用亲自跑来跑去。小李觉得这真有点不可思议，他想：“我要早点学会这些，那可以省下多少时间和精力啊！”

8.2.1 学习1小时

学习目标

- **熟悉网页浏览的方法。**
- **学会使用互联网搜索和下载资源，并能通过互联网预订机票以及购物。**

1 使用IE浏览器浏览网页

目前常用的浏览器有很多，如Microsoft IE、腾讯TT、傲游Maxthon、搜狗浏览器和360安全浏览器等。

下面介绍使用IE浏览器浏览网页的方法。

教学演示\第8章\使用IE浏览器浏览网页

高手指点　用户可以通过Internet收发电子邮件、聊天、浏览新闻、购物、听音乐、玩游戏等。

1 打开IE浏览器

单击 开始 按钮，然后选择【所有程序】/【Internet Explorer】命令打开IE浏览器。

2 输入网址

1. 在浏览器的地址栏中输入网址，如“www.163.com”。
2. 单击 转到 按钮。

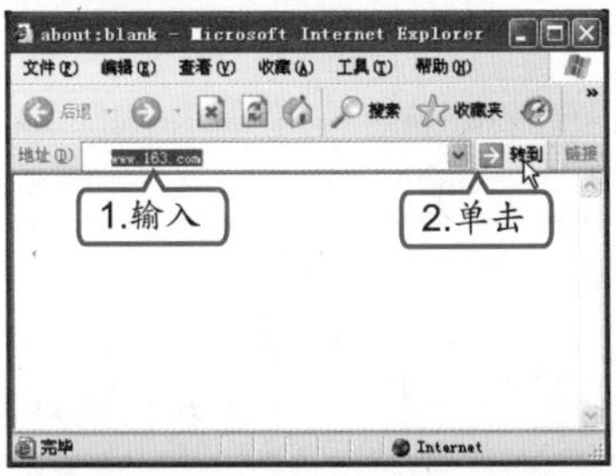

3 查看网页

使用鼠标拖动水平和垂直滚动条或滚动鼠标滚轮来浏览网页。

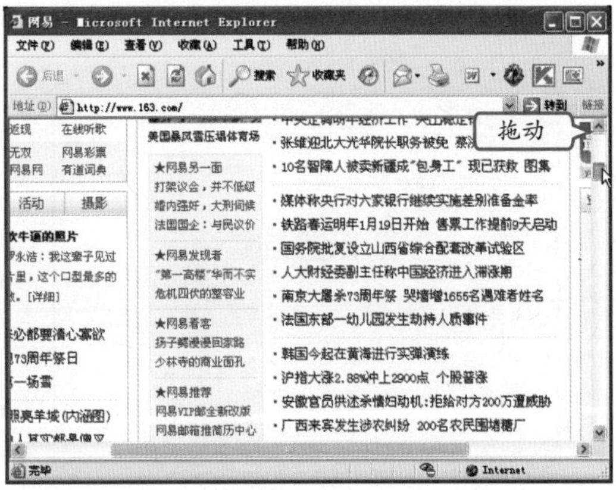

4 打开网页链接

在网页中单击相应的超链接可以打开新的网页。

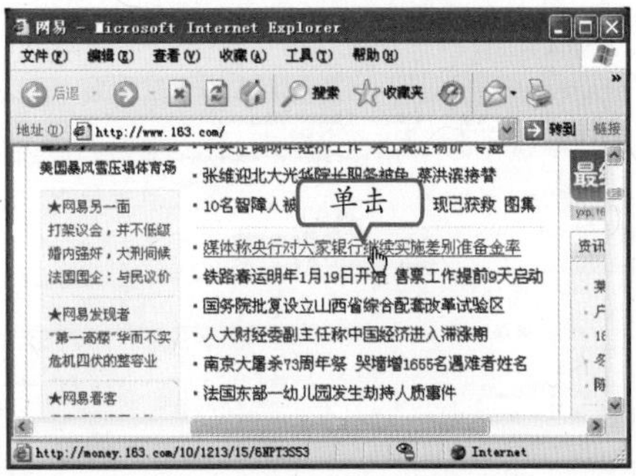

操作提示：打开新网页窗口

在使用IE浏览器浏览网页的过程中，如果想打开一个新的网页窗口，又不想将当前查看的网页关闭，可以按【Ctrl+N】组合键快速打开一个新的网页窗口。

2 搜索与保存网络资源

网络上有很多有用的资源，但是这些资源都隐藏在不同的地方，这时就需要使用搜索引擎来搜索资源。而对于搜索到的资源，可以将其添加到收藏夹保存其网页链接，这样，当需要再次浏览该网页时，就可以直接从浏览器的收藏夹中打开了。

目前网络上常见的搜索引擎有Google、百度、雅虎、搜狗、网易、新浪和奇虎等。下面以使用百度搜索引擎为例来介绍搜索资源和保存资源的方法。

补充两句

不要乱装加速器、导航栏、搜索栏，要经常清理ACTIVEX，加大IE缓存的容量，经常维护系统等，这样能有效提高IE浏览器下载网页的速度。

教学演示\第8章\搜索与保存网络资源

1 打开百度搜索页面

在浏览器的地址栏中输入网址“www.baidu.com”，单击 转到 按钮。

2 输入搜索内容

1. 在打开网页的文本框中输入要搜索的内容“海南岛”。
2. 单击 百度一下 按钮。

3 查看搜索结果

在搜索结果中单击相应的超链接。

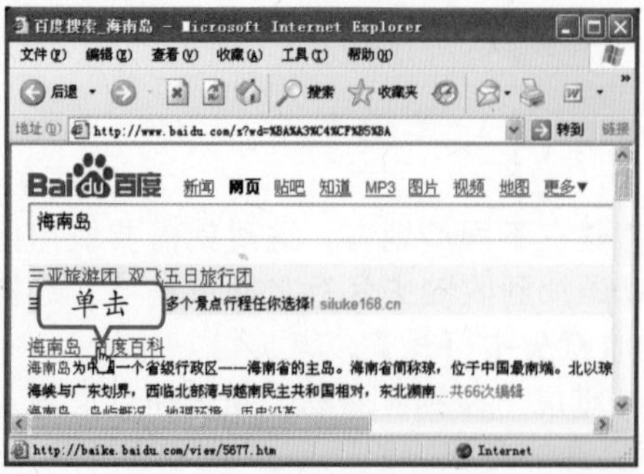

4 收藏网页

在IE窗口的菜单栏中选择【收藏】/【添加到收藏夹】命令。

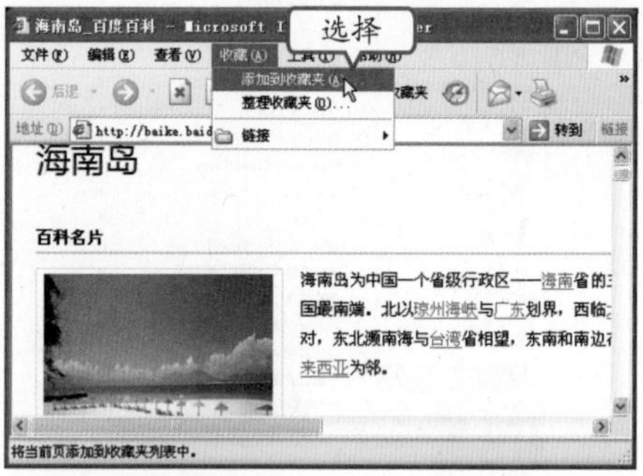

5 确认添加收藏

在打开的“添加到收藏夹”对话框中单击 确定 按钮。

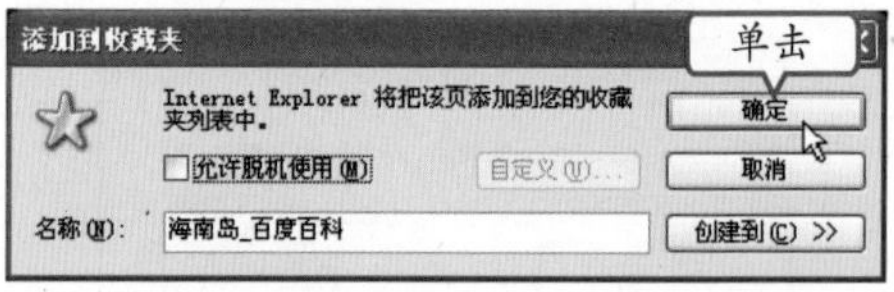

操作提示：从收藏夹打开网页

将网页添加到收藏夹后，下一次要打开该网页时，可以直接在菜单栏中单击“收藏”菜单项，然后在弹出的菜单中选择收藏的网页即可。

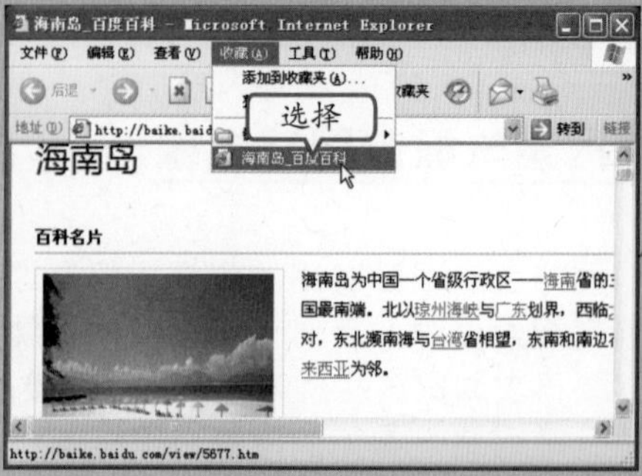

高手指点 在搜索信息时，为了更准确地找到需要的信息，可以多加一些关键字，以便缩小搜索范围。

3 下载网络资源

对于网络上的资源，有些可以在网页上直接查看，还有一些则必须下载到个人电脑上运行或者通过阅读软件查看，这时就需要用到下载软件。

通常浏览器都自带了下载功能，但使用下载软件可以达到更快的下载速度并能很方便地管理下载任务。目前常见的下载软件有迅雷、比特彗星、QQ旋风、FlashGet、网络蚂蚁和影音传送带等。下面以迅雷为例来讲解下载网络资源的方法。

教学演示\第8章\下载网络资源

1 选择迅雷下载

在网页中的下载链接上单击鼠标右键，在弹出的快捷菜单中选择“使用迅雷下载”命令。

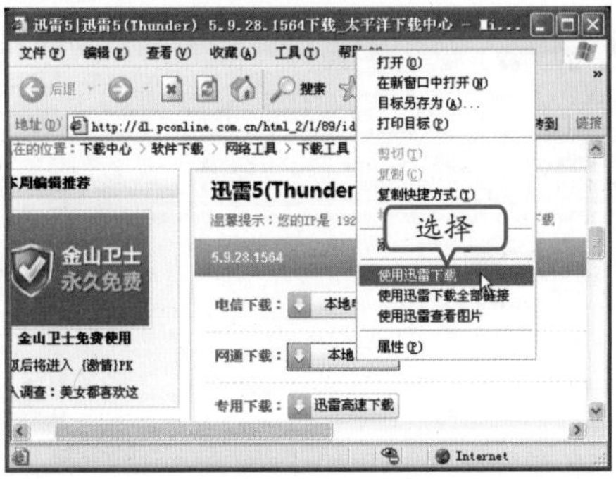

2 建立下载任务

在“建立新的下载任务”对话框中输入文件名称并选择存储路径，单击 立即下载 按钮。

3 开始下载

迅雷开始下载所选资源，其下载界面如下，下载完后即可打开和查看文件。

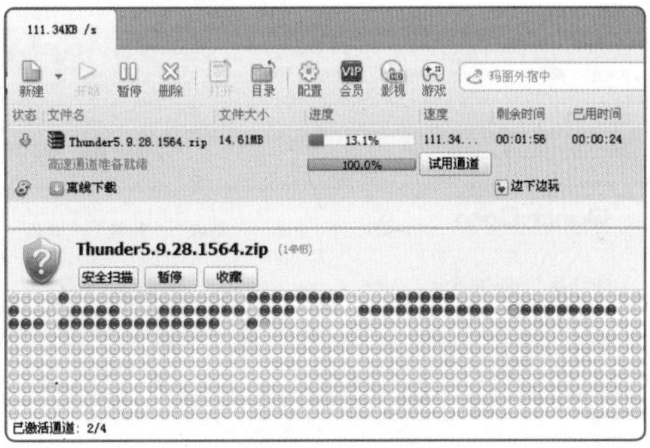

教你一招：下载后自动杀毒

在迅雷中，可以在下载完后自动启动杀毒程序对下载的文件进行病毒扫描。在迅雷的菜单栏中选择【工具】/【配置】命令打开“配置面板”对话框，对自动杀毒进行配置。

补充两句

在下载网络资源的过程中，会影响到正常上网的速度，如果使用迅雷进行下载时，可以对其进行“下载优先”或“上网优先”等设置。

4 通过网络预订机票

快节奏的生活对都市人提出了更高的要求，就是对于时间的要求。时间就是速度，也因此很多人出行不再是乘坐火车、汽车，更多的人选择了飞机。现在很多旅客都舍弃传统购票，纷纷开始网购打折机票。目前，比较流行的机票预订网站有去哪儿、携程网和各大航空公司官方网站等。

下面就以在去哪儿网上预订机票为例进行讲解，其具体操作如下。

教学演示\第8章\通过网络预订机票

1 进入页面

在IE浏览器地址栏中输入网址“www.qunar.com”，打开网站首页，在页面中选择地点和日期，单击 搜索 按钮，进入航班页面。

2 选择航班

在航班列表中选择需要的航班，单击 订票 按钮。

3 进入预订页面

在打开的预订页面中显示了各航空公司的机票信息，单击 预订 按钮。

4 显示航班信息

选择好航空公司之后会显示航班信息，选好后可以直接单击 购买 按钮。

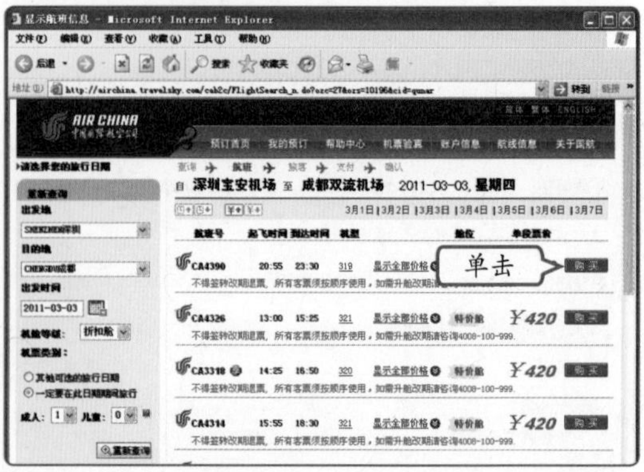

高手指点 用户在选择航空公司时尽量选择航空公司官方网站，以确保可信度和准确度。

5 进入购买页面

选好要乘坐的航班之后会进入如下图所示的购买页面，用户需要填写自己的简单信息注册后购买，或者不注册采用快速购买的方式。

6 输入用户信息

确认购买后进入“旅客信息输入”页面，输入购票人的身份信息。

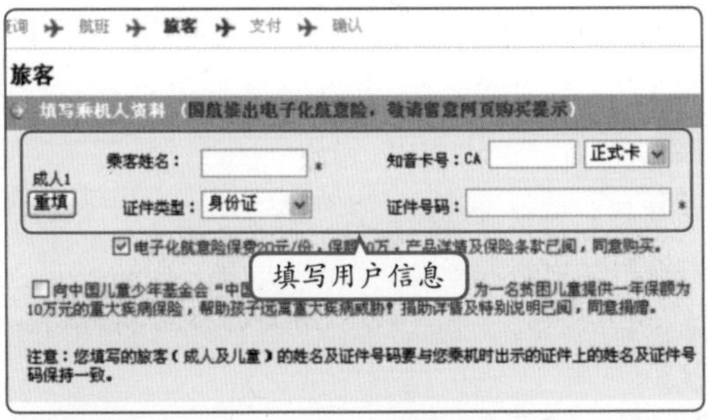

7 输入联系方式

在“填写您的联系方式”栏中输入自己的各种联系方式。

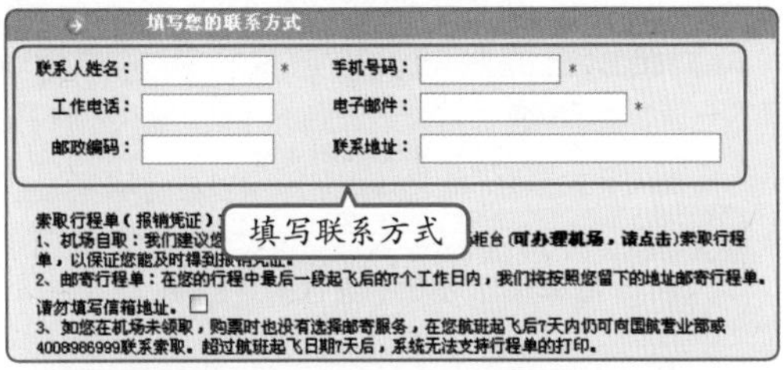

操作提示：填写信息

有红色星号标记的内容为必须填写的内容，用户需要准确填写。

8 确认信息

阅读附加条款，在接受后选择支付方式，最后单击 请您确认订单 按钮对订单进行确认。页面会跳转到支付页面，输入支付账户信息后即可完成支付。

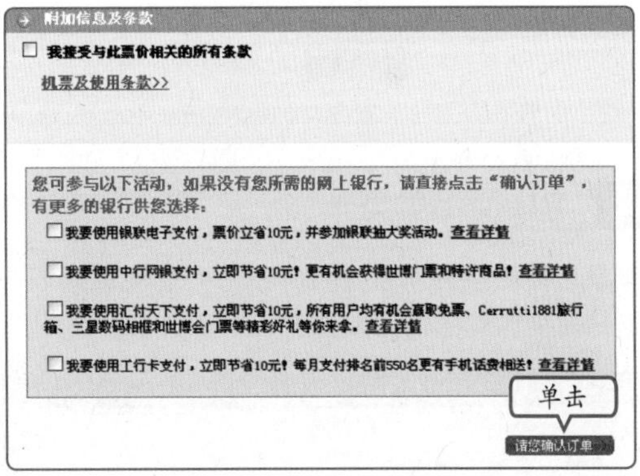

操作提示：会员登录

如果读者已经是国航会员，可在右边登录框内输入相应的会员信息登录。

操作提示：选择付款方式

网站提供了多种付款方式供用户选择，在选择银行卡支付之前需要确认自己的银行卡已经开通了网上支付业务。

补充两句

订票成功后，订票的网站会以电话或短信的方式告知订票者的票号，可以根据票号验证机票的真伪，如果需要报销的话，代理商可以提供电子客票行程单作为报销凭证。定票结束后，在机场只需使用订票时的有效证件，即可换取登机牌登机。

5 通过网络购物

现在很多上班族没有时间逛街，想要购物更是觉得麻烦，现在兴起一股网购潮，在家坐着就可以轻松享受购物的乐趣。

网络购物的网站琳琅满目，用户需要谨慎选择，目前国内最大的购物网站当属“淘宝网”。下面详细介绍在“淘宝网”购物的具体方法。

教学演示\第8章\通过网络购物

1 登录淘宝

1. 在打开的IE浏览器窗口中输入网址“www.taobao.com”，打开淘宝主页，单击 登录 按钮，在新窗口中打开登录页面，在登录框中输入账户名和密码。
2. 单击 登录 按钮。

2 选择商品类型

登录后再切换到淘宝主页，在下方的商品列表中选择需要购买的商品大类。

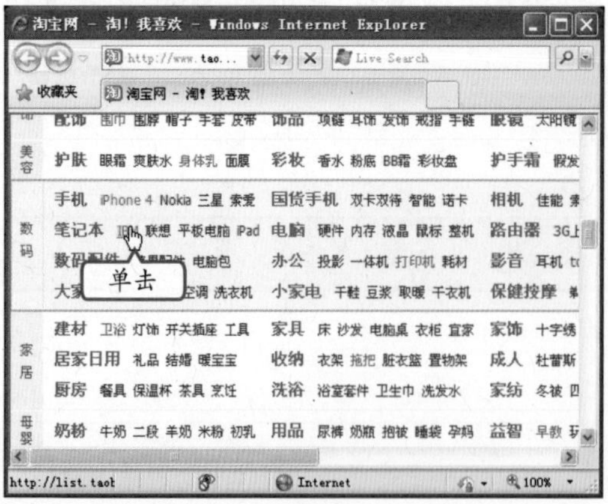

3 选择商品型号

在弹出的商品页面选择具体商品型号，也可以通过设置价位区间来筛选商品。

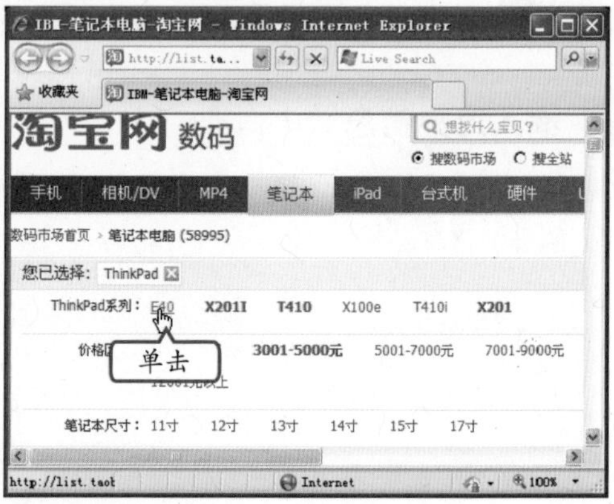

4 选择宝贝

在商品列表中单击感兴趣的商品链接，选择商品时注意比较商家信用以及货品质量。

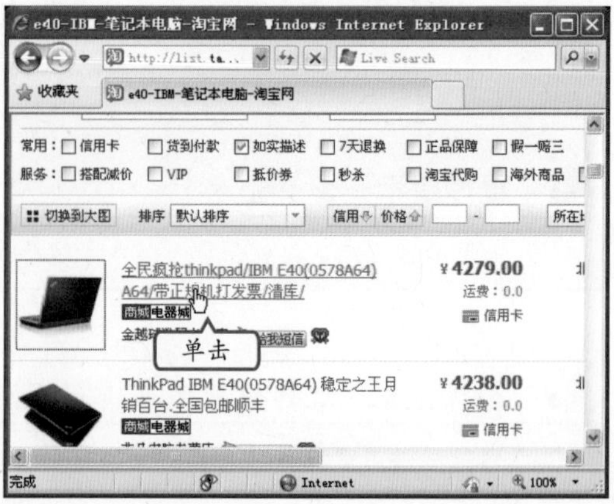

高手指点 要进行网上购物，用户需要拥有一张开通网上支付功能的银行卡，可以是借记卡或者信用卡，并且在电脑中安装杀毒软件和防火墙，做好安全措施。

5 选择购买

进入商品所在页面后查看商品信息，如果决定购买，可以单击立刻购买按钮，如果用户还想看看，可以单击加入购物车按钮，暂时保存信息。

6 确认订单信息

确认购买后打开订单页面，用户需要填写订单信息，包括联系方式、地址等重要信息，填写完成确认无误之后单击确认无误，购买按钮，进入付款页面。

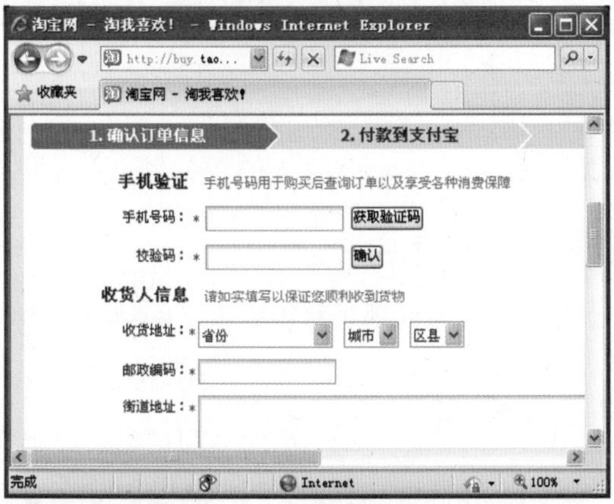

7 确认付款

在打开的付款页面中，用户可以根据自己的情况选择付款方式，这里选择工商银行网上银行支付，选择后单击确认无误，付款按钮。

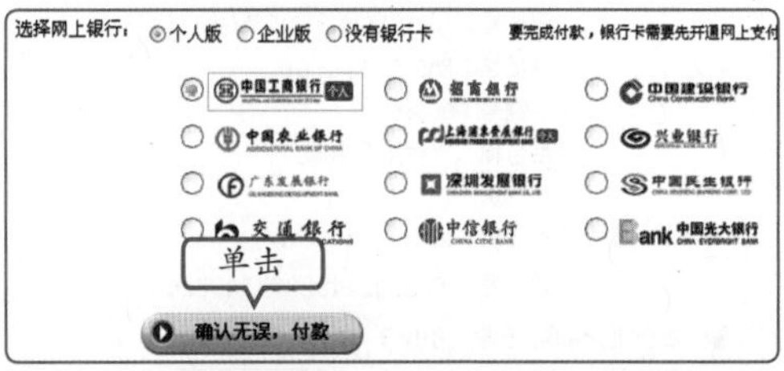

操作提示：选择付款方式

付款时可以选择支付宝、网上银行、网点等支付方式。

8 网银支付

选择支付银行之后将进入银行支付页面，单击去网上银行付款按钮，进入银行的网上支付页面。

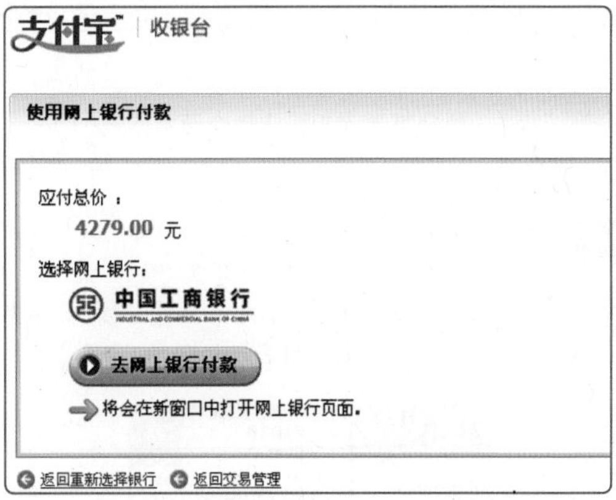

教你一招：安装控件

如果用户第一次使用网上银行，需要安装一个网银控件，此时浏览器中会显示浮动框提示用户安装该控件。

在进行网络购物时，一定要注意购物安全，切勿在电话中说出密码，要在电脑中安装一些安全软件，保障购物安全。

补充两句

9 输入账号信息

在打开的页面中输入网上银行账号信息，确认信息后单击 提 交 按钮，即可完成购买。

商城名称：支付宝（中国）网络技术有限公司
定单号：108121720081217356600804460219
定单金额：RMB 4,279.00
商品编号：88888888
商品名称：支付宝交易款
商品数量：1
已含运费金额：RMB 4,279.00
支付卡(账)号：6222024402004549824
请输入右侧显示的验证码：8989 8989
提 交
重 填

操作提示：服务评价

收到货物并检验无误之后可以确认收货，以支付商家货款，还可以根据商家的服务情况对其进行评价，评价标准有“好、中、差”3种，在选购商品时也需要尽量选购评价好的商家，以保障自己的利益。

8.2.2 上机1小时：搜索资源并下载

本例将使用IE浏览器在网络上搜索下载软件NetAnts的最新版本，并查找可以下载的资源，最后使用迅雷进行下载。通过本例的学习，应该掌握浏览器的使用方法以及网络资源的搜索和下载方法。

上机目标

- **巩固使用浏览器的方法。**
- **进一步掌握网络资源的搜索和下载方法。**

教学演示\第8章\搜索资源并下载

1 打开IE浏览器

单击 开始 按钮，在弹出的“开始”菜单中选择【所有程序】/【Internet Explorer】命令。

2 打开网页

1. 在打开页面的地址栏中输入“www.baidu.com”。
2. 单击→按钮。

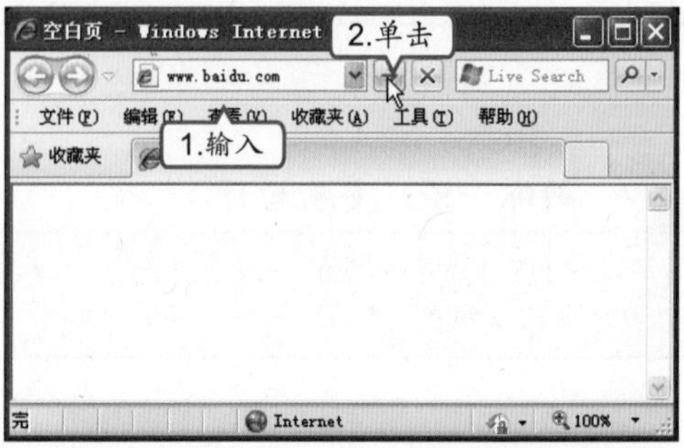

高手指点 如果用户不确定要查找商品的种类，则可以在主页上方的搜索框中输入商品关键字进行搜索。

3 输入搜索内容

1. 在文本框中输入“NetAnts 最新版”。
2. 单击百度一下按钮。

4 查看搜索结果

单击搜索结果列表中的相关超链接打开资源网页。

5 查看下载地址

在打开的页面中单击“下载地址”超链接，打开下载地址页面。

6 选择下载地址

在下载链接上单击鼠标右键，在弹出的快捷菜单中选择“使用迅雷下载”命令。

7 开始下载

1. 在弹出的对话框中选择存储路径为D:\。
2. 单击立即下载按钮。

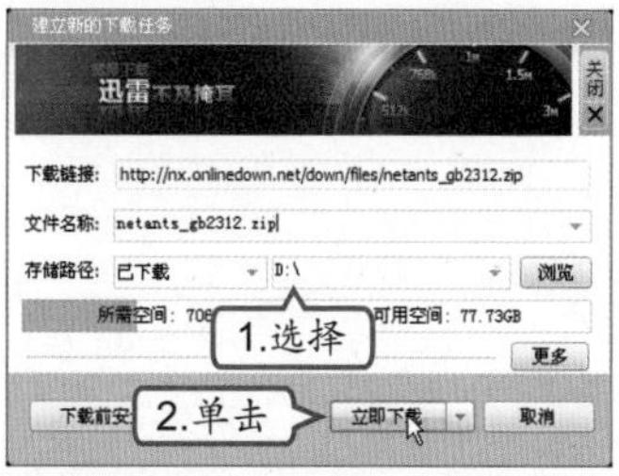

8 正在下载

迅雷开始下载该资源到本地电脑上，并显示下载进度。

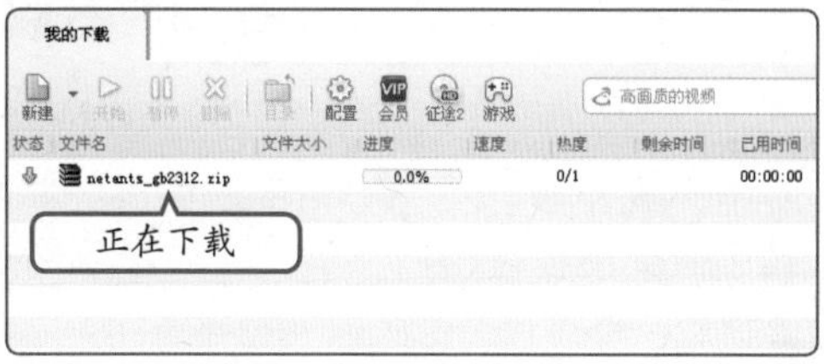

9 下载完成

下载完成后，迅雷会自动弹出一个对话框，单击“打开目录”超链接即可打开文件所在的文件夹。

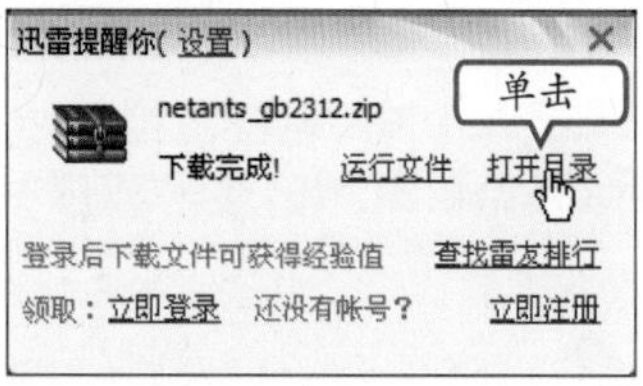

10 查看下载文件

在文件夹窗口中的netants_gb2312.zip即下载的文件，解压后即可使用。

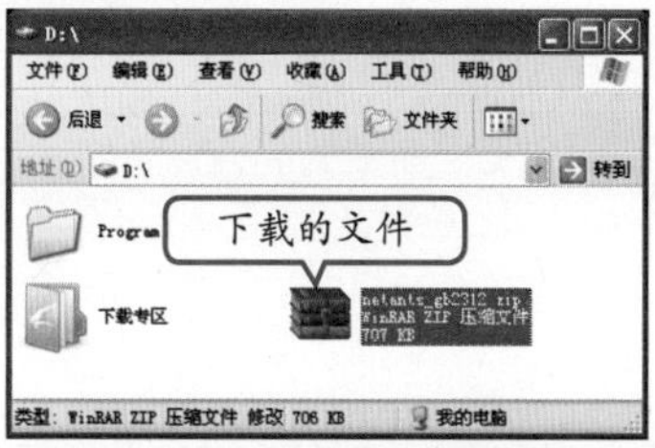

第8章

补充两句

长期使用迅雷软件在网上下载资源，可申请一个账号提升等级，或直接开通会员，都能提高下载的速度。

8.3 跟着视频做练习1小时：网络购物

老马给小李介绍了几个实例的制作方法，接下来又出了一个练习题让小李回去好好地练习。

操作提示：

1. 打开“淘宝网”主页。
2. 在“搜索”栏中输入需要的商品。
3. 在打开的页面中选择商品的主要类型。
4. 选中“正品保障”复选框，单击“确定”按钮。
5. 单击喜欢的商品链接，并查看卖家信用、买家评价等信息。
6. 选中喜欢的商品之后单击“立刻购买”按钮。
7. 进入付款页面，进行付款操作。
8. 再次确认信息，确定支付货款。

视频演示\第8章\网络购物

8.4 秘技偷偷报

老马向小李介绍完常用的网络办公常见情况之后，又想起了些什么。于是，又向小李介绍了两个小技巧。

1 网上购物技巧

在网络购物时，用户最好先注册成网站的会员，这样以后每次购物时可以直接输入用户名和密码登录该网站进行购物，还可以查看自己的历史购物信息。注册的方法非常简单，一般网站首页有用户注册通道，按照提示进行操作即可。

2 无须拨号的ADSL上网

ADSL接入Internet有虚拟拨号和专线接入两种方式。如果采用虚拟拨号方式，需要采用类似Modem和ISDN的拨号程序；采用专线接入的只要开机即可接入Internet。

读书笔记

高手指点　必须先将ISDN改装成普通直线电话再进行ADSL接入。

第9章

电子邮件与实时交流

小李一个人将头埋在办公桌里，只听见一阵阵沙沙的声音。老马走过去一看，小李正在写信件，忙得不可开交，老马好奇地问是怎么回事，小李一脸郁闷，说“好多邮件需要给客户，忙不过来了。”老马笑笑说“干嘛不用电子邮件呢？这样可以一次发给多个用户，还可以使用即时聊天工具第一时间和客户对话，就像说话一样方便。”小李茅塞顿开，立马让老马教教他操作的方法。

2小时学知识

- 电子邮件的申请和使用
- 实时交流

3小时上机练习

- 申请并设置电子邮箱
- QQ2010的使用
- 通过网络发送文件

9.1 电子邮件的申请和使用

小李正在整理着需要发送给客户的文件，老马告诉小李，只要知道对方的电子邮箱地址就可以很快将资料发过去，省去了很多麻烦，小李忙问老马怎么申请自己的邮箱，老马兴致勃勃地开始给小李上课了。

9.1.1 学习1小时

学习目标

- **熟悉电子邮箱的申请。**
- **学会收发邮件。**

1 申请电子邮箱

收发电子邮件之前，首先需要有一个属于自己的电子邮箱。目前很多网站都提供了电子邮箱服务，只要登录到网站后进行申请即可。可申请的邮箱有免费与收费两种，用户可根据自己的使用需求来选择。下面以申请免费的电子邮箱为例介绍申请电子邮箱的具体方法，其具体操作如下。

教学演示\第9章\申请电子邮箱

1 打开注册邮箱的网页

1. 启动浏览器并输入网址“http://www.163.com”，按【Enter】键进入。
2. 单击“注册免费邮箱”超链接。

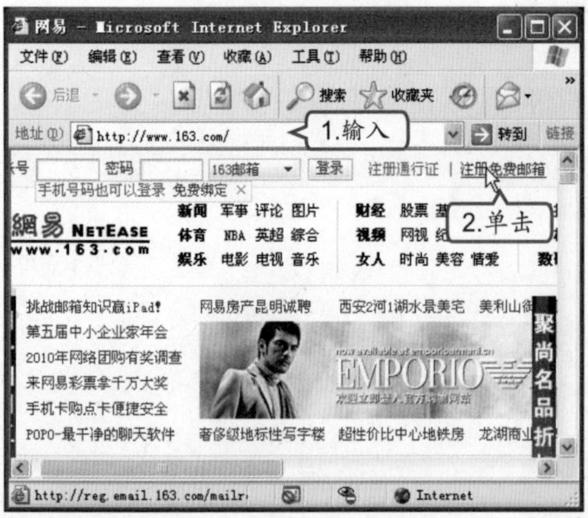

2 设置账户

在打开页面的相应文本框中输入用户名及密码等信息。

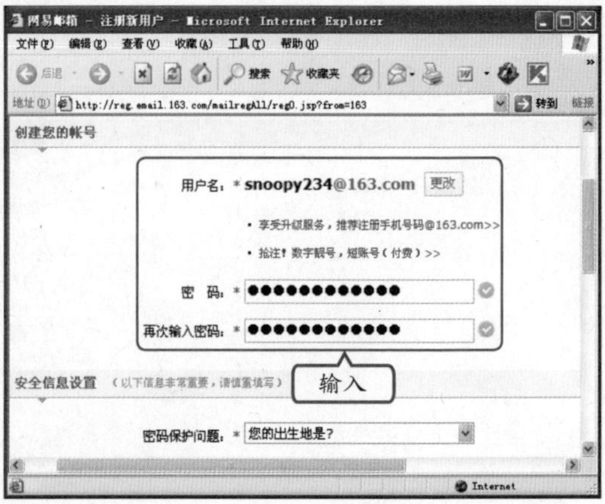

高手指点 用户在设置邮箱密码时尽量采用复杂一点的密码，以保证邮箱的安全。

3 创建账户

1. 在“请输入上边的字符”文本框中输入同上面图片中相同的验证码。
2. 单击创建帐号按钮。

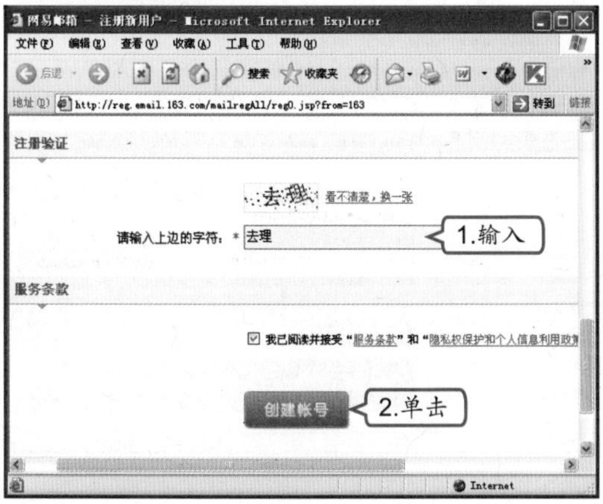

4 完成注册

系统接受注册信息后进入注册成功页面，用户可以直接登录邮箱。

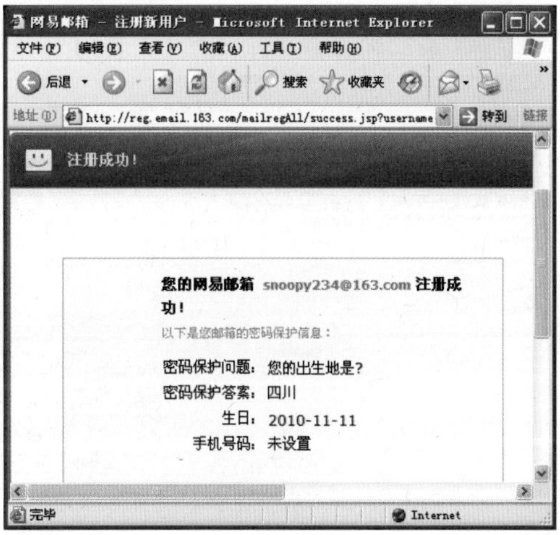

2 收发电子邮件

申请到属于自己的电子邮箱后，用户可以随时登录到自己的邮箱并在线发送电子邮件、阅读或回复电子邮件，并对自己的邮箱进行管理。下面介绍收发电子邮件的方法，其具体操作如下。

教学演示\第9章\收发电子邮件

1 进入网站

1. 在IE地址栏中输入网址“www.163.com”并进入其首页。
2. 在“账号”和“密码”文本框中分别输入用户名和密码。
3. 单击登录按钮。

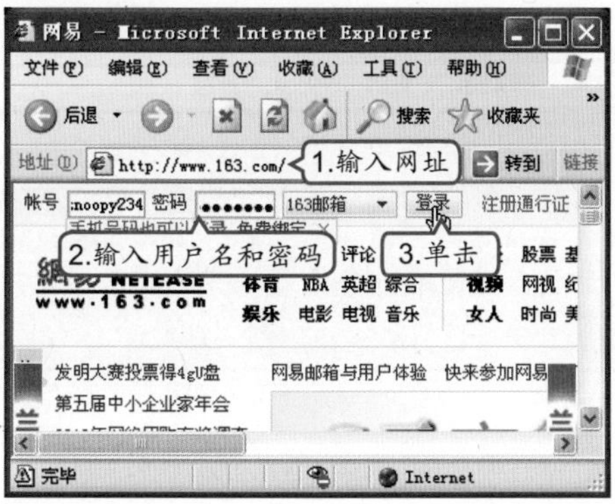

2 安全警报

在打开的“安全警报”对话框中单击确定按钮，确认连接网页。

补充两句

能够申请免费电子邮箱的网站有很多，除了网易网外，还有雅虎网（http://cn.yahoo.com）、新浪网（http://www.sina.com）以及MSN（http://cn.msn.com）等网站。

3 查看接收的邮件

进入邮箱页面，单击“收件箱”超链接，进入收件箱查看收到的邮件。

4 打开邮件

进入邮箱页面，单击邮件主题，可以打开邮件进入邮件正文页面。

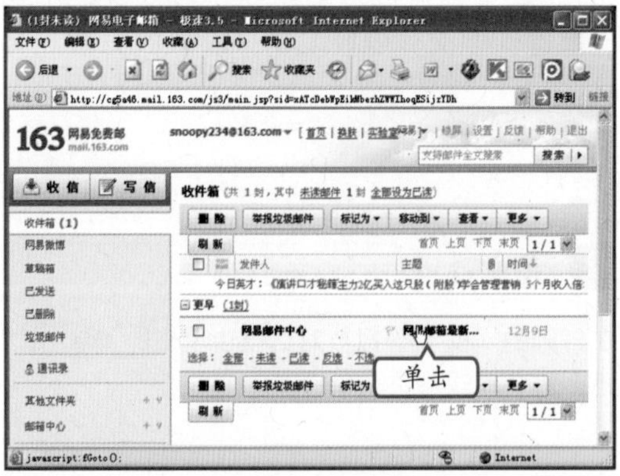

教你一招：在邮件中插入图片

在发送邮件时，除了可以发送文本内容外，还可以在邮件中插入图片，其方法是：单击邮件正文编辑框上方的“图片”按钮，打开“添加图片”对话框，选中“本机图片”单选按钮后，单击浏览电脑中的图片，选择要插入到邮件中的图片，就可以在邮件中插入图片了。

5 查看邮件

进入邮件正文页面，可以拖动滚动条查看邮件正文。

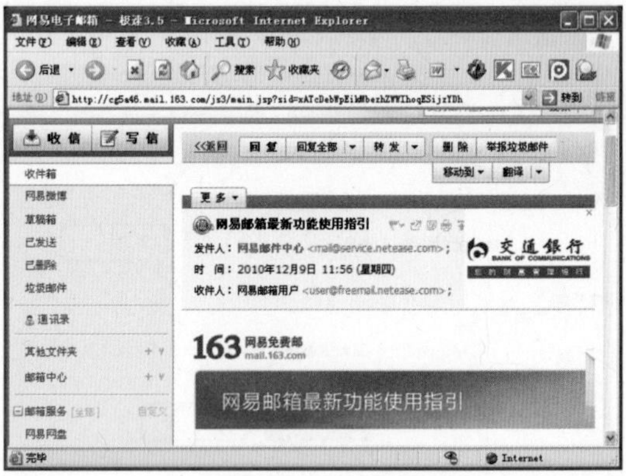

6 写邮件

单击写信按钮，进入写邮件页面。

教你一招：回复邮件

在收件箱中查看并阅读邮件后，如果需要，可以通过“回复”功能给收件人回复一封邮件。回复邮件时，不再需要设定收件人地址和邮件主题，直接输入回复内容后发送即可。

第9章

高手指点 许多网站的邮箱还有自定义信纸的功能，可以根据自己的喜好选择喜欢的信纸作为背景。

7 填写邮件信息

1. 在写邮件页面中输入收件人邮箱地址、邮件主题和内容。
2. 输入完成后单击 发送 按钮。

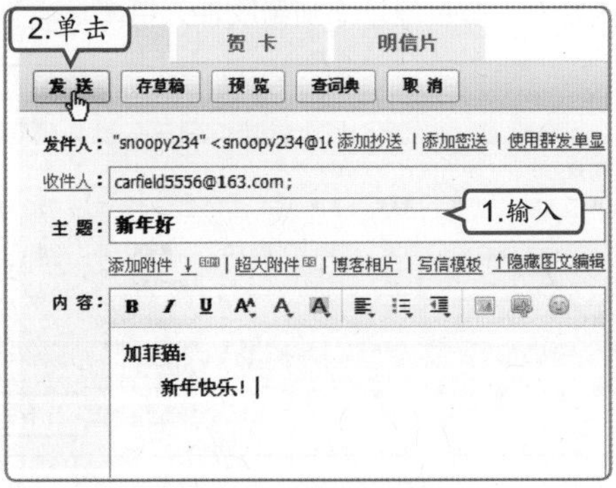

8 发送成功

等待几秒钟后，邮件即可发送到指定的邮箱，并显示邮件发送成功。

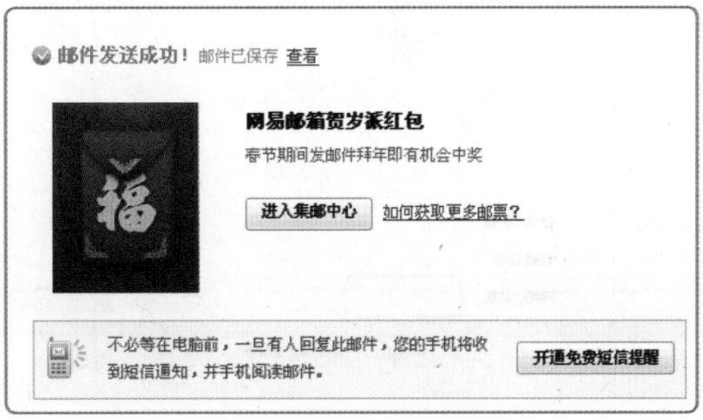

3 通讯录的建立和使用

几乎所有网站提供的邮箱服务中，都会包含“通讯录”服务。在“通讯录”中，可以记录联系人的姓名、电子邮箱地址、手机号码和生日等，这样就可以很方便地管理所有人际关系网。下面以163邮箱的“通讯录”服务为例，介绍怎样建立和使用“通讯录”，其具体操作如下。

教学演示\第9章\通讯录的建立和使用

1 新建联系人

1. 登录邮箱后，在邮箱页面中选择左侧的“通讯录”选项卡。
2. 在“联系人”页面中单击 新建联系人 按钮。

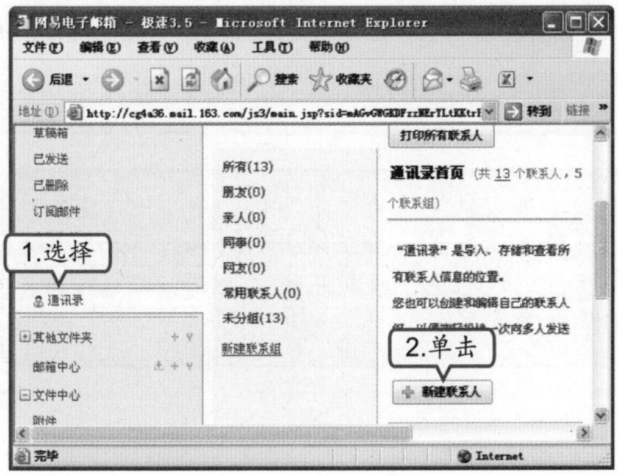

2 输入基本信息

1. 在打开页面的文本框中输入联系人的姓名、电子邮箱、手机号码、生日等基本信息。
2. 在“所属组”栏中选中“网友”复选框。

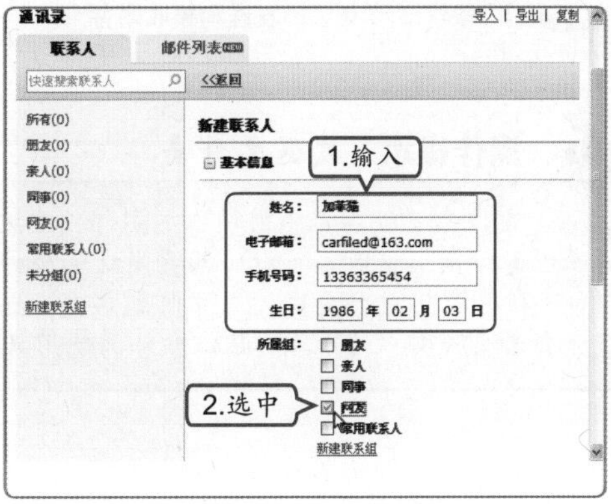

补充两句

目前，许多的电子邮箱都有绑定手机的功能，绑定成功后，当收到邮件时，手机也会接收到短信提示，并可以在手机上阅读收到的邮件。

3 保存联系人

联系人信息输入完成后，单击 保存 按钮即可将联系人的信息保存到通讯录中。

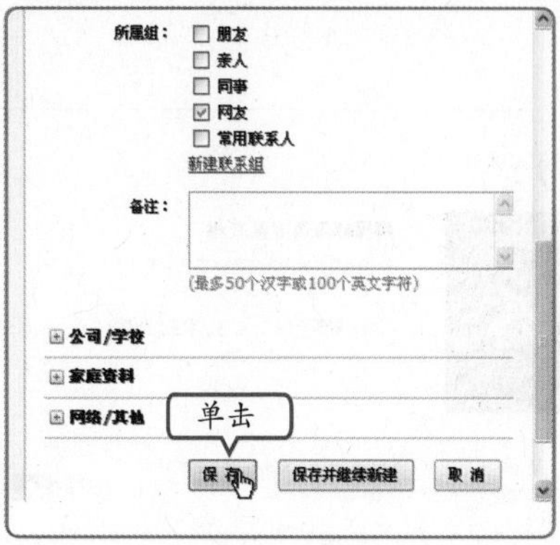

4 将联系人添加为收件人

1. 单击 写信 按钮，打开写信页面，在“收件人”文本框中单击。
2. 单击右侧“通讯录”栏中的“加菲猫”即可将该联系人邮箱地址添加到收件人中。

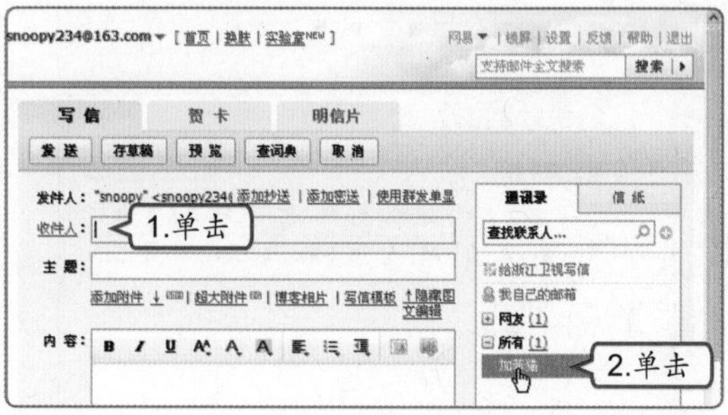

操作提示：新建联系人

在“联系人信息”页面中，除了可以输入基本信息外，还可以输入联系人的公司、学校、家庭资料和网络信息等。

如果需要连续输入多个联系人的信息，可以在输入完前一个联系人信息后单击 保存并继续新建 按钮打开新的联系人信息填写页面。

4 发送和接收附件

使用网页邮箱不但可以发送一般的文字信息，还可以以附件形式发送各种类型的文件和压缩后的文件夹；另外，还可以接收以附件形式发送的文件和压缩文件夹。下面就以163邮箱为例介绍使用网页邮箱发送和接收附件的方法，其具体操作如下。

实例素材\第9章\云海.JPG
教学演示\第9章\发送和接收附件

操作提示：发送文件夹

文件夹不可以作为附件添加到邮件中进行发送。如果文件夹中有多个附件，一个一个添加很浪费时间。这时，可以将想要发送的文件夹用压缩软件压缩成一个压缩文件，然后添加到邮件附件中即可进行发送。对方收到邮件后，将附件下载到电脑中，再对压缩文件进行解压缩即可查看文件夹中的内容。压缩软件的使用将在第10章中进行介绍。

高手指点 对方的邮箱地址不受限制，也就是说任何一个网站的邮箱都可以。

1 添加附件

打开邮箱写信页面，填写好邮件的收件人地址、主题和正文等信息后，单击“添加附件”超链接。

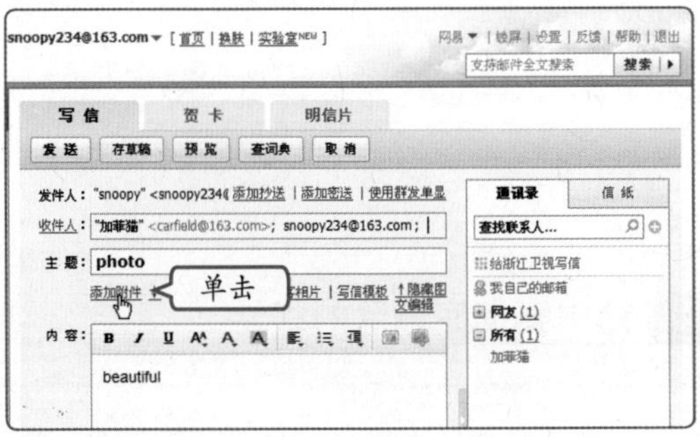

2 选择文件

1. 在打开的“选择要上载的文件”对话框中选择“云海.JPG”文件。
2. 单击 打开(O) 按钮。

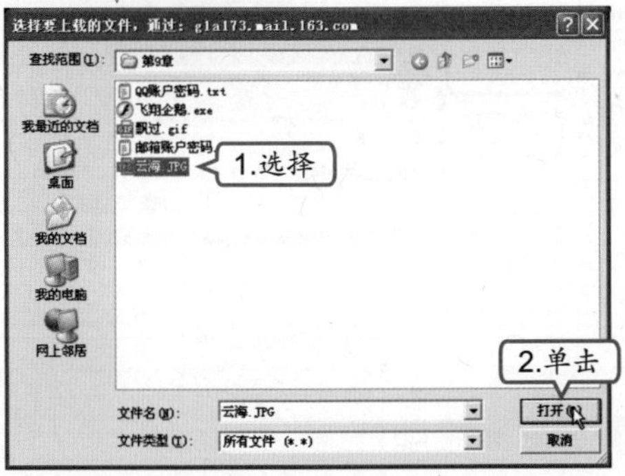

3 上传文件

回到“写邮件”页面，显示上传文件的大小和网络速度，等待一段时间后，完成上传。单击 发 送 按钮即可发送邮件。

4 下载附件

收到邮件后打开邮件正文，在相应的附件下方单击“下载”超链接。

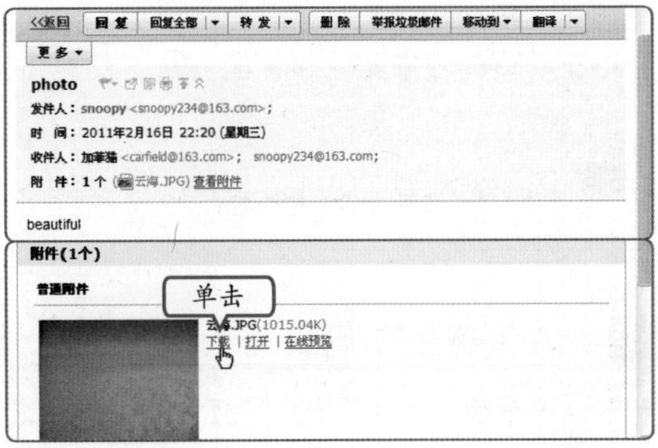

5 文件下载

在打开的“文件下载”对话框中单击 保存(S) 按钮。

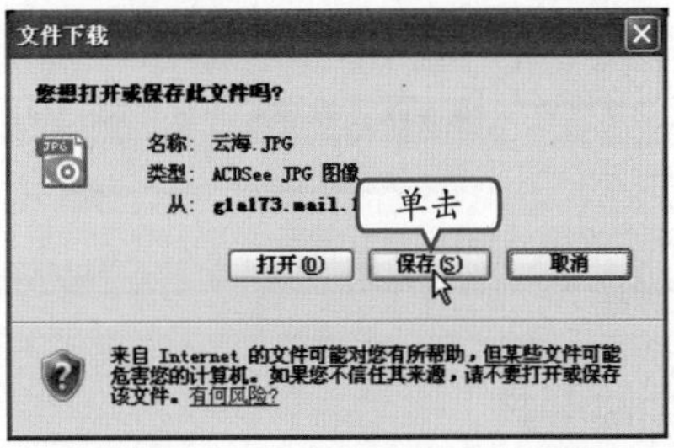

6 保存文件

1. 在打开的“另存为”对话框中选择保存位置。
2. 单击 保存(S) 按钮开始下载，所需的时间会因下载文件大小和网络速度而不同。

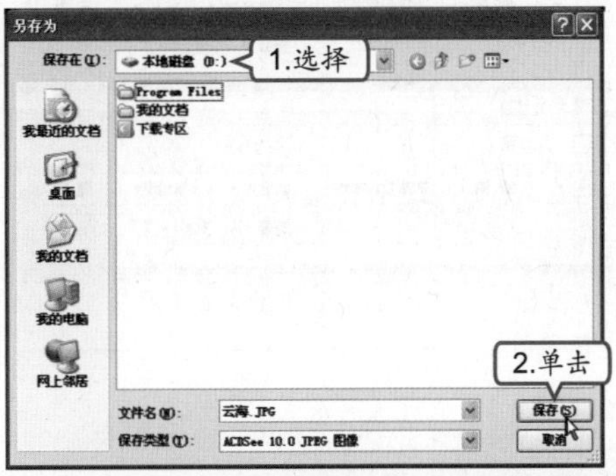

补充两句：在使用免费邮箱发送附件时，不同的邮箱能发送的附件大小也有所不同，当上传的附件超过规定的大小时，不能成功发送。

5 删除邮件

邮箱使用一段时间后，里面的邮件会越来越多，其中还有很多无价值的垃圾邮件，所以需要不定期地删除邮件，以保持邮箱有足够的空间接收新的邮件。下面就以163邮箱为例介绍在网页邮箱中删除邮件的方法，其具体操作如下。

教学演示\第9章\删除邮件

1 选中要删除的邮件

1. 登录邮箱后，在主界面中选择“收件箱”选项卡。
2. 选中要删除邮件前的复选框。

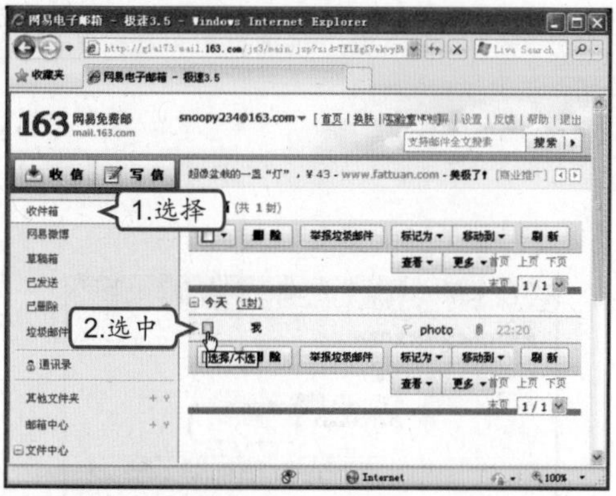

2 删除邮件

单击 删除 按钮删除邮件。

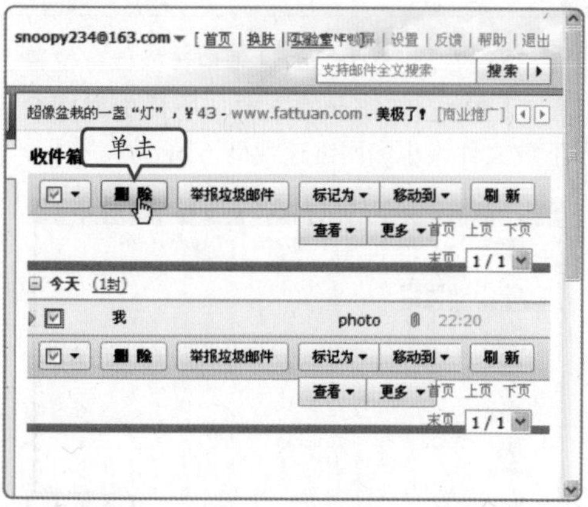

3 选中要彻底删除的邮件

1. 选择“已删除”选项卡。
2. 选中要删除邮件前的复选框。

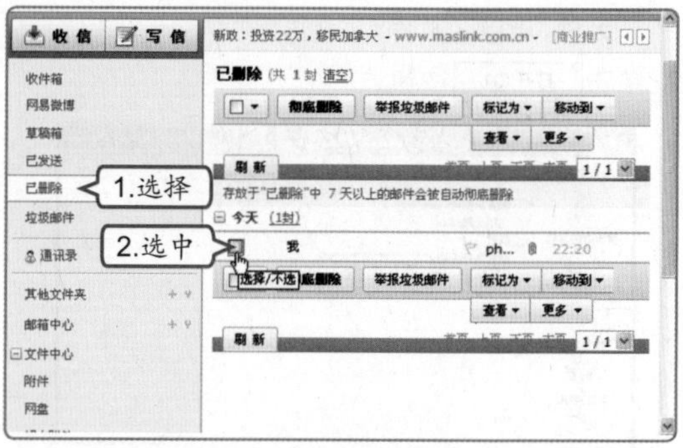

4 彻底删除邮件

单击 彻底删除 按钮彻底删除邮件。

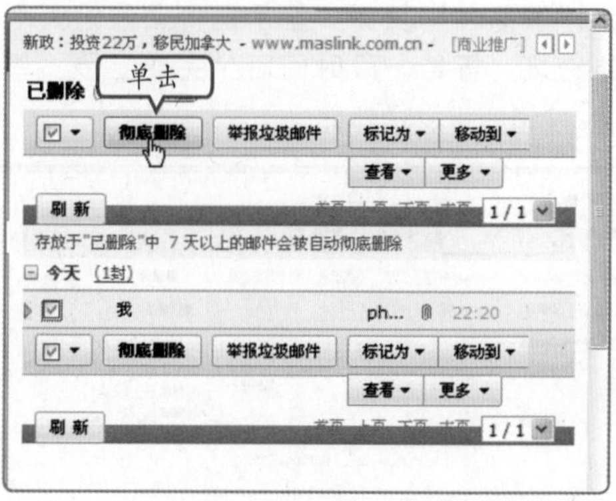

高手指点 也可以关闭窗口将邮件保存到“发件箱”中，继续撰写其他邮件，然后选择“发送全部邮件”命令同时发送所有邮件。

6 配置Foxmail邮箱账户

Foxmail是目前使用非常广泛的邮件客户端程序，具有更加简洁友好的操作界面，并且提供的功能也更加贴切。目前，Foxmail的最新版本为Foxmail 6.5，可以通过网络下载或其他途径获取安装程序后在电脑中安装使用。

使用Foxmail收发与管理邮件之前，同样需要先配置Foxmail邮箱账户。大致的配置方法与Outlook Express基本相同，其具体操作如下。

教学演示\第9章\配置Foxmail邮箱账户

1 启动Foxmail

安装Foxmail后在桌面会出现其快捷方式图标，双击该图标即可启动Foxmail程序。

2 设置邮箱地址和密码

在打开的对话框中输入邮箱地址和密码，然后单击 下一步(N) > 按钮。

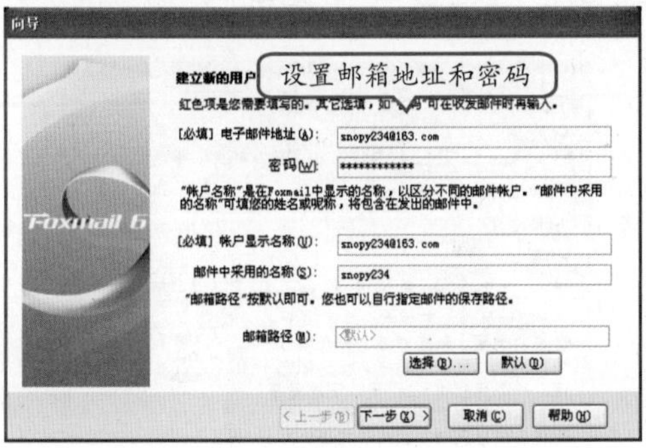

3 指定服务器

在打开的界面中可以设置服务器名称，单击 下一步(N) > 按钮。

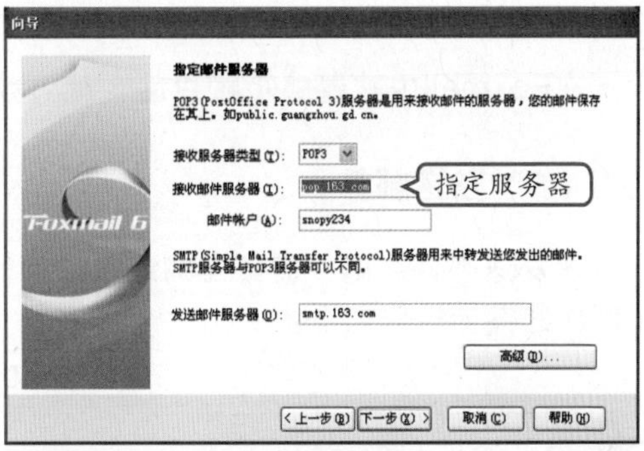

4 账户建立完成

在打开的界面中单击 完成 按钮，完成账户的创建，还可以单击 选择图片(S) 按钮，设置显示图片。

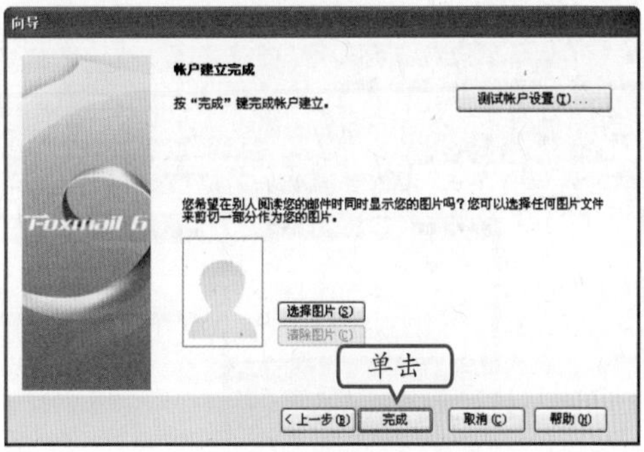

补充两句

Foxmail的使用非常广泛，大多数QQ用户都可以将QQ邮箱绑定成Foxmail邮箱，直接在QQ邮箱中进行设置即可。

5 进入Foxmail界面

完成设置后就可以登录到如下图所示的Foxmail界面进行邮件的收发操作。

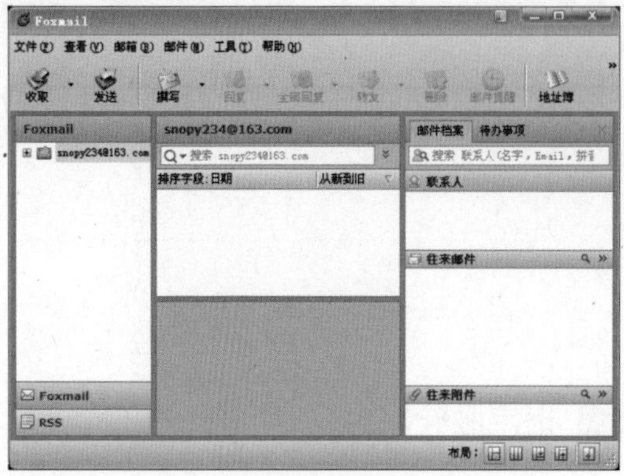

操作提示：设置邮件客户端

启动Foxmail后，程序会自动检查是否为系统默认的邮件客户端。用户可根据需要单击 是 按钮，将Foxmail设置为默认邮件客户端，或单击 否 按钮取消系统默认设置。

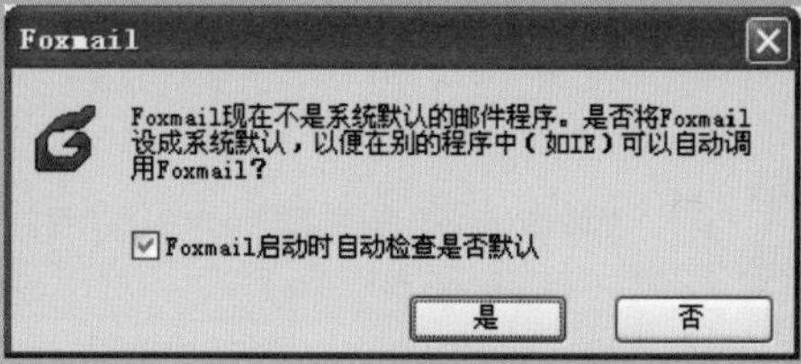
Foxmail
Foxmail现在不是系统默认的邮件程序。是否将Foxmail设成系统默认，以便在别的程序中（如IE）可以自动调用Foxmail？
Foxmail启动时自动检查是否默认
是
否

7 使用Foxmail接收和发送电子邮件

在Foxmail中配置邮箱账户后，就可以使用Foxmail和联系人之间接收和发送电子邮件

（1）发送邮件

在发送邮件之前，需要先知道收件人的邮箱地址，然后进行发送。使用Foxmail发送电子邮件的具体操作如下。

教学演示\第9章\发送邮件

1 创建新邮件

在打开的Foxmail界面中单击“撰写”按钮，打开写邮件窗口。

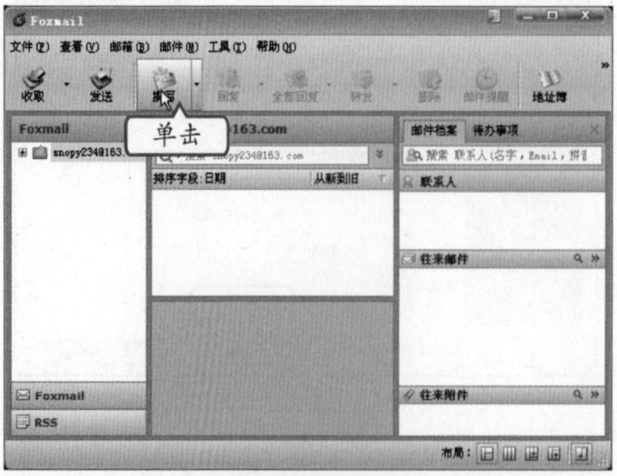
单击

2 写邮件

在邮件页面中填写收件人地址和邮件正文后，单击“发送”按钮即可发送邮件。

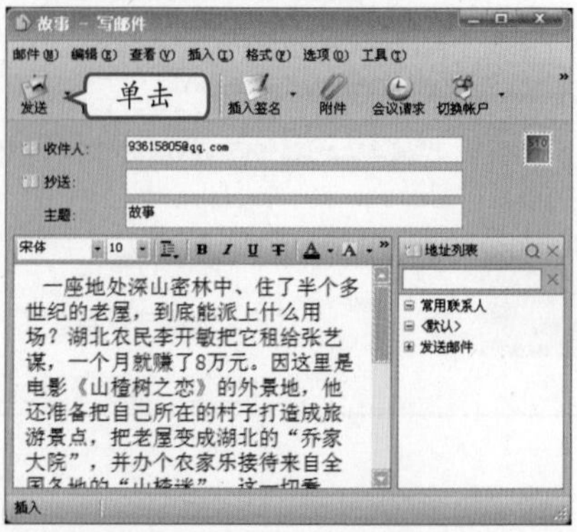
单击

高手指点 Foxmail中提供了一项“特快专递”功能，使用该功能可以更加快速地将邮件信息发送给收件人。

（2）接收与阅读邮件

对于其他联系人发送来的邮件，也可以使用Foxmail进行接收并阅读。与Outlook Express不同，使用Foxmail接收邮件后，仍然会在Web邮箱中保留邮件的副本。在Foxmail中接收与阅读邮件的具体操作如下。

教学演示\第9章\接收与阅读邮件

1 打开“另存为”对话框

登录Foxmail，在其主界面中单击“收取”按钮，开始收取邮件。

2 登录服务器

开始接收邮件之后系统会出现如下图所示的登录界面，显示连接进度。

教你一招：设置信件内容

通过邮件写信时，可以对邮件内容的字体、字体颜色和信纸背景颜色进行设置，使邮件内容充实和具有特色。

3 收取邮件

进入邮箱界面后，单击“收件箱”图标，可以看到收件箱中的邮件主题。

4 读取邮件正文

双击邮件标题，则可在新窗口中打开如下图所示的邮件正文并阅读邮件。

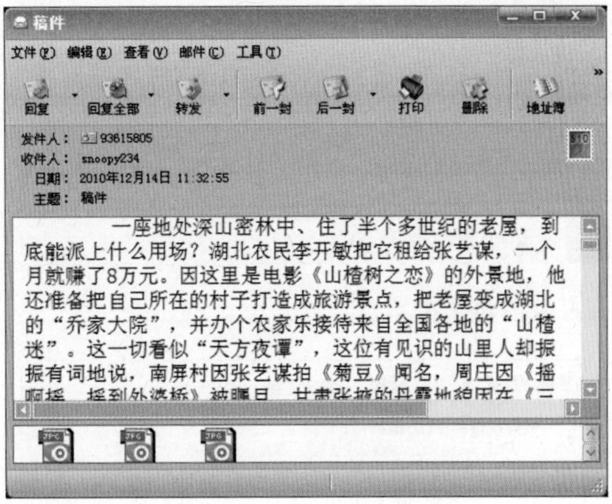

在阅读邮件时，可以直接单击界面中的“打印”按钮，将重要的邮件打印出来。

补充两句

教你一招：回复邮件

阅读邮件后，可以通过Foxmail方便地回复邮件发件人，在Foxmail中回复邮件同样无须设置收件人与主题，而只需要输入回复内容进行发送即可。

9.1.2 上机1小时：申请并设置电子邮箱

本例将申请一个Foxmail邮箱，并在Foxmail中进行电子邮箱设置，最后通过邮箱发送一封邮件。通过本例的学习，熟悉电子邮箱的申请、设置和使用方法。

上机目标

- **掌握申请电子邮箱的方法。**
- **进一步掌握Foxmail的设置和使用方法。**

教学演示\第9章\申请并设置电子邮箱

1 打开邮箱申请页面

1. 打开IE浏览器，在地址栏中输入“mail.qq.com”后按【Enter】键打开网页。
2. 在网页中单击“立即注册”超链接。

2 选择申请方式

在打开的页面中单击“方法二”的超链接。

3 填写个人信息

1. 在打开的页面中填写相关的个人信息。
2. 单击确定 并同意以下条款按钮。

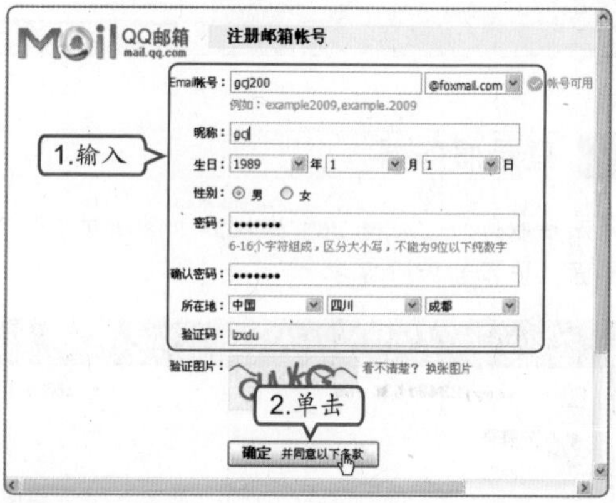

4 进入邮箱

注册成功后，单击打开页面中的进入我的邮箱按钮即可进入邮箱。

高手指点 各大网站均推出了邮箱功能，可根据自身情况选择最方便的邮箱进行使用。

5 安装Foxmail并打开

使用百度搜索下载Foxmail的安装程序并按提示完成安装，然后启动Foxmail程序。在Foxmail窗口中选择【邮箱】/【新建邮箱账户】命令。

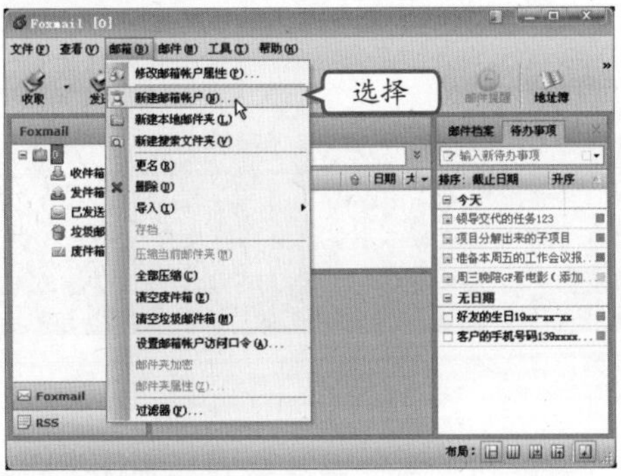

6 填写账户信息

1. 在打开的对话框中填写新申请的Foxmail邮箱账户信息。
2. 单击下一步(N)按钮。

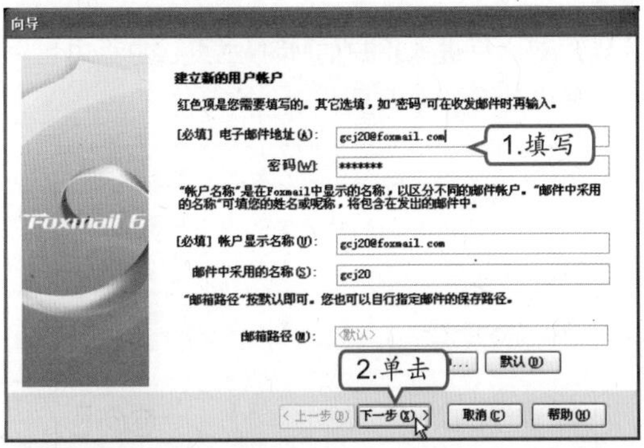

7 指定邮件服务器

在打开的界面中选择设置邮件接收和发送服务器后，单击下一步(N)按钮。

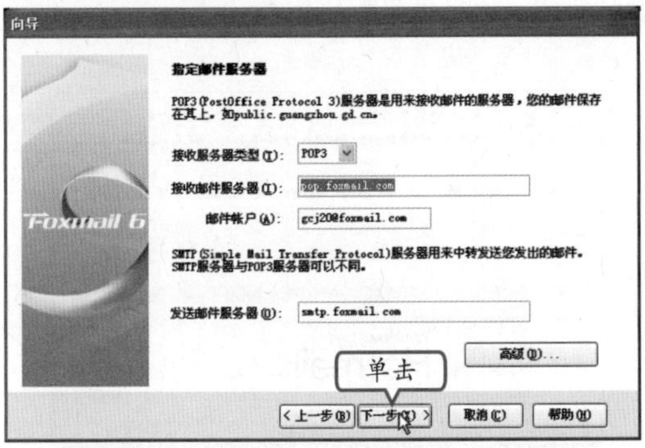

8 完成设置

账户建立完成后，单击完成按钮退出向导。

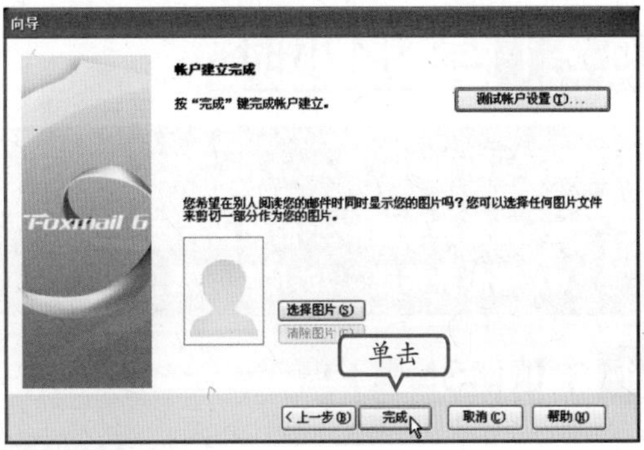

9 发送邮件

1. 登录到Foxmail主界面，单击“撰写”按钮。
2. 在邮箱中撰写一封测试邮件。
3. 单击“发送”按钮。

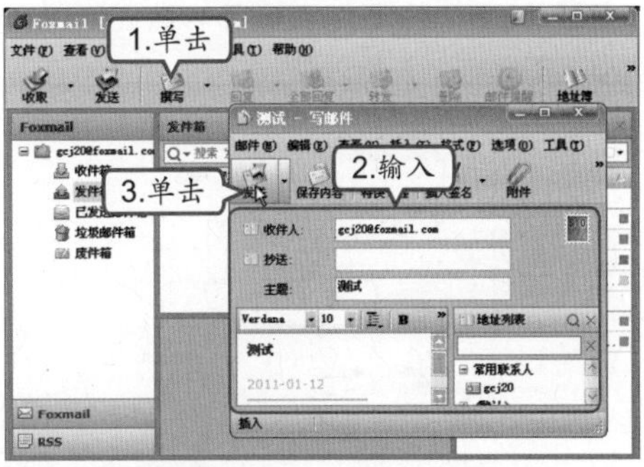

10 查看邮件

1. 单击“收件箱”文件夹图标。
2. 在收件箱中单击邮件标题即可查看邮件。

POP3英文全称为Post Office Protocol 3，即邮局协议的第3个版本，是规定个人电脑如何连接到互联网上的邮件服务器进行收发邮件的协议。

补充两句

9.2 实时交流

老马告诉小李，有一种方法可以及时收到对方的信息，就像相互在聊天一样方便，小李高兴极了，急忙让老马传授其使用方法。

9.2.1 学习1小时

学习目标

- **熟悉并掌握MSN的使用方法。**
- **熟悉并掌握QQ的使用方法。**

1 申请MSN账户

在电脑中安装Windows Live Messenger后，需要通过电子邮箱账号注册Windows Live ID，并使用注册的ID登录到Windows Live Messenger，其具体操作如下。

教学演示\第9章\申请MSN账户

1 开始注册

启动MSN程序，打开如下图所示的界面，单击“注册”超链接，开始注册。

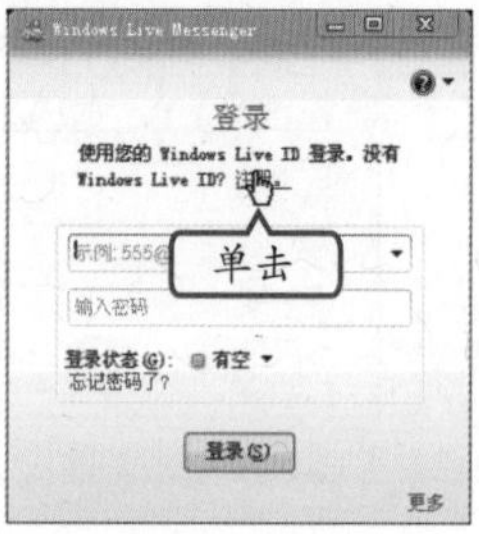

2 填写注册信息

在打开的注册页面中填写注册信息，填写完成后单击页面下方的 我接受 按钮。

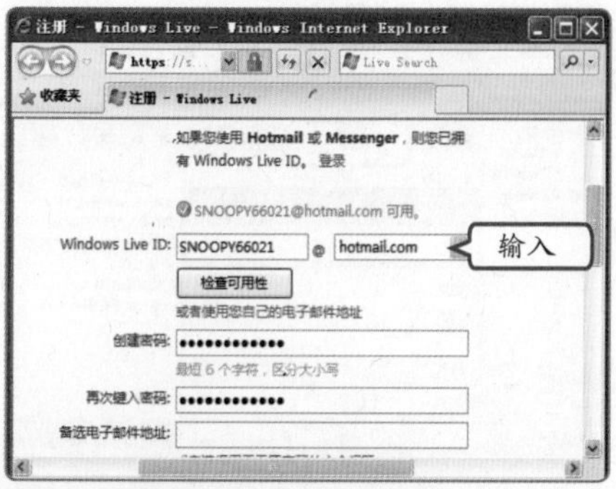

3 注册完成

等候片刻之后进入用户的MSN主页，主页中包括用户接收的邮件等信息。

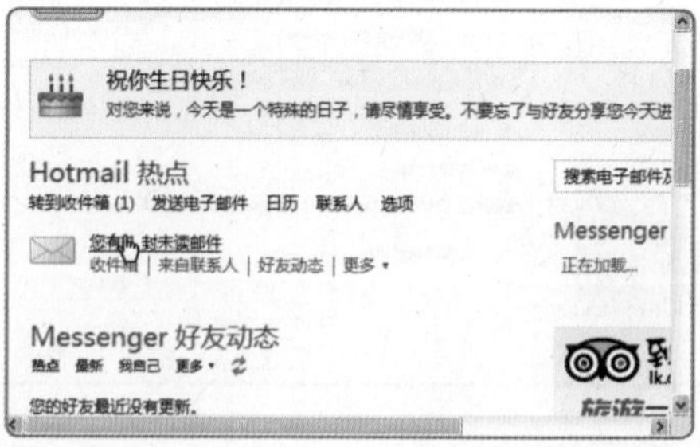

4 查看邮件

第一次注册的用户会收到系统的一封邮件，单击邮件主题，即可查看邮件正文。

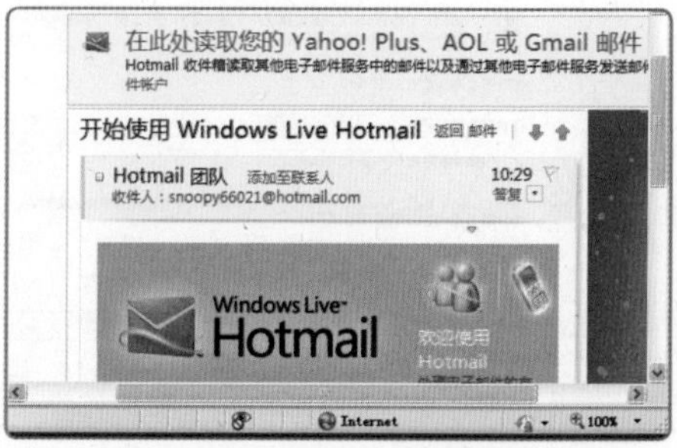

高手指点 Windows Live Messenger联系人是通过电子邮箱地址添加的，因此在添加时必须先知道对方的邮箱地址。

2 使用MSN收发信息

注册完Windows Live ID后，启动MSN，打开如第2小节中第1步中的界面，分别在“账号”和“密码”文本框中输入账号和密码即可登录到Windows Live Messenger，然后可以将其他使用Windows Live Messenger的朋友或同事添加为联系人，并与对方进行交流。添加联系人和使用MSN收发信息的具体操作如下。

教学演示\第9章\使用MSN收发信息

1 添加MSN联系人

启动MSN，使用在9.2.1小节中注册的账号和密码登录。在打开的界面中单击“添加联系人”超链接，开始添加其他用户。

2 输入联系人ID

1. 在打开的页面中输入联系人即时消息地址。
2. 在底部下拉列表框中选择分组选项。
3. 单击下一步(N)按钮。

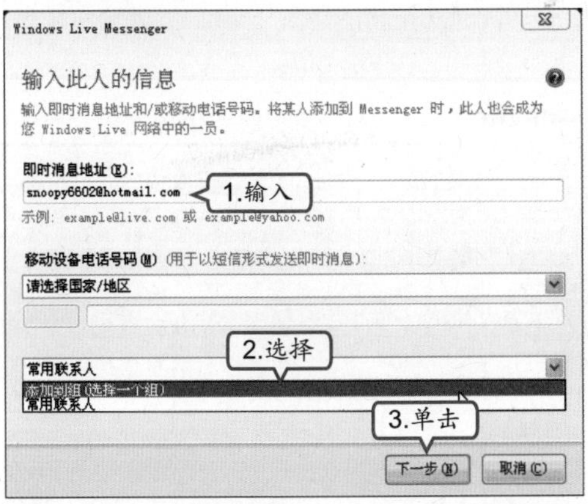

3 发送邀请信息

1. 打开如下图所示的邀请页面，输入邀请信息。
2. 单击发送邀请(S)按钮。

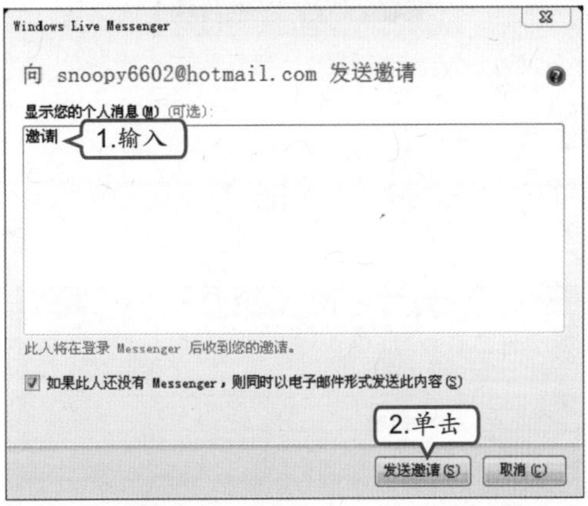

4 完成联系人添加

完成一系列信息的填写之后需要单击关闭按钮，等待对方验证信息。

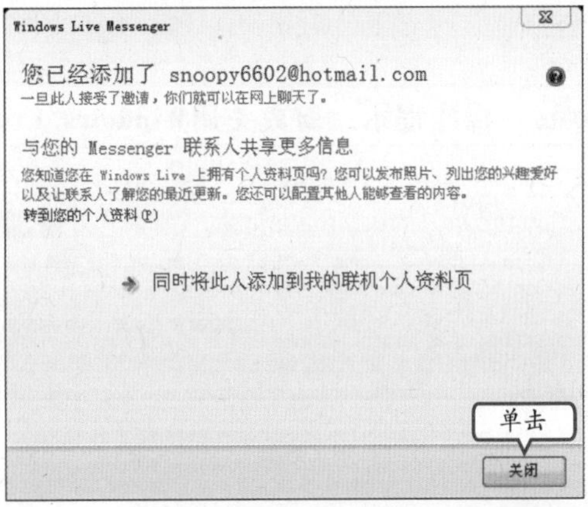

补充两句

MSN与QQ软件在很多功能上都非常相似，不同之处就在于MSN使用邮箱登录，而QQ是靠账号登录。

5 选择联系人

等待对方接受邀请后，MSN联系人中会出现对方的地址信息，可以选中并双击该用户，打开聊天对话框。

6 写信息

在打开对话框的文本框中输入要发送的信息。

7 发送信息

信息输入完成后按【Enter】键发送信息，对话框上方将显示发送的信息内容。

8 接收信息

待对方发送信息后，发送的信息内容会出现在聊天对话框中，信息前会显示对方名称。

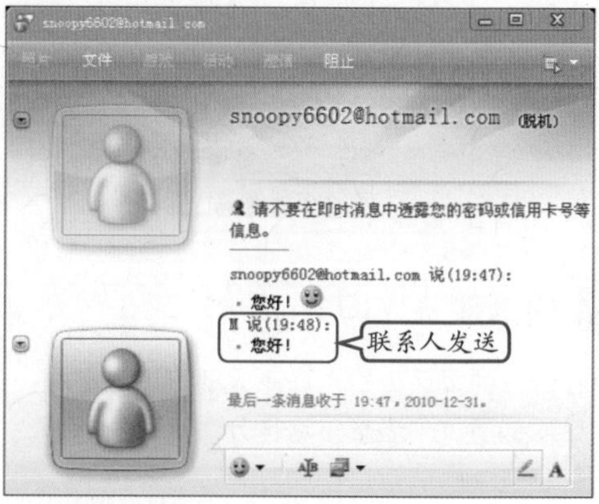

操作提示：彻底关闭Windows Live Messenger

当使用完Windows Live Messenger后，通常可单击窗口右上角的 X 按钮，退出Windows Live Messenger。其实单击 X 按钮后，并没有彻底关闭程序，而是隐藏到任务栏通知区域中。此时单击通知区域中的图标，即可恢复使用。

如果要彻底关闭Windows Live Messenger，可右击Windows Live Messenger图标，在弹出的快捷菜单中选择“退出”命令即可。

高手指点 MSN用户也可以通过修改个人资料来设置个性化头像等信息。

3 申请账号

腾讯QQ是目前使用人数最多的在线通信工具，也是目前人们网上交流的主流方式。作为一款免费通信工具，QQ除了提供文本、语音以及视频聊天外，还提供了更多实用功能，让用户在聊天的同时感受到更多乐趣。

在使用QQ之前，首先需要获取QQ安装文件并在电脑中安装。可登录到腾讯QQ官方网站进行下载，网址为“http://im.qq.com”。QQ的安装方法与MSN相似，这里不再赘述。下面详细介绍申请账号的方法，其具体操作如下。

教学演示\第9章\申请账号

1 启动QQ

可以通过“开始”菜单启动QQ程序。如果在安装时选择了在桌面上建立快捷图标，也可以通过双击QQ图标启动该程序。

2 申请账号

打开QQ程序之后，在登录界面单击“注册新账号”超链接，打开账号申请页面。

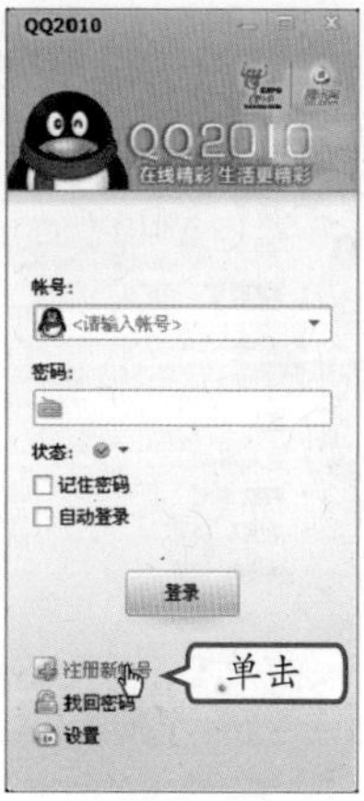

3 开始申请

在打开的申请账号页面单击 立即申请 按钮，开始申请新账号。

4 选择账号类型

在打开的页面中选择账号类型，这里选择“QQ号码”选项。

补充两句

申请 QQ号的方法有很多种，但是最常用的方法还是通过在网上免费进行申请。

5 填写QQ资料

在打开的页面中填写个人资料、密码等信息，填写完成后单击 **确定 并同意以下条款** 按钮。

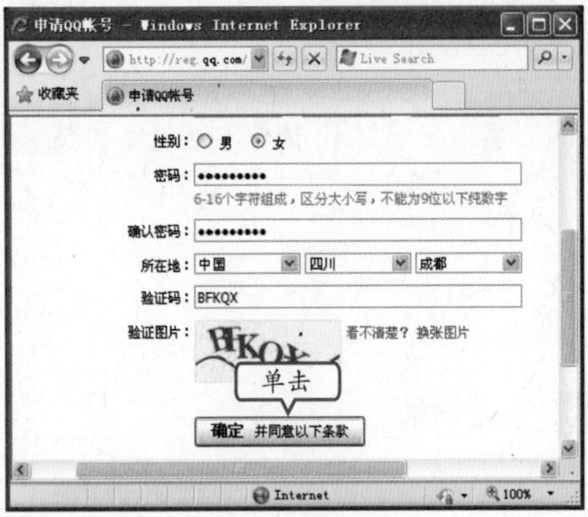

6 申请成功

稍后页面将显示新申请成功的账号，要注意保存。

4 登录QQ并添加好友

申请到新的账号之后就可以登录QQ，登录到QQ之后，QQ好友列表中仅显示用户自己的头像。这时如果要与正在使用QQ的朋友聊天，或在网络中认识新朋友，就需要先将对方添加到自己的好友列表中。QQ提供了多种好友查找与添加方式，用户可以根据不同的情况查找与添加好友。下面介绍登录QQ并添加好友的方法，其具体操作如下。

教学演示\第9章\登录QQ并添加好友

第9章

1 登录QQ

双击QQ图标，在打开的界面中输入QQ号码和密码，然后单击 登录 按钮。

2 开始查找好友

在QQ界面的下方单击 查找 按钮。

高手指点 还可以通过修改个人资料来设置自己的头像等信息。

3 输入对方账号

在打开的“查找联系人/群/企业”对话框中输入对方QQ账号，然后单击 查找 按钮。

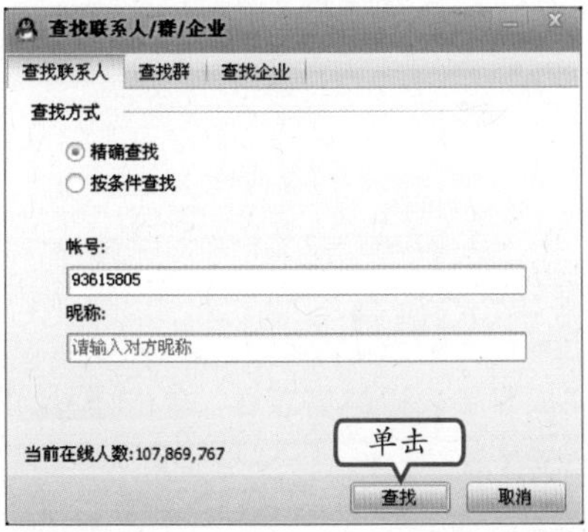

4 添加好友

在对话框中显示查找到的用户信息，选中该用户，单击 添加好友 按钮。

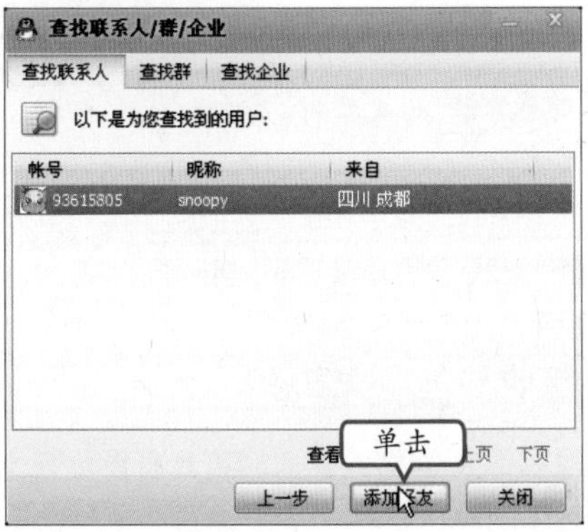

5 发送验证信息

如对方要求验证，将出现如下图所示的对话框。用户需要输入验证信息，然后单击 确定 按钮。

6 等待验证

好友已添加完毕，此时需要等待对方验证，并确认信息，单击 关闭 按钮即可。

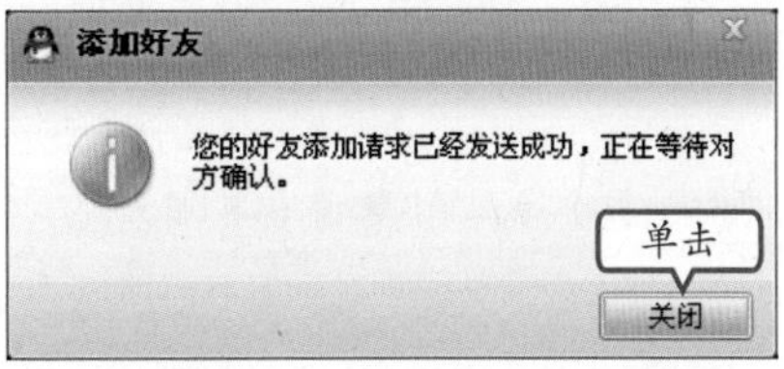

操作提示：输入昵称查找

可在打开对话框的“昵称”文本框中输入对方的QQ昵称进行搜索查找。

7 添加成功

等待对方通过验证后，将会收到系统消息，此时可以单击 完成 按钮关闭该提示对话框，或者单击 发起会话 按钮与对方对话。

操作提示：按条件查找好友

如果用户要添加一定地域范围或年龄范围内的好友，可以在查找联系人对话框中选中“按条件查找”单选按钮，在其中设置查找条件。

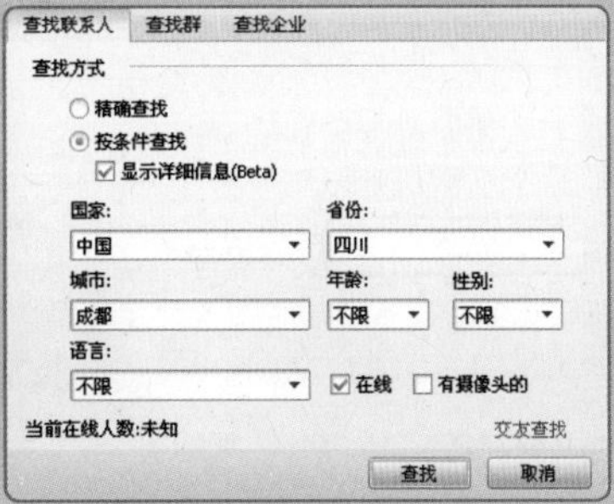

补充两句

在添加QQ好友时，如果添加知道QQ号码的用户，可使用精确查找；如果仅仅想在QQ上找一个聊天的网友，可使用按条件查找。

5 使用QQ聊天

添加QQ好友后，就可以与好友在线聊天了。聊天的方式很简单，就是将自己要说的话以文字输入并发送给对方，对方看到后回复文字内容即可，其具体操作如下。

教学演示\第9章\使用QQ聊天

1 打开聊天窗口

双击需要对话的好友图标，打开聊天窗口。

2 输入对话信息

在打开的QQ对话框中输入对话信息。

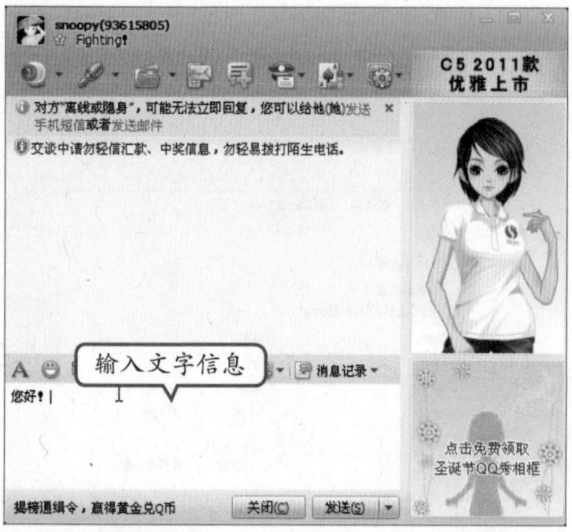

3 发送QQ信息

输入完成需要发送的信息后，单击发送(S)按钮即可发送信息。

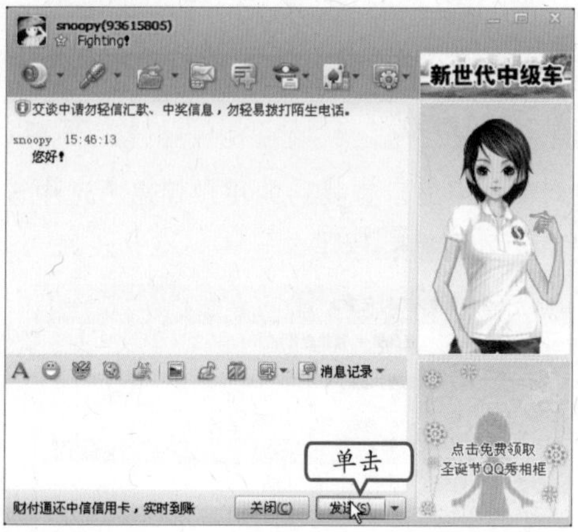

4 接收对方QQ信息

如果对方回复信息，发来的信息将显示在上方窗格中，如下图所示。

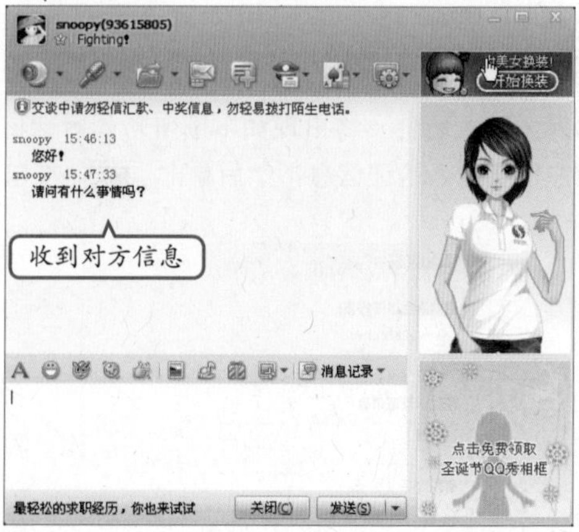

第9章

高手指点 如果第一次进行视频聊天，那么可以对视频进行相应的设置，从而获取最佳的视频效果。

5 相互发送信息

用户在收到对方回复信息后，可以按照同样的方法继续发送信息，如下图所示。

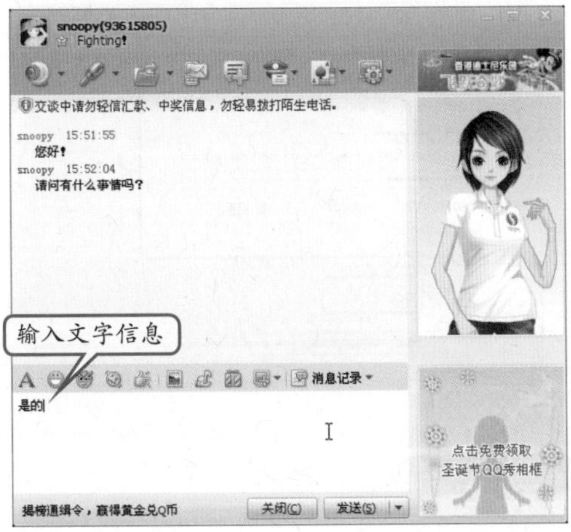

教你一招：语音和视频聊天

在QQ中除了可以进行基本的文字聊天外，如果用户与好友的电脑都配备了相关设备，那么还可以进行语音聊天与视频聊天，从而让网络聊天更加多样化。其中语音聊天需要配备麦克风与耳机，要进行视频聊天则需要在此基础上配备摄像头。

单击QQ对话框中的按钮，可以发起视频邀请；单击按钮，可以发起语音对话邀请。

教你一招：用QQ传送文件

使用QQ除了可以相互进行多种方式的聊天外，还能够在好友之间传送各种文件，如将自己的照片传送给朋友分享，或将公司文档传送给客户等，方法为：在QQ对话框中单击按钮，选择需要传送的文件即可。

9.2.2 上机1小时：QQ2010的使用

本例将申请一个QQ账户并添加好友进行实时交流和文件传送，通过本例的学习，熟悉QQ2010的使用方法。

上机目标

- 掌握QQ2010的账户申请方法。
- 进一步掌握在QQ2010中添加好友的方法。
- 巩固与好友进行多种交流的方法。

教学演示\第9章\QQ2010的使用

补充两句

你是你自己事业的中心，你的同事是他自己王国的国王，他可能会对你感兴趣，但这种兴趣很难与他寻求自我保护和对自己个人前途的关心相比。

1 注册新账号

启动QQ2010，在弹出的程序窗口中单击“注册新账号”超链接。

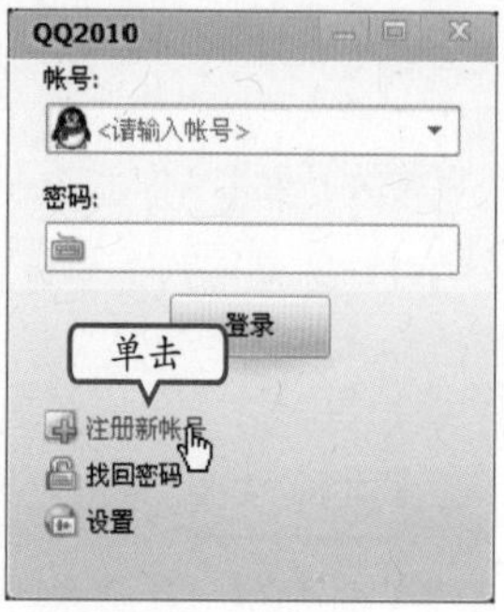

2 申请新账号

在打开的网页中单击“网页免费申请”选项下的 立即申请 按钮。

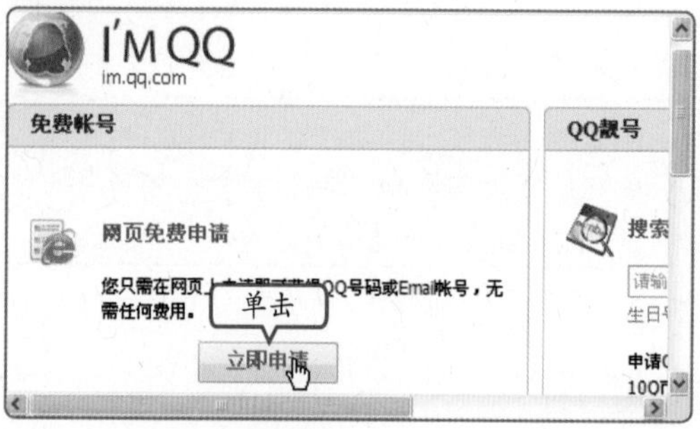

3 选择账号类型

在打开的网页中选择“QQ号码”选项。

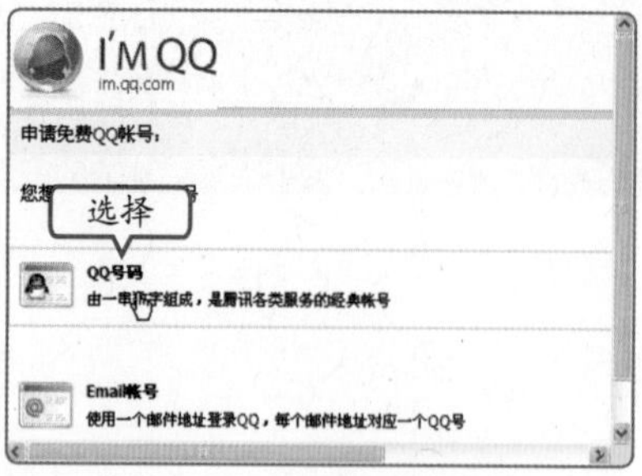

4 填写用户信息

1. 在注册页面填写详细的账户信息。
2. 单击 **确定** 并同意以下条款 按钮。

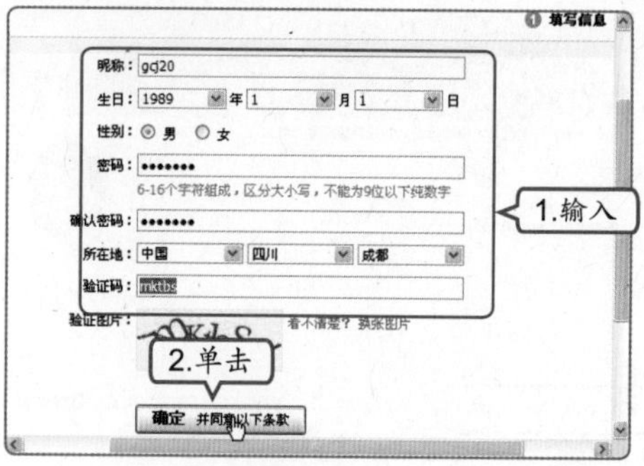

5 申请成功

记录申请到的QQ号码，然后单击“立即登录QQ”超链接。

6 登录QQ2010

1. 启动QQ2010，在登录界面中输入正确的QQ号和密码。
2. 单击 登录 按钮。

第9章

高手指点　也可以通过手机来申请新的账号。

7 查找好友

登录后在主面板中单击底部的 查找 按钮。

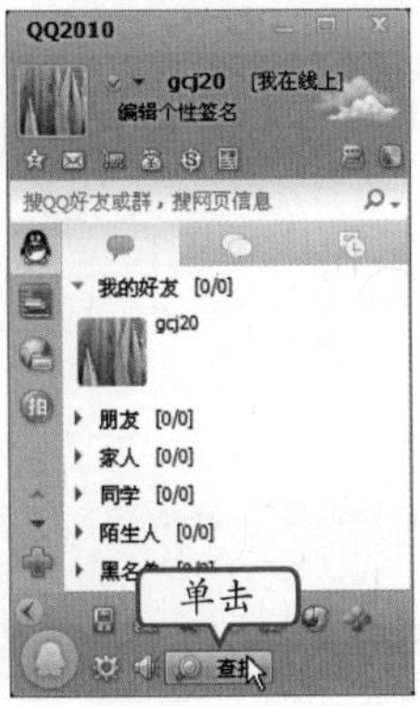

8 查找联系人

1. 在弹出的对话框中选择“查找联系人”选项卡。
2. 输入要查找人的昵称，如“抽风地红玫瑰”。
3. 单击 查找 按钮。

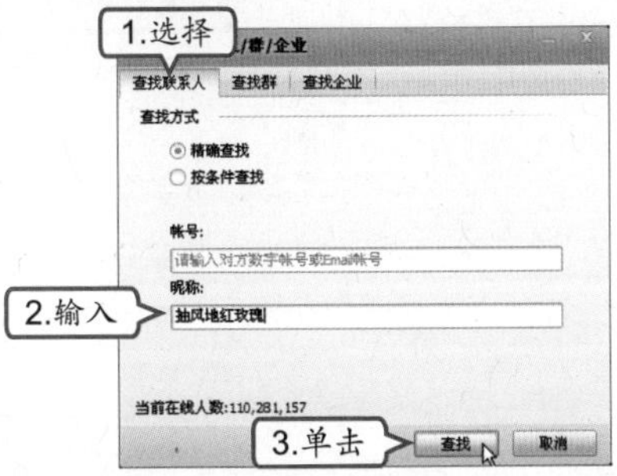

9 添加好友

1. 在查找结果窗口中选择需要添加的好友。
2. 单击 添加好友 按钮。

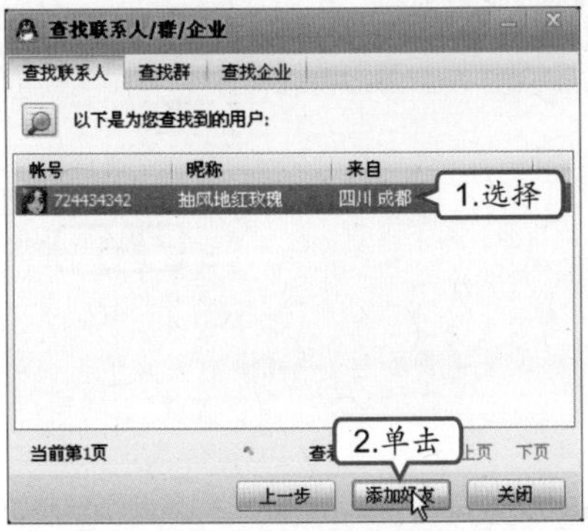

10 确认添加

在打开的“添加好友”对话框中单击 确定 按钮。

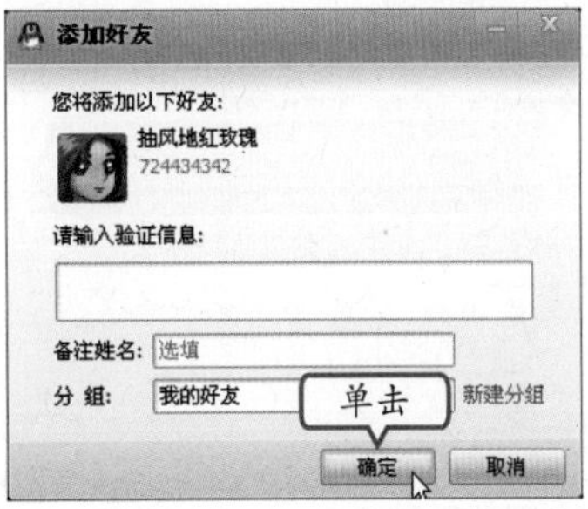

11 添加成功

系统将发送添加请求给对方，单击 关闭 按钮关闭对话框等待对方确认。

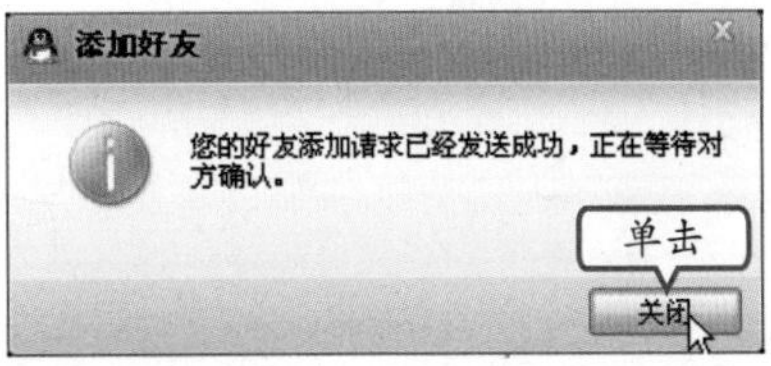

12 发起会话

添加成功后在好友列表中即可找到对方的头像图标，双击好友图标，打开会话窗口。

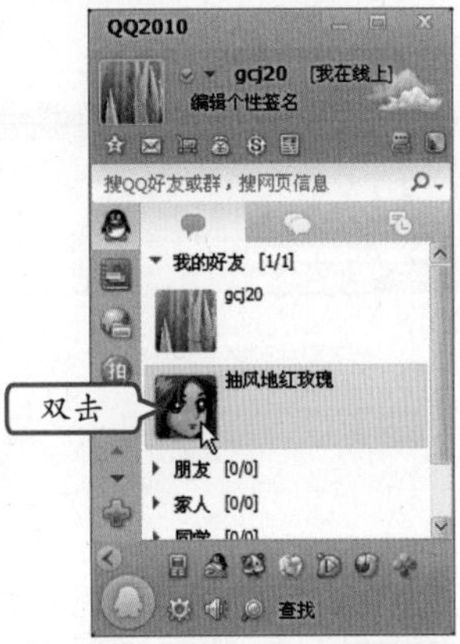

第9章

补充两句

工作中，不要一直站在自己的角度去思考问题，凡事换位思考，可能看到的又是另一片海阔天空，试试用自己的态度或幽默感改善大家的气氛吧！

13 发送信息

1. 在打开的聊天窗口的消息框中输入文字。
2. 单击 发送(S) 按钮。

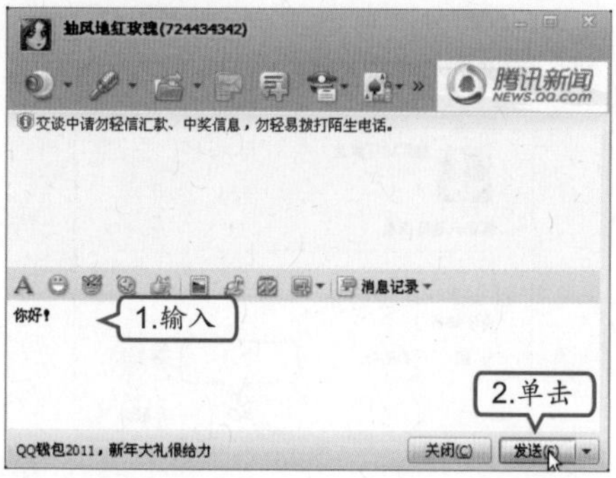

14 发送文件

1. 单击“发送文件”按钮。
2. 在弹出的下拉菜单中选择“发送文件”命令。

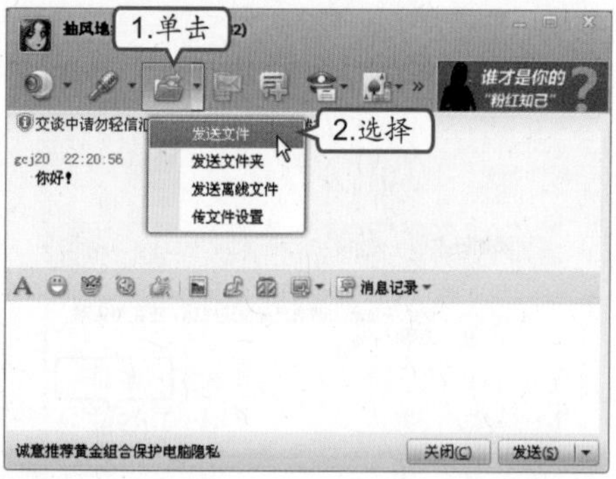

15 浏览文件

1. 在打开的“打开”对话框中选择要发送的文件。
2. 单击 打开(O) 按钮。

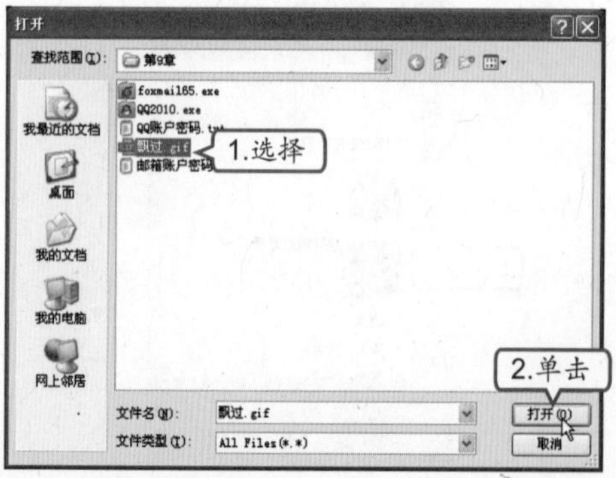

16 发送文件

在聊天窗口右侧单击“发送离线文件”超链接。

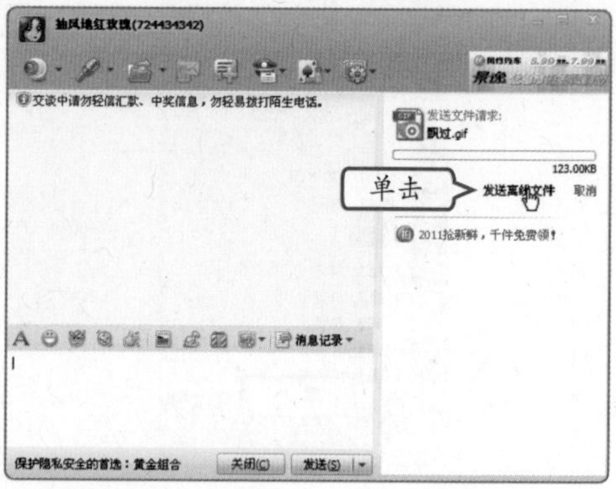

17 查看消息记录

单击 消息记录 按钮，打开消息记录窗口，其中记录了与好友的所有聊天记录。

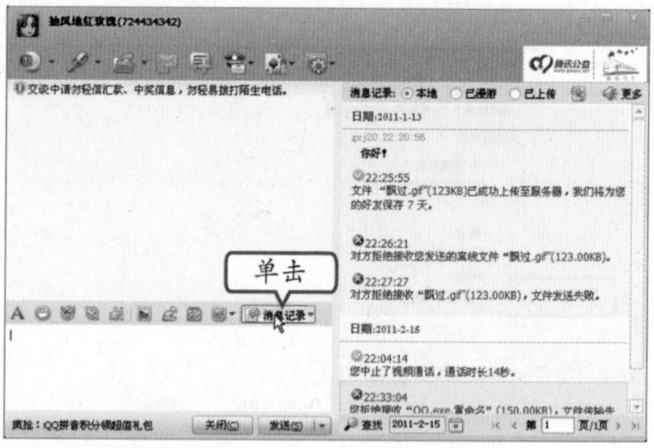

18 接收文件

其他好友向你发送文件时，聊天窗口中会出现“收到文件请求”消息框，在其中单击“另存为”超链接选择接收文件。

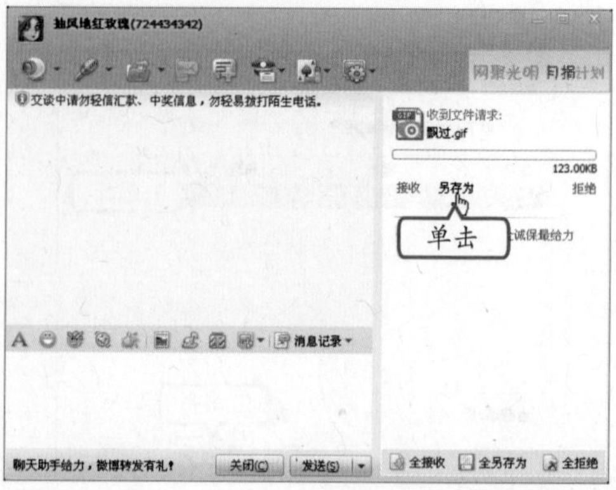

高手指点 如直接发送文件，只有当好友同时在线时，对方才能接收；发送离线文件，即使好友当时不在线，在对方下次登录QQ时也可接收。

19 选择保存位置

1. 在打开的“另存为”对话框中选择保存位置。
2. 单击 保存(S) 按钮。

20 接收成功

开始接收文件，接收完成后即可打开查看。

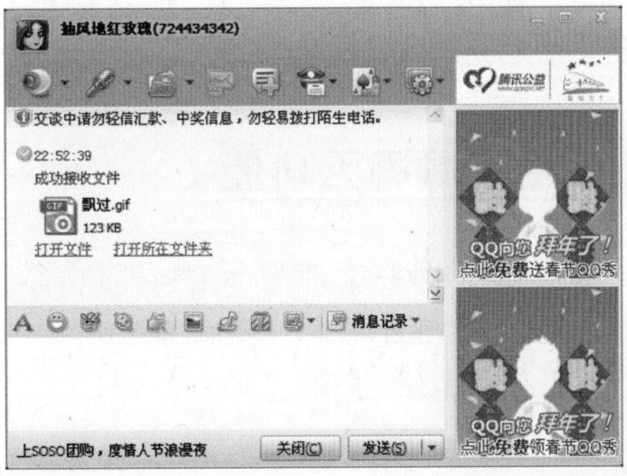

9.3 跟着视频做练习1小时：通过网络发送文件

本例将申请一个网易邮箱，并使用邮箱发送附件，然后使用QQ2010的会话窗口向好友发送文件，最后将文件上传到QQ网络硬盘上。通过本例的学习，进一步掌握通过网络发送文件的方法。

操作提示：

1. 启动浏览器。
2. 打开网易首页，进入邮箱申请页面。
3. 按步骤申请一个邮箱。
4. 登录邮箱，向地址为724434342@qq.com的用户发送带附件的邮件。完成后退出邮箱。
5. 打开QQ2010并登录。
6. 查找好友并添加好友。
7. 使用离线方式向好友发送电脑中保存的任意一个文件。

视频演示\第9章\通过网络发送文件

第9章

9.4 秘技偷偷报

小李经过几个小时的学习，已经基本掌握了聊天工具的使用方法，但是老马觉得还有些操作小常识需要给小李补充一下，于是又开始给小李讲解起来。

1 将好友分组管理

在使用QQ添加众多好友后，可以按照好友的类别添加分组，将好友归类管理，在QQ控制面板上单击鼠标右键即可执行分组功能，分组名称可以由用户自行定义，如果需要更改也可以在分组名称上单击鼠标右键进行重命名。

不管你目前的职业前途如何，积极着眼于目前实实在在的工作一定有好处，空有才华而不懂得表现是人世中最悲哀的，因为这会使你白白丧失许多成功的机会。 补充两句

2 使用高级查找功能

在寻找QQ好友时可以通过高级查找功能缩小范围，设置更多的好友查找条件，包括所在省份、城市、年龄范围、性别以及对方是否有摄像头等，从而快速查找到指定范围内的好友，然后选择性进行添加。

3 使用视频聊天功能

视频聊天即在文字聊天的同时，双方可以通过对方电脑中的摄像头看到对方，并且同时能够进行语音聊天。由于视频聊天会占据一定网络资源，因此为了确保视频与语音流畅，最好采用宽带网络。

4 接收文件设置

如果好友给自己传来文件，那么QQ聊天面板会自动弹出，此时可以选择接收或拒绝文件传送，如果选择“接收”文件，则文件可保存在默认位置；如果选择“另存为”文件，则可以选择保存位置，当接收完毕后，可以直接将文件打开进行查看，也可以打开其保存位置找到该文件，然后进行查看。

读书笔记

高手指点　群是QQ为用户提供的一个多用户交流平台，由达到一定级别的QQ好友或付费QQ好友所创建。

第10章

常用办公软件及设备的使用

小李一个人愁眉苦脸地在电脑旁沉思，老马走过去问是怎么回事，小李说：“领导让我将客户发过来的资料打印出来，然后传真给他，但是我的电脑一直打不开，也不知道怎么把打印机连到我的电脑上。”老马一听笑着说：“电脑办公的一些软件可要熟练哦，还有一些基本的办公设备要懂得怎么用，不然工作中可会出大问题的，别着急，跟着我来慢慢学习一下吧！”小李高兴了，开始跟老马虚心学习起来。

2小时学知识

- 常用办公软件的使用
- 常用办公设备的使用

3小时上机练习

- 解压并查看文件
- 添加网络打印机
- 操作压缩文件

10.1 常用办公软件的使用

老马告诉小李，办公中常用的软件包括看图软件、压缩软件、翻译软件、电子阅读软件等，这些是办公中最常使用到的，小李一脸茫然，忙让老马给讲讲使用方法。

10.1.1 学习1小时

学习目标

- **学会软件的安装与删除，熟悉看图和压缩软件。**
- **学会使用翻译和电子阅读软件。**

1 安装和卸载MSN程序

Windows Live Messenger是Microsoft公司推出的即时通信工具，作为目前商务领域广泛使用的交流工具，Windows Live Messenger提供了更高的安全性和更强大的功能，并且Windows Live Messenger在国外有着巨大的用户群，更适宜需要从事国际商务的人士采用。

使用Windows Live Messenger之前，需要先下载并安装，可以在“www.windowslive.cn”下载该软件。下面详细讲解安装和卸载MSN的方法。

教学演示\第10章\安装和卸载MSN程序

1 双击安装图标

在下载位置找到MSN安装文件的图标，双击该图标启动安装程序。

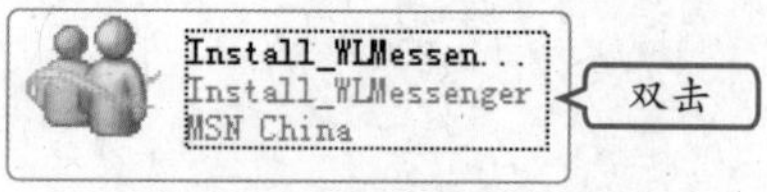

操作提示：在线安装

用户可以到Windows Live官方站点“http://im.live.cn/Get.aspx”在线安装Windows Live Messenger。

2 开始安装

打开安装界面，单击 进入安装 按钮进入安装程序。

安装过程中可以不安装不经常使用的程序。

3 选择安装程序

在安装程序准备好后进入“选择要安装的程序”界面，可以选中自己需要的程序，然后单击 安装(I) 按钮。

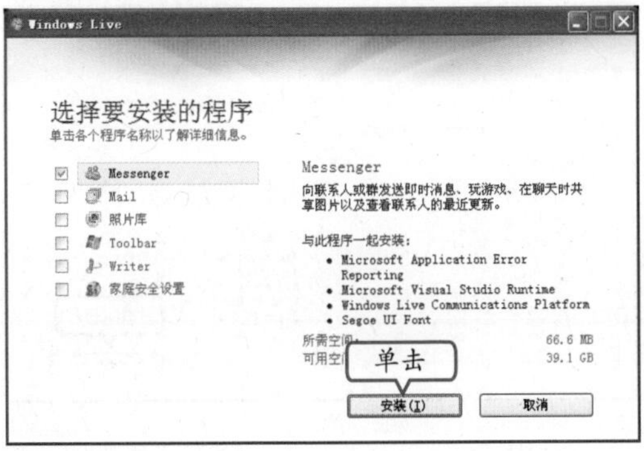

4 安装过程

选择安装程序后系统就开始安装各组件了，如果需要停止安装可以单击 取消 按钮。

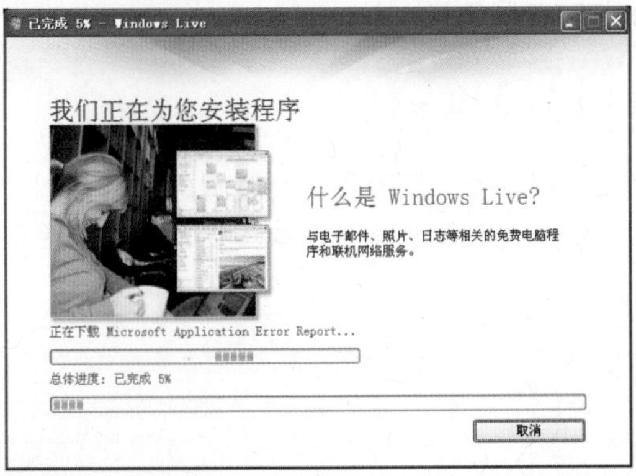

5 安装设置

组件安装完成后还需要进行一些设置，可以根据需要进行选择，选择完成后单击 继续(C) 按钮。

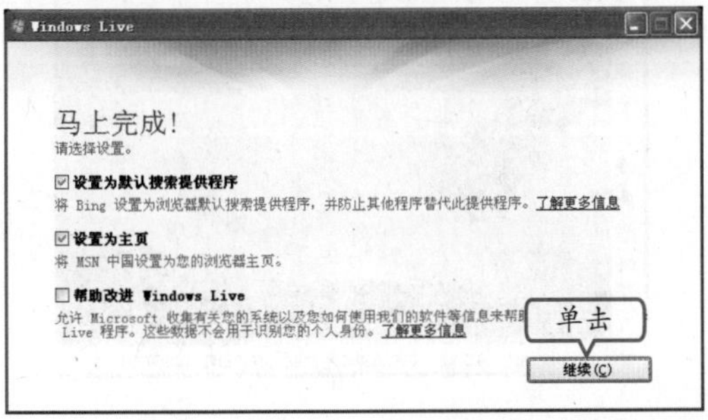

6 完成安装

完成安装后系统会打开如下图所示的界面，单击 关闭(C) 按钮即可完成安装。

7 选择软件进行卸载

如需卸载该软件，则选择【开始】/【控制面板】命令，打开“控制面板”窗口，双击“添加或删除程序”图标，打开“添加或删除程序”窗口，选择“Windows Live 软件包”，然后单击右下角的 更改/删除 按钮。

8 开始卸载

1. 在打开的卸载或修复窗口中选中“卸载”单选按钮。
2. 单击 继续(C) 按钮。

补充两句

在安装MSN软件时，如果出现安装错误的提示，可以仔细阅读错误详情，然后进行处理，软件之间如果发生了冲突也会导致安装失败。

9 选择卸载软件

1. 在“选择要卸载的程序”界面中选中Messenger复选框。
2. 单击 继续(C) 按钮。

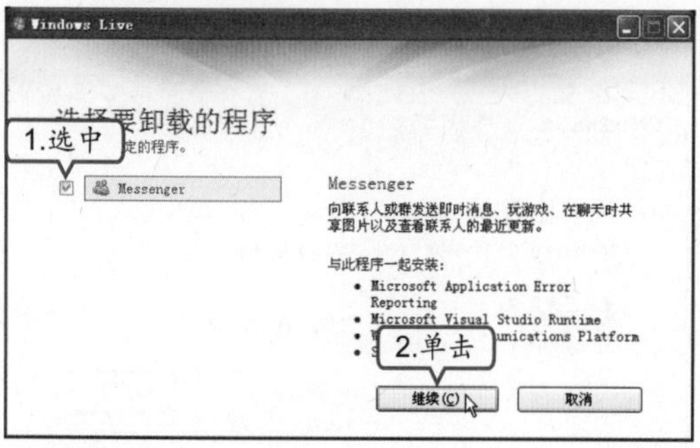

10 卸载完成

系统开始卸载所选的程序，完成后将打开一个窗口，单击 关闭(C) 按钮即可完成卸载。

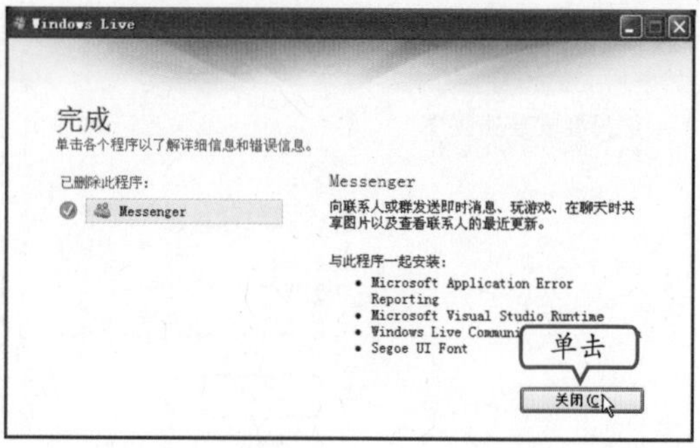

2 使用看图软件——ACDSee

ACDSee是目前较为流行的数字图像查看软件，它能广泛应用于图片的获取、管理、浏览和优化。下面重点介绍ACDSee最常用的浏览和复制功能。

（1）浏览图片

默认情况下，ACDSee安装后将自动设置为Windows打开图片的关联程序。下面以浏览“我的文档”下“图片收藏”文件夹中的图片为例，介绍使用ACDSee进行图片浏览的方法，其具体操作如下。

教学演示\第10章\浏览图片

1 浏览图片

找到需要查看的图片，并双击该图片，即可打开ACDSee的浏览界面，进行图片浏览。

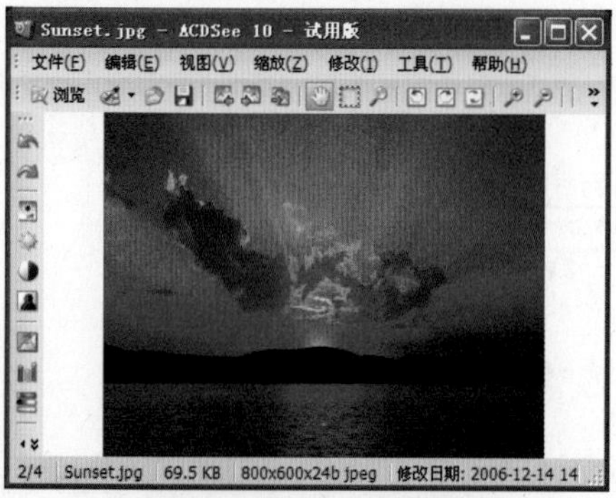

2 放大图片

单击工具栏中的 或 按钮，可以对图片进行放大或缩小操作。

高手指点 使用ACDSee不仅可以进行浏览、放大、缩小等操作，还可以剪裁图片。

3 浏览所有图片

单击按钮，可以浏览整个文件夹中的所有图片。

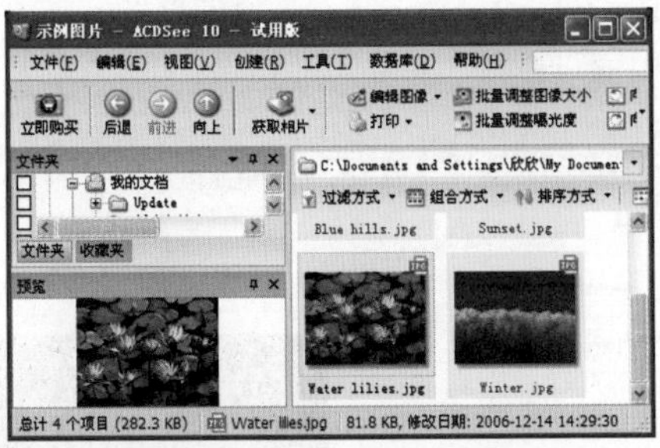

操作提示：以放大方式浏览图片

双击某张图片进入ACDSee浏览界面后，单击“下一张”按钮可打开当前文件夹的下一张图片文件并显示在屏幕中，单击“上一张”按钮可浏览上一张图片。

（2）编辑图片

在ACDSee中还可以对图片进行编辑，其具体操作如下。

教学演示\第10章\编辑图片

1 选择“旋转/翻转”命令

在ACDSee窗口中选择【修改】/【旋转/翻转】命令。

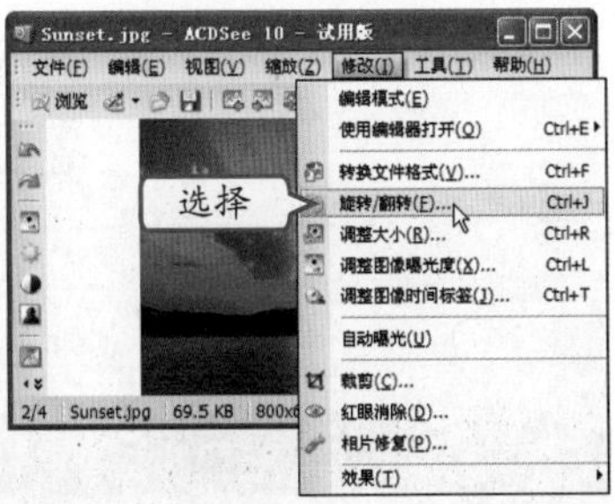

2 选择旋转/翻转方式

1. 在打开的对话框中单击“水平翻转”按钮。
2. 单击开始旋转(R)按钮。

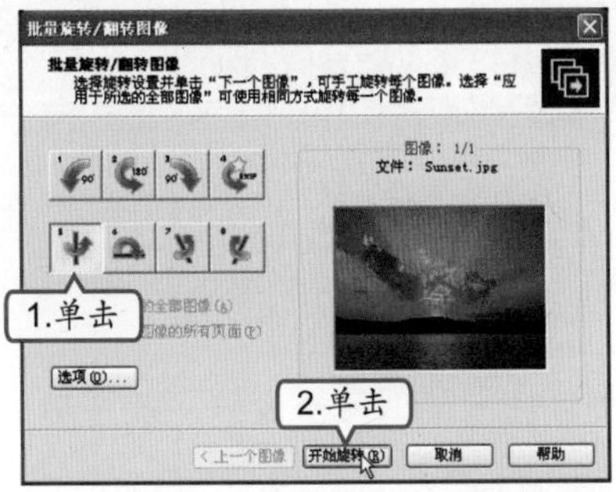

3 完成旋转/翻转操作

ACDSee程序将对图片进行翻转操作，完成后单击完成按钮。

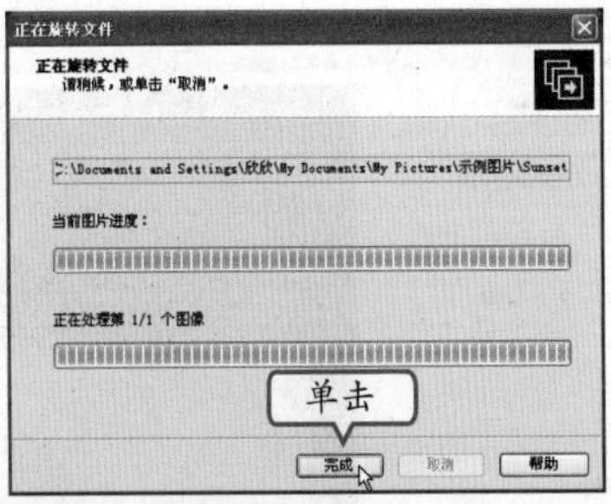

4 查看旋转/翻转后的效果

在窗口中可查看“水平翻转”后的图片效果。

补充两句：目前，能够编辑图片的软件非常多，其中使用最广泛的就是ACDSee，其较新的版本为ACDSee 10.0。

5 选择“调整大小”命令

在ACDSee窗口中选择【修改】/【调整大小】命令。

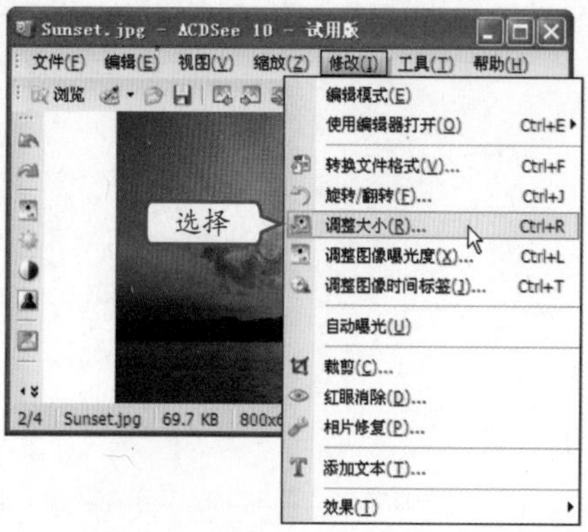

6 调整图片大小

1. 在打开窗口的“预设值”列表框中选择640×480。
2. 单击 完成 按钮。

7 裁剪图片

1. 在ACDSee窗口中选择【修改】/【裁剪】命令，在编辑面板中拖动黄色调整块。
2. 单击 完成 按钮。

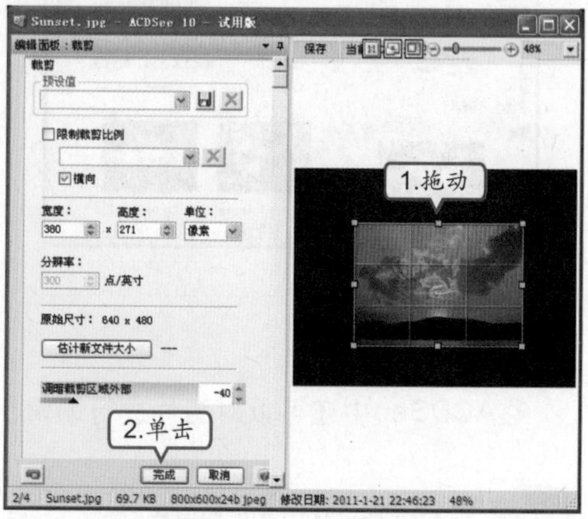

8 完成效果

裁剪后的图片效果如下图所示。

操作提示：使用工具栏按钮

通过单击工具栏中相应的按钮，可实现选择菜单命令后执行的操作。

3 使用压缩软件——WinRAR

WinRAR是在Windows的环境下对RAR格式的文件进行管理和操作的一款压缩软件。下面详细介绍该软件的安装及使用方法。

高手指点 用户在选择安装位置时最好不要选择安装在系统盘，否则在重装系统时安装文件将丢失。

（1）压缩文件

使用WinRAR压缩文件的方法十分简单。下面以压缩“我的文档”中的“图片收藏”文件夹为例，介绍压缩文件的方法，其具体操作如下。

教学演示\第10章\压缩文件

1 添加到压缩文件

在“我的文档”窗口中右击“图片收藏”文件夹，在弹出的快捷菜单中选择“添加到压缩文件”命令。

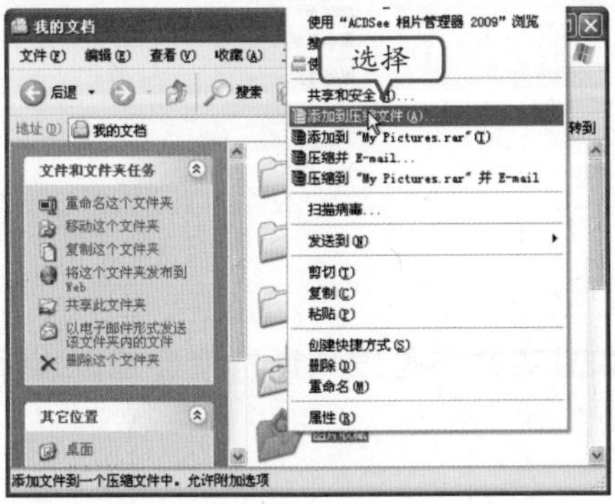

2 选择文件位置

弹出“压缩文件名和参数”对话框，在“常规”选项卡的“压缩文件名”下拉列表框中输入压缩文件名，单击 确定 按钮。

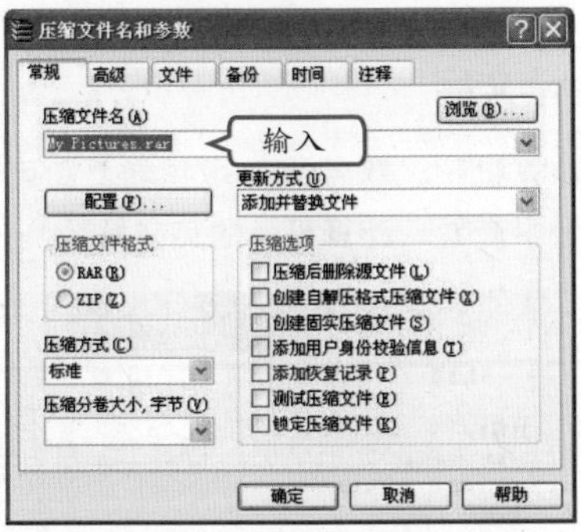

3 开始压缩

打开的对话框中显示了文件压缩的进度，在此还可以选择后台运行压缩程序或暂停压缩程序。

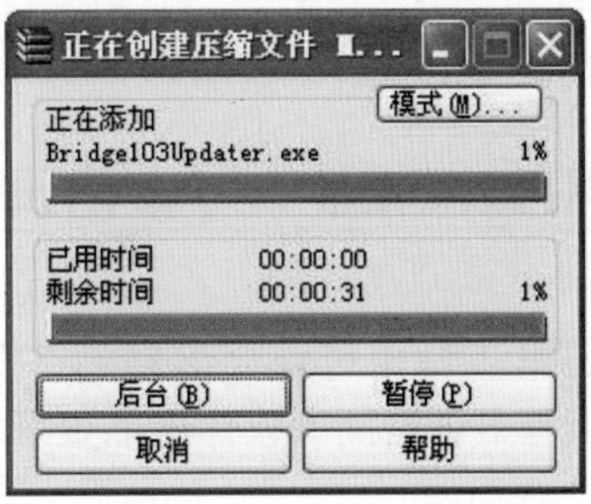

4 完成压缩

返回文件夹窗口，可查看压缩完成后的文件，如下图所示。

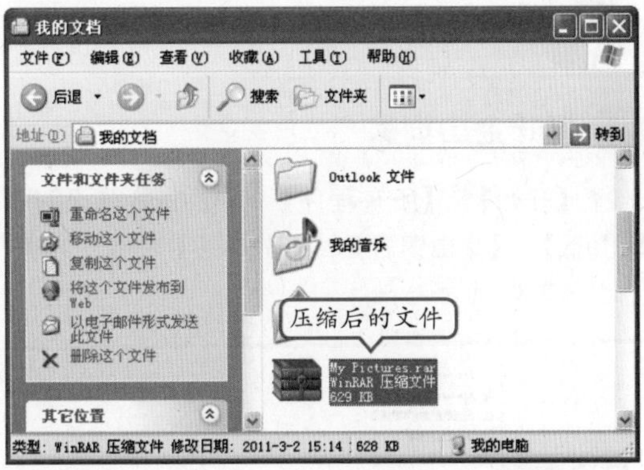

教你一招：设置关联文件

第一次打开WinRAR软件时，会出现一个“WinRAR关联文件”窗口，“WinRAR关联文件”是为列表中列出格式的文件创建联系，如RAR、ZIP等。如果经常使用WinRAR，可以与所有格式的文件创建联系。

补充两句

如果压缩的文件比较重要，则可对其进行加密。一般情况下，RAR和ZIP两种格式均支持加密功能。

教你一招：选择压缩方式

压缩方式包括存储、最快、较快、标准、最好和较好6个选项，可以根据需要选择任一方式，一般选择“标准”方式，若要将文件压缩到最小，可以选择“最好”方式。

（2）解压文件

如果要查看被压缩后的文件，不能像打开普通文件那样双击文件图标，必须要在选择压缩文件后，单击鼠标右键，在弹出的快捷菜单中选择“解压到当前文件夹”命令，对其解压，让它恢复到普通文件的状态，之后才能正常查看，并且解压后的文件和源文件的内容完全一样。

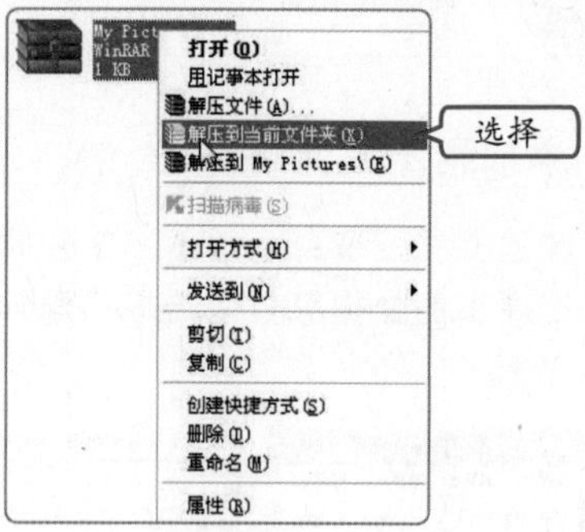

4 使用翻译软件——金山词霸

在日常工作中可能会接触到一些英文文件，如果英文不是很精通，就会造成很多不便，使用金山词霸翻译软件便能很好地解决这个问题。

（1）查字典

金山词霸是一款多功能的词典类工具。下面就以使用金山词霸2010翻译词语“计算机”为例，介绍使用金山词霸翻译词语的方法，其具体操作如下。

教学演示\第10章\查字典

1 打开金山词霸

选择【开始】/【所有程序】/【金山词霸 2010 Beta版】/【金山词霸 2010 Beta版】命令，打开金山词霸界面。

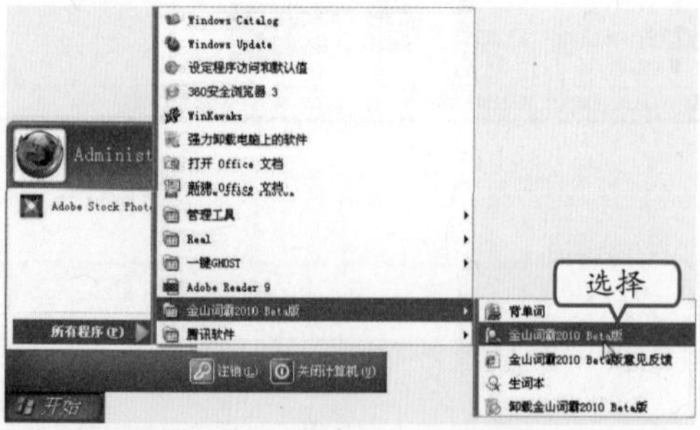

2 翻译文字

输入“计算机”，然后单击🔍按钮，即可在金山词霸界面中查看“计算机”的英文解释。

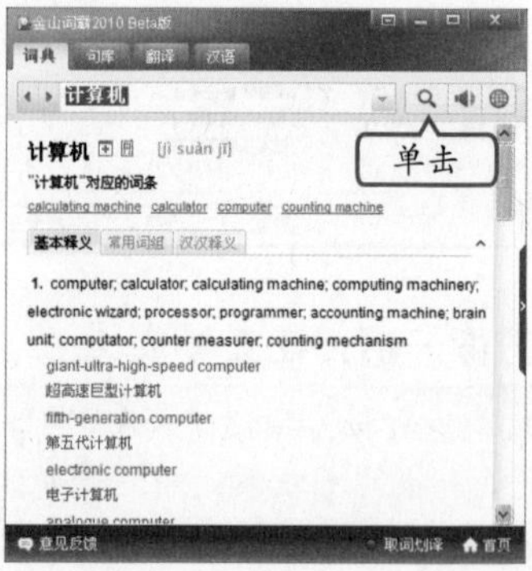

操作提示：查询词语

输入需要查询的词语后，不需要单击🔍按钮即可在屏幕左侧看到这个词语的相关英文解释，单击🔍按钮后可以得到更多的解释。

（2）取词划译

金山词霸还可以即时将中文翻译成英文，使用金山词霸的取词划译功能即可实现，其具体操作如下。

教学演示\第10章\取词划译

1 打开菜单

单击金山词霸界面中的“菜单”按钮▣，在弹出的菜单中选择“取词划译”命令。

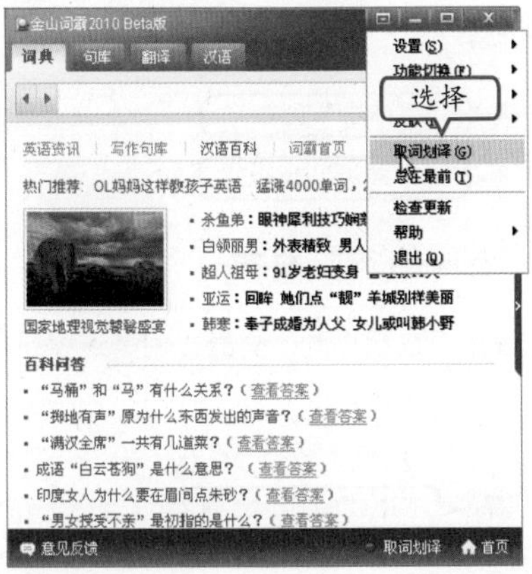

2 取词划译

进行“取词划译”设置后，当鼠标指针指到某个完整的中文字词时，就会出现其对应的英文解释。

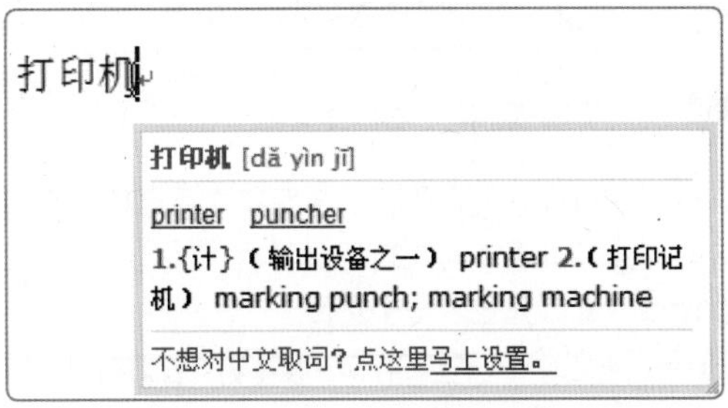

教你一招：实现金山词霸功能

金山词霸的各种功能需要在网络连接状态下实现，因此在使用其功能时首先保证网络处于连接状态。

5 使用电子阅读软件——Adobe Reader

许多办公人员都有这样的困惑，在打开一些设计文件时，不同电脑显示出来的内容并不一致，要解决这个问题，就需要将文件保存为PDF格式，因此，Adobe Reader也成为必备的阅读软件。

运用Adobe Reader浏览文件的操作与打开Word文档类似，在安装了Adobe Reader软件的情况下，双击PDF格式文件即可将其启动，其操作界面如下图所示，其中常用按钮的功能介绍如下。

补充两句

Adobe Reader阅读软件的功能非常强大，如果只需要查看PDF格式文件，还可以选择一些比较小的PDF格式文件阅读器，如福昕、克克PDF阅读器等。

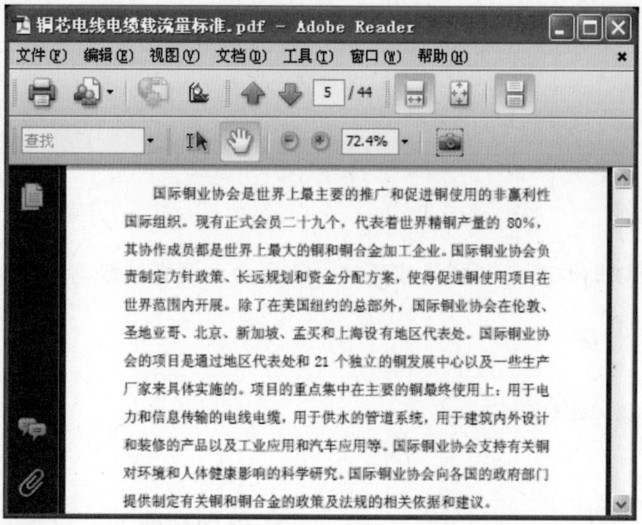
铜芯电线电缆载流量标准.pdf - Adobe Reader
文件(F) 编辑(E) 视图(V) 文档(D) 工具(T) 窗口(W) 帮助(H)
5 / 44
查找
72.4%
国际铜业协会是世界上最主要的推广和促进铜使用的非赢利性国际组织。现有正式会员二十九个，代表着世界精铜产量的 80%，其协作成员都是世界上最大的铜和铜合金加工企业。国际铜业协会负责制定方针政策、长远规划和资金分配方案，使得促进铜使用项目在世界范围内开展。除了在美国纽约的总部外，国际铜业协会在伦敦、圣地亚哥、北京、新加坡、孟买和上海设有地区代表处。国际铜业协会的项目是通过地区代表处和 21 个独立的铜发展中心以及一些生产厂家来具体实施的。项目的重点集中在主要的铜最终使用上：用于电力和信息传输的电线电缆，用于供水的管道系统，用于建筑内外设计和装修的产品以及工业应用和汽车应用等。国际铜业协会支持有关铜对环境和人体健康影响的科学研究。国际铜业协会向各国的政府部门提供制定有关铜和铜合金的政策及法规的相关依据和建议。

“翻页”按钮

在工具栏中单击下一页按钮将直接跳转至下一页；单击上一页按钮则可返回上一页。

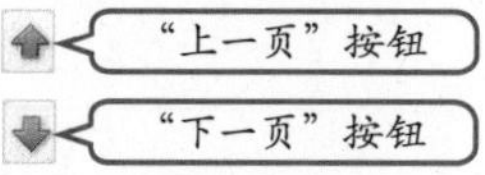
“上一页”按钮
“下一页”按钮

“页面显示”按钮

单击填满窗口按钮可以使页面宽度与窗口宽度相同，并且滚动页面时页面之间是连续显示的。单击每次显示一个页面按钮可以使每个窗口只显示一个页面。

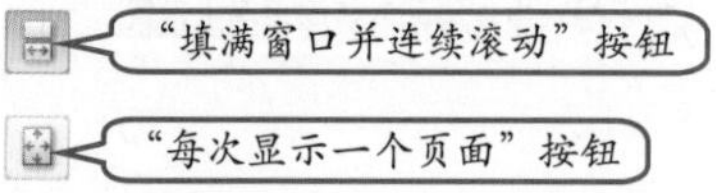
“填满窗口并连续滚动”按钮
“每次显示一个页面”按钮

“选择”按钮

单击文本选择按钮，可以对PDF文档中的文字进行选择；单击手形按钮，可以对文档页面进行拖动和打开链接。

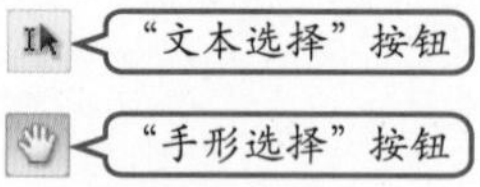
“文本选择”按钮
“手形选择”按钮

“打印”按钮

单击打印按钮，将打开“打印”对话框，在打开的对话框中可以设置打印范围、页数等。

“打印”按钮

“缩放”按钮

在工具栏中单击缩小按钮或放大按钮可以设置整个页面的放大率。

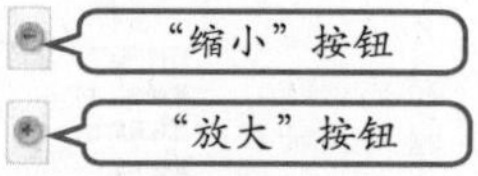
“缩小”按钮
“放大”按钮

“连续翻页”按钮

单击连续翻页按钮，在翻页时，页面之间是连续显示的。

“连续翻页”按钮

“快照”按钮

单击快照按钮，然后在页面上单击或拖动选择页面区域，即可将整个页面或部分页面复制到剪贴板中去。

“快照”按钮

操作提示：调整显示比例

在Adobe Reader工具栏的“显示比例”数值框中输入合适的数字，即可调整文件的显示比例。

高手指点 根据实际需要，可以在PDF文档中插入批注等内容。

10.1.2 上机1小时：解压并查看文件

本例将对一个压缩文件进行解压，然后查看压缩文件夹中的图片文件和PDF文件，最后加入一个图片文件再进行压缩。

上机目标

- **巩固文件压缩和解压缩的方法。**
- **进一步掌握使用ACDSee查看图片文件和使用Adobe Reader查看PDF文件的方法。**

实例素材\第10章\资料.rar、疑惑.JPG
教学演示\第10章\解压并查看文件

1 解压文件

打开素材文件，右击“资料.rar”文件图标，在弹出的快捷菜单中选择“解压文件”命令。

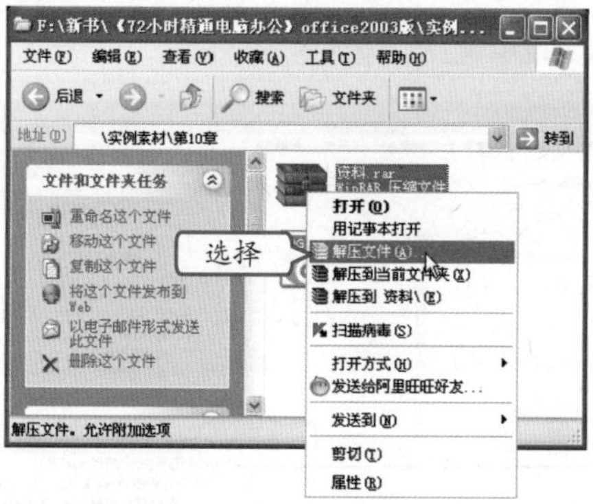

2 选择解压路径

1. 在打开的“解压路径和选项”对话框中选择“常规”选项卡。
2. 在“目标路径”栏中选择解压路径，如D盘。
3. 单击 确定 按钮。

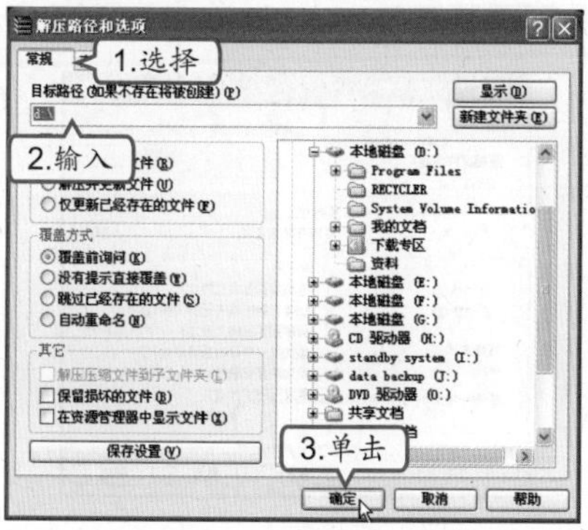

3 打开解压后的文件夹

双击本地磁盘D中已解压的“资料”文件夹图标，打开该文件夹。

4 打开PDF文件

在“机械名词中英文对照表.pdf”文件图标上单击鼠标右键，在弹出的快捷菜单中选择“使用Adobe Reader 9 打开”命令。

补充两句：在解压文件夹时，可根据需要选择“解压到当前文件夹”或“解压到”命令，对文件进行解压。

5 浏览PDF文件

用鼠标拖动水平和垂直滚动条或滚动鼠标滚轮来查看文档内容。

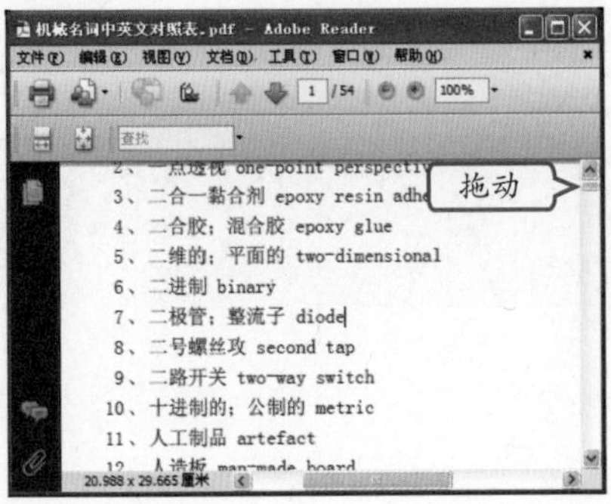

6 打开图片文件

切换到“D:\资料”文件夹窗口，在窗口中双击“落日.JPG”文件图标。

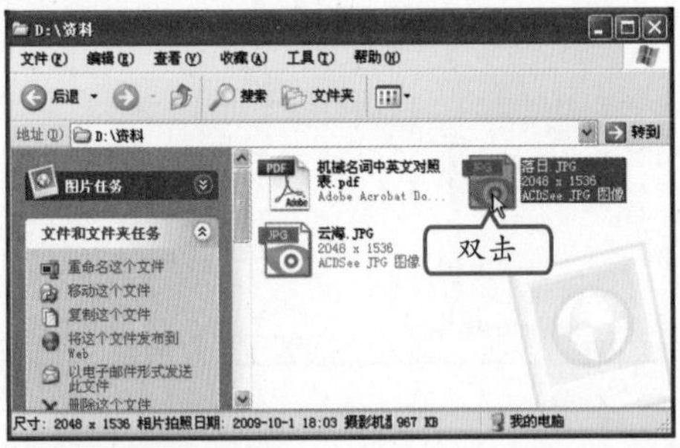

7 浏览图片文件

在ACDSee程序窗口中单击按钮查看“落日.JPG”文件。

8 复制文件到“资料”文件夹

关闭打开的文件窗口，然后将“疑惑.JPG”文件复制到“D:\资料”文件夹中。

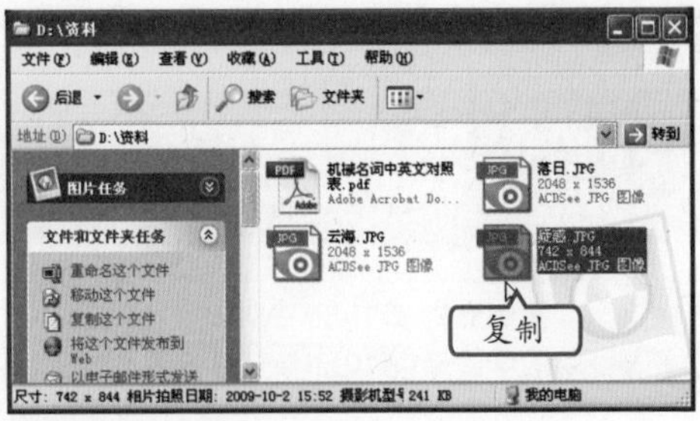

9 压缩文件

单击“D:\资料”文件夹窗口中的按钮，然后在“资料”文件夹图标上单击鼠标右键，在弹出的快捷菜单中选择“添加到压缩文件”命令。

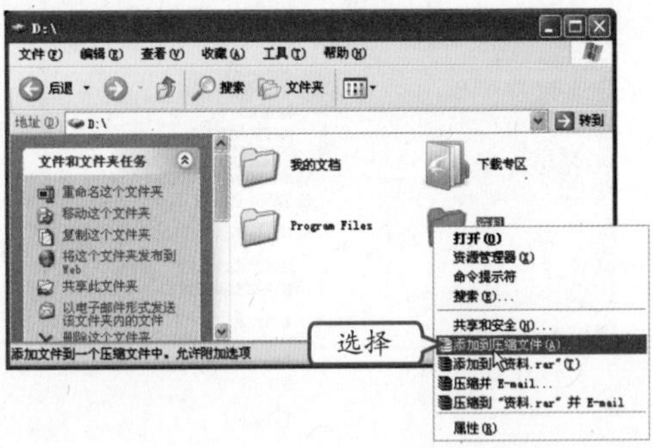

10 压缩文件

1. 在打开的“压缩文件名和参数”对话框中选择“常规”选项卡。
2. 在“压缩文件名”文本框中输入文件名称。
3. 单击 确定 按钮。

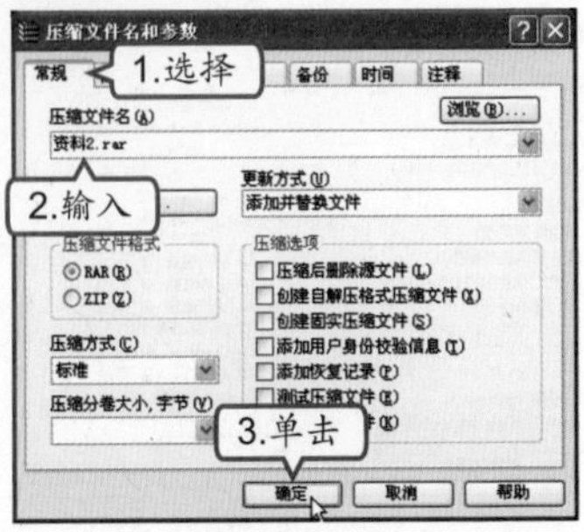

第10章

高手指点 打印机常见的有并行、USB、LPT和COM等接口，不同的接口会影响打印机的打印速度以及使用时的方便程度。

10.2　常用办公设备的使用

小李摆弄了半天也没按照领导的要求把文件打印出来，还等着传真呢，满脸焦急的他不得不向老马求助了。于是，老马开始耐心地教小李学习使用办公设备。

10.2.1 学习1小时

学习目标

- **熟悉打印机、传真机的使用。**
- **学会使用刻录机、扫描仪。**

1 安装和使用打印机

打印机是日常办公中必不可缺的办公设备，它能将电脑中的各种文件，如文字、图片等以纸张为载体进行输出。本节将介绍打印机的安装和使用方法。

（1）连接打印机

想要使用打印机就必须将它与电脑的相应接口连接起来。连接电脑和打印机的具体操作如下。

教学演示\第10章\连接打印机

1 插入数据线

将打印机数据线的一端插入打印机后方插槽中，另一端插入电脑机箱后方的插槽中。

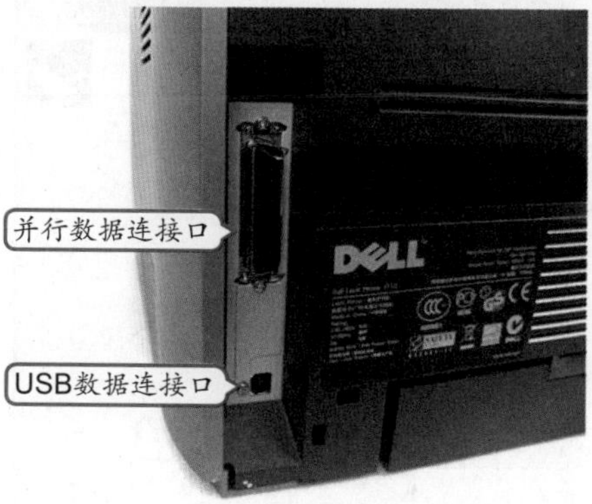

2 插入电源线

将电源线的D型头插入打印机的电源插口中，另一端插入电源插座插口。

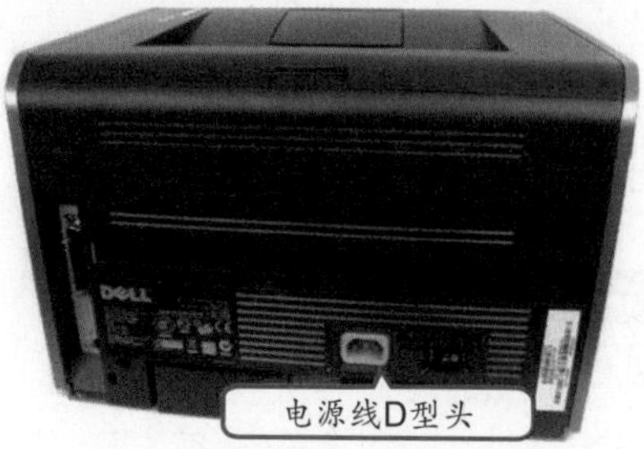

在办公过程中，通常会将打印机设置为共享，其余电脑通过网络连接共享打印机进行打印。

补充两句

（2）安装打印机驱动程序

连接好打印机的硬件后，还需安装其驱动程序。如果用户使用的是Windows XP系统，在多数情况下，该系统都会默认支持一些打印机的安装，不必再重复地安装驱动程序。如果用户所购买打印机的机型较新，则仍然需要安装打印机驱动程序，这是因为Windows XP系统自身不带有该硬件的驱动程序。下面详细介绍打印机驱动程序的安装过程，其具体操作如下。

教学演示\第10章\安装打印机驱动程序

1 打开“打印机和传真”窗口

选择【开始】/【打印机和传真】命令，打开“打印机和传真”窗口。

2 启动安装打印机向导

单击“添加打印机”超链接，启动安装打印机向导。

3 进入添加打印机向导

在弹出的“添加打印机向导”对话框中单击 下一步(N) > 按钮。

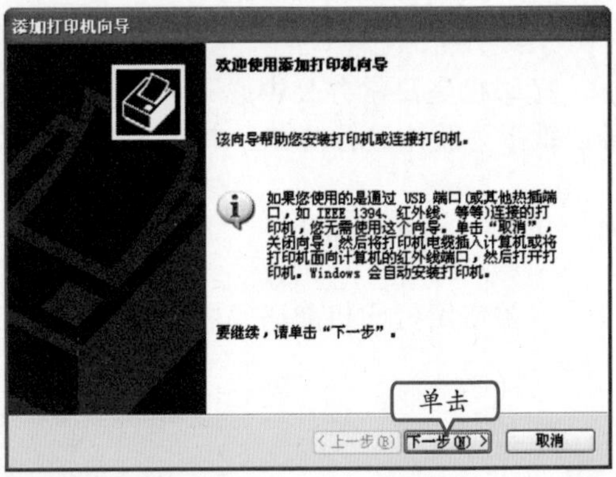

4 选择本地打印机

1. 打开“本地或网络打印机”界面，选中“连接到此计算机的本地打印机”单选按钮。
2. 单击 下一步(N) > 按钮。

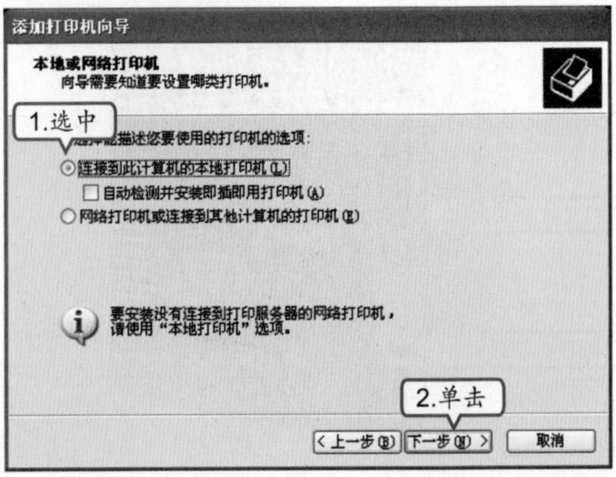

高手指点 如果用户安装的是网络打印机，则需在“本地或网络打印机”界面中选中“网络打印机或连接到其他计算机的打印机”单选按钮。

5 选择打印机端口

进入“选择打印机端口”界面，选择打印机默认端口后，单击[下一步(N) >]按钮。

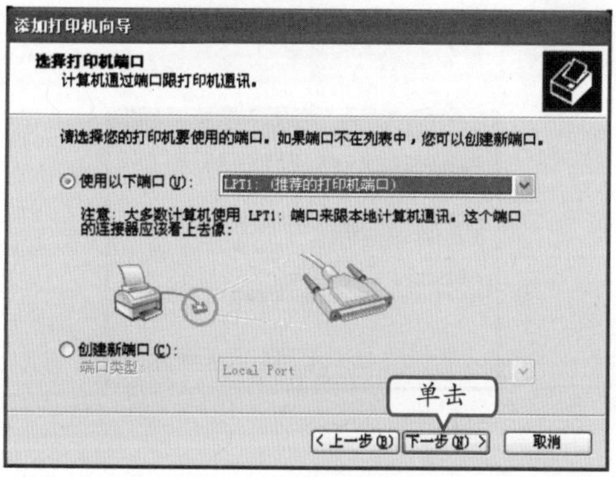

6 选择安装打印机

在打开的“安装打印机软件”界面中选择需要安装的打印机，单击[下一步(N) >]按钮。

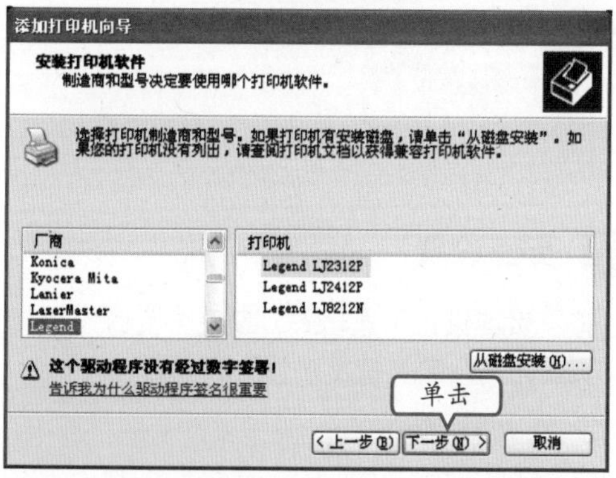

7 使用现有驱动程序

在打开的“使用现有驱动程序”界面中选中“保留现有的驱动程序”单选按钮，单击[下一步(N) >]按钮。

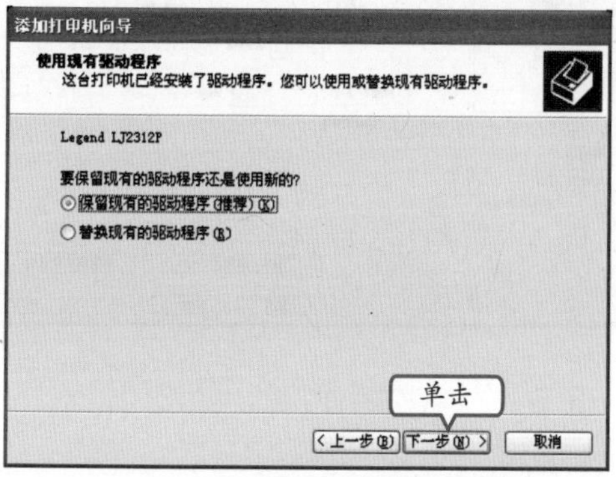

8 命名打印机

打开“命名打印机”界面，在“打印机名”文本框中输入打印机名称，单击[下一步(N) >]按钮。

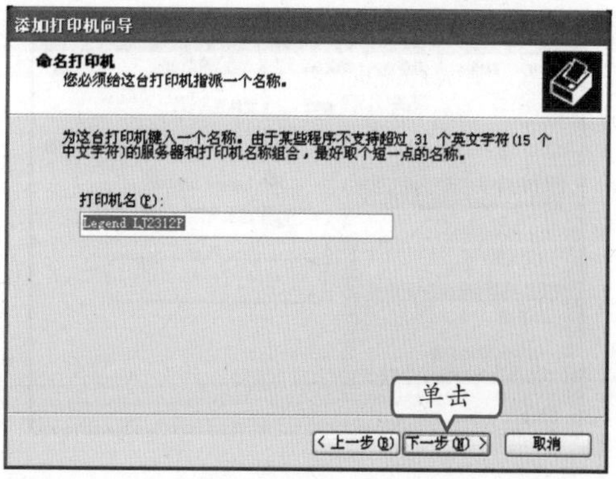

9 设置打印测试页

在打开的“打印测试页”界面中选中“否”单选按钮，然后单击[下一步(N) >]按钮。

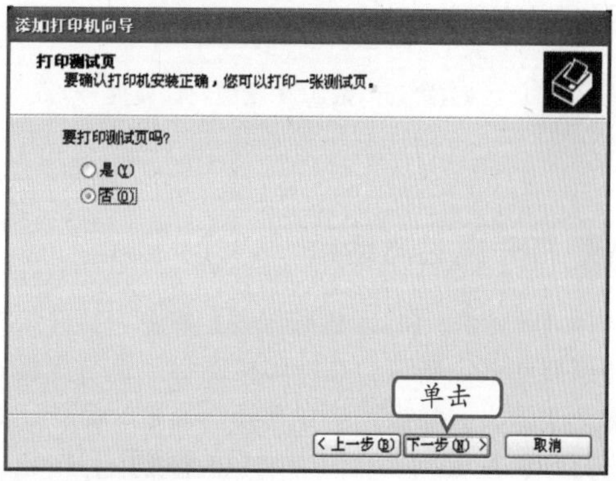

10 完成添加打印机

在“添加打印机向导”对话框中单击[完成]按钮，完成添加打印机操作。

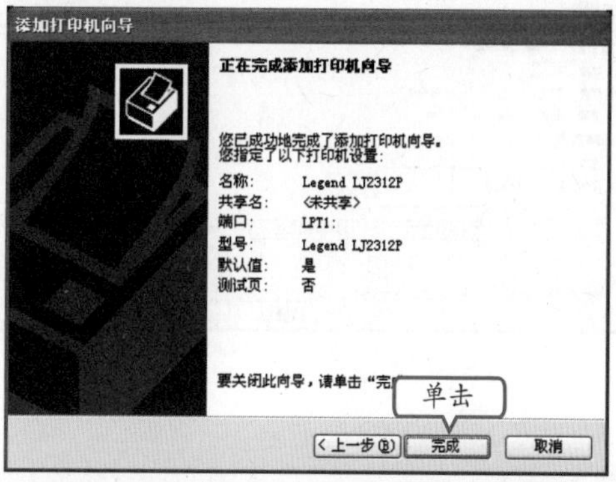

一般情况下，打印机安装成功后都会打印一张测试纸，测试打印机打印是否正常。

补充两句

11 完成安装

返回到“打印机和传真”窗口中即可看到安装好的打印机。

操作提示：打印测试

如果在“打印测试页”界面中选中“是”单选按钮，在完成打印向导时会弹出如下图所示的对话框，此时打印机已开始执行打印任务。

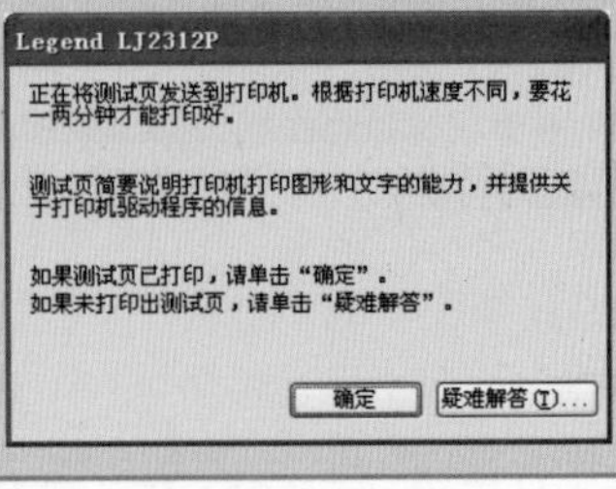

（3）设置打印属性

在安装好打印机打印出打印测试页后，可以根据打印测试页的效果设置打印属性。打印属性包括纸张尺寸和打印质量等。设置打印属性的具体操作如下。

教学演示\第10章\设置打印属性

第10章

1 打开属性对话框

选择【开始】/【打印机和传真】命令，打开“打印机和传真”窗口。在打印机图标上单击鼠标右键，在弹出的快捷菜单中选择“属性”命令，打开打印机属性对话框，单击 打印首选项(I)... 按钮，打开“打印首选项”对话框。

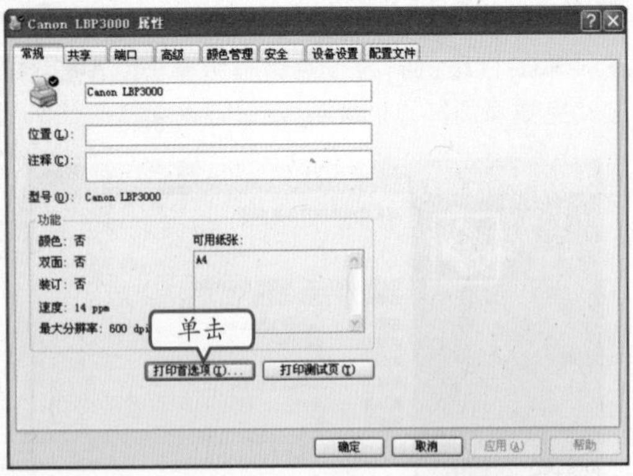

2 页面设置

选择“页面设置”选项卡，设置“页面尺寸”、“页面布局”和“输出尺寸”等内容。

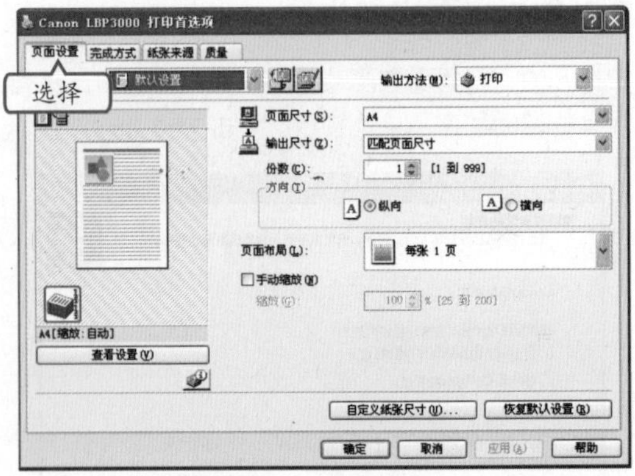

高手指点 安装网络打印机，不但能够提高打印机的处理速度，也能够降低电脑资源的消耗。

3 设置质量

1. 选择“质量”选项卡，在其中的“对象”列表框中可设置输出对象的类型，默认为“标准”类型。
2. 设置完成后单击 确定 按钮即可。

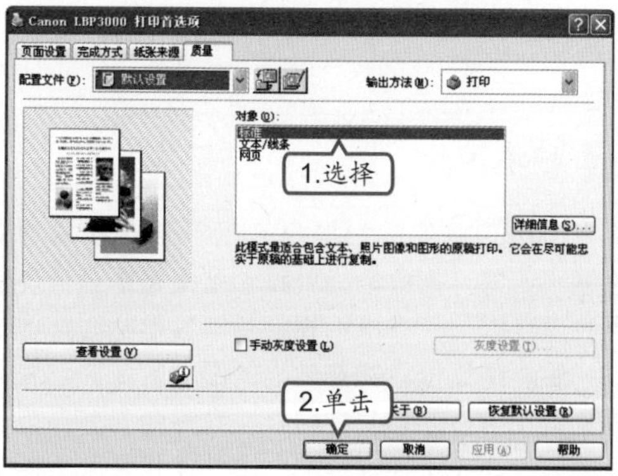

操作提示：打印设置

在其他几个选项卡中可以进行相应设置，设置完成后单击 确定 按钮，在对话框中所做的设置将作为该打印机的默认设置，最后单击 确定 按钮完成设置。

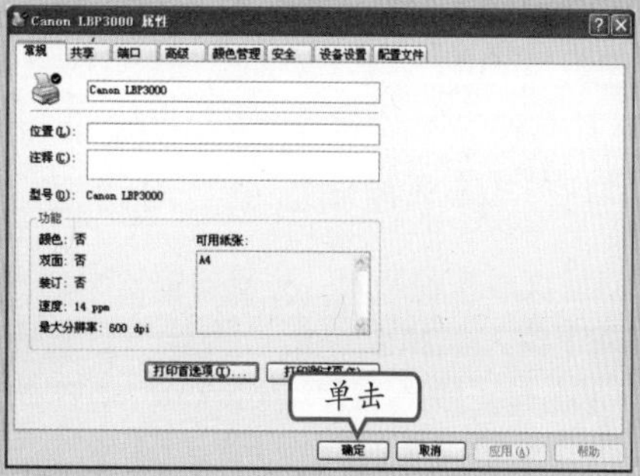

教你一招：管理打印任务

在使用打印机时，还能对打印任务进行设置，如开始打印任务、取消打印任务和暂定打印任务等。要想管理打印任务，首先要打开打印任务列表。打开打印任务列表的方法是：选择【开始】/【打印机和传真】命令，在打开的“打印机和传真”窗口中选择打印机，在左侧的窗格中单击“查看正在打印和传真”超链接。打开任务窗口，该窗口中显示了当前打印机的打印任务列表。

2 安装和使用扫描仪

随着办公自动化的日渐普及，扫描仪的用途也越来越大，尤其是在对印刷品的处理上，其用途尤为突出。下面介绍扫描仪这款新兴办公设备的安装和使用方法。

（1）安装扫描仪

要使用扫描仪，必须先安装扫描仪。安装扫描仪时，首先需将扫描仪数据线与电脑USB接口连接，再将扫描仪自带的驱动程序安装到系统。安装完成后即可将需扫描的对象进行扫描录入电脑。

将扫描仪与电脑连接好并重启电脑后，系统会提示发现新硬件，然后将自带的驱动程序插入到电脑光驱中按照提示完成驱动程序安装。如右图所示为一款扫描仪。

补充两句

扫描仪是一种比较精致的设备，它在工作时需要用到内部的光电转换装置，以便把模拟信号转换成数字信号，然后再送到计算机中。擅自拆卸扫描仪，很容易改动光学部件的位置，从而影响扫描仪的扫描成像工作。

（2）使用扫描仪

安装好扫描仪驱动程序后，一般还需安装扫描图形软件ScanWizard和扫描文字的“尚书”软件，扫描仪才能正常工作。扫描图片和文字的方法完全相同。下面以使用Scan Wizard 5扫描图片为例，讲解扫描仪的使用方法，其具体操作如下。

教学演示\第10章\使用扫描仪

1 打开“标准控制面板”对话框

打开扫描仪的电源开关，将需扫描的图片平整、正面朝下放入扫描仪中后关上盖子。选择【开始】/【所有程序】/【Microtek ScanWizard 5 for Windows】/【ScanWizard 5】命令，打开“Microtek ScanWizard 5-标准控制面板”对话框。此时，如果以前使用过扫描仪扫描图形，预览框中将显示的是上次扫描的图像。

2 扫描图片

单击预览按钮，扫描仪开始对正在扫描的图片进行预览，将鼠标指针移动到图像预览窗口四周的虚线框上，当鼠标指针变成↘形状时拖动鼠标，使虚线框框住需要扫描的图像区域。设置扫描效果，单击扫描到按钮，在打开的“另存为”对话框中选择文件保存的位置、文件名和文件格式，单击保存(S)按钮即可。

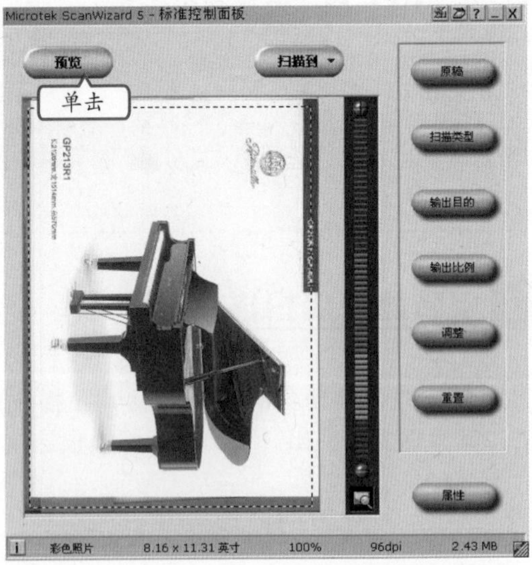

教你一招：扫描设置

单击扫描类型按钮，在弹出的下拉列表框中选择“真彩色”选项，可以扫描彩书图片。

单击输出目的按钮，可设置图片的输出目的，根据输出目的，扫描仪将图片输入成不同的扫描精度。

单击输出比例按钮，可设置扫描图片输出时的比例。

高手指点 传真机种类繁多，其分类方法亦多种多样。按传送的内容有文件传真机、用户传真机、报纸传真机及气象传真机等。

3 使用传真机

传真机通常具有普通电话机的功能，但其操作比电话机复杂一些，在使用过程中也要注意一些事项，以便更好地使用。

传真机的外观与结构各不相同，但一般都包括操作面板、显示屏、话筒、纸张入口和纸张出口等部分，如下图所示。

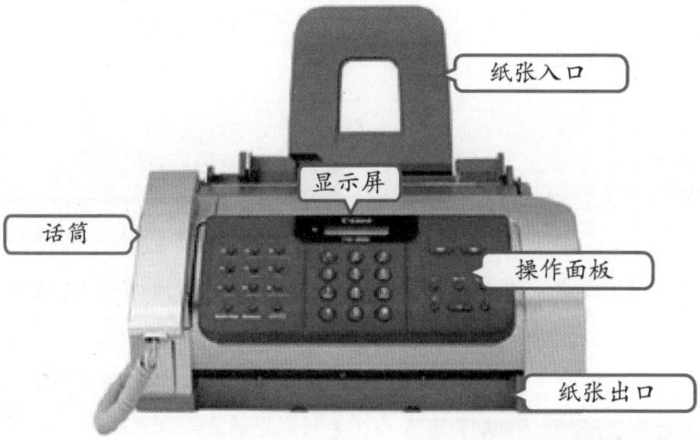

传真机的基本操作包括发送传真和接收传真，下面分别进行介绍。

发送传真

1. 将导纸器调整到需要发送的文件的宽度，再将要发送的文件正面朝下放入纸张入口中，在发送时，应把先发送的文件放置在最下面。
2. 拨打接收方的传真号码，要求对方传输一个信号，当听到从接收方传真机传来的传输信号（一般是“嘟”声）时，按“开始”键即可进行文件的传输。

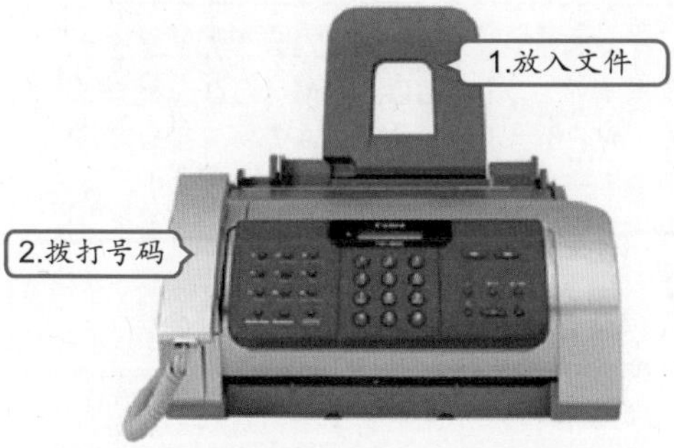

接收传真

1. 当听到传真机响时拿起话筒。
2. 根据对方要求，按【开始】键发送/接收信号，当对方发送传真数据后，传真机将自动接收传真文件。

操作提示：接收传真的方式

接收传真的方式有两种：自动接收和手动接收。当设置为自动接收模式时，当传真机检测到其他用户发来的传真信号后便会开始自动接收。

补充两句

传真机应使用推荐的传真纸，劣质传真纸的光洁度不够，会对感热记录头和输纸辊造成磨损，还会造成打印质量不佳，缩短保存时间。而且记录纸不要长期暴露在阳光或紫外线下，以免记录纸逐渐褪色，造成复印或接收的文件不清晰。

4 使用刻录机

刻录机也是经常用到的一种办公设备，其主要功能是将重要数据和资料以光盘的形式进行备份。简单地讲，刻录的过程就是刻录机通过某个刻录软件将硬盘上的数据或者另外一个存储设备的数据暂存到刻录机的缓冲区中，然后将这些资料刻录到光盘上。

下面以使用刻录软件ONES为例详细讲解文件的刻录过程，其具体操作如下。

教学演示\第10章\使用刻录机

1 打开刻录程序

首先在刻录机中放入空白光盘，然后选择【开始】/【所有程序】/【ONES】命令，打开ONES窗口。

2 刻录文件

1. 选择“数据光盘”选项，打开刻录窗口，将需要刻录的文件拖入“来源”栏中。
2. 单击[刻录]按钮，开始刻录文件。

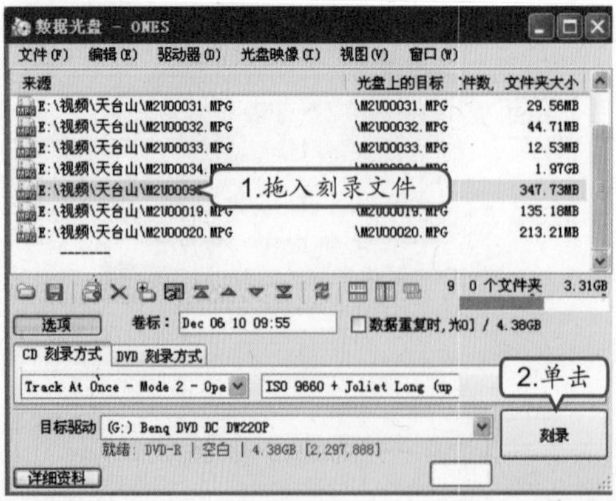

3 刻录完成

系统开始刻录文件，等待一段时间之后，文件刻录完成，系统打开提示对话框，单击[确定]按钮即可完成刻录。

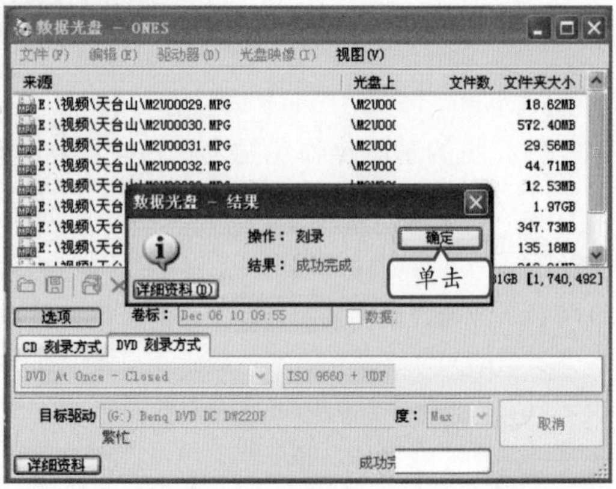

操作提示：ONES介绍

ONES是一款高品质的“数字绿色刻录软件”。支持CD-ROM、CD、视频文件、MP3、WMA或WAV等，可自动识别错误。ONES还使用了新的刻录引擎，引入了全新的模糊逻辑“选项检查”引擎，可以对用户输入的所有选项与设定进行检查，报告刻录时可能出现的问题，这样就降低了出错的几率，防止用户做出不合理的设定。

高手指点 光盘分CD-R和CD-RW，只有RW是可擦写的，这样的光盘才能擦除数据，CD-R或者DVD-R是不可以的。用于刻录的软件常用的还有Nero，其使用的方法与ONES类似。

10.2.2 上机1小时：添加网络打印机

本例将添加一个网络共享打印机，其具体操作如下。

上机目标

- **巩固添加打印机的方法。**
- **进一步掌握打印机的设置方法。**

教学演示\第10章\添加网络打印机

1 单击“添加打印机”超链接

单击 开始 按钮，在“开始”菜单中选择“打印机和传真”命令，打开“打印机和传真”窗口，单击“添加打印机”超链接。

2 添加打印机

1. 打开“添加打印机向导”对话框，单击 下一步(N) > 按钮，然后在弹出的界面中选中“网络打印机或连接到其他计算机的打印机”单选按钮。
2. 单击 下一步(N) > 按钮。

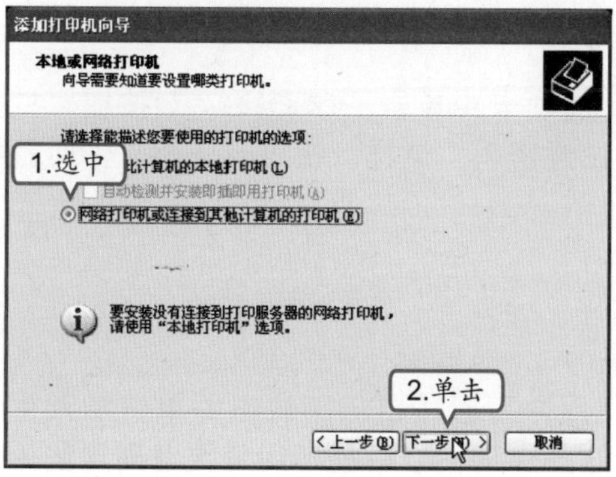

3 浏览打印机

1. 在打开的界面中选中“浏览打印机”单选按钮。
2. 单击 下一步(N) > 按钮。

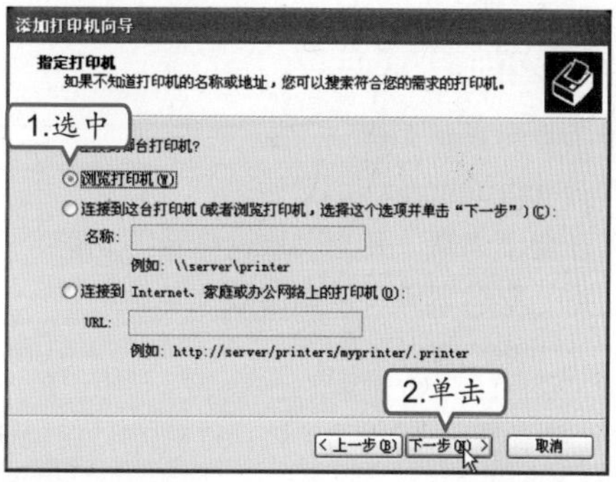

4 选择打印机

1. 在打开界面的“共享打印机”列表框中选择需要的打印机。
2. 单击 下一步(N) > 按钮。

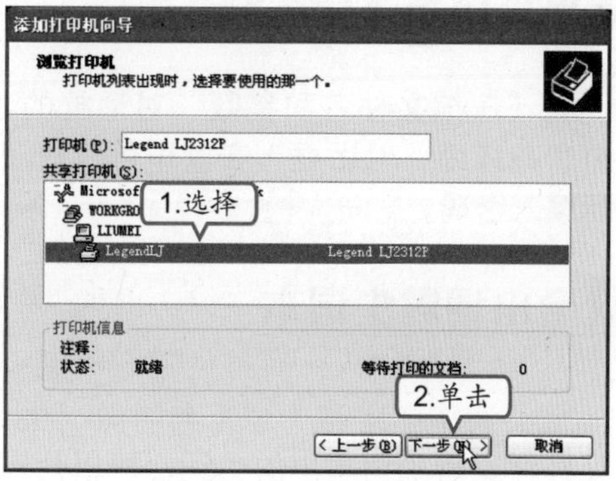

补充两句

在网上邻居中，双击网络共享打印机所在的计算机名称图标，然后在打开的窗口中双击其中的网络共享打印机，同样可以安装网络打印机。

5 设为默认打印机

1. 在打开界面的"是否希望将这台打印机设置为默认打印机？"栏中选中"是"单选按钮。
2. 单击[下一步(N) >]按钮。

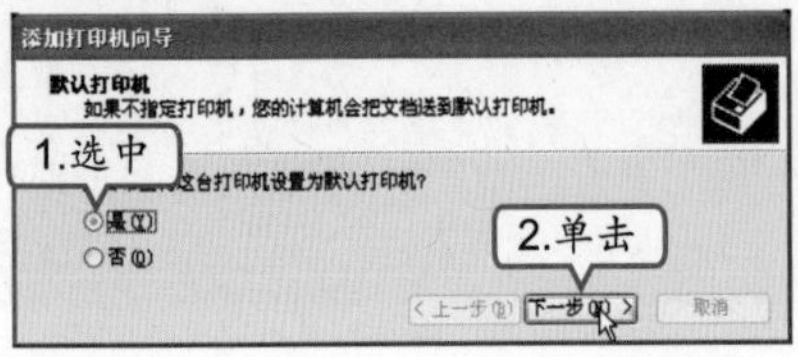

6 完成添加打印机

单击[完成]按钮完成网络共享打印机的添加。

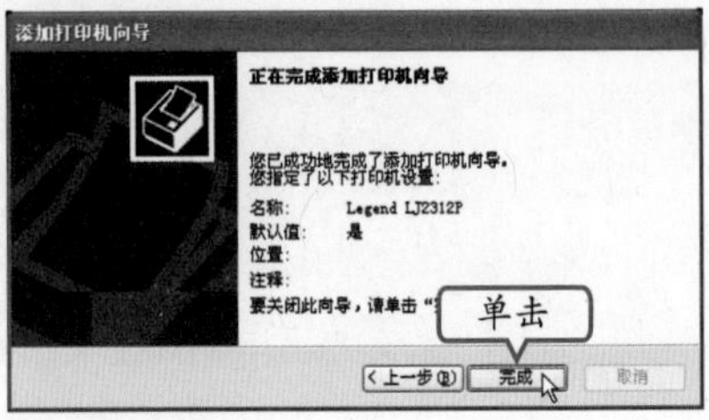

10.3 跟着视频做练习1小时：操作压缩文件

本例将对一个压缩文件进行解压，然后利用金山词霸来辅助查看其中的英文PDF文件，最后将部分页面打印出来。

操作提示：

1. 解压实例素材文档。
2. 打开Instructions.pdf文件。
3. 打开金山词霸，开启"取词划译"功能。
4. 利用"取词划译"帮助阅读文档。
5. 打开History.pdf文件。
6. 打印History.pdf文件的第1、2页。

实例素材\第10章\Aircraft.rar
视频演示\第10章\操作压缩文件

10.4 秘技偷偷报——办公软件使用技巧

老马向小李介绍完常用的办公软件和办公设备的使用方法后，老马又向小李介绍了两个办公软件的使用小技巧。

1 设置压缩文件密码

在"压缩文件名和参数"对话框的"高级"选项卡中单击[设置密码(P)...]按钮，打开"带密码压缩"对话框，在其中可以对压缩文件设置密码，这样，在打开压缩文件时就会提示输入密码。

2 金山词霸生词本

金山词霸中还有一个工具叫做"生词本"，用户可以将自己不认识的单词加入生词本，经常查看生词本中的生词，可以让自己熟悉这些生词，以后就不用每次遇到这些生词就去查字典了。

高手指点 网络打印机是指通过打印服务器（内置或者外置）将打印机作为独立的设备接入局域网或者Internet，使打印机摆脱一直以来作为电脑外设的附属地位。

第11章

办公电脑的维护与安全设置

小李一个人将头埋在办公桌里，不知道在忙些什么，一脸愁容。老马走过去问是怎么回事，小李愁容满面地说：“电脑中毒了，前段时间做的资料完全没有了，现在不知道该怎么办呢。”老马严肃地告诉小李，“作为办公用的电脑，很多资料是很重要的，可不能随便弄丢了，重要资料需要备份，平时也要及时整理，还要给电脑安装杀毒软件，来保护电脑的安全。”小李后悔极了，忙让老马赐教。

2小时学知识

- 办公电脑的维护
- 系统安全设置

3小时上机练习

- 清理磁盘文件并整理磁盘碎片
- 360安全卫士的使用
- 维护电脑系统

11.1 办公电脑的维护

老马告诉小李，电脑磁盘是日常办公中最常使用的硬件设备，为了保证磁盘中的数据安全，磁盘中不要存放过多无用的文件，应定期对磁盘进行维护。为了避免电脑在出现故障时其中的数据意外丢失，Windows XP中自带了一个备份工具，通过它可以方便地制作一份备份文件。小李正愁最近工作文件经常不小心丢失，不知道该怎么办呢，于是让老马讲讲该怎么操作。

11.1.1 学习1小时

学习目标

- **熟悉电脑磁盘的维护。**
- **学会使用系统文件的备份和还原。**

1 使用磁盘清理功能

Windows XP操作系统在运行过程中常常会生成各种垃圾文件，占用有限的磁盘空间，这时可将其从电脑中删除，提高系统性能。下面以清理C盘中的垃圾文件为例进行讲解，其具体操作如下。

教学演示\第11章\使用磁盘清理功能

1 选择清理的磁盘

1. 选择【开始】/【所有程序】/【附件】/【系统工具】/【磁盘清理】命令，打开“选择驱动器”对话框，在“驱动器”下拉列表框中选择要清理的磁盘。
2. 单击 确定 按钮。

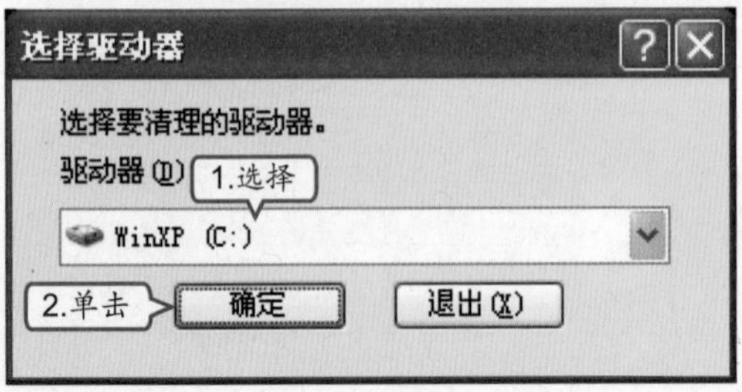

2 扫描磁盘

系统自动分析选择磁盘中的文件，并在打开的对话框中显示分析进度，分析完成后自动打开对应的磁盘清理对话框。

高手指点 还原点会占用较多磁盘空间，如果电脑已进行备份操作，可关闭自动还原功能。

3 选择要删除的文件

1. 在“要删除的文件”列表框中选中需删除文件对应的复选框。
2. 单击 确定 按钮。

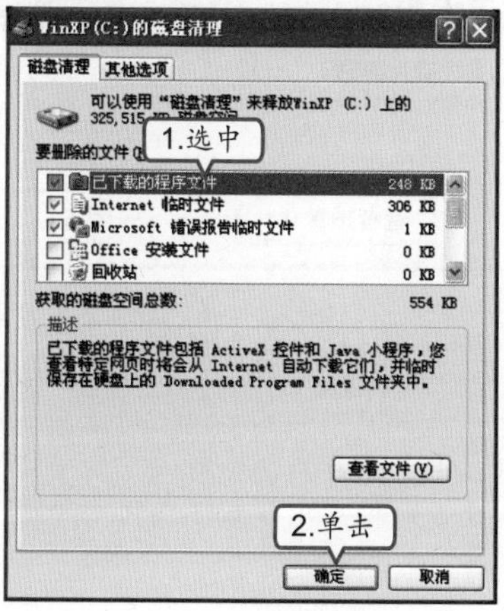

4 确认清理

打开提示对话框，询问是否执行清理操作，单击 是(Y) 按钮即可对所选类型的垃圾文件进行清理。

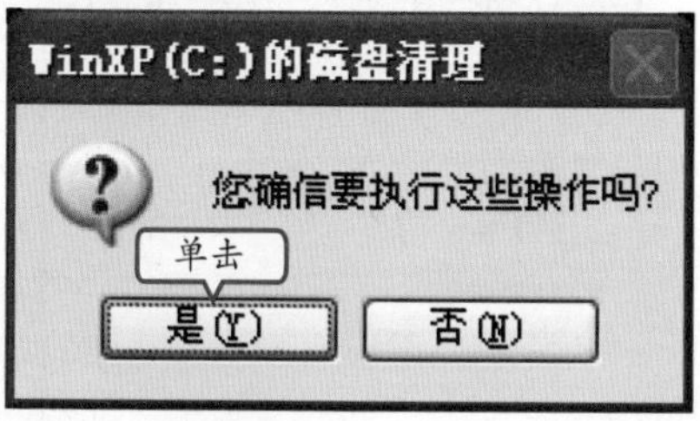

5 完成清理

系统自动开始清理用户选择删除的文件，几分钟后即可完成磁盘清理。用户可以按照此方法开始清理其他磁盘的文件。

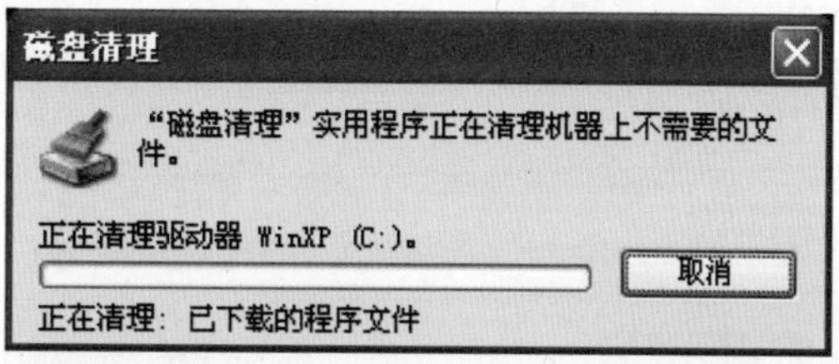

操作提示：安装应用程序

用户应该将应用软件安装在非系统盘分区中：通常，软件的默认安装路径为C盘的Program Files文件夹，而C盘为系统盘区，空间占用过多会导致电脑使用速度变慢。因此在安装软件时注意修改安装路径，将应用软件安装到其他盘区。

教你一招：不重复安装驱动程序

驱动程序是电脑硬件运行的基础，如果某个电脑硬件不能正常运行，首先考虑其驱动程序是否安装正确，但在安装驱动程序前，应卸载不正确的驱动程序，然后再安装，以避免驱动程序过多导致硬件不能正常使用。

2 整理磁盘碎片

磁盘碎片其实是文件碎片，是用户对文件进行复制、移动等操作过程中将文件分散保存到磁盘的不同地方，而产生很多不连续的零碎的文件。当磁盘中的碎片过多时，在读取和查找文件时就需要更多的时间，此时可进行磁盘碎片整理。整理磁盘碎片的具体操作如下。

教学演示\第11章\整理磁盘碎片

补充两句

定期整理硬盘还有一个好处，就是在用硬盘数据恢复专家之类的软件恢复误删的文件时，成功的机会比较大。

1 选择要进行整理的磁盘

选择【开始】/【所有程序】/【附件】/【系统工具】/【磁盘碎片整理程序】命令，打开“磁盘碎片整理程序”对话框，选择需要整理的磁盘，如C盘，单击 碎片整理 按钮。

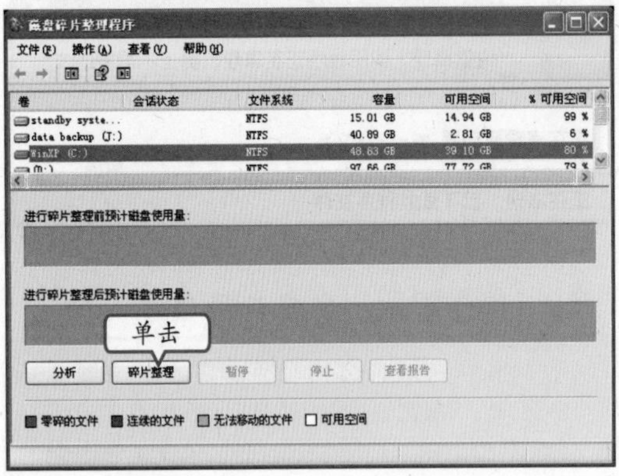

2 碎片整理

系统自动对选择的C盘进行分析，分析完毕后如需对C盘进行碎片整理，将自动运行，并在列表框中显示整理进度。

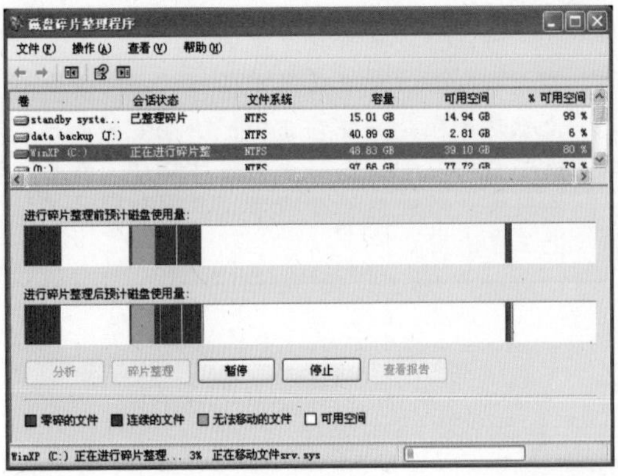

3 碎片整理完毕

整理完毕后，系统将打开提示对话框提示整理完毕，单击 关闭(C) 按钮即可完成整理操作。

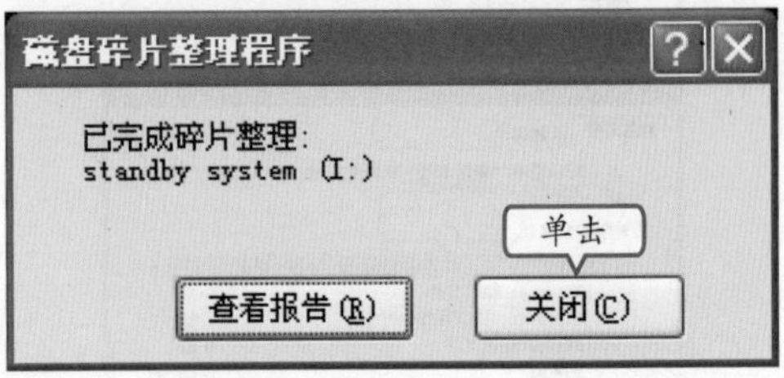

操作提示：磁盘整理提示

磁盘碎片整理需要较长的时间，所以建议在电脑相对空闲的时候进行整理，并且在整理的过程中最好不使用电脑进行任何操作。

教你一招：查看碎片整理报告

如果需要查看碎片整理报告，可以单击 查看报告(R) 按钮，打开如下图所示的“碎片整理报告”对话框。

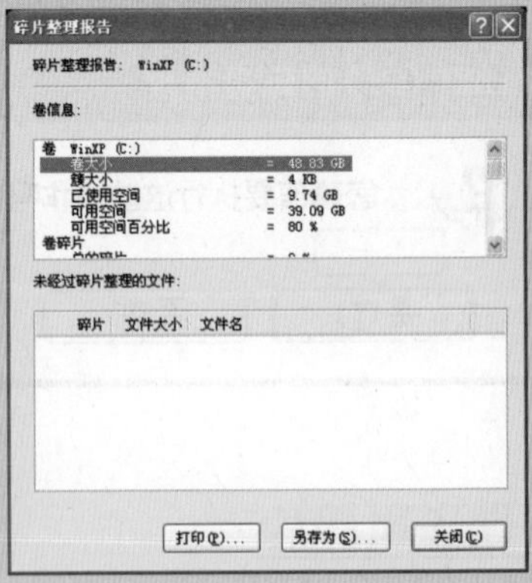

教你一招：什么场合需要整理磁盘碎片

如果经常在一个磁盘中进行文件的存储、移动、删除等，就应该定期对其进行碎片整理，以保证更快地读取磁盘中的文件。

高手指点 磁盘备份、磁盘清理通常是磁盘连续进行的操作，除了系统自带的功能外，很多软件也有这类功能，如360安全卫士、Windows优化大师等。

3 备份数据

操作系统是电脑运行的基础，其安全是每个办公用户最关心的话题之一。为了保证系统能安全运行，要避免经常重装系统、重装软件，可以为操作系统进行备份，当操作系统受损时可快速还原到备份前的状态。下面介绍使用系统工具备份文件的方法，其具体操作如下。

教学演示\第11章\备份数据

1 开始备份

选择【开始】/【所有程序】/【附件】/【系统工具】/【备份】命令，启动备份程序。打开如下图所示的“备份或还原向导”对话框，单击 下一步(N) > 按钮。

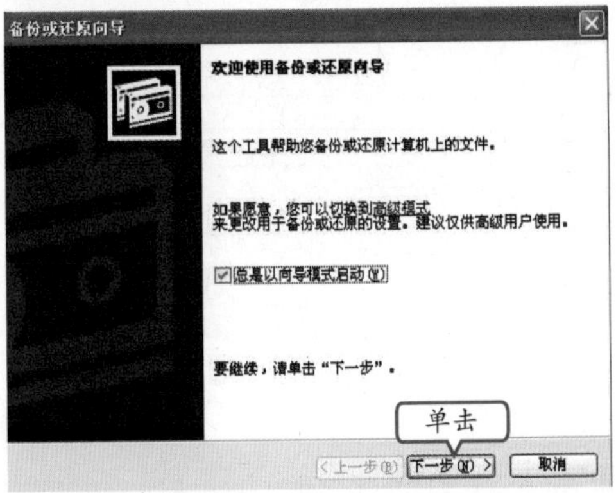

2 备份文件和设置

1. 在打开的界面中选中“备份文件和设置”单选按钮。
2. 单击 下一步(N) > 按钮。

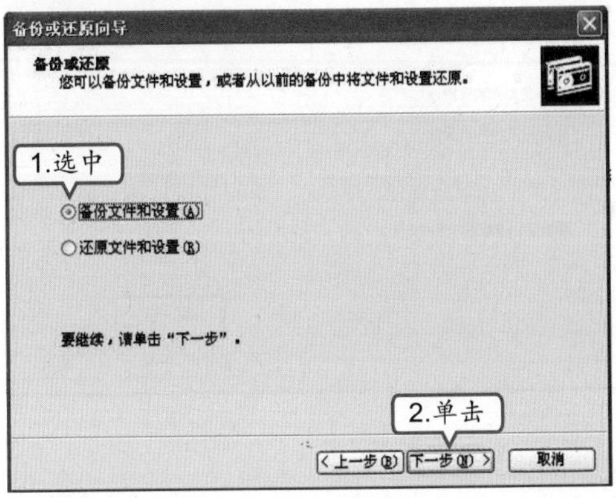

3 选择备份文件

1. 在打开的界面中选择需备份的内容，如选中“我的文档和设置”单选按钮。
2. 单击 下一步(N) > 按钮。

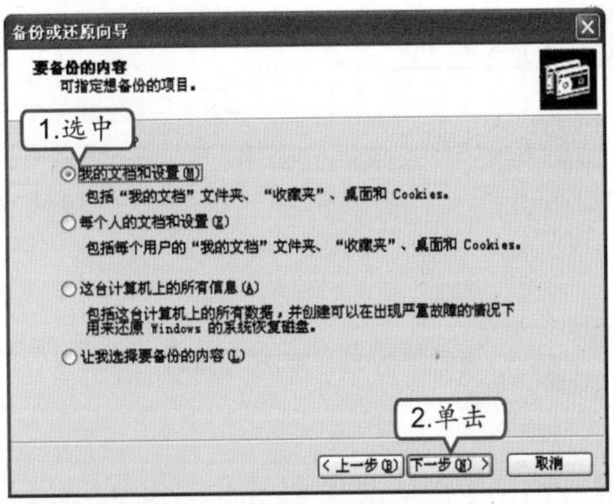

4 文件类型、目标、名称设置

1. 在打开的界面中设置备份的类型、目标和名称。
2. 单击 下一步(N) > 按钮。

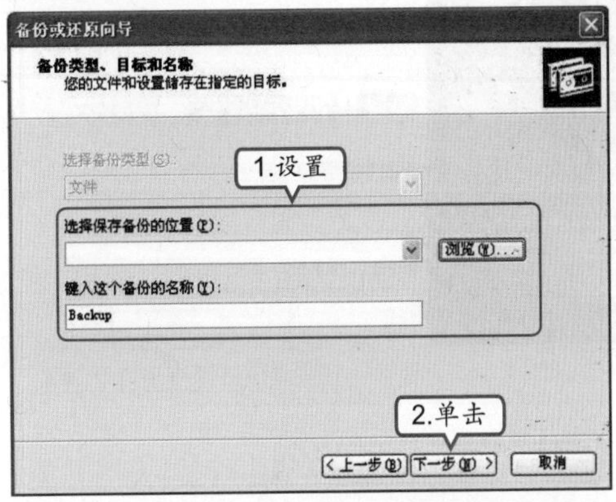

补充两句

对操作系统进行备份可以使用一键还原精灵，该软件是一款傻瓜式的系统备份和还原工具，具有安全、快速、保密性强、压缩率高、兼容性好等特点。

5 完成备份设置

系统备份设置基本完成后，将打开如下图所示的对话框，单击完成按钮。

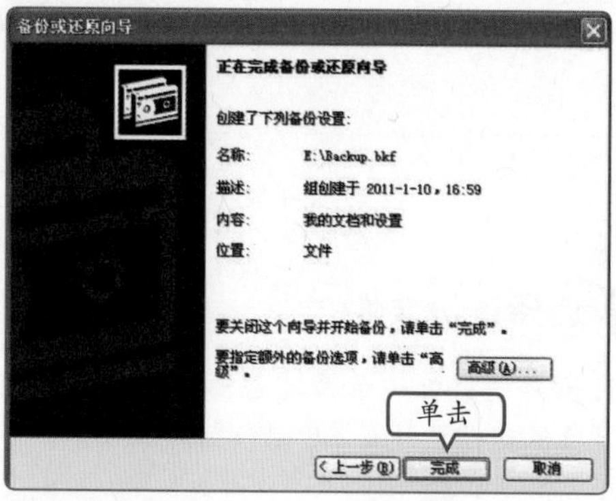

6 查看备份进行

在完成备份和还原向导的设置后会出现如下图所示的“备份进度”窗口，可以在该窗口看到备份的进度。

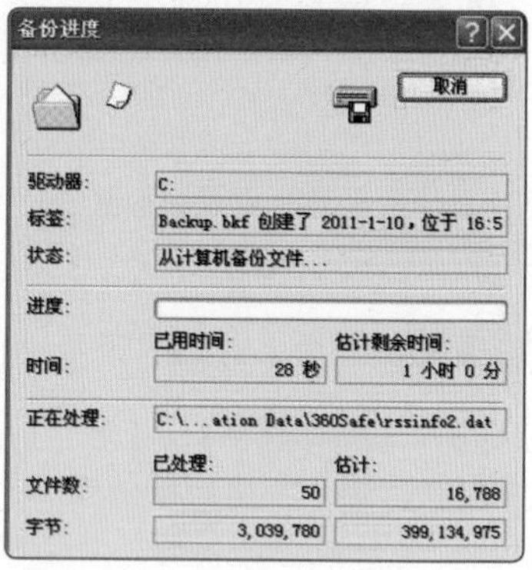

4 还原数据

数据备份完成后，如果需要查看备份文件的内容，需要将备份文件还原。下面以还原前面备份的文件为例详细讲述还原数据的方法，其具体操作如下。

教学演示\第11章\还原数据

1 打开“备份或还原向导”对话框

双击备份文件图标，打开“备份或还原向导”对话框，单击下一步(N) >按钮。

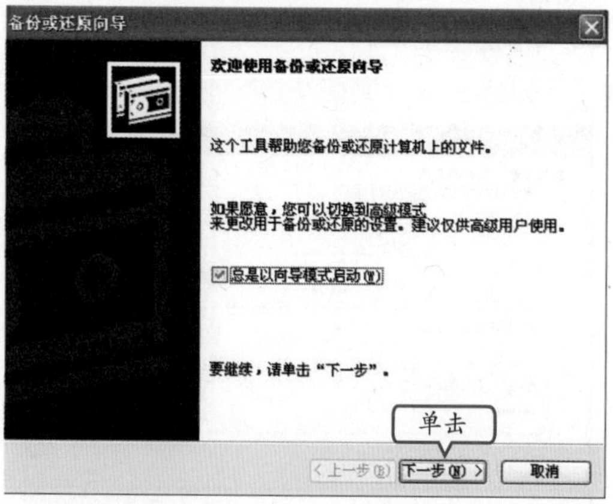

2 选择还原文件

打开“备份或还原”界面，选中“还原文件和设置”单选按钮，单击下一步(N) >按钮。

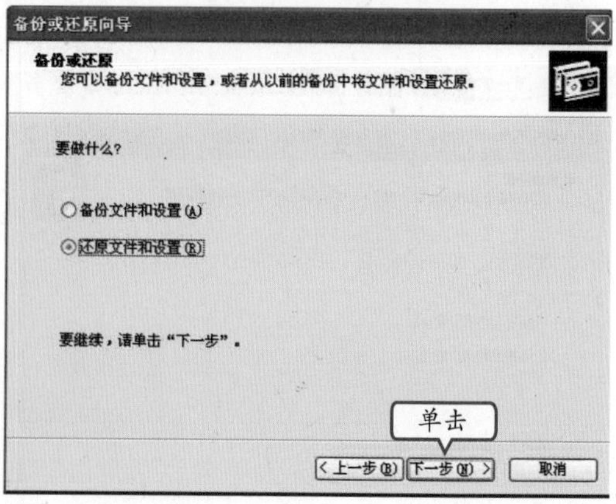

高手指点　如果系统故障不是很严重，可以用其他方式解决的情况下建议不要轻易恢复系统，因为恢复之后近期的一些设置、安装的软件或保存在系统盘中的数据可能会全部丢失。

3 打开“还原项目”界面

打开“还原项目”界面，在“要还原的项目”栏中选择需要还原的文件，如下图所示，然后单击 下一步(N) > 按钮。

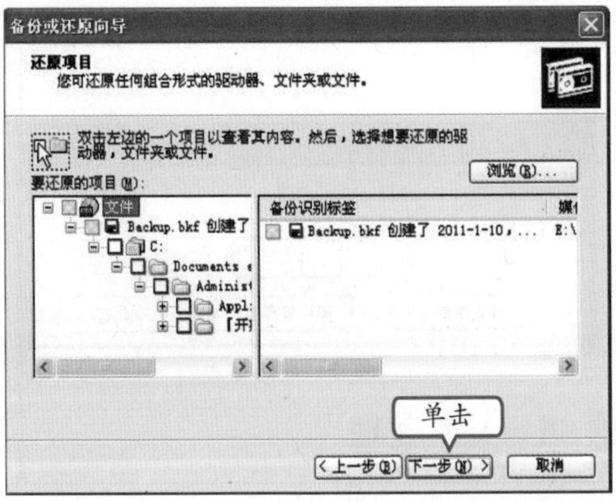

操作提示：备份过程修改数据

如果正在对一个文件或文件夹进行备份，突然想对文件或文件夹中的一个数据进行修改，要停止当前的备份操作，只需要单击“备份进度”对话框中的 取消 按钮即可中断正在备份或还原的进程。

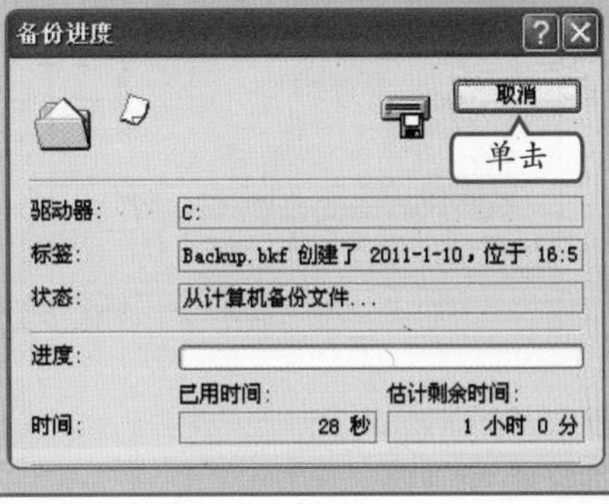

11.1.2 上机1小时：清理磁盘文件并整理磁盘碎片

本例将对系统中的文件进行清理，然后整理磁盘碎片。通过本例，应该掌握基本的磁盘碎片整理方法和电脑的磁盘文件清理方法。

上机目标

- **掌握清理磁盘文件的方法。**
- **进一步掌握系统还原信息的查看方法。**

教学演示\第11章\清理磁盘文件并整理磁盘碎片

1 选择清理磁盘

单击 开始 按钮，选择【所有程序】/【附件】/【系统工具】/【磁盘清理】命令，在打开的“选择驱动器”对话框中选择WinXP(C:)选项，单击 确定 按钮。

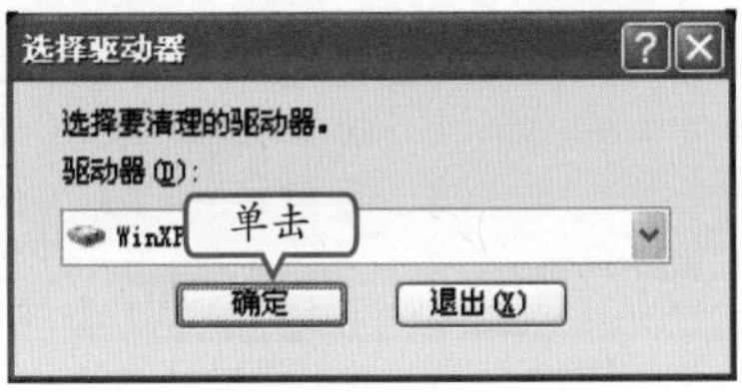

2 扫描磁盘文件

在打开的“磁盘清理”对话框中显示了扫描进度，完成扫描后打开删除文件对话框。

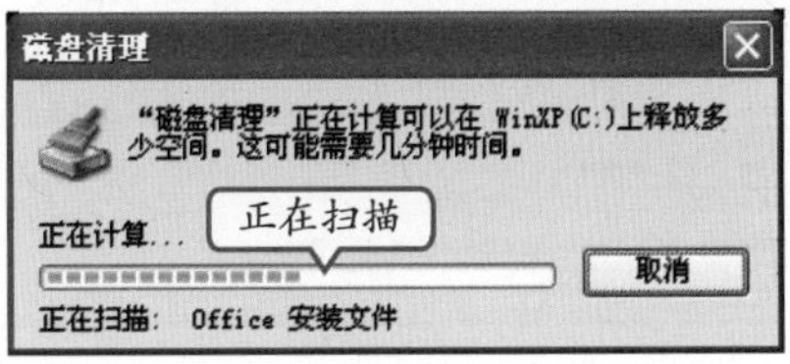

补充两句

磁盘整理需要对硬盘进行底层分析，判断数据的可移动性，再对文件进行分类排序。在正式安排好硬盘数据结构前，它会不断随机读取写入数据到其他簇，排好顺序后再把数据移回适当位置，这些操作会占用大量的CPU和磁盘资源。

3 选择要删除的文件

在“要删除的文件”列表框中选中需删除文件项前面的复选框，单击 确定 按钮。

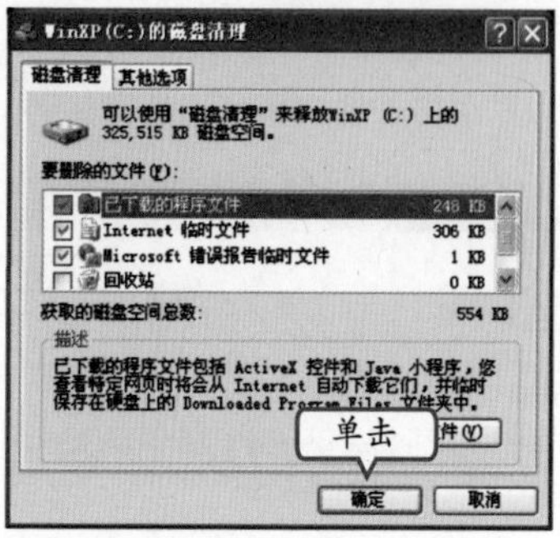

4 确认并完成清理

单击 是(Y) 按钮，即可开始对磁盘进行清理。

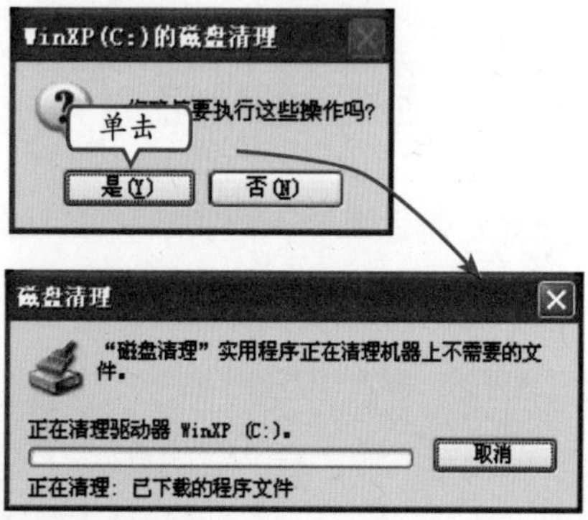

5 分析磁盘

1. 选择【开始】/【所有程序】/【附件】/【系统工具】/【磁盘碎片整理程序】命令，打开“磁盘碎片整理程序”窗口，选中要整理的磁盘。
2. 单击 分析 按钮。

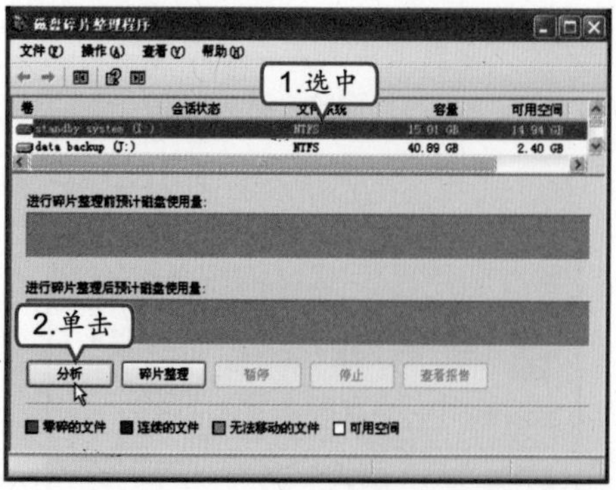

6 确认碎片整理

在弹出的“磁盘碎片整理程序”对话框中单击 碎片整理 按钮。

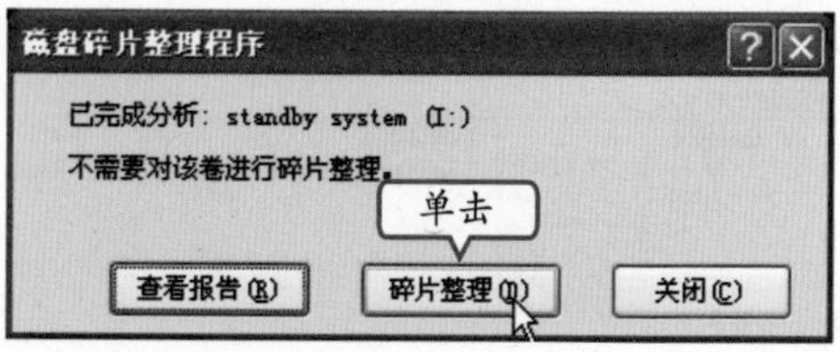

7 进行碎片整理

磁盘碎片整理程序开始整理碎片。

8 碎片整理完成

完成后单击 关闭(C) 按钮完成磁盘碎片整理。

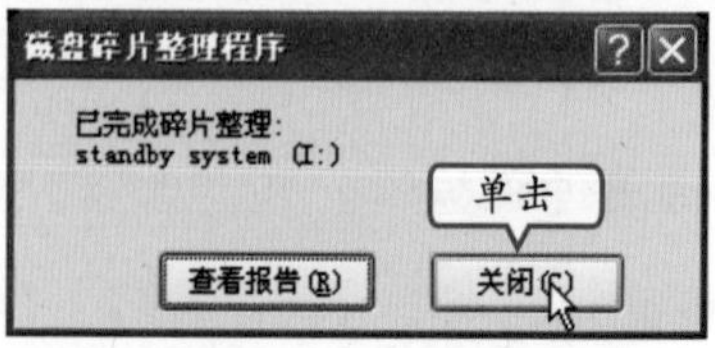

操作提示：保证磁盘清理顺利

在进行磁盘清理的过程中尽量不要进行任何其他的操作，避免因操作不当带来突然死机或者停顿，导致文件的丢失和电脑磁盘的损伤。

高手指点 也可打开“删除浏览的历史记录”对话框，对历史记录进行删除。

11.2　系统安全设置

老马告诉小李：“电脑病毒是目前电脑的最大威胁之一，它无孔不入，不管电脑是否连入Internet都有感染病毒的可能。为了使电脑最大可能运行在安全的工作环境中，应注意时时防范电脑病毒。”小李一脸茫然，赶紧让老马给讲讲这是这么回事。

11.2.1 学习1小时

学习目标

- 掌握启用防火墙的方法。
- 学会使用360安全卫士。

1 启用防火墙

阻止病毒对电脑的侵害，可以启用防火墙，防火墙就像电脑与Internet之间的保护屏。启用防火墙的具体操作如下。

教学演示\第11章\启用防火墙

1 打开“Windows 防火墙”窗口

选择【开始】/【控制面板】命令，打开“控制面板”窗口，双击“Windows防火墙”图标，打开“Windows防火墙”对话框。

2 选择启用防火墙

1. 选中“启用”单选按钮。
2. 单击 确定 按钮，即可启用Windows防火墙程序。

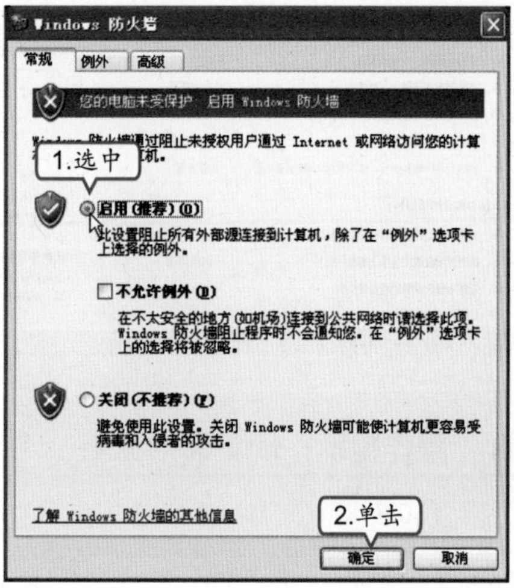

为了更好地保护系统安全，还可以使用一些专业的防火墙软件对电脑实施保护。

补充两句

操作提示：添加或删除例外

在“Windows 防火墙”对话框中选择“例外”选项卡，可以单击 添加程序(R)... 按钮添加信任的程序到相应列表框中，使其不受防火墙的阻隔，也可以在“程序和服务”列表框中选择已经添加的程序和服务，单击 删除(D) 按钮取消其例外。

2 修复系统漏洞

Microsoft公司每隔一段时间就会更新一些组件，以修复操作系统的漏洞。为保证系统的安全，用户应定期修复系统漏洞。使用360安全卫士可自动查找当前系统缺少的组件，并自动到Microsoft网站下载并安装，其具体操作如下。

教学演示\第11章\修复系统漏洞

1 启动360安全卫士

下载并安装360安全卫士后，选择【开始】/【所有程序】/【360安全卫士】/【360安全卫士】命令，启动该软件。第一次启动时，360安全卫士会对电脑进行“体检”，并将需要修复的部分显示出来，这里单击系统漏洞选项后的 查看并修复 按钮。

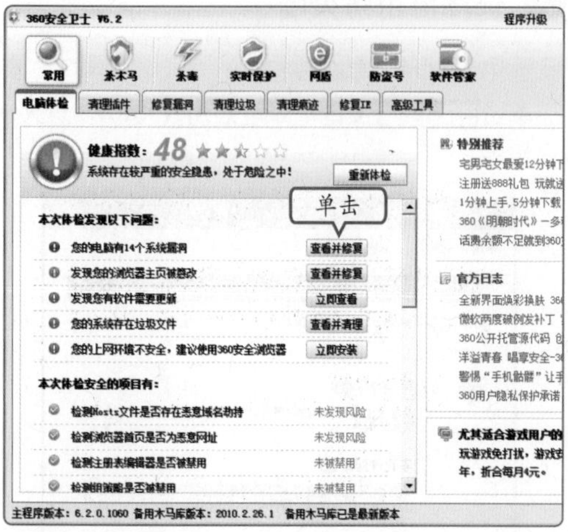

2 修复漏洞

在打开的页面中显示出系统的漏洞，并自动将其全部选中，单击 修复 按钮。

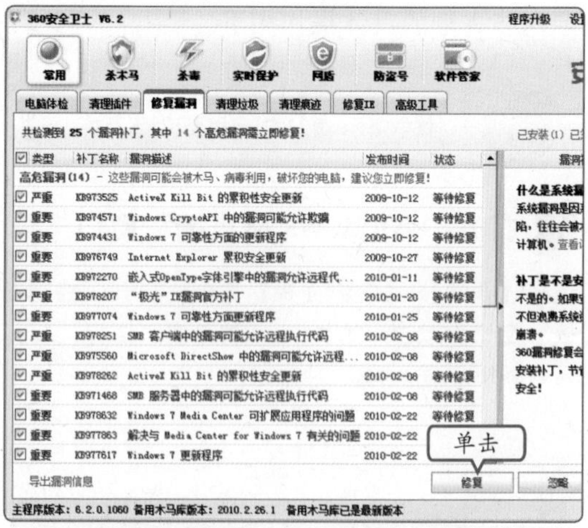

教你一招：其他漏洞修复方式

启动360安全卫士后，也可以选择“修复漏洞”选项卡进行漏洞修复。

操作提示：修复漏洞生效

360安全卫士自动下载修复相应漏洞的文件并进行安装，并在打开的页面中显示每个修改文件的下载进度、安装进度等状态。待修复完成之后，单击 立即重启 按钮才能让修复的漏洞生效。

高手指点

只要安装了360杀毒软件和360安全卫士，启动电脑时将默认启动这两个软件，并启用相应的实时保护功能，保护电脑不受病毒、木马的侵害。

3 查杀流行木马

木马是电脑的最大威胁之一，木马的种类也在不停更新，为保证电脑系统安全运行，可定期使用360安全卫士查杀木马。360安全卫士提供了3种查杀木马的方法，即快速扫描、全盘扫描和自定义扫描，其中快速扫描和全盘扫描的方法较简单，系统自动在默认的位置查杀木马。下面以自定义扫描为例进行讲解，其具体操作如下。

教学演示\第11章\查杀流行木马

1 启动360木马查杀

启动360安全卫士，单击工作界面上方的“杀木马”按钮，打开“360木马云查杀”界面，选择“云查杀”选项卡下的“自定义扫描”选项。

2 打开“浏览文件夹”对话框

在“360木马云查杀”对话框中单击添加按钮，打开“浏览文件夹”对话框。

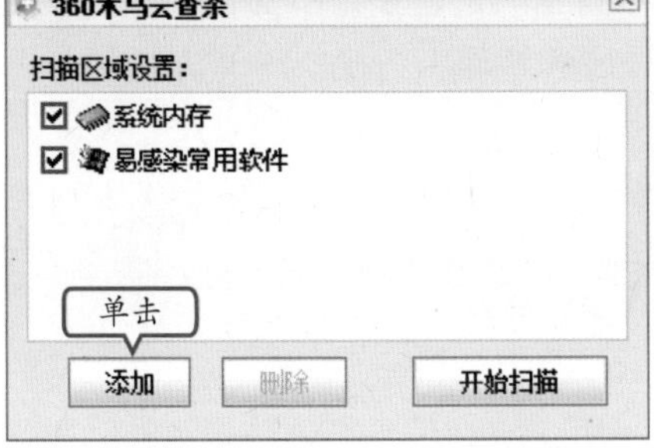

3 设置扫描范围

1. 在“选择扫描目录”列表框中选择需扫描木马的磁盘或文件夹。
2. 单击确定按钮。

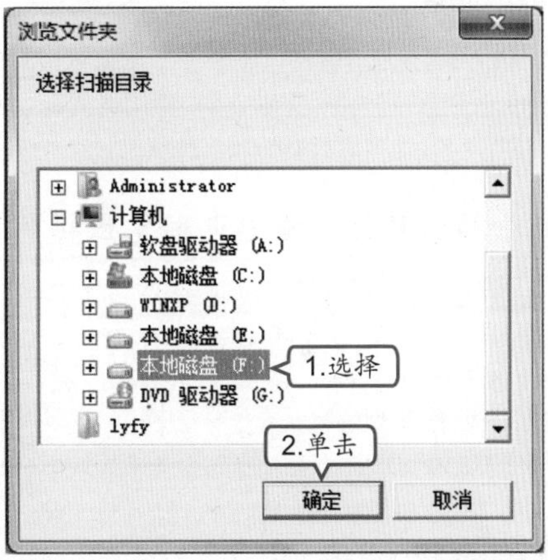

4 开始扫描

返回“360木马云查杀”对话框，此时“扫描区域设置”列表框中已自动选中刚才选择的磁盘或文件夹对应的复选框，单击开始扫描按钮。

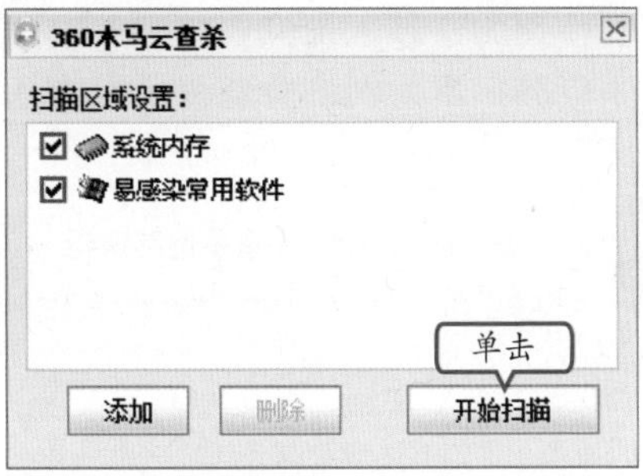

360安全卫士支持双引擎查杀木马，并连接到了360云安全中心，查杀木马的功能非常强大。 补充两句

5 扫描文件

360安全卫士自动扫描选择位置的文件，并在“扫描结果”栏中显示扫描文件的状态，如下图所示。

6 处理木马

如发现电脑中存在木马，选择“扫描结果”选项卡，在窗口中将显示360安全卫士扫描到的所有判断为木马的文件，如确认某文件为木马文件，选中对应的复选框，单击 立即处理 按钮即可进行处理。

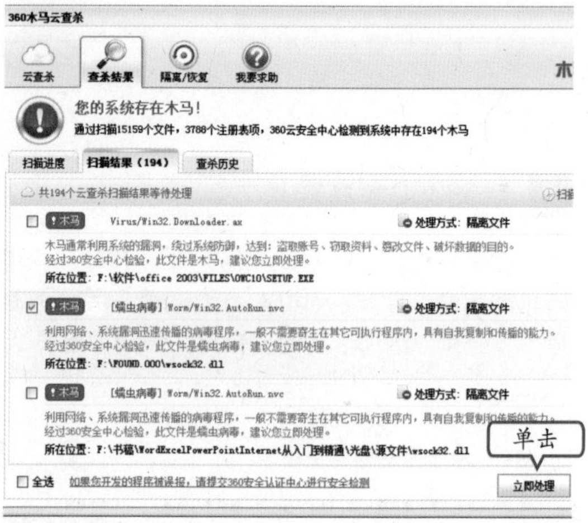

操作提示：重启电脑完成操作

360安全卫士自动将选择的木马文件进行隔离，隔离成功后，在打开的提示对话框中单击 立即重启 按钮完成操作，否则木马的查杀将无法完成。

操作提示：处理隔离文件

在木马查杀界面中单击“隔离/恢复”按钮，可在打开的界面中查看被360安全卫士隔离的文件，如果对其中的文件比较了解，可以对其进行彻底删除或者恢复操作。

4 查杀电脑病毒

杀毒软件是防范电脑病毒最常用的方法之一，安装杀毒软件后，杀毒软件默认启用了监控程序，即自动监控电脑的运行状态，如发现病毒及时提示用户处理。杀毒软件在日常办公中应用非常普遍，即使感染了电脑病毒也可对其进行查杀。

如今杀毒软件较多，除了360杀毒软件外，还有卡巴斯基、瑞星杀毒软件、金山毒霸等，其使用方法基本类似，但每个软件查杀的病毒种类有一定差别。下面以使用360杀毒软件查杀电脑病毒为例讲解查杀病毒的基本方法，其具体操作如下。

教学演示\第11章\查杀电脑病毒

高手指点 在“控制面板”窗口中单击Windows Update超链接，在打开的窗口中单击“检查更新”按钮，可自动查找是否有更新的系统文件，以修复系统漏洞。

1 选择杀毒

启动360安全卫士，在打开的界面中单击“杀毒”按钮，启动360杀毒软件。

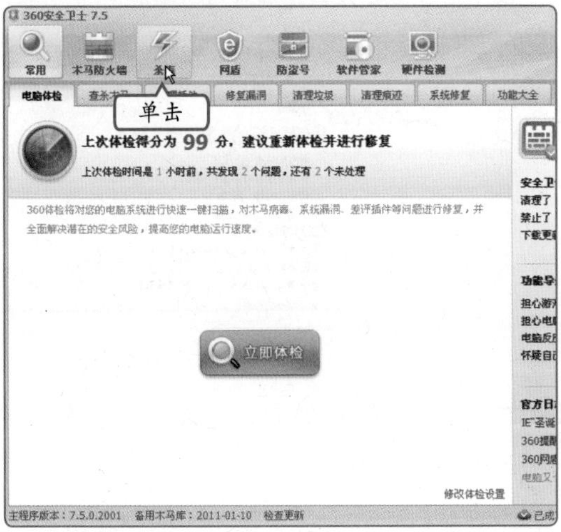

2 全盘扫描

如果是第一次使用杀毒软件，建议选择“全盘扫描”功能，对所有磁盘进行一次全方位的扫描，以保证电脑的安全。

3 开始扫描磁盘

选择“全盘扫描”之后，系统开始扫描系统文件，并在进度栏显示扫描进度。扫描全盘需要较长时间，可以选中“扫描完成后关闭计算机”复选框，扫描完成后电脑会自动关闭。

4 处理病毒

电脑扫描完成后，在列表栏中会罗列出查出的病毒名称及类型，单击“开始处理”按钮处理病毒文件。

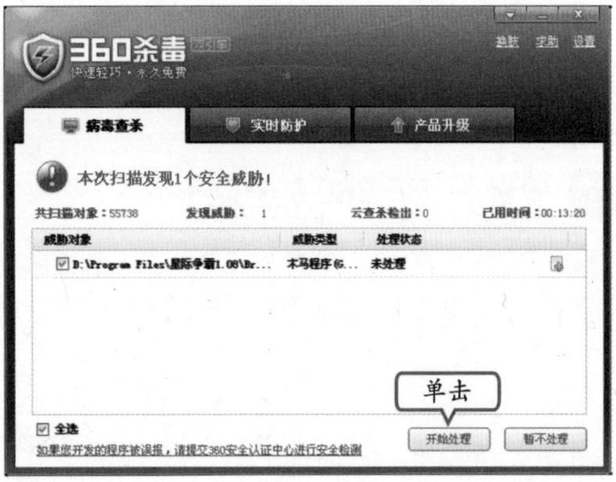

教你一招：不轻易修改电脑的配置信息

对电脑不熟悉的用户，不要轻易修改系统的BIOS、注册表或其他配置信息，以避免造成电脑不能正常使用的现象。

补充两句

杀毒软件的种类也非常多，其中部分杀毒软件为收费软件，如卡巴斯基，用户可根据自身需求选择合适的杀毒软件。

5 处理完成

处理完成后系统将打开如下图所示的界面，单击 确认 按钮即可完成病毒的查杀。

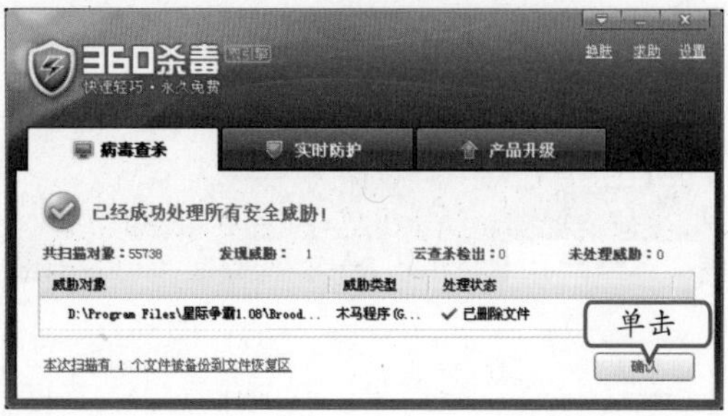

操作提示：防止感染病毒

不使用来历不明的文件，在使用移动储存设备或网络中的文件时，应先检查是否带有病毒，以避免电脑感染病毒。

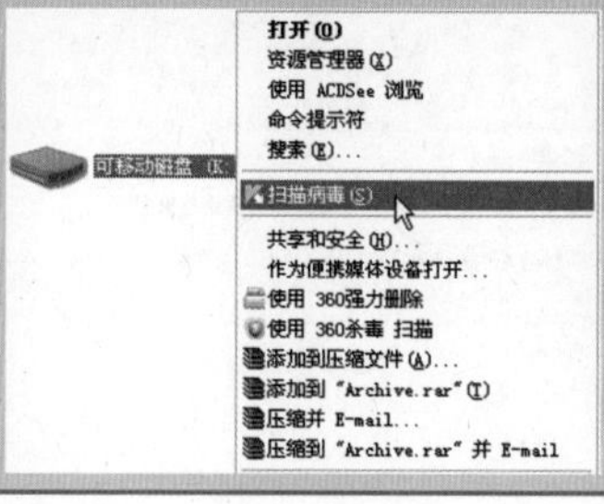

11.2.2 上机1小时：360安全卫士的使用

本例将使用360安全卫士对系统进行体检、木马查杀和漏洞修复等操作。通过本例，应该熟悉怎样使用360安全卫士来对系统进行全方位的保护。

上机目标

- **掌握360安全卫士的一般操作方法。**
- **进一步掌握360安全卫士的安全功能设置方法。**

教学演示\第11章\360安全卫士的使用

1 安装并运行360安全卫士

安装360安全卫士后，选择【开始】/【所有程序】/【360安全卫士】/【360安全卫士】命令启动程序。

2 系统体检

1. 选择“电脑体检”选项卡。
2. 单击 立即体检 按钮。

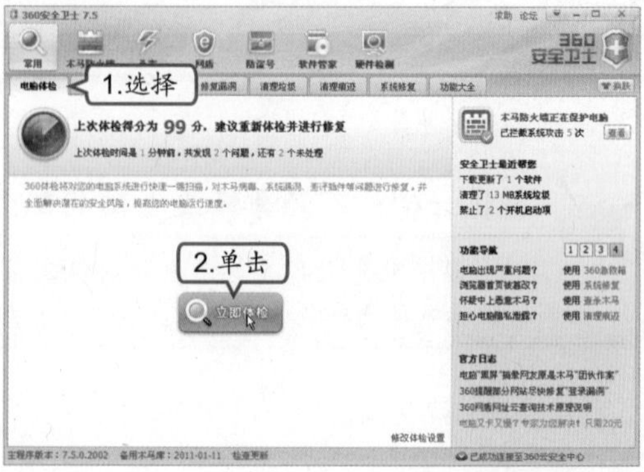

高手指点 通过360安全卫士也可清理电脑中的无用文件。

3 一键修复

体检完成后，单击 一键修复 按钮即可完成对问题的修复。

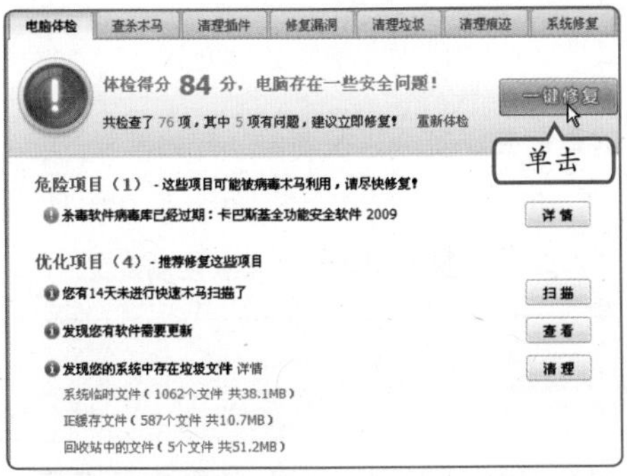

4 快速查杀木马

1. 选择“查杀木马”选项卡。
2. 选择“快速扫描”选项。

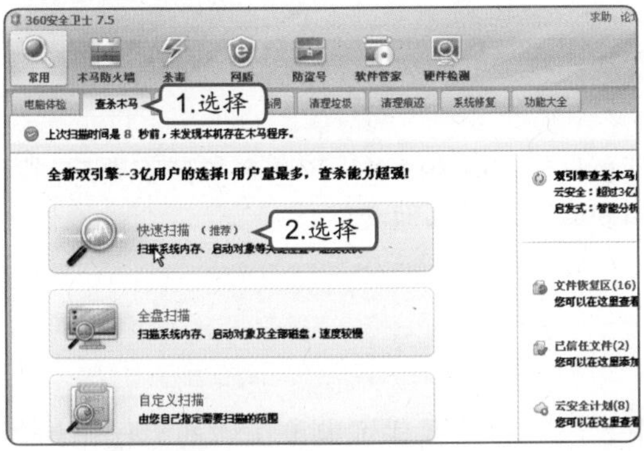

5 扫描完成

在打开的窗口中未发现木马，单击 返回 按钮返回“查杀木马”页面。

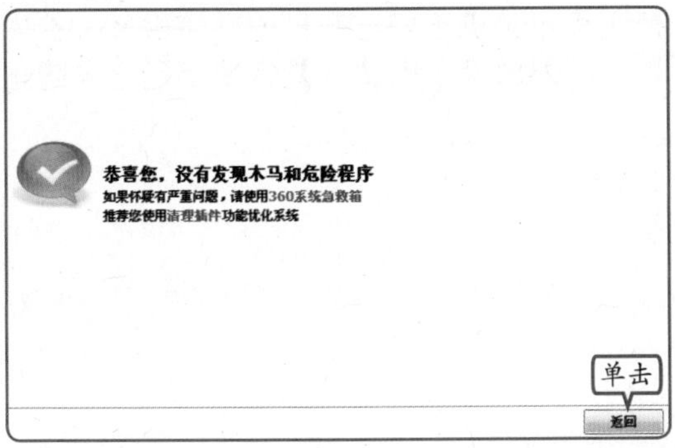

6 扫描漏洞

选择“修复漏洞”选项卡，程序会自动开始扫描系统漏洞。如发现漏洞，单击 修复 按钮即可完成对漏洞的修复。

7 系统修复

选择“系统修复”选项卡，程序会自动开始扫描系统中存在的缺陷。如发现缺陷，单击 一键修复 按钮即可完成修复。如下图所示是未发现缺陷的界面。

8 检查程序更新

单击“检查更新”超链接，检查程序更新情况，并自动更新程序。

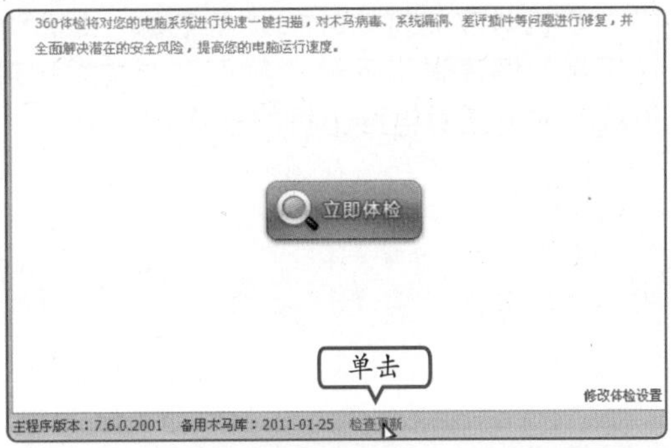

第11章

补充两句

在使用360安全卫士时，需要及时联网更新，在使用杀毒软件时，也需要及时联网更新病毒库，才能更好地对电脑进行保护。

11.3 跟着视频做练习1小时：维护电脑系统

本例将一个备份文件还原到原始状态，此时系统中有漏洞，然后启动360安全卫士修复系统漏洞。

操作提示：

1. 启动“备份和还原”工具。
2. 按照提示信息还原已经备份的文件。
3. 启动360安全卫士。
4. 扫描文件。
5. 选择需要修复的系统漏洞，开始修复。

视频演示\第11章\维护电脑系统

11.4 秘技偷偷报——电脑安全维护技巧

小李经过几个小时的学习，已经基本掌握了电脑安全维护的知识。老马觉得这些还是不够，得给小李灌输一些安全小常识才行，于是又开始给小李讲授起来。

1 拒绝来历不明的信息

为了保护电脑安全，要做到不运行来历不明的U盘、移动硬盘，不随意打开不熟悉的网站，不随意运行电子邮件中的附件、网上下载的安装程序或其他文件。

2 电脑的最佳使用环境

电脑应放置在干燥、通风的环境中，便于散热。并且要保证电脑工作的电压范围为180~220V，如果当前电压不稳定，可为其配置一个电源稳压器。

3 按正确顺序开关机

开机时应先打开外部设备电源，最后才打开主机；关机正好与开机的顺序相反，首先按正常的顺序退出系统，然后关掉主机电源，再关闭外部设备电源。其目的都是为了防止不稳定的电流对电脑主机的损伤。

高手指点

如果操作系统存在比较严重的漏洞，360安全卫士将在任务栏的通知区中提示有漏洞，此时可单击提供的超链接，打开360安全卫士并修复漏洞。

第12章

综合实例演练

终于，老马将自己知道的办公技能全部向小李介绍了一遍，老马说："小李啊，你可以出师了，以后就要靠自己钻研了，其他的东西老马我也不懂了，就这么多，全教给你了。"小李一脸感激："真是太谢谢您了。不过，我还是觉得我练习得太少了，好多东西都还不太熟练。"老马说："这好办，你再做几个实例练习练习就好了。"就这样，老马又指定了几个实例让小李制作，好让小李把学到的知识巩固熟练一下。

3小时学知识

- 制作"办公楼租赁合同"
- 制作"员工工资表"
- 制作"产品展示"幻灯片

2小时上机练习

- 制作"订单统计表"
- 制作"工作会议报告"演示文稿

12.1 学习1小时：制作“办公楼租赁合同”

小李所在公司的房屋租赁期已经到了，房东要求新立合同，小李对于Word的操作、文字输入倒没有多少问题，但对于租赁合同的内容却一无所知。老马告诉他：“房屋租赁合同属于合同的一种，首先应分甲、乙双方，然后将双方共同约定的事项写成合同的具体内容，最后还需双方签字。合同属于正规文档，所以在设置格式时应不宜花哨，注意严谨。”说着老马就带着小李一起制作办公楼租赁合同。

12.1.1 实例目标

通过本文档的制作，可全面巩固Word 2003的使用方法，主要包括在Word文档中编辑文本和分栏文本、文字和段落格式的设置以及添加编号等。由于房屋租赁合同属于合同性质，故一般无须图片等对象，关于图片对象的操作方法可自行练习，最终效果如下图所示。

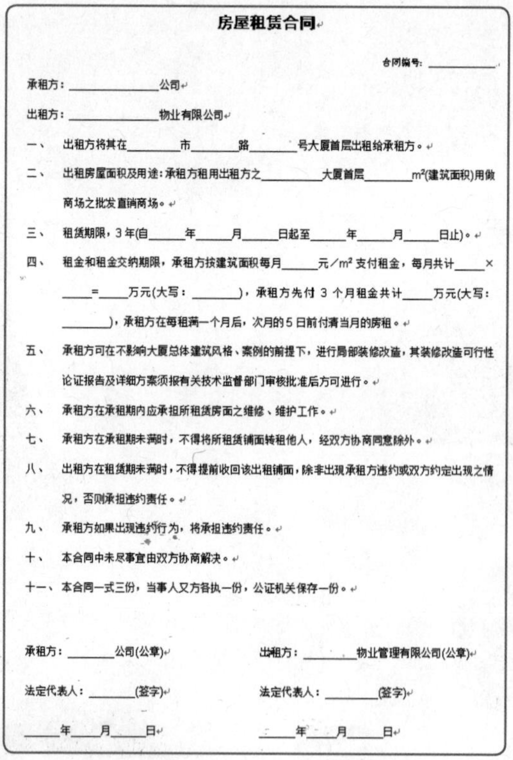

房屋租赁合同

合同编号：__________

承租方：____________公司

出租方：____________物业有限公司

一、 出租方将其在________市________路________号大厦首层出租给承租方。

二、 出租房屋面积及用途：承租方租用出租方之__________大厦首层________m²(建筑面积)用做商场之批发直销商场。

三、 租赁期限，3年(自______年______月______日起至______年______月______日止)。

四、 租金和租金交纳期限，承租方按建筑面积每月______元／m² 支付租金，每月共计_____×_____=_____万元(大写：________)，承租方先付 3 个月租金共计_____万元(大写：________)，承租方在每租满一个月后，次月的5日前付清当月的房租。

五、 承租方可在不影响大厦总体建筑风格、案例的前提下，进行局部装修改造，其装修改造可行性论证报告及详细方案须报有关技术监督部门审核批准后方可进行。

六、 承租方在承租期内应承担所租赁房面之维修、维护工作。

七、 承租方在承租期未满时，不得将所租赁铺面转租他人，经双方协商同意除外。

八、 出租方在租赁期未满时，不得提前收回该出租铺面，除非出现承租方违约或双方约定出现之情况，否则承担违约责任。

九、 承租方如果出现违约行为，将承担违约责任。

十、 本合同中未尽事宜由双方协商解决。

十一、 本合同一式三份，当事人又方各执一份，公证机关保存一份。

承租方：________公司(公章)

法定代表人：________(签字)

______年_____月______日

出租方：_________物业管理有限公司(公章)

法定代表人：_________(签字)

______年_____月______日

12.1.2 制作思路

本实例首先新建一个Word 2003文档，接下来通过复制/粘贴的方式从素材文档中输入文本并进行简单的调整，然后对最后几行文字进行分栏，再在正文部分段落前插入项目编号，最后对文字格式和段落格式进行设置。

高手指点 合同文本的各条款需要严谨，以免出现不必要的麻烦。

12.1.3 制作过程

根据本实例的学习目标和制作思路，制作本实例的具体操作如下。

实例素材\第12章\办公楼租赁合同.txt
最终效果\第12章\办公楼租赁合同.doc
教学演示\第12章\制作“办公楼租赁合同”

1 创建新文档

单击 开始 按钮，在弹出的菜单中选择【所有程序】/【Microsoft Office】/【Microsoft Office Word 2003】命令。

2 保存文件

1. 在常用工具栏中单击保存按钮，在打开的“另存为”对话框中选择保存位置“本地磁盘(D:)”。
2. 在“文件名”文本框中输入文件名称“办公楼租赁合同.doc”。
3. 单击 保存(S) 按钮。

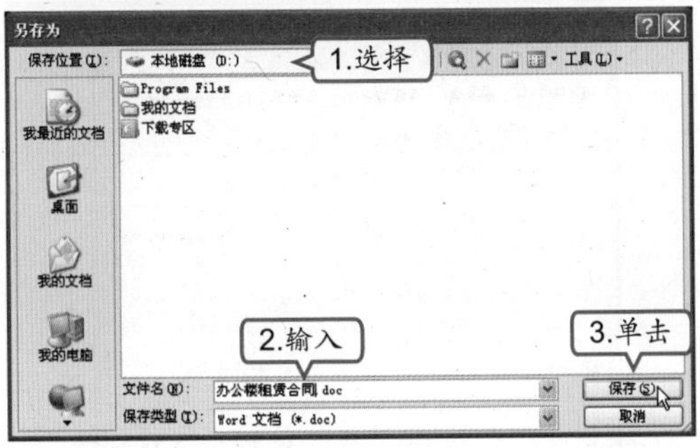

3 打开素材文档

打开素材文档“办公楼租赁合同.txt”，按【Ctrl+A】组合键选择所有文字，然后按【Ctrl+C】组合键将文字复制到剪贴板。

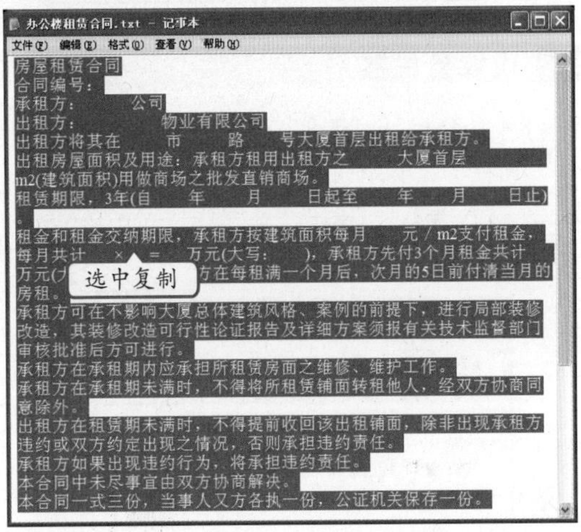

4 粘贴文本

切换到“办公楼租赁合同”文档窗口，按【Ctrl+V】组合键将文字粘贴到文档中。

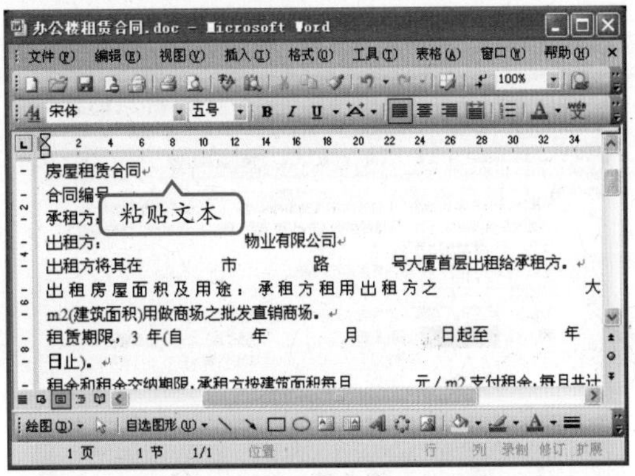

补充两句

在制作一些合同类文档时，可以在网上下载一些范文，然后将其中的内容修改为所需要的即可。

5 分栏

1. 选择最后6行文字，删除其中的空行，保留最下方的空行。
2. 选择【格式】/【分栏】命令。

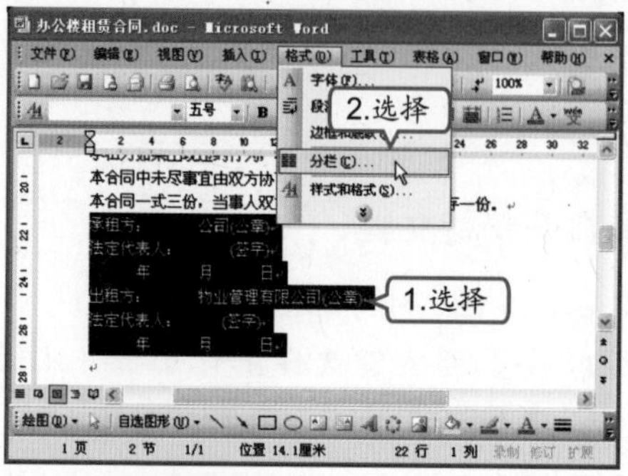

6 设置分栏数

1. 打开“分栏”对话框，在“预设”栏中选择“两栏”选项。
2. 单击 确定 按钮。

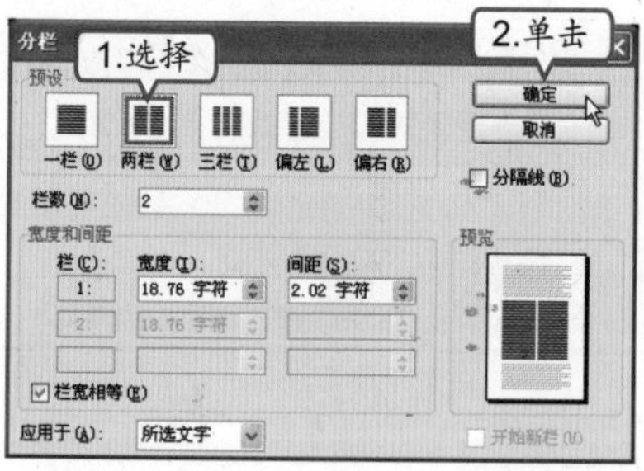

7 添加下划线

1. 选中要添加下划线的空格。
2. 单击U按钮。用同样的方法在文中留空处加上下划线。

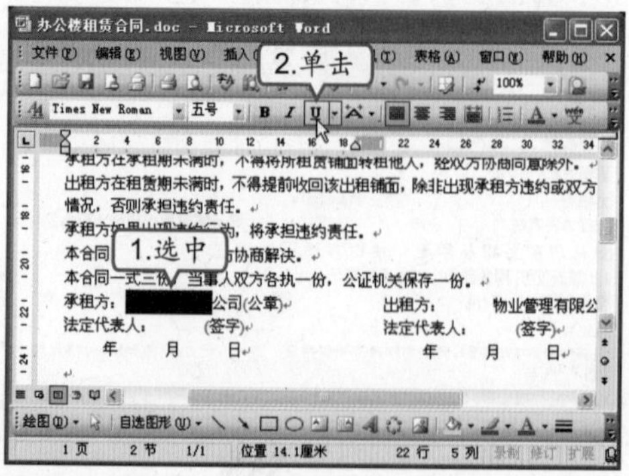

8 添加编号

1. 选择文档的第5行到倒数第4行文字。
2. 单击格式工具栏中的☰按钮。

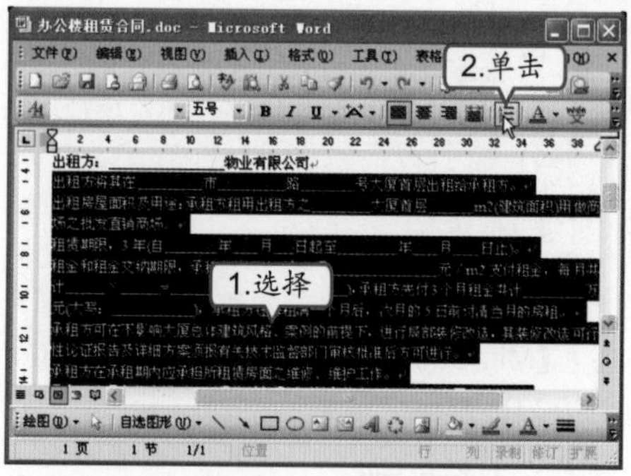

9 修改编号样式

在编号上单击鼠标右键，在弹出的快捷菜单中选择“项目符号和编号”命令。

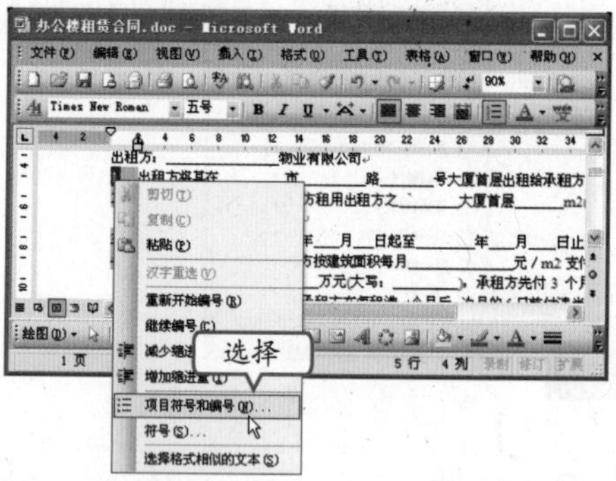

10 选择编号样式

1. 在打开的“项目符号和编号”对话框中选择“编号”选项卡。
2. 在中间的列表框中选择编号样式。
3. 单击 确定 按钮。

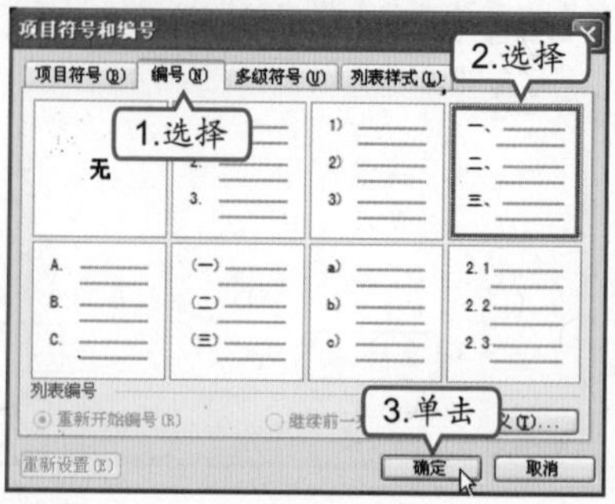

高手指点 在选择编号时要注意各编号的层次关系。

11 设置标题格式

选中文档首行的标题，在格式工具栏中将其格式设置为“黑体、三号、加粗、水平居中对齐”。

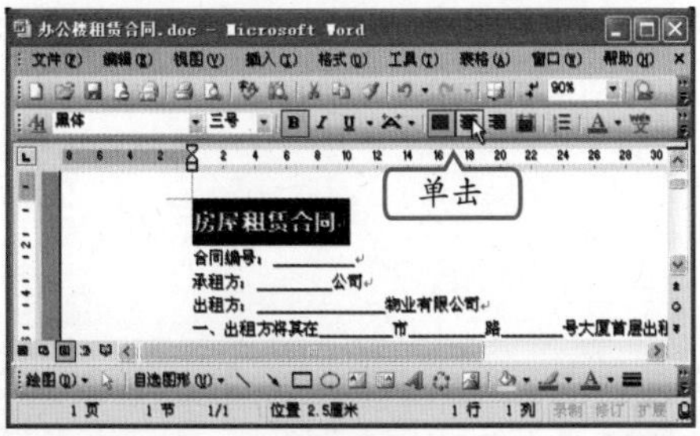

12 设置标题段落格式

1. 选中文档首行的标题，选择【格式】/【段落】命令，在打开的“段落”对话框的“间距”栏中将段前和段后间距均设置为“0.5行”。
2. 单击 确定 按钮。

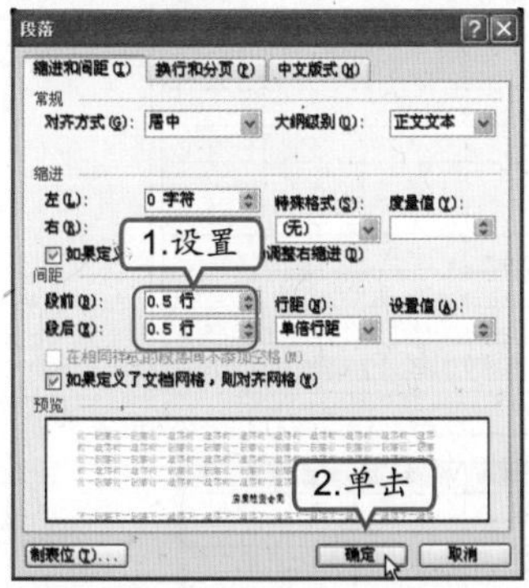

13 设置合同编号格式

选择文档第2行文字内容，在格式工具栏中将其格式设置为“宋体、小五、水平右对齐”。

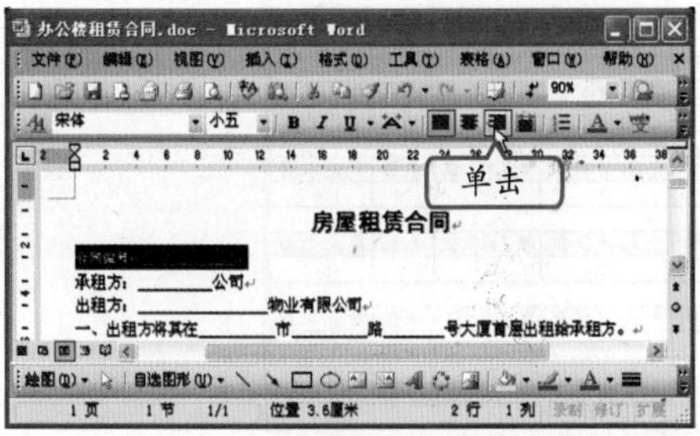

14 设置正文格式

选中文档第3到21行，在格式工具栏中将其格式设置为“宋体、五号、水平左对齐”，并在“段落”对话框中将其行距设置为“1.5倍行距”。

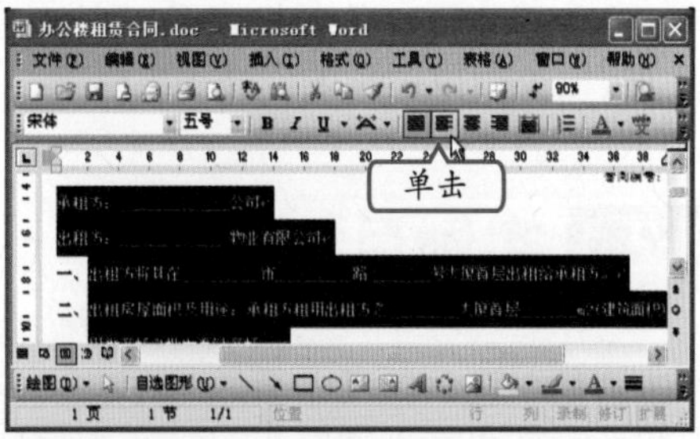

15 设置第1行签署栏格式

分别选中文档第22行中的两栏文字，在格式工具栏中将其格式设置为“宋体、五号、水平左对齐”，最后在“段落”对话框中将其段前间距设置为“2行”。

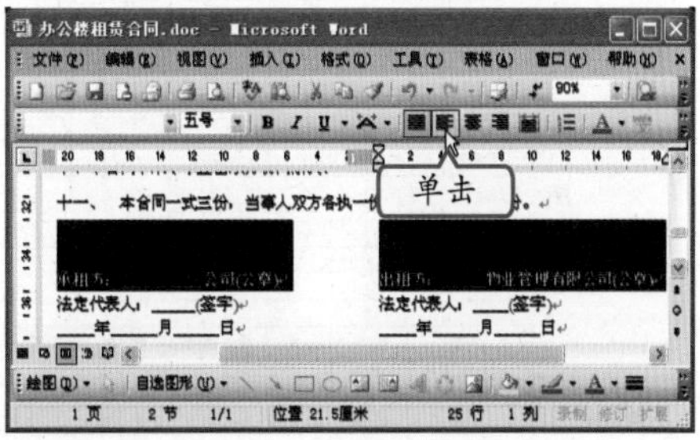

16 设置另两行签署栏格式

分别选中文档最后两行中的两栏文字，在格式工具栏中将其格式设置为“宋体、五号、水平左对齐”，最后在“段落”对话框中将其段前间距设置为“1行”。

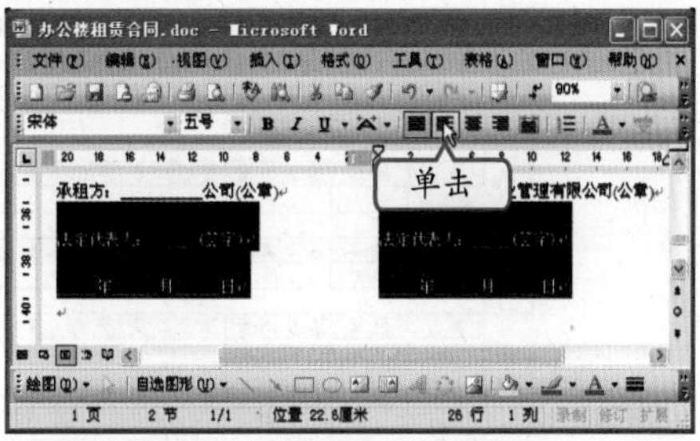

补充两句

合同是一种民事法律行为的民事主体之间的平等协议，合同以设立、变更或终止民事权利义务关系为目的，并且是双方或多方的民事法律行为。

12.2 学习1小时：制作“员工工资表”

小李有些不好意思地找到老马说：“你能再给我讲讲制作电子表格的相关操作吗？我昨天在制作表格时，忽然就忘了很多功能的具体操作，比如格式和函数的插入、表格的美化等。”老马说：“很多知识需要多练习多实践才能更好地掌握，我正好在做这个月的工资表，就以这个为例子给你详细讲讲吧。”

12.2.1 实例目标

本例通过在“员工工资表”中插入公式计算工资金额，然后在新工作表中通过公式、函数和单元格引用来建立工资打印表格，最后对表格格式进行设置和预览。通过该表格的制作，进一步熟悉Excel 2003中公式、函数的应用和单元格引用的方法并掌握表格设置、预览以及调整的方法，完成后的效果如下图所示。

	A	B	C	D	E	F	G	H	I	J	K	L
1	部门	姓名	基本工资	岗位工资	绩效工资	奖金	公积金	社保	个人所得税	事(病)假	考勤	应发工资
2	人事部	陆红	1800	1000	3000	2000	226	309	65	80	50	7070
3	人事部	李娜	1200	600	800	500	99	189	25	0	0	2787
4	行政部	姜山	1800	1000	2500	2000	226	309	65	0	50	6650
5	行政部	王禧善	1200	600	400	500	99	189	25	45	0	2342
6	行政部	苏响	1200	600	500	500	99	189	25	0	30	2457
7	财务部	贾华	1800	1000	3500	2000	226	309	65	0	0	7700
8	财务部	沈沉	1200	600	1200	500	99	189	25	45	0	3142
9	财务部	蔡小蓓	1200	600	1000	500	99	189	25	0	30	2957
10	销售部	尹南	1800	1000	5000	2000	226	309	65	0	0	9200
11	销售部	陈小旭	1200	600	2400	500	99	189	25	45	80	4262
12	销售部	薛婧	1200	600	2600	500	99	189	25	45	0	4542
13	销售部	萧煜	1200	600	2800	500	99	189	25	0	30	4757
14	销售部	陈露	1200	600	2000	500	99	189	25	0	0	3987

	A	B	C	D	E	F	G	H	I	J	K	L
1	部门	姓名	基本工资	岗位工资	绩效工资	奖金	公积金	社保	个人所得税	事(病)假	考勤	应发工资
2	人事部	陆红	1800	1000	3000	2000	226	309	65	80	50	7070
3												
4	部门	姓名	基本工资	岗位工资	绩效工资	奖金	公积金	社保	个人所得税	事(病)假	考勤	应发工资
5	人事部	李娜	1200	600	800	500	99	189	25	0	0	2787
6												
7	部门	姓名	基本工资	岗位工资	绩效工资	奖金	公积金	社保	个人所得税	事(病)假	考勤	应发工资
8	行政部	姜山	1800	1000	2500	2000	226	309	65	0	50	6650
9												
10	部门	姓名	基本工资	岗位工资	绩效工资	奖金	公积金	社保	个人所得税	事(病)假	考勤	应发工资
11	行政部	王禧善	1200	600	400	500	99	189	25	45	0	2342
12												
13	部门	姓名	基本工资	岗位工资	绩效工资	奖金	公积金	社保	个人所得税	事(病)假	考勤	应发工资
14	行政部	苏响	1200	600	500	500	99	189	25	0	30	2457
15												
16	部门	姓名	基本工资	岗位工资	绩效工资	奖金	公积金	社保	个人所得税	事(病)假	考勤	应发工资
17	财务部	贾华	1800	1000	3500	2000	226	309	65	0	0	7700
18												
19	部门	姓名	基本工资	岗位工资	绩效工资	奖金	公积金	社保	个人所得税	事(病)假	考勤	应发工资
20	财务部	沈沉	1200	600	1200	500	99	189	25	45	0	3142
21												
22	部门	姓名	基本工资	岗位工资	绩效工资	奖金	公积金	社保	个人所得税	事(病)假	考勤	应发工资
23	财务部	蔡小蓓	1200	600	1000	500	99	189	25	0	30	2957
24												
25	部门	姓名	基本工资	岗位工资	绩效工资	奖金	公积金	社保	个人所得税	事(病)假	考勤	应发工资
26	销售部	尹南	1800	1000	5000	2000	226	309	65	0	0	9200
27												
28	部门	姓名	基本工资	岗位工资	绩效工资	奖金	公积金	社保	个人所得税	事(病)假	考勤	应发工资
29	销售部	陈小旭	1200	600	2400	500	99	189	25	45	80	4262
30												
31	部门	姓名	基本工资	岗位工资	绩效工资	奖金	公积金	社保	个人所得税	事(病)假	考勤	应发工资
32	销售部	薛婧	1200	600	2600	500	99	189	25	45	0	4542
33												
34	部门	姓名	基本工资	岗位工资	绩效工资	奖金	公积金	社保	个人所得税	事(病)假	考勤	应发工资
35	销售部	萧煜	1200	600	2800	500	99	189	25	0	30	4757
36												
37	部门	姓名	基本工资	岗位工资	绩效工资	奖金	公积金	社保	个人所得税	事(病)假	考勤	应发工资
38	销售部	陈露	1200	600	2000	500	99	189	25	0	0	3987

高手指点

在制作工资表时要注意各个项目是否完整，避免遗漏重要信息。

12.2.2 制作思路

本实例首先打开素材文件，接下来在工作表中插入计算工资金额的公式，然后在新工作表中插入公式来制作工资表的打印表格，最后对表格的格式进行设置并进行打印预览和必要的调整。

12.2.3 制作过程

根据本实例的学习目标和制作思路，制作本实例的具体操作如下。

实例素材\第12章\员工工资表.xls
最终效果\第12章\员工工资表.xls
教学演示\第12章\制作“员工工资表”

1 输入公式并计算

1. 打开素材文档“员工工资表.xls”，选择L2单元格，然后在编辑栏中输入公式“=SUM(C2:F2)−SUM(G2:K2)”。
2. 单击☑按钮。

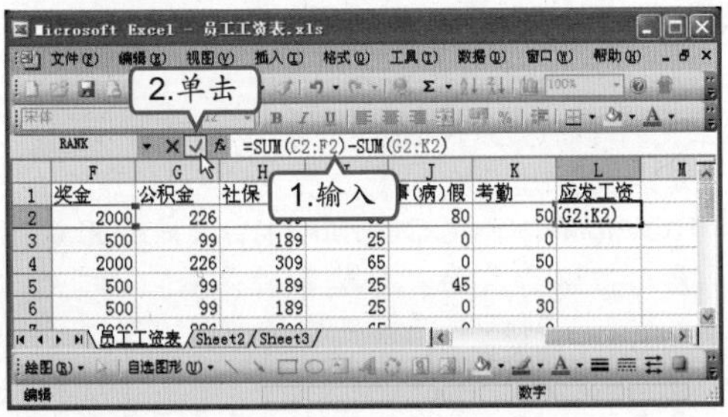

2 复制公式

选择L2单元格，然后拖动单元格右下角的填充柄，将公式复制到L3:L14单元格中。

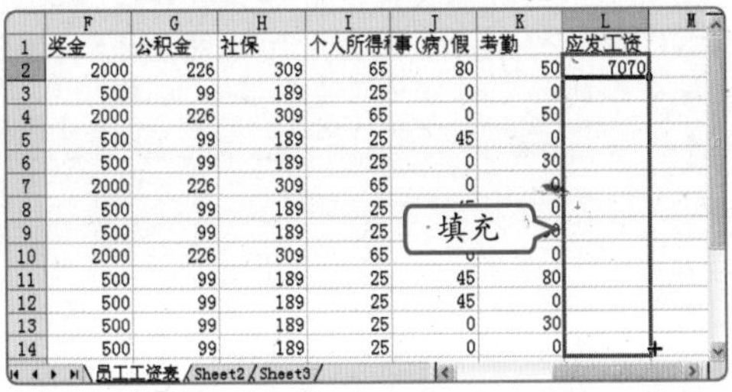

3 切换工作表

在工作表窗口中单击Sheet2工作表标签。

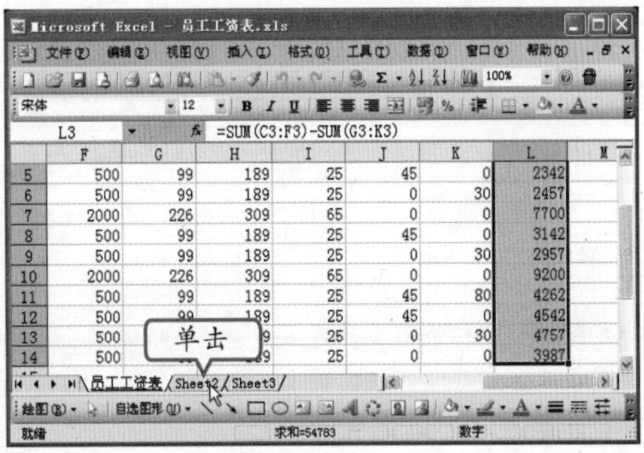

4 命名工作表

双击Sheet2工作表标签，输入“打印版”后按【Enter】键。

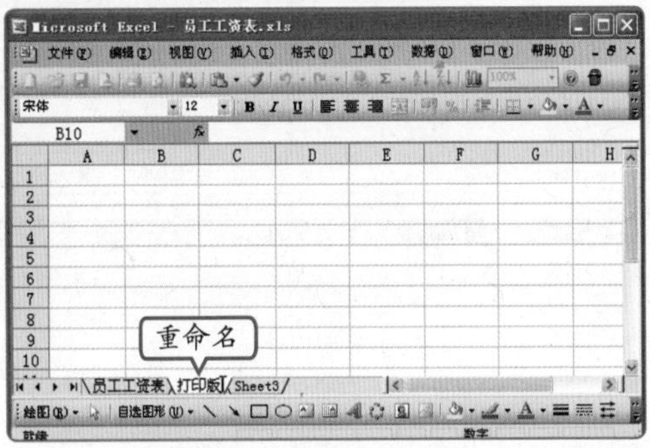

补充两句

制作工资表时，除了需要包括常用的项目外，如果有需要扣税的，应该在后面增加扣个人所得税的项目。

5 输入公式

1. 选择A1单元格，然后在编辑栏中输入公式“=IF(MOD(ROW(),3)=0,"",IF(MOD(ROW(),3)=1,工资记录表!A$1,INDEX(工资记录表!$A:$L,INT((ROW()+4)/3),COLUMN()))))”。
2. 单击✓按钮。

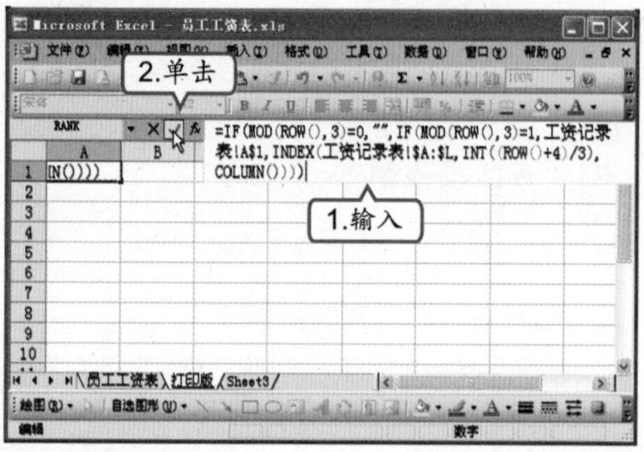

6 复制公式到第一行

选择A1单元格，然后拖动单元格右下角的填充柄，将公式复制到B1:L1单元格中。

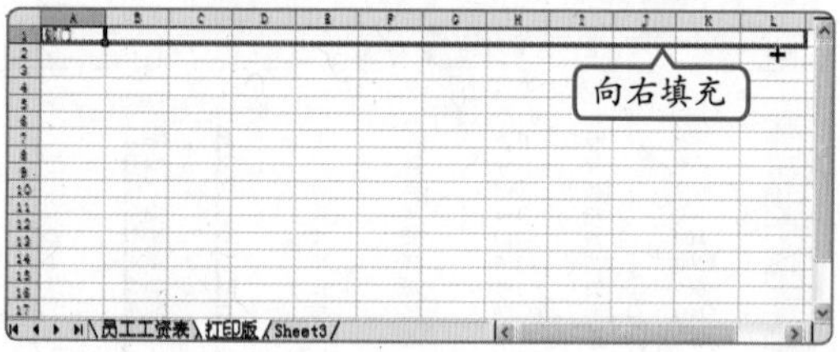

7 复制公式到其他行

选择A1:L1单元格区域，然后拖动单元格区域右下角的填充柄，将公式复制到A1:L39单元格中。

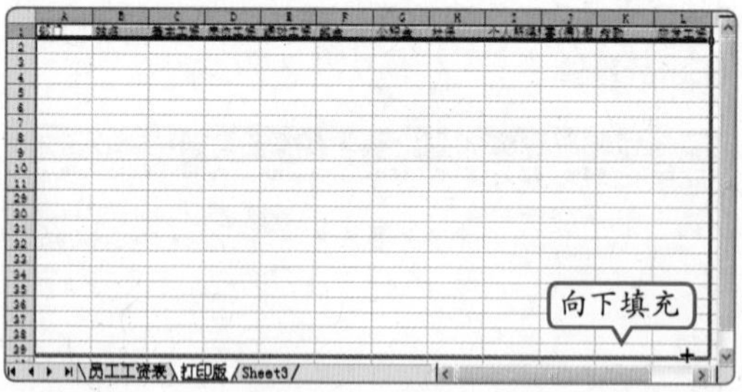

8 冻结窗格

1. 单击“员工工资表”工作表标签。
2. 单击第2行行标签然后选择第2行。
3. 选择【窗口】/【冻结窗格】命令。

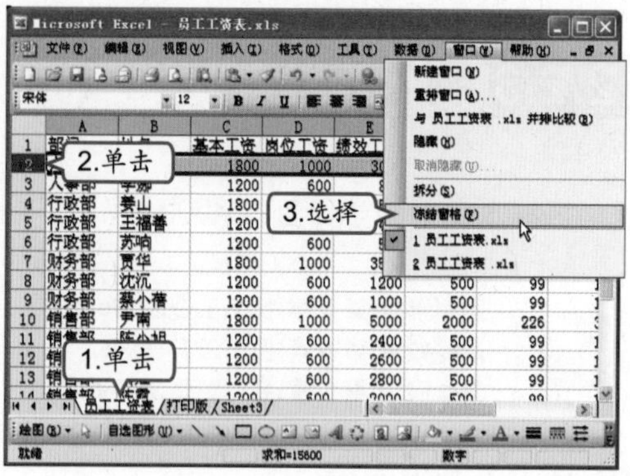

操作提示：公式说明

公式“=IF(MOD(ROW(),3)=0,"",IF(MOD(ROW(),3)=1,工资记录表!A$1,INDEX(工资记录表!$A:$L,INT((ROW()+4)/3),COLUMN()))))”的作用是首先判断当前单元格所在行是否为3的整数行，是的话就将该单元格设定为空单元格；否则就继续判断当前单元格所在行是否为标题行，是的话就将“工资记录表”中标题行的对应文字引用到当前单元格中，否则当前单元格就是工资数据行，Excel将在“工资记录表”中的A到L列中检索对应的单元格引用到当前单元格中。其中取余函数MOD(ROW(),3)用于判断当前单元格所在行应为空行、标题行或数据行；取整函数INT()的作用是对函数参数进行取整，忽略参数的小数部分；检索函数INDEX()的作用是在指定区域内查找指定行号和列号交叉处的单元格并返回值。

高手指点 在输入公式时记住将输入法调整为英文输入状态。

9 设置表格对齐方式

1. 单击表格左上方的全选按钮，选中整张表格。
2. 单击格式工具栏中的▤按钮。用同样的方法将“打印版”工作表中的水平对齐方式设置为“居中”。

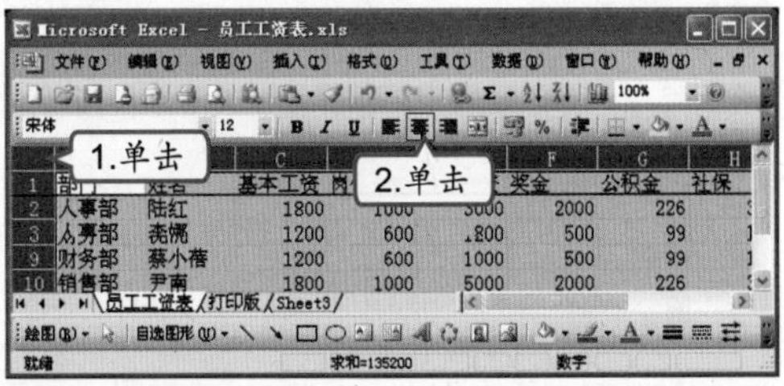

10 设置表格行高和列宽

将第1行的行高设置为48，将第2到第14行的行高设置为18。将A和B列的列宽设置为6，C到L列的列宽设置为8。

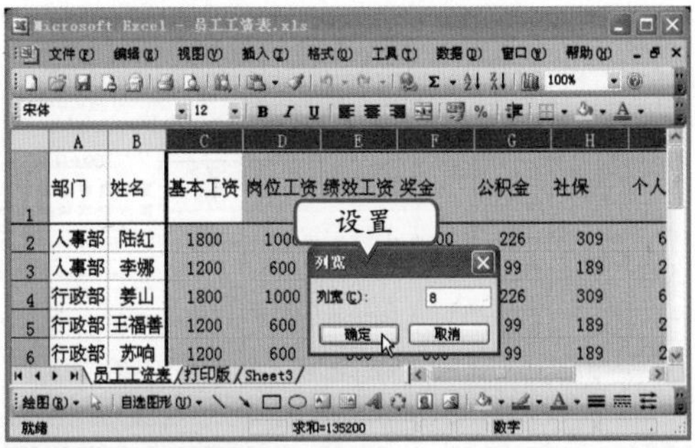

11 设置文字格式

1. 选中A1:L1单元格区域，将其文字格式设置为“方正姚体、14、加粗”。选择【格式】/【单元格格式】命令，打开“单元格格式”对话框，在“对齐”选项卡中选中“自动换行”复选框。
2. 单击 确定 按钮。

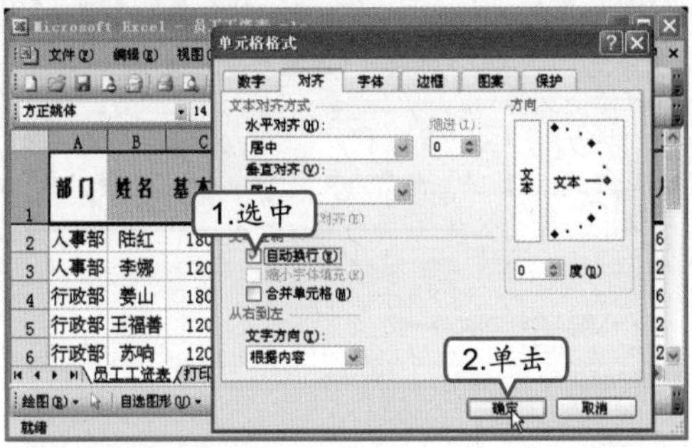

12 设置文字格式

选中A2:L14单元格区域，将其文字格式设置为“华文楷体、10”。

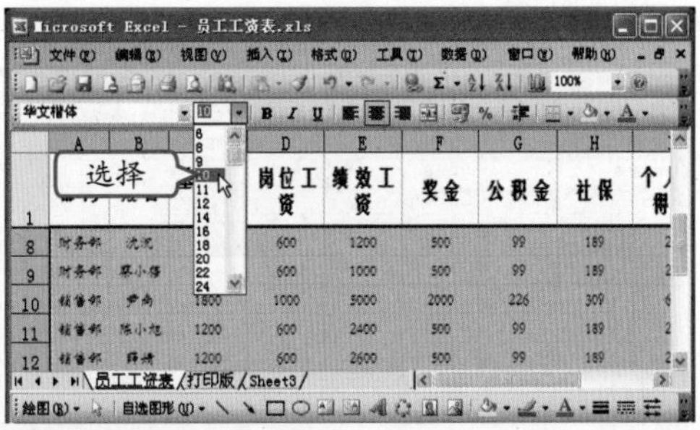

13 设置单元格填充颜色

选中A1:L1单元格区域，在格式工具栏中单击▧按钮旁的▾按钮，在弹出的下拉列表中选择“灰色-40%”。用同样的方法，将A2:L2单元格区域的填充颜色设置为“淡蓝”，将A3:L3单元格区域的填充颜色设置为“茶色”。

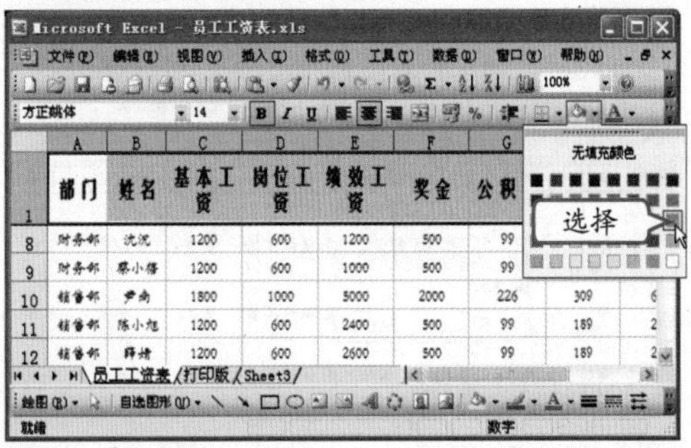

14 复制颜色格式

选中A2:L3单元格区域，在常用工具栏中单击▧按钮，然后选中A4:L14单元格区域，将A2:L3单元格区域中的颜色格式复制到A4:L14单元格区域中。

补充两句

如果员工需要提前预支工资，需要出示借款条，经批准后才能进行预支。预支工资一般不记录在工资表中。

15 设置边框

选择A1:L14单元格区域，在格式工具栏中单击▦按钮旁的▾按钮，在弹出的下拉列表中选择“所有框线”选项。

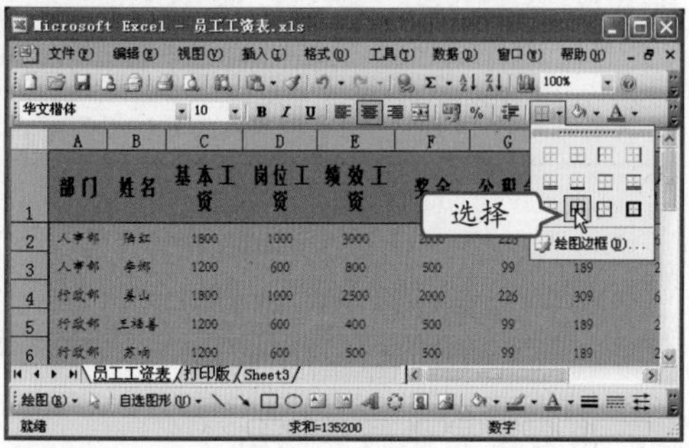

16 设置字体格式和行高

单击“打印版”工作表标签，选择表格中的第1行，将其文字格式设置为“楷体、12、加粗”，将其行高设置为18。

17 设置字体格式和行高

单击“打印版”工作表标签，选择表格中的第2行，将其文字格式设置为“楷体、10”，将其行高设置为15。

18 设置边框

选择A1:L2单元格区域，在格式工具栏中单击▦按钮旁的▾按钮，在弹出的下拉列表中选择“所有框线”选项。

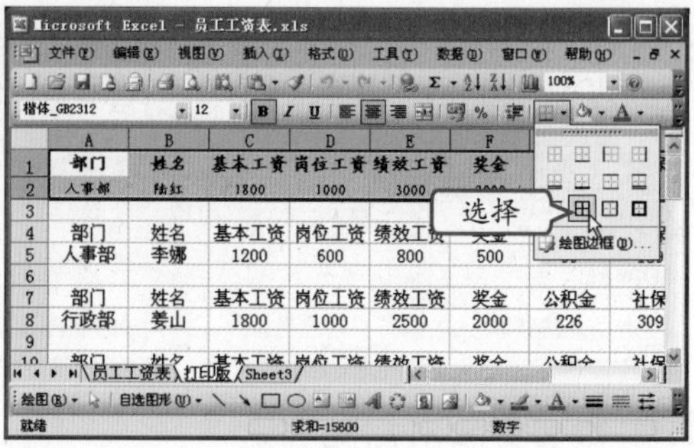

19 设置填充颜色

选择A1:L1单元格区域，在格式工具栏中单击🪣按钮旁的▾按钮，在弹出的下拉列表中选择“灰色-25%”。

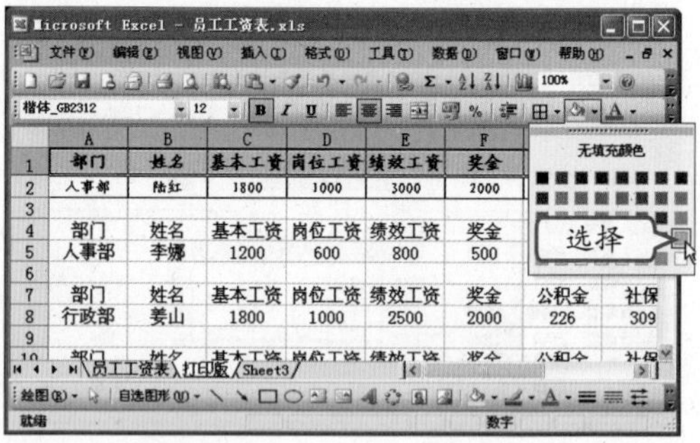

20 复制格式

通过行标签选中第1~3行，在常用工具栏中单击🖌按钮，然后通过行标签选中第4到39行，将第1~3行的格式复制到第4~39行中。

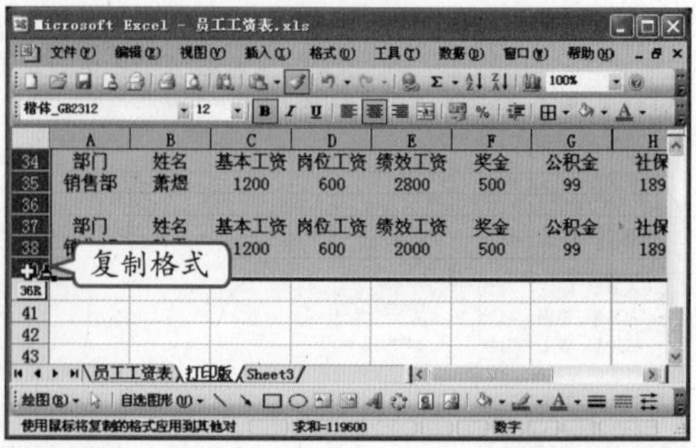

第12章

高手指点 在制作表格时，尽量将正文的格式与标题格式区分开来，这样可以让标题部分更加醒目。

21 调整列宽

通过列标签选中A~L列，用鼠标左键双击A列与B列之间的列分界线。

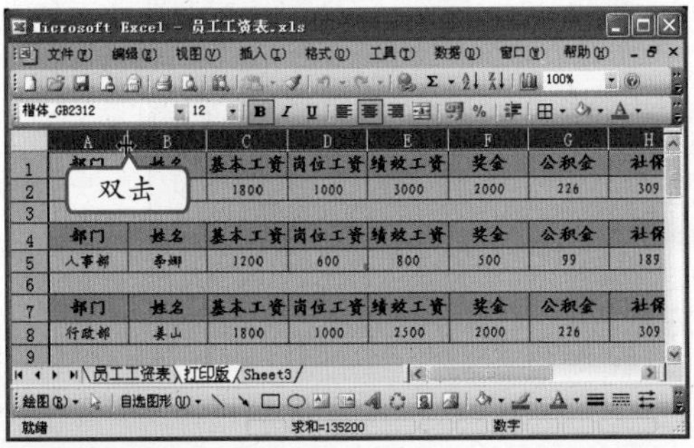

22 设置打印区域

选中A1:L39单元格区域，选择【文件】/【打印区域】/【设置打印区域】命令。

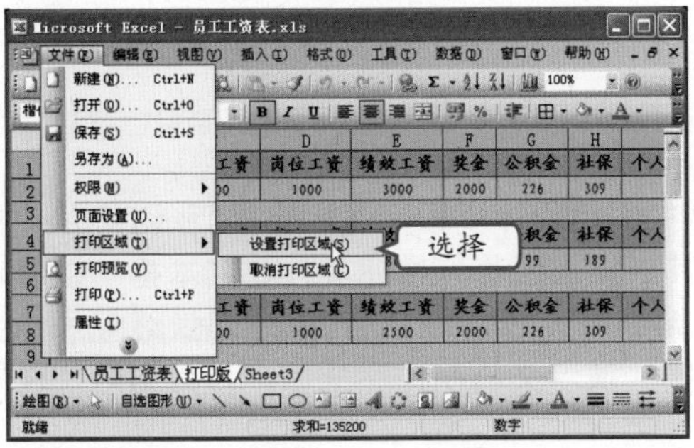

23 分页视图

选择【视图】/【分页视图】命令，然后在视图中拖动页分界线，将表格调整到同一页中。

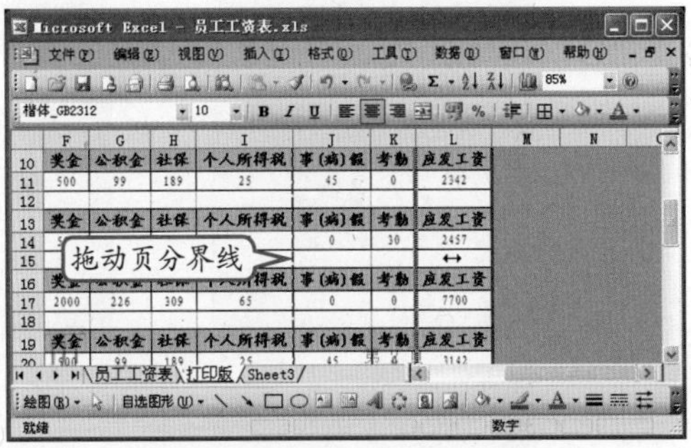

24 打印预览

在常用工具栏中单击按钮进行打印预览。

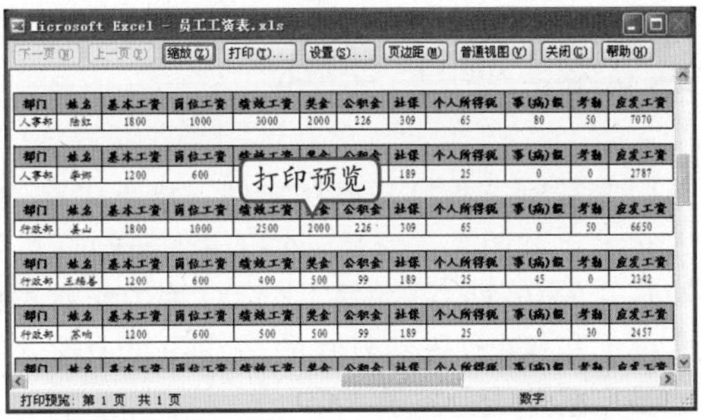

12.3 学习1小时：制作“产品展示”幻灯片

小李学完电子表格的制作，笑呵呵地站在一旁不走，老马问：“你还有什么不懂的吗？”小李说：“学了这么多东西，日子久了好些都不太记得了，我的一个朋友是做销售的，托我帮他做个产品展示幻灯片，我满口答应了，可是做得不是那么好看。”老马说：“你是想叫我帮你做？”小李忙说：“不敢不敢，我把他的产品图片都带来了，您就在一旁给我指点指点行吗？”老马笑笑说：“那行，我就再帮你温习温习。”

12.3.1 实例目标

本例通过在“峨嵋液压产品展示”演示文稿中插入艺术字、图片和文本框来丰富幻灯片内容，然后对幻灯片的切换动画以及文本框的三维效果进行设置，最后在幻灯片中插入返回按钮并设置超链接之后，设置幻灯片动画方案并放映幻灯片。通过该演示文稿的制作，进一步熟悉PowerPoint 2003中幻灯片的基本操作和设置。其最终效果如下图所示。

补充两句：产品展示是指对客户的产品进行详细展示，包括规格、产品的款式和颜色等详细信息。

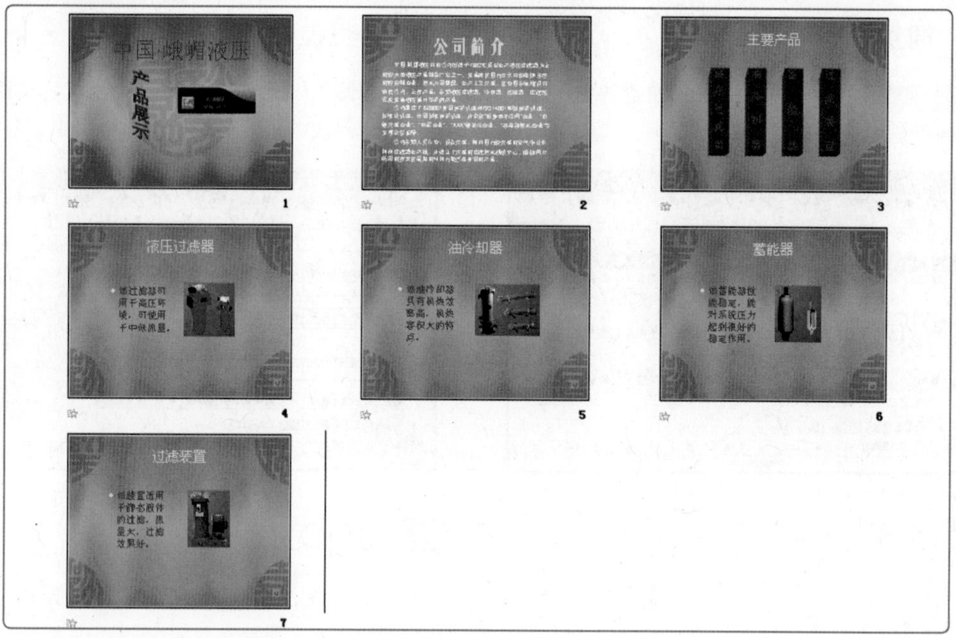

12.3.2 制作思路

本实例首先打开素材文件，接下来在幻灯片中应用设计模板，然后在第1张幻灯片中插入艺术字和图片。之后，插入4张新幻灯片并在其中插入图片、按钮图片和文本框，接着对幻灯片的切换动画和第3张幻灯片中文本框的三维效果进行设置，最后在第3张幻灯片的文本框上和第4~7张幻灯片的按钮图片上插入超链接。演示文稿制作完成后，再为幻灯片设置动画方案并进行放映。

12.3.3 制作过程

根据本实例的学习目标和制作思路，制作本实例的具体操作如下。

实例素材\第12章\峨嵋液压\
最终效果\第12章\峨嵋液压产品展示.ppt
教学演示\第12章\制作"产品展示"幻灯片

操作提示：复制配色方案

如果要将一张幻灯片的配色方案传给另一张或者多张幻灯片，重新进行配色比较麻烦，简单的方法为：在幻灯片浏览视图中选择一张具有所需配色方案的幻灯片，然后单击按钮，可以重新着色一张幻灯片。如果要同时重新着色多张幻灯片，可以双击按钮，然后依次单击要应用配色方案的多张幻灯片即可。

高手指点 在制作幻灯片过程中需要考虑放映效果，要尽量在色彩搭配等方面多做斟酌。

1 应用模板

打开素材文档“峨嵋液压产品展示.ppt”，按【Ctrl+F1】组合键打开任务窗格。在“幻灯片设计”任务窗格中选择“欢天喜地”模板。

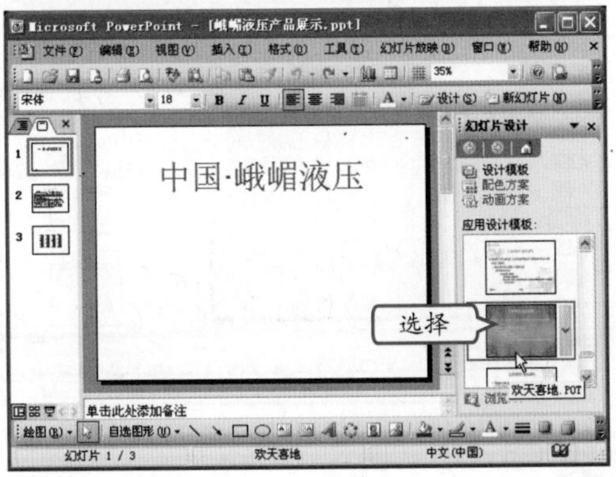

2 插入艺术字

单击窗口下方“绘图”工具栏中的按钮，打开“艺术字库”对话框。

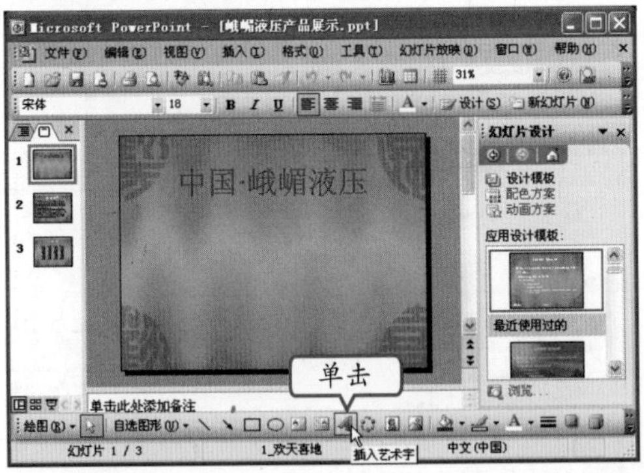

3 选择艺术字样式

1. 选择艺术字样式。
2. 单击 确定 按钮。

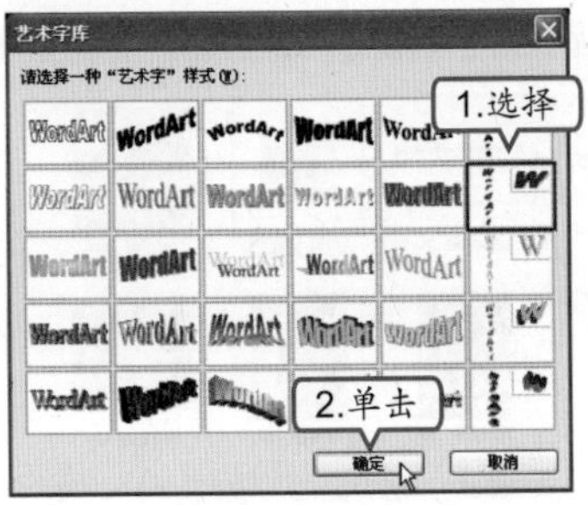

4 编辑艺术字文字

1. 在打开的“编辑‘艺术字’文字”对话框中将文字格式设置为“54、倾斜”。
2. 在“文字”文本框中输入“产品展示”。
3. 单击 确定 按钮。

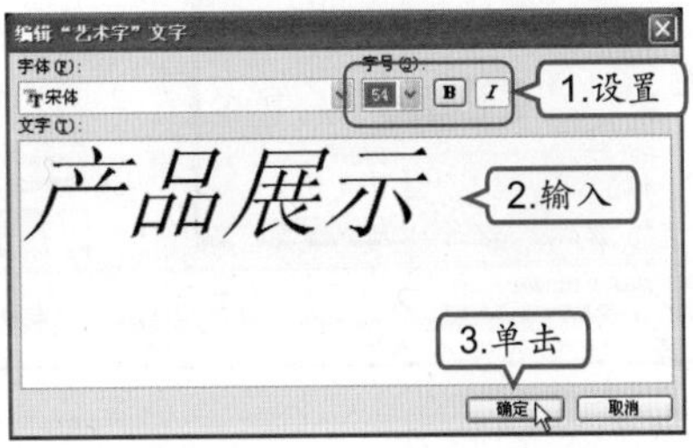

5 插入图片

单击窗口下方“绘图”工具栏中的按钮，打开“插入图片”对话框。

6 选择图片

1. 选择实例素材中的“LOGO峨嵋.JPG”图片。
2. 单击 插入(S) 按钮。

补充两句

产品展示包括实物展示和虚拟展示两种。实物展示是指通过产品新闻发布会、展览会及零售端等形式展示。

7 调整艺术字和图片位置

使用鼠标左键拖动的方式将艺术字和图片移动到合适的位置。

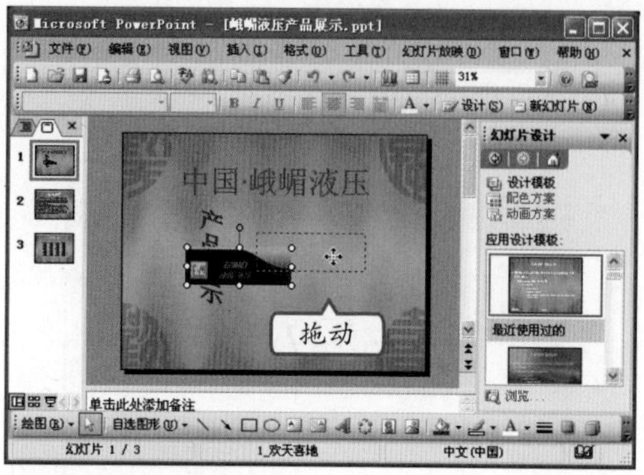

8 插入新幻灯片

将鼠标光标移到窗口左侧的幻灯片窗格中第3张幻灯片之后，按4次【Enter】键插入4张幻灯片。

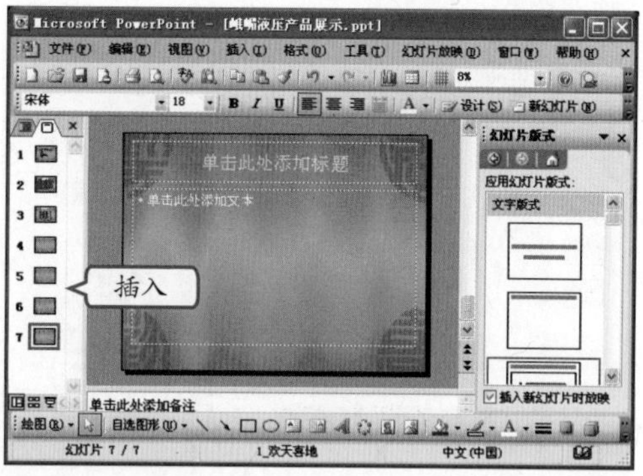

9 输入标题

在第4~7张幻灯片的标题文本框中分别输入“液压过滤器”、“油冷却器”、“蓄能器”和“过滤装置”。

10 输入内容

打开文件类型为txt的素材文件，对照其中的内容在对应幻灯片的文本框中输入文字，并将文字颜色设置为“蓝色”，最后调整文本框位置。

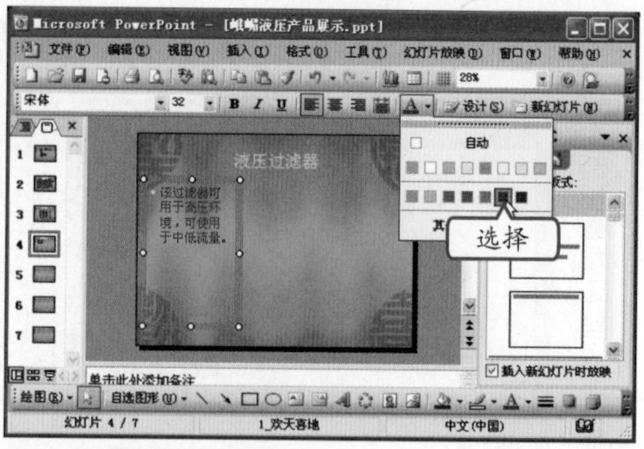

11 插入产品图片

1. 选择第4张幻灯片，单击窗口下方“绘图”工具栏中的按钮打开“插入图片”对话框，选择实例素材中的“过滤器”图片。
2. 单击 插入(S) 按钮。用同样的方法在第5~7张幻灯片中插入对应的图片并调整图片位置。

12 插入按钮图片

在第4~7张幻灯片中插入图片“返回按钮”并将图片位置调整到幻灯片的右下角。

高手指点 在制作幻灯片时，在固定位置输入文字后，还可以根据需要修改文字的字体、字号、颜色等。

第12章

13 设置文本框三维格式

1. 选中4个文本框，单击按钮。
2. 在列表框中选择三维效果样式。

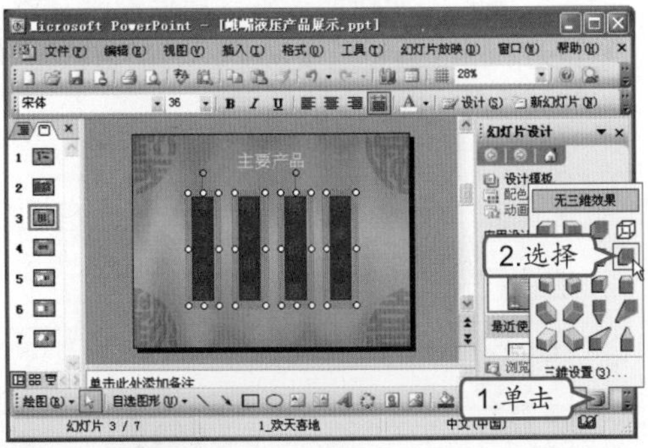

14 打开“幻灯片切换”任务窗格

单击任务窗格中的**幻灯片设计**按钮，在弹出的菜单中选择“幻灯片切换”命令，打开“幻灯片切换”任务空格。

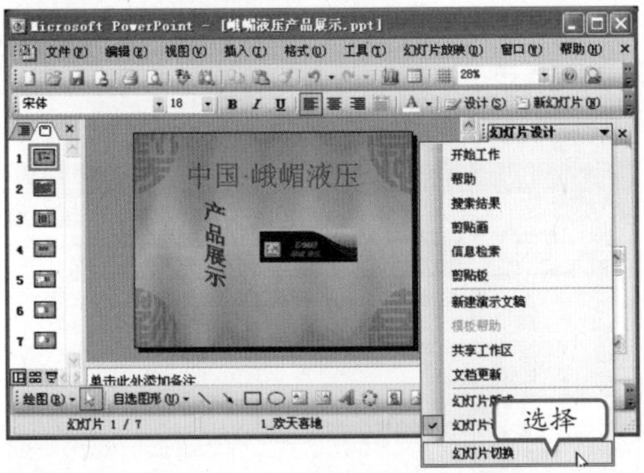

15 设置幻灯片切换动画

将第1~7张幻灯片的切换动画依次设置为“溶解”、“新闻播报”、“平滑淡出”、“向左下插入”、“向左上插入”、“向右下插入”和“向右上插入”。

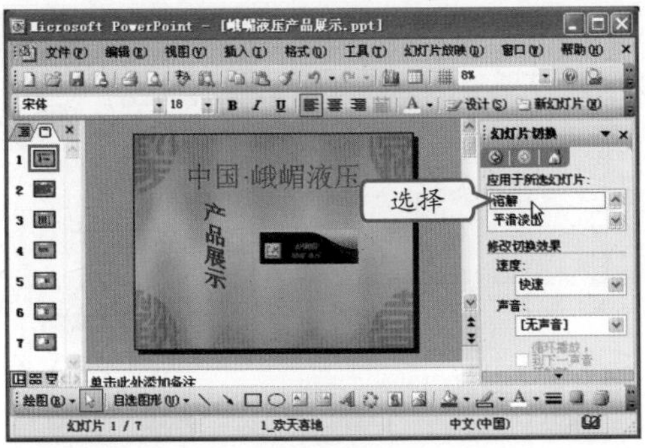

16 设置幻灯片切换速度

1. 选择第1~3张幻灯片。
2. 将切换速度设置为“慢速”。

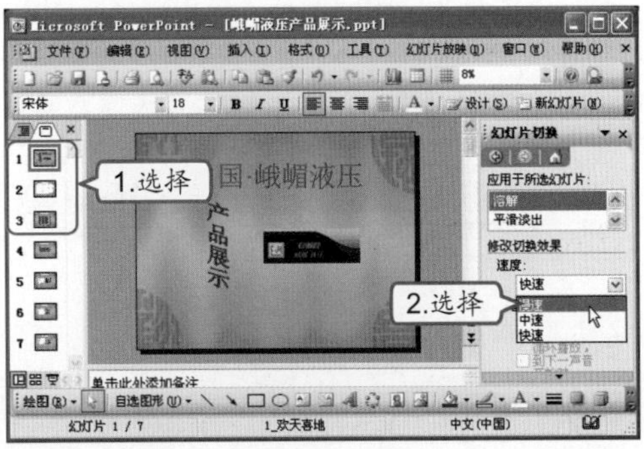

17 设置幻灯片切换方式

1. 选择第3~6张幻灯片。
2. 取消选中“单击鼠标时”复选框。

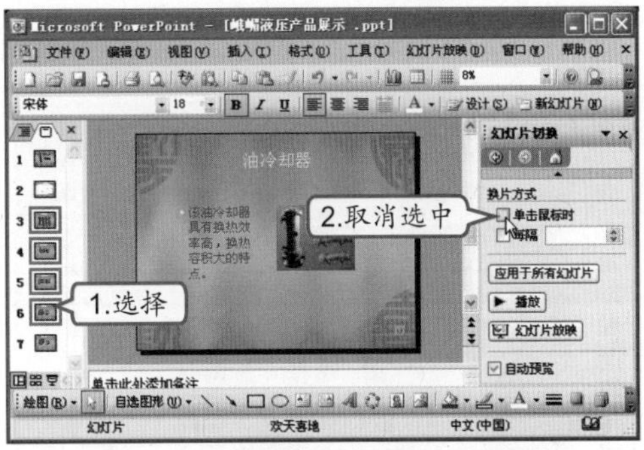

18 选择“超链接”命令

选中第3张幻灯片中的第1个文本框，单击鼠标右键，在弹出的快捷菜单中选择“超链接”命令。

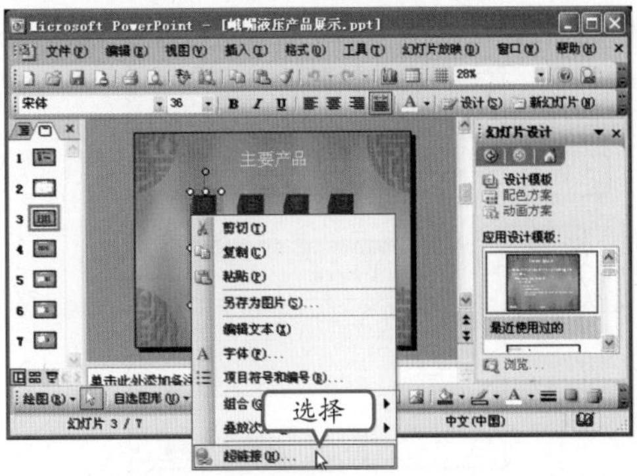

第12章

虚拟展示是指通过媒介宣传的形式展示，包括电视宣传、报刊杂志、网络媒介等产品图文宣传。 补充两句

19 设置超级链接

1. 打开“插入超链接”对话框，在“链接到”栏中单击“本文档中的位置”按钮。
2. 在“请选择文档中的位置”栏中选择对应的幻灯片。
3. 单击 确定 按钮。用同样的方法设置其他3个文本框。

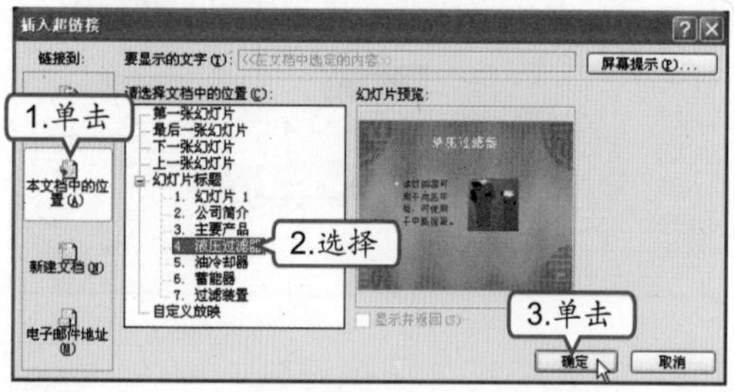

20 图片动作设置

在“返回”按钮上单击鼠标右键，在弹出的快捷菜单中选择“动作设置”命令。

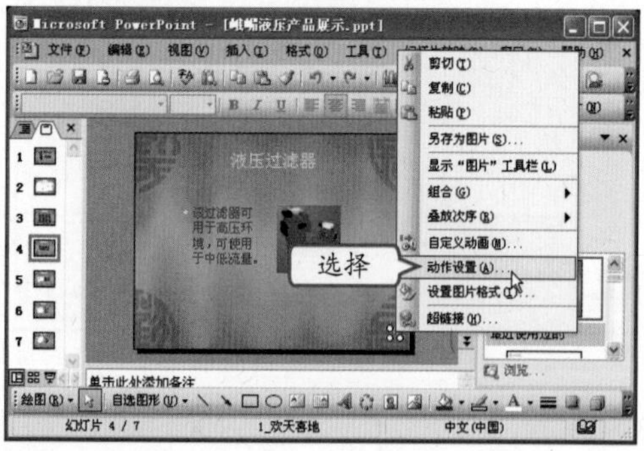

21 设置动作

1. 在打开的“动作设置”对话框中选中“超链接到”单选按钮。
2. 单击下方列表框旁的按钮。
3. 在弹出的下拉列表中选择“幻灯片”选项。

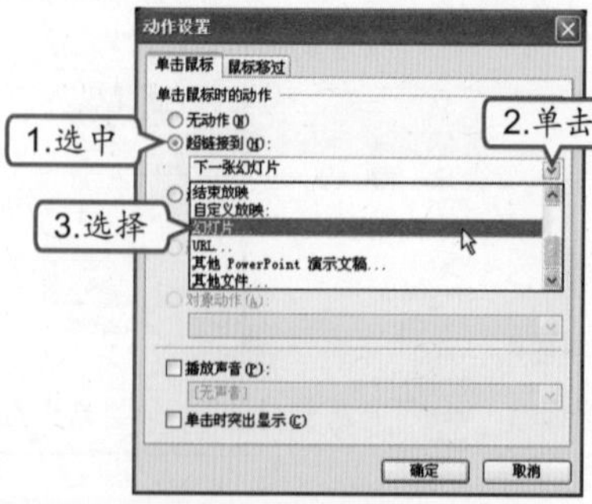

22 选择幻灯片

1. 在打开的“超链接到幻灯片”对话框中选择“3.主要产品”选项。
2. 单击 确定 按钮，返回“动作设置”对话框，再单击 确定 按钮确认。用同样的方法设置其他的“返回”按钮。

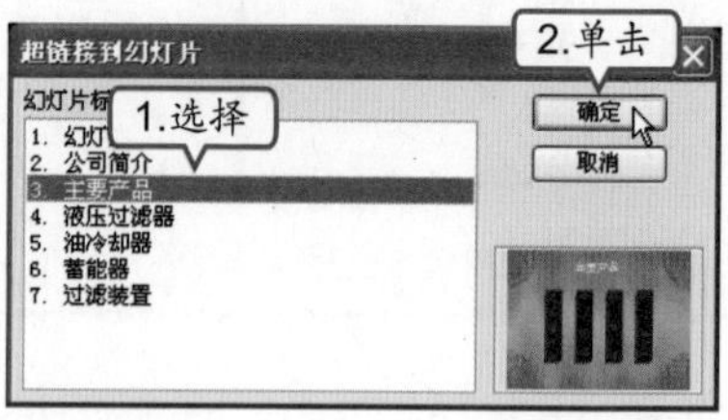

23 设置动画方案

1. 选择第1~3张幻灯片。
2. 单击任务窗格顶端的标题按钮，在弹出的菜单中选择“幻灯片设计－动画方案”命令，最后在“应用于所选幻灯片”列表框中选择“随机线条”选项。

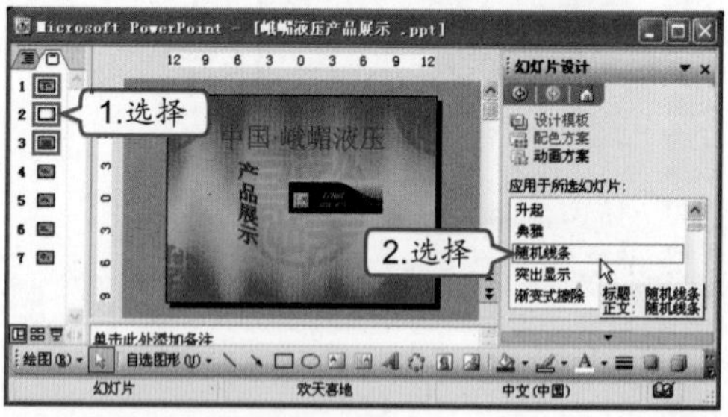

24 放映幻灯片

选择【幻灯片放映】/【观看放映】命令观看幻灯片放映。

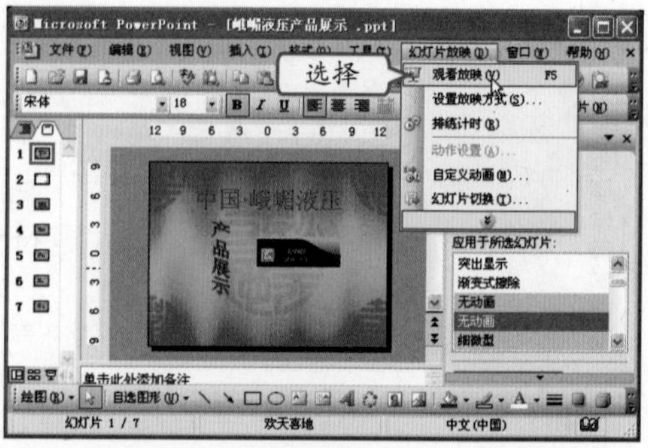

高手指点 在设置幻灯片图片动作时注意考虑内容的情况，不要让内容显示困难，影响阅读和观看。

12.4　跟着视频做练习

老马给小李介绍了几个实例的制作方法，接下来又出了两个练习题让小李回去好好地练习。

1 练习1小时：制作“订单统计表”

本例将在“订单统计表”中插入公式来对表格中的数据进行计算，然后对表格的行高、列宽、边框和文字格式等进行设置，并利用条件格式来设置表格的底纹，接下来对表格中的数据进行筛选和排序，最后在表格中插入数据透视表和数据透视图。通过该实例的制作，熟悉表格的一般操作和设置方法以及公式和函数的应用，并掌握条件格式的使用方法和数据分析处理的一般方法。

2010 年 订 单 统 计 表

接单日期	制造单号	品名	规格	订货量(千只)	单价	金额(万元)	期限(月)	物料状况	预定日期	完工日期	完成状况	备注
2010-4-12	MFR10B01	挡圈	B175-13	16	3.9	6.24	2	齐备	2010-6-11	2010-6-2	如期完成	
2010-5-18	MFR10B02	挡圈	B175-26	22	5.2	11.44	3	缺货	2010-8-16	2010-7-26	如期完成	
2010-6-22	MFR10B03	挡圈	B175-17	18	4.6	8.28	2	齐备	2010-8-21	2010-8-15	如期完成	
2010-6-16	MFR10R01	密封环	R175-21	1.2	125	15	1	齐备	2010-7-16	2010-7-16	如期完成	
2010-8-14	MFR10R02	密封环	R175-06	2.5	98	24.5	1	缺货	2010-9-13	2010-9-27	延期完成	缺货
2010-1-25	MFR10S01	密封圈	S175-11	10	2.5	2.5	1	齐备	2010-2-24	2010-2-26	延期完成	春节放假
2010-3-2	MFR10S02	密封圈	S175-16	7.5	3.2	2.4	3	齐备	2010-5-31	2010-5-8	如期完成	
2010-5-3	MFR10S03	密封圈	S175-22	8	3.8	3.04	1	齐备	2010-6-2	2010-6-2	如期完成	
2010-6-2	MFR10S04	密封圈	S175-36	12	4.7	5.64	1	齐备	2010-7-2	2010-7-3	延期完成	设备故障
2010-6-11	MFR10S05	密封圈	S175-11	6	2.4	1.44	3	齐备	2010-9-9	2010-8-29	如期完成	
2010-10-9	MFR10S06	密封圈	S175-08	6	2.6	1.56	3	齐备	2011-1-7	2010-11-30	如期完成	
2010-12-4	MFR10S07	密封圈	S175-15	9	2.9	2.61	1	齐备	2011-1-3		未完成	

分析图 / 分析表 / 年度订单统计

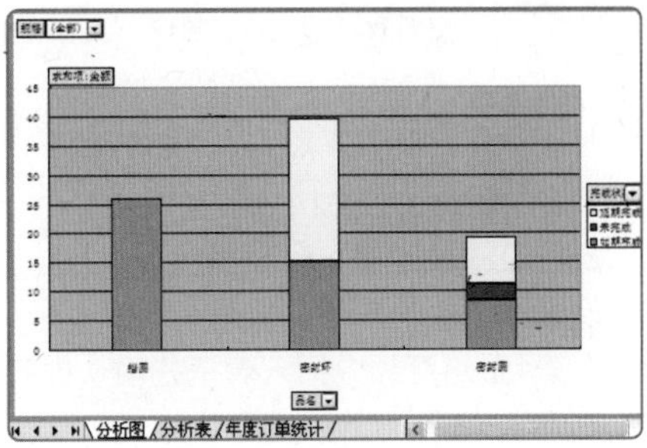

操作提示：

1. 在“金额(万元)”列中输入计算金额的公式。
2. 在“完成状况”列中输入判断完成状况的公式。
3. 设置表格的行高和列宽。
4. 设置表格文字的字体、字号、字形和颜色。
5. 设置表格的对齐方式。
6. 设置表格的边框。
7. 设置标题行单元格的底纹。
8. 利用条件格式设置数据行的交错底纹颜色。
9. 对表格进行筛选。
10. 对表格按“品名”进行排序。
11. 插入数据透视表和数据透视图。
12. 更改数据透视表和数据透视图的工作表标签名称。

实例素材\第12章\订单统计表.xls
最终效果\第12章\订单统计表.xls
视频演示\第12章\制作“订单统计表”

2 练习1小时：制作“工作会议报告”演示文稿

本例将在“工作会议报告”演示文稿中插入5张新幻灯片，然后在新幻灯片中输入文字，并对部分文字设置编号和项目符号，接下来在幻灯片中插入表格，再对第1张幻灯片中的文字字体和第2张幻灯片中的文本框进行设置，完成上述操作后再在第3~7张幻灯片中插入返回图标并设置超链接，最后设置幻灯片切换动画和幻灯片中内容的动作。通过实例的制作，进一步熟悉幻灯片的一般操作和设置方法。

补充两句

由金山研发的WPS Office套件中的WPS演示也能制作演示文稿，并兼容Microsoft Office PowerPoint的ppt格式，同时WPS演示也有自己的dpt格式。

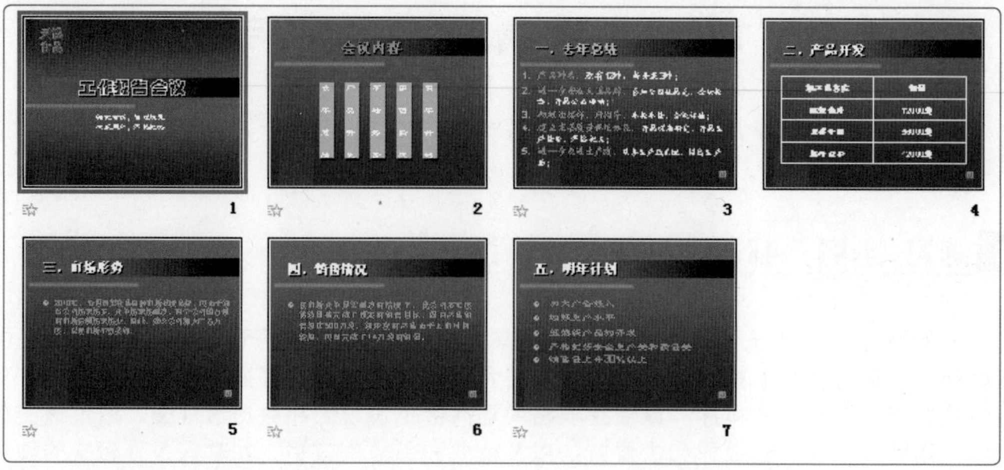

实例素材\第12章\工作会议报告\
最终效果\第12章\工作会议报告.ppt
视频演示\第12章\制作“工作会议报告”演示文稿

操作提示：

1. 插入5张新幻灯片。
2. 在新幻灯片中输入标题和内容。
3. 设置新幻灯片内容的编号和项目符号。
4. 在第4张幻灯片中插入表格并输入内容。
5. 设置第1张幻灯片中的字体格式。
6. 设置第2张幻灯片中文本框的填充颜色和阴影，并为每个文本框插入超链接。
7. 在第3~7张幻灯片中插入返回图标并插入超链接。
8. 设置幻灯片切换动画、速度以及方式。
9. 设置第3和第5~7张幻灯片中部分文字的自定义动画。

12.5 秘技偷偷报——Excel 2003使用技巧

小李经过几天的学习，已经基本掌握了Windows XP和Office 2003的知识。小李觉得自己在Excel 2003上还有些欠缺，又请老马再教一些实用的小知识。

1 用DATEDIF函数计算年龄

Excel中的DATEDIF()函数可以计算两天之间的年、月或日数。例如，在任意单元格中输入“=DATEDIF("1982-05-23",TODAY(),"y")”，然后按【Enter】键即可计算出生日为1982-05-23的人当前的年龄。

2 自动调整行高和列宽

选中单元格区域，然后用鼠标左键在选中行或列的行分界线或列分界线上双击，即可根据所选区域中的文字内容来自动调整各行或列的行高或列宽，以将单元格中的文字恰好显示出来。

高手指点 在制作幻灯片过程中可随时切换到“浏览视图”，整体看看有没有不协调的地方，以便于及时修改。